王艳丽◎主编

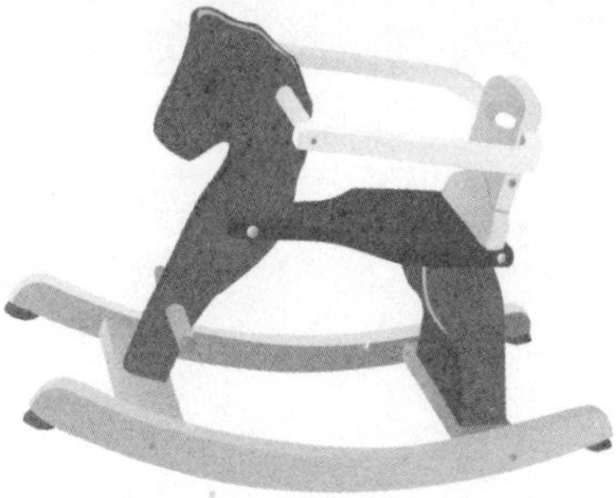

育儿百科

孕产·胎教·喂养·启智·亲子活动一本全

全面解决育儿难题
培养最优秀的宝宝

DIAN CANG BAN
耀世典藏版
YAO SHI

長江出版傳媒
湖北科学技术出版社

图书在版编目（CIP）数据

育儿百科 / 王艳丽主编 . -- 武汉 : 湖北科学技术出版社 , 2015.4
（悦读坊）
ISBN 978-7-5352-7715-2

Ⅰ . ①育… Ⅱ . ①王… Ⅲ . ①婴幼儿－哺育－基本知识 Ⅳ . ① TS976.31

中国版本图书馆 CIP 数据核字 (2015) 第 077081 号

策　　划：汇丰书源
责任编辑：李大林　张波军
责任校对：张波军　李　洋
封面设计：映象视觉　王　梅

出版发行：湖北科学技术出版社
电话：027-87679468
地　　址：武汉市雄楚大街 268 号
（湖北出版文化城 B 座 13-14 层）
邮编：430070
网　　址：http：//www.hbstp.com.cn

印　　刷：北京德富泰印务有限公司
邮编：100024

702×1020　1/16
600 千字　28 印张
2015 年 7 月第 1 版
2015 年 7 月第 1 次印刷
定　　价：59.80 元

前言

孩子吐奶怎么办？该给孩子穿多少衣服？孩子便秘能否用开塞露？孩子发烧如何处理？在夏天有什么办法为孩子安全驱蚊？孩子出牙比别人晚、说话比别人迟是不是发育迟缓？如何给孩子补钙？孩子夜间睡眠不踏实怎么办？第一次做父母，关于孩子的许多问题都让年轻家长手足无措，所以往往会在日常养育方面依靠自己父母的老经验，而在健康问题方面求助于医生。但是，父母的经验一定都是科学合理的吗？孩子咳嗽一声都得火急火燎地赶去医院吗？

“一切为了孩子，为了孩子的一切。”面对育儿过程中出现的一切问题，家长们都迫切希望自己能轻松有效地解决，于是积极地参加各类育儿培训班，阅读各种图书，上各大育儿网站交流，学习育儿知识和经验，恨不能成为一个既懂得孕产保健、优生知识，又懂得儿童保健、早期教育等知识的全能型专家。为了给现代家长提供一个科学、实用、有效且值得信赖的权威育儿读本，我们组织专业人士精心编写了这部《育儿百科》。本书立足于现代生活，是从家长的实际需要出发，根据中国人特有的体质、生活方式、育儿环境等进行编写的孕产育全程指南，因而最适合中国家庭使用。同时，本书大量综合了国内外妇产科学、遗传学、营养学、儿科、早教等相关领域的最新研究成果，借鉴了近年来优秀孕产、育儿、早教相关图书的编写体例，介绍了最先进的育儿理念、最实用的育儿知识和最科学的育儿方法，解答了现代中国父母的困惑。

人们常说：“养第一个孩子照书养，养第二个孩子照第一个养。”现代人育儿通常是“照书养”，但“照书养”最重要的前提便是用来作指导的这本书要具有科学性和实用性。没有科学性，后果不堪设想；没有实用性，也就没有使用的价值。本书旨在应家长之所需，急家长之所急，想家长之所想，为家长出谋划策，解决实际问题。凡家长普遍关心和最经常遇到的问题，诸如，孩子使用抗生素的问题，母乳喂养和人工喂养的问题，训练孩子大小便的问题，进行早期智力开发的问题，等等，你都可以在书中找到答案。正是因为书中所讨论的这些问题都是从各大育儿论坛、问卷调查中得来，是从家长的实际生活中得来，所以它非常贴近实际，贴近大众。针对每个问题，书中不仅告诉你要怎么做，而且还告诉你为什么要这么做，如果不这么做会有什么后果。比如，孩子发烧了，如果不是高热，家长无须慌乱地立即去医院，而是应该采用科学的退热措施把体温降下来，告知家长要避免用酒精擦拭退热，并指出其错误所在。每个问题都有科学的解答，阐述得详细而深入，彻底把育儿知识讲清楚了，让家长学起来轻松，用起来放心。

本书给读者提供了一个尽可能全面而系统的育儿知识大全，从孕前准备到十月怀胎到宝宝出生再到4岁以前的日常养育，时间跨度4～5年，从遗传咨询、孕期饮食、孕期体检、胎儿发育、胎教方法到分娩指导、哺乳方法、产后护理、新生儿养育、婴幼儿饮食、婴幼儿智力开发、免疫接种、疾病防治等，凡与育儿相关的话题，几乎无所不包。对于每位读者而言，不一定书中每个问题你都会碰到，但你总会碰到你要问的问题。可以说，一书在手，至少可以使用4～5年。

此外，本书最大的特点是以孩子为中心，而不是以医生或专家为中心。以年龄段为纲，育儿时的常见问题为目，这是既实用、又科学的一种编排方式，便于读者阅读。因而，阅读此书时，如同一位贴心的儿科医生或幼教老师，不厌其烦地告诉你每一年龄段孩子的生理发育特点、养育要点和注意事项，甚至细微到将孩子年龄与季节结合起来，分阶段专门介绍四季的注意问题，告诉家长养育一个七个月大的孩子时如果正是春季，或正是冬季时，在方法上有哪些细节的不同。心细的家长对比着看，还可以知道孩子每个月的成长变化和养育时的细节如何发生变化。各部分相对独立，简单明了，便于查找。每位读者可以根据自己的需要，从相关的时间段读起，也可以从备孕开始，从头至尾往下读，这本书将为你在每个阶段解决实际问题和疑惑。

将这本书常放在枕头案边，随时翻阅，随时可以获得科学、实用且高效的育儿方法，育儿不再成为难题，只要我们努力，就都能给予孩子一个健康的身体，一个聪慧的头脑，一个健全的心智，成就孩子的美好未来。

目录

第 1 部分　养育宝宝的必备常识

孕前要做的准备

孕期要做的检查

分娩

第 2 部分　养育宝宝最关键的十个月

胎宝宝的第一个月（孕一月）

胎宝宝的第二个月（孕二月）

胎宝宝的第三个月（孕三月）

胎宝宝的第七个月（孕七月）

胎宝宝的第八个月（孕八月）

胎宝宝的第九个月（孕九月）

第 8 ~ 14 天（1 周 ~ 半个月）的婴儿

第 15 ~ 29 天（半个月 ~ 1 个月）的婴儿

第6部分　三岁到四岁

三岁到四岁的幼儿

第 1 部分

养育宝宝的必备常识

孕前要做的准备

排卵期的测算

正常育龄妇女每个月来1次月经，从本次月经来潮开始到下次月经来潮第1天，称为1个月经周期。如从避孕方面考虑，可以将妇女的每个月经周期分为月经期、排卵期和安全期。

妇女的排卵日期一般在下次月经来潮前的14天左右，一般将排卵日的前5天和后4天，连同排卵日在内共10天称为排卵期。测算排卵期有以下几种方法：

1. 基础体温测量。女性基础体温有周期性的变化，排卵一般发生在基础体温上升前由低到高上升的过程中，在基础体温处于升高水平的三天内为“易孕阶段”，但这种方法只能提示排卵已经发生，不能预告排卵将何时发生。

正常情况下排卵后的体温上升0.3℃～0.5℃，称双相型体温。如无排卵，体温不上升，整个周期间呈现低平体温，称单相型体温。

需要注意的是：基础体温的测量必须要经6小时充足睡眠后，醒来尚未进行任何活动之前测体温并记录，任何特殊情况都可能影响基础体温的变化，要记录下来，如前一天夜里的性生活、近日感冒等。需要反复多次测试，并用看表点线相连。月经不规律或生活不规律者不适用此方法。

2. 经期推算法。许多女性不知道自己的排卵到底是哪一天，利用下面公式，经过一段时间的测试，很容易计算出来。

对于月经周期正常者，推算方法为从下次月经来潮的第1天算起，倒数14天或减去14天就是排卵日，排卵日及其前5天和后4天加在一起称为排卵期。例如，以月经周期为30天为例来算，这次月经来潮的第1天在9月29日，那么下次月经来潮是在10月29日（9月29日加30天），再从10月29日减去14天，则10月15日就是排卵日。排卵日及其前5天和后4天，也就是从10月10～19日这10天为排卵期。

对于月经不正常者，排卵期计算公式为：

排卵期第一天＝最短一次月经周期天数减去18天；

排卵期最后一天＝最长一次月经周期天数减去11天。

例如月经期最短为28天，最长为37天，需将最短的规律期减去18（28–18＝10）以及将最长的规律期减去11（37–11＝26），所以在月经来潮后的第10～26天都属于排卵期。

远离影响胎儿的有害物质

1. 甲醛、苯和苯系物。装饰材料中的各种人造板和家具中的游离甲醛不仅是可疑致癌物，而且还会致使胎儿畸形；苯和苯系物主要来自于室内装修和家具中的涂料、油漆和黏合剂。医学专家的研究证明，室内空气里的苯和苯系物污染，对人体的造血机能危害极大，是诱发新生儿再生障碍性贫血和白血病的主要原因。因此，计划要宝宝或是已经怀有宝宝的家庭，尽量不要进行家庭装修或是购买新的家具，如果有必要装修的话，也一定要选择质量过关、没有辐射的装修材料，或是让准妈妈们远离装修环境。职场中的准妈妈们在办公室里要时刻保持座位附近的空气流通，还可以在办公室里放置绿色植物和活性炭，使用甲醛驱除剂等来减少工作环境中可能存有的某些有害物质对宝宝的伤害。

2. 电磁辐射、放射性物质。电磁辐射是微波炉、收音机、电视机、电脑以及手机等家用电器工作时所产生的各种不同波长频率的电磁波，这些电磁波充斥着室内空间，产生的高能量会损害 DNA、造成细胞分解或突变，甚至造成胚胎死亡、胎儿畸形、脑部发育不良及增加日后患癌症的概率。特别是孕妇妊娠头三个月，由于胎儿稚嫩和弱小，极易受到电磁辐射伤害，进而造成畸形，甚至死亡。而放射性物质则会对夫妻双方生殖能力产生巨大的影响，不利于成功受孕。

增加受孕机会有诀窍

1. 健康的饮食规律，全面的营养摄取。恰当饮食，改善营养平衡，保持一个健康的体重很必要。男性体内的锌缺乏会导致睾丸激素分泌过低，减少精子数量，所以男性应该多食富含锌的食物，例如精肉、鸡、海鲜以及所有谷物等，而女性则可以常喝清茶，研究表明，女性每天喝半杯清茶，怀孕的概率会提升 7 倍。

2. 戒掉烟酒和其他不健康的食物。较多的酒精能够影响精子和卵子的质量，酒精中毒的卵子可与精子结合形成畸形胎儿。而如果爸爸长期大量饮酒会发生性功能障碍，也会使 70% 的精子发育不全或游动能力差，不利于胎儿的发育；烟草中有 20 多种有害成分可以致使染色体和基因发生变化，当中的尼古丁有降低性激素分泌和杀伤精子的作用，它会影响生殖细胞和胚胎的发育，造成胎儿畸形，有些有害诱变物质会导致男性精子数量下降，甚至阳痿。

3. 穿宽松、舒适的内外衣裤。在准备怀孕之前，夫妻双方尽量选择舒适、宽松、透气性好的内外衣裤，因为男性的精子数量会因为过热的睾丸而迅速降低，而女性如果经常穿紧身裤也会影响血液循环和汗液、分泌物的正常排泄，不利于创造一个好的孕育环境。

4. 计算排卵期。想生宝宝，最关键也是最简单的方法就是准确掌握排卵周期。排卵预测器是提升受孕机会的好帮手，它能迅速而准确地检测到尿液中黄体激素是否增加，从而计算出是否到了排卵期。

5. 利用最佳时期。受孕前一个月内，同房次数不宜过频，最好按女方排卵期一次成功。而且，男性睾丸激素分泌和精子活动在清晨最为活跃，并且清晨是夫妻双方精力最充沛的时候，所以更容易受孕。

6. 停止避孕药的服用。想要生宝宝的女性，至少应提前三个月停止服用避孕药。这样，生理周期才能恢复正常，才能更好地计算出受孕时间。

7. 选择恰当的姿势。研究表明，男上女下式的姿势能够使精子更加深入地到达子宫内部，如果女性有性高潮，频繁的收缩也会将精子带入子宫。需要注意的是，在准备怀孕以后的性生活中不要使用人工润滑剂、甘油，这样有可能会杀死精子，导致不孕。

孕前的营养准备

怀孕前的营养状况，与新生儿的健康有着非常密切的关系，这是因为，卵子和精子的生长发育期约为 3 个月，所以，准爸妈们应在孕前 3 个月就要开始为即将到来的妊娠做营养储备了。

1. 蛋白质补充。蛋白质是人类生命的基础，是脑、肌肉、脏器最基本的营养素，占总热量的 10% ~ 20%，准备怀孕的夫妻应增加蛋白质的摄入量，保证平均每天每公斤体重摄入蛋白质1.5 ~ 2克，应多吃肉、鱼、蛋、奶、豆制品等食品。

2. 钙质补充。钙是骨骼与牙齿的重要组成成分，怀孕时需要量为平时2倍。孕前未摄入足量的钙，易使胎儿发生佝偻病、缺钙抽搐。孕妇因失钙过多易患骨质软化症，抽搐。孕前开始补钙，对孕期有好处，富含钙的食物有海带、黄豆、腐竹、奶制品类、黑木耳、鱼虾类等。尽管这些食物含有丰富的钙，但人体对钙很难吸收。因此，计划怀孕的夫妇或已经怀孕的孕妇，必须额外补充一定量的钙剂，如碳酸钙、葡萄糖酸钙等。

3. 铁的补充。铁是人体生成红细胞的主要原料之一，是血色素的重要成分。孕期的缺铁性贫血，不但可以导致孕妇出现心慌气短、头晕、乏力，还可导致胎儿宫内缺氧，生长发育迟缓，出生后智力发育障碍，出生后6个月之内易患营养性缺铁性贫血等。铁在人体内可贮存4个月之久，所以，在孕前3个月就应该注意铁的补充。含铁多的食物有牛奶、猪肉、鸡蛋、大豆、海藻等，还可用铁锅做饭炒菜。

4. 锌的补充。锌是人体新陈代谢不可缺少的酶的重要组成部分。锌缺乏可影响生长发育，使得身材矮小，并影响生殖系统。所以在孕前就应多吃含锌的食物，如鱼类、小米、大白菜、羊肉、鸡肉、牡蛎等。

5. 维生素的补充。维生素不仅是人体生长发育的必需物质，同样是生殖功能正常的需要。人体维生素缺乏会导致不易怀孕、抵抗力弱、贫血、水肿、皮肤病、神经炎、胎儿骨骼发育不全，还可能造成流产、早产和死胎，或影响子宫收缩，导致难产。因此，在孕前就应有意识地补充维生素，多进食肉类、牛奶、蛋、肝、蔬菜、水果等。

6. 叶酸的补充。叶酸不足可引起巨细胞性贫血，胎儿畸形发生率增加，甚至葡萄胎、神经器官缺陷等。孕前半年在医生指导下直接补充叶酸或多进食肝、绿叶蔬菜、谷物、花物、豆类等，保证每天补充量在0.8毫克，一直补到怀孕后的3个月，特别是那些生过畸形儿的妇女，孕前和孕早期补充叶酸，能更有效地预防胎儿畸形的发生。

与宠物的关系

有不少的家庭总喜欢养些宠物，如小狗、小猫，更有些喜爱宠物的人几乎每天和自己的宠物形影不离。但如果你准备怀孕或已经怀孕的话，最好是和宠物保持一定距离。

宠物身上有一种病原体叫弓形虫，会导致人畜患上弓形虫病，尤其猫狗是弓形虫病的主要传染源。孕妇一旦感染上弓形虫，就会对自体和胎儿造成极大的危害：弓形虫首先会侵入附近的细胞内繁殖，然后经由淋巴和血液循环播散至全身各脏器，播散至子宫的弓形虫首先侵犯胎盘，形成胎盘炎，然后通过胎儿血液循环而感染胎儿。此外，侵入子宫的弓形虫也可经羊水进入胎儿消化道感染胎儿。

孕妇如果在孕早期感染弓形虫后，可能会发生流产、死胎，或致使胎儿先天性缺陷、畸形；孕中期感染可能发生早产、死胎或严重的畸形儿；孕晚期感染可能发生死胎、畸形儿或“外表正常”的不显性感染婴儿。弓形虫病对婴儿的损害以脑和眼的损害为主，如婴儿脑积水、癫痫、智力减退及脉络膜视网膜炎等。

尽管宠物对准妈妈和胎儿来说危机重重，但有些准妈妈依然无法割舍心爱的宠物。如果不想放弃宠物饲养的话，女性在准备怀孕前一定要到医院做一个彻底的检查，在确定没有感染弓形虫病后再考虑怀孕。另外，最好给宠物也做一个弓形虫病毒检测，只有确定宠物没有弓形虫病菌时才能继续饲养，并且在饲养时一定要注意它的清洁卫生，为宠物定期洗澡，做好室内消毒；准妈妈尽量不要与宠物过分亲密接触，如搂抱亲吻等；在与宠物进行接触后要彻底清洁手部，不要碰触宠物的粪便。

尽管在孕期饲养宠物也并不是完全不可，但为了宝宝健康着想，建议女性在怀孕期间还是和心爱的宠物宝贝“暂别”一段时间。

准备一个良好的孕育环境

生育一个健康的宝宝不能操之过急，一个良好的孕育环境在决定着新生命质量的同时也决定着其智力、心理、生理特点和健康水平。因此，在宝宝到来之前，准爸爸和准妈妈们要为宝宝创造一个良好的孕育环境。

1. 良好的内环境。即健康的身体。父母的健康对胎儿的健康有着最为直接的影响，建议在准备怀孕前的 6 个月夫妻双方共同到医院做一个孕前检查，以判断身体情况是否适合怀孕，以免给宝宝带来不必要的麻烦。

2. 舒适的居住环境。健康的身体是孕育宝宝的内部环境，但是涉及宝宝健康的外部环境仍不可忽视。新生命的哺育也需要一个温暖舒适的家，因此要为即将到来的宝宝准备好一个安全、整洁、安静、舒适的居住环境。由于环境中的污染可能会导致胎儿、婴儿罹患一些疾病，所以在准备怀孕前和宝宝出生前，最好做一个室内环境检测，看是否达到一个安全的标准。

3. 充裕的经济环境。宝宝的出生必然要带来一定的经济负担，如：妈妈营养、医疗保健费用、婴儿用品、保健品、营养品、护理费用等，在计划怀孕之前，夫妻应做好经济预算和资金的预留。

4. 心理环境。宝宝在母体内对妈妈的情绪变化十分敏感，准妈妈如果情绪不稳或是患有某些心理疾病的话，是非常不利于胎儿的生长发育的。因此，在准备怀孕之前，夫妻双方要保持轻松愉悦的心理状态，如果患有某些心理疾病的话，最好是先予以治疗，恢复正常后再考虑受孕。

保持乐观稳定的情绪

研究证实，在夫妻双方身体不疲劳并情绪愉快时，同房受孕的成功率最高；倘若夫妻双方或任意一方的身体疲惫或心情欠佳，都会影响精子或卵子的活力，不利于形成优良的受精卵，并影响受精卵的着床和生长，导致胎萎、流产或影响胎儿脑神经的发育。因而，在决定孕育一个宝宝的时候，夫妻双方一定要放松自己的心态，以平常心迎接宝宝的到来。

要保持乐观稳定的情绪，夫妻二人首先要为彼此创造一个温馨舒适的家庭环境，双方建立一个相互关爱体谅的和谐的夫妻关系。当双方的情绪调节到一个欢愉轻松的节奏下，宝宝可能就会“出其不意”地出现在你的生命中了。

克服紧张的心理

生育对于很多女性来说，一生也只经历一次，所以在怀孕前和怀孕期间做好各方面的准备是至关重要的。很多女性结婚多年也迟迟不见怀孕，一心盼望早日生育的妇女不免内心紧张，并且多方求医想尽办法，但却未能如愿。临床研究发现，工作生活压力过大、情绪的过度紧张都会导致女性内分泌功能失调，出现排卵功能障碍，进而影响受孕概率。

怀孕前，女性如果长期处在焦虑、紧张、抑郁的心理环境下，就会引起下丘脑—垂体—卵巢性腺轴功能失常，使性激素分泌受到影响，抑制排卵，不宜受孕；而怀孕后的紧张也可能会影响胎儿的生长发育，甚至可能会造成流产等严重后果。

对于男性来说，过度紧张的情绪会使睾

丸生精功能发生紊乱，不利于精子成活，进而影响受孕成功概率；如果紧张的情绪太过严重的话，甚至会导致早泄、阳痿甚至终生不育。

做好应对妊娠反应的心理准备

妊娠反应，指的是准妈妈在怀孕早期出现的一系列疲劳、嗜睡、恶心呕吐、食欲不振的生理现象，也叫早孕反应。妊娠反应是由于怀孕期间，准妈妈体内的激素和HCG（人绒毛膜促性腺激素）分泌异常所导致的，每个人的身体素质不同，妊娠反应也就因人而异。不一样的个体，反应的程度也不一样，有些人反应剧烈，有些人则几乎无明显不适感。

一般来说，妊娠反应在孕5～12周之间最为严重，这段时间里的准妈妈常会感觉头晕乏力、倦怠嗜睡，并且食欲减退，有些人还可能有食欲异常、挑食、喜欢酸食、讨厌油腻，这些将会在怀孕12周左右自然消失。即使有的准妈妈还没有出现妊娠反应，也有必要做好心理准备，因为妊娠反应随时都可能开始。做好充足的心理准备，准妈妈们就能轻松地度过孕早期。

准妈妈们要知道，尽管妊娠反应很难受，但一般的反应是不会影响健康、无需治疗的。有些准妈妈担心妊娠剧吐、食欲不振会影响肚子里宝宝的营养供给，因而变得紧张，甚至强迫自己吃很多的东西，继而引发更为剧烈的孕吐。

我们平时吃下的食物中可能会含有一些不健康的元素，成人由于自身的抗体作用，对摄入的这些不健康元素能够自行消解，不会出现不适症状。但在怀孕早期，肚子里的宝宝对这些不健康的因素无法适应，因而做出抗拒行为，这些抗拒行为就会反映为准妈妈的早期反应。所以说，准妈妈的妊娠反应从另一方面来看，正是肚子里的宝宝在主动保护自己不受外界的侵袭。当了解了这一点，准妈妈们便可轻松消除妊娠反应带来的顾虑了。

除了孕吐之外，妊娠反应通常还表现为乏力嗜睡，准妈妈们出现这种现象时，一定不要沮丧地认为自己变懒了，而是因为自己的身体正在分泌一种类似于麻醉剂的激素，帮助宝宝不受干扰地成长。因此，准妈妈们要养成睡午觉的习惯，避免熬夜，保持充足的休息睡眠，同时在睡觉时不要将室内温度调得过高，也不必太过分在意睡姿，因为这个时候的宝宝还小，在妈妈盆腔的保护下可以不受外力滋扰。

有的准妈妈在妊娠反应现象严重时期，每天早上睁眼时就已经开始担忧“今天又怎么熬过去”，这种恐慌忧愁的心理可以说对缓解妊娠反应无任何帮助。应对妊娠反应，最重要是保持心情的轻松乐观，不要拿它当做一件可怕的事情，因为等肚子里的宝宝再大一些的时候，这些反应就会自动消失了。

做好未来生活空间变化的准备

室内环境是婴儿活动的主要场所，一个好的室内环境可促进婴儿心理、智力、性格的发展。所以，为了迎接宝宝的到来，准爸爸和准妈妈也要考虑重新布置家庭格局了。

在宝宝出生之后，家里可能会腾出相当一部分的空间放置宝宝的物品，如婴儿床、玩具、衣物、食物等，准爸妈最好在宝宝到来之前就在已有的家庭布局基础上规划好，宝宝的东西将来要怎么放，有哪些地方需要调整、哪些地方需要挪出空间等等。

婴儿的视觉、听觉、触觉发展都是十分迅速的，因此在婴儿能看到的空间范围内，尽量将其布置得丰富多彩一些，比如可以在墙上贴一些图案简洁色彩鲜艳的图片、小动物或卡通头像，在宝宝的小床周围挂一些小动物玩具，床头上悬挂一些色彩鲜艳并能发出悦耳声音或能够活动的玩具。

除了环境布局，准爸妈还应了解，家里的哪些地方可能会在将来给宝宝造成危险，比如桌子、茶几的棱角，玻璃材质的装饰品等。随着宝宝的慢慢长大，学会爬行、走路，这些平日里被成人忽略的地方很可能会成为给孩子带来伤害的“元凶”。所以，最好是将家里所有坚硬的、有棱角的家具想方设法防护起来，将易碎物品、不适合宝宝接触的物品放到宝宝接触不到的地方。

全面了解关于怀孕的法律知识

1.《劳动法》对女职工特殊劳动保护的内容。第 60 条规定：“不得安排女职工在经期从事高处、低温、冷水作业和国家规定的第三级体力劳动强度的劳动。”

第 61 条规定：“不得安排女职工在怀孕期间从事国家规定的第三级体力劳动强度和孕期禁忌从事的活动。对怀孕七个月以上的女职工，不得安排其延长工作时间和夜班劳动。”

第 62 条规定：“女职工生育享受不少于 90 天的产假。”

第 63 条规定：“不得安排女职工在哺乳未满一周岁的婴儿期间从事国家规定的第三级体力劳动强度的劳动和哺乳期禁忌从事的其他劳动，不得安排其延长工作时间和夜班劳动。”

2.《劳动法》、《女职工劳动保护规定》对产假的规定。《劳动法》第 62 条规定：“女职工生育享受不少于 90 天的产假。”

《女职工劳动保护规定》第 8 条规定：“女职工产假为 90 天，其中产前休假 15 天。难产的，增加产假 15 天。多胞胎生育的，每多生育一个婴儿，增加产假 15 天。”第 4 条规定：“不得在女职工怀孕期、产期、哺乳期降低其基本工资，或者解除劳动合同。”

根据以上规定，法定的产假期为 90 天。用人单位可以根据本单位实际情况对产假时间另行规定，但不得低于法定标准。如果因为特殊情况休假超过 90 天的，只要有医院证明就可以向单位请病假，但病假期间不能享受产假待遇。

3. 女职工在怀孕期应享受的待遇。国务院颁布的《女职工劳动保护规定》第 7 条规定：“女职工在怀孕期间，所在单位不得安排其从事国家规定的第三级体力劳动强度的劳动和孕期禁忌从事的劳动，不得在正常劳动日以外延长劳动时间；对不能胜任原劳动的，应当根据医务部门的证明，予以减轻劳动量或者安排其他劳动。怀孕 7 个月以上（含 7 个月）的女职工，一般不得安排其从事夜班劳动；在劳动时间内应当安排一定的休息时间。怀孕的女职工，在劳动时间内进行产前检查，应当算作劳动时间。”

《劳动部关于女职工生育待遇若干问题的通知》第 2 条规定：“女职工怀孕，在本单位的医疗机构或者指定的医疗机构检查和分娩时，其检查费、接生费、手术费、住院费和药费由所在单位负担，费用由原医疗经费渠道开支。”

《女职工劳动保护规定》第 4 条规定：“对实行计划生育的女职工，企业不得以女职工在怀孕、生育和哺乳为由在试用期或任何其他时期解除劳动合同，但在试用期内不符合录用条件的、在‘三期’内违纪的除外。对实行计划生育的女职工在‘三期’内劳动合同期虽满，也不能解除劳动合同，必须延续到哺乳期满。”

4. 产生劳动争议后解决的途径。《劳动法》第 77 条第 1 款规定：“用人单位与劳动者发生劳动争议，当事人可以依法申请调解、仲裁、提起诉讼，也可以协商解决。”同时，第 79 条又规定：“劳动争议发生后，当事人可以向本单位劳动争议调解委员会申请调解；调解不成，当事人一方要求仲裁的，可以向劳动争议仲裁委员会申请仲裁。

当事人一方也可以直接向劳动争议仲裁委员会申请仲裁。对仲裁裁决不服的，可以向人民法院提起诉讼。”

综上所述，劳动者一旦与用人单位发生劳动争议，可以采取以下途径处理：

（1）协商。劳动者与用人单位在平等、公平、自愿、合法的前提下，可以自行协商处理。

（2）申请调解。劳动者可以向本单位劳动争议调解委员会申请调解。

（3）仲裁。如果没有达成调解协议或者拒绝调解而要求仲裁的，可以申请仲裁。如果劳动者不愿意由劳动争议调解委员会调解，或者本单位没有劳动争议调解委员会的，劳动者可以直接向劳动争议仲裁委员会申请仲裁。

（4）起诉。如果劳动者对劳动者仲裁委员会的裁决不服，可以向人民法院提起诉讼。

在此需要说明的是，劳动争议调解委员会的调解不是劳动争议处理的必经程序，当事人一方可以直接申请仲裁，但申请仲裁是必须程序，人民法院只是在当事人对仲裁裁决不服时，才受理诉讼。

孕期要做的检查

孕期常规检查

孕期的常规检查主要包括体重、血压、尿检、血液化验等。在确诊妊娠之后，准妈妈应定期到医院做孕期检查，不同的时期，检查的内容不同，并且随着孕期的增加，检查的越为频繁。

1. 妊娠12周以内（孕早期）。建立产科病历及母婴保健手册，并做好身高、体重、血压、全身体检、盆腔检查等基本检查，以及血、尿常规，血型，肝功，甲、丙肝抗体，乙肝五项，甲胎蛋白，梅毒血清反应，弓形体，风疹病毒，巨细胞病毒、疱疹病毒抗体检查，血糖等化验检查。对可能存在的高危患者进行初步筛查，决定是否能够继续妊娠。如上述无异常，则4周内再进行复诊。

2. 妊娠13 ~ 27周（孕中期）。孕中期平均每四周做一次产前检查，主要测量孕妇的体重、血压、宫高、腹围、胎位、胎心率，并进行血、尿常规化验，医生应指导病人学习数胎动，进行胎教。

除此之外，通常在孕14 ~ 20周进行唐氏综合征筛查；孕20 ~ 24周内，进行彩色超声波检查，判断胎儿有无畸形；孕24周以后开始进行妊娠糖尿病筛查。

3. 妊娠28周至临产（孕晚期）。孕晚期的检查正常情况下应为每两周一次，到第36周后每周一次，主要测量孕妇体重、血压、宫高、腹围、胎位、胎心，孕32后还要进行骨盆测量，同时做好血和尿常规的化验检查，孕38周时需查血凝四项。每周进行一次胎心监护，临近预产期时，做B超检查，检测胎儿大小，胎盘及羊水情况。

优生筛查

优生筛查主要包括巨细胞病毒、单纯疱疹病毒、风疹病毒、弓形虫、乙肝病毒、人乳头瘤病毒、解脲支原体、沙眼衣原体、淋球菌、梅毒、艾滋病病毒等等。目前临床中常做的有优生四项筛查和优生六项筛查：

（1）优生四项筛查——巨细胞病毒、单

纯疱疹病毒、风疹病毒、弓形虫筛查。

（2）优生六项检查——巨细胞病毒、单纯疱疹病毒、风疹病毒、弓形虫、人乳头瘤病毒、解脲支原体筛查。

尽管每家医院的筛查项目不一定完全相同，但筛查的都是临床中最容易感染的病原体。一旦孕妇感染了这些病原体当中的一种，就有可能会造成胎儿的宫内感染，从而导致孕妇流产、死胎，或是造成胎儿畸形及胎儿的一些先天性疾病，因此，优生筛查十分重要。

目前，优生筛查的结果判断来自于孕妇的病毒抗体水平检测结果，检测报告单上结果通常是：× × 病毒抗体 IgG 阴性或阳性、IgM 阴性或阳性。

抗体 IgG 阴性：孕妇没有感染过这类病毒，或感染过但没有产生抗体；

抗体 IgM 阴性：孕妇没有活动性感染，但不排除潜在感染；

抗体 IgG 阳性：孕妇既往有接种此类病毒疫苗史，或曾感染过此种病毒；

抗体 IgM 阳性：孕妇近期内曾经受过此种病毒的活动性感染。

孕前和孕期主要检查孕妇血中的 IgM 抗体。因为就目前临床检验结果来说，约有 40% 的活动性感染造成了胎儿的宫内感染，并且在我国女性中，巨细胞病毒、单纯疱疹病毒、风疹病毒、人乳头瘤病毒的感染率很高，既往感染率高达 90%。孕妇中各种病原体的活动性感染在 3% ~ 8%，但也有一些 IgM 抗体不高的孕妇可能有潜在感染，也可能造成胎儿的宫内感染。

但是，在化验单上，不要一看到有加号（+）或阳性结果，就认为有胎儿的宫内感染。抗体的阳性并不意味着受到感染，抗体阴性也不意味着不会感染。IgG 抗体阳性，仅仅说明孕妇曾经感染过此种病毒，并可能此种病毒已经产生免疫力。有些接种过病毒疫苗的孕妇，在检测时也可能会出现 IgG 抗体阳性，如接种过风疹疫苗的妇女，就会出现风疹病毒 IgG 抗体阳性、接种过乙肝疫苗的妇女会出现乙肝表面抗体阳性。所以，在筛查的过程和结果的判定上，要仔细辨别清楚，哪些是保护性抗体而哪些是非保护性抗体。

STORCH 筛查

STORCH 筛查指的是对梅毒、弓形虫、风疹、巨细胞病毒、单纯疱疹以及其他病毒的筛查。新生儿感染病毒的途径有两个，一是宫内感染，也就是先天性感染；二是后天感染，指的是胎儿在分娩过程中在经过产道时直接遭到感染，或出生后吸入带病毒的乳汁、输血、手污染、接触物品等。孕妇一旦感染这些病毒，就可能造成胎儿的宫内感染，进而导致孕妇流产，或是胎儿畸形。但通常孕妇对这些病毒的自然感染率还是比较低的。只要能够提高机体抵抗力，改变既往的生活方式，就能够减少发生感染的机会。

AFP 检查

AFP 是人体在胚胎时期血液中含有的一种特殊蛋白——甲胎蛋白的缩写，成人只有在怀孕或是肝脏发生病变时，AFP 值才会增高。孕期的 AFP 产生于于卵黄囊和胎儿的肝脏，经胎儿尿液进入羊水再经胎盘渗入或经胎血进入母体血液。当胎儿神经管畸形时，羊水和孕妇血中的 AFP 均升高。所以，孕期的 AFP 检查主要用于检测胎儿是否存在畸形、或是患有其他神经性疾病，如无脑儿。AFP 降低可见于唐氏综合征，所以，AFP 也常作为唐氏综合征的检测手段。建议在怀孕 16 周左右进行一次 AFP 检查。

当 AFP 值超出正常水平，有可能意味着胎儿神经管有缺陷，也有可能是双胞胎，或是怀孕时间比预测时间长；AFP 值低于正

AFP 在各孕周参考值（单位：纳克 / 毫升）

孕周	AFP 值	孕周	AFP 值	孕周	AFP 值	孕周	AFP 值
12	36±27	23	100±57	29	187±133	35	236±155
15	50±33	24	115±63	30	164±115	36	234±139
18	71±49	25	133±45	31	193±100	37	192±142
20	93±57	26	150±50	32	237±140	38	167±96
21	80±56	27	126±64	33	234±114	39	153±102
22	90±56	28	175±90	34	212±140	40	145±123

常水平，则意味着实际怀孕时间可能比预测时间短，也可能是胎儿患有先天愚型（亦称21—三体综合征）。

AFP 一次检测结果异常时，孕妇最好进行再次复查。由于导致 AFP 水平升高或降低的原因很多，所以 AFP 的一次异常并不完全代表胎儿异常，应有两次以上的阳性检验结果，或其他附加检验结果作佐证才能做最终判断。目前的临床统计表明，大多数 AFP 筛查结果异常的孕妇，都在接下来的检查中被排除了疾病的可能，所以孕妇大可不必紧张，影响自己的情绪。

孕期糖尿病筛查

孕期糖尿病检测是将 50 克葡萄糖溶于 200 毫升水中，5 分钟内喝完，1 小时后抽血检测血糖，若血糖测试结果大于 7.8 毫摩尔 / 升，则进一步做 75 克的耐糖试验，以确定诊断。

一般来说，建议孕妇最好都能在孕 24 ~ 28 周之间进行一次糖尿病筛查，特别是年龄大于 35 岁、超重或肥胖、患有高血压、曾分娩过巨大儿、有过胎停育史、家族中尤其是父母和兄弟姐妹有糖尿病史、有过胎停育史的孕妇，更需要进行检查。根据临床判断，糖尿病筛查结果为阳性的患者中，仅 25% 为妊娠期糖尿病患者，因而当筛查结果显示阳性时，孕妇也不必太过着急，但也不可心存侥幸，还需进行进一步检查。一旦证实患上妊娠期糖尿病，早期的干预治疗对孕妇和胎儿都非常重要。

B 超检查

B 超检查是一种较有参考价值的判断胎儿发育的方法，通过 B 超检查可以测定胎头至胎臀的长度，推算胎儿孕周；测定胎头的双顶径、头围、腹围及股骨长度，判断胎儿是否发育正常；了解胎盘情况，判断有无胎盘早期剥离、前置胎盘等危险情况；测定羊水量；检测胎儿有无畸形。整个孕期孕妇将做 2 ~ 3 次的 B 超检查，孕 8 周前通常不需要进行，如遇有阴道流血及腹痛者，需做排除宫外孕、葡萄胎、肌瘤流产的 B 超检查；孕前或早孕时有盆腔包块或子宫肌瘤的病人，也需要 B 超检查进行协助诊断。医院的超声检查报告单一般包括胎囊、胎头、胎心、胎动、胎盘、股骨、羊水、脊柱和脐带的检查结果：

1. 胎囊。胎囊只在怀孕早期见到，在孕 1.5 个月时直径约 2 厘米、2.5 个月时约 5 厘米为正常。胎囊位置在子宫的宫底、前壁、后壁、上部、中部都属正常；形态圆形、椭圆形、清晰为正常；如胎囊为不规则形、模糊，且位置在下部，孕妇同时有腹痛或阴道流血时就有流产的可能。

2. 胎头。轮廓完整为正常，缺损、变形为异常，脑中线无移位和无脑积水为正常。BPD 代表胎头双顶径，怀孕到足月时应达到

9.3 厘米或以上。按一般规律，BPD 值在孕 5 月以后基本与孕龄相符，即妊娠 28 周（7 个月）时 BPD 约为 7.0 厘米，孕 32 周（8 个月）时约为 8.0 厘米。孕 8 个月以后，平均每周增长约为 0.2 厘米为正常。

3. 胎心。有、强为正常，无、弱为异常。胎心频率正常为每分钟 120 ~ 160 次之间。

4. 胎动。有、强为正常，无、弱可能胎儿在睡眠中，也可能为异常情况，要结合其他项目综合分析。

5. 胎盘。胎盘的正常厚度应在 2.5 ~ 5 厘米之间，胎盘钙化一项报告单上分为Ⅲ级，Ⅰ级为胎盘成熟的早期阶段，回声均匀，在孕 30 ~ 32 周可见到此种变化；Ⅱ级表示胎盘接近成熟；Ⅲ级提示胎盘已经成熟。越接近足月，胎盘越成熟，回声越不均匀。

6. 股骨长度。指胎儿大腿骨的长度，正常值应与相应孕龄的 BPD 值差 2 ~ 3 厘米，如 BPD 为 9.3 厘米，股骨长度应为 7.3 厘米；BPD 为 8.9 厘米，股骨长度应为 6.9 厘米等。

7. 羊水。羊水深度在 3 ~ 7 厘米之间为正常，超过 7 厘米为羊水增多，少于 3 厘米为羊水减少。

8. 脊柱。胎儿脊柱连续为正常，缺损为异常，可能脊柱有畸形。

9. 脐带。正常情况下，脐带应漂浮在羊水中，如在胎儿颈部见到脐带影像，可能为脐带绕颈。

孕早期 B 超可见内容：

（1）4 周。胎儿只有 0.2 厘米。受精卵刚完成着床，羊膜腔才形成，体积很小。超声还看不清妊娠迹象。

（2）5 周。胎儿长到 0.4 厘米，进入了胚胎期，羊膜腔扩大，原始心血管出现，可有搏动。B 超可看见小胎囊，胎囊约占宫腔不到 1/4，或可见胎芽。

（3）6 周。胎儿长到 0.85 厘米，胎儿头部、脑泡、额面器官、呼吸、消化、神经等器官分化，B 超胎囊清晰可见，并见胎芽及胎心跳。

（4）7 周。胎儿长到 1.33 厘米，胚胎已具有人雏形，体节已全部分化，四肢分出，各系统进一步发育。B 超清楚看到胎芽及胎心跳，胎囊约占宫腔的 1/3。

（5）8 周。胎儿长到 1.66 厘米，胎形已定，可分出胎头、体及四肢，胎头大于躯干。B 超可见胎囊约占宫腔 1/2，胎儿形态及胎动清楚可见，并可看见卵黄囊。

（6）9 周。胎儿长到 2.15 厘米，胎儿头大于胎体，各部表现更清晰，头颅开始钙化、胎盘开始发育。B 超可见胎囊几乎占满宫腔，胎儿轮廓更清晰，胎盘开始出现。

（7）10 周。胎儿长到 2.83 厘米，胎儿各器官均已形成，胎盘雏形形成。B 超可见胎囊开始消失，月牙形胎盘可见，胎儿活跃在羊水中。

（8）11 周。胎儿长到 3.62 厘米，胎儿各器官进一步发育，胎盘发育。B 超可见胎囊完全消失，胎盘清晰可见。

（9）12 周。胎儿长到 4.58 厘米，外生殖器初步发育，如有畸形可以表现，头颅钙化更趋完善。颅骨光环清楚，可测双顶径，明显的畸形可以诊断，此后各脏器趋向完善。

母血唐氏症筛查检查

母血唐氏症筛查检查是通过抽血，检验母血中甲胎蛋白及人类绒毛膜促性腺激素，据此算出胎儿为唐氏症儿的危险比率，再针对高危人群安排做羊膜穿刺检查。母血唐氏症筛查检查多在孕 15 ~ 20 周进行，建议怀孕女性都应检查。唐氏症是常见的胎儿染色体异常，通过此筛查可早期发现、及早处理。

SMA 基因检测检查

SMA 是脊髓性肌肉萎缩症的简称。根据统计，脊髓性肌肉萎缩症带原率约为 3%，在国内仅次于海洋性贫血，为第二常见的遗传疾病。该项检验相对简单，只需抽取 2 ~ 3 毫升全血即可。SMA 基因检测检查随时都能做，建议在孕 10 ~ 14 周或第一次产检时进行，特别是有脊髓性肌肉萎缩症家庭史者更需进行此项检查。脊髓性肌肉萎缩症目前尚无治愈的方法，因此，提早筛查可以避免出现遗憾，减少家庭巨大的医疗负担。

胎儿生理评估检查

胎儿生理评估检查利用的是超声波检查，包括对羊水量、胎儿呼吸运动、胎动、胎儿肌肉张力、非压力试验第五项检查，每个项目正常时给予 2 分，如果最后结果低于 6 分，就表示胎儿发育异常，需进一步检查。胎儿生理评估检查通常在孕 29 周左右进行，主要针对于产检时发现胎儿生长迟滞和怀疑有胎儿窘迫情况的孕妇。

乙型链球菌筛查

乙型链球菌可能造成早产、羊膜腔炎、产后感染、胎儿及新生儿感染等，如发现细菌即可进行治疗，因此建议孕妇最好能在孕 36 周左右时进行一次乙型链球菌筛查。该检查采取的方式是采集阴道及肛门口检体，进行细菌培养检测，目前有些医院已采用 OIA 光学免疫法，能够进行快速检验。

绒毛膜细胞检查

绒毛膜细胞穿刺采样检查是在超声波导引下，经由子宫颈或腹部，以导管或细长针，穿入胎盘组织内，吸取少量的绒毛，可作为染色体、基因或酵素的分析，以诊断胎儿染色体或基因异常，通常在孕 9 ~ 12 周进行，用于检查胎儿是否患有遗传性疾病，其准确性很高。绒毛膜细胞最佳检查时间要早于羊膜穿刺的最佳检查时间，能够尽早对胎儿异常做出判断。如果家庭有特殊疾病家族史，或高度怀疑胎儿存在染色体基因异常，就有必要进行绒毛膜细胞检查。需要注意的是，虽然绒毛膜细胞可早期发现胎儿染色体异常，但造成流产率高于羊膜穿刺。

孕中晚期 B 超各项参考指标（单位：厘米）

孕周	双顶径	腹围	股骨长
13	2.52±0.25	6.90±1.65	1.17±0.31
14	2.83±0.57	7.77±1.82	1.38±0.48
15	3.23±0.51	9.13±1.56	1.74±0.58
16	3.62±0.58	10.32±1.92	2.10±0.51
17	3.97±0.44	11.49±1.62	2.52±0.44
18	4.25±0.53	12.41±1.89	2.71±0.46
19	4.52±0.53	13.59±2.30	3.03±0.50
20	4.88±0.58	14.80±1.89	3.35±0.47
21	5.22±0.42	15.62±1.84	3.64±0.40
22	5.45±0.57	16.70±2.23	3.82±0.47
23	5.80±0.44	17.90±1.85	4.21±0.41
24	6.05±0.50	18.74±2.23	4.36±0.51
25	6.39±0.70	19.64±2.20	4.65±0.42
26	6.68±0.61	21.62±2.30	4.87±0.41
27	6.98±0.57	21.81±2.12	5.10±0.41
28	7.24±0.65	22.86±2.41	5.35±0.55
29	7.50±0.65	23.71±1.50	5.61±0.44
30	7.83±0.62	24.88±2.03	5.77±0.47
31	8.06±0.60	25.78±2.32	6.03±0.38
32	8.17±0.65	26.20±2.33	6.43±0.49
33	8.50±0.47	27.78±2.30	6.42±0.46
34	8.61±0.63	27.99±2.55	6.62±0.43
35	8.70±0.55	28.74±2.88	6.71±0.45
36	8.81±0.57	29.44±2.83	6.95±0.47
37	9.00±0.63	30.14±2.17	7.10±0.52
38	9.08±0.59	30.63±2.83	7.20±0.43
39	9.21±0.59	31.34±3.12	7.34±0.53
40	9.28±0.50	31.49±2.79	7.40±0.53

羊膜穿刺

羊膜穿刺多在孕 16 ~ 21 周进行，用来检查胎儿排到羊水中的细胞，以预知胎儿是否有神经管缺陷，或某些遗传性代谢疾病。该试验结果对判断染色体是否畸形，具有较高的准确度。年龄 30 岁以上的高龄孕妇、前次怀孕有过染色体异常胎儿者、准爸爸妈妈一方家族中有先天性或遗传性疾病病史，有过流产、死胎、死产史和母血唐氏症筛查结果显示为高危人群者有必要做羊膜穿刺检查。

检查时，医生在腹部超声波的导引下，利用特殊长针，经孕妇之腹部进入羊膜腔，抽取少量的羊水。羊膜穿刺一般不会增加母亲早产、流产和胎儿异常的概率，可以安心进行。

胎儿镜检查

胎儿镜检查是用来检测胎儿是否有某种严重的先天畸形的检查方法，目前多采用长 15 ~ 20 厘米，直径 1.7 毫米、套管直径 2.2 毫米的直视针镜，可视角度为 70 度，每视野 2 ~ 4 厘米^2，带有细的导管用以抽取胎儿的血样，也有的运用活检钳，可夹取胎儿的皮肤或者胎膜检查。

在进行胎儿镜检查时，医生将胎儿镜伸入子宫腔内，直接观察胎儿的全身及体表各部位，能够一目了然地对胎儿作出畸形与否的诊断。通过取胎儿的皮肤，可诊断白化病；取胎儿的肌肉，诊断假性肥大肌营养不良或者进行性肌萎缩症；取胎儿的血液检测，诊断血红蛋白病；用微量方法进行病理、生化、DNA（脱氧核糖核酸）分析，可以诊断染色体病等 50 多种遗传性疾病，发现病症时还可通过对胎儿输血、宫内给药等方式为胎儿进行治疗。

一般来说，胎儿镜检查在孕 15 ~ 20 周都可做，但以孕 18 ~ 20 周间进行最适合。因为孕 15 周时胎儿过小，失血 1 毫升就相当于全身血容量的 15%，胎儿很难耐受。等到孕 18 周时，胎儿已发育得较大，胎盘子体面的血管较粗，较容易采血，而且胎儿的血容量已增多，失血 1 毫升不及全身血容量的 5%，因而对胎儿的影响小，更为安全。同时，此时的羊水量相对较多且澄清，进行穿刺时不易损伤胎儿，而且视野清晰，可以观察到胎儿大部分体表情况，诊断胎儿是否有体表畸形。

需要值得警惕的是，胎儿镜检查操作过程中偶尔可以引起羊水感染、脐带创伤、胎盘早剥、母子间血液渗漏等并发症，对孕妇和胎儿都有一定程度上的风险。临床统计胎儿镜检查致使流产的比率达 6%，所以在进行胎儿镜检查时，一定要由技术高度熟练的医务人员操作。正常妊娠者只要没有异常情况，则不必做这种检查。

脐静脉穿刺检查

脐静脉穿刺是通过孕妇腹壁，从脐带中抽取胎儿血样品进行检验，可诊断胎儿是否患有贫血症，是否感染某些病毒或其他病原菌，如风疹、弓形虫、单纯疱疹病毒、巨细胞病毒等；通过对胎儿血液酸碱度、氧含量、二氧化碳含量和碳酸氢盐含量的测定，了解胎儿是否有宫内发育迟缓现象；还可以通过对白细胞的分析，提供染色体数目。

检查时，孕妇取平卧位，排空膀胱后由医生同通过超声波观察胎儿情况后选择穿刺部位。通常，根据胎盘位置不同，穿刺位也相应不同，可以经由胎盘直接进入脐血管，由胎盘、羊膜腔进入脐血管，还可经由羊膜腔进入脐血管。脐静脉穿刺检查并不是所有孕妇都需要做，只有那些经遗传咨询门诊就诊后，医生确定需要进行脐血相关检查的孕妇有必要进行此项检查，检查时间一般在孕 26 ~ 30 周之间。

分娩

常规经阴道分娩

分娩方式有两种，经阴道分娩和剖宫产分娩，阴道分娩中又包括自然分娩和仪器助产分娩。

自然分娩是指在有安全保障的前提下，通常不加以人工干预手段，让胎儿经阴道娩出的分娩方式。健康的孕妇，如果骨盆大小正常、胎位正常、胎儿大小适中，孕妇如无各种不适宜分娩的并发症，及无医疗上剖宫产的手术指征，医生会鼓励孕妇自然分娩。

自然分娩不仅有利于宝宝的身体健康，同样也有利于产妇的健康恢复。经阴道自然分娩的产妇，由于分娩时出血少、感染概率小、子宫无伤口，因而产后的身体恢复大大快于剖宫产，能有更多的精力照料婴儿，而且还能避免剖宫产的许多并发症和后遗症。因此，如果具备自然分娩的条件的话，尽量选用阴道分娩这种自然、安全、对母婴都有利的分娩方式。

以自然方式分娩的孕妇，在怀孕期间应了解生产的全过程及做相应的检查以便能够全面了解孕妇及胎儿的情况。孕妇应做一般状况的检查及产前检查，以便及早发现异常，及早进行处理；对胎儿也应进行相应的检查，如胎盘功能、胎儿成熟度、胎儿先天畸形的宫内诊断以及胎儿遗传性疾病的宫内诊断，可以确切地掌握胎儿的发育情况及胎产式。

剖宫分娩

剖宫产就是剖开腹壁及子宫，取出胎儿。有些孕妇由于自身的某些原因，无法进行常规经阴道分娩，或经阴道分娩可能对产妇或胎儿造成危险时，就需要进行剖宫生产。

在实施剖宫术前，准妈妈要保持愉快、平静的心情，避免过分的紧张和焦虑，待产时可以通过听音乐、看休闲读物和其他孕妇进行交流来放松精神，注意多休息，术前一日晚保证充足的睡眠，并且进食易消化的食物，术前至少 4 小时不要再饮水、进食；做好腹部、外阴清洁，脐窝较深者提前进行清洁。

术前护士会进行合血（取静脉血 2 ~ 3 毫升，以备手术中需要输血时配血用）、备皮（用剃毛刀刮去腹部、腰部等处的毛发）、肌肉注射防出血针剂、安放导尿管和对腹部皮肤初次消毒等准备工作，孕妇应在准备工作进行前将发卡、隐形眼镜、首饰等身上多余物品取下，交家属妥善保管。

剖宫产手术进行时，医生首先要将腹壁进行切开，拉出子宫，将子宫切开拉出胎儿、剥离胎盘后依次对子宫和腹壁进行术后缝合，缝合完毕后给术部涂以碘酊或消炎软膏以预防感染。剖宫产手术结束后，产妇在产后 6 小时内要绝对禁食，将头偏向一侧去枕平卧，有时护士会在产妇的腹部放置一个沙袋以减少腹部伤口的渗血。

剖宫产手术常见并发症有出血、休克等。出血多半是缝针刺破血管或结扎脱落引起，对于这种出血要重新进行结扎，对缝合后针孔或缝合部分渗血的病人，可局部滴注肾上腺素止血；手术期间发生休克的原因可能是拉出胎儿后腹内压骤然下降及大出血等引起。一旦出现休克征兆（如昏迷、呼吸浅快，结膜苍白，耳鼻发凉等）应采取紧急救治措施，可肌肉注射肾上腺素和血管收缩药。静脉补液特别是补充钾离子，对挽救患者生命更为有益。

虽然剖宫产的手术指征明确，麻醉和手术一般都很顺利，手术过程也比较安全，但其对产妇来说是一个很大的创伤不易恢复。此外，剖宫产术后还可能发生泌尿、心血管、呼吸等系统的并发症，以及引发子宫切口愈合不良、晚期产后流血、腹壁窦道形成、切口长期不愈合、肠粘连或子宫内膜异位症等病症。剖宫产的新生儿，还有可能发生呼吸窘迫综合征。

常规分娩好还是剖宫产好

常规分娩无论是对产妇还是对宝宝都是很好的锻炼，但产妇需要承受较大的痛苦；剖宫产产妇承受的痛苦较少，但不利于产后的恢复和宝宝的健康。常规分娩和剖宫产各有利弊，到底选择哪一种生产方式，很多准妈妈在妊娠期都会考虑这个问题。

剖宫产作为一种手术，尽管现在已是一种非常成熟的技术，而且整个生产过程不必经历分娩阵痛、产道不会裂伤、没有难产的忧虑，但与阴道分娩相比，剖宫产的出血多、卧床时间长、住院时间长、产妇恢复慢，会有一定的风险和并发症。所以，除非有医疗上的手术指征，否则不建议孕妇去作剖宫腹产术。

医疗上的手术指征主要有：

1. 胎儿窘迫。胎儿窘迫可以发生在妊娠的各个时期，特别是后期及阵痛之后。胎儿窘迫的原因很多，例如脐带绕颈、胎盘功能不良、吸入胎便，或是产妇本身有高血压、糖尿病、子痫前兆等并发症。大部分的胎儿窘迫可通过胎儿监视器看到胎儿心跳不好，或是在超声波下显示胎儿血流有不良变化，如果经过医生紧急处理后仍未改善，则应该施行剖宫产迅速将胎儿取出，防止发生生命危险。

2. 产程迟滞。产程迟滞是指产程延长。通常宫颈扩张的时间因人而异，但初产妇的宫颈扩张时间平均比经产妇长，需 14 ~ 16 小时，超过 20 小时称为产程迟滞。遇到这种情况的产妇最辛苦，因为阵痛已经持续了一段时间，才不得已改为剖宫产，等于是产前阵痛和术后痛都必须经历，共痛了两次。

一般产程迟滞可以根据分娩的异常分为 3 种，潜伏期延长、活跃期延长、活跃期停滞。通常造成产程迟滞的原因，有可能是子宫收缩力量的异常、胎儿身体或胎位或胎向异常、母亲产道异常等。如果有明显的产程迟滞情况发生，却仍然勉强选择经阴道分娩，可能会对胎儿或母体造成伤害，因而必须实施剖宫产手术。

3. 骨盆狭窄或胎头与骨盆腔不对称。产妇如果有骨盆结构上的异常，比如小儿麻痹患者、有骨盆骨折病史、身材过于娇小或侏儒症患者，由于骨盆出口异常无法让胎儿顺利通过，故应该采取剖宫产。

此外，胎头与骨盆腔不对称是相对性的，也就是说即使产妇本身的骨盆腔无异常也不狭窄，但因为胎儿的头太大，无法顺利通过产道，也必须实行剖宫产。

4. 胎位不正。初产妇胎位不正时，应以剖宫产为宜。一般而言，初产妇若在足月时已经确认胎位不正，可事先安排剖宫产的时间；但如果是阵痛开始后才发现胎位不正，可能要直接安排紧急手术。不过，若是属于臀位的胎位不正，并且产妇本身有阴道生产的意愿，仍然可以利用各种助产方法尝试，但臀位阴道分娩还是具有较高的危险性，因此要和主治医生讨论其利弊才可实行。

5. 多胞胎。如果产妇怀的是双胞胎，且

胎儿胎位都是正常的，可以尝试自然生产，但若是三胞胎或更多胎的怀孕，建议优先考虑剖宫产。

6. 前胎剖宫生产。前胎剖宫生产是目前国内常见的适应证，大约占30%，有许多产妇都是第一胎剖宫产后，再次分娩也会选择剖宫产。一般来说，一次的前胎剖宫产后，的确会增加近1%的子宫破裂机会。若是直式的子宫剖开方式，则子宫破裂的机会则会增加4倍左右，因此，多数妇产科医生及产妇会在前胎剖宫产的前提下，在进入产程之前安排好手术时间。

7. 胎盘因素。胎盘的位置及变化与生产方式也有关系，比如胎盘位置太低，挡住了子宫颈的开口，前置胎盘或是胎盘过早与子宫壁剥离而造成大出血或胎儿窘迫等，都是剖宫产的可能原因。

8. 子宫曾做过手术。如果产妇曾经做过剖宫产，子宫壁上就会有手术所留下的瘢痕组织，这些瘢痕组织的确会增加子宫在阵痛时破裂的危险概率，因此大多会安排剖宫产。

9. 母体不适合阴道生产。

如果母体本身有如子痫前症或严重的内科疾病（心脏病等）等重大疾病，经产科医生评估无法进行阴道生产者，也需要选择剖宫产。

10. 巨大儿。巨大儿的定义为胎儿体重等于或超过4千克，产前检查时，如果产科医师评估胎儿体重可能大于4千克，能以自然生产方式娩出的机会很小时，也可以安排剖宫产，以避免发生难产。

一般来说，自然生产对大部分的准妈妈而言，相对比较安全且伤害性较小，并且随着临产时子宫有节律的收缩，胎儿的胸廓受到节律性的收缩，这种节律性的变化，使胎儿的肺迅速产生一种叫做肺泡表面活性物质的磷脂，因此出生后的婴儿，其肺泡弹力足，容易扩张，很快建立自主呼吸。其次，在分娩时，胎儿由于受到阴道的挤压，呼吸道里的黏液和水分都被挤压出来，因此，出生后患有“新生儿吸入性肺炎”、“新生儿湿肺”的相对减少。另外随着分娩时胎头受压，血液运行速度变慢，相应出现的是血液充盈，兴奋呼吸中枢，建立正常的呼吸节律。据观察统计，通过阴道分娩的胎儿，由于大脑受到阴道挤压而对其今后的智力发育大有好处。

剖宫产则是经腹部切开子宫取出胎儿的过程，它并非是胎儿最安全的分娩方式。首先，由于没有子宫节律性收缩的刺激，肺泡表面活性物质的产生相应要少且慢，出现有规律的自主呼吸相应减慢，而且新生儿易于并发肺部疾患。其次，剖宫产因产道的改变，使孩子降临人世时的自然环境发生变化，正常产道生产过程带来的神经接触等感觉失去，从而使孩子在成长过程中易得多动等神经精神疾病。另外，剖宫产新生儿的脐血中，免疫球蛋白含量比自然分娩的新生儿要低，能抗病的抗体含量更低。所以，剖宫产生的新生儿更易感染疾病。从婴儿角度看剖宫产并不如自然分娩。

自然分娩和剖宫产到底如何选择，一要看准妈妈自身的情况，二要看胎宝宝的发育情况。如果无不适症的话，建议准妈妈们选择常规分娩，毕竟对宝宝和妈妈们自身都是大有好处的。

第 2 部分

养育宝宝最关键的十个月

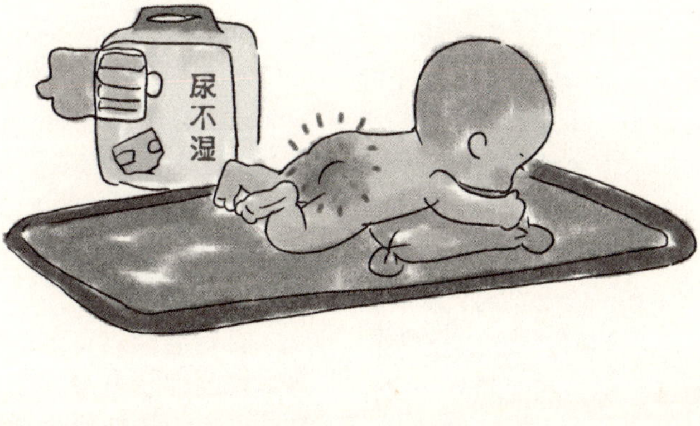

胎宝宝的第一个月（孕一月）

宝宝的变化

从卵子成功受精后，宝宝就开始在准妈妈的体内成长了！

在怀孕的第1个月，胎宝宝只是小小的胚芽，暂时还没有胎动，长度0.2毫米左右。这个时候胎宝宝的身体分为两大部分，明显的大的部分是头部，有长长的尾巴，手脚的部分因为太小还看不清楚；眼睛、鼻子、耳朵尚未形成，但嘴和下巴的雏形已经能够看到了；血液循环系统雏形已出现，脑、脊髓神经系统器官雏形也已出现；心脏的发育较显著，第2周末成形，第3周末起开始搏动；胎盘、脐带也开始发育。

胎宝宝在第一个月要完成从受精、卵裂、胚泡形成、植入到着床的过程。这个时候受精卵不断分裂细胞，移入子宫腔后形成一个实心细胞团，胎宝宝的外形就像一粒小小的桑葚，成为桑胚体，直径大概在0.2毫米左右。

在卵子受精后1周，胎宝宝的大脑就开始发育，受精卵以惊人的速度不断地分裂着，其中的一部分将形成大脑，其他部分形成神经组织。

到了第3周末，胎宝宝的神经板已经形成，第4周开始逐渐形成前脑、中脑、后脑，前脑发育成大脑半球，中脑发育成动眼神经核、滑车神经核、脊髓束等，后脑形成小脑、脑桥、延髓和运动神经等。

从受精后的5 ~ 7天，胎宝宝开始进入准妈妈的子宫，卵细胞上的透明带消失，囊胚的极端滋养层附着在子宫内膜上，并分泌蛋白酶，溶解子宫内膜，形成一个约1毫米直径的缺口，囊胚从缺口处植入子宫内膜并逐渐深入，子宫内膜逐渐修复，受精卵完全进入了子宫内膜，这个过程就是“着床”，一般在第11 ~ 12天左右完成。这个时候的胎宝宝看上去像一粒小小的苹果种子，虽然还未成人形，但这个时候他的小心脏已经开始有轻轻的搏动了。

准妈妈的变化

怀孕第一个月的准妈妈通常与孕前无异，因此很多准妈妈常常并没有察觉到自己已经怀孕。停经是怀孕的第一个信号，如果一个健康的育龄女性，月经周期一直很有规律，在没有采取有效的避孕措施的情况下，有过性生活，不存在生活环境的骤变、情绪剧烈的波动和过度劳累等情况，若月经过期10日或10日以上，怀孕的可能性极大。

有些准妈妈在这个时候可能会出现类似感冒的症状有身体疲乏无力、发热、畏寒、困倦、呼吸加快等。如果是一直在为怀孕做各种准备的准妈妈，当身体出现这些信号的时候，一定要想到怀孕的可能，先不要当做感冒般的吃药治疗，最好先去做一个早孕测试，看是否已经有个小生命来到你的身体里了。

需要注意的是，由于大部分怀孕一个

月的女性没有妊娠的自觉症状，很难察觉到自己已经怀孕，所以，有怀孕计划的女性要随时注意观察自己的身体状况，一旦发现有怀孕的征兆，就不要随便吃药，不要轻易接受 X 线检查，更不要参加剧烈的体育活动。

准爸妈的生活指南

做个细心的准妈妈

经常会有些准妈妈向医生咨询："我不知道自己已经怀孕了，吃了很多药，会不会对宝宝造成危害呢？"由于怀孕第一个月时准妈妈的身体几乎毫无怀孕症状，所以难免有疏漏之处，如把困倦、抵抗力下降的早期反应误认为感冒吃了感冒药，或是月经推迟了十天半月也没太当回事，甚至还去做一些剧烈的运动、接触一些对孕妇和胎宝宝有危险的物质等。

为了不给孕期留下担忧和遗憾，有怀孕计划的女性朋友就要随时做好准备，做一个细心的准妈妈。例如，当准妈妈感觉身体不适的时候，不要随便用药，一定要先向医生咨询并告诉医生你正在计划受孕；尽量远离辐射和有害物质，停掉所有的减肥药和减肥食品，戒烟戒酒，不要去染发烫发；一旦发现月经推迟或是出现类似感冒的症状时，最好及时去做身体检查，看是否已经怀孕，不要自己随便乱用药物。

准妈妈的营养补充

孕早期是胚胎细胞分化增殖和主要器官系统开始形成阶段，也是胎宝宝生长发育最重要的时期。这个时候内外环境中的不利因素会给胎宝宝的发育造成无可挽回的影响，如造成某些先天性畸形或疾病。虽然这个时候胎宝宝的发育速度很快，但其体积和体重都相对较小，所以这一时期准妈妈的营养补充，重点在于摄入营养元素的质量。

怀孕第一个月，营养补充重点是叶酸的补充。补充叶酸从孕前半年到 3 个月就应开始，当开始怀孕以后，更要加大叶酸的摄入量，保证每天在 400 毫克左右。孕早期是胎宝宝神经器官高度发育的关键时期，补充叶酸可以防止孕妇贫血、早产，防止胎宝宝的神经器官发生缺陷畸形。准妈妈要多吃富含叶酸的食物，如面包、面条、白米和面粉等谷类食物，以及牛肝、菠菜、龙须菜、芦笋、豆类及苹果、柑橘、橙子等。除了食补以外，还可以口服叶酸片来保证每日所需的叶酸。

除了叶酸以外，准妈妈还应尽早补充铁元素和锌元素，以预防缺铁性贫血及它所带来的不良后果。因为怀孕后，准妈妈的血容量扩充，铁的需要量就会增加一倍。如果不注意铁质的摄入，就很容易患上缺铁性贫血，并可能影响胎宝宝也患上缺铁性贫血。另外，充足的锌对胎宝宝器官的早期发育很重要，有助于防止流产及早产。

在孕早期，胎宝宝的器官发育特别需要维生素和矿物质，特别是叶酸、铁、锌，有助于胎宝宝的健康发育。由于准妈妈通常很难确定自己什么时候怀孕，所以对于叶酸、铁、锌，以及其他维生素和矿物质的补充，必须从准备怀孕的时候开始，随时做好怀孕的营养储备。

应当多吃的食物

1. 鱼类。怀孕第 1 个月是胎宝宝大脑和神经系统高度发育的时期，鱼类中含有丰富的能促进大脑发育的蛋白质、卵磷脂、不饱和脂肪酸、氨基酸、维生素 D 和钙、钾、锌等矿物质，还有能够直接影响脑细胞增殖与成熟的牛磺酸，因此在孕 1 月时，多吃鱼能让宝宝发育更健全、更聪明；此外，多吃鱼还能避免准妈妈发生早产。由于现在有些淡水的水质较差，甚至有些还会受到污染，所以准妈妈吃鱼要尽量选择深海鱼，如黄花鱼、平鱼等等。

2. 促进胎宝宝大脑发育的食物。如鸡蛋、豆芽、核桃、苹果等。大脑的发育是婴儿智力的物质基础，大脑发育得越好，智力就越高，宝宝就越聪明。大脑的发育与营养有着密切的关系，如蛋白质可以供给脑细胞的合成、脂肪可以供给神经髓鞘的生长、葡萄糖可以供给脑细胞活动的能量等等，此外各种维生素、矿物质和水也对大脑发育起着不可替代的作用。而孕1月正是胎宝宝大脑发育的关键时期，所以准妈妈在这个时候更要多吃些可促进胎宝宝大脑发育的食物。

3. 嫩玉米。玉米中含有钙、谷胱甘肽、维生素、镁、硒、维生素E和脂肪酸等丰富的营养元素，可谓是超级营养品。对准妈妈来说，多吃嫩玉米的好处很多，因为嫩玉米粒中丰富的维生素E，有助于安胎，可用来防治习惯性流产、胎宝宝发育不良等。另外，嫩玉米中所含的维生素B_1能增进孕妇食欲，促进胎宝宝发育，提高神经系统的功能。嫩玉米中还含有丰富的粗纤维，能加速致癌物质和其他毒物的排出。

4. 富含卵磷脂的食物。如蛋黄、黄豆、谷类、小鱼、动物肝脏等。由于卵磷脂是构成大脑细胞膜的重要基础物质，约占脑细胞的30%以上，脑部发育对磷脂的需求量是其他组织的2～3倍。胎宝宝在发育及形成进程中对磷脂的需求量极大，怀孕期间胎宝宝能否发育良好与卵磷脂的吸收密切相关，多吃含卵磷脂的食物可以有效促进胎宝宝的大脑发育。

5. 牛奶。在整个孕期，准妈妈大约需要贮存钙50克，其中供给胎宝宝30克。如果准妈妈的钙摄入不足，胎宝宝需要的钙就会从母体的骨髓、牙齿中夺取，以满足生长的需要，这样就使母体血钙降低，发生小腿抽筋或手足抽搐等现象。由于许多因素会影响钙质的吸收，如蔬菜中有的含有大量草酸盐，与钙形成不溶性草酸钙而影响钙的吸收；谷类食物中有植酸也不利于钙的吸收；摄入过量的脂肪，形成的不溶性皂化物也会降低钙的吸收。因此，牛奶是准妈妈最好的补钙食物，每100克牛奶中含钙约120毫克，且较易被人体吸收。所以，准妈妈最好喝200～400克牛奶，以确保钙质的吸收。

应当少吃的食物

1. 火锅。火锅含油脂和热量很高，汤中含有嘌呤，生肉生菜涮涮就能吃，对准妈妈来说是很危险的。准妈妈们应减少吃火锅的次数，偶尔吃也一定要把肉片烧熟煮透才可食用。这是因为，羊群中弓形虫的感染率大概是61.4%，准妈妈如果感染上弓形虫病毒，可通过胎盘传染给胎宝宝，影响胎宝宝脑的发育，严重者还可造成流产、死胎、脑积水或无脑儿等畸形；有些中药火锅里还会含有不适宜孕妇食用的药材，吃下后也较容易出现危险。所以为了胎宝宝的健康发育，准妈妈尽量少吃或不吃火锅，如果实在想吃的话尽量在家自己准备汤料和材料，以保证食品的卫生。

2. 可乐等碳酸饮料。由于可乐饮料中含有大量咖啡因，咖啡因能迅速通过胎盘作用于胎宝宝。所以孕妇如果大量饮用可乐，就会使胎宝宝直接受到咖啡因的不良影响，如干扰胎宝宝大脑、心脏和肝脏等重要器官的发育，甚至造成先天性疾病。很多碳酸饮料都含有色素，这些色素在准妈妈体内蓄积，会干扰多种酶的功能，对准妈妈的新陈代谢和胎宝宝的发育都会产生负面影响。

3. 刺激性食物。如葱、姜、花椒、辣椒、芥末等辛辣味调味品。虽然这些刺激性的食物可以有效促进食欲，但这些辛辣食品进入人体后会通过胎盘输送到胎宝宝体内，易使本来就脆弱的胎宝宝感到不安。再有，准妈妈在怀孕时血热阳盛，刺激性食品本性属辛温，会加重准妈妈血热阳盛的状态，出现口干舌燥、生疮便秘等症状。此外，辛辣食物容易消耗肠道水分，使胃肠腺体分泌减少，造成肠道干燥，消化功能紊乱，引发一系列不适症状，如胃部不适、消化不良、便秘，甚至产生痔疮。

孕一月的饮食原则

通常在怀孕第1个月时，准妈妈的身体无太大反应，所以可以按照正常的饮食习惯进食，本着营养全面丰富、饮食结构合理、搭配适当的原则，如果类蔬菜与叶类蔬菜的搭配、根类蔬菜与叶类蔬菜搭配、红色和绿色蔬菜搭配等，保证每日膳食中都含有人体所需要的所有营养物质，特别是孕期必需的营养物质，如蛋白质、脂肪、碳水化合物、维生素、矿物质和叶酸等，饮食量不宜过多，比未孕时略有增加就可满足需要。此外尤其需要的注意的是，怀孕后一定要保证一日三餐，如果准妈妈在未怀孕前有不吃早餐的习惯，怀孕后必须要改掉。

充足的蛋白质可以保证受精卵的正常发育，准妈妈要多吃富含优质蛋白的食物，如鱼类、蛋类、乳类、肉类和豆制品；准妈妈要保证每天摄入不低于150克的碳水化合物，以保证胎宝宝大脑智力发育和缓解准妈妈的饥饿感，可以多吃些面食、玉米、红薯、土豆、山药等粮食作物；保证维生素矿物质和叶酸的摄入，富含这些营养元素的食物有绿叶蔬菜、动物肝脏、谷类、鱼类、肉类、坚果类和柑橘、香蕉等水果；除了上述之外，像花生、核桃、木耳、海带、芝麻等食品中还富含各种孕期所需的微量元素，如铁、铜等等，也应适量摄入补充。

准妈妈在孕早期要特别注意远离那些不健康的食物，不要挑食，更不要因为怕发胖而拒绝食用含脂肪、碳水化合物的食物。这个时期，营养摄入得越全面，对胎宝宝的健康发育和准妈妈的健康就越有保证。

孕一月的营养食谱

海带丝炒肉丝——补充碘元素。

【原料】肥瘦猪肉500克，水发海带1000克，植物油60克，酱油50克，盐5克，白糖5克，葱末、姜末适量，水淀粉75克。

【做法】1. 将海带洗净切丝，放入锅内蒸至软烂后取出备用。

2. 肥瘦猪肉切丝洗净备用。

3. 油入锅内烧至七成热后下肉丝，煸炒1～2分钟后加入葱末、姜末、酱油、糖，搅拌均匀后投入海带丝和适量清水，煸炒1～2分钟加入精盐，翻炒拌匀后淋入水淀粉勾芡即可。

氽脊髓脑汤——促进胎宝宝大脑发育。

【原料】脊髓两条，脑两个，黄瓜、水发玉兰片、鱼骨各少许，酱油、料酒、姜汁、精盐、味精、糖、面粉各适量。

【做法】1. 将黄瓜洗净，切4厘米长、12厘米宽、3毫米厚的长片。

2. 将玉兰片、鱼骨均切成4厘米长、12厘米宽、1.5毫米厚的长片，分别放入开水内焯透，捞出。

3. 将脑上的血线择净，同脊髓一起洗净，放入开水勺内，倒入料酒和姜汁。

4. 烧开后，用微火炖熟，捞出过凉后将脑劈成四片，脊髓切成4厘米长的段。

5. 在勺内加入高汤，将脊髓、脑、鱼骨、玉兰片和黄瓜下勺，放入姜汁、味精、精盐和酱油。

6. 烧开后撇去浮沫，盛入大碗内即成。

小黄鱼汤——开胃益气，补充多种营养元素。

【原料】小黄鱼250克，素油100克，雪芹25克，肉汤250克，黄酒、盐、糖、淀粉、味精、葱、姜末、麻油适量。

【做法】1. 小黄鱼洗净去头和内脏，加盐、黄酒、淀粉腌一会，开油锅，油浸七成，把小黄鱼放到油里两面煎黄即捞出。

2. 锅底留油，将姜、葱末、雪芹煸炒一会，下进肉汤、糖，烧开放进小黄鱼，加麻油、味精烧开即可。

核桃芝麻糊——润肠通便，补充蛋白质和草酸钙。

【原料】核桃 10 个、黑芝麻适量、冰糖适量（按个人对甜度喜好调整）。

【做法】1. 核桃去壳去皮，与生芝麻放入炒锅中以小火炒香，炒好后待凉。

2. 将炒好的核桃、芝麻放入调理机中，加入 1 ～ 2 杯清水搅拌成糊状。

3. 将上面制成的糊和冰糖放入锅内，再加入适量的清水，按自己喜欢的浓度，以小火边煮边搅拌，至冰糖完全溶解即可。

莲子红豆羹——补充维生素 C 和 B 族维生素及多种矿物质和纤维素。

【原料】莲子 80 克、红豆 80 克、陈皮 1 小块、冰糖适量、清水 8 杯、太白粉 2 大匙。

【做法】1. 莲子及红豆用水浸泡半天，再用水煮至软透。

2. 再用搅拌机将煮软的莲子、红豆搅碎。

3. 将煮过莲子红豆的水加入，再加入冰糖、陈皮一起煮，最后加入太白粉勾芡即可。

栗子白菜——健脾胃，增进食欲。

【原料】大白菜 600 克，栗子 400 克，精盐、味精、胡椒粉、淀粉、奶。

【做法】1. 白菜去掉根和老帮，洗净后出水，捞出冷水浸凉，再捞出挤净水分，用小刀剔筋、皮，然后顺刀切成 12 厘米长条。

2. 栗子洗净，切去上端，用沸水煮一会儿，捞出剥去皮。再用热油炸成金黄色，捞出置于盆中，加奶和少许精盐上屉蒸烂。

3. 白菜心摆在锅里，加奶、精盐、胡椒粉、味精调好口味，上火烧至软烂再装盘，锅中原汁用水淀粉勾芡，浇在白菜上。

4. 将栗子蒸烂后，滗去原汤，倒在烧好的白菜上。

过有规律的生活

规律的作息在整个孕期都非常重要，特别是在孕早期。这是因为，规律作息可以避免机体营养和免疫功能不良以及过度疲劳，从而有效避免受精卵在着床和生长过程中受到干扰，避免胎萎、流产、胎宝宝脑功能神经发育受损等危害。

此外，胎宝宝能够根据母体的作息来区分白昼和黑夜。据观察，孕期有良好作息规律的准妈妈，生出的宝宝比没有良好作息规律准妈妈生出的宝宝更活泼健康，所以，准妈妈在孕期要特别重视规律的起居作息，可以适当增加睡眠和休息的时间，保持适量的运动，不要过度劳累。

一般来说，准妈妈的睡眠时间每天不能少于 8 小时，如果有条件的话，则每天尽量午睡一小时左右。在晚上睡觉前要做好个人的清洁卫生，冬天的话可以用热水泡泡脚，一方面可以有效缓解压力帮助睡眠，一方面也有助于增强准妈妈的抵抗力。

如果准妈妈有失眠症状的话，可以在睡前进行放松自我的舒缓按摩，用双手食指推抹前额 30 次，或用拇指背侧推太阳穴 30 次，有助于良好的睡眠。另外在睡前要保证身心彻底的放松，如果依然无法改善失眠症状的话，必要时可以寻求医生的帮助。

孕期适量的运动也是非常有必要的，它能够有效促进准妈妈体内胎宝宝的发育和日后宝宝身体的灵活程度，更可以减轻准妈妈分娩时的难度和痛苦。对于怀孕 1 个月的准妈妈，散步是最好的运动。早上散步是最好的，由于早上的空气质量较好，清晨的散步可以有效改善准妈妈的机体神经系统和肺部换气功能，加速组织氧化还原过程，促进人体新陈代谢，提高机体免疫力，同时还能够使胎宝宝的血量增多，利于优生。需要注意的是，散步尽量选择空气环境好、阳光充足的时候和道路平坦的地方，可以使准妈妈头脑清醒，身心愉悦，减轻疲劳和压力，并利于胎宝宝的健康成长。

准妈妈要保证充足的睡眠

充足的睡眠对准妈妈来说十分关键。一方面，睡眠可以使细胞能量得到补充，有助于体力的恢复，同时还能缓解精神压力，增强准妈妈的神经系统和免疫系统的功能，降低孕期忧郁症和产后抑郁症的发生。如果准妈妈睡眠不足的话，会引起疲劳过度、食欲下降、营养不足、身体抵抗力下降、增加孕妇和胎宝宝感染的机会，造成多种疾病发生。有研究显示，那些夜间睡眠少于 6 小时的孕妇产程较长，且剖宫产概率为正常人的 4.5 倍。睡眠严重障碍的孕妇产程更长，剖宫产概率为正常人的 5.2 倍。

睡眠时间的长短因人而异，有的人仅仅睡 5 ～ 6 个小时就能恢复体力与精力，有的人则需更多的时间。一般来说，正常成人需要 8 小时的睡眠时间，准妈妈由于身体发生一系列特殊变化易感疲劳，尤其是在孕早期，可以适当延长睡眠时间，但也不宜过长，以 1 小时左右为宜。

准妈妈在怀孕最初的几周，无论昼夜疲劳感都很强，90% 的准妈妈会感觉懒散、浑身无力，有的人甚至会感觉“怎么睡都睡不醒”。这是因为，准妈妈的身体里会分泌一种主要成分为黄体酮的激素，主要作用于子宫，可以使子宫的肌纤维松弛，避免过早的疼痛，从而使得胎宝宝可以不受干扰地成长。但这种激素类似于麻醉剂，会使人体感到疲劳嗜睡，因此准妈妈在孕早期特别容易嗜睡。建议准妈妈在孕早期不要控制自己的睡眠，有困意就要睡，但如果是白天的话，睡眠时间不宜过长，小憩片刻为最佳。

为了保证充足的睡眠和良好的睡眠质量，准妈妈在睡前不要吃油炸食物和难消化的食物，如果尿频严重，应在上午多喝水，下午和晚上少喝水。临睡前两小时可以在温热的牛奶里加点蜂蜜饮用，临睡前洗一个热水澡，室内保持适宜的温度和湿度，选择柔软的被子、枕头，创造一个良好的睡眠环境。

远离生活中的各种辐射

尽管准妈妈们都知道应当要远离各种辐射的危害，但很多生活中可能潜在的辐射危害，可能会被准妈妈们疏忽。除了外界环境中的辐射，家庭日用品中也有很多是有辐射的：

（1）电热毯。很多准妈妈在孕早期会特别怕冷，于是在睡觉前会铺上电热毯。但是，电热毯通电后会产生电磁场，产生电磁辐射。这种辐射可能影响母体腹中胎宝宝的细胞分裂，使其细胞分裂发生异常改变，胎宝宝的骨骼细胞对电磁辐射也最为敏感。准妈妈如果使用电热毯，长时间处于这些电磁辐射当中，最易使胎宝宝的大脑、神经、骨骼和心脏等重要器官组织受到不良的影响。所以准妈妈们尽量不要使用电热毯，如果感觉寒冷的话，可以在被子里放上热水袋捂暖，或者多加一层被子来抵御寒冷。

（2）电吹风。电吹风的辐射“功力”往往会被人们所忽略，其实，电吹风是一种高辐射的家用电器，特别是在开启和关闭的一瞬间辐射最大。而且电吹风的功率越大，辐射也就越大。由于电吹风在使用时通常离头部很近，所以可能会引起中枢神经和精神系统的功能障碍，如头晕、疲乏无力、记忆力衰退、食欲减退、失眠、健忘等亚健康症状。所以准妈妈们洗完头发后尽量自动晾干，或是用干毛巾擦拭，尽量不用电吹风或减少使用电吹风的次数。

（3）微波炉。微波炉的辐射可以说是在家用电器中高居榜首的，但微波炉又是如今很多家庭不可或缺的家用电器。既然如此，准妈妈在使用微波炉的时候，尽量做到开启微波炉后不要站在旁边，要等其停止运行后再过去处理食品，微波炉不用的时候要拔掉电源。由于烹饪食品需要长时间近距离地接触微波炉，接受的辐射最大，所以准妈妈尽量不要使用微波炉烹饪食品。在使用微波炉时，最好穿上孕妇专用的防辐射服。

（4）电视机。传统的电视显示器是通过电子束撞击荧光粉而显示，电子束在打到荧光粉上的一刹那间会产生电磁辐射，对传统显像管而言，液晶电视和等离子电视的辐射就小很多。尽管如此，准妈妈如果过于沉溺于电视，还是会受到电磁辐射的影响。所以，准妈妈在看电视时，最好和电视机保持 2 米距离，室内要有适当照明，连续看电视时间不要超过两小时。

（5）电脑。电脑的辐射无处不在，如键盘、鼠标、显示器……电脑是准妈妈们议论最多、重点防范最多的电器之一，尽管电脑辐射对胎宝宝到底有多大的影响目前还没有定论，但能尽量少接触、控制使用时间还是比较有效的防辐射的方法。

（6）手机。手机是准妈妈们的常用设备，是要特别注意使用方式的。由于当手机处于工作状态时，会向发射基站传送无线电波，而任何一种无线电波或多或少地都会被人体吸收，从而改变人体组织，有可能对人体的健康带来影响。当手机信号刚接通时，处在最大输出功率状态，手机辐射最大；手机信号不好时，辐射也会增加。所以准妈妈在使用手机时，尽量减少通话时间，尽量使用专用耳机和麦克风接听电话，晚上睡觉时不要把手机放在枕头下面或旁边。

（7）复印机和打印机。复印机和打印机是常用的办公用品，同样存在着辐射问题，但影响不大。准妈妈在使用时，只要与之保持 30 厘米以上的距离或者穿防辐射服，就可以有效避免其辐射干扰了。

（8）安检。安检主要是通过电磁场的辐射，对金属物进行探测，它的电磁的辐射较小，一般不要持续 6 分钟以上就不会对人体形成影响，所以准妈妈可以放心了。

为了防止辐射的危害，准妈妈在购置家用电器的时候首先要保证选择正规厂家生产的合格家电产品。在选用电脑时，最好能购买低辐射的液晶显示器，使用时避免坐在电脑屏幕的侧面和后面。对各种电器的使用，应保持一定的安全距离，例如与微波炉距离至少 1 米以上、与电视距离应达到 5 米、与灯管的距离应在 3 米左右。

此外，不要把家用电器摆放得过于集中，特别是电视机、电脑、冰箱等辐射较强的电器更不要集中摆放，也不要放在卧室里。

再有，建议准妈妈们可以穿着防辐射服装，有条件的话也可在家安装电视防辐射屏、防辐射窗帘等防辐射产品。

防止甲醛的危害

甲醛是一种无色易溶的刺激性气体，是家庭装饰材料中的常用物质，刨花板、密度板、胶合板等人造板材、胶粘剂和墙纸是空气中甲醛的主要来源，释放期长达 3 ~ 15 年。甲醛可经人体呼吸道吸收，对人体的危害具长期性、潜伏性、隐蔽性的特点，成人若长期吸入甲醛可引发鼻咽癌、喉癌结、肠癌、脑瘤、月经紊乱、细胞核的基因突变等严重疾病。

甲醛是毒性较高的物质，在我国有毒化学品优先控制名单上高居第二位，已经被世界卫生组织确定为致癌和致畸形物质，是公认的变态反应源，也是潜在的强致突变物之一。甲醛对孕妇和胎宝宝的影响很大，长期受甲醛侵袭的孕妇易出现头痛、乏力、疲倦、烦躁、易激动、失眠等症状，甚至会引起妊娠综合征，最终造成胎宝宝发育畸形、流产、胎宝宝脑部发育受损，先天性心脏病、染色体异常、胎宝宝畸形、宫外孕、弓形体病、无脑等一系列严重后果。对于准妈妈来说，如果家里正在装修或是购入新家具的话，尽量暂时先离开家到父母或是其他亲友家借住一段时间。

开窗通风是降低室内甲醛污染的有效途径。如果是新装修的家庭，最好先开窗通风

2 个月之后再回去居住。此外在装修的材料选取上，也尽量选择无害材料作为替代品，如室内装饰可以选择乙烯墙纸以防止甲醛挥发；还可以将装满氨水的塑料盘放在房间内，在室内保持 27℃左右的温度下熏蒸 12 小时以上，以助于消除空气中的甲醛。另外，在室内摆放一些绿色植物，如吊兰、绿萝等，或是活性炭和甲醛驱除剂，也可以帮助吸收空气中的甲醛。

多晒太阳抵御感冒病菌

妊娠期间，为了保证胎宝宝骨骼和牙胚的正常发育，准妈妈必须增加钙的摄入，而钙的吸收要借助人体血液中的维生素 D。只有在紫外线照射后，人体皮肤中的 7– 脱氢胆固醇才能变成维生素 D_3 被人体吸收到血液中。如果准妈妈孕妇经常接受不到户外的阳光，就会使胎宝宝在早期发育阶段缺乏维生素 D。这不仅会影响胎宝宝的骨骼发育，还会对其大脑产生不利影响，甚至会导致将来出生的宝宝出现先天性佝偻病。因此，准妈妈应保证充足的光照，一般来说，冬天每天应接受 1 个小时的光照，夏天则需要 2 个小时左右，特别是对于长期在室内工作的准妈妈来说，晒太阳就显得更为重要。此外，有研究表明，冬季里多晒太阳还可以有效减少孕期抑郁症的发生。

晒太阳除了可以获得充足的维生素 D 以外，还能有效增强准妈妈的抵抗力，有效抵御各种感染病菌，尤其是最易侵犯准妈妈的感冒病菌。这是因为，阳光中的紫外线有杀灭病原微生物的作用，多晒太阳可以有效杀害潜伏在准妈妈身边的病菌，以增强准妈妈的体格，保护胎宝宝的健康生长。此外，阳光在室内照射 30 分钟以上，也能达到空气消毒的效果，因此准妈妈的卧室空间最好能保证有充足的日照。

但是需要注意的是，晒太阳也要选择合适的时间适量进行，过犹不及。对准妈妈来说，尤其要避免在夏季里进行长时间的暴晒，因为在高温下准妈妈的血管为了降低体温会自动收缩，这就会使通过血管向胎宝宝输送的养分随之减少。一般来说，春秋季以每天上午 9 时、下午 16 时，冬季以上午 10 时、中午 13 时阳光中的紫外线最为充足，准妈妈可选择在这段时间晒太阳。

开始控制性生活

准妈妈在怀孕早期通常会有劳累感和妊娠反应，加之内分泌的变化，因而有的准妈妈在怀孕早期通常会表现出性欲减退的迹象。而且，在怀孕早期，胎宝宝尚不稳定，性生活容易对子宫产生刺激，使其发生收缩作用，可能会造成流产，所以在孕早期，准爸爸和准妈妈要禁止性生活，尤其是婚后多年的和曾有流产史的准妈妈，更要避免孕早期的性生活。

整个怀孕期间的性生活都需要控制。虽然温和安全的性生活从某种程度上讲，也是种很好的锻炼，但还是需要控制。一般来说，孕早期和孕晚期是不宜进行性生活的，孕早期正值胚胎的发育时期，胎盘和母体子宫壁的连接还不紧密，如果这时进行性生活的话，很可能会由于过程中的诸多不慎导致准妈妈盆腔充血、子宫收缩、胎盘剥落、导致流产；而孕中期的性生活虽不必像在早期那样禁忌，但也不宜过频、动作过大，更不要过于兴奋，以防止出现胎膜破裂，影响胎宝宝正常发育。孕晚期的性生活危害更大，特别是在临产前一个月，不加控制的性生活，往往可导致孕妇羊水感染和早产，严重时还可将细菌带入阴道，产后易发生产褥感染。

孕检多久进行一次

整个孕期要接受大大小小各种检查，并且在不同的时期有不同的检查项目和检查频率，有些是例行常规检查，有些则属于定期检测的项目。

一般来说，早孕时一定要到医院检查一次，即使是自行检测的话也需要到医院再次检查确认。一般的早孕检查医生会询问停经的情况，及夫妻双方有无可能会影响到妊娠的病史和遗传病家族史，还会做一些常规检查，如体重、血压的测量，子宫大小与孕周是否相符等，用以初筛某些高危的因素。到了孕 12 周时，如确诊怀孕并确定妊娠的话，就会在医院进行登记建档，以后按期复诊，开始每月一次，随着孕程递进检查频率也应随之加快。正常情况下应从怀孕 4 个月开始，每隔 4 周检查 1 次至 28 周；28 ~ 36 周每 2 周检查 1 次；36 周后每周检查 1 次直至分娩，整个孕期检查一般需要 10 ~ 12 次。

孕早期（1 ~ 3 个月）的检查主要是常规的各项检查，医院建档，进行血常规、尿常规、白带、梅毒筛查、肝功能、肾功能、血型（ABO）、巨细胞、风疹、弓形体病毒感染等化验检查，医生主要会通过身高和体重的比例来估算准妈妈的体重是否存在过重或过轻的现象，以及确定骨盆大小；孕中期（4 ~ 7 个月）除了体重、血压、宫高、腹围等常规检查和血常规、尿常规等化验检查外，还需要进行浮肿检查、唐氏综合征筛查、胎心多普勒听诊、子宫颈防癌图片检查、心电图及 B 超检查等；孕晚期（8 ~ 10 个月）的检查项目包括有体重、血压、宫高、腹围等常规检查及血常规、尿常规等化验检查，此外还需要进行胎心多普勒听诊、浮肿检查、骨盆内诊、心电图、B 超检查、胎宝宝监护等检查。

不能做的物理检查

1.X 射线检查。X 射线是一种电磁波，常用于医学检测治疗中，对人体有一定的伤害，伤害程度与接受辐射的时间、放射剂量、射线与人体的作用方式、外界环境和个体差异等因素有关，对于一般成人来说，正规地接受一次 X 射线检查对人体并无大碍，但是对准妈妈和胎宝宝的危害是肯定的，如增加胎宝宝畸形、宫内停止发育、流产的发生概率。

X 射线对准妈妈的危害与其接受 X 射线放射的时间长短和部位有明显的关系，通常来说直接照射腹部的影响比较大，照射检查胸部、四肢、头部的影响相对较小。胎宝宝对放射线高度敏感，即使是对胸部、四肢、头部这样影响相对较小的部位照射，胎宝宝还是能够感受到。因此，除非必须，否则准妈妈在怀孕期间还是尽量不要去做 X 射线检查。

2.CT 检查。CT 是利用电子计算机技术和横断层投照方式，将 X 线穿透人体每个轴层的组织，它具有很高的密度分辨力，要比普通 X 线强 100 倍。所以，做一次 CT 检查受到 X 线照射量比 X 光检查大得多，其对人体的危害也大得多，特别是对处于孕早期的准妈妈，可能会引起胎宝宝脑积水、小头畸形或造血系统缺陷、颅骨缺损等严重后果。因此，准妈妈如果不是病情急需就不要做 CT 检查，如果必须要做的话，那么就要在腹部放置防 X 射线的装置，以避免和减少胎宝宝畸形的发生。

3.B 超检查。有报道说，孕期做 B 超检查会造成胎宝宝绒毛细胞和眼细胞的损伤，以及女宝宝卵巢异常，但到目前为止还无科学的定论。因此，在一定的次数和强度的控制下，B 超检查还是相对安全的。但是在孕早期，正值胎宝宝全身重要器官发育的关键时期，准妈妈如非特殊需要，最好还是不要进行 B 超检查。

开始远离的药物

1. 感冒药。抗感冒药大多是复合制剂，含有多种成分，常见的抗感冒药有速效伤风胶囊、康泰克、白加黑、康必得、克感康、快克等，这些药大都含抗组胺剂、解热镇痛剂，会给胎宝宝带来不良影响。

2. 中草药。有些中草药对孕妇和胎宝宝都是有害的，可能会导致胎宝宝宫内缺氧、发育不良或出现畸形，孕妇大出血、流产的严重后果，孕妇绝对不能服用，如毒性较轻的马钱子、生南星、生半夏、巴豆、牵牛子、斑蝥、铅粉、大戟、麝香、土牛膝、商陆、蜈蚣等；附子、乌头、生大黄、芒硝、甘遂、芫花、三棱、生南星、凌霄花、刘寄奴、马鞭草、皂角刺、生五灵脂、穿山甲、射干、雄黄、硼砂等也应尽量避免食用；当归尾、红花、桃仁、蒲黄、苏木、郁金、枳实、槟榔、厚朴、川椒、苦葶苈子、牛黄、木通、滑石等用于活血化淤及行气泻下类的中草药则要绝对禁止单独使用。

3. 中成药。有些对孕妇有毒副作用的中草药常以配方的形式出现在中成药中，孕妇也应慎用，例如常见的牛黄解毒丸、六神丸、牛黄清心丸、风湿跌打酒、复方当归注射液、防风通圣丸、上清丸、藿香正气丸、舒筋活络丸、开胸顺气丸、紫雪丹、小活络丹、大活络丹、玉珍散、十滴水等。建议孕妇在服用中成药之前，应仔细看说明书或向医生咨询是否能安全服用。

4. 抗生素。土霉素、氯霉素、卡那霉素、强力霉素、呋喃西林等，可导致胎宝宝短肢畸形、乳齿变黄、骨骼发育障碍、先天性耳聋、肾脏损害和溶血等。

5. 激素和性激素。激素如强的松、可的松、肾上腺皮质激素和甲状腺素等，可导致胎宝宝唇裂、腭裂或无脑的问题；性激素如孕酮、睾丸酮等，可诱发胎宝宝外生殖器畸形、脑部畸形、男宝宝尿道下裂、女性化或女宝宝男性化等。

6. 利尿剂。利尿剂可能会使产程延长、子宫收缩无力，还可能出现胎粪污染羊水等问题。

7. 镇静药。如安定、利眠宁、眠而通、反应停、苯巴比妥、鲁米那等会引起胎宝宝短肢、无耳、无眼、唇裂、视网膜病变、骨骼畸形和先天性心脏病，并能抑制新生儿生长。

8. 抗糖尿病药。如降糖灵（苯乙双胍）和胰岛素，可导致胎宝宝唇部和肢体骨骼的畸形。

9. 抗惊厥药。可导致胎宝宝躯体和智力发育迟缓、眼距宽、低位耳、指甲指骨发育不良等症状。

10. 驱虫药。驱虫药对胎宝宝有不同程度的毒副作用，在怀孕期间尤其是孕早期，胎宝宝正处于器官生长发育的关键时期，如果准妈妈所患的肠道寄生虫病不是特别严重的话，一般不宜服用驱虫类药物，以免影响胎宝宝。

这些外用药也不能用

1. 含有薄荷、樟脑、桉树油成分的外用药。如风油精、清凉油等。风油精的主要成分是樟脑，如果准妈妈使用清凉油的话，那么其中的樟脑成分就会通过胎盘作用给胎宝宝，影响胎宝宝的生长发育，严重的可导致胎宝宝发育畸形、流产等后果。

2. 达克宁霜。达克宁霜内含硝酸咪康唑，一般会有局部刺激，如果皮肤局部较为敏感的话，容易引起接触性皮炎，或者因局部刺激发生灼感、红斑、脱皮起疱等现象，应及时停用，以免皮损加重或发生感染。

3. 杀癣净。杀癣净的成分是克霉唑，多用于治疗皮肤黏膜真菌感染，如体癣、股癣、手足癣等。研究发现，克霉唑不仅对胚胎有致毒作用，如果哺乳期女性外用，其药物成分还可以进入乳汁影响宝宝，所以在怀孕和哺乳期间，此药应当慎用。

4. 百多邦软膏（莫匹罗星）。百多邦软膏是一种常用的抗生素外用软膏，多用于治疗皮肤感染。但是，此药膏中含有一种叫做聚乙二醇的物质，会对胎宝宝造成不良影响，所以孕妇也尽量不要使用。

5. 皮质醇类药。这类药物多用于皮肤疾病的治疗，如治疗荨麻疹、湿疹、药疹、接触性皮炎等，它具有抗炎、抗过敏作用。但是，准妈妈如果大面积使用或长时间外用此类药物时，容易造成婴儿肾上腺皮质功能减退，并能通过透皮吸收，小剂量分布到乳汁中。此外，这类药还可造成闭经、月经紊乱等问题，所以计划要宝宝的女性最好也不要使用。

6. 阿昔洛韦软膏。阿昔洛韦软膏属抗病毒外用药，抗病毒药物一般是抑制病毒 DNA（核糖核酸）的复制，但同时对人体细胞的 DNA 聚合酶也有抑制作用，从而影响人体 DNA 的复制。所以，妊娠期在使用各种抗病毒外用药时应当慎重。

避免夫妻争吵

感情融洽是幸福家庭的前提，也是优生和胎教的重要因素。在幸福和谐的家庭中，受精卵能够愉快地生长发育，出生后孩子往往健康聪明。反之，如果夫妻不和睦的话，准妈妈长期紧张、忧愁、抑郁的情绪就会直接影响胎宝宝的健康，并作用到宝宝今后的成长和能力的发展。

准妈妈焦灼暴躁的情绪会对胎宝宝的健康造成很大的影响。据研究，在孕早期夫妻之间若经常争吵、准妈妈情绪极度不安时，可引起胎宝宝兔唇、腭裂等畸形等；在孕晚期如果夫妻感情不和、准妈妈精神状态不好的话，则会增加胎动次数，影响胎宝宝的身心发育，而且孩子出生后往往烦躁不安，哭闹不止，睡眠差，消化功能不好，严重时甚至会危及到宝宝的生命。

此外，准妈妈的坏情绪还会影响到宝宝将来的情绪和能力的发展。据统计，感情不和的夫妻生出的宝宝，身心缺陷的概率比美满夫妻所生的宝宝高出 1.5 倍，宝宝出生后因恐惧心理而出现神经质的机会也比后者高出 4 倍，而且这类宝宝往往发育缓慢，胆小怯弱，生活能力差。这是因为，夫妻之间的矛盾和争吵会给胎宝宝留下很深的伤痕，通过对胎宝宝脑部断层面进行扫描发现，很多经常吵架的夫妻，生出的宝宝脑部无法得到完全发育，从而影响以后的智力发展。

很多女性在刚刚怀孕的时候，由于体内激素和内分泌的变化，有时会有情绪不稳、冲动易怒的现象。这个时候就要求准爸爸们要充分体谅妻子，给予足够的宽容和忍让，避免和妻子吵架甚至是动手打架。

另一方面，准妈妈们也应尽量把自己的心态放平和，在感觉紧张欲怒时，可以先做个深呼吸，或者做些其他事情将不良的情绪转移出去。准妈妈们要了解，怀孕不仅仅是自己一个人的事，准爸爸们也同样会感受到一些压力，也会感到身心疲惫。所以准妈妈们不要总是抱怨准爸爸们的一些疏忽或是自己的不满，试着用体谅的心态去多理解准爸爸们的辛苦，做到夫妻双方相互关心、相互支持、相互包容，携手共同创造一个温馨和睦的家庭环境，在愉快的家庭氛围中静待宝宝的降临。

准爸爸要改掉的坏习惯

1. 不在乎妻子在厨房久留。研究表明，粉尘、有毒气体密度最大的地方，不是在工厂、街道等公共场合，而是在生活中天天都离不开的厨房里。这是因为，煤气或液化气在燃烧后会在空气中产生很多对人体极为有害的气体，这些气体对准妈妈来说是很大的伤害。此外，厨房里的油烟也会对准妈妈和胎宝宝造成影响，所以，准爸爸在妻子怀孕时，尽量要承担起煮饭烧菜的任务，让妻子少进厨房为好。

2. 让妻子常接触家用洗涤剂。家庭洗涤剂如洁厕剂、消毒剂等，里面的化学成分很容易造成化学污染，对准妈妈的身体产生刺激，同时这些刺激也会作用给胎宝宝，影响胎宝宝的健康生长。

3. 不做家务。很多准爸爸在妻子怀孕前很少做家务，所有的家务都是由妻子承担。但是当妻子怀孕之后，家务的重担就必须要落到准爸爸的身上。因为有的时候，家务劳动中一些微不足道的小事，都可能会伤害准妈妈和肚子里的宝宝，像擦地、晾被子、提重物等。为了保证准妈妈的安全，准爸爸们还是多动动手、多做做家务事吧！

4. 继续留胡须。胡须特别是浓密的胡须，会吸附并收容许多病菌和空气中的污染物质，如酚、苯、甲苯、氮、铅等。如果准爸爸平时有留胡须这个习惯，在妻子怀孕这段时期最好先放弃。因为即使每天再认真洗脸，胡须仍旧是很多病菌的藏身之处。当准爸爸与妻子亲吻时，胡须中的污染物就会顺便进入妻子的呼吸道和消化道。这样，不仅会加大胎宝宝发育畸形的概率，还容易引起呼吸道或消化道的感染等多种疾病，造成不必要的麻烦。

5. 经常晚归。有些准爸爸由于工作原因，通常加班很晚或是在下班后会有很多应酬，还有些准爸爸习惯常和朋友聚会聊天到很晚。要知道，准妈妈最需要的是准爸爸的陪伴和无微不至的照顾，所以准爸爸们在妻子怀孕期间，尽量少出去应酬玩乐，多陪着她一起吃饭、散步、聊天，用心呵护好自己的妻子，做一个顾家并有责任心的好男人。

6. 不戒烟。有的准爸爸烟瘾很大，并且认为只要不在准妈妈面前抽烟，就不会影响到她和肚子里的宝宝。其实不然，准爸爸即使不当着妻子面前抽烟，只要依然抽烟身上就难免会留下烟的味道，这些味道可能会引起本来就敏感的准妈妈的不良反应。所以，为了妻子和宝宝的安全，准爸爸们还是先暂时告别一下平日里爱不释手的香烟吧！

7. 总是走在妻子身后。很多男性在与妻子出门时惯于走在妻子的身后，但是当妻子怀孕以后，准爸爸最好是走到妻子的旁边或是靠前一些，侧身保护准妈妈不被迎面走来的人群碰到。如果大家都向同一个方向走，准爸爸还是应该走得稍后些，保证后面的人不会挤到准妈妈。

8. 口味偏重。准妈妈在日常饮食中，需要控制盐的摄入量、减少任何刺激性食物的摄入。有些一贯爱吃咸辣口味的准爸爸可能会觉得少盐、少作料的饭菜索然无味，但为了妻子和宝宝的健康，准爸爸还是应该和准妈妈一起调换一下口味，对自己的健康也有益处。千万不要根据自己的喜好多放盐、辣椒或其他刺激气味的作料，要记得，这个时候一切应当以妻子和宝宝为主。

9. 夏天将空调温度调得很低。夏天的时候很多准爸爸总喜欢按照自己对温度的感受设置温度，可这样做很不好。因为如果将室内温度调得过低的话，会和室外的温差过大，过大的温差容易使准妈妈患上感冒。所以，为了准妈妈，准爸爸要保证室内的温度不能低于 26℃。

10. 不节制性生活。有些准爸爸在妻子怀孕后，并没有减少性生活的次数。有时甚至当妻子因担心而有顾虑时，他们还会感到不快。但是，这样的行为是很自私的，会给妻子和宝宝造成严重的伤害，特别是在孕早期和孕晚期的时候。因为在怀孕的前 3 个月，胎盘还未完全形成，胚胎组织在子宫壁上附着得还不够牢固，如果性生活频繁或动作粗暴，容易刺激子宫收缩，导致胎膜早破；怀孕最后 3 个月，性生活容易把外来病菌带进阴道，引起感染，造成早产。准爸爸在妻子怀孕期间的性生活一定要有节制，并且在进行的时候动作一定要轻柔、体贴，注意体位，不要压到妻子的腹部，也不要用力过猛。

11. 不关心孕产保健知识。准妈妈怀孕后在身体、心理以及体力与体态上都会发生很大变化，如果准爸爸未掌握一定的孕产保健知识，就不能帮助妻子正确认识这些变化，采取恰当的对策照顾妻子，不利于妻子和胎宝宝轻松顺利度过孕期。而且，很多准妈妈在怀孕后心理变得脆弱敏感，常会处于不安、焦虑等不良情绪中。如果准爸爸不学习一些孕产保健知识，就不能正确理解妻子的这些心理变化，不能给予及时有效的疏导，无法给予妻子必要的支持和帮助。因此，准爸爸也要了解一些基本的孕产保健知识，这不仅可以帮助妻子，同时对自己也有很大帮助。

准爸爸要了解的怀孕知识

虽然准爸爸无法亲身体会孕育生命的奇妙感受，但了解一些必要的怀孕知识，就可以在准妈妈需要时给她足够的帮助和支持，陪伴她共同走过十个月的孕程。

准爸爸要了解的怀孕知识主要有以下这些：

（1）准妈妈在怀孕期间身体和心理可能的变化。

（2）准妈妈在怀孕各个时期所需的营养补充。

（3）准妈妈在怀孕期间最好多吃和不能吃的食物。

（4）准妈妈在孕期不宜接触的事物。

（5）准妈妈在孕期不宜进行的活动。

（6）帮助妻子按摩的手法。

（7）准妈妈在各个阶段的身体指标。

（8）胎宝宝在各个阶段的发育指标。

（9）关于先兆流产的常识。

（10）一些常见疾病的发生先兆。

（11）一些常见小症状的家庭护理。

（12）孕妇就医的一般程序。

（13）关于分娩的基本知识。

（14）准爸爸在胎教中所扮演的角色。

（15）其他需要注意的生活常识。

这个月需要注意的问题

开始进行适当的锻炼

为了增强准妈妈和胎宝宝的抵抗力、促进顺利分娩、防止或缓解妊娠纹的出现、利于产后的身体恢复，准妈妈最好从怀孕一开始就坚持每天进行适当的锻炼，以增加皮肤对抗牵拉的能力。需要注意的是，在怀孕1个月时，由于胚胎正处于着床和发育阶段，胎盘和母体子宫壁的连接还不紧密，如果运动不适当的话很可能会由于动作不当使子宫受到震动，使胎盘脱落而造成流产。所以，这个时候要尽量选择慢一些的运动，像跳跃、扭曲或快速旋转这样的运动千万不能做。

对于孕1月的准妈妈来说，散步是最好的运动，特别是对于那些平时不爱运动的准妈妈来说。因为散步不需要特殊的器械或技巧，还能让准妈妈的心脏和肌肉得到锻炼，并且受伤的危险性很小，只要穿一双舒服的鞋，选择平坦的道路，远离交通主干道和人多车多的地方就可以了。

游泳也是一项比较适合孕早期的运动，可以进行全身性的训练。不过孕早期在入水时一定要选择一个最舒适温和的方式，尽量不要跳水，避免对腹部造成太大的撞击；也不要进行蛙泳，否则可能会给骨盆带来一些不适感。

此外，像慢跑、有氧运动、孕妇瑜伽也是很好的锻炼方式，但是需要量力而行，避免因为动作不当对腰部、腹部造成过分抻拉。

在进行运动之前，准妈妈要多喝些水，促进排汗散热，避免体温升高。此外，准妈妈在运动时要选择宽松舒适的运动衣和大小合适、软底的运动鞋，在运动前要先做好准备活动，使全身关节和肌肉充分活动开，防止肌肉关节拉伤。运动时注意要让心率保持在适当的范围内，可以试着在锻炼的时候说一句完整的话，如果不能正常地说出来，就要减少运动量，或者把速度放缓。如果在运动的过程中出现眩晕、恶心、局部疼痛、极度疲劳等症状时，应立即停止活动。如出现阴道分泌物增多或出血，需立即去医院。

减少食盐量

由于食盐中含有大量的钠，人体内如果钠含量过高的话，血液中的钠和水会由于渗透压的改变，渗入到组织间隙中形成水肿。

因此，多吃盐会加重水肿并且使血压升高，甚至引起心力衰竭等疾病。对于准妈妈来说，食盐摄入过多的话，最可能引起的疾病就是肢体浮肿和妊娠高血压。正常来说，准妈妈每日的摄盐量以 7 ～ 10 克为宜，另外在注意盐的吸收量时，还要继续吃各种维生素，以确保得到额外的铁元素的补充。

但是，由于准妈妈在怀孕早期通常会有食欲减退的现象，太淡的食物更会让准妈妈觉得索然无味，而且一点盐都不吃对准妈妈也并非有益。因为准妈妈的新陈代谢要比常人更旺盛，其肾脏的滤过能力和排泄功能也较强，钠的丢失也就较多。如果过于控制盐的摄入量的话，反而容易导致体内盐分不足，进而引起食欲不振，疲倦乏力等症状，对准妈妈的健康和胎宝宝的生长都有不利影响。

为了保证食盐摄入不过量又能让准妈妈不至于觉得饭菜太淡，在做饭的时候，不妨充分利用酸味，如用醋拌凉菜等，因为酸味能够刺激胃酸分泌，增强准妈妈的食欲，也可以使用柠檬、柚子、橘子、西红柿等佐菜，同样能够促进食物的酸感和风味；要少用酱油，尤其是在拌凉菜时尽量不要用；在炒菜时不要先放盐，最好是在菜熟了之后直接把盐洒在菜上；若菜品多于两种的话，可以把盐集中放在一道菜上，其他的菜可以适量减少盐量；对于鱼和肉类的食物，可以将烧制的时间延长一些，保证其有更好的色、香、味，以增进食欲；肉汤中含有丰富的氨基酸，可以诱发强烈的食欲，因而在制作各种菜肴时，应充分利用肉汤提鲜。此外，还可以多吃一些用蘑菇、紫菜、玉米等有天然风味的食品制成的各种不加盐而味美诱人的食品，也能有效增强准妈妈的食欲。

注意早孕的征兆

很多准妈妈都是在怀孕两个月以后才知道自己已经怀孕的，这是由于在怀孕第一个月的时候，很多人都没有明显的怀孕症状，并且对或多或少出现的早孕征兆都没有重视起来。其实只要细心观察，早孕还是有一些征兆的。

1. 停经。早孕最明显的征兆就是停经。平时月经规则的女性，一旦月经停止，近期内有过性生活的就要想到是否已经怀孕，如月经过期 10 天不来，就应疑为怀孕了，可以自行检查或是直接到医院检查。

2. 尿频和尿不尽感。有的准妈妈在刚刚怀孕的时候会出现尿频、尿不尽的感觉，可能刚刚上完厕所没过 10 分钟就又想上厕所了。但并不是所有尿频的现象都说明可能怀孕，轻微的泌尿系统感染和尿道口发炎同样会有尿频的感觉。

3. 皮肤苍白。有些平时皮肤和气色很好的女性，一段时间内持续性卸妆后面色苍白、眼睛水肿、出现明显眼袋的话，这也可能说明已经怀孕了。当然，要排除休息睡眠不足的情况。

4. 乳房胀痛。这种胀痛感和月经来潮前的胀痛感很像，一般很难区分。如果乳房胀痛持续很久又没有月经的话，一般认为这是早孕的反应。

5. 乳晕变深。如果已经怀孕的话，乳头和乳晕的颜色会比未怀孕的时候要深一些，这是由于体内激素和内分泌发生变化，导致乳头和乳晕的黑色素沉积所造成的。

6. 基础体温升高。怀孕之后的女性基础体温要比正常情况下偏高。一般可以在清晨测量基础体温，如果确实升高且这种升高的情况具有持续性，身体又没有其他的不适感，就应想到有怀孕的可能。

7. 腰酸。由于雌性激素分泌增多，韧带开始松弛，出现腰酸或者腰部不适的现象很常见，也很容易被忽视。

8. 感冒症状。很多女性在早孕会出现畏寒、困倦、易疲劳、全身乏力的症状，这种症状很像感冒初期，一般很容易被女性忽视。

9. 下腹不适。有些刚刚怀孕的准妈妈会出现下腹的酸胀不适感，但并不是特别明显，容易被准妈妈忽略，或者被误认为是肠胃不适。

10. 情绪变化。有些怀孕以后的女性情绪波动很大，可能刚刚还兴高采烈不一会儿就垂头丧气或是暴跳如雷，这些也有可能是怀孕的信号。当然，情绪的变化不能作为判定是否怀孕的主要依据，如果情绪起伏大并伴有上述一种或几种征兆的话，就应该想到怀孕的可能了。

应当引起注意的现象

刚刚怀孕时出现的困倦、乏力、嗜睡、食欲不振、恶心干呕等都是正常的早孕反应，不用太过担心，但如果出现以下几种症状的话，就需要引起警惕了。

1. 小腹剧痛，阴道出血。如果在刚刚怀孕时突然出现小腹剧痛，并伴有恶心、呕吐，甚至发生晕厥，或有少量阴道流血的话，一定要去医院进行诊治。发生这种情况，如果不是由于意外碰撞的话，多数是宫外孕的先兆，十分危险。一旦是输卵管妊娠，腹痛出血就意味着管腔可能已经破裂，一般这样的出血都会很急，严重者会在短时间内大量失血休克，甚至死亡。因此，当遇到这种现象时，必须一刻都不能耽误，要立即送医院检查。

2. 腰酸腹痛，阴道流血。可能是先兆流产。出现这种情况要到医院检查，如果医生认为胎宝宝正常，可经过一段时间的卧床休息和适当治疗，保证胎宝宝情况的稳定。

3. 白带异常。由于受孕激素的影响，女性在怀孕后通常阴道的分泌物（白带）会增多，如果白带只是量较多，但没有恶臭，没引起瘙痒，没有特别的颜色（如红色、咖啡色或黄绿色）的话，则属正常的现象，无须特别处理。但是如果白带颜色较浓、颜色异常，并伴有难闻的气味或阴部瘙痒的话，就应当引起警惕了。因为白带异常通常代表着阴道感染，这对胎宝宝将造成很大的影响。

4. 高热。怀孕早期有过高热的女性，生出的宝宝即便没有明显外观畸形，但脑组织发育还是有可能受到不良影响，表现为智力低下，学习和反应能力较差。这是因为，孕早期过高的体温可能会造成胎宝宝脑部神经细胞发育不完全甚至是脑神经细胞死亡，从而使脑细胞数量少于常人。所以如果出现高热时，必须要立即到医院进行检查治疗。

如何预防胎宝宝畸形

1. 孕前健康检查和疾病筛查。为了预防胎宝宝畸形，夫妻双方在准备怀孕前首先要做好相关的身体检查和疾病筛查，包括遗传病的咨询。只有在确保无任何可能会使胎宝宝致畸因素存在的前提下，才能考虑受孕。

2. 避免可能致畸的食物。研究表明，过多的酸性食物、含有弓形虫的食物、受污染的食物会导致胎宝宝畸形。例如，准妈妈如果过多地食用肉类、鱼类、巧克力、白糖等酸性食物，就会使体液酸化，造成血中儿茶酚胺水平增高，从而引起准妈妈烦躁不安等消极情绪。这种不良的消极情绪会导致母体内的激素和其他有毒物质分泌增加，从而容易造成胎宝宝腭裂、唇裂及其他器官发育畸形；含有弓形虫的食物容易造成胎宝宝脑积水、小头畸形、脑钙化、流产、死胎等。

3. 远离猫狗等宠物。宠物身上存在的弓形虫是致使胎宝宝畸形的重要因素，特别是在孕早期胚胎分裂成熟、器官高度发育的阶段，一旦遭受弓形虫的感染，就会为胎宝宝的发育过程造成不可逆转的干扰。

4. 远离化妆品。据调查表明，每天浓妆艳抹的准妈妈，胎宝宝畸形的发生率是不浓妆艳抹的准妈妈胎宝宝发生畸形率的1.25倍。这是因为，很多化妆品里都含有砷、铅、汞等致畸物质，这些物质被孕妇的皮肤和黏膜吸收后，可透过血胎屏障进入胎血循环，影响胎宝宝的正常发育。此外，化妆品中的某些成分，当经过阳光中的紫外线照射后，会产生一种芳香胺类的化合物质，这种物质也具有一定的致畸作用。

5. 戒烟戒酒。香烟中的焦油、尼古丁等有害物质以及酒精都会对胎宝宝产生可致畸的危害因子，如酒精可通过胎盘进入胚胎，对胎宝宝的生长发育造成一定的干扰。

6. 防止辐射的危害。医学检查中的 X 射线、CT 检查，家庭生活中必不可少的微波炉、电脑等家用电器，也对胎宝宝有一定的致畸风险，所以准妈妈在日常生活中要特别注意对这些辐射物的规避。

7. 远离噪音、化学污染物。临床研究证实，环境中的噪音污染和化学污染对胎宝宝的生长发育有很大的影响，长期在这些污染环境下生活的准妈妈，胎宝宝的疾病和畸形率均高于正常的准妈妈。所以在生活中，准妈妈要尽量离开这些污染源，以保证自身和胎宝宝的双重安全。

8. 避免紧张消极的情绪。人的情绪受中枢神经和内分泌系统的控制，内分泌之一的肾上腺皮质激素与人的情绪变化有密切关系。当准妈妈的情绪紧张时，肾上腺皮质激素可能会阻碍胚胎某些组织的融汇作用，如果在孕早期胎宝宝器官形成期长期紧张的话，就会造成胎宝宝唇裂或腭裂等畸形症状。

特殊疾病人群怀孕的注意事项

1. 心脏病患者。心脏病的严重程度可以依心功能的分级来衡量，一般分为四级。一级心脏病患者能胜任一般的体力劳动，如行走及日常体力活动；二级心脏病患者对一般体力活动略受限制，休息时舒适如常，但在日常体力活动时即感疲劳、心慌和气急；三级心脏病患者对一般体力活动明显受限制，休息时虽无不适，但稍加活动即感疲劳、心慌、胸闷或有轻度心衰现象；四级心脏病患者做任何轻微活动时即感不适，休息时仍有心慌、气急、有明显的心衰现象。

当心脏病患者有下列情况的任意一种，均不宜怀孕：

（1）严重的二尖瓣狭窄伴有肺动脉高压的风湿性心脏病、心脏畸形较严重或有明显紫绀的先天性心脏病而未行手术者。

（2）风湿性心脏病伴有房颤或心率快难于控制者。

（3）心功能三级或三级以上患者。

（4）有心衰病史或伴有慢性肾炎、肺结核者。

（5）心脏有明显扩大或曾有脑栓塞而恢复不全者。

由于女性在怀孕后体内会发生一系列的变化，有些变化会增加心脏的负担，如胎宝宝的逐日增大会使准妈妈感到胸闷、气急、心慌。如果准妈妈的心功能不良的话，就有可能发生心力衰竭，对母体及胎宝宝都是很大的危险，严重的甚至会危及到准妈妈和胎宝宝的生命。

有心脏病的准妈妈在怀孕时特别要注意保证充分的休息时间，每天应至少有 10 个小时的休息时间；要避免或及时治疗贫血，因为贫血会加重心脏的负担，造成恶性循环，容易发生心力衰竭；还要防止感染发生，因为任何的感染都有可能造成细菌性心内膜炎。此外，有心脏病的准妈妈在用药上要特别小心，特别是强心药，一般情况下不主张使用；抗凝剂的使用也要小心，有的准妈妈曾做过人工瓣膜移植手术，必须要用到抗凝剂时，在怀孕期间要特别注意用法与用量。

2. 甲亢患者。由于甲亢具有遗传性，所以甲亢患者应慎重怀孕。只有那些轻症甲亢患者及经过治疗后能较好控制病情的甲亢患者，可以在医生的监护下怀孕，而重症甲亢患者和治疗还未达效果的甲亢患者是不宜怀孕的。

由于甲亢患者的代谢亢进，孕期不能为胎宝宝提供足够营养，影响胎宝宝发育，可能会造成妊娠期胎宝宝宫内生长迟缓、新生儿出生体重偏低等问题。患有甲亢的准妈妈需要增加孕期检查的频率，及时了解胎宝宝的发育状况，平时稍有异常情况应立即向医生反映。

此外，准妈妈在怀孕期间，严禁使用放射性同位素碘诊断或治疗，补碘可选用复方碘口服溶液，但也不宜长时间服用，因为长期服用这些药物有可能导致胎宝宝甲状腺肿大和先天性甲低等问题。

甲亢患者到了孕中期，还需定期测定甲状腺受体抗体（TRAb）的浓度，如果甲状腺受体抗体（TRAb）高于正常值数倍，就意味着胎宝宝可能也将患有甲亢。准妈妈在产前，还必须进行子宫 B 超检查，了解胎宝宝是否有甲状腺肿大或其他畸形，预防难产。产后至少停药 3 周以上才能哺乳。

3. 哮喘病患者。对于患有哮喘病的准妈妈，轻度的哮喘发作对胎宝宝的影响也不大，新生儿分娩时的评分数和出生体重与正常孕妇分娩的新生儿没有明显差别；如果哮喘较长时期没有得到控制的话，准妈妈容易发生先兆子痫、妊娠高血压、妊娠毒血症、剧吐、阴道出血和难产；胎宝宝会出现在子宫内生长迟缓、过期产、低体重等问题；如果哮喘严重发作的话，可能会造成准妈妈和胎宝宝严重缺氧，功能紊乱，导致出生的新生儿体重降低或神经系统不正常，有的甚至威胁到准妈妈和胎宝宝的生命，后果极为严重。为此，哮喘病患者在怀孕期间要特别注意采取措施，防止哮喘的发作。

哮喘患者在怀孕后，要尽可能避免可能会促发哮喘的因素，例如花粉、灰尘、煤烟味、香料、冷空气和宠物等；禁止吸烟和避免被动吸烟；在使用吸尘器吸尘时应戴上口罩，防止呼吸道感染；室内湿度要保持在 50% 以下。此外，在空气中过敏原浓度增高的季节里，还要尽量避免外出，防止病发。此外，轻、中度哮喘患者在已知怀孕或准备怀孕时，可改用吸入色甘酸钠来预防和治疗哮喘，以免对准妈妈和胎宝宝造成不良影响。

如果准妈妈出现胸闷、气急等哮喘症状，要及时警惕胎宝宝缺氧，需要立即进行合理的治疗。此外，对胎宝宝也要定期监测，除观察胎心和胎动外，必要时还要进行电子胎心监测，以保证胎宝宝的安全。

双胞胎和多胎孕妇的注意事项

正常情况下，女性卵巢在每次生理周期时会排出一个卵子，但是有时候由于月经失调或其他的原因，会造成排卵周期不规律，同时排出两个或多个卵子。如果这时期排出的卵子同时受精的话，就会产生双胞胎或是多胞胎。

双胞胎或多胞胎的孕育无疑会加重准妈妈的负担，而且准妈妈在孕期也可能会较单胞胎的准妈妈出现更多的孕期不适感和并发症，如多胎的准妈妈很可能在怀孕过程中出现高血压，使流向子宫的血量变少，导致胎宝宝的氧气和营养物质供给不足。再有，多胎之间可能会有血管连接彼此的胎盘，这就可能会发生供血不平均的现象，多胎中的一个胎宝宝可能获得的血液过多，而其他的胎宝宝则过少，在这种情况下，很可能会导致早产。另外，多胎也不利于自然分娩，大部分多胎的准妈妈都要提前进行剖腹生产，特别是胎宝宝不是处于头向下的位置的情况之下。多胎妊娠还可能会造成生产时子宫大出血，使准妈妈的生产过程更加危险。

为了安全度过孕期，怀有双胎或多胎的准妈妈在孕期生活中要特别留意以下几点：

（1）除了必需营养品的补充之外，还应加大补铁剂量。双胎或多胎妊娠的准妈妈比较容易在孕早期就发生贫血，因此更应多食用新鲜的瘦肉、蛋、奶、鱼、动物肝脏及蔬菜水果，还要在每天适当补充铁剂、叶酸等，防止缺铁性贫血。一般建议每天额外补充叶酸至少 800 微克；铁质也要从每天的 30 毫克提升到 60 ~ 100 毫克。

（2）限制活动量。由于双胎或多胎妊娠

的子宫比单胎明显增大，且增速较快，这不仅会增加孕妇的身体负担，同时由于对心、肺及下腔静脉的压迫，还会产生心慌、呼吸困难、下肢浮肿及静脉曲张等压迫症状，在孕晚期更为明显。而且双胎或多胎妊娠还容易早产，所以在日常生活的活动量必须有所限制，尽量多卧床休息，少提重物，减轻压迫，增加子宫血流量；尤其是怀三胞胎以上的准妈妈更应小心，在怀孕中期后随时都有早产的可能。

（3）定期产检。双胎或多胎的准妈妈较单胞胎准妈妈的怀孕风险系数要高，因此产检必须更注意且密集，特别是血压及尿蛋白的部分，它是评估是否妊娠高血压的依据，平时应该多加注意。

（4）由于双胎或多胎会导致子宫过度膨大，往往难以维持到足月分娩。因此，准妈妈需要提前住院待产，以保证顺利分娩。

孕期做家务的注意要点

适当的家务劳动，如擦、抹家具和扫地、拖地等可以帮助准妈妈活动筋骨，也是一种很好的运动，但还是需要注意以下几点：

（1）高处的活动不要做。如踩凳子晾衣服、挂窗帘、擦吸顶灯等登高作业。

（2）灰尘较多的地方不宜清扫。由于灰尘中有大量的有害细菌，准妈妈吸入过多的话会对自身和胎宝宝造成不利的影响。

（3）不要做长时间弯腰或下蹲的家务活，如擦地。因为长时间蹲着，会引起骨盆充血最终导致流产，尤其在怀孕后期应绝对禁止。

（4）准妈妈在怀孕早期和中期可以洗衣服，但应注意不可用搓板顶着腹部，以免胎宝宝受到挤压。最好不要用洗衣粉，选用性质温和的洗衣液，不要直接用冷水洗。晾晒衣服时，不要向上伸腰，可以把晾衣绳的位置调低一些。

（5）做饭的时候，为避免腿部疲劳、浮肿，尽量坐在椅子上操作，不要用冷水洗菜刷碗。在怀孕晚期尤其注意不要让灶台压迫到自己的肚子。厨房最好安装油烟机，因为做饭时的油烟对准妈妈非常不利，对胎宝宝也有一定的危害。当出现早孕反应、对油烟过敏时，应暂时不要做饭。

（6）购物。购物会使准妈妈心胸开阔，感到轻松。同时，走路等于散步，也是一种很好的锻炼。但也应注意不宜行走过多，行走速度不宜快，更不要穿高跟鞋。一次购物不宜多，不要超过 5 千克。不要骑自行车外出购物，特别是在怀孕早期，骑自行车时腿部用力的动作过大，会引起流产；也不要在城市人流高峰时间去挤公共汽车，不宜到人群过于拥挤的市场去；在气候恶劣时不要上街，特别是在流感和其他传染病流行时，更不要到人群密集的地方去。

准爸爸的“妊娠反应”

准妈妈在怀孕的前两三个月，多数会出现妊娠反应，表现为恶心欲吐、头昏乏力、食欲不振等现象，这是怀孕后的正常生理反应。然而，有些准爸爸在妻子出现妊娠反应时，也会出现类似的症状，当准妈妈的妊娠反应过后，准爸爸的病也随之好了。这是怎么一回事呢？

医学上将这种妻子妊娠、丈夫害病的奇怪现象称之为妊娠伴随综合征。妊娠伴随综合征是一种心理因素所致的神经症或身心疾患，这些心理因素包括将为人父的喜悦、等待婴儿降生的焦虑、对未来职责的惶惑、对子女健康的忧虑等，多种强烈的情感交织在一起致使精神紊乱，内分泌失常，进而影响到生理方面，使生理反应也出现异常，就会出现恶心欲吐、食欲不振、突然想进食某些特殊的食品、抑郁、失眠、易激怒、神经过敏、头痛等一系列“妊娠”症状。

妊娠伴随综合征是一种“心病”，预防和治疗主要是要治“心”。为了预防妊娠伴随综合征，准爸爸要多学习一些有关妊娠、分娩方面的医学常识，从而解除思想顾虑，避免由于缺乏知识过分紧张和担心而出现“妊娠反应”。如果真的出现了一些“妊娠反应”时，准爸爸也不要慌张，更不要觉得抹不开面子，把它当做一种正常的现象，在接受这种现象的同时尽量将自己的注意力转向愉快的事情上去，如散步、聊天、下棋、郊游等，保持心境的开朗，使心胸开阔的同时淡化这些不适感，有助于症状的减轻。心理状态较好的准妈妈也可以适当帮助准爸爸来缓解这种症状，多用言语宽慰他，打消他内心的担心和顾虑。对于一些反应较重的男性妊娠伴随综合征患者，可以配合一些药物进行辅助治疗。

胎宝宝的第二个月（孕二月）

宝宝的变化

从第5周开始，胎宝宝进入了第二个月的发育，开始进入胚胎器官高度分化和形成期。在第5周，胎宝宝的主要器官，如肾脏和肝脏开始成长，面部器官开始形成，可清楚地看到鼻孔，连接脑和脊髓的神经管也开始工作，原肠开始发育。胚胎的上面和下面开始形成肢体的幼芽，将来形成宝宝的手和腿。将来形成嘴巴的地方的下方出现小的皱褶，将发育成宝宝的脖子和下巴。心脏开始有规律地跳动及开始供血。这时候的胚胎长度约0.6厘米，像一个小苹果子。

到了第6周，胚胎发育成蚕豆状，胚胎面部会出现黑色的小点、小的空洞和深凹下去的空洞，即为宝宝的眼睛、鼻孔和耳朵；形成宝宝手和腿的地方的变化也越来越明显，看上去像划船的桨；宝宝的脑下垂体腺和肌肉纤维也开始发育，胚胎的心脏已经可以跳到150次/分钟，相当于大人心跳的两倍，但外界还监测不到。此外，胚胎这时候还会在子宫内发生轻微的转动。

第7周时，胎宝宝大约发育到了1.3厘米左右的长度，形如一颗桑葚，出现了肘关节和清晰可见的、有点微微相连的手指和脚趾。这个时候胎宝宝头内部的两个大脑半球正在发育，头有些不成比例的大；牙齿和口腔内部结构正在成型，小鼻头正在冒出来，耳朵也在继续发育；眼睛已经开始显现出一些颜色，但是一部分被眼睑遮住了；皮肤非常薄，血管清晰可见。此外，这个时候的胎宝宝已经长出了阑尾和胰腺，肝脏正在忙着制造红细胞，有一段肠已经开始突进脐带里，脐带现在已经有着清晰的血管，并开始往胎宝宝身体来回输送氧气和营养了。胎宝宝看上去有一条小尾巴，实际上是尾椎骨的延伸，几周后会自动消失。

等到怀孕第二个月末，也就是第8周时，胎宝宝已经长到了3厘米左右，体重约有4克重。这时胚胎的各种复杂的器官都开始成长，心脏和大脑已经发育得非常复杂，眼睑开始出现褶痕，鼻子部位也渐渐挺起，牙和腭开始发育，耳朵也在继续成形，小胳膊在肘部变得弯曲，手指和脚趾之间隐约有少量蹼状物；生殖腺和生殖器官也在构建过程中；由于骨髓还没有形成，暂由肝脏来产生大量的红细胞，直到骨髓成熟后来接管它的工作。胎宝宝开始显现出明显的轮廓，胎盘和脐带形成；皮肤像纸一样薄，血管清晰可见；用肉眼就能分辨出头、身体和手脚；胎宝宝已经会做踢腿、伸腿、抬手、移动双臂的小动作了，但是这些准妈妈依然是察觉不到的。

准妈妈的变化

怀孕第二个月开始，有些准妈妈开始出现明显的怀孕症状了，如基础体温持续升高、胸部胀痛、乳房增大变软、乳晕有小结节突出、白带增多、时常疲劳犯困、腰酸背痛、排尿频繁、恶心呕吐、饥饿感强烈等。

这个时候准妈妈的身体从外观看上去还没有明显的变化，但其实子宫已经发生了明显的变化。孕前的子宫长 5 厘米左右，状态像个握紧的拳头；此时的子宫不但增大了，而且变得很软，尤其是子宫峡部已经变得特别柔软；阴道壁及子宫颈因为充血而变软，呈紫蓝色。当子宫成长时，准妈妈可能会感到腹部有些痉挛，有时还会出现瞬间的剧痛感。

有些准妈妈在这个时期的情绪波动很大，需要注意的是，孕 6 ~ 10 周是胚胎腭部发育的关键时期，如果准妈妈的情绪过分不安，会影响胚胎的发育并导致腭裂或唇裂。因此，准妈妈一定要保持心情愉快，可以适当地听听轻音乐，进行音乐胎教，放松自己的情绪。

准爸妈的生活指南

准妈妈的营养补充

孕 2 月是胎宝宝器官形成的关键时期，倘若营养供给不足，很容易发生流产、死胎和胎宝宝畸形。孕妈妈要尽量均衡营养，不挑食、不偏食，注意摄入含有适量的蛋白质、脂肪、钙、铁、锌、磷、多种维生素和叶酸的食物，以确保胎宝宝正常生长发育。

这一时期准妈妈主要要注意维生素 C 和维生素 B_6 的补充，以缓解牙龈出血，抑制妊娠反应的恶心剧吐。怀孕的第 2 个月时，有些准妈妈在刷牙时牙龈会出血，适量补充维生素 C 能缓解牙龈出血的现象。同时，维生素 C 还可以帮助提高机体抵抗力，预防牙齿疾病。生活中的维生素 C 来源于新鲜的水果蔬菜，如青椒、菜花、白菜、番茄、黄瓜、菠菜、柠檬、草莓、苹果等。需要注意的是，烹煮以上食物时，时间都不宜过长，以免维生素 C 大量流失。

对于那些受孕吐困扰的准妈妈来说，维生素 B_6 便是妊娠呕吐的克星。维生素 B_6 在麦芽糖中含量最高，每天吃 1 ~ 2 勺麦芽糖不仅可以抑制妊娠呕吐，而且能使准妈妈的精力倍感充沛。除了麦芽糖之外，富含维生素 B_6 的食品还有香蕉、马铃薯、黄豆、胡萝卜、核桃、花生、菠菜等植物性食品，以及瘦肉、鸡肉、鸡蛋、鱼等动物性食品。

应当多吃的食物

1. 石榴汁。石榴汁中含有多种人体所需的营养素，如维生素 C、B 族维生素、有机酸、蛋白质、脂肪、钙、磷、钾等。准妈妈在怀孕早期多喝石榴汁，可以有效降低胎宝宝大脑发育受损的概率。此外，石榴汁里还含有丰富的多酚化合物，具有抗衰老和保护神经系统、稳定情绪的作用。因此，准妈妈多喝些石榴汁，不仅能够保护胎宝宝的大脑，还能起到延缓衰老、护肤美容的作用。

2. 核桃。核桃仁内含有丰富的营养物质，每 100 克核桃内含蛋白质 15 ~ 20 毫克，脂肪 60 ~ 70 毫克，碳水化合物 10 毫克，除此之外还含有丰富的钙、铁、磷等多种微量元素和矿物质，以及胡萝卜素、核黄素等。怀孕 2 个月时正是胎宝宝大脑和身体重要器官的高速发育时期，多吃核桃可以为宝宝的成长发育提供足够的营养支持。

3. 苹果。苹果中含有丰富的微量元素、维生素及胡萝卜素，以及可供消耗的果糖、葡萄糖、蔗糖等碳水化合物。此外，苹果富含黄酮类化合物，如果准妈妈在怀孕期间，每周吃 4 个以上的苹果，则未来宝宝患哮喘的概率会下降 53%。

4. 鸡蛋。鸡蛋中所含的营养成分既丰富又全面，每100克鸡蛋中含蛋白质14.7克，主要为卵白蛋白和卵球蛋白，还含有人体必需的8种氨基酸，且易被人体吸收。除此之外，每100克鸡蛋中还含有脂肪11～15克，蛋黄中还含有丰富的卵磷脂、固醇类、蛋黄素，以及其他多种维生素和矿物质。

5. 红枣。红枣对准妈妈的营养补充及胎宝宝的生长发育都有很大的帮助。红枣中含有丰富的维生素C、丰富的叶酸，维生素A、维生素P，能提高准妈妈的免疫力，促进胎宝宝大脑发育，增强母体免疫力，还有健脾益胃、安神定志、补血、降血压等功效。

6. 葡萄。葡萄中含有丰富的水分、蛋白质、脂肪、铁、磷，还富含多种维生素和胡萝卜素以及人体所需的10多种氨基酸和大量果酸，多吃葡萄可以及时补充多种营养物质，有利于这个时期胎宝宝的生长发育。

应当少吃的食物

1. 山楂。出现妊娠反应的准妈妈常喜欢吃些酸味食物帮助开胃，但山楂是不宜多吃的。研究表明，山楂对孕妇子宫有兴奋作用，可促进子宫收缩，倘若孕妇大量食用山楂和山楂制品，就有可能刺激子宫收缩，进而导致流产。尤其是以往有过自然流产史或怀孕后有先兆流产症状的孕妇，更要忌食山楂食品。

2. 土豆。虽然土豆营养丰富，但土豆中所含的生物碱属类固醇糖苷生物碱，主要为龙葵碱和卡茄碱，其结构与人类的类固醇激素，如雄激素、雌激素、孕激素等性激素相类似。据报道，刚收获的土豆生物碱每千克20～80毫克，贮存一段时间后则上升至75～114毫克。发芽或发霉的土豆生物碱含量还会进一步增多。如果准妈妈长期大量地食用生物碱含量较高的土豆，蓄积在体内就可能导致胎宝宝畸形。所以，准妈妈尽量少吃或不吃土豆为好，尤其是不能吃长期贮存、发芽、霉变的土豆，对于妊娠早期的准妈妈来说更为重要。

3. 薯片。虽然薯片经高温处理后龙葵素的含量相对减少，但是它却含有较高的油脂和盐分，不仅会使准妈妈还胖，还易诱发妊娠高血压等病症，为妊娠和生产带来麻烦，所以准妈妈应尽量少吃。

4. 桂圆。桂圆性温大热，而准妈妈多阴血偏虚，桂圆吃多的话容易引起便秘、口干、胎热，还可能会出现阴道流血、腹痛、流产等现象。

5. 菠萝。菠萝中含有一种叫蛋白酶的物质，对人的皮肤、血管等有一定的副作用。过敏体质的人食之会引起菠萝中毒，称为“菠萝病”，表现为吃后15分钟至1小时左右，出现呕吐、腹痛、腹泻的迹象，同时还可能会出现过敏症状，如头痛，全身发痒，四肢及口舌发麻，严重者还会出现呼吸困难、休克等。所以建议准妈妈尽量少吃菠萝，吃菠萝时要先把果皮削去，挖尽果丁，然后切开在盐水中浸洗，使其中的有机酸分解在盐水里，减少中毒发生的概率。

孕二月的饮食原则

怀孕的第二个月里，胎宝宝还不需要过多的营养，准妈妈只要在保证正常饮食的基础上，适当增添优质蛋白质和维生素C的补充即可满足胎宝宝的生长需要。

准妈妈可以多吃一些豆类、蛋类、乳类食品，以及适当吃些含淀粉食物补充能量。为了满足胎宝宝身体重要器官发育的需要，准妈妈要适量补充一些微量元素，可以多吃一些干果类食物如核桃、芝麻等，还可以多吃些富含维生素和矿物质的蔬果食品。

这个时期有的准妈妈已经有了妊娠反应，对于这种情况，准妈妈可以调整饮食规律，改成少吃多餐，每餐不要吃得太多，以免引起胃肠更激烈的反应。

孕二月的营养食谱

姜丝炒蛋——补充蛋白质、脂肪、维生素和铁、钙、钾等多种营养，养心安神，补血止吐，滋阴润燥。

【原料】鸡蛋 150 克、姜 50 克、植物油 15 克、江米酒 10 克、盐 3 克。

【做法】1. 将鸡蛋磕入碗内，加少许精盐打散。

2. 鲜姜去皮洗净，切成细丝。

3. 炒锅注油烧热，下入姜丝炒出香味，倒入蛋液翻炒，加入江米酒，小火 5 分钟即可。

卤五香豆——健脾开胃，气血双补。

【原料】大豆 300 克、桂皮 5 克、茴香籽 20 克、料酒 5 克、胡椒粉 5 克、甘草 5 克、卤汁 20 克、白砂糖 5 克、五香粉 5 克。

【做法】1. 将黄豆洗净，倒入锅中，加入卤水（腌雪里蕻的卤水）；将茴香、桂皮用纱布包好扎紧放锅中，腌雪里蕻卤水的用量以能漫过黄豆为度。

2. 将装有黄豆的锅置火上，旺火煮熟后，加入黄酒和白糖，改用文火焖，焖至豆皮起皱，水汁收干时离火，加入甘草末、五香粉、胡椒粉，炒匀后盛在盘中，晾凉后即成。

素什锦——补充维生素和矿物质，平肝补虚，健脑强体。

【原料】黄花菜 25 克，笋丝、韭芽、白糖各 15 克，香菇、味精各 3 克，豆腐干 1 块，白菜、水淀粉、精制植物油各 30 克，豌豆苗叶 20 克，猪腿精肉 45 克，红酱油 9 克，精盐 5 克，麻油 10 克，绿豆芽 60 克。

【做法】1. 先将绿豆芽去根，豆腐干、白菜、香菇、猪腿精肉均切成丝。

2. 炒锅上旺火，放油烧至六成热，下肉丝煸炒，加入黄花菜、豆腐干、笋丝、香菇、白菜煸炒，加酱油、白糖、味精、精盐煸炒至透，再下入绿豆芽、豌豆苗略煸，放入水淀粉炒合，再放入韭芽搅拌均匀，淋上麻油即成。

开洋扒蒲菜——清热解毒，补充所需维生素。

【原料】蒲菜 1000 克，虾米 50 克，姜 10 克，猪油 70 克，小葱 10 克，盐 15 克，淀粉 5 克，味精 1 克。

【做法】1. 将蒲菜洗净，切成 10 厘米长的段。

2. 锅中舀入鸡清汤 750 毫升，上旺火浇沸，将蒲菜段投入烫至六成熟时，捞出用清水洗净。

3. 将锅置旺火上烧热，舀入熟猪油，烧至六成热时，投入蒲菜略煸，放入鸡清汤 250 毫升、精盐、味精，烧至熟软时起锅。

4. 将葱（切段）、姜（切片）放在扣碗内，放上虾米、蒲菜整齐摆放碗中，舀入鸡清汤 250 毫升，上笼蒸约 8 分钟取出，将汤汁滗入锅内，蒲菜复扣入盘中，拣去葱姜。

5. 将锅中原汤烧沸，用水淀粉勾芡，浇在蒲菜上即成。

粟米丸子——滋阴养胃，清热止呕，适用于妊娠呕吐。

【原料】粟米粉 200 克，精盐少许。

【做法】1. 将粟米粉淋湿渗水，揉成滋润的粉团，再用手搓成长条，分成梧桐子大小的丸子，放入一个洗净的盘中待用。

2. 把煮锅刷洗干净，置于火上，加入清水适量，锅加盖，用旺火煮沸，掀锅盖，将丸子下入锅内，文火煮至丸子逐个浮在水面后 3 ~ 4 分钟，即成。每日 1 剂，分 2 ~ 3 次，酌加少量精盐调味。

松仁海带——健脾滋阴，润肠通便，补充碘元素。

【原料】松子仁 50 克，水发海带 100 克，鸡汤、盐各少许。

【做法】1. 松子仁用清水洗净；水发海带洗净，切成细丝。

2. 锅置火上，放入鸡汤、松子仁、海带丝用文火煨熟，加盐调味即成。

白菜奶汁汤——健脾开胃，增进食欲。

【原料】白菜心 500 克，牛奶 50 克，精盐 5 克，味精 0.5 克，鸡汤（肉汤亦可）150 克，湿淀粉少许，食油、鸡油各少许。

【做法】1. 白菜去筋洗净，切成 4.5 厘米长、1.5 厘米宽的条，放入水中煮熟捞出，控去水分备用。

2. 另锅置火上，放入食油烧热，倒入汤，再加入味精、精盐、白菜，烧一两分钟，放入牛奶，开锅后，勾入淀粉，淋上鸡油，盛入盘中即可。

砂仁鲫鱼汤——醒脾开胃，利浊止呕，适用于恶心呕吐、不思饮食或病后食欲不振者。

【原料】砂仁 3 克，鲜鲫鱼 150 克，生姜、葱、食盐适量。

【做法】1. 鲜鲫鱼去鳞、鳃，剖去内脏，洗净。

2. 将砂仁放入鱼腹中、投入锅内（最好用沙锅），加水适量，用文火烧开。

3. 锅内汤烧开后，放入生姜、葱、食盐，即可食用。

紫菜豆腐羹——补充所需的钙质和碘元素。

【原料】大块即食紫菜 1/2 ~ 1 块，豆腐花、水各 1 杯，草菇、虾仁、鱼肉各 80 克，青豆 2 汤匙，蟹柳 2 条，清鸡汤 1 罐，盐 1/4 茶匙，麻油及胡椒粉各少许，生粉 3/2 汤匙，水 3 汤匙。

【做法】1. 紫菜撕碎；草菇切碎；虾仁及鱼肉洗净切粒，拌入腌料；蟹柳撕成丝。

2. 烧滚半锅水，将青豆、虾仁及鱼肉分别氽水半分钟，取出。

3. 烧滚清鸡汤及水，加豆腐花及紫菜煮滚，再加入所有材料，再拌入调味料煮成羹。

准妈妈的常备零食

1. 葡萄干。葡萄干的含铁量非常高，可以预防孕期贫血和浮肿现象，还可调节孕早期准妈妈的肠胃功能，促进食欲。但葡萄干不宜多吃，尤其是比较胖的准妈妈和患有妊娠糖尿病的准妈妈更不能多吃。

2. 大枣。大枣的营养价值很高，它不仅含有丰富的维生素 C，而且还含有准妈妈所需的铁质，熬成粥吃还能滋补肠胃。但是大枣吃多了可能会使准妈妈感到胀气，所以还是以适量为佳。

3. 核桃。核桃是一种营养价值非常高的食物，它自身含有丰富的维生素 E、亚麻酸以及磷脂等，尤其是亚麻酸对促进胎宝宝的大脑发育很重要。另外核桃中含有的磷脂具有增强细胞活力的作用，能够有效增强准妈妈的机体抵抗力。但是核桃中的脂肪含量很高，吃多了可能会影响准妈妈的血糖、血脂和血压。

4. 花生。花生的营养价值很高，花生蛋白中含 10 多种人体所需的氨基酸，可以有效促进细胞发育，提高智力水平；此外，花生中还含有丰富的钙质，可以促进胎宝宝骨骼的生长发育。花生外面的红衣还具有补血功效，所以准妈妈吃花生的时候最好是连着红色的皮儿一起吃。

5. 无花果。无花果富含多种维生素和果糖以及葡萄糖，具有健胃润肠和催乳的功效，有便秘的准妈妈多吃些无花果，能够有效缓解便秘的症状。

6. 板栗。板栗中含有丰富的蛋白质、脂肪、碳水化合物、钙、磷、铁、锌、多种维生素等营养成分，有健脾养胃、补肾强筋、活血止血的功效。准妈妈常吃板栗，不仅可以起到健身壮骨的作用，还可以有效消除孕期的疲劳感，减轻身体的负担。

7. 海苔。海苔浓缩了紫菜当中的各种 B 族维生素，特别是核黄素和尼克酸的含量。此外，海苔中还含有多种微量元素与大量的矿物质，有助于维持准妈妈体内的酸碱平衡，并且海苔的热量很低，纤维含量很高，对准妈妈来说是不错的零食。

8. 酸奶。酸奶里面含益生菌，可以帮准妈妈调理肠胃，特别是对孕早期的准妈妈来说尤为适合；酸奶里同时又含有丰富的蛋白质，是补充蛋白质很好的来源。而且酸奶清凉爽口，很容易被消化吸收，是准妈妈很好的开胃零食。

9. 榛子。榛子中富含丰富的不饱和脂肪酸、维生素、叶酸以及磷、铁、钾等矿物质，常吃榛子可以起到明目、健脑的作用，还能帮助补充胎宝宝生长发育所需的各种营养物质。

10. 瓜子。瓜子中含有丰富的脂肪、蛋白质、锌等微量元素及多种维生素，可以促进消化。嗑瓜子能够使整个消化系统活跃起来，促使唾液和胃液的分泌，可以有效促进食欲。瓜子的香味刺激舌头上的味蕾，味蕾将这种神经冲动传导给大脑，大脑又反作用于唾液腺等消化器官，使含有多种消化酶的唾液、胃液等的分泌相对旺盛。因此，孕妇在饭前或饭后嗑瓜子，消化液就随之不断地分泌，这样对于消化与吸收十分有利。所以，饭前嗑瓜子能够促进食欲，饭后嗑瓜子能够帮助消化，如果数种瓜子混合嗑效果更佳。

食欲不振怎么办

准妈妈由于受妊娠反应的影响，在怀孕第二个月时一般都会出现食欲不振的现象。但是为了保证肚子里宝宝的健康发育，大多数准妈妈还是会吃下各种各样的东西，如果在没有食欲或胃口不佳的情况下进食，很可能会导致更激烈的孕吐，有些严重的也许就此会患上厌食症。

想要在一个愉快的内环境下摄取丰富的营养，这个时期的准妈妈关键要做的是开胃。只有胃口打开了，才能保证高效地吸收食物中的营养元素，也能让准妈妈保持一个良好的心情和身体状态。

对付食欲不振，准妈妈可以改善一下从前的饮食习惯，少食多餐，尽量避免空腹，可以找一些喜欢吃的食物来增加食欲；最好多吃些清淡的食物，要避免味道重的东西，妊娠反应强烈时不要自己烹煮油腻的食物，尽量远离油烟；吃饭的时候保持愉快的心情，或是在轻松舒适的环境下用餐，都可起到增进食欲的作用。

由于妊娠期间胃酸分泌减少，胃肠蠕动减弱，所以很多准妈妈在出现妊娠反应时都喜欢吃些酸味的食物帮助开胃。喜欢吃酸的准妈妈可以选择吃新鲜的酸味水果，如樱桃、桃、李、杨梅、海棠、酸枣、石榴、葡萄、橘子、猕猴桃、草莓等，在增进食欲的同时还能补充必需的营养物质，可谓一举两得。但是需要注意的是，山楂、话梅等酸味零食是不宜过多食用的。

清早妊娠反应强烈的准妈妈，可以在起床时先喝一杯水，或者吃一小块水果，以减轻反应带来的不适感。

此外，维生素 B_6 的补充是有效缓解孕吐、增进食欲的方式。正常人每日需要维生素 B_6 大约 1.6 ~ 2 毫克。如果摄入不足，就可影响人体对蛋白质等 3 大产热营养素的吸收，引起神经系统及血液系统的疾病。准妈妈如果缺乏维生素 B_6，会加重早孕反应，使妊娠呕吐加剧，反复呕吐不仅造成脱水与饥饿，而且导致胚胎早期营养不良。因此，孕妇要注意摄入富含维生素 B_6 的食品，如麦芽糖、香蕉、胡萝卜、花生、核桃、瘦肉、鸡蛋和鱼类等。

孕妇奶粉怎么选

相对于普通奶粉和鲜牛奶，孕妇奶粉的配方中涵盖了更多孕妇所需的营养元素，因此准妈妈在孕期可以适当喝一些孕妇奶粉补充身体所需营养。市面上孕妇奶粉品牌众多，各有特色，其所含主要成分也各不相同，有的是低脂或脱脂奶粉，不易使准妈妈发胖；

有的不含乳糖，很少有胃肠道反应；有的则含有叶酸或者其他营养素，还有的提供了亚油酸、亚麻酸等必需的脂肪酸或DHA等。准妈妈在挑选的时候，应该看清楚每种品牌所含有的成分，了解清楚奶粉的特点，根据自身的需要来选择合适的奶粉。建议准妈妈在选择奶粉之前，先给自己做一个全面的体检，以便了解自己应该重点补充哪种微量元素或矿物质。

明确了自己选择哪种类型的孕妇奶粉之后，接下来就是要在众多品牌中做出选择了。选择放心的孕妇奶粉，首先要选择有信誉度和质量保证的大品牌，仔细阅读标签上的营养素标注，看看其是否适合、满足自己的需要。再有，要仔细看好包装外观，正规厂家的包装应该完整无损，平滑整齐，图案清晰，印刷质量高；清楚地标有商标、生产厂名、生产日期、生产批号、净含量、营养成分表、执行标准、适用对象、食用方法等，要特别关注保存期限和生产许可证编号，仔细查看执行标准和生产卫生许可证号等是否齐全，以防购买假冒、伪劣产品。鉴别假冒伪劣产品，还可以看其售价，根据国家标准的要求，孕妇奶粉的营养水准高，优质的孕妇奶粉会根据孕妇的营养需求，适当添加国家规定的特殊配方营养素，如叶酸、DHA等，能更好地满足孕妇的营养需求。因此，销售价格一般不会太低，如果在市场中看到零售价格过低的孕妇奶粉，准妈妈在购买时就应慎重考虑，不要一味贪图便宜。

除了外观之外，也可以从奶粉质量上判断其优劣。如果是袋装奶粉，可以用手捏住包装摇动，听听是否会发出“沙沙”的声音，并声音清晰；还可以从奶粉的色泽上来判断，优质的孕妇奶粉颜色一般为乳白色或乳黄色，颗粒均匀一致，奶粉中无可见杂质，无结块现象；把奶粉放入杯中用温开水冲调时，优质奶粉静置数分钟后就会和水溶在一起，没有沉淀物；再有，优质奶粉具有奶香味和轻微的植物油味，无异常的气味和味道，并且甜度适中。

孕2个月时的准妈妈可能会对食物的口味比较敏感，选择孕妇奶粉时也要考虑到是否对准妈妈的胃口。现在很多品牌的孕妇奶粉都会通过超市、商场或者是杂志的渠道免费派发试用装，准妈妈可以先利用这些渠道索取一小袋试用装尝尝味道，千万不要盲目地选择一大桶，回家才发现自己不喜欢白白浪费。

孕妇奶粉怎么喝

尽管孕妇奶粉里含有多种丰富的营养元素，但准妈妈在喝的时候也要控制才好，否则可能会造成某些营养元素摄入量超标，给身体健康造成不利的反作用。

首先，不要拿孕妇奶粉当水喝。一般来说，孕妇奶粉的产品说明上都会建议准妈妈每天喝1～2杯，准妈妈不要擅自增加饮用量，对于孕早期食欲不佳吃不下饭的准妈妈，更不要拿奶粉当饭吃，因为孕妇奶粉的配方只是针对大多数准妈妈的，并不能满足所有的营养需求。如果想通过喝奶粉多补充些水分的话，不妨每次将奶粉少放一些，多加些水，冲得淡一点、稀一点，这样每天就可以多喝几杯了。

其次，最好不要将多种维生素和孕妇奶粉一起吃。因为很多孕妇奶粉本身已经提供了足够量的维生素，如果准妈妈在饮用孕妇奶粉的同时再服用多种维生素，很可能会造成维生素摄入过量，长期的维生素摄入过量对胎宝宝和准妈妈的健康都是没有好处的。例如，如果维生素A过量，严重的就可能会导致胎宝宝的畸形。

再有，孕妇奶粉并不是只有在怀孕期间喝的，在准备怀孕期时和哺乳时也可以喝些孕妇奶粉。在孕前喝孕妇奶粉是为孕期所需的更多营养提前做好储备，以供孕育一个健康的宝宝；在产后和哺乳期时，适量喝些孕妇奶粉也可以及时补充身体中流失的营养，而且比喝汤更容易吸收。

需要注意的是，并不是所有的准妈妈都适合喝孕妇奶粉的。例如，患有妊娠期糖尿病的准妈妈最好在选择孕妇奶粉之前征求一下医生的意见；体重超标、体重增长过快的准妈妈在选择孕妇奶粉之前也应该慎重考虑，因为孕妇奶粉与多种维生素相比，脂肪含量及热量都相对较高，如果孕妇奶粉喝得太多的话，是不利于控制本来就增长过快的体重的。

控制洗浴的时间和温度

女性在怀孕以后，内分泌的改变会导致汗腺和皮脂腺分泌增多。常洗澡可以有效保持皮肤清洁、预防皮肤和尿路感染。但准妈妈在洗澡时需要格外小心，尤其是怀孕 12 周以内的孕早期，由于这时候胚胎刚刚着床并开始慢慢发育，非常娇嫩，对各种刺激都非常敏感，稍有不慎就容易造成意外，所以准妈妈在洗澡时也要格外小心。

准妈妈在洗澡时，既不要洗太长的时间，也不要用过高的温度洗澡。这是因为，洗澡时浴室内由于通风不良，空气混浊，湿度大，会使空气中的氧气含量降低，再加上热水的刺激，会使人体内的血管扩张。血管扩张的最直接影响就是使流入人体躯干、四肢的血液增多，而进入大脑和胎盘的血液就会相对暂时减少，氧气的含量也必然减少。如果准妈妈洗澡时间过长的话，就会因为脑细胞暂时缺氧而导致眩晕昏倒，有一定的危险性。此外，长时间洗澡对胎宝宝也有一定的影响，因为母体缺氧的情况下必然会导致通过胎盘输送给胎宝宝的氧气量减少，继而导致胎宝宝缺氧。如果胎宝宝长时间缺氧的话，就会影响到神经系统的发育，带来不良后果。因此，建议准妈妈将每天洗澡的时间控制在 15 分钟以内，如果在洗澡时有头昏眼花、胸闷心慌等不适症状出现时，一定要停止洗澡。

除了控制洗澡时间外，准妈妈还要控制洗浴的温度，不要用温度太高的热水洗澡，尤其是在胎宝宝还不稳定的孕早期。这是因为，过高的洗浴温度会使准妈妈的体温升高，羊水的温度也会随之升高，胎宝宝就会处在一个高热的环境下。高热是导致先天畸形的重要原因，高热程度越高、时间越长、重复次数越多，个体敏感性就越高，危险性也就越大，特别是在胚胎发育早期。研究表明，准妈妈体温比正常体温升高 1.5℃时，胎宝宝脑细胞发育就可以停止；准妈妈体温上升 3℃，就可能有杀伤胎宝宝脑细胞的危险，容易造成胎宝宝发育不良，严重者还会导致死胎、流产等现象。因此，建议准妈妈的洗澡温度应控制在 27℃ ~ 37℃之间，最好不要超过 40℃，冬天最好不要超过 45℃。

注意孕吐期的营养补充

孕早期的准妈妈多数妊娠反应厉害，经常恶心、呕吐、食欲不振，很容易造成营养不良。因此要特别注意这个时期的营养补充。对于妊娠反应稍轻的准妈妈，可以多吃一些富含蛋白质和维生素的食物，少食多餐，每一餐吃得适量就可以，可以多吃一些流质和半流质的食物以助消化，水要放在饭后喝，饭前不宜多喝水；对于妊娠反应较重的准妈妈，首先要有一个乐观的情绪，避免紧张害怕的心情加重妊娠反应，可以吃一些营养价值较高又利于消化的藕粉、豆浆等，不要吃油腻、过甜或辣的食物，可以多吃一些自己喜欢吃的食品。如果从早上起来就觉得恶心想吐的话，可以先喝一杯水或是吃些消化饼干、全麦面包等，感觉胃口稍好些的时候再穿衣服起床洗漱。

孕吐期要特别重视水的补充。水分对准妈妈很重要，准妈妈要多喝些温开水，不要怕吐，可以吐过以后再喝，反复进行几次状况就可以自行缓解；还可以在温水里加少许食盐，以防止呕吐造成低钠现象；还要增加单糖的摄取，例如多喝柳橙汁和葡萄汁就是不错的选择；如果准妈妈对姜的味道不排斥，则可喝一些姜汤，有助于暖胃驱寒，以改善恶心、呕吐的情形；当孕吐症状减轻、精神好转、食欲增加后，可适当吃些瘦肉、鱼、虾、蛋类、乳类、动物肝脏及豆制品等食品来弥补缺失的优质蛋白，同时还要尽量供给充足的碳水化合物、维生素和矿物质，以保证准妈妈和胎宝宝的需要。

此外，喝孕妇奶粉也可以帮助补充很多丢失的营养元素，而且孕妇奶粉更容易饮用吸收，对消化道负担很小，孕吐很严重的准妈妈不妨选择一款自己喜欢的、口味清淡的孕妇奶粉，帮助补充需要的营养。

预防感冒

1. 随时增减衣服，做好防寒保暖。准妈妈在白天尽量多穿一件外套，小心受风，出汗不严重时不要随便脱衣服，如果确实感觉很热的话可以在通风好的地方稍作休息，在空调的环境下要尽量离空调出风口远一些；晚上最好在床边放一件厚衣服，由于怀孕早期小便频繁，常会半夜起来上卫生间，从温暖的被窝起来时是最容易受凉的，所以准妈妈可以在半夜起床的时候顺手拿起床边的外套披好后再去卫生间。

2. 被子不要太厚。准妈妈晚上睡觉时经常会觉得浑身发热，免不了要踢被子。可以盖稍薄点的被子，以不冷为度，这样就可以减少因踢被子而引发感冒的可能性。

3. 热水泡脚。可以在每晚临睡前用较热的水泡脚 15 分钟，水的温度以热到不能忍受为止。要注意泡脚时水量要没过脚面，泡后双脚要发红，才能起到预防感冒的效果。

4. 淡盐水漱口。准妈妈可以在每天早晚、餐后用淡盐水漱口，漱口时尽量仰头含漱，可以使盐水充分冲洗到咽喉部位，以清除口腔和咽喉处的病菌。特别是在流感流行的时候，更应注意常用盐水漱口。

5. 喝些红糖姜水。当准妈妈着凉或是有感冒征兆时，可以喝一碗热腾腾的红糖姜水，有助于驱寒保暖。

6. 多喝白开水。多喝水是预防感冒的有效办法，准妈妈最好保证每天喝 600 ~ 800 毫升的温开水。

7. 食醋熏蒸。尽管食醋熏蒸对杀灭病菌、预防感冒的作用目前还有争议，但依然有很多家庭沿袭着这种传统的做法。可以在室内每立方米空间用食醋 5 ~ 10 毫升，加水 1 ~ 2 倍，稀释后加热熏蒸 2 小时，每天或隔天一次，作空气消毒以预防传染。

8. 生吃大葱、大蒜。生吃大葱时，可将油烧热浇在切细的葱丝上，再与豆腐等凉拌吃，不仅可口，而且可以预防感冒；生吃大蒜不仅可以帮助抵抗可能会由口腔进入的感冒病菌，还能有效抑制肠道致病菌的繁殖。

9. 早上用冷水洗脸。早上用冷水洗脸可以有效增强抗感冒的能力，但是晚上还是要用温热的水，以免由于受到冷刺激而影响睡眠。

10. 热风吹面。感冒初起时，可用电吹风对着太阳穴吹 3 ~ 5 分钟热风，每日数次，可有效缓解初期感冒症状，加速痊愈。

11. 按摩鼻沟。将两手对搓，掌心热后按摩迎香穴（位于鼻沟内、横平鼻外缘中点）10 次以上，可以预防感冒及缓解感冒时的鼻塞症状。

12. 呼吸蒸汽。初发感冒时，可以在杯中倒入开水，对着热气做深呼吸，直到杯中水凉为止，每日数次，可有效减轻鼻塞症状。

13. 及时补充维生素 C。维生素 C 是体内有害物质过氧化物的清除剂，同时还具有提高呼吸道纤毛运动和防御功能。因此，及时补充维生素 C，也是预防感冒的有效途径。

14. 坚持锻炼。适当的锻炼有助于增强机体的抵抗力，因此准妈妈在整个孕期都应坚持适当锻炼，对预防感冒也是很有效的途径。

15. 避开人群。冬春季是感冒多发季节，准妈妈在这时尽量避免接触感冒病人，少去人流密集的公共场所，减少旅行出差的次数。

避免染发和烫发

染烫发是一种深受大众女性喜爱的美发项目，但准妈妈尽量还是要避免。这是因为，染烫发使用的药水中都含有一定量的化学物质，这些化学物质对胎宝宝的影响目前虽然尚无定论，但可以肯定的是，这些化学物质或多或少都会经由准妈妈的皮肤渗入到体内，一旦通过胎盘过渡给胎宝宝的话，就会对胎宝宝的生长发育造成影响。尤其是在怀孕早期，胚胎正在高度发育中，胎宝宝的重要器官正在形成，此时若受到外界有害物质的侵害，很可能会给胎宝宝的生长发育造成一些不利的影响。

如果准妈妈实在爱美的话，染烫发最好等到怀孕中期再进行，这个时候胎宝宝已经趋于稳定，抵抗力也稍强，可降低受到可能存在的危险因子侵害的概率。不过即便如此，也要尽量减少染发的次数，以免累积的药物造成影响。染发或烫发时，可以只处理头发中、尾段的部分，减少头皮药物的吸收或是过敏。如果准妈妈在以前从来没有做过染烫的话，最好不要在孕期里尝试，以免皮肤过敏。发质较差的准妈妈更不要染烫发，因为准妈妈的头发会变得比较脆弱，并且极易脱落，再加上本身的发质就差，如果这个时候进行染发或烫发的话，会进一步加剧头发的脱落。

防辐射服的选择和洗护

防辐射服穿着时，致密的金属网在周身形成一个安全防护罩，能够有效阻挡微量X射线、紫外线、低频辐射和微波辐射，从而避免准妈妈及胎宝宝受到伤害。防辐射服舒适干爽、透气性好、无刺激、无副作用，还具有抑菌、抗静电、耐洗、效能持久等特点，准妈妈从怀孕一开始最好就穿上它。

目前市场上的孕妇防辐射服主要使用两种材料，一种是在不锈钢细丝外包裹棉纱的孕妇防辐射服，这种防辐射服的透气性好，耐洗涤，可屏蔽吸收电磁波；另一种是在布的表面镀有导电吸波的金属离子的孕妇防辐射服，这种材料防辐射性能可达 60dB，但透气性耐洗性差一些。

选择一件好的防辐射服至关重要。目前市场上的防辐射服有很多种，在选购时要根据自己的实际情况选择防辐射服的类型，一般建议在机房工作或者工作环境中有超过 50 台电脑的准妈妈最好选择超强防护型；防辐射服有内衣和马甲两种款式，一般来说，防辐射内衣是准备给一般的白领上班族做防护的，准妈妈也可以先穿着内衣款式，但是一旦怀孕 3 个月以后，就必须穿前后防护的马甲，在防辐射的同时还能有效保护脊椎神经系统；颜色方面可以根据自己的喜好自由选择，尺寸方面最好买得稍大一些，以便整个孕期都能自由穿脱。

防辐射服在洗的时候，要轻柔手洗，水温不要超过 90℃，尽量不要用洗衣机；可以直接用自来水洗，用普通的中性洗衣粉洗衣液均可，洗涤方法近似于普通衣物的清洗过程；洗涤时不可漂白或使用含漂白成分的洗涤用品，也不可与其他化学药品放在一起；洗后从水中拎起晾干即可，不要拧绞；熨烫的温度不要超过 150℃；也不要洗得过勤，防止防辐射服内的金属纤维丝过快磨损。

不宜进行性生活

怀孕开始的前三个月称为孕早期，是其胎宝宝主要器官结构完成分化和器官发育的关键时期，胎盘也未完全形成，此期也叫胚胎期。由于此时胚胎和胎盘在子宫内都处于不稳定状态，胚胎在母亲子宫里还未牢固地生存下来，随时有掉落的危险。在性交时，阴道与子宫颈会受到机械刺激，腹部会受到挤压，尤其是在性生活过于激烈的情况下，会诱发子宫强烈收缩，最容易引起流产，加之准妈妈从这个月开始，就会出现不同程度的早孕反应和其他不适等，也会造成性欲和性反应减弱。因此，这个时期是不宜过性生活的。

因此，为了胎宝宝的健康生长和准妈妈的安全，从这个月开始，准爸爸和准妈妈一定要停止性爱，不能存有一丝侥幸心理，更不能大胆任性地不顾忌任何后果放纵行事。

准妈妈可以开车吗

一般情况下，准妈妈自驾车除了上、下车时要格外注意保护腹中的胎宝宝以外，开车对胎宝宝不会有太大的影响。所以准妈妈在怀孕第2个月，如每天上下班开车还是可以的，但是需要注意以下几个问题：

（1）避免开车节奏过猛。开车反应过猛的话容易使腹中的胎宝宝受到惊吓，所以准妈妈在开车的时候应该避免紧急制动、紧急转向或起步过快，要平稳驾驶，速度不宜过快。

（2）开车时系好安全带。准妈妈驾车时，在任何时候都应该系好安全带，尽量选择同时固定肩膀和腰部的三点固定式安全带，避免压迫子宫。正确使用安全带，能减轻交通事故对准妈妈身体的影响，大大降低胎宝宝受伤害的风险。

（3）慎开新车。由于新购置的车中皮革、化学溶剂等气味很重，空气污染严重，所以新车买回家后应该先开车门车窗，放掉一部分化学气味，还可以在车里放些竹炭、菠萝或羊毛垫等可以吸收异味的东西，以便尽快排掉新车内的有害气体。

（4）绝对禁止他人在车内吸烟。为了胎宝宝的健康着想，准妈妈必须绝对禁止他人在车内吸烟。

（5）忌穿高跟鞋。女性开车最忌讳穿不合适的鞋子，比如拖鞋、高跟鞋、塑料底鞋等，最好是穿运动鞋，或者是布鞋。准妈妈更要注意这个问题，由于怀孕时可能会出现水肿的现象，如果再穿上高跟鞋等不合适的鞋子，一是不舒服，二是在遇到紧急情况的时候很容易因为鞋跟高等原因不能把离合、刹车踩到底等，造成危险。

（6）车内空调温度不宜过低。准妈妈的车内温度不宜低于26℃，在不是太热的情况下，准妈妈开车时尽量关掉空调，多吹自然风。

（7）将长发束起来。特别是在开窗开车时，更应把头发束起来。因为车窗外的风很容易把头发吹乱，导致头发挡住视线，甚至可能长发被车外物体刮住，造成严重后果。每一个开车的女性都应该注意这一点，尤其是怀孕的准妈妈们。

（8）不要在车内放空气清新剂、香水等芳香物品。由于这一类芳香物品所散发的气味有些对准妈妈是有害的，所以准妈妈的车里尽量不要放这些物品。

（9）定期除臭杀菌。如果准妈妈每天都要开车的话，一定要定期到正规的汽车保养处做除臭杀菌处理，以保证准妈妈有一个干净、整洁、清新的车内环境。

（10）新手慎行。如果你是一位驾龄很浅的准妈妈，为了减少危险系数，建议你还是不要开车比较好。

一般来说，准妈妈如果每天开车时间超过8小时，胎宝宝就可能会由于长期处于一种颠簸状态而发生流产、早产。

工作时的注意事项

这个月的准妈妈身体外观变化不大，行动还依然方便，所以在日常的工作中还不至于有太多的不便之处，但是有些方面还是需要注意的。

1. 工作要劳逸结合。准妈妈可以工作 1 小时左右站起来放松 10 ~ 15 分钟，松弛一下紧张的大脑和紧绷的神经，还可以轻微活动下腰部、手关节和颈椎处，或是做做眼保健操、按摩几下太阳穴，都有助于缓解疲劳感。

2. 与电脑的关系。电脑是大多数人每天必须用到的办公用具，如果准妈妈的工作性质不一定要对着电脑，那么在这个时期就尽量远离电脑；如果是离开电脑就无法工作的准妈妈，那么在工作时一定要穿好防辐射服，最好是给电脑屏幕配上防辐射罩，尽可能降低辐射对胎宝宝造成的危害。适当喝一些绿茶也是有效缓解辐射的办法，但饮茶量不宜过大，也不要饮用太浓的茶。再有，要留心别人的电脑从侧背面散放的辐射，如果准妈妈的工作位置是在几台电脑的围挡中，最好是申请将座位调换到靠窗的角落里，避免其他电脑的辐射。

3. 与空调的关系。办公室有空调的准妈妈，一定要远离空调的出风口，特别在炎热的夏天，准妈妈一定不能为了贪凉就使劲猛吹空调。而且在空调环境下，室内空气流通慢，空气质量也比较差，所以最好是吹一段时间空调就关上一小会儿，开窗通通风。如果办公室是中央空调的话，也要定时把窗子打开，让空气流通一会儿，以保证室内空气的清新舒畅。

4. 孕吐。这一时期的准妈妈常常会被突然而来的孕吐侵袭，有时候一些气味都会引起恶心干呕的症状，所以准妈妈最好是能坐得离通风位置近一些，并准备好呕吐袋；同时也要避免心情过于紧张，工作时尽量不要想其他的事情，也会很好地分散注意力，缓解孕吐的症状。

5. 远离危险区域。如办公室里的打印机、复印机等可能会产生辐射的地区，或是留有大面积水的地面都要尽量绕行，也不要登高取物或是过度弯腰劳作。

学会看懂检查单

产前检查包括血常规、尿常规、肝 / 肾功能、血型检查和梅毒、艾滋病、淋病检查等。

1. 血常规。血常规检查项目包括血红蛋白、血小板和白细胞。血红蛋白是判断准妈妈是否患有贫血的指标，正常值是 100 ~ 160/ 升，不在这个范围内即为异常。轻度贫血对准妈妈的影响不大，重度贫血就可能会引起早产、低体重儿等不良后果；血小板在止血过程中起重要作用，正常值为（100 ~ 300）× 1012/ 升，如果血小板低于 100 × 1012/ 升，则会影响准妈妈的凝血功能；白细胞在机体内起着消灭病原体的作用，正常值是（4 ~ 10）× 109/ 升，超过这个范围说明有感染的可能，但孕期可以轻度升高。

2. 尿常规。尿常规的检查项目包括尿液中蛋白、糖及酮体，镜检红细胞和白细胞等，正常情况下，上述指标均应为阴性。如果蛋白检查呈阳性，提示有妊娠高血压、肾脏疾病的可能；如果糖或酮体阳性，就说明有糖尿病的可能，需进一步检查；如果发现有红细胞和白细胞，则提示有尿路感染的可能，需引起重视，如伴有尿频、尿急等症状的话，需要及时入院治疗。

3. 肝 / 肾功能。肝 / 肾功能的检查项目包括谷丙转氨酶（GPT）、谷草转氨酶（GOT）、尿素氮（BUN）和肌酐（Cr），主要用于检查准妈妈有无肝炎、肾炎等疾病。正常情况下，GPT 应为 0 ~ 55 单位 / 升，GOT 为 0 ~ 55U/ 升，BUN 为 9 ~ 20 毫克 / 升，Cr 为 0.5 ~ 1.1 毫克 / 升。由于怀孕会使肝脏、肾脏的负担加重，如果上述指标的检验结果不在标准范围内，就表示肝 / 肾功能不正常，需要马上治疗。

4. 血型检查。检查准妈妈的血型，以备生产时备好相应型号的血液，一旦分娩时发生意外，就能够及时输血。亚洲人的血型主要为 A、B、AB 和 O 型，Rh 阴性血在亚洲人中很少存在，如果准妈妈为 Rh 阴性血，则生产前医院就要提前备好Rh阴性血液，以便及时输血。此外，如果准爸爸为A型、B型或AB型血，准妈妈为O型血，那么宝宝就有ABO溶血的可能；如果夫妻双方Rh血型不合，宝宝也有发生溶血的可能。

5. 梅毒血清学试验。检查项目为螺旋体抗体血凝试验（TPHA）和快速血浆反应素试验（RPR），正常情况下二者均应呈阴性反应，当机体受到梅毒螺旋体感染后，会产生两种抗体，表现为RPR阳性和TPHA阳性。梅毒是由梅毒螺旋体引起的一种性传播性疾病，准妈妈若患有梅毒，则病菌会通过胎盘直接传给胎宝宝，有导致新生儿先天梅毒的可能。需要注意的是，RPR阳性的特异性不高，会受到其他疾病的影响而出现假阳性，一般可将TPHA阳性作为梅毒的确诊试验。

6. 艾滋病检测。通过对艾滋病（HIV）抗体检测来判断准妈妈是否患有艾滋病，正常结果为HIV阴性反应。艾滋病是获得性免疫缺陷综合征的直译名称，是一种严重的免疫缺陷疾患，其病原体是HIV病毒，如果感染上HIV病毒则检验结果为阳性。HIV病毒会通过胎盘传播给胎宝宝，会造成新生儿HIV病毒感染。

7. 淋病检查。通过取准妈妈宫颈管分泌物做淋球菌培养，检测是否患有淋病，正常结果为阴性。淋病是由淋病双球菌引起的性传播疾病，通过不洁性交直接传播，也可通过被淋病污染的衣物、便盆、器械等传播。如果准妈妈患有淋病，则胎宝宝还有可能在娩出经过产道时受到感染。

准爸爸要更加体贴

由于这个时候准妈妈正处于情绪敏感脆弱时期，再加上早孕反应引起的身体诸多不适，难免有时候会出现急躁、不安等波动的情绪。这个时候的准爸爸就需要从生活的诸多方面来考虑妻子的感受，特别是一些小的细节，比如说妻子长时间在洗手间或总是去洗手间，准爸爸就应主动去洗手间里看看妻子，问问妻子是不是不舒服或者是不是有便秘或尿频的现象；如果妻子突然对着你发脾气或是流眼泪，不要嫌烦，更不要觉得妻子不可理喻。要知道，准妈妈们也不想这样，只是因为体内激素在作祟，有时候她们也很难控制自己的情绪，甚至有些准妈妈会在发脾气哭闹过后自悔和自责，甚至会出现自我怀疑和轻视自己，严重者还会诱发一系列的心理问题。所以对于准妈妈的“怪脾气”，准爸爸们要用宽广的胸襟去包容、去体贴、去抚慰，让准妈妈们时刻感受到你的爱与包容。

可能有的男性在没有生育之前总是粗枝大叶，但是当妻子怀孕之后，准爸爸的肩上就多了一个责任，就要改改以前粗粗拉拉的坏习惯了。有的准妈妈在怀孕时有记忆力减退的症状，这时候就需要准爸爸多多提醒自己的妻子，什么时候该去做什么事情？还有哪些计划需要制定、哪些还未完成？此外，准爸爸还要在生活上对准妈妈悉心照顾，凡事都要先考虑她的感受，了解一些孕期保健常识，及时为准妈妈补充营养，还可以多给她做做身体的按摩，等胎宝宝稍大一些可以共同进行胎教。总之，无论准爸爸之前如何，从妻子怀孕开始，准爸爸就要拿出更多的精力去体贴和关心自己的妻子，与妻子携手共同创造一个美好的家庭氛围，一起度过孕育宝宝的这一段特殊时光。

准爸妈共同记录妊娠日记

妊娠对于每个女性来说，都是一个奇妙的旅程。现在，越来越多的准爸爸和准妈妈喜欢将妊娠这10个月以来的生活点滴记录下来，这不仅是日后一份美好的回忆凭证，还是一份不可多得的珍贵纪念品。所以，在这个时候，准爸爸和准妈妈就可以共同记录下孕期生活的点滴了。

除了对日常生活细节和某些事件、个人感受的记录之外，妊娠日记还可以记录很多的“大事件”，如末次的月经日期；妊娠反应的开始日期、症状、反应程度、何时消失、是否进行过治疗；首次胎动日期和胎动的变化；体重的变化；产检的情况；如果曾患过某些疾病，还应该记录下患病名称、起止时间、用药情况等，这些内容可以为某些疾病的治疗和分娩过程提供极具价值的参考。

妊娠日记最好是准爸爸和准妈妈共同来完成，如果用日记本记录的话，可以把准爸爸的日记写在左页、准妈妈的日记写在右页；如果是用博客形式记录的话，准爸爸和准妈妈可以用不同的字体、颜色等来区别记录，这样一方面会更有趣味性，一方面还方便准爸爸和准妈妈双方的交流沟通，也可使夫妻的感情更为浓厚。

这个月需要注意的问题

宫外孕

正常情况下，卵子在输卵管里受精，然后由输卵管迁移到子宫腔，在这里安家落户，慢慢发育成胎宝宝。但因种种原因，受精卵在迁移的过程中出了岔子，没有到达子宫，而是在别的地方停留下来，这就成了宫外孕，医学术语也叫做异位妊娠。

导致宫外孕的原因有很多，如输卵管异常、子宫内膜异位症、卵巢囊肿等生理问题和抽烟酗酒、人流次数过多、有过宫外孕病史等。此外，有附件炎、盆腔炎病史和进行过输卵管手术的女性也较容易患上宫外孕。

90% 以上的宫外孕发生在输卵管，少数也可见于卵巢、宫颈等处。如果输卵管妊娠中存活的受精卵脱落在腹腔内，偶尔还会在腹腔内脏器官如大网膜上继续生长，则形成腹腔妊娠。输卵管内植入的受精卵若自管壁分离而流入腹腔则形成输卵管妊娠流产；受精卵绒毛穿破管壁而破裂则形成输卵管妊娠破裂，二者均可引起腹腔内出血，但后者更严重，常由于大量的内出血而导致休克，甚至于危及生命。

在孕早期，一旦准妈妈出现下腹剧痛，伴有出冷汗、恶心呕吐、阴道出血的症状，就应警惕宫外孕的可能，需要立即就医。需要注意的是，宫外孕易和其他一些腹痛的毛病相混淆，应注意区分。肠套叠是剧烈腹痛，大便带血；阑尾炎的疼痛是从心口开始逐渐移至右下腹；胆结石是右上腹痛；而宫外孕则是下腹剧痛、阴道出血。

宫外孕在早期很难测出，一般在于提前预防。妇科炎症是造成输卵管狭窄的罪魁祸首，人工流产等宫腔操作更是增加了炎症和子宫内膜进入输卵管的概率，进而导致输卵管粘连狭窄，增加了宫外孕的可能性。此外，子宫肌瘤、子宫内膜异位症等生殖系统疾病也都可能改变输卵管的形态和功能，导致宫外孕。及时治疗上述疾病都可以减少宫外孕的发生。如果有过流产史和宫外孕史，再次受孕时如有条件可以选择体外受孕。

便秘加重

怀孕后，由于胎盘分泌出的大量孕激素使得胃肠道平滑肌张力降低、蠕动减弱，影响了食物的机械性消化，延缓了胃内容物的排空时间，会造成食物残渣在大肠内滞留，再加上体内水分的流失，准妈妈便很容易出现便秘的症状。患有便秘的准妈妈，轻者食欲减低，肠功能失调加重；严重者体内许多代谢废物无法排除，可能会诱发自身中毒，对准妈妈和胎宝宝都非常不利。

怀孕时的便秘不可轻率用药，关键在于食疗和运动。由于准妈妈对营养要求很高，所以很多时候的饮食过于精细，这在某种程度上来说并不利于胃肠道运动。为此，准妈妈可以多吃一些含纤维素多的蔬菜、水果和粗杂粮，如芹菜、绿叶菜、萝卜、瓜类、苹果、香蕉、梨、燕麦、杂豆、糙米等。要养成定时进食的好习惯，切勿暴饮暴食。平时多喝水，坚持每天清晨喝一大杯温开水或淡盐水，这样有助于清洁和刺激肠道蠕动，使大便变软而易于排出。

此外，准妈妈还要养成晨起定时排便的习惯。由于早餐后结肠推进动作较为活跃，易于启动排便，故早餐后一小时左右为最佳排便时间。不要忽视便意，更不能强忍不便，最好采用坐厕排便，便后清洗会阴部和肛门。

再有，适当的运动也可以有效缓解便秘，但需要注意的是，不能采用揉腹按摩促进排便。如果上述方式都不能缓解便秘的话，必须在医生的指导下，使用药物解决，切勿私自服用泻药。

流鼻血

流鼻血是怀孕期间较常见的一种现象，这是由于准妈妈体内会分泌出大量的孕激素，使得鼻部血管扩张，容易充血；同时，准妈妈的血容量在孕期显著增高，而人的鼻腔黏膜血管比较丰富，血管壁比较薄，所以十分容易破裂出血。尤其是当准妈妈经过一个晚上的睡眠，起床后体位突然发生变化，或是在擤鼻涕时更容易引起流鼻血。孕期流鼻血一般都是鼻子的一侧出血，出血量一般不多，有时形成凝固的血块，或者仅仅鼻涕中夹杂血丝。

流鼻血时，可以先采取坐位，在两边鼻孔内各塞入一小块消毒过的湿纱布或棉花，或是用食指、拇指将鼻孔捏在一起，持续压紧 5 ~ 7 分钟，同时用碎冰、冷水带或冰毛巾冷敷鼻子、颈部及脸颊，以促进血管收缩。如果仍未止血，可再重复塞棉花及捏鼻子的动作，仍然压 5 ~ 7 分钟，可以收到止血功效。当做过处理之后，暂时先不要挖鼻孔，这是因为血液正在凝结成血块，如果此时挖鼻孔的话，可能会将还未凝结的血痂碰掉，鼻血可能还会再流出来。

常流鼻血的准妈妈，平时要多注意维生素 C、维生素 K 和铁质的补充。胶原蛋白是维持身体组织健康所必需的，而维生素 C 是形成胶原蛋白必需的物质。上呼吸道组织里的胶原蛋白可以帮助黏液附着于适当的场所，使鼻窦及鼻腔内产生一个湿润的保护膜，从而避免鼻腔内太过干燥而出血；维生素 K 是正常凝血作用所必需的，苜蓿、海带及所有深绿色叶菜类中均含有此物质。此外，多补充铁质可以帮助体内造血，有效防止贫血的发生。

除此之外，保持所处室内环境的湿润度，也是有效地防止流鼻血的方式。过于干燥的空气容易使血管破裂，所以如果感觉周围空气干燥的话，可以在室内放一个加湿器，以增加空气的湿度。

初期腹痛

有的准妈妈在这一时期会出现腹痛的现象，有些腹痛是正常的生理现象，有些腹痛则是某些疾病的前兆，准妈妈要注意区分。

孕早期由于子宫的血管、淋巴管及弹力纤维增生，会对神经末梢产生刺激；同时，由于子宫的增大，会使原来子宫周围的一些组织，如固定子宫的韧带、给子宫提供营养的血管以及支配子宫的神经等受到机械性的牵拉；子宫周围的脏器，如膀胱和直肠，也会因子宫增大受到挤压，这时准妈妈就会偶尔出现下腹部的疼痛。这种疼痛通常是偶然性的，而且痛觉并不明显，随着妊娠月份的增加，疼痛也会有所减轻或消失，为正常性的生理疼痛。

但是有些疼痛则可能是病理性疼痛。病理性疼痛与正常生理性疼痛比较明显的区别是，疼痛多为持续性的且痛觉较深，有些还会在疼痛同时伴有恶心、呕吐、出血的现象，这时就要引起警惕了，这可能是先兆性流产、宫外孕等疾病的前兆。

如果准妈妈在这个时候出现阵发性小腹痛或有规则的腹痛、腰痛、骨盆腔痛，同时伴有阴道点状出血或腹部明显下坠感，那可能是先兆流产的预示。当出现这种情况时，准妈妈应该少活动、多卧床、并及时就诊。如果疼痛加剧或持续出血的话，则需要立即就医；如果是出现单侧下腹部剧痛，伴有阴道出血或出现昏厥的现象，可能是宫外孕，应立即到医院就诊；如果是阵发性的下腹痛，腹部呈胀痛或钝痛，伴有妊娠呕吐、头晕、乏力、嗜睡、食欲不振、偏食、厌食油腻、恶心、晨起呕吐，症状重且持续时间长，或有妊娠高血压综合征征象如高血压、下肢水肿和尿中有白色絮状沉淀的现象，则可能是葡萄胎的病理征兆。

早期流产的预防

除胚胎发育异常造成的流产外，其他早期流产都是可以预防的。首先，对于有过流产史的女性，应及时到医院检查，查清引起流产的原因，如是某些疾病所致的就应在疾病治愈后再考虑再次怀孕。如果患有慢性病，应在怀孕前先治愈疾病，怀孕后也随时监测胎宝宝的发育状况，出现问题及时就医治疗。

怀孕后早期流产的预防，一方面要绝对避免接触某些有害的化学物质和辐射，另一方面尽量少到公共场所去，提防流感、风疹、麻疹、腮腺炎、传染性肝炎等病。此外，孕早期还要禁止性生活，以利安胎。

准妈妈从怀孕以后，穿衣要本着宽大、松软、舒适的原则，不要再穿紧身衣裤，裤带不可勒得太紧；不要束胸，不宜穿高跟鞋；孕期阴道分泌物增多，应常用温水擦澡，不要盆浴；内衣要常洗换；不要做弯腰的活动，避免撞击到腹部，也不要提过重的物件。

此外，准妈妈的情绪也很重要，特别是在妊娠反应强烈的孕早期，要时刻保持愉悦的稳定的情绪，合理的休息和充足的睡眠，这样才能保证身体健康和胎宝宝的正常发育。

有流产征兆，要不要保胎

流产固然是胎宝宝的灾难，对于孕妇来说，在身心上都是一次沉重的打击，但是盲目保胎并不可取，要做出理智的决定。医学上将妊娠不足28周，胎宝宝体重不足1000克而终止妊娠称为流产。根据病情的发展及症状的轻重，可将自然流产分为先兆流产、难免流产、不全流产、完全流产、稽留流产。

先兆流产表现为停经后出现少量阴道流血常为暗红色或血性白带，无妊娠物排出，流血后数小时至数日可出现轻微下腹痛或腰骶部胀痛。如果经休息及治疗后，症状消失，便可继续妊娠；如果症状加重则可能发展为难免流产。难免流产是在先兆流产基础上阴道流血增多，腹痛加剧或出现胎膜破裂，此时流产已不可避免，所以它又称为不可避免流产，这时应及早到医院排出残余组织，胎盘残留过久可形成胎盘息肉，引起反复出血、贫血及继发感染，或导致更严重的不全流产。不全流产为持续大量出血，量多者可发生休克，非常危险，若发生这种情况就应立即去医院就诊。难免流产的另一个结局是完全流产，妊娠物完全排出，血流逐渐停止，若无感染可不作特殊处理。

有些准妈妈以为用保胎药就可以防止先兆流产，但事实上保胎药并不能使所有先兆流产者避免流产。至于能否用药物保胎，要根据自身情况作具体分析。引起流产的原因有许多，一种是受精卵本身有缺陷，胚胎不能发育或发育不全引起的。染色体异常、胎盘异常、胎宝宝发育异常等，都可使准妈妈在妊娠3个月内发生流产；另一种是准妈妈自己的疾病，如子宫肌瘤、子宫发育不全、严重贫血、心血管疾病、肾性高血压、疱疹、风疹等均可能造成流产。

所以，当出现流产征兆时，准妈妈应立

即到医院诊治，听从医生的建议作出保胎或者流产的决定。一般来说，如果经检查发现胎宝宝发育异常，医生认为应做刮宫术时，准妈妈不宜拖延，以免造成失血过多或形成影响今后生育的内生殖器炎症。准妈妈们应该明白，这种情况下大多数流产掉的胚胎一般都是有先天缺陷的，属于自然淘汰之列，准妈妈切不可盲目保胎，以防给自己造成更大的危害。

X射线对胎宝宝的影响

尚在腹中的胎宝宝对外界的刺激是非常脆弱敏感的，辐射、药物、酒精、注射等都可能会对胎宝宝的发育造成影响，特别是在孕早期，胚胎细胞在快速地分裂和成长着，如果辐射或其他因素导致细胞发生变化，胎宝宝就有可能会因为发育紊乱而造成畸形或是一些后天才会被发现的疾病，如白血病。

很多准妈妈都知道X射线对胎宝宝有一定的危害，但其实，并不是只要接受了X射线照射，就一定会对胎宝宝产生不利影响。X射线是否会对胎宝宝造成伤害，以及会造成多大的伤害，是由准妈妈接受辐射的剂量、部位、时间等因素共同决定的。一般来说，对手臂、腿部、头部、牙齿和胸腔的照射，如果剂量和时间控制得当的话是不会对胎宝宝造成伤害的，但是对腹部、胃部、骨盆、下背和肾脏部位的照射，就会使胎宝宝直接暴露在X射线的光束下，使其受到一定程度的影响。至于机场出港的步行通道上的检查仪器以及地铁、车站等公共场所的安检设备，由于经过时停留的时间很短暂，所以准妈妈大可放心，这些是不会危及到胎宝宝的安全的。

除了照射位置、照射时间和照射剂量的不同之外，同样剂量、同样时间的X射线对不同时期的胎宝宝也会有不同的影响程度。一般来说，在胚胎着床时，由于受精卵对外界的刺激极度敏感，因此这个时候任何剂量的X射线都有可能引发受精卵死亡，最终流产；在胚胎自着床到器官高度发育的这一时期，即通常所说的孕早期，任何剂量的X射线都会对胎宝宝造成不同程度的影响，如发育迟缓、大脑神经系统发育异常、身体其他部位器官畸形或是引发其他先天性疾病等；在孕中期和孕晚期，一般X射线致使胎宝宝畸形或死亡的可能性很小，但是会造成胎宝宝的一些疾病或是发育迟缓等症状。如果准妈妈有需要必须进行X射线检查的话，一般建议是在孕中期胎宝宝较稳定的时候进行，在进行照射时要用铅围裙或其他防辐射设备保护好腹部，尽量避免胎宝宝受到干扰。

看电视应注意什么

准妈妈是可以看电视的，但需要注意以下几个问题：

（1）电视摆放位置要合理。准妈妈在观看电视时，最好能与电视保持2米以上的距离，如果距离过近的话，一方面会影响视力，另一方面也会遭到电视机辐射的侵害。

（2）电视色彩的调节。最好能将电视的色彩调得淡一些、亮度调低一些，以免影响视力。

（3）室内光线的配合。准妈妈在看电视时要合理地调整室内的光线，尽量不要使室内光线太暗或是太亮，减轻准妈妈的疲惫感。

（4）看电视的时间不宜太久。建议准妈妈连续看电视时间不要超过两个小时，如果时间太长的话，会容易造成大脑疲劳，也会影响眼睛的健康。

（5）看电视时要常变换姿势。准妈妈在看电视时最好不要长时间持续一种姿势，应该隔一段时间就变换一下坐姿，还可以起身适当活动一下以消除疲惫。

（6）加强室内通风。由于高能电子对空气中的氧进行轰击时，电视屏幕与空气中的氧结合就会产生臭氧。臭氧有一种鱼腥味，会使人出现头痛、喉干、呼吸道不适、眼睛干痛等异常感觉。因此，为了减少臭氧对人体的影响，最好在看电视时加强室内通风，保持室内环境的清新。

还能随便用电脑吗

很多准妈妈自从怀孕之后，对电脑总是“又爱又怕”。一方面，电脑已经成为现代人每天不可或缺的办公、娱乐工具，另一方面，准妈妈不免担心电脑辐射会对胎宝宝产生一定危害。到底应不应该使用电脑、如何将电脑对胎宝宝的危害减到最低是每个准妈妈都会关心的问题。首先，必须承认的是，电脑辐射确实存在，而且这种辐射会对胎宝宝产生一定程度的影响；但是其次，这种辐射只有超过一定强度才会危害胎宝宝的健康，准妈妈们没必要“谈电脑色变”，正确地使用电脑还是无妨的。只要在使用电脑时，准妈妈能做到下述几项，就能够保证安全了。

（1）使用时间不要过长。准妈妈如果长时间使用电脑的话，持续的坐姿很容易引起疲惫，加重双脚的浮肿，并且长时间操作电脑会导致手指关节、手腕、手臂肌肉、双肩、颈部、背部等部位出现酸胀疼痛的现象。所以，即使准妈妈需要长时间使用电脑，也要每隔 30 ~ 40 分钟起身活动一下。建议每周使用电脑时间累积不要超过 20 个小时。

（2）做好防护措施。怀孕早期胎宝宝的耐受能力很低，并且十分敏感，所以这个时期应作为辐射防护的重要阶段。准妈妈不妨减少使用电脑的时间，在使用电脑时最好与电脑屏幕距离 30 厘米以上；每隔 1 小时左右洗洗脸，以减少电脑辐射的累积效应，并调节体内热平衡，从而将热效应的危害降到最低。

（3）保持电脑房的通风。电脑附近的灰尘密度通常很高，这些灰尘对准妈妈的皮肤会产生刺激，并且它们还会通过准妈妈的呼吸系统进入体内，如果长时间累积的话就会对胎宝宝产生不利影响。为此，电脑房间的室内通风换气就显得尤为重要，此外还要做好电脑设备的清洁工作，尽量减少灰尘堆积。

（4）电脑房光线要适宜。电脑房间不可过亮或过暗，还要避免光线直接照射在荧光屏上而产生干扰光线。

（5）注意保持皮肤清洁。电脑显示器表面存在着大量静电，其集聚的灰尘可转射到脸部和手部皮肤裸露处，时间久了就容易发生斑疹、色素沉着，严重者甚至会引起皮肤病变等，所以准妈妈在使用电脑过后，一定要及时清洁手部、脸部等裸露在外部位的皮肤。

（6）增加多种维生素的摄入。对于长期使用电脑的准妈妈，应多吃些富含维生素 A 的食物，如豆制品、鱼、牛奶、核桃、青菜、大白菜、西红柿、空心菜及新鲜水果等。此外，维生素 C 可以有效地抑制细胞氧化，维生素 B_1 可以增强细胞的营养、缓解神经的紧张状态，维生素 E 则有降低胆固醇、清除身体内垃圾、预防白内障的功效，所以长期使用电脑的准妈妈不妨多吃些富含上述维生素的食物。

（7）保持正确的姿势。正确的姿势可以有效减轻准妈妈的疲劳感，还能预防很多“电脑病”的发生。一般来说，准妈妈在使用电脑时，应将显示器和键盘放在身体的正前方，显示器最上方要低于眼睛水平，并保持至少一个手臂的距离；应保持良好的坐姿，大腿尽量保持与前手臂平行的姿势，脚能够轻松平放在地板或脚垫上，手、手腕及手肘应保持在一条直线上避免弯曲，不要半坐半躺；椅座的高度应调到与手肘有近 90° 弯曲的距离，并且保证手指能够自然的架在键盘的正上方；如果椅子设计本身没有护背曲线的话，最好在椅子上放一个护背垫，保持从腰到背的曲线。

孕吐是正常的早孕反应

孕吐是早孕反应的一种，大多数准妈妈从本月开始，就会出现不同程度的孕吐，在早晚会尤其明显。孕吐常常是在不经意中“偷袭”准妈妈，本来正在安稳地吃饭，可一闻到味道就恶心干呕、食欲全无，有些准妈妈在这一时期的体重不升反降，因此许多准妈妈都会对孕吐感到害怕、担忧，既担心会不会影响胎宝宝，又对反反复复的反胃呕吐感到说不上的难受。

其实孕吐是人体的一种正常的生理现象。准妈妈在怀孕一个半月左右时，体内绒毛膜会促使性腺激素分泌量明显增加，而使胃酸显著减少，继而体内消化酶的活性也会有所降低，使消化系统运作减慢或是紊乱。因此，准妈妈就会出现头晕、恶心、呕吐、食欲不振、肢体乏力等妊娠反应，其中最明显的就是孕吐。

从另一方面来看，孕吐其实是胎宝宝自我保护的一种本能。胎宝宝在腹中遇到有害物质入侵时，就会分泌出大量激素来增强准妈妈孕期嗅觉和呕吐中枢的敏感性，以便最大限度地将毒素拒之门外，确保自己的生长发育。所以，孕吐不但不会使胎宝宝的生长发育受损，反而可能意味着他更健康。据调查，孕早期孕吐妊娠反应越明显的准妈妈，自然流产的可能性就越小。

但是，有些准妈妈在孕吐的同时会出现吐血的症状，这就需要引起警惕了。当出现这种症状时，有可能是胃黏膜出现了损伤，需要立刻到医院做尿常规检查，看看尿检的酮体变化是否呈阳性反应，如果呈阳性证明孕妇现阶段代谢已经紊乱，需要住院治疗。

胎心管搏动与胎停育

一般到了孕8周左右，B超下就可清晰见到胎宝宝的胎心管搏动了。但是，有的时候B超报告会见不到胎心管搏动的迹象，准妈妈往往在这个时候就有些担心了。其实，只要准妈妈平时没有不适的症状和阴道出血、腹痛等迹象，就无须太过担心，因为通常按照末次月经计算的孕周会有1～2周左右的误差，没有胎心管搏动有可能是由于胎宝宝的周数比之前预测的要小一些，准妈妈不妨静下心来多等几周，不要过于频繁地去做B超检查。当末次月经超过9周甚至10周以后，医生认为应当有胎心管搏动却还依然没有的时候，就应当考虑是否出现了胎停育的现象了。

胎停育意味着胎宝宝停止生长，妊娠失败。胎停育的医学判断标准是B超检查显示妊娠囊内胎芽或胎宝宝形态不整、无胎心搏动，或表现为妊娠囊枯萎。引起胎停育的原因很复杂，如准妈妈在孕前或是怀孕初期曾经受过感染，或受过某些药物、放射性物质的影响，或患有某种慢性消耗性疾病、内分泌失调、生殖器异常，或在怀孕期进行了盆腔手术等都可能会造成胎停育。此外，子宫异常、染色体异常、生殖道感染及其他环境因素的影响也是导致胎停育的原因。

如果发生胚胎停育，准妈妈的一切妊娠反应都会逐步消失。首先是不再有恶心、呕吐等妊娠反应，乳房发胀的感觉也会随之减弱，然后会出现阴道出血，多为暗红色血性白带，最后还可能出现下腹疼痛的症状，直到排出胚胎。这些表现因人而异，有的准妈妈可能没有一点先前迹象，直接出现腹痛，然后流产；或是毫无症状，直到通过常规B超检查后才被发现。

对于有过胎停育历史的准妈妈，一般当再度怀孕后最好在50天左右就到医院进行检查，确认怀孕的天数以及胚胎是否发育正常，如有异常则需要及时采取措施治疗解决。

妊娠中的致畸因素

这一个月正是胎宝宝身体各个器官高速发育的时期，这时候的胎宝宝尤其的敏感脆弱，外界中的任何刺激都有可能对胎宝宝的生长发育造成影响，有些刺激是可能致使胎宝宝发育畸形的，准妈妈们应当更加小心避免。

1. 某些药物。有些药物可能会对胎宝宝的生长发育产生致畸干扰，有些药物是肯定的致畸药物，如抗癌药和性激素；有些则是可能致畸的药物，如某些抗癫痫药、抗甲状腺药和降糖药、镇静药等；还有些药物对胎宝宝有一定的潜在危害，如某些抗生素、皮质激素等。这些药物在孕早期应必须避免使用。

2. 病毒感染。准妈妈如患有流感、麻疹、风疹、疱疹及肝炎等疾病的话，病原体就可能会侵入胎盘，造成胎宝宝的畸形。

3. 辐射致畸。辐射线对胎宝宝的伤害很大，所以整个妊娠期准妈妈要禁用碘、磷等放射性元素进行诊断治疗，在孕早期还要禁用 X 线作腹部照射，晚期也要尽量避免。

4. 营养元素缺乏致畸。如在孕早期缺乏叶酸，就有可能导致胎宝宝神经管畸形，如脊柱裂等。

5. 有害物质。如铅、汞等化学物质，也是造成胎宝宝畸形的元凶。

6. 其他因素致畸。吸烟、酗酒、废水、废气、废渣、农药等都会成为怀孕期间胎宝宝致畸的原因。因此，准妈妈尽可能避免与这些物质接触，以减少胎宝宝致畸的可能性，保证胎宝宝的健康生长。

胎宝宝的第三个月（孕三月）

宝宝的变化

从第 9 周开始，胎宝宝进入了第三个月的发育，这时胎宝宝在胚胎期的小尾巴已经消失了，开始有了明显的变化。这一时期是整个怀孕期的一个关键时期，胎宝宝的器官系统从现在开始就渐渐地发育形成了。

在第 9 周，胎宝宝约有 25 毫米长，他的眼睑开始能够盖住眼睛，并且眼肌也开始慢慢形成。胎宝宝的手部在手腕处开始出现弯曲，两脚开始摆脱蹼状的外表，可以清楚地看到脚踝部位。手臂更加长了，臂弯处肘部已经形成。虽然在这时候还不能看清宝宝的性别，但是宝宝的生殖器官也开始生长了，并且所有的神经肌肉器官已经开始工作了。

到了第 10 周，胎宝宝会长到 4 厘米左右，有 10 克重，形状像极了一个小小的扁豆荚。这时候胎宝宝的手腕和脚踝发育完成，并能够清晰地看到。他的手臂更加长、肘部更加弯曲了，并且他的眼皮也已经黏合在一起了，上牙床和上颚已经形成。此外，这个时候胎宝宝的各个系统、各个器官也已经初步形成，90% 的器官已经建立，心脏开始出现波动，心率为 125 次 / 分，胃部已经被放置到了正常的位置，两个肺叶开始长出许多细支气管。

从第 11 周开始，胎宝宝就长到了 4 ~ 6 厘米，体重达到了 14 克，开始在妈妈的身体里做伸展运动了。这个时候，胎宝宝的四肢能够在羊水中自由活动，左右腿还可交替做屈伸动作，双手能够伸向脸部，手指甲、手指和脚趾等细微之处也开始出现，骨骼细胞发育加快，肢体加长，并且随着钙盐的沉积，部分软骨也开始渐渐变硬一些了。这个时候的胎宝宝头大脸小，耳位仍然比较低垂，皮肤正在长毛囊，外生殖器也正在高度发育中。

第12周的胎宝宝身长可到6.5厘米，体重约15～19克，已经初具人形，成长速度也从本周开始越发的惊人了。这时候的胎宝宝手指和脚趾已经能够完全分开，部分骨骼开始变得坚硬起来，肺脏已经构成，甲状腺和胰腺发展完整，维持生命的器官也开始正式工作，如肝脏开始分泌胆汁，肾脏分泌尿液传送到膀胱等。

准妈妈的变化

这一个月的准妈妈腹部无明显变化，但体重开始增加，乳房更加胀大，乳头和乳晕色素加深，腰围增大，需要更换大的胸衣和宽松的衣服了。有的准妈妈还会突然发现，自己的臀部开始变宽、变厚了，这是为了胎宝宝的生长和日后分娩在做准备，分娩后还可恢复。

孕3月的前2周，是妊娠反应最重的阶段，之后随着孕周的增加反而开始减轻，不久将自然消失，胃口也会慢慢好起来；由于子宫扩张压迫膀胱导致尿频，激素分泌增多，准妈妈容易产生烦躁难安的情绪；有些准妈妈的腹部开始出现了一条竖线，这就是妊娠纹，这道竖线在以后的几个月里会越来越明显，颜色也会越来越深；还有些准妈妈的脸部也开始出现了褐色的妊娠黄褐斑，变得有些“难看”了；增大的子宫开始压迫位于前方及后方的膀胱和直肠，膀胱容量减少，出现尿频、总有排不净尿的感觉，准妈妈千万不要刻意不喝水或憋尿，以免造成尿路感染；由于受到骨盆腔充血与黄体素持续旺盛分泌的影响，盆腔内内脏血液聚集，发生充血和淤血，阴道的分泌物也开始增多；子宫开始上升到骨盆以上，会压迫到直肠，使准妈妈出现便秘或腹泻的症状；胎盘已经很成熟，可以支持产生激素的大部分重要功能。

准爸妈的生活指南

准妈妈的营养补充

这一时期的胎宝宝体积尚小，所需的营养重质不重量。孕11周以后，由于胎宝宝迅速成长和发育，此时的营养需求量也日渐增多，准妈妈在保证营养摄入全面的基础上，需要重点补充镁元素和维生素A。

镁元素不仅对胎宝宝的肌肉健康至关重要，而且也有助于其骨骼的正常发育。研究表明，怀孕前三个月摄取的镁的数量关系到新生儿身高、体重和头围大小；此外，镁元素对准妈妈的子宫肌肉恢复也有好处。富含镁的食物有色拉油、绿叶蔬菜、坚果、大豆、南瓜、甜瓜、葵花籽和全麦食品等。

除了镁元素之外，维生素A也是这一时期的重点补充元素。胎宝宝发育的整个过程都需要维生素A，它能保证胎宝宝皮肤、胃肠道和肺部的健康，对视力、生长、上皮组织及骨骼的发育也有重要的作用，还是丘脑、脑垂体等重要内分泌激素的营养成分，可以有效促进其生长发育。在这个月，胎宝宝还没有储存维生素A的能力，因而需要准妈妈源源不断的供给，甘薯、南瓜、菠菜、芒果等食物中均都含有大量的维生素A。

但需要注意的是，由于维生素A是脂溶性维生素，若摄入过多的话，超量部分就会贮存在准妈妈的肝脏中，增加脏器负担。此外，维生素A过量的话还可能会导致胎宝宝发生无脑、眼缺陷、腭裂、脊柱裂、肢体缺陷等畸形，所以，补充维生素A重点在于从食物中摄取而非药物补充，只要准妈妈在这个时候不挑食，肉类和素食均吃的话，就可以保证适量的维生素A摄入。

除了上述两种重点补充元素，由于这个月开始胎宝宝的骨骼开始迅速成长，因此对钙的需求量也大了起来，因此准妈妈要注意多食用一些含钙的食品，来满足自身和宝宝的生长发育的需要。

应当多吃的食物

1. 黄玉米。玉米中含有丰富的不饱和脂肪酸、粗蛋白、淀粉、胡萝卜素及镁等矿物质，以普通的黄玉米营养最为丰富。多吃玉米可以舒张血管、增强肠壁蠕动和胆汁分泌、促进人体内废物的排泄，有利于身体的新陈代谢。此外，黄玉米中含有谷氨酸等多种人体所需的氨基酸，能够有效促进大脑细胞的新陈代谢，有利于排除脑组织的氨。再有，黄玉米中的维生素 B_2 还能够预防因缺乏核黄素而引发的口角炎、口腔溃疡等口腔疾病，对妊娠巨幼红细胞性贫血症也有一定的预防作用。

2. 红枣。红枣的营养价值极为丰富，含有丰富的维生素 C、维生素 P、维生素 A、B 族维生素和黄酮类物质，是“天然维生素”，对于准妈妈补充营养及胎宝宝的生长发育都有很大的帮助，既可以增强准妈妈的机体免疫力、帮助准妈妈改善胃肠机能增进食欲，还能有效促进胎宝宝的大脑发育。

3. 糙米。糙米能提供人体内所需的矿物质，如锌、铁、镁、磷等，还有蛋白质、叶酸和多种维生素，此外糙米中还含有大量的膳食纤维，可促进肠胃蠕动，缩短食物通过消化道的时间，减少有毒物质被人体吸收和对肠胃的刺激，有效避免肠胃炎的发生。并且糙米中的叶酸可以防止胎宝宝的神经系统畸形，有利于宝宝的智力发育。再有，糙米对保持合理体重还有一定的积极作用。

4. 骨头汤。这一时期胎宝宝的骨骼高度发育决定了准妈妈对钙质的大量需求，骨头汤里含有丰富的钙质，此外还含有丰富的维生素和蛋白质，而且味道香浓，口感浓郁，非常适合这个月的准妈妈食用。不过，熬骨头汤的时间不宜过长，并且最好是用高压锅和沙锅熬制。

5. 蜂蜜。蜂蜜能提供大脑神经元所需要的能量，并有促进睡眠并预防便秘的作用。有失眠、便秘现象的准妈妈可以在每晚临睡前喝一杯蜂蜜水，可有效缓解多梦易醒、睡眠不香等不适，提高睡眠质量。此外，准妈妈还可以在每天上午或下午喝一杯蜂蜜水，起到缓解便秘症状的作用。但需要注意的是，蜂蜜水不可多喝，一天一杯为最好，并且最好用温开水冲服，过冷或过热的水都会影响人体对蜂蜜的吸收。

6. 黄豆芽。黄豆芽中富含胎宝宝所必需的蛋白质，还可以在准妈妈体内进行储备，以备供应分娩消耗和产后哺乳，同时还可以有效预防产后出血、便秘，提高母乳质量。

应当少吃的食物

1. 生冷食物。由于生食中所含的微生物和有害菌无法被消除，特别是肉类食品中更可能含有弓形虫病菌，这些病菌只有通过高温烹煮才能被清除。有些蔬菜还是可以生吃的，但由于怀孕后胃肠系统比较脆弱，所以还是要尽量少吃，吃之前一定要确保清洗干净。所以准妈妈在怀孕期间特别是孕早期，尽量避免吃生冷性的食物，防止有害细菌的侵入，同时也防止胃肠功能受损。

2. 易过敏的食物。如果在怀孕期间吃到过敏食物的话，不仅会使准妈妈的身体受损，更严重的还会影响胎宝宝的正常健康发育。如果准妈妈有某种食物的过敏史，在孕期就要绝对禁止这种食物了；某些可能引起过敏的食物如虾类、辛辣类食物也要尽量少吃；对于从未吃过的、较为罕见的食物，准妈妈不可盲目乱吃，避免引起过敏或其他的不适症状。

3. 方便食品。方便类食品平日里最常吃的就是方便面，此外还有罐头类的方便食品。由于多数方便食品内都含有防腐剂、添加剂、甜味素等人工合成的化学物质，这些物质会对胚胎产生一定的影响，而且还不利于消化吸收，营养价值也很低，所以准妈妈还是尽量少吃或不吃为好。

4. 可能引起呕吐的食物搭档。如羊肉和酸菜、花生和红薯、菠菜和豆腐、红薯和鸡蛋等，这些食物虽然有的营养价值很高，正常人搭配一起吃的话也不会有什么胃肠反应，但这个时期的准妈妈如果搭配着吃的话，就有可能会引起反胃呕吐等不适症状，所以要尽量避免。

5. 油腻的食物。这个月的准妈妈还存在妊娠反应，因此尽量避免油腻的食物，更不要在过冷的地方吃油腻的食物，否则会使胃部和腹部在遭受冷气的同时又遭遇油腻的侵袭，轻者可能出现反胃呕吐的症状，重者还可能引发急性肠胃炎等胃肠疾病。

孕三月的饮食原则

本月的饮食要以食物种类多样化为原则，重点在于摄入营养物质的质量。这个时期，胎宝宝开始进入了快速发育期，准妈妈摄取营养的质量与胎宝宝的生长发育质量密切相关。准妈妈要多吃些含蛋白质的食物，如奶类、口蘑、松蘑、猴头菇、牛蹄筋、海参、贝类、瘦肉和鱼类，但不要食用过多的不完全蛋白类，如豆类食品；除了蛋白质以外，准妈妈还需要摄取足够的碳水化合物和微量元素，可以吃一些枸杞子、杏仁等食品。这个月内，只要是对胎宝宝无害的食物，准妈妈在自己的食量范围内多多益善，种类越多越好。

孕三月的营养食谱

海米糙米粥——促进肠胃蠕动，改善皮肤状况，增强抵抗力。

【原料】海米5克，小排骨200克，糙米100克，盐、胡椒粉适量。

【做法】1. 将糙米洗净后用清水浸泡2小时，小排骨洗净汆烫后捞出备用，海米用冷水浸软后取出杂质。

2. 将糙米、小排骨和海米放入锅中，加入适量水，边煮边搅拌均匀至米粒软烂、排骨熟烂后，加入适量盐和胡椒粉搅匀后即可食用。

鲜蘑菇炖豆腐——提供胎宝宝生长发育所需的蛋白质、钙、铁、锌、铜等多种营养物质。

【原料】嫩豆腐500克，熟笋片25克，鲜蘑菇100克，酱油10克，精盐2.5克，味精2.5克，绍酒5克，麻油5克，素汤（大豆熬制）400克。

【做法】1. 将嫩豆腐放入盆中，加绍酒，上笼用旺火蒸15分钟取出，去掉边皮，切成1.5厘米见方的小块，经沸水焯后，用漏勺捞出。

2. 将鲜蘑菇入沸水锅煮1分钟，捞出，用清水漂凉，切成片。

3. 将豆腐、笋片和精盐放入沙锅中，加素汤至浸没豆腐，置中火上烧沸，改小火炖约10分钟，放入蘑菇片，加酱油、味精，淋上芝麻油即成。

陈皮卤牛肉——缓解孕吐，降低疲劳感。

【原料】瘦牛肉、酱油、陈皮、葱、姜、糖、酱油、水（2大匙）。

【做法】1. 把陈皮用水稍微泡软，葱洗净切断。

2. 牛肉洗净切成薄片，加酱油拌匀，腌10分钟。

3. 将腌好的牛肉一片一片放到热油里，油炸到稍干一些，把陈皮、葱、姜先爆香，然后加入酱油、糖、水和牛肉稍炒一下。

4. 把牛肉取出，放入拌好的卤料，即陈皮、葱、姜、酱油、糖，炖至卤汁变干，即可食用。

烤全麦三明治——有效减轻孕吐。

【原料】全麦面包1个，起司粉、葡萄干、杏仁片、核桃、樱桃、葡萄酱等适量。

【做法】1. 把全麦面包放在烤箱里稍烤一下，取出切成4小块。

2. 先在表面上抹上一层葡萄酱，然后把葡萄干、核桃、杏仁片和樱桃放在上面，再撒上起司粉即成。

糯米粥——滋补养胃，生津润燥。

【原料】糯米 100 克，水 800 克。

【做法】1. 糯米拣去杂物，淘洗干净。

2. 锅置火上，放水烧开，放入糯米，搅开，再烧开后，滚煮 5 分钟左右，用小火熬约 40 ~ 50 分钟，至糯米软烂，汤汁变稠即可食用。

鲜奶玉米笋——健脑通便，促进胎宝宝生长发育。

【原料】玉米笋 400 克，鲜牛奶 80 克，熟猪油 60 克，白糖 7 克，盐 3 克，味精 3 克，面粉、水淀粉、奶油各适量。

【做法】1. 把每个玉米笋剞成透龙花刀，放入开水锅内略烫捞出，控干水分。

2. 锅置火上，烧热加熟猪油，油热后放入面粉炒开，添少许汤，加入鲜牛奶、白糖、盐、味精及烫好的玉米笋，用小火扒制入味后，汤快尽时，用水淀粉勾芡，芡熟淋入奶油，出锅装盘即成。

3. 炒面粉要用文火翻炒，面粉炒开即可，不能炒到变色。

鸡脯扒小白菜——提供蛋白质、钙、磷、铁、胡萝卜素、尼克酸和维生素 C 等营养元素。

【原料】小白菜 1000 克，熟鸡脯半个，花生油 50 克，盐 4 克，味精 2 克，料酒 10 克，牛奶 50 克，水淀粉 15 克，葱花 5 克，鸡汤适量。

【做法】1. 将小白菜去根，洗净，每棵劈成 4 瓣，切成 10 厘米长的段（注意让菜心相连，不能散乱），用开水焯透，捞出用凉水过凉，理齐放入盘内，沥去水分。注意用开水焯小白菜时不要焯得太烂，应该在开水中转两圈立即捞出。

2. 炒锅上火，放入花生油烧热，下葱花炝锅，烹料酒，加入鸡汤和盐，放入鸡脯和小白菜（顺着放），用旺火烧开，加入味精、牛奶，用水淀粉勾芡，盛入盘内即成。

香芹拌香干——预防贫血，增进肠蠕动。

【原料】芹菜、绿豆芽、香干各 150 克，香油 15 克，醋 20 克，精盐 3 克，蒜泥 5 克。

【做法】1. 芹菜择洗干净，大的破开，切成 3 厘米长的段，放入开水锅内焯一下，用凉开水泡凉，沥水备用。

2. 绿豆芽掐去两头洗净，放入开水锅内焯一下捞出，用凉开水泡凉，和芹菜放在一起。

3. 香干洗净，切成细丝，放入芹菜、豆芽中，加入香油、醋、盐、蒜泥拌匀即成。

4. 焯芹菜、豆芽时不能焯烂，以免影响菜的营养和口味。

糖醋黄鱼——益气健脾，健胃润肠。

【原料】黄鱼 1 条、冬菇丝 20 克、红椒丝 15 克、葱丝 20 克、小葱 1 根、姜 3 片、盐 5 克、白糖 20 克、醋 25 克、番茄酱 10 克、料酒 5 克、淀粉 5 克、香油少许。

【做法】1. 黄鱼洗净，鱼身两面划刀纹，放入盘中，用盐、料酒、姜、小葱抹擦全身，腌制 20 分钟后用淀粉粘裹鱼身，放入烧热的油中，炸至酥脆，捞出。

2. 另在锅内烧热油，炒冬菇丝、葱丝、红椒丝，将白糖、醋、番茄酱、淀粉、香油、盐用水调匀，倒入炒锅中，大火炒煮至滚，浇到鱼上即可。

准妈妈蔬菜水果的吃法

蔬菜水果中大多富含钙、钾、钠、镁等微量元素及多种维生素，营养价值极为丰富，可以有效增进食欲，帮助消化，对维持肠道正常功能及丰富膳食的多样化等方面具有重要意义。处于孕早期的准妈妈，妊娠反应常会导致其食欲不佳、容易便秘，这时多吃些蔬菜水果是保证矿物质和维生素 C 供给的重要途径，有利于准妈妈的健康及胎宝宝的成长。

但是，在蔬菜水果的选择上，准妈妈还是要了解一定的常识。一般来说，新鲜采摘的水果和蔬菜比长期存放的营养丰富，并且应季成熟的蔬果安全性更高一些，因为一些反季节的水果蔬菜在生长时有可能被喷洒过激素类化肥农药，不利于健康。

此外，水果蔬菜在食用前要用专用的清洗剂洗干净，以免残留农药对人体造成危害。蔬菜在加工时要先洗后切，以免营养成分丢失，炒过的菜不宜存放时间过长，以免产生有害物质——亚硝酸盐；不要用铜锅炒菜，炒菜时应急火快炒，菜汤不要丢掉，以减少营养素的丢失。

准妈妈每天食用的蔬菜不应少于 4 种，最好是 2 种绿色蔬菜 +1 种萝卜类蔬菜 +1 种瓜类蔬菜 +1 种其他蔬菜（如蘑菇、西红柿、豆角、藕等）；每天食用的水果应不少于两种，尽量选择当季的、生长地在所属地域的水果，其次还要考虑水果的品种和色泽。此外，尽量不要选择包装好的水果篮，也不要买昂贵的、进口的、从未吃过的和不认识的水果，切开的和处理的水果也不要买。

吃海鲜要有选择性

很多海产品中都含有可促进胎宝宝大脑发育的营养元素，但却是不宜多吃的。研究表明，准妈妈如果每周吃海鲜 4 次、每次在 100 克以上，就会影响胎宝宝的神经系统发育。建议准妈妈吃海鲜每周最多 1 ~ 2 次，每次 100 克以下，而且不要吃金枪鱼、剑鱼等含汞量高的海鱼。

虽然很多地方都流行生吃海鲜，如生吃牡蛎等贝类、生吃三文鱼等，但准妈妈吃海鲜的话必须要确保煮熟才能吃。这是因为，大多数海鲜都含有致病性很强的病菌，由于人体内对某些病菌能够主动抵抗，所以正常人偶尔生吃海鲜并不会觉得不适，但这些病菌对胎宝宝的危害可以说是无法避免的；此外，准妈妈在怀孕期间胃肠系统比较脆弱，吃这些生冷的海鲜很可能会造成肠胃炎等胃肠疾病。所以，为了胎宝宝的健康生长和自身的健康着想，准妈妈一定不要生吃海鲜。

再有，准妈妈要记住，海鲜不宜与富含鞣酸的水果，如柿子、葡萄等一起吃，因为鞣酸会破坏海鲜中的优质蛋白，大大降低海鲜的营养价值；此外，海鲜绝对不能和维生素 C 一起吃，否则会在体内生产剧毒，严重时会有生命危险；再有，螃蟹是准妈妈绝对禁忌的食物，因为螃蟹性寒凉，有活血祛淤之效，可能会引起胎宝宝的早期流产。

多多睡午觉，保持好心情

这个月的准妈妈嗜睡的症状会相对减轻一些，但如果有条件的话，尽量还是要养成睡午觉的习惯，以补充身体的能量，减轻疲惫的感觉，还能帮助准妈妈们保持良好的心情，有助于胎宝宝的健康成长。

如果能在家睡个午觉的话，最好是使房间内能有充足的阳光，拉上一层纱帘，让阳光能照到房内是最好的。如果准妈妈怕亮的话，不妨戴个眼罩以助睡眠。

对于工作的准妈妈，可能中午没有条件躺下睡个午觉，但是也可以在座位上小憩片刻。如果办公桌是靠近窗口或是空调的话，最好能把窗子闭上或空调关上一小会儿，防止受风着凉；如果办公室是中央空调的话，最好能披上一件稍厚的外衣，以免睡起来后出现受凉、头痛的现象。如果办公室条件允许的话，准妈妈的午睡最好是睡在沙发上，这样能使身体充分伸展开，放松进入睡眠；如果达不到平躺的条件，睡觉时就应该在头后垫一些柔软的物品当做枕头靠在椅背上睡，不要把头耷拉在椅背上，更不要以臂为枕趴着睡。

准妈妈们的午睡时间也不宜过长，1个小时左右最好，以免耽误晚上的睡眠。

多晒太阳好处多

这个月正是胎宝宝全身器官和骨骼的发育时期，因而对钙的需求特别强烈。吸收钙质除了通过日常饮食和少量的药物补充外，晒太阳也是一个很好的方式。准妈妈多晒太阳，不仅能够有效吸收维生素D，以利于体内钙质的合成吸收，而且阳光中的红外线还可透过皮肤到皮下组织，起到加温的作用，从而使血管扩张，促进血液循环和全身的新陈代谢。准妈妈多晒太阳，自身更有活力，宝宝也能够更健康。

除了有利体内所需营养元素吸收之外，晒太阳还能够有效防止准妈妈产生情绪波动，帮助准妈妈保持稳定良好的心情。怀孕时由于体内激素失调，加上这一时期仍然“流连忘返”的妊娠反应，会给准妈妈的身体和心情都造成诸多不适，准妈妈很容易出现情绪波动和情感障碍，而若长期处于这种波动的情绪状态下，一不利于胎宝宝的健康发育，二也使准妈妈有患上妊娠抑郁症或妊娠期其他心理问题的可能。而多晒太阳由于能够改善准妈妈的新陈代谢，使准妈妈有效减少身体上的不适，进而能够帮助准妈妈主动调节自己的情绪，保持良好的身心状态。可以说，常晒太阳是防治准妈妈妊娠抑郁症等心理疾病的一个有效办法。

但是从这个月起，准妈妈的身体上开始会慢慢长出难看的妊娠斑了，于是随之就会担心多晒太阳会使体内黑色素沉积，从而生出更多的妊娠斑，影响形象。虽然阳光中的紫外线的确有可能使皮肤上的黑色素沉着，但只要控制好晒太阳的时间、做好防晒措施，这种影响还是很微弱的。准妈妈可以挑选阳光最好的午后，一次晒太阳的时间不超过15分钟，也可以擦一些适合孕妇用的防晒霜、隔离霜，减少紫外线对皮肤的攻击。

护肤品该怎么选

用什么护肤品才能既有效又安全是很多爱美准妈妈的一大疑问。准妈妈在怀孕期间对于护肤品的选择非常困惑，若选择平时所用的化妆品，会担心里面所含的某些化学成分会危及到胎宝宝，而选择那些性质温和无有害物质的婴儿护肤品，却很难满足成人皮肤紧致和深度补水的需要。那么，到底该如何选择一款适合孕期使用的护肤品呢？

女性常用的护肤品通常分为基础类和美化类，基础类护肤如爽肤水、面霜、乳液等，具有滋润、保护皮肤的功能，美化类护肤品如粉底液、唇膏、眼影等，具有遮瑕修颜的功效。由于多数美化类护肤品中都含有不同种类、不同剂量的化学物质，因此准妈妈在怀孕期间尽量不要使用，而基础类的护肤产品有些还是可以使用的，但注意不要选择含有香料、酒精、活性剂和添加剂的产品。目前市场上有专门为孕妇设计的孕妇专用护肤品，建议准妈妈使用，以保证自身和胎宝宝的安全。

做好乳房清洁

从本月开始，准妈妈会发现乳房开始渐渐地增大，乳晕的色泽也变得更深了，并且还长了很多的小疙瘩，乳房下方的皮肤上还能看到很清晰的静脉血管，这些都是怀孕时的正常反应。妊娠期的乳头护理对母乳喂养意义重大，未经过吸吮的乳头皮肤较为脆弱，容易在分娩后喂养时被宝宝吮破，乳头皮肤一旦破损，宝宝吸吮时会非常疼痛，有时不得不中断哺乳。如果未及时恰当处理的话，还容易引发乳腺炎等炎症，使母乳喂养无法继续。为了给即将到来的宝宝准备一个结实的“粮袋”，准妈妈从这个时候开始，就要注意乳房的清洁卫生了。

在清洁乳房时，准妈妈应用干净柔软的小毛巾轻轻擦拭乳头的皮肤，清除附在上面的乳痂，如果乳头上的结痂生硬难除，不要用力揭掉，可以先用点橄榄油涂抹乳头，结痂软化后再用清水清洗；也可以在入睡前，用涂有油脂的纱布覆盖乳头，也能起到软化结痂的作用。这样擦拭清洁的过程也是一个对乳房的刺激过程，可以增加乳头表皮的坚韧性，避免日后被宝宝吸破，同时也有利于保持乳房卫生，防止病菌的侵扰。

需要注意的是，清洁乳房不要使用香皂类的清洁用品，这是因为，准妈妈怀孕时，皮脂腺的分泌增加，乳晕上的汗腺也随之肥大，乳头变得柔软，而汗腺与皮脂腺分泌物的增加也会使皮肤表面酸化，导致角质层被软化。此时如果总是用香皂类的清洁物品清洗乳房的话，会将这些分泌物全部洗去，不利于乳房的保健。此外，常使用香皂类的清洁物品还会通过机械与化学作用洗去皮肤表面的角化层细胞，促使细胞分裂增生。如果经常不断去除这些角化层细胞，就会损坏皮肤表面的保护层，使表皮层肿胀，出现一些不适症状。与此同时，香皂还会将保护乳房局部皮肤润滑的油脂洗去，对乳房皮肤有一定的破坏性。因此，要想充分保持乳房的清洁卫生，最好是用温开水清洗，并且在清洗时动作一定要轻柔舒缓。

注意阴部的卫生清洁

根据研究，准妈妈阴部若被细菌感染，发生流产的概率会大大提高，尤其是在分泌物突然增多的孕早期，准妈妈更应注意保持阴部的卫生清洁，避免遭受细菌的滋扰。

阴部的结构分为外阴部、阴部和阴道，清洁的时候通常指清洁外阴和阴部。阴部有自己的自洁系统，在正常情况，在阴道杆菌的作用下，阴道上皮细胞中富含的糖原可分解为乳酸，以维持阴道正常的酸性环境，使适应于弱碱环境中繁殖的病原体受到抑制。但是由于孕期激素急剧增加，内环境改变，导致体内抑制病原体的物质减少，病原体和其他细菌侵入的可能性增大，所以这一时期准妈妈更应重视保持阴部的清洁。

为保持阴部的卫生清洁，准妈妈在选择内裤的时候，就要选择透气性、吸收性好的棉质内裤，要养成每天更换清洗内裤的好习惯，洗内裤的时候尽量选择专用的内衣洗衣液，洗干净后要放到阳光充足、空气流通、环境干燥的阳台上晾晒，不要放在阴凉的卫生间，特别是那些没有窗户的卫生间更不宜晾晒内裤。

准妈妈最好准备好自己专用的清洗盆和专用毛巾，清洗盆在使用前要洗净，由于毛巾日久不见阳光很容易滋生细菌和真菌，所以用过的毛巾也要晒干或在通风处晾干；每天晚上临睡前要用温水轻轻地清洗外阴部，清洗时要先洗净双手，然后从前向后清洗外阴，再洗大、小阴唇，最后洗肛门周围及肛门；养成大便后用手纸由前向后揩拭干净、并用温水清洗或冲洗肛门的习惯。

在清洗阴部时，准妈妈可以选择保健性的洁阴用品，但一般情况下为了避免潜在的刺激使用温水即可。需要注意的是，准妈妈在怀孕期间是不宜进行阴道灌洗的。有研究表明，准妈妈在孕期进行阴道灌洗有导致流产或早产的可能，这是因为阴道灌洗可使细菌感染或上行感染的机会增加，而感染则是导致流产或早产的直接原因。此外，清洗阴部也要适度，因为过度的清洁会破坏阴部皮肤表面上保护膜，破坏自洁系统，有的还能使阴部变得干燥不适，乃至出现瘙痒的症状。

不宜进行蒸气浴

蒸气浴对一般人可能的好处是，高温会使静脉扩张，然后身体会将杂质以流汗的形式透过皮肤排出，达到排毒的功效。怀孕后的准妈妈由于全身血液的体积增加，血管的张力相对于未孕时较低，所以蒸气浴可能会使准妈妈出现脱水、血压过低的现象，表现为心慌、气短、头晕，甚至发生某些意外，伤及自身及腹中的胎宝宝。

而且，蒸气浴对胎宝宝的发育也较为不利。由于过高的温度会使分裂中的细胞死亡，造成胎宝宝发育畸形或发育不良，而蒸气浴会使人的体表处于一个高热的环境下，这种高热会通过体表皮肤传到体内，进而使胎宝宝所处的内环境温度也相应升高，所以准妈妈是不宜进行蒸气浴的。

实验证明，在40℃的热水中只需10分钟就会对胎宝宝发育产生影响。在怀孕前三个月内，高温会使某些基因活动改变，进而影响胚胎器官发育，这一时期正值胎宝宝主要器官的形成期，若准妈妈的体温高于正常值，则最容易造成胎宝宝的神经管缺损、中枢神经系统发育异常，影响后天智力发展，严重的话还可能会使胎宝宝的关节受到永久的损伤，或导致肌肉组织的日益萎缩；孕晚期的高温环境可能会影响黄体素等激素分泌异常，甚至会致使催产素释出，最终减缓胎盘成长，导致胎宝宝生长迟滞。

如何选择孕妇装

大多数准妈妈在怀孕3～4个月时，就要开始考虑选购孕妇装了。毕竟怀孕期间购买的衣服利用率低，所以准妈妈们最好能精打细算，用最少的钱购置最合适的衣物。

1. 面料。选择天然的、舒适性和透气性以及吸水性好的面料是购买孕妇装不变的原则，因为怀孕期间准妈妈的皮肤变得敏感且易出汗，如果经常接触人造纤维的面料就容易引起皮肤过敏。准妈妈的皮肤出现了问题，必然会影响到肚子里的胎宝宝。天然面料包括棉、麻、真丝等等，而以全棉最为常见。除此之外，目前市场上出现的一些新材料也能给准妈妈带来舒适安全的感受，比如莫代尔，它由植物纤维素经加工而成，对皮肤无刺激，穿着起来也柔软贴身舒适；还有一种叫精梳棉，是将棉花中短一些的绒去掉，留下整齐的长绒，是最好的棉，它的蓬松性和保暖性更强，更为舒适。但是这些材料制成的衣服价格上会稍贵一些。

2. 季节。从季节上来看，夏季孕妇装以棉、麻织物居多，春秋季以平纹织绒织物、毛织物、混纺织物及针织品为主，冬季则是各种呢绒或带有蓬松性填料的服装。

3. 款式。孕妇装的款式要以舒适为前提，宜选用穿在身上能够完美地体现胸部线条的，领口材质不易过厚，以V字领、圆领为宜，一般不选择翻领衫。上小下大的连衣裙装是孕妇装中的经典。它不但塑形美观，而且宽松的裙摆穿起来方便凉快；上下身分开的拼装款易于穿脱，可以减少准妈妈的笨重身体所带来的不便；此外，像一些娃娃款的衫裙还会显得准妈妈俏皮可爱又韵味十足，也可以选择。

4. 色彩。色彩可爱鲜艳的衣服能起到调节准妈妈情绪的作用，有利于准妈妈和胎宝宝的身心健康。孕妇装多以赏心悦目的柔和性色彩为主，如米白色、浅灰色、粉红、苹果绿等，可以根据自己的偏好选择一款亮眼的服装。

5. 图案。准妈妈的孕妇装最好是选择那些图案线条简洁明快，清新淡雅的，不要选择过于夸张图案的衣服，一般来说，清淡的小碎花、可爱的小动物装饰是最好的选择。

6. 尺寸。绝大部分的准妈妈不会希望自己买来的孕妇装只能穿上一两个月就再也穿不上了，所以最好是能用长远的眼光选择一个能够为未来迅速膨胀的身体留有盈余空间的尺码。目前市场上专业品牌的孕妇装，其尺码标准都是经过无数第一手数据资料研究而来，你只要根据自己的身高与三围数字，就能轻松找到属于自己的尺码了。如果比较讲究时尚一些的准妈妈们希望衣服一直贴身合体的话，就需要在孕期每个阶段内购置不同款式和尺寸的衣服，比如孕早期，小腹微微隆起，需要一些可以调腰的便裤即可；孕中期小肚子大了有坠胀感，可以穿托腹裤，将小肚子托起来会舒服些；孕后期小肚子明显坠胀，便裤的弹力带勒得肚子会很难受，这时就需要穿背带裤，既能使小肚子完全被裤子包裹托起，又能让准妈妈们有安全感也更舒适。

内衣内裤怎么选

由于内分泌的变化和体内循环代谢的变化，准妈妈在这一时期的皮肤变得非常敏感，并且容易多汗，所以内衣内裤尽量选择密度较高、透气性好的棉质材料。

妈妈从这个月开始，胸部开始发生变化，在将来的7个月里的变化还会越来越大，最明显的就是胸围激增，很多准妈妈在怀孕期间穿戴的内衣要比孕前大1～2个尺码，并且随着胸围增大还会出现胸部下垂的迹象。为此，准妈妈在孕期胸罩的选择上，要本着舒适实用的原则，不要再将美观漂亮作为选择的第一要素。准妈妈尽量选择一款不压迫乳房的大号胸罩，并选用较宽的肩带，以便有效拉起乳房的重量；在款式的选择上，要选择包容性好的全罩杯款式，最好是内藏金属钢圈型，以便托起增大的胸部，防止胸部下垂和外溢，有效避免副乳的生成。随着孕程的增长，准妈妈要养成勤换内衣的好习惯，并且根据身体的变化，适时更换适合的胸罩。

内裤的选择上，准妈妈要暂时告别三角裤和T字裤了。孕早期的准妈妈腹部还没有明显的变化，还可以穿平时穿的三角裤，但还是会有腰围变粗的感觉，所以应尽早选择合适的孕妇内裤。内裤选择的原则是不压迫腹部、包附性好、无勒感、透气性佳，现在市场上有专门的孕妇内裤，配有活动腰带的设计，方便准妈妈根据腹围的变化随时调整内裤的腰围大小，十分方便，并且裤长往往是加长的，高腰的设计可将整个腹部包裹，具有保护肚脐和保暖的作用。再有，由于准妈妈的阴道分泌物增多，所以最好选择透气性好、吸水性强、触感柔和无刺激的纯棉质内裤，以免引发皮疹；到了孕后期，准妈妈的腹壁扩张并出现所谓妊娠纹，变大的子宫会往前倾而使腹部更突出，此时可以选择一些有前腹加护的内裤，这样较为舒适。

提早预防妊娠斑

由于准妈妈体内分泌的改变，皮肤中的黑色素细胞功能增强、色素沉着增加，准妈妈从这个月开始，脸上和身上开始出现一些黄褐色的斑纹，也就是经常说的妊娠斑。脸上的斑纹多是茶褐色斑，分布于鼻梁、双颊和前额部，身上的斑纹多出现在乳头、乳晕、腹正中线及阴部，身上原有的黑痣颜色也会加深。

虽然妊娠斑总是让准妈妈感觉有些猝不及防，但实际上，只要皮肤的油脂分泌充足，酸碱度平衡，新陈代谢顺利，怀孕时就不容易长斑。也就是说，妊娠斑其实是可以预防的。

（1）孕前要做好准备。妊娠斑的轻重与孕前皮肤的弹性基础有直接的关系，因此准妈妈在孕前就要注意锻炼身体，尤其是增加腹部的锻炼，或是通过冷热水交叉的洗浴方式来增强皮肤的弹性。增加蛋白质和维生素的摄入，以补充足够的胶原蛋白，增强皮肤的弹性。

（2）避免过度日晒。适当地晒晒太阳对准妈妈和胎宝宝都有益处，但日晒时间过长或是暴晒的话就有可能使皮肤接收过多的紫外线，这些紫外线一旦在皮肤上附着沉积，就会形成难看的黄褐斑。因此，准妈妈在晒太阳的时候，也要注意时间和日照强度。

（3）不要大吃大喝。准妈妈如果体重增

长过快的话，妊娠斑和妊娠纹也会长得更快。因此准妈妈在饮食上还是要适当控制，少吃刺激性过强、甜腻和油炸食物，多吃新鲜的蔬菜和水果，每天保持充足的饮水量。

（4）选择无刺激的护肤品。为了预防妊娠斑，准妈妈可以使用一些有滋润美白功效的护肤品，如胶原蛋白、维生素 C、维生素 E 乳霜，每天晚上清洁身体后涂抹在可能产生妊娠斑纹的地方并做适当的按摩。但所选的护肤品，必须是无刺激性的，现在市场上也有很多专门为准妈妈设计的护肤产品，不妨考虑使用。

（5）自制防妊娠斑面膜。准妈妈可以将冬瓜捣烂，加蛋黄一只，蜂蜜半匙，搅匀敷脸 20 分钟后洗掉；或是将黄瓜磨成泥状，加入一小匙奶粉和面粉，调匀敷面，15 ~ 20 分钟后洗掉，都能有不错的预防效果。

防辐射的妙招

1. 家里电器莫扎堆。不要把家用电器摆放得过于集中或经常一起使用，特别是电视、电脑、电冰箱等，不宜集中，更不要放在准妈妈的卧室里，以免使身体长时间暴露在超剂量辐射的危险中。

2. 勿在电脑身后逗留。电脑的摆放位置很重要，准妈妈家里的电脑尽量不要让屏幕的背面朝着有人的地方，这是因为电脑辐射最强的是背面，其次为左右两侧，屏幕的正面反而辐射最弱；准妈妈在办公室的位置如果正对着其他同事显示器的背面，最好申请将座位调到周围没有他人电脑的角落里。

3. 减少电器待机时间。当电器暂停使用时，最好不让它们长时间处于待机状态，因为此时可产生较微弱的电磁场，长时间也会产生辐射积累。

4. 保持安全距离很重要。准妈妈与各种电器都应保持一定的安全距离，如与电视机的距离为 2 米以上，与微波炉的距离为 1 米以上，与灯管的距离为 2 ~ 3 米。

5. 用水吸电磁波。准妈妈可以在电脑或其他有辐射的电器周围放几瓶水，这是因为水可以有效吸收电磁波，还可以保持合适的环境湿度。但是，水一定要用塑料瓶或玻璃瓶盛放，绝对不能用金属杯。

6. 缩短使用电器时间，穿好防辐射服。准妈妈尽量要缩短使用电器的时间，在使用时尽量穿着专门的孕妇防辐射服。

7. 接手机别性急。手机在刚刚接通的一瞬间辐射是最强的，因此准妈妈在接听电话时最好等手机铃音响过三下之后再接听，不要手机一响起就立马接听。此外，信号不好或是充电的时候是不宜接打电话的。

8. 及时洗脸洗手。准妈妈要养成常洗脸洗手的习惯，尤其是长时间对着电脑的准妈妈。及时清洁裸露在外的皮肤，也可以将附在皮肤表面的粉尘等其他有害物质清除掉，避免进入体内造成危害。

9. 适当补充营养。准妈妈可以多吃些胡萝卜、白菜、豆芽、豆腐、红枣、橘子以及牛奶、鸡蛋、动物肝脏、瘦肉等食物，以补充人体内维生素 A 和蛋白质；还可以适量喝些绿茶，因为茶叶中的茶多酚等活性物质有利于吸收与抵抗放射性物质。

准爸爸要学着给妻子按摩

准妈妈由于身体和心理的变化，有时难免会觉得疲累紧张，适当的放松按摩可以有效缓解这种疲劳的状态和紧张的情绪，所以从这个月开始，准爸爸就要学习一些按摩手法，帮准妈妈做个放松按摩了。

1. 舒缓腰背疼痛的按摩方法。按摩时，准妈妈尽量采取坐姿，可用靠垫把头和胸部保护好后将身子伏在桌子上，尽量避免挤压到胎宝宝。准爸爸可用手掌掌根或拳面放在准妈妈后背脊柱两侧肌肉，做轻快的、柔和的回旋运动，注意手要按住肌肉施加一定压力，不要在皮肤上摩擦。在一固定点按揉数十秒后将手向下移一手掌宽，再重复此操作，直至按揉到臀部以上。

还有一种点按法，也可以有效缓解准妈妈腰背疼痛的症状。按摩时，准爸爸先将双手拇指指端放在大椎穴（低头时颈椎与胸椎之间最突起的脊椎下方的凹陷）左右各旁开一横指的地方，用一定的力量点按并持续数秒钟，下移一厘米左右的距离再点按，如此操作直至臀部以上。如遇到疼痛敏感的部位可以适当加长按压时间，疼痛点提示可能身体有某些不适，通过点按可以部分缓解这些不适。

2. 放松头部的按摩手法。按摩时，准爸爸将双手放在准妈妈头部两侧，先轻压一会儿以帮助松弛紧张的神经，然后用手指轻轻揉搓整个头部；双手轻按前额的中央位置，然后向两侧轻扫至太阳穴，轻轻按压眼部周围，双手放在准妈妈的下巴中央，然后向上扫至太阳穴，将食指与中指沿准妈妈的下耳部四周前后轻按几下。需要注意的是，每个部位的按压时间不要超过 10 分钟，在按摩前可以在准妈妈的身上涂抹一些无害的婴儿精油。

孕三月的胎教方案

从第三个月开始，胎教就可以逐渐开始了。由于早孕反应，准妈妈容易产生烦躁、易怒或易激动、抱怨等情绪，而这些不愉快的情绪会通过内分泌的改变影响胎宝宝的发育。简单来说，准妈妈的不愉快心情可以很直接地传递给胎宝宝，因此胎宝宝的情绪也会受到波动。所以，准妈妈保持健康而愉快的心情是这一时期胎教的关键。

这个月的胎宝宝已经能够转动头部，也会改变身体的方向或姿势，会有走路、跳跃和惊吓等动作，会在羊水中非常活泼的运动。这个时候胎宝宝对妈妈的情绪变化特别敏感，并且能感受到外界的情绪氛围，因此，这个月胎教的重点就在于对胎宝宝进行良性的感官刺激。

胎宝宝可以感应到外界的压触动作，所以准妈妈可以用轻柔的手法按摩下腹部，或在摇椅中轻轻摇动，通过羊水的震荡给予胎宝宝压、触觉的刺激，促进胎宝宝的神经系统发育。

这个月需要注意的问题

孕吐严重说明宝宝不好吗

总有些准妈妈担心孕吐会造成胎宝宝营养缺乏，甚至会担心胎宝宝出现一定的危险，比如胎停育、流产等。但事实上，目前临床上还没有出现过由于孕吐导致胎宝宝死亡、流产的案例。所以孕吐严重，与宝宝的健康与否是没有必然联系的，吐与不吐并不能作为验证胎宝宝是否健康的标准之一。

孕吐的程度一方面受准妈妈自身体质的影响，一方面也与遗传有一定的关系。如果准妈妈在未怀孕前体质较弱，胃肠机能和体内代谢循环系统较弱的话，则在孕早期孕吐可能会比正常女性要严重一些；如果自己的妈妈、姐妹在怀孕时孕吐较厉害的话，那可能你的孕吐就会严重一些。再有，平时易晕车、晕船的女性，以及怀有双胞胎或多胞胎的女性，怀孕时的孕吐现象也会较为严重。

无论孕吐现象有多严重，当怀孕满三个月之后，情况都会有所改善缓解，大部分的准妈妈孕吐的现象都会消失，只有一小部分准妈妈可能会一直持续到生产。对于妊娠期间一直孕吐的准妈妈，就应格外注意营养物质的补充，必要时可以进行药物补充和就医治疗。

隐形眼镜还能戴吗

很多平时戴隐形眼镜的准妈妈会发现，以前佩戴很舒适的隐形眼镜在怀孕后突然变得没那么舒适了，而且很难佩戴，戴上后不久就会出现干涩、异物感等不适感，这是怎么回事呢？

研究表明，怀孕期间眼球也会出现一些

生理变化：

（1）眼角膜厚度增加：一般来说，怀孕阶段的平均体重可以增加约 11 千克，且体内多贮存了约 6.5 升的水分。而角膜是眼球前半部受怀孕水分增加影响最大的一部分。根据研究指出，怀孕期间角膜的厚度平均增加约 3%，且越到怀孕末期，角膜厚度增加越明显。

（2）眼角膜敏感度降低：眼角膜敏感度降低直接影响了角膜反射及保护眼球的功能，因此角膜对隐形眼镜的“抵触情绪”也就越来越大，准妈妈就会出现不适感。

（3）角膜弧度改变：角膜的弧度在怀孕期间会变得比较陡，而使得屈光检查有 0.25 ~ 1.25 屈光度的改变，使本来配戴合适的隐形眼镜变得不那么合适了。

（4）近视度数可能会增加：由于怀孕会使结膜的小血管痉挛及收缩，导致血流减少；而晶状体对水分的渗透度增加会使晶状体弧度变陡，眼睛的近视度就会增加，从而使以前合适的度数变得偏低了。

除了上述原因，怀孕期间准妈妈的泪液分泌量也会相对减少，加之结膜杯状细胞因受怀孕期间激素的影响减少导致泪液膜的均匀分布遭到破坏，所以很多准妈妈在怀孕时有眼干、眼涩的症状，并且眼睑容易发炎，从而影响隐形眼镜的正常配戴，并且在配戴后有干涩和异物感。

所以，准妈妈在怀孕期间，尤其是前三个月最好不要再佩戴隐形眼镜，改用框架眼镜。如果非戴不可的话，就要做好镜片的清洁工作，或是干脆选择日抛型的隐形眼镜。眼睛一旦出现不适，就要立即停止佩戴隐形眼镜，并及时到医院检查。

警惕噪声的干扰

1. 对准妈妈的伤害。噪音能刺激母体丘脑下部、垂体前叶、卵巢轴系统，使母体内激素发生逆向改变，影响受精卵的正常发育。临床观察证明，妊娠期女性每天接触 50 ~ 80 分贝的噪声 2 ~ 4 小时，便会出现精神烦闷紧张、呼吸和心率增快、心肺负担加重、神经系统的功能紊乱等症状，失眠和头痛也会随之而来；噪音还能使准妈妈内分泌腺体的功能紊乱，从而使脑垂体分泌的催产激素过剩，引起子宫强烈收缩，导致流产、早产等。再有，在接触强烈噪音的准妈妈中，妊娠剧吐的发生率和妊娠高血压综合征的发生率都比未受到噪声干扰的准妈妈发生率要高。

2. 对胎宝宝的伤害。研究表明，严重的噪声会通过外界传到子宫，进而对胎宝宝听觉器官的发育造成一定的影响，一些研究表明，由于噪声对胎宝宝正在发育的听觉系统有直接的抑制作用，所以准妈妈若在怀孕期间接触强烈噪声（100 分贝以上），胎宝宝听力下降的可能性极大。当胎宝宝的内耳受到噪音的刺激后，会使脑的部分区域受损，并严重影响智力的发育；而且噪音会使准妈妈的消化功能受损，从而难以获得足够的营养，免疫机能下降，更容易遭受病毒或细菌的感染，从而直接或间接导致胎宝宝发育不良、新生儿体重不足、智力低下或躯体器官畸形。

再有，噪音的刺激可引起母体神经细胞改变，继而影响胎宝宝神经系统的正常发育，严重的话甚至可能会直接作用到胎宝宝的遗传基因，引起突变致畸。而且长期处在噪音的环境下，宝宝将来的性格会比较烦躁。

妊娠期理想的声强环境是在 10 ~ 35 分贝之间，但是现代生活中已经很难找到这种环境了，准妈妈们在日常生活中要想尽一切办法，尽可能创造条件，把接触噪音的机会降到最小限度，尽量在一个远离噪音、相对安静的环境中度过孕期。

营养元素和食盐量的摄入标准

准妈妈在孕期要补充多种营养元素，但很多营养元素的摄入量都有一定的标准，过多或过少都会对其及腹中的胎宝宝造成不良影响，如锌质摄入不足可能导致早期流产和胎宝宝畸形、叶酸缺乏会导致巨幼细胞性贫血和胎宝宝神经管发育畸形、铁质补充过剩会导致早产等。

一般建议，怀孕期间各营养元素的摄入标准如下：

（1）热能。正常女性每天应为2200千卡，孕早期每天应增加150千卡，孕中期和孕晚期每天增加220～240千卡。

（2）蛋白质。世界卫生组织建议孕1月每日需储存0.6克蛋白质，孕中期以后每天要增加9克优质蛋白；我国营养学会建议孕妇每日蛋白质供给量为80～90克，准妈妈应从孕中期开始每天增加15克蛋白质，孕晚期每天增加到25克。

（3）钙。我国营养学会建议，孕妇每天钙供给量为1500毫克，孕早期每天钙的摄入量应保持在800毫克以上。

（4）铁。我国营养学会建议，孕妇铁供给量最好为每天18毫克，整个孕期铁的总需求量为1000～3600毫克，其中胎宝宝需要400～500毫克，胎盘需要60～110毫克，子宫需要40～50毫克，增加母体血红蛋白含量需要400～500毫克，分娩时失血需100～200毫克，所以整个孕期至少要补铁1200毫克。

（5）碘。我国营养卫生权威部门推荐，孕妇碘的供给量为175微克/天。

（6）镁。一般建议孕妇每日镁供给应在450毫克左右。

（7）锌。孕妇每日锌的供给量应为20毫克，最多不能多于35毫克。

（8）维生素。一般建议维生素A每天应补充3000国际单位或胡萝卜素6毫克，维生素D每天摄入10微克，维生素B_1和B_2每天摄入1.8毫克，维生素B_6每天摄入1.5毫克，维生素C摄入不能多于1000毫克，保持在130毫克左右，叶酸每天摄入0.4～0.8毫克。

此外，孕期由于肾脏发生病变，功能减退，排钠量相对减少，从而失去水电解质的平衡，引起血钾升高，导致心脏功能受损。建议正常情况下准妈妈每日摄盐量以7～10克为宜，并且在控制盐吸收量同时要注意补充各种维生素，以确保铁元素的吸收。

检查并非越多越好

为了保护准妈妈和胎宝宝的健康，便于医生全面了解准妈妈的情况和及早发现潜在的不利于妊娠和分娩的各种因素，受孕后最迟不要超过3个月就应该到医院做第一次产前检查，并在整个孕期做定期产检，以便对孕期准妈妈的健康状况和妊娠全过程有及时了解把控，尽早发现并治疗妊娠并发症；随时了解胎宝宝的生长发育情况，发现异常及时治疗处理。此外，在检查过程中医生还会对准妈妈进行孕期营养、胎教等知识的指导，提高自我保健能力，从而能够健康而顺利地度过妊娠期及分娩期。

但是，孕期检查并非越多越好，应遵照医嘱根据胎宝宝的不同发育阶段进行必要的检查即可。一般在怀孕的前7个月，每个月查一次；7个月以后，2～3个星期查一次；孕36周到临近预产期时，每周查一次。

防止病毒的感染

孕期的前三个月是胚胎发育成胎宝宝的过程，即形成头颅、面部、四肢、内脏的过程，这个时候胚胎对外界环境最为敏感，假如在这个时期受到外来影响，包括环境、药物及病毒感染，胎体任何一个部位都有可能不发育或向异常方向发育，造成其正常生长发育受阻、畸形或死亡，因此这一时期准妈妈要特别小心病毒的危害。

这一时期病毒主要通过3种方式危害胎宝宝：第一是直接感染精子和卵子，可导致早期流产；第二是通过胎盘或脐带血侵入胎宝宝体内；第三是分娩时通过产道受到感染。在已知与人类有关的 300 多种病毒中，至少有 10 余种病毒能通过胎盘危害胎宝宝。可导致胎宝宝畸形的病毒有风疹、流感、水痘、麻疹、天花、脊髓灰质炎、腮腺炎、单纯疱疹、病毒性肝炎、巨细胞病毒等等，其中风疹病毒、巨细胞病毒和单纯疱疹病毒对胎宝宝的致畸作用已经临床证实。

风疹病毒：该病毒是传染性最强的致畸因子，亦是致畸作用最明显的一种病毒，感染越早胎宝宝发生畸形率越高、越严重。可诱发先天性白内障、心脏畸形、耳聋、青光眼、小眼、小头、智能发育不全和牙釉质缺损等，还可引起胎宝宝生长迟缓和心肌损害。

巨细胞病毒：此病毒普遍存在于人体中，从怀孕早期到后期，孕妇都可以被此病毒感染。一般来说，早期感染易引起流产、死胎，后期感染主要引起小头畸形、黄疸、血小板减少，也有可能引起先天性心脏病、脐疝、足畸形、肝脾肿大、视网膜脉络膜炎和视神经萎缩等，存活者都有听力、视力、言语、智力障碍，亦可有其他精神发育障碍。

单纯疱疹病毒：此病毒常存活于正常人体中，当人体抵抗力减弱时，就有可能发病，可经胎盘传递而引起婴儿初生期疱疹感染，病毒可全身播散，可累及多个器官、肝、脾、肺、肠、肾上腺等均可出现灶性坏死。妊娠早期可引起死胎、流产、小头畸形、小眼畸形、脑内钙化等神经系统畸形，其症状与巨细胞病毒相似。

为了预防病毒感染，准妈妈应在孕前就做好计划免疫，增强体质加强体育锻炼，提高自身免疫力。怀孕期间尽量不到公共场所，避免同病毒携带者接触；要注意饮食、增加营养，尽量不到公共就餐场所用餐。除此之外，还应尽量避开病毒感染多发的冬春季节受孕，可以有效减少感染机会，减轻感染对胎宝宝的影响。

头晕眼花怎么办

由于妊娠使准妈妈全身出现不同程度的生理变化，机体如不能适应就会出现多种多样的症状，头晕眼花就是其中之一。出现这种症状，主要有以下几种原因：

（1）体内植物神经系统失调，调节血管的运动神经不稳定，当体位突然发生改变时，因一过性脑缺血而出现头晕现象。

（2）为适应胎宝宝的生长发育，准妈妈的血容量会有一定的增加，血循环量可增加 20%～30%，其中血浆增加 40%、红细胞增加 20%左右，血液相应地稀释，形成生理性贫血，使准妈妈常感到头晕或站立时眼花等。

（3）由于妊娠反应使进食量相对减少，伴有低血糖发作，因而孕期容易引起头晕和眼花。特别是在突然站起、长时间站立、澡堂洗澡或在拥挤的人流中时更易发生。

头晕眼花轻则使准妈妈出现一时间的不适感，重则可能会造成一定的危险，所以这个时期的准妈妈应小心提防此种现象。为了预防发生头晕眼花的情况，准妈妈应注意在站立时速度不要过快过猛，并避免长时间站立，如果发生上述症状时应立即蹲下，或躺下休息一会儿，等情况有所好转后再起身行动。如果准妈妈经常出现这种现象，就应该警惕有贫血、低血压或高血压、营养不良或心脏病的可能，应及时就医检查。如果发生在妊娠晚期，特别是伴有水肿、高血压等症时，更要引起重视，因为这常是某些严重的妊娠并发症如子痫的先兆，应尽快就诊，否则后果极为严重。

患上重症感冒的治疗

一般的伤风感冒准妈妈最好是通过食疗和物理疗法来缓解症状，但若患上重症感冒，就必须加以重视了。重症感冒的患者除了有一般感冒症状外，还有周身酸痛、头痛、发热等症状，有的还伴有咽喉痛、咳嗽、恶心、呕吐症状，病程长达1 ~ 2周，不能通过自疗治愈，必须到医院看医生，多需要静脉输液，不能通过口服药物治愈，甚至需要住院治疗。

准妈妈患上重症感冒的话，要注意疾病本身和药物对胎宝宝的伤害，特别是在胎宝宝高度成长发育的孕早期。重症感冒多伴有发热，因此准妈妈要注意体温的控制，因为脆弱的胎宝宝此时还不能耐受准妈妈超高热，如果重感冒伴有高热现象，多数预示着病情较重，应及时就医，不要乱用退热药；如果重感冒同时伴有恶心、呕吐等胃肠道症状，就有引起子宫异常收缩的可能，要注意保胎；如果感冒合并细菌感染，就要去医院进行抗生素治疗。此外，妊娠时心脏负担会加重，重症感冒还有发生合并心肌炎的可能，因此要注意保护心肌和心功能。建议准妈妈如果患了感冒，最好住院治疗，这样出现问题可及时得到处理，发生急症能及时得到救助，切不要在家私自治疗，以免耽误病情。

什么是葡萄胎

有些女性在闭经数周以后，子宫腔内不见胎宝宝，仅是些大小不等的成串水泡，像葡萄一样，即为葡萄胎。葡萄胎是由胎盘绒毛膜滋养层细胞过度增生所致，属于一种良性肿瘤，也被称为水泡状胎块。葡萄胎患者最常见的表现是停经后8 ~ 12周出现阵发性下腹疼痛和阴道流血。当子宫达四五个月妊娠大小时，如果孕妇感觉不到胎动，触不到胎块，也听不到胎心，通过B超检查不到胎宝宝，宫腔内充满小囊状回声，绒毛膜促性腺激素（HCG）明显升高，仔细检查阴道流血中如发现有水泡状胎块，则可确诊为葡萄胎。

葡萄胎有完全性葡萄胎和部分性葡萄胎两种，完全性葡萄胎是一种有滋养细胞增生的发生异常的胎，胎盘绒毛全部受累，无胎宝宝及其附属物，宫腔内充满水泡；部分性葡萄胎由大绒毛和小绒毛组成，这些绒毛具有扇贝形的特点，并伴有胎盘绒毛发生水泡状变性，宫腔内尚有存活或已死的胚胎。

葡萄胎的真正发病原因不明，一般认为，完全性葡萄胎可能与地域、种族、营养、社会经济因素及妊娠年龄等因素有关，而部分性葡萄胎可能与使用口服避孕药及月经失调有关。根据研究，如果女性在20岁以下或40岁以上怀孕，患上葡萄胎的概率是健康育龄准妈妈的5 ~ 9倍，而40岁以上孕妇比20岁以下孕妇的危险性更高；有过连续两次自然流产史的准妈妈要比正常的准妈妈患上葡萄胎的概率高出32倍，也就是说，有过连续两次以上自然流产史的女性更易出现葡萄胎。

葡萄胎一经确诊，就应立即予以清除。目前主要采用的清除方式为吸宫术，由于葡萄胎患者子宫大、宫壁薄而软、宫内容物多，所以首次吸宫不讲求完全，不强调吸净，以免过度搔刮造成穿孔、大出血等。在第一次吸宫后一周左右，一般会进行第二次刮宫，原则上要尽量刮净宫腔。经过二次刮宫后，如果阴道仍然出血不止、子宫复旧不良，同时HCG检测值不下降或下降不明显的话，就应疑为尚有残留，需要进行第三次刮宫治疗。

葡萄胎术后要防止恶变发生，葡萄胎恶变的结果有两种：侵蚀性葡萄胎（恶性葡萄胎）与绒毛膜癌，其中绒毛膜癌的恶性程度更高、更容易发生远处转移。正常情况下，葡萄胎患者在刮宫术后半个月内阴道出血多可停止，若刮宫术后数月又出现不规则阴道出血、量多少不定，或刮宫术后半个多月阴道仍有出血持续不止的话，在排除葡萄胎残留后就应怀疑恶变的可能。

葡萄胎恶变后容易转移，最常见的转移器官为肺，其次为阴道和脑转移。肺转移者主要症状为咳嗽、血痰、咯血及胸痛等，可在胸部 X 光片上发现小结节状阴影；阴道转移在阴道壁上可发现紫蓝色隆起的结节，转移结节一旦破溃可发生大出血；脑转移多继发于肺转移后，一旦转移就可能会出现头痛、呕吐、偏瘫及昏迷等症状，若未能及时控制病情，颅内压持续升高，可引起脑疝，有致命的危险。

胎宝宝的第四个月（孕四月）

宝宝的变化

现在的胎宝宝已经有 4 个月大了！在这个月，胎宝宝将出现惊人的变化，他的头开始可以渐渐伸直了，脸部出现了人的轮廓和外形，还长出一层薄薄的胎毛，头发也开始长出；皮肤开始逐渐变厚；下颌骨、面颊骨、鼻梁骨等开始形成，耳郭伸长；20 颗乳牙迅速增加；听觉器官迅速完善，对声音的刺激开始有了反应；肌肉、骨骼继续发育，胎宝宝的手脚能够稍微活动了，但力气还很小。

13 周的胎宝宝大约有 75 ~ 90 毫米，体重增至 20 克左右，他的脸看上去已经像一个人了，眼睛在头的额部更为突出，双眼间距缩小，眼睑仍然是紧紧地闭合着；手指上出现了指纹，并能与手掌握紧，脚趾与脚底也可以弯曲，嘴唇能够张合；神经元迅速地增多，神经突触形成，胎宝宝的条件反射能力加强；最初的骨骼结构开始出现，肋骨能够分辨出来。

到了第 14 周，胎宝宝可以发育到 100 毫米，体重达到 28 克了。这时候他的生长速度很快，脸看上去更像成人了，皮肤上也覆盖了一层细细的绒毛；头发开始迅速地生长；面颊和鼻梁已经出现；外生殖器发育更加明显；活动明显增多，如能够在妈妈的肚子里皱眉、做鬼脸、斜眼睛等等。

第 15 周时，胎宝宝的身长有 10 ~ 11.4 厘米，体重达到 50 克。胎宝宝在本周发生的最大的事情就是他开始在子宫中打嗝了，这是胎宝宝开始呼吸的前兆，遗憾的是准妈妈这时还无法听到这个声音；胎宝宝的腿长超过了胳膊，手的指甲完全形成，指部的关节也开始运动了；外生殖器进一步发育，这时候通过 B 超很容易就能看清胎宝宝的性别了。

第 16 周的胎宝宝身长大约有 12 厘米，体重增加到 150 克。这一周的胎宝宝看上去像个梨子，他的神经系统开始工作，肌肉能够对大脑的刺激做出相应的反应；这一周的胎宝宝还有一个惊人的变化，就是他能够在妈妈的子宫里玩耍了，并且会拿脐带当做他最好的玩具；此外，胎宝宝的循环系统和尿道也完全进入了正常的工作状态，能够不断地吸入和呼出羊水。

准妈妈的变化

从第四个月开始，准妈妈开始有了“孕味”，随着子宫的逐渐增大，准妈妈的腹部开始隆起，以前的衣服开始穿不下，需要穿着孕妇装了。

由于这个月胎盘已经形成，胎宝宝有很强的自我保护能力，所以准妈妈流产的可能性会明显减少。

告别了早孕反应，准妈妈从这一个月开始食欲明显增加，下降的体重也开始逐渐回升；体内雌激素水平较高，盆腔及阴道充血，阴道分泌的“白带”增多；尿频的现象有所减少；准妈妈的乳房明显增大，并且乳周发黑，乳晕更为清晰；有些准妈妈的乳头可以挤出乳汁来，看上去就像刚分娩后分泌的初乳；皮肤偶尔会有瘙痒的症状出现，但是不会出现肿块或损害。

从第15周开始，有些准妈妈便可以感受到轻微的胎动了，有时还会有些触痛感。如果有怀孕史的准妈妈，胎动可能会来得更早一些。准妈妈要知道，怀孕期最有意思的时候就要开始了，一定要抓住这段时间多和宝宝进行交流，良好的母子关系从现在开始就要建立了。

准爸妈的生活指南

准妈妈的营养补充

如果说前三个月准妈妈的营养补充重点在于改善营养质量，那么从这个月开始，在保证营养质量的同时，还应提高各种营养素的摄入量，以保证胎宝宝生长发育的所需供给。这一时期，胎宝宝组织中的钙、磷、锌、钾、镁和蛋白质都在不断储存，所以这些营养元素准妈妈必须要保证有充足的摄取。

在这个月，准妈妈需要特别重视增加锌的摄入量，以防止胎宝宝发育不良。准妈妈如果缺锌的话，就会影响胎宝宝在宫内的生长，会使胎宝宝的脑、心脏等重要器官发育不良。此外，缺锌还会造成准妈妈味觉、嗅觉异常，食欲减退，消化和吸收功能不良，免疫力降低，进而导致胎宝宝宫内发育迟缓。准妈妈平时要多吃些富含锌的食物，如生蚝、牡蛎、肝脏、口蘑、芝麻、赤贝等，尤其在生蚝中含量尤其丰富。但需要注意的是，补锌也要适量，每天膳食中锌的补充量不宜超过45毫克。

除了补锌之外，这时候准妈妈开始有妊娠贫血症的危险了，所以对铁质的吸收也尤其重要。准妈妈要多吃一些含铁丰富的蔬菜，如有需要可以吃一些铁剂营养素给予补充。

应当多吃的食物

1. 苹果。苹果中含有丰富的锌，正符合本月准妈妈重点补充的营养需求。锌与人的记忆力有着密切的关系，而苹果除了含有丰富的糖，维生素A、B族维生素、维生素C等外，还含有比牡蛎含量还多的锌，是补锌的最理想的食品。建议准妈妈每天都吃1～2个苹果，连皮一起吃，另外在吃苹果时最好是慢慢咀嚼，以达到清除口腔细菌的作用。

2. 芹菜。芹菜中富含芫荽苷、胡萝卜素、维生素C、叶酸及甘露醇等营养素，具有清热凉血、醒脑利尿、镇静降压的作用，多吃芹菜可以有效预防妊娠高血压的发生。在吃芹菜时，应当连叶子一起吃，因为芹菜叶当中所含的某些营养素要比茎部丰富得多。

3. 猪肝。猪肝中含有丰富的血红素铁，吸收率较高，是孕期铁营养的重要保障，具有预防铁缺乏及缺铁性贫血的功效。但是由于营养元素摄入量越大，吸收率越低的胃肠道消化规律，所以建议准妈妈在吃猪肝时，要坚持少量多次的原则，每周吃2～4次，每次吃1～2两，不要一次性吃太多猪肝。

4. 樱桃。樱桃中含铁量极其丰富，每百克果肉中铁的含量是同等重量的草莓的6倍、枣的10倍、山楂的13倍、苹果的20倍，居各种水果之首。准妈妈多吃樱桃，可以补充身体所需的铁质，以预防缺铁性贫血的发生。

5. 牛奶。牛奶中含有多种营养元素，特别是能够为准妈妈提供所需的维生素B_{12}。维生素B_{12}又称为钴胺素，是人体三大造血原料之一，是唯一含有金属元素钴的维生素。维生素B_{12}与另一种造血原料——四氢叶酸是相互作用的，如果准妈妈体内缺乏维

生素 B_{12}，就会降低四氢叶酸的利用率，从而导致妊娠巨幼红细胞性贫血症，这种病可以引起胎宝宝最严重的缺陷。而每 500 毫升牛奶中所含的维生素 B_{12} 就可以满足人体每日的需求量，因此即使准妈妈从前不喝牛奶，在怀孕期间也应该试着喝一些牛奶。

6. 蛋黄。蛋黄中含有丰富的卵磷脂，卵磷脂是促进胎宝宝大脑功能发育的重要元素。人体脑细胞约有 150 亿个，其中 70% 早在母体中就已经形成。正常情况下，准妈妈体内的羊水中含有大量的卵磷脂，但是为了确保胎宝宝脑细胞能够健康发育，准妈妈还需要补充足够的卵磷脂。

应当少吃的食物

1. 马齿苋。准妈妈在孕期应当吃绿色蔬菜，但是马齿苋是绝对不能吃的。马齿苋又名马齿菜、瓜仁菜，其药性寒凉而滑利。实验证明，马齿苋汁对于子宫有明显的兴奋作用，能使子宫收缩次数增多、强度增大，易造成流产。

2. 薏苡仁。薏苡仁又称薏米，对子宫平滑肌有兴奋作用，可促使子宫收缩，因而有诱发流产的可能。

3. 精米精面。精米精面属于精制类食物，它是经过多道加工而成的，如市场上卖的免淘洗米。这类食物加工过程越精细，过程中流失的营养物质（无机盐及 B 族维生素）就越多，因此当中所含的营养成分也就越少。长期食用精制米面，很容易导致维生素 B_1 的缺乏。准妈妈若缺乏维生素 B_1，就可能引起胎宝宝出生后嗜睡、吸吮无力、心脏扩大、心衰、强制性痉挛等严重病症，因此准妈妈应当少吃这些精制主食，适当摄取一些粗粮。

4. 油条。油条制作时都加入一定量的明矾，而明矾是一种含铝的化合物，炸油条时，一般每 500 克面粉要用 15 克明矾，如果准妈妈每天吃两根油条，就差不多吃了 3 克明矾，蓄积起来其摄入的量就相当惊人。铝可通过胎盘进入胎宝宝的大脑，使大脑发育迟缓，从而增加痴呆儿的发生率。

孕四月的饮食原则

从这月开始，胎宝宝开始迅速生长发育，每天需要大量营养素，以尽量满足胎宝宝及母体营养储存的需要，避免营养不良或缺乏的影响。在这个月，为了使胎宝宝的发育良好，准妈妈必须要摄取充分的营养，而且还要注意蛋白质、钙、铁、维生素等营养素的摄入均衡。

这个月准妈妈身体状况大有改善，早孕的不适反应基本消失，但对营养的摄入要求更高了，可以适当增加米饭、馒头等主食及鱼、肉、蛋、奶、豆制品、花生、核桃等副食。建议这个月的准妈妈多增加主食和动物性食物的摄入，主食上不要吃得太精细，最好是用标准米、面等搭配摄食些杂粮，如小米、玉米、燕麦片，保证每日主粮摄入在 400 ~ 500 克之间；动物性食物所提供的优质蛋白质是胎宝宝生长和准妈妈组织增长的物质基础，所以准妈妈这时候应多吃些动物性食物，尤其是动物肝脏。

准妈妈需要注意的是，要把好食物质量和烹调关，切忌食用未煮熟的鱼、肉，每一餐要做到荤素搭配、营养合理，尽量避免过分刺激的食物，如辣椒、大蒜等；每天早晨最好喝一杯温开水；避免过多脂肪和过分精细的饮食，不要偏食，防止矿物质和微量元素的缺乏。

孕四月的营养食谱

糖醋莲藕——止血止泻，防止流产。

【原料】莲藕 500 克，花生油 30 克，香油、料酒各 5 克，白糖 35 克，米醋 10 克，精盐 1 克，花椒 10 粒，葱花少许。

【做法】1. 将莲藕去节、削皮，粗节一

剖两半，切成薄片，用清水漂洗干净。

2. 烧锅放油，烧至七成热，投入花椒，炸香后捞出，再下葱花略煸，倒入藕片翻炒，加入料酒、精盐、白糖、米醋，待藕片成熟，淋入香油即成。

木耳青菜豆腐虾丸汤——清肠祛淤、益气耐饥、生津除烦。

【原料】虾仁200克，豆腐150克，猪肉100克，干木耳30克，空心菜180克，鸡蛋清30克，黄豆粉15克，盐4克，香油10克，白酒5克。

【做法】1. 把虾剥壳去肠，洗净沥干，豆腐搅碎，肥猪肉煮熟切碎。

2. 虾仁和肥猪肉放在碗内，加少许盐、麻油、蛋白和豆粉，一起搅匀。然后用手把虾仁猪肉碎挤捏成丸子，放水中煮熟。

3. 青梗菜洗净，去除去叶，切成4份，用开水焯一焯，木耳浸软，洗净去蒂。

4. 起锅把水煮开，放入丸子、青梗菜（空心菜）和木耳，再滚片刻，然后用酒和盐调味即可。

猪肝粥——补充铁质，易于消化。

【原料】猪肝200克，大米300克，植物油、淀粉、盐、姜粉、葱花、青菜适量。

【做法】1. 将猪肝洗净切片，用植物油、盐、淀粉和姜粉腌好备用。

2. 将大米加水煮成粥，将熟时放入猪肝和青菜，煮至猪肝熟即可，出锅前放入一些葱花。

碎锦鳜鱼——补充蛋白质。

【原料】鳜鱼500克，虾仁50克，鸡肉25克，火腿肠25克，烤鸭25克，香菇（鲜）25克，竹笋25克，黄瓜25克，番茄25克，青椒25克，樱桃10克，猪油（炼制）25克，味精3克，盐3克，黄酒10克，胡椒粉2克，香油2克。

【做法】1. 将鳜鱼宰净，鱼肉切丁。

2. 将虾仁、鸡丁用淀粉裹拌，其他配料均匀切丁。

3. 鳜鱼头尾蒸熟，摆在盘子两头；炒锅加油烧热，加入调味料，放入鱼肉及配料，炒好装盘，放在鱼头尾中间；再把虾胶酿在青椒内煎熟，与樱桃一起围在盘边。

酱爆三丁——补充蛋白质，增进食欲。

【原料】胡萝卜1只、青椒1只、里脊肉150克、料酒2勺、生抽酱油1勺、淀粉1勺、盐半茶匙、糖半少、甜面酱3勺。

【做法】1. 胡萝卜去皮切丁；里脊肉切丁，用淀粉、生抽酱油、料酒和少许水抓匀腌20分钟；青椒切丁。

2. 锅中倒入适量油、先放入胡萝卜丁以小火炒软。

3. 把胡萝卜丁扒拉在锅的一侧，将腌好的肉丁拌入少许油，然后倒入锅中翻炒。

4. 将肉丁翻炒变色后倒入少许料酒和盐。

5. 下青椒丁，倒入甜面酱翻炒。

6. 根据口味适量加入一些糖后出锅即可。

燕麦蜜枣核桃饼——促进胎宝宝大脑发育。

【原料】6大匙黄油，1/2杯红糖或者白糖（或者1/3杯，根据想要的甜度调整），2/3杯普通面粉，3/4小匙苏打，1杯半燕麦片，一个鸡蛋，1小匙香草精，大半杯切碎的核桃，半杯切碎的蜜枣。

【做法】1. 预热烤箱至175℃。

2. 找一个干燥无水的大碗，把面粉、苏打、燕麦片混在一起，搅匀。

3. 往碗里磕入鸡蛋，加入香草精。

4. 开低火，用小煮锅煮溶黄油，关火，加入糖，搅匀。

5. 上述所有材料混合在一起，搅匀后，用大匙把混合物盛在抹了油或者铺了烘焙纸的烤盘上，放在烤箱的上层烤架上，烤10～13分钟（每个烤箱或有不同，建议在烤至10分钟的时候，注意观察一下，以免烤煳）。

芙蓉鸡丝——补充优质蛋白、钙、磷、铁、锌、胡萝卜素、维生素C等多种营养。

【原料】鸡脯肉 200 克，鸡蛋清 4 个，胡萝卜丝、火腿丝、精盐、绍酒、味精、鲜汤、湿淀粉、植物油各适量。

【做法】1. 鸡脯肉切成丝，加精盐、湿淀粉上浆；鸡蛋清加精盐、味精、绍酒、鲜汤、湿淀粉打匀，倒入鸡脯肉丝、胡萝卜丝，搅拌均匀。

2. 锅上火放油烧热，倒入蛋清鸡脯肉丝，用手勺轻轻推动蛋白至凝固成形，鸡脯肉丝成熟，倒入漏勺沥油。

3. 锅复上火，鲜汤烧沸，加精盐、绍酒、味精，湿淀粉勾芡，倒入芙蓉鸡丝，颠翻均匀，撒上火腿丝即可装盘。

桃仁炖乌鸡——补充锌元素。

【原料】乌鸡半只，核桃仁 75 克，枸杞、葱姜、花椒、绍酒适量。

【做法】1. 乌鸡洗净切块，汆水，去浮沫。

2. 加入桃仁、枸杞、花椒、绍酒、盐、葱姜同煮。

3. 煮开后转小火炖，至肉烂即可。

酿墨鱼——补充锌元素，增强免疫力。

【原料】墨鱼 80 克、鲑鱼 30 克、西芹 10 克、番茄 20 克、洋葱 10 克、蒜末 1/2 克、糖 1/4 茶匙、酱油 1 茶匙、料酒 1/2 茶匙、盐 1/4 茶匙、胡椒 1/4 茶匙。

【做法】1. 墨鱼去外膜及内脏、洗净，以糖、酱油、料酒腌约 10 分钟、取出备用。

2. 西芹、番茄洗净、剁碎，鲑鱼去鱼骨，与西芹末、番茄末混合。

3. 起油锅，爆香蒜末及洋葱，加入盐、胡椒炒拌匀，塞入墨鱼肚中。

4. 入烤箱中约 5 分钟，取出切段即可。

做漂漂亮亮、舒舒服服的准妈妈

由于体型的改变，准妈妈可能要告别以前曼妙的身姿和合体的衣物了，但只要聪明细心的话，一样可以做个既漂亮又舒服的准妈妈。

怀孕期间一切穿着都要以舒适为前提，即使这个月有的准妈妈可能肚子增大得还不算明显，但依然会或多或少地显露出一丝“孕味”。若准妈妈不愿意穿着孕妇装，这时候可以穿一些娃娃衫、娃娃裙，可爱同时又不失独特的优雅韵味。有些准妈妈独爱牛仔裤，但平时那些紧绷的牛仔裤还是不能再穿的，可以选择那些为孕妇专门设计的孕妇牛仔裤，这样一方面满足了准妈妈的爱美心理，一方面又能保证准妈妈的舒适感。但需要注意的是，即使是孕妇牛仔裤，也不能总穿，避免由于透气性差而造成阴部感染和其他炎症的出现。

怀孕之后 5 厘米以上的高跟鞋也不能再穿了，好在如今有很多舒适的平跟鞋，准妈妈大可以此作为代替，但在选择平底鞋的时候也要注意选择一双软底的、防滑的、透气性好的、不夹脚的舒适鞋子。

对于发型的选择，除了染烫等不可取的美化方法外，自然还能有其他的方法，例如利用丝带、发卡和小的发饰发簪等，同样可以做出好看的发型；或是干脆剪个清爽的短发，也是不错的选择。

由于怀孕带来的一系列内分泌变化，准妈妈在这个时期可能会出现一些妊娠黄褐斑和皮肤干燥的现象，因此准妈妈开始郁闷自己“变丑”了。但事实上，通过适当的饮食和作息调理，加上适当的运动，这些令人变丑的斑纹自然会减轻，到分娩后就会消失，所以准妈妈们也不必把它们放在心上，要时刻抱有“怀孕的女人是最美丽的”的美好心态。

准妈妈要注意口腔卫生

口腔疾病如长口疮、疱疹，牙龈红肿、充血，口臭等，会对准妈妈的饮食、睡眠造成影响，继而不可避免地会对胎宝宝的生长发育也造成一定影响。要预防口腔疾病，准妈妈除了在孕前要做好口腔检查外，整个孕期也要随时保持口腔卫生。

1. 养成早晚刷牙的好习惯。准妈妈要坚持早晚刷牙，刷牙时要用温水和软毛的牙刷，必要时还可以用牙线辅助清洁牙缝，以彻底清洁口腔内的有害细菌。为了减少牙菌斑的聚积，准妈妈还可根据医生的指示使用漱口水作为清洁工具。

2. 饭后漱口。准妈妈应养成饭后漱口的好习惯，饭后用清水漱口 6 ~ 8 次，及时清除口腔内的食物残渣，既能保持口腔清洁、防止细菌在口腔内繁殖，还有利于口腔各部位组织的血液循环。需要注意的是，有些准妈妈习惯每餐后刷牙清洁口腔，但其实过多的刷牙也是不好的。只要能够在饭后及时的漱口，就能达到清洁的功效。此外在漱口时，要避免用过冷的水，以免对牙周和牙床造成刺激，可以适量用一些淡盐水。

3. 做好口腔按摩保健运动。准妈妈应在每日三餐之间各做一次口腔按摩保健运动，如在口外按揉牙龈以促进血液循环，或是上下咬合牙齿 50 次以增强牙齿的抵抗力。

4. 多吃一些鸡蛋、肉类、豆制品和富含维生素的水果和蔬菜，这样不仅可以防止牙病的发生，而且对胎宝宝牙齿和骨骼的发育也有好处。

5. 当牙龈出血时，可局部外涂 1% 碘甘油，或用 2% 食盐水、1 ∶ 5000 呋喃西林溶液漱口，还可以口服维生素 C，以提高组织的再生能力。

6. 一旦患上口腔疾病，准妈妈应及时就医治疗，以免营养物质得不到吸收，从而对准妈妈的身体和胎宝宝的发育造成不良影响。

皮肤过敏怎么办

从中医的观点来看，孕妇之所以容易出现皮肤过敏的现象，是因为孕期身体容易燥热，免疫系统发生变化，进而导致对外界的刺激更加敏感所造成的。

出现皮肤过敏的话，准妈妈首先要做的是查清过敏原。可能引起过敏的因素有食物、环境和护肤品等，如果准妈妈在出现过敏的近一时期内更换过护肤品，首先应怀疑是不是护肤品过敏。可以先暂停使用这些正在使用的护肤品，观察一下过敏情况是否有所好转。需要注意的是，即使准妈妈已经有意识避免彩妆，只用基础类无添加成分的护肤品，但日常的隔离、防晒等用品还是有可能会造成皮肤过敏的。

还有些准妈妈是由于进食不当造成过敏的，对于有食物过敏史的准妈妈，应仔细回想近期内是否食用过可能会引起过敏的食物；对于没有食物过敏史的准妈妈，应想一想最近是否吃过一些以前从未吃过的食物，很可能是这些食物引致过敏症状。再有，由于孕妇体质的变化，许多在未孕之前吃过没不良反应的食物，如芒果、荔枝等水果，也可能会是引起孕期皮肤过敏的“元凶”。此外，过多地进食补品也可能是造成过敏的根源。

过度地接受日晒也可能会引起皮肤过敏。尽管晒太阳对准妈妈好处多多，但若过度地接受日晒，阳光中的紫外线作用到皮肤上也可能造成诸多不适，为此当准妈妈出现皮肤过敏症状时，应尽量少晒或暂停晒太阳，待情况好转后再适度接受日晒。

一般来说，准妈妈皮肤过敏对胎宝宝并不会造成影响，但是治疗起来比较麻烦。因为有些药物可以通过准妈妈的皮肤进入胎盘，进而妨碍胎宝宝的生长发育，或直接损害某些器官，从而导致胎宝宝畸形或罹患疾病。因此，当准妈妈出现过敏现象时，应及时去医院就诊，而不要擅自在家涂抹或服用治疗过敏的药物。

坚持安全的运动

建议准妈妈每周进行 2 ~ 3 次的运动，因为适量安全的运动对准妈妈和胎宝宝都有很大的好处。对于准妈妈来说，适当的运动可以使整个孕程更加轻松，可以有效缩短分娩时长，有利于产后身体恢复，还能够预防妊娠高血压、静脉曲张和其他妊娠疾病；对于胎宝宝来说，适当的运动能够促进准妈妈消化、吸收功能，进而可以供给胎宝宝更多的营养，有利于创造一个舒适的生长环境，同时还能促进新陈代谢，增强免疫力。

散步是一种很好的安全运动方式，而且能够增加人的耐力，对分娩很有好处。妈妈在散步的同时也在刺激着宝宝的运动。散步时要注意速度，要选择在空气流通、人少、环境好的地方进行。在柔和的阳光下散步最好，因为紫外线具有杀菌功效，而且能促进肠道对钙、磷的吸收，对宝宝的骨骼发育特别有利。

广播操是比较适合准妈妈进行的锻炼方法，但弯腰和跳跃的动作不做。到了怀孕后期，不仅不要做弯腰和跳跃运动，其他几节的节拍也需适当控制，但可以自己增加一些动作，如活动脚腕、手腕、脖子等。每次运动不要过度，微微出汗时就可以停止了。

游泳也是很好的孕期有氧运动，可以有效减轻关节负荷，促进血液流通，对胎宝宝神经系统的发育也有积极作用。游泳时，水对胸廓的压力可以使呼吸动作加强，增加肺活量，这有助于准妈妈日后在分娩时憋气用力，缩短产程。而在水中体位的变化，则有利于纠正胎位，促进顺产。不过，游泳运动一定要注意安全，身边最好是有人陪着。

除了散步、广播操和游泳之外，还可以做一些轻微的活动，比如跳舞、坐健身球等。孕中期的体重增加，身体失衡的情况准妈妈还未完全适应，所以切记不要做爬山、登高、蹦跳之类的平衡运动，以免发生意外。

此外在运动时，要特别注意运动环境，不要在非常炎热和潮湿的环境中运动。如果是在室内运动，则要确保空气的流通。运动时要选择宽松舒适的运动衣裤和合脚的软底运动鞋，尽量选择短款、易穿脱的运动衣；在运动前、运动中和运动后应多喝水；运动时不宜过猛，应慢慢开始，缓和进行，最后慢慢平静地结束。可以边做运动边说话，时不时地停下来休息一下，以避免运动过分激烈。如果在运动中出现任何疼痛、气短、出血、破水、疲劳、眩晕、心悸、呼吸急促、后背或骨盆痛等现象，马上停止训练；或在运动后数小时没有胎动，也要立即去看医生。

当然，并非所有的准妈妈都适合做运动，如有过先兆流产、先兆早产、死胎史、双胎史、羊水过多、前置胎盘、阴道流血、腹部韧带松弛、子宫颈可能提前开口的危险准妈妈，都是不适宜做运动训练的。

有些宝宝开始动了

尽管准妈妈多数时候还感受不到，但这个月的胎宝宝已经能够在子宫内做出一系列的动作了。有些较为敏感的准妈妈和有过怀孕史的准妈妈可能在这个时候，能感受到一些极其轻微的胎动，但此时的胎动还不规律，准妈妈也不能很明确地感觉到，甚至有时候还会把肠鸣音、腹主动脉搏动误认为是胎宝宝在动，所以这时通过计数胎动来了解胎宝宝的生长发育状况是不可靠的，胎动多些或者少些多数时候与准妈妈的个人主观感受有直接关系，因此计数的意义并不大。

学会数胎动

胎动是子宫内生命存在的象征，数胎动是准妈妈自我监护胎宝宝情况的一种简易的手段，是掌握胎宝宝健康情况的最佳方法。孕妇18 ~ 20周开始自感有胎动，夜间尤为明显，孕 29 ~ 38 周为胎动最频繁时期，接近足月略为减少，一般每小时 3 ~ 5 次。如胎动异常应警惕胎宝宝发生宫内窘迫。缺氧早期，胎宝宝会表现得躁动不安，胎动明显增加，当缺氧严重时，胎动减少减弱甚至消失，胎动消失后，胎心一般在 24 ~ 48 小时内消失。

即使这个月的胎动还不明显，数胎动的意义还不大，准妈妈也应提早了解如何在家数胎动。数胎动最好的方法是，采取卧位或坐位，每天选择 4 个时段，建议为三餐饭后和睡前，不做任何事，静静地坐着休息感受胎动即可。若是 12 点用餐，那么 1 ~ 2 点之间就应该聚精会神地感觉胎动，尽量不要做其他事，以免错过胎动，只要一小时内有超过 4 次的胎动就可安心，20 周后能明显感觉到胎动时就能用这个方式计算胎动。一般来说，若 12 小时胎动达 30 次以上，反映胎宝宝情况良好，少于 20 次，说明胎宝宝异常，如果胎动少于 10 次，则提示胎宝宝宫内缺氧。如果准妈妈抽不出时间好好感觉胎动，只要一天连续 12 小时都没有胎动，也必须立即就医。

此外，还有一种方法，就是在晚餐后计算 10 次胎动需要多少时间，若超过 3 小时，胎动仍不到 10 次，就需找医生做进一步检查。或是在白天时，无论在做什么，只要感觉到胎宝宝一次胎动就做个记录，如果白天能够测得 10 次胎动，即可安心。

在数胎动时，准妈妈应保持思想集中，可以用一些小巧物品做标记或记录在纸上，以免遗漏。若连续胎动或在同一时刻感到多处胎动的话，只能算做一次，要等胎动完全停止后，再接着计数。若胎宝宝长时间持续胎动，准妈妈也应该提高警惕。胎动的强弱和次数个体间的差异很大，准妈妈自数一段时间后会得出一个常数，以后便可以此为标准，进行自我监测胎宝宝的安危。

学会测量宫高和腹围

准妈妈的宫高、腹围与胎宝宝的大小关系非常密切，通过测量宫高与腹围，可以对胎宝宝的体重有一个估测，还可以根据每一时期二者的变化来估计胎宝宝宫内发育情况。从孕 16 周开始，准妈妈应学会自测腹围和宫高。

1. 腹围。腹围的测量方法是，采取站立姿势，以肚脐为准水平绕腹一周，测得数值即为腹围。腹围平均每周增长 0.8 厘米，孕 20 ~ 24 周时增长最快，孕 34 周后腹围增长速度减慢。如果以妊娠 16 周测量的腹围为基数，到足月平均增长值应为 21 厘米，若腹围增长过快时则应警惕羊水过多、双胎或多胎等。

有些准妈妈的腹围没有按照正常数值增长，因此准妈妈会为此感到担忧，担心肚子里的宝宝出现了问题。实际上，每一位准妈妈的腹围的增长情况并不是完全相同的，准妈妈腹围的增长情况除了与胎宝宝的发育有关，与准妈妈自身情况也是有关系的。例如，未孕前较胖的准妈妈和偏瘦的准妈妈，同一孕期的腹围很可能差距较大；再有，有的准妈妈在孕早期妊娠反应强烈，进食情况较差，因而早期腹围增加不明显，等到妊娠反应消失食欲增加后，准妈妈的腹围才开始随着体重的增长而明显增大；还有的准妈妈，从怀孕后体重迅速增加，腹部皮下脂肪也较快增厚，不但腰围增粗，腹围也较其他人增长快；如果准妈妈水钠潴留明显的话，同样会使腹围增加明显。

所以，准妈妈腹围的增长不仅仅是由胎宝宝和子宫的增大所决定的，因此测量腹围只是监测胎宝宝发育状况的多种手段之一，若单以腹围的增长来衡量子宫和胎宝宝的增长情况是有局限性的，也是片面的，还应该结合其他检查综合加以分析评估。

2. 宫高。妊娠子宫的增大有一定规律性，表现为宫底升高，腹围增加。因此，从宫高的增长情况也可以推断妊娠期限和胎宝宝的发育情况。宫高的测量方法是，准妈妈排空小便后，采平卧位，测量耻骨联合上缘中点到子宫底部最高点的距离。它反映的是子宫纵径长度，以厘米为单位。需要注意的是，如果连续2周宫高没有变化，准妈妈需立即去医院做详细检查。

过安全有节制的性生活

到了怀孕第四个月，胎宝宝比较稳定，子宫情况良好，准妈妈流产的危险性要比孕早期小了很多，阴道分泌物也增多，因此这个月准爸爸和准妈妈可以有节制地过性生活了。

即使身体条件允许，在过性生活时，准爸爸和准妈妈还是要小心谨慎，要以胎宝宝的安全为大前提，一切对胎宝宝可能造成危害的动作都是要绝对禁止的。过安全的性生活，就要求在性交前准爸爸和准妈妈都要尽量排尽尿液，做好外阴和外生殖器的清洁工作；在性交过程中要选择不压迫准妈妈腹部的体位，动作要轻柔不粗暴，不能压迫或撞击肚子，插入不宜过深，不要给子宫以直接的强烈刺激，频率不宜太快，时间也不宜过长，一般以不超过10分钟为度；由于男性精液中的前列腺素被阴道黏膜吸收后，可促使怀孕后的子宫发生强烈的收缩，可能会引起准妈妈腹痛、流产、早产等，所以最好使用避孕套或做体外排精，尽量避免精液进入阴道；准妈妈在性交后应立即排尿并洗净外阴，以防引起上行性泌尿系统感染和宫腔内感染。如果在性交过程中准妈妈感到子宫变硬或自觉腹部紧张不适，应立即停止性交，以免造成流产和早产的严重后果。

如果准妈妈有习惯性流产史，那么在整个妊娠期间应绝对避免性交，包括性语言、性刺激也最好不要使用，因为性兴奋也能诱发子宫强烈的收缩，从而增加流产的危险性；有早产史的准妈妈，在上次早产的相应月份前一个月开始直至分娩的一段时期内，应绝对避免性生活；确诊为低置胎盘或有重度妊娠高血压综合征的准妈妈也最好不要过性生活，以免引起产前大出血，诱发子痫、早产和胎宝宝死亡等后果。总之，孕期的性生活一定要安全并有节制，如果准妈妈不愿同房的话，决不可勉强为之。

准爸爸学会和妻子一起做胎教

胎教不光是准妈妈一个人的事，准爸爸也应当参与进来，并且准爸爸还是胎教中不可或缺的重要一员。胎宝宝虽然是在妈妈的肚子里孕育长大的，可是却与爸爸有着一种很自然的亲密关系。虽然这时候的宝宝与准爸爸之间还隔着妈妈的肚皮见不着面，但他却非常希望能和准爸爸多多沟通，盼望着能提前感受到爸爸对他的爱。研究发现，胎宝宝对男性低频率的声音比对女性高频率的声音更为敏感，因而更容易感受得到。而且准爸爸参与胎教能让准妈妈充分感觉到重视与疼爱，胎宝宝同样也能感受到愉快的心情，使得日后成为一个快乐的宝宝。因此，准爸爸在胎教中所扮演的角色是非常重要的。

由于胎宝宝非常喜欢爸爸低沉而宽厚的声音，所以准爸爸无论多忙都要尽量抽出时间，和准妈妈一起为胎宝宝聊聊天、唱唱歌。经常聆听父母的声音，可以使胎宝宝觉得安全，有利于胎宝宝性格的健全发育，从而为将来塑造好的性格打下坚实的基础。在与胎宝宝说话时，准爸爸不要与妻子离得过远，但也不能紧贴腹部，要注意用柔和、平缓的语调与胎宝宝交谈，不要一下子就发出很大的声音，这样很容易会惊吓着他。

准爸爸还可以给胎宝宝进行抚摸胎教，每天傍晚让妻子平躺在床上或坐在较宽大的椅子上，全身放松，然后准爸爸以从上到下、从左到右的顺序，用双手轻轻抚摩妻子的腹部，每次5～10分钟，在抚摩腹部时最好和胎宝宝说说话，这样的效果会更好。但需注意的是，如果准妈妈有习惯性流产、早产史、产前出血及早期宫缩的话，是不宜做抚摸胎教的，另外抚摸胎教的时间也不宜过长，每天做2～3次，每次5～10分钟左右即可。

孕四月的胎教方案

在这个月，胎宝宝对外界的声音变得非常敏感，并且能够根据声音做出相应的反应，所以准爸爸和准妈妈可以每天用声音来刺激胎宝宝听觉器官的神经功能了，建议每次持续15～20分钟，每天1～2次。准爸爸和准妈妈可以在每晚临睡之前放一些舒缓的音乐，还可以和胎宝宝讲一些轻柔的话语，这些声音会通过腹壁传到胎宝宝的耳朵里，胎宝宝就会随着这些轻柔温馨的声音，闭着眼睛慢慢入睡。

在对胎宝宝进行音乐胎教时，一定要注意音乐的选择，必须是舒缓的、频率和音量适合的音乐。如果声音过大或频率过强的话，就可能会使胎宝宝内耳基底膜上面的短纤维受到伤害，长时间受到这种伤害的话就会导致胎宝宝听力减退，严重者可能会丧失听力。所以准妈妈在对胎宝宝进行音乐胎教时要特别注意胎宝宝的反应，如果一旦感觉胎宝宝在肚子里踢蹬的话，可能就说明胎宝宝对音乐感觉不舒服了，这时候就要立即停止音乐胎教。

除了对声音之外，这时候的胎宝宝对光线也已经非常敏感了，所以这时候可以在胎宝宝觉醒时对他进行视觉功能的训练，可以用手电筒，一闪一灭直接放在准妈妈腹部进行光线照射，每天3次，每次30秒钟，并记录胎宝宝的反应。需要注意的是，在用光照射时，切忌用强光，也不宜照射时间过长。

这个月的胎宝宝虽然很小，但是他对爸爸妈妈的爱抚还是有一些期待的，他可以感受到来自爸爸妈妈的抚摸。所以准妈妈每天可以多把手放在腹部轻轻抚摸几下，以促进胎宝宝对此的条件反射，进而激发起活动的积极性，形成良好的触觉刺激。此外，通过这种反射性的躯体蠕动，还可以有效促进胎宝宝的大脑功能协调发育。

这个月需要注意的问题

警惕铅污染

铅是一种有毒的重金属，长期工作或生活在铅污染环境下的人，血液系统、免疫系统、消化系统和神经系统等都会受到严重的影响。铅中毒对儿童健康，特别是对儿童大脑发育的影响是不可逆转的，还能危及到孕妇腹中的胎宝宝。研究表明，如果准妈妈体内含有大量的铅，则这些铅会通过血液流入胎盘，从而危害到胎宝宝的大脑发育和牙胚发育，引发一系列疾病。

空气中的铅主要以粉尘和烟雾的形式通过呼吸道和消化道进入人体，因此准妈妈应尽量远离可能存在铅污染的环境，尽量避免在汽车密集区和密集时段出入，以免吸入过多的汽车尾气；如果住在临街的话，要时刻注意门窗密封；注意采用室内空气净化措施，可以选用有效果的空气净化器，降低室内的悬浮颗粒物并进行室内环境湿度调节，以降低室内环境中的铅尘。

室内铅污染还有一个主要来源——室内家装材料。要严格控制家庭的室内装饰装修材料质量，避免使用含铅材料，如含铅油漆等。特别是一些有颜色的涂料、油漆和壁纸，一定要按照国家标准购买，超过国家标准的材料坚决不能使用，也应避免使用大量的颜色漆。

自来水管道的铅尘污染也需加以注意。早晨经水龙头放出的自来水含铅较多，应该等放出3～5分钟后再食用。如果以前装修使用的是PVC水管，有条件的可以更换成 PPR 管，或在管道上安装除铅的过滤器。

除了上述几点之外，准妈妈还应警惕生活中随时可能存在的铅污染并及时避免，如不要用印刷品直接包裹食物，尤其是报纸；不要使用任何含铅的化妆品；不要使用带有彩色油漆的筷子和彩色的餐具；如果家人有以开车为职业或者每天长时间接触汽车的情况，应每天更换和清洗工作服。

再有，在怀孕期间适量补充钙剂、多吃含钙的食品可以有效预防铅污染。由于人体的铅 95% 蓄积在骨骼中，通过适量补钙一方面可减少肠道对铅的吸收，另一方面可抑制骨铅的释放，从而有效降低铅对母体及胎宝宝的神经毒性，还可逆转内源性铅对母婴的危害。

可不可以外出旅行呢

这个月的准妈妈身体情况较为稳定，是可以外出旅行的，但是在旅行时还需要注意以下几点：

（1）旅行目的地的选择。适合准妈妈的旅行目的地最好是离所在地较近的旅游景点，比如城市近郊，太远的地方还是不适合的。如准妈妈生活在北京，把旅行地设在云南或是海南就有些不切实际了。

（2）交通工具的选择。外出旅行常选择的交通工具有飞机、火车和自驾。一般来说，飞机上座位空间较为狭窄，如果准妈妈乘坐飞机的话，最好能在 1 小时左右就活动一下颈部或伸伸懒腰，或起身做一下简单的四肢操以缓解疲劳；火车目前的稳定情况差别较大，有些较稳有些则较颠簸，所以准妈妈如果乘坐火车旅行，尽量选择较稳当的车型，同时应避免在人流密集时乘火车旅行；自驾旅行的话准妈妈最好不要亲自开车，也不要坐在副驾驶位置，最好是坐在后排靠左的位置，同时要系好安全带，安全带的位置宜在胸部，避开对腹部的挤迫。

（3）带齐必需的药品和物品。如口服的肠胃药、止泻药、外用的酒精棉片、止吐药、优碘、外伤药膏、创可贴、清凉油等以及孕妇用的维生素和小罐奶粉，这样可以在没有鲜奶喝的时候备用。还可以带一小包黑芝麻和其他高能量的小点心，如苏打饼、干果类。此外，还要带好弹性袜、托腹带、护垫，以及可以清洁公用马桶盖的消毒喷剂等卫生用品。

（4）不宜去的地方。传染病流行地区、公共卫生条件差的地方；交通不方便、医疗条件差的地方；高海拔地区氧气不充分的地方；人多拥挤、空气不好的室内；过度刺激的旅游景点以及温泉、爬山、潜水等活动都是不适合准妈妈去的。

（5）临行前需和医生沟通。准妈妈最好在旅行前跟产前检查医生做一个比较全面的沟通，包括有没有心脏病、血管闭塞或贫血等疾病；之前是否有小产、早产、流血的情况；这次怀孕是否出现过异常情况，例如妊娠糖尿病、妊娠高血压、阴道出血等。在充分听取医生的建议后再做出最后的决定，如果医生建议不宜旅行的话，就最好不要任性为之，以免造成危险。

便秘的危害大

如果准妈妈的排便次数太少或排便不畅，粪便干，严重者长达 2 ～ 4 天才排便 1 次的话，就说明受到便秘的干扰了。从这个月开始，准妈妈开始陆陆续续出现便秘的现象。便秘对准妈妈来说，是大伤元气的一件事，同时还会危及到两个人的健康。准妈妈在怀孕期间便秘可导致腹痛、腹胀，严重者可导致肠梗阻，并发早产，危及母婴安危。

准妈妈发生便秘后，整天有排便感但却排不出来，导致肠胀气使身体很不舒服，不仅情绪不佳，食欲也受到很大影响。严重便秘时还会使粪便中的一部分毒素重新回收到血液，对孕妇的健康产生不利的影响。而且，便秘时粪便中的水分又被肠道重新吸收，致使粪便更为干燥。这样在排便时就很容易导致肠黏膜受到损伤，发生便血，引发或加重原有的痔疮。有些便秘的准妈妈在分娩时，由于粪便堆积在肠管中，对胎宝宝的下降起到了阻碍作用，继而引发产程延长甚至难产。

怀孕期间的便秘关键在于预防，养成良好的饮食习惯是重要的预防措施。对于便秘的准妈妈来说，要多吃含纤维素的蔬菜水果，如芹菜、韭菜、香蕉、梨等；少吃或不吃不易消化的食物，如辣椒、莲藕、蚕豆、荷包蛋、糯米粽子、糯米汤圆等。同时，便秘期间准妈妈要暂时禁食苹果，因为苹果鞣酸含量较高，会加重便秘的发生。除了苹果，在此期间不宜进食的水果还有菠萝、柿子、桂圆、橘子等。饮水方面，可适当每日饮用50 ~ 100克的蜂蜜或300 ~ 500毫升的鲜榨果汁，以达到润肠的作用。

要预防孕妇便秘，还要养成良好的排便习惯，每日定时排便一次，有条件者使用坐式马桶，以减轻下腹部血液的淤滞和痔疮的形成。除此以外，每天要有足够的户内户外活动，活动的最佳方式是每天散步1小时。如便秘症状依然无缓解的话，可酌情采用缓泻剂，以防引起痔疮。

肚子小有什么问题吗

经常看到有些准妈妈由于肚子较小而有诸多担心和不安。其实，准妈妈肚子小并不意味着胎宝宝发育迟缓，还有其他的原因，如准妈妈在孕前体重偏轻或是个子较高，也可能是实际孕龄比估计的要短一些。如果准妈妈还是担心胎宝宝的话，可以去医院做一些诸如B超之类的辅助检查，以彻底检测胎宝宝的发育指标。

每位准妈妈在同一孕龄时肚子都会有一定的区别，有的准妈妈肚子较大，但实际通过B超检查发现胎宝宝并不大，只是因为腹壁脂肪较厚，或是羊水偏多；同样，有的准妈妈肚子较小，但胎宝宝的个头儿也可能并不小。

此外，每位准妈妈肚子的增长速度也并不相同。有些早孕反应强烈的准妈妈，由于之前两个月食欲不佳导致营养吸收情况稍差，就有可能在这个月肚子变化仍不明显，但在未来的几个月中就会出现明显的增长；也有的准妈妈的肚子增长一直是处于比较稳定的趋势，呈正常状态发展。因此，准妈妈不能凭先前经验和感觉来证明肚子大小是否正常，要有一定的客观衡量标准和标准指标。标准指标就是指子宫底高度，即产前检查中必须测量的宫高和腹围。

若准妈妈经过测定后，结果显示胎宝宝发育迟缓的话，准妈妈首先要在精神上保持绝对的放松，保证充分的休息，睡眠多向左侧位以增加子宫胎盘的血液循环，从而改善胎宝宝缺氧状态。再有，更要多调节日常膳食，适量补充微量元素锌、铁及维生素等，多吃些营养价值高的食物；有些情况较严重的准妈妈还可以针对病因进行入院治疗，通过给予静脉滴注营养液来补给营养。若以上措施都得不到满意效果的话，准妈妈则应考虑终止妊娠，以保证优生。

宫底高度与预测的孕龄不符

宫高每周都有变化，一般来说一个月测量一次就可以了，在产检的时候医生会帮助测量的，准妈妈自己在家也可以用皮尺测量宫高。通过测量宫底高度可以监测胎宝宝的发育状况，如发现宫底高度与预测的妊娠周数不符的话就要想办法寻找原因了，如可以做B超等特殊检查查看有无双胎、畸形、死胎、羊水过多或过少等问题。

1. 宫高偏高。宫高偏高可能有以下几种原因。

（1）预产期不太准确。由于女性经期

的不稳定，或是排卵期计算有误，有时候经常会出现受孕成功日期计算失误的情况，因此也就使预产期的计算有了一定偏差。如果在孕中期可以借助超声波帮助检查，以推断正确的预产期，如果是在孕晚期的话，则无法以此方法来推测预产期。一般来说，超声波检查以孕20周以内为宜，且越早越好。

（2）有过孕史。如果准妈妈曾经怀过孕、有过生产经历，那么腹部肌肉就可能会比大多数女性更松弛，从而使宫高值偏高。

（3）有子宫平滑肌瘤。

（4）双胞胎或多胞胎。

（5）羊水过多。

如果在孕后期还是存在宫高偏高的问题的话，胎宝宝就不易入盆，给正常分娩造成困难。大多数情况下会实行剖宫产。但是如果胎宝宝过大的话，剖宫产也会造成胎宝宝娩出困难，甚至出现产伤、窒息等情况。

2. 宫高偏低。宫高偏低有可能是实际孕龄没有所知的大，一般来说如果宫高不是太低的话就不用很担心，从某种意义上说，宫高偏低反而利于胎宝宝的出生。但如果宫高过低的话，就有可能是胎宝宝的发育缓慢，准妈妈可以在医生的指导下吃一些营养的药物或平时多吃些有营养的食物，以促进胎宝宝的生长发育。

准妈妈这个月不宜做的事

1. 熬夜。即使这个月由于早孕反应开始消失，精力变得充足一些了，准妈妈也必须要保证8 ~ 9小时睡眠时间和至少30分钟的午睡时间，以确保体力充沛和愉悦的良好心情。

2. 不注意睡眠姿势。前三个月由于身体变化不大，所以准妈妈还可以采取对腹部无压迫的多种睡眠姿势，但是从这个月开始，由于肚子开始慢慢变大，准妈妈就要开始注意睡眠姿势了。睡眠时以左侧卧位为最佳，可改善子宫的血液供应，同时减轻子宫对动、静脉的压迫，有利于减轻下肢水肿。睡觉时用枕头把脚垫高，帮助血液循环，减轻肿胀不舒服的情形。

3. 穿紧身衣裤。由于肚子开始慢慢变大，身体的其他部位也随之发生变化，准妈妈应该要告别紧束的胸罩和衣裤了。

4. 穿高跟鞋。鞋的大小要适足，底部要有防滑纹，不要再穿硬底的高跟鞋和皮鞋。

5. 睡觉贪凉。即使天气再热，准妈妈在睡觉时也要注意盖好腹部以防受凉，用电风扇吹风时要用近似自然风的一档，并适可而止，不要吹起来没完。

6. 长时间站立。由于增大的子宫压迫静脉回流，会造成下肢静脉曲张和痔疮，所以准妈妈不能再长时间站立了。

7. 烫发、染发。染发和烫发对准妈妈和胎宝宝都有一定的危害，因此准妈妈应尽量避免。除了染发和烫发，相信聪明的准妈妈们自然还能有一套更适合自己的扮靓方式。

8. 过分弯腰。准妈妈如果要拿低处的东西，最好是先蹲下来，再侧身拿，不要将腰弯得过低，以免产生不适感。

9. 登高晾晒。准妈妈可以用洗衣机洗衣服，但尽量不要往高处够着晾晒，也不要做往高处挂东西或从高处拿东西这类过于伸展的家务活。

10. 拖地。由于拖过的地板比较滑，很可能会使准妈妈不慎滑倒或是磕碰到肚子，所以准妈妈是不宜拖地的。

胎动与妊娠期腹痛的区别

大多数准妈妈在这个月对胎动的感受还不明显，也常会发生错觉。对于初次怀孕的准妈妈，还有可能会将妊娠期腹痛当做是胎动而忽视。妊娠期腹痛是孕期的一种常见症状，极易与胎动混淆，特别是对于初次怀孕的准妈妈。只要了解妊娠期腹痛的特点，就能及时对二者做出区别判断，如妊娠期腹痛包括生理性妊娠期腹痛和病理性妊娠期腹痛。生理性妊娠期腹痛是由于妊娠后子宫体增大，对子宫圆韧带造成过度牵拉而导致的，多发生在孕 3 ~ 5 个月时，疼痛多为牵涉痛、钝痛或隐痛，疼痛位置在下腹部子宫体的一侧或两侧。疼痛常发生在准妈妈远距离行走或体位改变后，通常经卧床休息一段时间后便可缓解。

而病理性妊娠期腹痛的原因则较为复杂，常见的原因有以下几种：

（1）葡萄胎。常发生在孕 4 个月之内的准妈妈身上，发生葡萄胎的女性也有停经史，但其子宫体内并未孕育着真正的胎宝宝，而是一种水泡状的胎块。葡萄胎患者在停经后也会像早期怀孕一样出现妊娠反应，子宫体增长得非常迅速，并且会在停经后 2 ~ 4 个月时发生腹部胀痛或钝痛，并伴有阴道流血的现象。

（2）流产先兆。将发生流产的准妈妈常会出现阵发性或持续性的腹痛，并伴有下腹部坠胀、有阴道流血或有烂肉样的组织自阴道排出。

（3）宫外孕破裂。宫外孕破裂时，下腹部一侧撕裂样的疼痛及肛门坠胀，随着病情的进一步发展和宫外破裂处出血量的增多，患者还会出现头晕、乏力、心慌、恶心呕吐、面色苍白、四肢冰冷等休克症状。

（4）妊娠合并急性阑尾炎。准妈妈的阑尾会随着子宫体的增大而从原来的位置向其外上方移位。因此，当准妈妈患急性阑尾炎后，腹痛部位不会像正常人那样典型，很容易被忽视。但随着病情的发展，患者也可出现肌紧张、发热等症状，此时应去医院就诊。特别是有慢性阑尾炎的准妈妈，更应警惕妊娠期阑尾炎的急性发作。

职场准妈妈的注意事项

1. 加大工作餐的营养价值。对于在外就餐的职场准妈妈，往往容易摄入大量的脂肪，却很难补充充足的蛋白质和蔬菜，这样不仅容易造成营养素摄取不均衡，影响胎宝宝的生长发育，而且由于脂肪的大量摄入还有可能让准妈妈胖起来，因此从这个月开始，准妈妈要加大工作餐的营养力度和营养均衡了。

有的公司会选择外送的盒饭，这种情况下在菜式的选择上，准妈妈就应该选择配菜种类较多的套餐，如一份套餐里米饭、鱼、肉、蔬菜都有，这样的套餐营养配比较均衡；如果公司没有统一安排午餐，准妈妈要到外面餐厅吃饭的话，在选择餐馆的时候就要注意卫生状况，最好自带餐具，以免感染细菌。为了弥补新鲜蔬菜补充的不足，准妈妈最好在午饭后 30 分钟吃个水果，以补充体内维生素的缺乏。如果办公室清洗不方便的话，可以在早上出门前把水果清洗干净，然后用保鲜膜包裹带到公司；还可以每天带一包牛奶到公司，以确保钙质的补充。

需要注意的是，在外用餐的准妈妈要远离油炸食物。因为外面的油炸类食物在制作过程中所用的食用油难免不是已经用过若干次的回锅油，而这种反复沸腾过的油中含有很多有害物质，所以准妈妈应该远离。再有，准妈妈不要吃太咸的食物，以防止体内水钠潴留，引起血压上升或双足浮肿，对于其他辛辣、调味重的食物也应该明智地拒绝，以免给身体造成诸多不适。对于饮料的挑选，应当选择矿泉水和纯果汁，不要选择色素含量高的饮料和碳酸饮料，更不要选择含咖啡因或酒精的饮料。

2. 让自己的工作环境更舒适。由于准妈妈从这个月开始身体有了明显的变化，因此更要注意创造一个舒适温馨的办公环境。准妈妈可以在办公桌底下放个鞋盒作搁脚凳，并放双拖鞋，尽量把脚放舒服，不要悬空放置；采取防护措施的话，在电脑前工作不会损害胎宝宝的发育，但准妈妈却更容易受腕管综合征的影响，因此应采取措施把桌椅调整得尽可能地舒适；要注意适当的休息，工作一段时间后要适当地做做伸展运动，抬腿并适当按摩小腿部以放松压力；要多喝水，可以在办公桌上准备一个大水杯并随时填满它；一有尿意就要立即去厕所，即使手头工作再忙也不能憋尿。

其他表示危险的身体信号

准妈妈若出现了以下情况，则有可能预示着某些异常情况存在，应引起高度警惕，立即去医院做产科检查，争取早期诊断、早期处理，预防意外情况发生。

1. 阴道出血，小腹阵痛。阴道出血有可能是宫颈糜烂等宫颈炎症，若伴有小腹阵痛则可能是先兆流产的征兆，或是宫外孕的征兆。

2. 小便发红，面色苍黄。可能预示着有尿路感染或其他泌尿系统疾病，应彻底到医院检查清楚，以免影响腹中宝宝的孕育。

3. 胎动过剧或过少。通常情况下从这个月末下个月初时，准妈妈就能感受到胎动了，并且随着孕周增加胎动也在增加。在孕 30 周后一般正常胎宝宝每小时的胎动不少于 3 次，12 小时内的胎动数约为 30 ~ 40 次。临近足月的胎宝宝胎动减少是正常的，而当胎盘功能发生障碍、脐带绕颈、准妈妈用药不当或是遇外界不良刺激时，则可能引起不正常的胎动。若在 1 小时以内胎动少于 3 次，或 12 小时胎动少于 10 次，则说明胎宝宝有宫内缺氧危险，应去医院检查。

4. 头晕眼花，视物不清。可能有严重贫血、妊娠高血压、妊娠子痫等情况发生，应及时入院检查治疗。

5. 胸闷恶心，严重呕吐。孕早期发生的恶心、呕吐等妊娠反应一般在这个月时会自然消失。但若出现严重的恶心、呕吐或依然有持续性的妊娠反应时，则有可能是患上了妊娠剧吐症，少数可见于双胎或多胎妊娠、葡萄胎等。若在孕 24 周后发生呕吐，并伴有头痛、眼花、眩晕等症状，则可能是妊娠高血压、子痫等病的先兆。

6. 下肢浮肿，晨起不见好转。正常情况下，怀孕后期多有足踝部轻度水肿，卧床休息可以消退或好转。如果水肿情况较为严重，肿至小腿，早晨起来也不见好转，属妊娠水肿，应尽快予以治疗。

胎宝宝的第五个月（孕五月）

宝宝的变化

到这个月末，胎宝宝已经能够长到一个正常足月儿的 1/2 大小了。他的头此时已经占到了全身长的 1/3，头部及身体上呈现出一层薄薄的胎毛，白色的脂肪逐渐覆盖皮肤；手指、脚趾长出指甲，并呈现出隆起；耳朵的入口张开；牙床开始形成；头发、眉毛齐备；由于皮下脂肪开始沉积，皮肤变成半透明，但皮下血管仍清晰可见；骨骼和肌肉也越来越结实；生殖器官也已经几近成形；能够听到妈妈的心脏和动脉血流声及肠鸣声，并且如果用听诊器可以听到他的心音了。

17 周的胎宝宝身长大约有 13 厘米，体重 150 ~ 200 克，看上去像一个梨子。在这一周，准妈妈可以借助听诊器听到胎宝宝强有力的心跳，这时候胎宝宝的骨骼都还是软骨，可以保护骨骼的卵磷脂开始慢慢地覆盖在骨髓上。

到了第18周，胎宝宝长到了约14厘米长，200克重。这一周的胎宝宝指尖开始形成指纹，肺部的肺泡也开始发育，小胸部总是在一鼓一鼓的，表示他正在呼吸，但这时的他吸入和呼出的不是空气而是羊水。在这个时候，通过B超检查的话，已经能够明显分出来是男宝宝还是女宝宝了，如果是女宝宝的话，那么她的阴道、子宫、输卵管都已经各就各位；如果是男宝宝，他的生殖器也已经清晰可见，当然有时候因为宝宝的位置不同，小小的生殖器也会被遮住。

第19周的胎宝宝身长大约有15厘米，体重200～250克，皮肤腺体开始分泌出腺脂，出现乳头，开始能够吞咽羊水，经过肾过滤后把它变成洁净的尿液重新又排入羊水中，过滤出的渣滓积存在肠道内形成胎粪，待出生后才排出体外，头发也在迅速地生长着。他的动作开始活跃，能够做出戳、踢、扭动和翻转动作，还能够用口舔尝、吸吮拇指，那样子就像在品味手指的味道。在这一周，胎宝宝最大的变化就是感觉器官开始按照区域迅速地发展，味觉、嗅觉、触觉、视觉和听觉从现在开始在大脑中专门的区域里发育，此时神经元的数量减少，神经元之间的连通开始增加。

第20周是胎宝宝味觉、嗅觉、视觉和触觉等感觉器官发育的关键时期，此时他的状况已经趋于稳定，身长16厘米，体重255克。这时候胎宝宝在快速成长着，他的头发继续生长，胎脂增加，皮肤增厚发育为4层。

准妈妈的变化

这个月准妈妈的体重开始上升，最少会增加2千克体重，有些也许会达到5千克。准妈妈这时的子宫已经犹如婴儿的头大小，用手触摸肚脐和耻骨之间可感到有一团硬东西，即子宫的上部；宫底高厚度在耻骨联合上缘的大约15～18厘米处。等到胎宝宝19周以后，准妈妈的子宫底每周会升高1厘米。

在这个月，准妈妈的乳房会比以前膨胀得更为显著，有些准妈妈还能挤出透明、黏稠、颜色像水又微白的液体；而且臀部也因脂肪的增多而显得浑圆，从外形上开始显现出较从前丰满的样子。

由于这个月子宫在腹腔内慢慢增大，对膀胱的刺激症状随之减轻，所以尿频现象相对减轻；早孕反应也自然消失，准妈妈的身体和心情会好很多。

在这一阶段，有些准妈妈常会有胃内积食的不消化感，这是由于增大的子宫挤压内脏的缘故。另外，还有些准妈妈常常感到口干舌燥，甚至出现耳鸣，会误以为自己患了伤风，但实际上并不是这样，这主要是妊娠引起的体内变化。

从第5个月末开始，当准妈妈精神集中的时候，尤其是夜晚躺在床上时，会感到下腹部像有一只小虫子似的一下一下地蠕动，就如同手放在鱼篮外面，但仍能感到里面的鱼在跳动一样，这是由于胎宝宝在子宫的羊水中蠕动、挺身体、频繁活动手和脚，碰撞子宫壁引起的。现在准妈妈应该坚持有规律地数胎动了，时间最好固定，胎动一般平均每小时3～5次。每天坚持数胎动，是一种直接的胎教。当准妈妈对胎宝宝高度注意时，可以想象胎宝宝的各种体态，胎宝宝也会回应准妈妈的感受，这样会增进母子之间的感情交流。

准爸妈的生活指南

准妈妈的营养补充

在这个月，准妈妈的饮食还应持续保持多样化，注意多种维生素和微量元素的摄入，多吃蔬菜水果，以防胎宝宝贫血。在这个月，建议准妈妈每天膳食中的营养物质最好要保证含钙1.5毫克，铁1.5毫克，维生素A 3000国际单位，胡萝卜素6毫克，维生素C 6200毫克。如果平时饮食荤素搭配合理的话，准妈妈这时候的营养一般不会有什么问题。但是如果担心发胖或胎宝宝过大而限制饮食的话，则有可能造成营养不足，严重的甚至患贫血或影响胎宝宝的生长发育。因此，准妈妈应根据个人体质，合理安排饮食，保持各种营养成分平衡，并将食物热量限制在适当范围内。

本月以后，胎宝宝的骨骼和牙齿生长得特别快，是迅速钙化时期，对钙质的需求简直是剧增。因此从本月起，准妈妈应重点补充钙质和维生素 D，以促进胎宝宝骨骼和牙齿的健康发育。牛奶、孕妇奶粉或酸奶是准妈妈每天必不可少的补钙饮品，此外，还应该多吃以下这些容易摄取到钙的食物，如干乳酪、豆腐、鸡蛋或鸭蛋、虾、鱼类、海带等。另外，准妈妈还可以每天服用钙剂，以确保足够的钙质供给。需要注意的是，钙的补充要贯穿于整个孕期始终。

当然，单纯补钙还是不够的，维生素 D 可以促进钙的有效吸收，孕妈妈要多吃鱼类、鸡蛋，另外晒太阳也能帮助在体内制造维生素 D，因此准妈妈在做好防晒的前提下，可以选择合适的时间和地点去晒晒太阳。

应当多吃的食物

1. 茭白。茭白中富含蛋白质、碳水化合物、维生素 B_1、维生素 B_2、维生素 C 及钙、磷、锌、铁等多种营养元素，此外还含有丰富的粗纤维素，有清热利尿、活血通乳的功效。常吃茭白可以预防妊娠高血压和便秘症状，若以茭白煎水代茶，还可以有效防治妊娠水肿。

2. 萝卜。萝卜的营养及药用价值都很高，当中富含的木质素能够大大增强身体内巨噬细胞的活力，从而有效吞噬癌细胞。同时，萝卜中还含有妊娠期需要的钙、磷、铁、糖化酵素及多种维生素，还有利于肠道机能的改善。

3. 坚果。坚果类食物中富含 α－亚麻酸，α－亚麻酸是人体健康必需却又普遍缺乏、急需补充的一种必需营养素，它是构成细胞膜和生物酶的基础物质，对人体健康起决定性作用。α－亚麻酸在大脑固体总质量占 10%，在决定学习能力的海马细胞中占 25%，在脑神经及视网膜的磷脂中占 50%，因此对人的智力发育和脑功能水平发育都有着极其重要的作用。准妈妈补充足够的 α－亚麻酸，可以促进胎宝宝视网膜中视紫红质的生成，有助于胎宝宝视力发育，同时还可促进智力成长，降低胎宝宝神经管畸形和各种出生缺陷的发生率。如果准妈妈担心从食物中摄取的量不足的话，也可在医生指导下服用 α－亚麻酸胶囊予以补充。

4. 牡蛎。牡蛎中含有丰富的牛磺酸，牛磺酸是人和动物早期发育阶段必需的氨基酸，是神经细胞正常发育的必要物质，对脑细胞的增殖和分化起促进作用，能增强记忆力和机体免疫功能，还能够促进视网膜的发育，增进角膜的自我修复能力。缺乏牛磺酸会引起神经细胞的损伤。因此，准妈妈在这个月可以适当吃些牡蛎、海带等富含牛磺酸的食品，但是需要注意的是，这些海产品一定要保证烹到全熟后再食用。

5. 菜花。菜花中富含维生素 K、蛋白质、脂肪、糖类、维生素 A、B 族维生素、维生素 C 及钙、磷、铁等营养素，准妈妈常吃些菜花，可以预防产后出血及增加母乳中维生素 K 的含量。菜花除了具有很高的营养价值外，还可以防治多种疾病，它能够增强肝脏的解毒能力及提高机体的免疫力，从而有效预防感冒、防治坏血病等疾患。此外，用菜花叶榨汁液煮沸后加入蜂蜜制成糖浆，有止血止咳、消炎祛痰、润嗓开音的功效，更是预防新生儿颅内出血、皮下出血、上呼吸道感染的药膳。

应当少吃的食物

1. 热性香料。如八角茴香、小茴香、花椒、辣椒粉、桂皮、胡椒、五香粉等调味品，准妈妈在孕期应少用或不用。因为当怀孕时，肠道较为干燥，而热性香料性热，具有一定刺激性，易造成肠道枯燥、便秘或粪石梗阻。

2. 咸鱼。咸鱼中含有大量二甲基硝酸盐，进入人体内能被转化为致癌性很高的二甲基硝胺，并可通过胎盘作用于胎宝宝，是一种危害很大的食物，因此准妈妈尽量少吃或最好不吃。

3. 芦荟。芦荟对调节胃肠机能有着很显著的功效，同时还是美容瘦身的一道佳品，因此在人们日常饮食中变得普遍起来，如凉拌芦荟、芦荟酸奶等。但据研究发现，如果准妈妈饮用太多芦荟汁的话，会导致骨盆出血，甚至会造成流产。因此，准妈妈在怀孕时不可多吃含芦荟的食品。

4. 爆米花。爆米花中含有大量的铅，对准妈妈和胎宝宝的身体都有很大的危害。此外，爆米花中还含有一定量的糖精，这对人体同样也会有不利的影响。因此，即使爆米花再好吃，准妈妈还是不能把它当做一道日常的零食来吃。

5. 牛肉干。牛肉干中含有大量的盐，准妈妈如摄入盐过多的话是不利于预防水肿的，同时也有引发妊娠高血压的可能。

6. 白糖。白糖能够给人体提供足够的热量以保证人体需求，但若吃得过多则会减少人体对其他营养元素的摄取，从而导致身体的营养物质失衡。而且，白糖吃得过多还会引起中毒，或导致糖尿病、脑卒中、心脏病等疾患，对准妈妈和胎宝宝十分不利，很可能出现痴呆儿。

此外，为了消化摄入体内过多的白糖，需要消耗大量的维生素 B_1，导致维生素 B_1 不足；而代谢糖则需要大量的钙，因而又可导致体内钙不足。维生素 B_1 和钙的缺乏，会导致胎宝宝眼球壁张力减弱、产生近视、骨骼发育不良；当宝宝出生后，可能会患脑水肿、佝偻病，或出现说话晚、出牙晚、走路晚以及各种神经及脑损伤的症状。

孕五月的饮食原则

这个月准妈妈的饮食要注重全面均衡，关键在于体重的合理控制，在保证营养摄入补充均衡充足的基础上还要防止体重增长过快。一般来讲，最好把每周体重的增加量控制在 350 克左右。

从怀孕第 5 个月起，准妈妈每天主食摄入量应达到或高于 8 两，并且精细粮与粗杂粮搭配食用，热能增加的量可视准妈妈体重的增长情况、劳动强度进行调整。在增加热量的同时，准妈妈应比孕早期摄入更多的蛋白质，尤其是动物蛋白；还应该适当增加植物油的量，也可适当选食花生仁、核桃、芝麻等含必需脂肪酸较高的食物来增加脂肪含量；对于缺乏维生素 D 的准妈妈，应注意多吃海水鱼、动物肝脏及蛋黄等富含维生素 D 的食物；此外，从本月起准妈妈应注意补钙，还要加服鱼肝油，但有些人因补钙心切而大量服鱼肝油，这样做是不妥当的。因为过多服用鱼肝油，会使胎宝宝骨骼发育异常，造成许多不良后果。

由于食欲增加，准妈妈的进食会逐渐增多，有时会出现胃中胀满。此时，可服用一两片酵母片，以增强消化功能。另外，也可每天分 4 ~ 5 次吃饭，既可以补充相关营养，也能够改善因吃得太多而胃胀的感觉。

孕五月的营养食谱

山药粳米粥——健脾益胃，有助消化。

【原料】山药、粳米各 30 克，莲子 15 克，红枣 10 枚，小米 50 克，白糖少许。

【做法】1. 山药洗净，去皮，切段；莲子去心；粳米、红枣、小米洗净。

2. 锅中放入 1000 毫升水，将山药、莲子、粳米、红枣、小米放入锅中，用大火烧开改用小火煮熟即成。

炒素蟹粉——补充多种维生素。

【原料】水发冬菇 15 克（可用黑木耳代替），熟红萝卜 12.5 克，熟鲜笋 12.5 克，熟土豆 250 克，生油 150 克，白糖、精盐、米醋、姜末、味精、时令绿叶菜少许。

【做法】1. 将熟土豆、红萝卜去皮成泥，鲜笋斩细，绿叶菜和水发冬菇切成丝。

2. 炒锅放生油熬熟，投入土豆、红萝卜泥煸炒，炒到起酥，再放绿叶菜和冬菇、笋同炒，并随加白糖、精盐、味精、姜末稍炒，最后淋少许米醋，随即起锅装盘。

烧四宝——补充维生素 C 和多种营养物质。

【原料】猪瘦肉 100 克，笋尖 50 克，水发香菇、豆角各 50 克，香葱 1 根，鸡蛋清 1 个，生姜、植物油、精盐、酱油、白糖、生粉各适量。

【做法】1. 将豆角去根、蒂洗净，掰成寸段；笋尖洗净，切成长条状；水发香菇洗净，切成长条；猪瘦肉洗净，切成小丁；香葱洗净，切段；生姜洗净，切末。

2. 将猪瘦肉丁用精盐、鸡蛋清、生粉拌匀上浆；将笋条用开水焯一下捞出，用酱油浸泡备用。

3. 坐锅点火，倒入适量植物油，待油热时，投入笋条、豆角、水发香菇条煸炒，略烧一会儿盛出。

4. 锅内另倒入植物油，油温热即投入猪瘦肉丁，用铲轻轻推散，待肉颜色变白即倒入漏勺，沥去余油。

5. 趁热锅内余油，下葱段、姜末煸炒，并加入精盐、白糖、酱油，再将肉丁和蔬菜条倒入锅中，翻炒均匀，出锅装盘即成。

赤小豆煲鲤鱼——预防水肿，安胎宁神。

【原料】赤小豆 90 克，鲤鱼 300 ~ 500 克。

【做法】1. 鲤鱼洗净除鳞、鳃和内脏和控去水分。

2. 将赤小豆洗净后放入沙锅中，加水 750 毫升，大火烧开后改用小火煮 20 分钟。

3. 放入鲤鱼后继续炖煮，煮烂后即可食用。

鸡蛋羹——补充磷脂，促进胎宝宝大脑发育。

【原料】鸡蛋 2 个，海米 5 克，酱油、盐、葱花、香油各适量。

【做法】1. 先将海米用温水泡软，切成碎末。

2. 鸡蛋打入碗内，放入少许盐、海米末后打散搅匀。

3. 加入 1 ~ 1.5 倍的温水再搅片刻。

4. 放在大火上蒸 10 分钟，熟后，加入少许酱油、葱花、香油，即可食用。

乌鸡糯米葱白粥——补气养血，安胎止痛。

【原料】乌鸡腿 2 只，圆糯米 400 克，葱、盐和味精各适量。

【做法】1. 将乌鸡腿洗净后切成小块，再次用水洗净后沥干备用。

2. 将乌鸡腿放入锅中，加 8 碗水，熬制成汤，大火开后 5 分钟转小煮 20 分钟后，将糯米放入继续煮。

3. 将葱白切成丝，待糯米煮熟后放入盐等调味品，最好将切好的葱丝放入，焖一下即可食用。

黄鱼羹——促进胎宝宝智力发育。

【原料】净黄鱼肉 100 克，冬菇 20 克，精火腿 15 克，鸡蛋 2 个，葱、姜少许，精盐、料酒、白糖、胡椒粉、清汤、水淀粉、香油各适量。

【做法】1. 将黄鱼肉、精火腿、冬菇分别切成丁；葱、姜切末；鸡蛋打入碗内，搅匀待用。

2. 坐锅点火，加入适量清汤，用大火烧沸后，将鱼肉丁、冬菇丁、火腿丁一起放入锅内，加料酒、精盐，待烧沸后，加水淀粉适量勾薄芡，然后将鸡蛋糊边倒入锅中边搅拌，使鸡蛋成鹅毛状，再淋上香油，撒上胡椒粉、葱姜末拌匀装盘即成。

烧干丝——增进味觉，改善食欲。

【原料】豆腐丝200克，猪瘦肉末50克，海米20克，青蒜3根，生姜5克，植物油、精盐、香油、清汤各适量。

【做法】1. 将豆腐丝冲洗干净，切成5厘米左右的长段，在开水中焯一下，去掉豆腥味儿，捞起冲洗一下备用；海米用开水浸泡几分钟；生姜、青蒜去皮，切成细丝。

2. 坐锅点火，倒入少许植物油，待油烧热后，倒入猪瘦肉末煸炒一下，加入适量清汤，投入姜丝、海米烧沸，再倒入豆腐丝，加适量精盐，小火煮10分钟，撒上青蒜，淋上香油，

猪肉烧四季豆——健脾开胃。

【原料】嫩四季豆400克，猪瘦肉100克，植物油、精盐、白糖、清汤、淀粉、姜末、葱花、香油各适量。

【做法】1. 将四季豆掐去两头，撕去筋丝，掰成寸段，洗净；猪瘦肉切丝，加入淀粉上浆备用。

2. 坐锅开火，倒入植物油，待油热，先炒猪瘦肉丝，用勺子搅散，肉变白色捞出，倒入漏勺，沥去余油。

3. 趁热锅余油，投入姜末、葱花、四季豆煸炒，倒入猪瘦肉丝翻炒拌匀，加精盐、白糖、清汤适量，略烧一会儿，用大火收干水分，淋上香油，拌匀后出锅装盘。

虾米豆腐羹——滋补肠胃，增强食欲。

【原料】嫩豆腐300克，干虾米30克，青蒜2根，香油、酱油、精盐、料酒、水淀粉各适量。

【做法】1. 将嫩豆腐洗净，切成小方块；干虾米洗净，用温开水浸泡20分钟；青蒜去根，洗净，切成小段。

2. 坐锅点火，加清水适量，放入豆腐块和虾米（连汤），用大火烧沸后改用小火炖煮3～5分钟，加入精盐、酱油、料酒适量，用水淀粉勾芡，撒上青蒜、淋上少许香油即可装盘。

对抗妊娠纹，留住美丽

作为准妈妈，要有自信大胆地秀出独特的“孕味”。不要试图用那些宽松的衣服来掩饰日渐隆起的腹部，因为这个时期渐渐隆起的腹部会赋予你一种与众不同的味道。可以大胆地穿着舒适的平跟鞋或低跟舒适的鞋、轻盈的连衣裙，甚至是弹性良好的低腰裤，只要不会伤害到自己和宝宝，准妈妈尽可大胆地穿出自己的味道。

此外，还有一些生活中的小妙招能够有效帮助准妈妈留住俏丽的容颜，例如充分利用“食补”，平时多吃一些富含维生素C的食物，如柑橘、草莓、蔬菜等，还应多吃富含维生素B_6的牛奶及其制品，同时还要保证充足的睡眠。要知道，良好的精神状态对一个人的外在形象有很好的提升作用。

妊娠纹是每位准妈妈都要遇到的一件“烦心事”，其实妊娠纹的预防除了合理的控制体重和坚持适量的运动之外，运用食物疗法也可以达到一定的效果。只要在怀孕期间注意多吃富含胶原蛋白、弹性蛋白和维生素的食物，如猪蹄、动物蹄筋、猪皮和果蔬等，就可以改善皮肤的肤质，增加皮肤的弹性，减少妊娠纹的生成。准妈妈平时在家不妨按照以下几道食谱吃吃看，也许就会在不知不觉中赶走讨厌的妊娠纹。

1. 番茄汁。番茄具有保养皮肤的功效，可以有效预防妊娠纹。对抗妊娠纹火力最强的武器就是番茄，这是因为番茄中含有丰富的茄红素，而茄红素的抗氧化能力是维生素C的20倍，可以说是抗氧化防妊娠纹的超强战斗力，能够帮助准妈妈有效缓解妊娠纹。但番茄性寒，如果空腹食用容易造成腹痛，所以准妈妈食用前应先吃点

其他食物。

【原料】番茄 2 个，水适量。

【做法】将番茄剥皮，加适量的水放入搅拌机中打碎即可。

2. 炒西兰花。西兰花中含有丰富的维生素 A、维生素 C 和胡萝卜素，能增强皮肤的抗损伤能力，这将有助于保持皮肤弹性，可以使准妈妈远离妊娠纹的困扰。很多准妈妈以为番茄是含维生素 C 最丰富的蔬菜，但实际上西兰花的维生素 C 几乎是番茄的 4 倍。丰富的维生素 C 不但能增强准妈妈免疫力，保证胎宝宝不受病菌感染，还能有效增强皮肤弹性。准妈妈可以每周吃 3 次西兰花，但由于西兰花中富含的叶酸性质不稳定，所以为了保证叶酸不被破坏，西兰花最好以少油快炒为佳。

【原料】西兰花 1 个，盐和胡椒粉适量。

【做法】先将西兰花洗净分成小株，再将色拉油倒入锅中加热，加入西兰花、盐及胡椒粉，翻炒数下即可。

3. 猕猴桃酸奶。猕猴桃含有丰富的食物纤维、维生素 C、B 族维生素、维生素 D、钙、磷、钾等微量元素和矿物质，被喻为“水果金矿”，当中的维生素 C 能有效抑制皮肤内多巴醌的氧化作用，使皮肤中深色氧化型色素转化为还原型浅色素，干扰黑色素的形成，预防色素沉淀，保持皮肤白皙。而酸奶则具有改善皮肤细胞活性、延缓皮肤衰老、增强皮肤张力、刺激皮肤新陈代谢、保持皮肤润泽细嫩的作用。但准妈妈若脾胃虚寒则不可多吃，否则容易引起腹泻。

【原料】猕猴桃 1 个、酸奶 1 杯。

【做法】猕猴桃清洗干净，切成两半，用勺子挖出中间的果肉，放入酸奶杯中即可。

4. 黄豆猪手煲。大豆中所富含的维生素 E 能够破坏自由基的化学活性，不仅能抑制皮肤衰老，更能增加皮肤弹性，防止色素沉着于皮肤，从而起到抑制妊娠纹生成的作用。

【原料】猪手 2 ~ 3 只，黄豆、调味料适量。

【做法】将猪手清洗干净，开水焯去血水，放冷水中中火炖 40 分钟，然后加入黄豆与调味料，转小火炖 1 小时即可。

细心呵护好乳房

在这个月，准妈妈的乳房就开始有稀薄的液体不断地分泌，乳晕的皮脂腺也开始分泌，很容易形成乳痂堵住乳腺管口。为了保证今后为宝宝输送乳汁的乳腺管口通畅，使乳头的皮肤经得起宝宝的吸吮考验，从这个月起，准妈妈就应开始对乳房进行细心的呵护。

准妈妈应选择背带较宽、有大的杯形口、尺码不可太小的胸罩，最好是孕妇专用胸罩；每天用温皂水和清水清洗乳头和乳晕，除去乳痂，尤其是在产前 3 个月；每次清洗后在乳头和乳晕表面涂上一层油脂，或经常用干毛巾擦洗乳头，增加皮肤表皮的坚韧性。

在每天洗浴之后，准妈妈应要进行乳房按摩，可以减轻或者缓解日后涨奶的疼痛，保持乳腺畅通，同时对产后乳房恢复美观也有一定的帮助。按摩时，用热毛巾敷盖乳房并用手轻轻地按住，将乳房擦净后撒一些爽身粉，并用涂有爽身粉的手指从乳房四周由内向外轻轻按摩；用手指腹在乳房周围以画圈方式轻轻按摩；轻轻按住乳房并从四周向乳头方向轻轻按摩；拇指和食指压住乳晕边缘，再用两指轻轻挤压。

但是，无论准妈妈的乳房偏大还是偏小，在这时期都只能用普通的按摩霜，切忌使用丰乳霜或减肥霜这种含有一定性激素的膏体，避免影响乳腺的正常发育。再有，准妈妈要注意，不能留长指甲，以防做乳头按摩时损伤皮肤，引起不必要的感染。

有些准妈妈的乳头呈凹陷状，在这时就

要有意识地加以矫正，以免给日后的哺乳造成障碍。准妈妈可以在擦洗乳房时，洗净双手后用一只手托起乳房，使乳房耸起，用另外一只手的食指、中指和拇指拉住乳晕部，从深部向外牵拉乳头，并轻轻在纵横方向上牵引，同时捻转乳头，用干净毛巾配合温和皂水擦拭乳头，每天牵引并擦拭 2 ~ 3 次，每次几分钟，通过促使乳头皮肤坚韧来达到矫正乳头内陷的目的。此外，准妈妈也可以用吸奶器辅助吸出乳头，先把橡皮玻璃吸奶器的玻璃罩去掉，紧捏橡皮球排出球内空气，然后用开口处吸住乳晕，利用压力作用吸出内陷的乳头，10 分钟后把橡皮球取下，轻轻牵拉、捻转乳头，坚持一段时间，乳头就会逐渐突出来。

准妈妈在矫正乳头凹陷时要注意，当手指向外牵引乳头时，会促使垂体后叶分泌催产素，引起子宫收缩。所以牵拉的动作和手法一定要轻柔，更不能拉伸太长时间。一旦出现子宫收缩的情况，要立即停止。对于有早产、习惯性流产的准妈妈，不能采用这些方法矫正乳头内陷，可选择在妊娠前或分娩后在医生指导下进行护理。

头发的洗护有讲究

由于准妈妈的新陈代谢旺盛，皮脂腺、汗腺分泌增多，特别容易出汗。为了保证身体每个部分的清洁卫生，准妈妈们必须经常洗头。怀孕后，油性发质的准妈妈头发会比平时更油一些，而干性发质准妈妈的头发则不会像平常那样干涩了。由于孕期准妈妈的身体较为敏感，所以在洗护头发上也需要注意一些问题：

1. 洗头的频率。因为准妈妈全身各系统发生生理变化的同时，体内汗腺和皮脂腺的分泌也非常旺盛，使准妈妈容易出汗，头部的油性分泌物增多，特别是在炎热的天气里出汗更为明显，所以在夏天可以天天洗头。至于天气较冷的时候，可以依据个人的发质选择洗头的频率，对于中性或油性头发的准妈妈来说，每周洗头 1 ~ 2 次为宜，而干性头发的准妈妈，每周洗一次即可。

2. 洗发水的选择。如果皮肤十分敏感的话，为了防止刺激头皮而影响到胎宝宝，准妈妈要选择适合自己发质且性质较温和的洗发水，最好不要突然换用其他品牌洗发水，避免皮肤由于不适应造成过敏现象。

3. 洗头后湿发的处理。准妈妈洗头后应戴上吸水性强、透气性佳的干发帽，尽可能快地弄干头发，防止感冒。不过要注意选用抑菌卫生、质地柔软的干发帽、干发巾；用吹风机的时候，吹风机距离头发的距离至少要在 15 厘米以上，且温度不宜太高、风力不宜过强。在吹头发的同时，要避免固定吹同一个地方，应该来回晃动吹风机，让头发均匀受热，防止毛鳞片受损。

尽量不用电热毯

当人们使用电热毯时，由于人体和电热毯之间存在电容，因此即使是绝缘电阻完全合格的电热毯，也会有 40 ~ 70 伏的感应电压产生并作用于人体，且有 15 微安的电流强度，对人体造成电磁辐射。

电热毯的电磁辐射对人体的健康影响广泛，能引起神经系统疾病、生殖系统疾病、心血管系统疾病、免疫功能及眼睛视力等方面的疾病。其主要症状是：头痛、头晕、记忆力减退、注意力不集中、抑郁、烦躁、妇女月经紊乱、乳癌、皮肤老化、呼吸困难、腰背酸痛等。经常接触电磁辐射的人群患白血病的比率比正常人高 2.93 倍，患脑内肿瘤者为正常人的 3.26 倍。

据研究，在受精卵刚开始发育时，细胞、基因、蛋白质等的复制过程都牵涉到电流的流动，而微量电磁波则会改变钙离子通过细胞膜的速率，进而改变细胞内蛋白质的表达。细胞内遗传物质 DNA 信息受到电磁波影响，可能无法准确传达到遗传因子，所以在胚胎发育初期，暴露于电磁波中可能会引起不正常的细胞分裂，甚至产生基因复制错误的现象。孕 1 ~ 3 个月为胚胎期，准妈妈若受强电磁辐射可能造成胎儿肢体缺损或畸形；孕 4 ~ 5 个月为胎儿成形期，电磁辐射可能引起智力损坏，甚至造成痴呆；孕 6 ~ 10 个月为胎儿成长期，长时间受到电磁波辐射的主要后果是造成胎儿免疫功能低下，出生后体质弱，抵抗力差。另外，电磁波还有可能通过间接影响准妈妈的内分泌系统从而影响胎儿正常发育。

因此，准妈妈在怀孕期间，尽量不要用电热毯，如果实在要用的话，应先预热半小时再使用，睡前要关闭开关并拔掉电源插头，或是选择孕妇专用的电热毯。

平底鞋还是高跟鞋

准妈妈在怀孕期间身体的重量一般增加 15 公斤左右，走路时对腿和脚的压力就大了许多，重心也发生改变，穿一双不合脚的鞋常常会使准妈妈感到不适疲惫，从而影响腹中胎宝宝的发育。脚的柔韧度主要是靠脚弓来完成，脚弓除了可以吸收人体行走时的震荡外，还可以保持人的身体平衡，因此准妈妈在选购鞋时，除了讲究舒服、保暖，还要考虑脚弓的需要。

有些准妈妈认为平底鞋是最佳选择，但是穿平底鞋走路时，一般是脚跟先着地而脚心后着地，穿平底鞋不能维持足弓吸收震荡，又容易引起肌肉和韧带的疲劳及损伤。相对而言，选择一双后跟 2 ~ 3 厘米左右高的低跟鞋或坡跟鞋最为合适，但不宜穿高跟鞋，因为这时候准妈妈的身体开始变胖，尤其是臀部开始突起，胸部和腰部的位置都向前挺，身体也自然往后仰。如果穿着高跟鞋走路时，准妈妈身体的重心就会向前倾斜而失去平衡，有摔倒或闪腰等潜在的危险，还可能造成腹腔前后径距离缩短，使骨盆的倾斜度加大，人为地诱发头位难产。同时，腹部受到的压力会上升，使血管受到更大的压力，从而整个血液循环受到限制，这样还容易发生妊娠水肿。

此外，准妈妈最好选择一双宽松一点、弹性好的鞋，因为在怀孕中后期准妈妈的脚很容易发生浮肿，所以最好是选择比平时大一码的鞋；再有，在选鞋时除了注意鞋子的大小舒适之外，还要看鞋底是否防滑，以免造成不必要的伤害。

练习用听诊器听胎心

胎心是判断胎儿存活的依据。正常的胎心率在 120 ~ 160 次 / 分之间，若胎心率持续 10 分钟以上都 <120 次 / 分或 >160 次 / 分，都表明胎心率是异常的。胎心监护是判断胎儿心率是否异常以及胎儿宫内安危的一种简便、有效的方法，利用胎心检测仪对胎儿在宫内的情况进行监测，可以了解胎动时、宫缩时胎心的反应，以推测宫内胎儿有无缺氧等异常。一般情况下，胎心监护主要是针对孕晚期（一般为孕 30 周之后）的准妈妈。

准妈妈到医院进行常规胎心监测的次数毕竟较少，如果用胎心听诊器在家可以正确分辨胎宝宝的心率，那么就为胎宝宝心率的监护添加了保障。由于胎心的位置是变化的，对于准妈妈来说，准确地听到胎心并不容易。但如果听不到或者发现略有异常就会紧张、担忧，这样适得其反。经常会有些准妈妈因为使用胎心听诊器方法不正确，导致听不到胎心或胎儿心跳略有异常，顿时惊慌失措，频繁往医院做检查，徒增了精神负担。

因此，准妈妈自行使用胎心听诊器，必须以方法正确为前提，找准胎心位置很关键。一般来说，准妈妈在自我监听胎心时，最好是半躺着或坐着听，一般在胎背侧听诊较清楚。孕 24 周前，胎心位置通常在脐下、腹中线的两侧。胎头先露时，胎心一般在脐下；胎臀先露时，胎心一般在脐上；胎儿为横位置时，在脐周围较易听到。最重要的一点，一定要保持环境安静，仔细地听，一点点嘈杂的声音就有可能影响准妈妈听不到胎心。

有些准妈妈担心用听诊器会对胎宝宝造成危险，其实大可以放心。因为听诊器的原理是物质间的振动传导到了听诊器中的铝膜，改变了声音的频率、波长，达到了人耳可以听到的范围。它本身不需要也没有射线之类的发射源，所以是绝对安全的。

胎动中不为人知的秘密

胎动顾名思义，就是胎宝宝在肚子里头的活动，而胎宝宝的活动也有一些很有意思的潜在规律，准妈妈们知道多少呢？

胎动在不同阶段会有不一样的表现方式，每个胎宝宝在肚子里头的活动都分为安静睡眠期、活动睡眠期和清醒期三种状态，而在每种状态下都会包含准妈妈感受不到的细微胎动，像是手掌开合、动动嘴唇、眨眨眼等。

处于安静睡眠期的胎宝宝就处于完全的睡眠状态，在安静睡眠时，胎宝宝只会有狭窄的胎心律震荡，除了可从胎心音监测器观察得知外，准妈妈不会有任何明显的感受；活动睡眠期则有点类似“半睡半醒”的状态，会出现较宽的胎心律震荡，胎宝宝的眼球也会转动，但准妈妈仍感觉不到任何的胎动；而在清醒期，胎宝宝会出现明显的运动，胎心律也会加速，准妈妈能明显感受到胎动。

胎宝宝的周期不同，醒来和睡着的时间也不一定。一般而言，胎宝宝的睡眠时间约20～75分钟不等，而后醒来动一动，可能又陷入睡眠。胎宝宝的睡眠时间较长，但都属切割式的片段睡眠。

胎宝宝在7～8周时其实就已经会活动，只是这时候的四肢发展尚未成熟，大脑的神经发育也未完整，只是无目的地乱挥或是一些身体的反射性动作，并且由于胎宝宝还很小所以准妈妈自然无法感受到胎动。有些敏感的准妈妈从孕4个月时就能感受到轻微的胎动，到这个月时，大多数准妈妈就几乎都能感受到胎动了。在25～32周，胎动最为强烈和频繁，准妈妈能够观察到肚皮上的间歇隆起，甚至有时胎宝宝的力道太大，准妈妈还会感觉到有些疼痛。

当准妈妈吃饱饭后，体内血糖升高，会将养分和血糖透过胎盘经由脐带传送给胎宝宝，当胎宝宝血糖较高的时候，就会出现比较剧烈的活动；反之，当准妈妈肚子饿时，体内血糖降低，胎宝宝同样也会懒洋洋的，活动频率也降低。再有，准妈妈在洗澡时由于比较放松，胎宝宝感受到这种轻松愉悦的心情后就会出现较为明显的活动。一般来说，胎动最频繁的时间介于晚上9点到凌晨1点之间。这时候，除了妈妈吃饱晚饭，血糖浓度升高使胎宝宝有力气活动之外，也可能因为妈妈这时候多半处于休息状态，少了日常的活动，自然较能感受到胎动。

练习孕妇瑜伽

准妈妈练习瑜伽可以增强体力和肌肉张力，增强身体的平衡感，提高整个肌肉组织的柔韧度和灵活度；同时刺激控制激素分泌的腺体，加速血液循环，还能够很好地控制呼吸。此外，练习瑜伽还可以起到按摩内部器官的作用，对胎宝宝的生长发育也有一定的促进作用。但准妈妈在练习瑜伽时，须以个人的需要和舒适度为准，练习时如有不适感，可以改用更适合自己的练习姿势加以练习。以下是适合多数准妈妈的几个瑜伽动作：

（1）抬脚休息式

抬脚休息式预防腿部浮肿和静脉曲张、促进脚部血液循环、消除腿部疲劳，同时腰部也能获得完全的放松，舒缓腰部因怀孕负荷产生的疲劳。借助“放松深呼吸”的动作，从脚尖开始，配合呼吸，让身体慢慢地往上放松，享受身体压力解除的轻松愉快感。

动作要领：

①躺在椅子旁，先做深呼吸。

②双腿微开高置于椅座上，双手摆放身旁。

③身心完全放松，停留数十秒以上。还原，调息。

（2）云雀式

这个月由于腹部凸起或姿势不良，准妈妈很容易感到腰部沉重且酸痛，云雀式可以增强身体的抵抗力；刺激腰椎、腿部，可调整自律神经、强化身体机能。产后多练习此动作还可加快体力的恢复、预防月经障碍和激素失调，以及改善手脚冰冷的现象。

动作要领：

①跪坐深呼吸。

②左脚往后伸直，脚跟置于会阴下。深呼吸，感到身体平衡后，两手向两侧伸直。

②上身尽量往后仰，脸孔朝上，保持数十秒后，还原，调息，换脚做。

（3）孕妇娃娃休息式

准妈妈的体重增加，容易感到疲劳，可用此式来放松身体。帮助准妈妈消除疲劳、预防腰酸背疼，还有助于安眠。此外，每做完一个瑜伽动作之后，都可用此式休息片刻后再继续下一个动作或结束运动。若感觉不适的话，可在脸部、弯曲的膝盖处及胸前垫枕头，会让准妈妈感觉更为放松、舒适。

动作要领：

①缓慢侧躺下来，做深呼吸。

②慢慢转身朝向地板，脸朝左侧，左手弯曲放在胸前。

③右腿伸直，左腿弯曲撑住身体重力，停留做深呼吸。

④还原、调息，换边再做一次。

（4）后视式

准妈妈的肚子一天天变大，身体重心往前倾，无论翻身、起身还是走路都会感到十分困难。而腰椎和腿部要支撑准妈妈和胎宝宝身体的重量，负荷增加常常会使准妈妈的身体产生酸痛感。利用后视式可放松骨盆关节，并有助于解决腰部酸疼等问题，还能够刺激肝肾机能，矫正脊椎不正，强化背肌和腰肌，调整中枢神经、交感神经，预防骨盆关节松弛和脚抽筋等状况。

动作要领：

①跪坐，深呼吸。

②身体缓慢地下移，让臀部坐在小腿内侧的地板上。

③吸气时上半身慢慢转向右侧，左手抓着右膝外侧，右手则尽量往后方延伸到极限，停留数秒做深呼吸。

④还原、调息，换边再做一次。

（5）吉祥式

由于胎宝宝的成长使子宫延长，会将准妈妈的胃部往上顶，心脏也受到压迫，从而使准妈妈产生消化不良、呼吸不顺的问题。多练习此动作，适当地伸展骨盆关节与肌肉，有助于生产时的骨盆扩张，让宝宝顺利通过产道，从而使生产过程更为顺利。

动作要领：

①坐正，深呼吸。

②两脚拿掌，脚跟向内拉靠近会阴处，腰背挺直，深呼吸停留数秒。

③还原、调息，双腿放松。

缓解疲劳的小方法

怀孕中期准妈妈不舒服的情况会稍稍改善，不过随着怀孕周数的增加、新陈代谢的增快，需要消耗更多的能量，对职业女性而言尤其特别容易疲劳；其次是因为腰酸背痛、胎动等影响所致。想要缓解疲劳感，准妈妈们不妨采用下面几个小方法。

1. 冥想。准妈妈可以选择一个舒适的环境和舒适的姿势，保持最放松的状态，闭上双眼，调整呼吸，想象自己喜欢去的地方，例如公园、海边、小溪、高山、一望无际的草原等。把思绪集中在美好的景色上，可以使准妈妈感到精神饱满、心旷神怡。

2. 聊天。聊天是一种排解烦恼，交流体会的好方法，不仅可以释放和减轻心中的种种忧虑，而且可获得最新信息。聊天是一种有益心理健康的好方法。同时，在轻松愉快的聊天中，准妈妈也会不知不觉地忘却了身体的不适。

3. 按摩。工作忙碌一天的准妈妈未免会感到身体俱疲，这时可以先闭目养神片刻，然后用手指尖按摩前额、双侧太阳穴及后脖颈，每处16次，可起到健脑养颜的功效。还可以让准爸爸来帮忙按摩。

4. 听胎教音乐。经常选择一些优美抒情的音乐或胎教磁带听，也可以起到缓解神经紧张、调节情绪、保持良好心情和状态的作用。

5. 发展兴趣。准妈妈可以动手制作一些小玩具或学习插花艺术，以自寻乐趣，还可以为即将出生的宝宝做一些小衣物，纾解紧张疲劳的心情。

6. 散步。适当的散步也是缓解身心疲劳的好办法，散步的时间可以根据准妈妈的自身情况自由调节，原则是缓解疲劳而不是增加疲劳感。

了解孕中期的检查项目

妊娠中期应每4周进行一次产前检查（16、20、24、28周）。每次体格检查测量血压、体重、宫高、腹围、胎心率，并注意有无下肢浮肿等现象。

孕16周。B超、白带常规、妇科检查、胚胎发育情况，全身检查包括血压、体重，了解心、肝、肾的功能，血、尿常规，血型，唐氏筛查，传染病系列（上述孕期检查项目如果在孕12周没做的话就需要做）。宫高、腹围、胎心、血压、体重。

孕20周。复查血、尿常规，产科检查（宫高、腹围、胎心、血压、体重）。

孕24周。复查血、尿常规、AFP、糖筛、四维彩超胎儿畸形筛查、产科检查（宫高、腹围、胎心、血压、体重）。如糖筛异常者，指导控制饮食，两周后复查空腹血糖和餐后一小时血糖，其中有一项异常继续控制饮食二周。

孕28周。复查血、尿常规，产科检查（宫高、腹围、胎心、胎位检查、血压、体重），骨盆测量，血糖异常者做OGTT，澳抗阳性肌注乙肝免疫球蛋白200IU。

其中，通过复查血常规能够及时发现妊娠合并贫血，复查尿常规能及时筛查妊娠高血压综合征。此外，孕15～20周建议做唐氏综合征和神经管缺陷的血清学筛查；孕20～24周建议做B超筛查胎儿体表畸形；孕24～28周建议做妊娠合并糖尿病筛查（50克葡萄糖筛查试验）。

学会看懂B超单

通常在怀孕5～6个月时，就要开始做B超检查了。很多准妈妈都感觉很难看懂B超检查单上一系列的数字，到底这些数字都代表什么呢？又有哪些是重点需要了解的呢？想要看懂B超单，首先要对B超所涉及的专业名词有所了解。

1. 双顶径（BPD）。头从左到右最长部分，也叫胎头大横径，是计测胎宝宝的头从左到右最长的部分，以这个为基础来推定胎宝宝的体重和发育状态，判断是否有头盆不对称，是否能顺利分娩等。

2. 枕额径（OFD）。胎宝宝鼻根至枕骨隆突的距离，又称前后径，也是计算胎宝宝头从前到后最长的部分，以这个数据来判断胎宝宝发育情况和孕周。

3. 股骨长（FL）。指胎宝宝大腿的长度，也叫大腿骨长，这是身体中最长的一部分的数值。通常用于和 BPD 一起来推算胎宝宝的体重。

4. 肱骨长（HL）。指胎宝宝上臂骨的长度。

5. 头围（HC）。环头一周的长度，也叫胎头周长，是计测头的一周的长度的数值。用于确认胎宝宝的发育状态。

6. 腹围（AC）。肚子一周的长度，也叫腹部周长，是计测胎宝宝肚子的一周的长度。用于和 APTD（躯干前后径）和 TTD（躯干横径）一起来推测胎宝宝的发育。

7. 脐带血流比值（A/B）。是指脐带内的血液流动情况。脐带作为母体与胎宝宝气体交换、营养物质供应和代谢产物排出的唯一通道，其血流动力学改变可反映胎盘、胎宝宝、甚至母体的某些病理变化，以及某些高危妊娠因素。

8. 脐动脉阻力指数（RI）。代表脐带动脉的血流动力学指标，常用于检测胎盘的血液循环和功能情况。

9. 收缩期最大血流速度与舒张末期最大血流速度比值（S/D）。也是代表脐带动脉的血流动力学指标。在正常妊娠情况下，随孕周增加，胎宝宝需要增加，S/D、RI 值下降。

10. 胎位（LOA）。胎位是指胎宝宝先露的指定部位与母体骨盆前、后、左、右的关系，正常胎位多为枕前位，不正常的胎位有臀位、横位、枕后位、颜面位等，以臀位最为常见，易造成难产，应予以纠正。

11. 羊水指数。是指做 B 超检查时，以孕妇的脐部为中心，分上、下、左、右 4 个区域，将 4 个区域的羊水深度相加所得的数值。

12. 羊水暗区。正常情况下，在 B 超中观察到的羊水区是呈低密度的，故临床上用羊水暗区的最大深度来表示羊水最深量，正常值为 3 ~ 8 厘米。

一般情况下，准妈妈要关心的主要是胎宝宝的几个发育测量的指标，如双顶径，头围，腹围和股骨长度等；孕晚期则要注意羊水指数，胎盘位置，脐血流指数等指标，每项指标都有一定的正常值范围（参见第一部分“B 超检查”内容）。有的时候，B 超报告结果可能与标准指标有出入，这不一定就说明宝宝发育异常。由于胎宝宝在准妈妈的肚子里的活动较大、体位不同、医生操作差异等，都会使数字出现误差，所以如无特殊不适症状，也无需过于紧张。

孕五月的胎教方案

从孕第 20 周起，胎宝宝的视网膜形成，开始对光线有感应，内耳、中耳和外耳等听觉系统也已建立，听觉、视觉、嗅觉等感觉功能都在高度发育，因此本月胎教重点在于，通过对胎宝宝进行听觉、感觉、视觉、运动和记忆等方面的训练，激发胎宝宝的大脑神经细胞增殖。由于脑神经细胞发育完成后不会再有增值，因此这一时期对胎宝宝脑神经细胞刺激训练就显得尤为重要。

这个月的胎宝宝已经具备了语言学习的能力。根据胎宝宝这种潜在能力，只要准妈妈不失时机地对胎宝宝进行认真、耐心的语言训练，那么胎宝宝出生后在听力、记忆力、观察力、思维能力和语言表达能力将会大大超过于未经语言训练的孩子。进行语言训练，准妈妈可以在临睡之前将双手放在腹部，由上至下轻轻抚摸胎宝宝，每次五分钟，并轻声和胎宝宝聊天，让他能听到你的声音。可以给胎宝宝讲讲一天的生活，虽然胎宝宝基本不会懂得妈妈讲述的内容，但他能够感受到妈妈表述的过程和言谈话语中的所蕴含的感情，从而为今后语言能力的发展和性格的塑造起到一定的促进作用。

此外，准妈妈还可以听一些优雅动听的

音乐，使人心情愉快，美好的音乐感受还能传给胎宝宝。对于频率为250～500赫兹、强度为70分贝的音乐，胎宝宝会在母腹中出现安详舒展的蠕动。

进行有效地胎教要选对时机，在胎宝宝的活动规律之后，要选择胎宝宝觉醒时进行胎教，且每次不超过20分钟。再有，在整个胎教过程中，无论采用何种胎教方式，都要避免刺激行为。准妈妈尽量不要看那些惊险刺激或恐怖的电视、不参加紧张的活动，多欣赏优美的音乐，阅读些有趣味的、活泼健康的文学作品，到风景秀丽的地方去散步，保持正常的生活规律，避免懒散的生活方式；尽可能保持精神愉快，情绪安定，遇事要学会自我控制，不要大喜、大悲、大怒，排除有害信息对情绪的干扰。

这个月需要注意的问题

保持适量的运动

怀孕中期，胎宝宝着床已稳定，胎盘也已经形成，再加上这时候胎宝宝的成长不算太大，准妈妈也不算是特别笨拙，因此此时是运动的最佳时机。准妈妈可以根据个人体质及过去的锻炼情况，坚持适量的运动或是适当加大运动量，进行力所能及的锻炼，如游泳、孕妇体操、瑜伽等。如果准妈妈以前一直没有运动的习惯，那么可以做一些轻微的活动，比如散散步、坐坐健身球等；如果孕前一直游泳的话，那么在孕中期照样可以游泳，虽然孕中期运动量可以适量增加，但仍应切记不可进行跑、跳等容易失去平衡的剧烈运动，更不要做爬山、登高、蹦跳之类剧烈的运动，以免发生意外。

需要注意的是，上面所说的加大运动量，并不是增加运动强度，而是提高运动频率、延长运动时间。准妈妈切不可为了控制体重或是其他原因不加控制地运动，这样对自己的身体和胎宝宝可以说不但没有益处，反而很可能带来一些危害。

做好口腔的护理

温暖和湿润的口腔是培养致病细菌的温床，如果这些细菌经过牙龈上的伤口进入血液，到达心脏，就很容易引起心脏病。曾有医疗学者从这一发病机制出发，对早产儿与口腔疾病的关系进行调查，结果发现，在一些早产儿体内有与其母亲口腔细菌相应对的抗体，初步证实准妈妈口腔的病菌与一些早产有关。所以，做好孕期口腔护理、保持孕期口腔卫生是安胎的重要措施之一。如果患有较严重的口腔疾病，也应在治疗好这些疾病后再怀孕。

那么，准妈妈应如何做好日常的口腔护理呢？

1. 重视怀孕期口腔卫生。准妈妈应坚持每日两次的有效刷牙，以清除口腔内的有害细菌。对于容易感染蛀牙的准妈妈，可以适当用一些局部使用的氟化物，如氟化物漱口液、氟化物涂膜等。

2. 利用口香糖清洁牙齿。要使用不含蔗糖的口香糖清洁牙齿，如木糖醇口香糖。这种口香糖具有促进唾液分泌、减轻口腔酸化、抑制细菌和清洁牙齿的作用，如果能在餐后和睡觉前咀嚼一片，每次咀嚼至少5分钟，可以使蛀牙的发生率减少70%左右。

3. 做好定期口腔检查和适时的口腔治疗。孕期里口腔疾病会发展较快，定期检查能保证早发现、早治疗，使病灶限于小范围。对于较严重的口腔疾病，应选择妊娠中期相对安全的时间治疗。

4. 增加营养摄入，保持营养平衡。除了充足的蛋白质外，维生素A、维生素D、维生素C和一些无机物如钙、磷摄入也十分重要。怀孕期间增加这些营养元素的摄取，不仅可以使准妈妈肌体组织对损伤的修复能力增强，对胎宝宝的牙齿的发育也很有帮助。

口腔有异味怎么办

有些准妈妈从怀孕后嘴里会出现一些怪味甚至是口臭，那么该如何去掉这些难闻的口腔异味呢?

1. 清洁舌苔。当嘴巴出现怪味时，可以在刷牙后顺便清洁一下舌苔，并彻底清除残留在舌头上的食物，有助于消除口腔内的异味，并可恢复舌头味蕾对于味道的正确感觉，而不至于对食物口味越吃越重。

2. 时常漱口、喝水。准妈妈可以在饭后多漱口，将口中的坏气味去除，也可以准备一些降火的饮料，或茶水、果汁等，以除去口腔中的异味，并且同时注意饮食前后的口腔卫生。

3. 避免食用辛辣食物。过于辛辣的食物容易刺激胃肠，引发便秘。长期便秘的准妈妈，由于身体内大量毒素沉积，不仅对健康有一定的危害，还会引起口臭的出现。因此，准妈妈应避免食用辛辣刺激的食物，以预防便秘和口臭的现象。

4. 定期检查牙齿。一些牙齿和口腔疾病也会引起口腔异味，因此准妈妈在怀孕时最好能定期检查牙齿，及早防止可能出现的牙齿和口腔疾病。

5. 追踪特殊病史。很多疾病会引发味觉改变或口臭，如上呼吸道、喉咙、鼻孔、支气管、肺部发生感染的时候都会有此现象，而患糖尿病，肝或肾有问题者，也会有口味改变的问题。因此准妈妈若有特殊疾病史，或发生口气及味觉显著改变的情形，应由医生诊治以做鉴别诊断。

警惕各种妇科炎症

由于激素的作用，准妈妈在怀孕后阴道的分泌物增多、外阴潮湿，很容易滋生细菌。再加上本身的抵抗力下降，所以比常人更易外感细菌，于是会患上一些妇科炎症。一般而言，孕妇的霉菌性阴道炎最为多见，再有就是滴虫性阴道炎、细菌性阴道炎等，以及子宫颈炎和盆腔炎。

1. 霉菌性阴道炎。霉菌性阴道炎又称念珠菌性阴道炎，是准妈妈最常见的妇科炎症。白色念珠菌是致病菌，平时寄生在人体的皮肤、黏膜、消化道及其他脏器中，当机体抵抗力降低时，就会繁殖，达到一定量时，人体就会发病。由于妊娠期高雌激素水平导致阴道上皮细胞糖原分泌增多，在阴道杆菌作用下生成乳酸，使阴道的 pH 值降低，为霉菌的生长提供丰富的物质条件。此外，大量雌激素还能够直接刺激霉菌生长。

患上霉菌性阴道炎后，准妈妈常会感到外阴及阴道剧烈瘙痒，瘙痒可由轻度到不能耐受，常不自觉地抓挠导致外阴肿胀、潮红，甚至红肿，溃烂，有烧灼感。白带增多，为白色，其中有白色凝乳样或豆腐渣样物，严重时略带臭味，夹有血丝。

2. 滴虫性阴道炎。滴虫性阴道炎是由于妇女感染阴道毛滴虫而引起的一种阴道炎，是妊娠期常见的妇科炎症之一。正常妇女中 3% ~ 15% 的人阴道内有滴虫寄生，它们长期寄生于尿道、尿道旁腺、膀胱或肾盂，但并不都引发阴道炎。怀孕后，由于阴道酸碱度的改变，寄生于泌尿生殖系统内的滴虫也随着环境的改变进行发作。如果发生细菌混合感染，症状会更加严重。

滴虫性阴道炎患者会出现白带增多及外阴瘙痒。白带呈稀薄脓性、黄绿色或灰黄色泡沫状，可伴有臭味，严重者还会有血性白带及尿频、尿急、尿痛及尿血等尿道刺激症状。医生妇科检查可以看见阴道及宫颈黏膜红肿，有密密麻麻的散在出血点，呈草莓样外观，阴道分泌物可查出滴虫。

3. 细菌性阴道炎。细菌性阴道炎又称非特异性阴道炎、嗜血杆菌性阴道炎、棒状杆菌阴道炎、厌氧菌性阴道病炎、加特纳菌性阴道炎等，是由阴道加特纳菌和一些厌氧菌的混合感染所致。细菌性阴道炎除了会给母体的生殖健康造成麻烦外，还会危及到胎儿的发育和健康，轻则引起胎动不安，重则导致早产、流产。此外，通过大量的临床观察发现，细菌性阴道炎与未足月胎膜早破及其宫内感染有直接关系。

细菌性阴道炎患者的病症表现是阴道分泌物增多，并有鱼腥味；用窥阴器进行检查时发现阴道内的分泌物增多，呈灰白色，很黏稠，但阴道壁的炎症不明显。

4. 子宫颈炎。宫颈炎常被称为宫颈糜烂，通常是宫颈的慢性细菌感染，使原本光滑的宫颈变得毛糙，易出血。急性宫颈炎常与急性子宫内膜炎或急性阴道炎同时存在，慢性宫颈炎多见，表现为宫颈糜烂、宫颈肥大、宫颈息肉、宫颈腺体囊肿等，其中以宫颈糜烂最为多见。怀孕后由于孕妇体内雌激素与孕激素水平不断提高，使宫颈的柱状上皮向外移行、组织增生，这时就容易阴道出血。长期的阴道流血会影响机体正常的防御机制，使准妈妈容易发生生殖系统感染。从而导致胎膜感染胎膜早破，影响胎儿。

子宫颈炎的主要症状是白带增多，白带呈乳白色黏液状，有时为黄色或脓样，伴有糜烂及息肉形成时，可产生血性白带或性交后出血。当炎症扩散到盆腔时可有腰骶部疼痛、下腹坠胀和痛经。有时还伴有尿频、排尿困难等。

5. 盆腔炎。人们常说附件炎、输卵管炎、输卵管积水、输卵管不通，都可以统称为盆腔炎。盆腔炎是由盆腔的慢性细菌感染造成的，女性的盆腔通过输卵管、子宫、宫颈、阴道和体外相通，所以盆腔容易被外界的细菌感染。

盆腔感染后的表现常常是小腹隐痛、腰痛、白带增多，有时急性发作，会发热、肚子剧烈疼痛。准妈妈若患上盆腔炎，最好不要自行服用消炎药和中成药等，应到医院由医生来帮助治疗。

防止体重过重

由于孕中期后准妈妈的早孕反应消失，胃口大开，再加上这一时期胎宝宝的成长需要更加全面均衡的营养元素，因此准妈妈在这一时期的进食量自然加大，同时食物的种类也变得更加丰富。有的准妈妈平时没有锻炼的习惯，或是由于怀孕后身体的变化变得不爱运动，加之营养的补足和自身分泌调节系统的变化，使得准妈妈在这时期的体重开始显著上升，很多体重过重的现象也是在这个时期形成的。

随着胎宝宝的生长发育，准妈妈的体重自然会不断地增加，所增加的体重包括胎宝宝和准妈妈两个方面（如总血量、组织液、羊水、乳腺、脂肪等），而控制体重增加主要是控制准妈妈本身的增重部分。要避免体重增长过快，准妈妈要坚持适当的锻炼，晚饭不要吃到十分饱甚至吃撑，同时适当减少主食，增加蔬菜和水果的进食；动物性食物中可多选择含脂肪相对较低的鸡、鱼、虾、蛋、奶，少选择含脂肪量相对较高的猪、牛、羊肉，并可适当增加一些豆类，这样可以保证蛋白质的供给，又能控制脂肪量。还可以通过烹饪方法去掉食物中的油分、降低食物的热量，例如吃肉要剔除肥肉，蔬菜和鱼类最好煮或蒸，如果炒菜的话尽量使用炒勺，可以少放些油。

当准妈妈的体重增加过快时，更要控制饮食，如用多吃蔬菜、水果等低热能的食品代替部分主食，力争不要使每周体重增加量超过 0.4 千克。

胎宝宝的第六个月（孕六月）

宝宝的变化

这个月的胎宝宝皮肤是皱皱的、红红的，样子像个小老头；他的眉毛和眼睑已经能够清晰可见，牙齿也开始发育；肺中的血管形成，呼吸系统正在快速建立；手指和脚趾开始长出指（趾）甲。胎宝宝学会了在子宫羊水中游泳和用脚踢子宫，这时如果子宫收缩或受到外界压迫的话，胎宝宝就会猛踢子宫壁，把这种信息传递给妈妈。

21 周的胎宝宝现在身长大约 18 厘米，体重 300 ~ 350 克。在这个时候的胎宝宝体重开始大幅度地增加，他的眉毛和眼睑清晰可见，手指和脚趾也开始长出指（趾）甲。他的听力已经达到一定的水平，可以听到外界的声音并做出相应的反应。

到了 22 周，胎宝宝已经长到了 19 厘米、350 克了。这一周的胎宝宝看上去已经有了宝宝的模样了，皮肤更加红润，而且看上去滑滑的，像覆盖了一层白色的滑腻的物质，即为胎脂。胎脂可以避免胎宝宝的皮肤长期在羊水的浸泡下受到损害，很多宝宝在出生的时候身上还都会带有这样的胎脂。另外此时胎宝宝的牙齿，主要是恒牙的牙胚也开始发育了。

第 23 周时，胎宝宝的身长大约 19 厘米，体重 400 克左右。这个时候的胎宝宝皮肤很薄而且是皱巴巴的，几乎没有任何皮下脂肪；他的听力基本形成，能够辨认出准妈妈的说话声音、心跳声音和肠胃蠕动发出的声音；视网膜初步形成，具备了微弱的视觉。胎宝宝肺中的血管形成，呼吸系统正在快速建立，并且这时候还学会了不断地吞咽，但是还不能排便。另外这时候胎宝宝对音乐的反应尤其敏感，若准妈妈播放节奏感稍快的音乐，会发现胎动的幅度变大；若播放轻柔舒缓的音乐，胎宝宝就会明显安静下来。

到了孕 6 月的最后一周，胎宝宝能够发育到 25 厘米、500 克左右。这个时候，胎宝宝已经在妈妈的子宫中占据了相当大的空间，身体的比例开始匀称，皮肤薄而且有很多的小皱纹，浑身覆盖了细小的绒毛。

准妈妈的变化

很多准妈妈发现，在这个月开始变得非常能吃，而且很多以前不喜欢的食品现在反倒成了最爱。与此同时身体也越来越重，大约以每周增加 250 克的速度在迅速增长；腰部增粗开始明显；子宫进一步增大，子宫底已高达肚部，准妈妈自己已能准确地判断出增大的子宫；乳房越发变大，乳腺功能发达，挤压乳房时会流出一些黏性很强的黄色稀薄乳汁，内衣很容易被污染；由于子宫刚好在膀胱上，所以准妈妈有时会发觉有液体渗漏到内裤上；此外，准妈妈还会发现自己脸上和腹部的妊娠斑更加明显并且增大，可能还会感觉眼睛发干、畏光等。

随着胎宝宝的慢慢增长，准妈妈的腹部突出越来越明显，行动也渐渐开始不太方便了，有时候走几步路就会累得气喘吁吁，以前非常简单的捡拾东西的动作现在也要先屈腿，然后再慢慢弯下腰才能完成。而且由于子宫增大和加重而使脊椎骨向后仰，身体重心开始向前移，出现了孕妇特有的状态。有些准妈妈对身体的这种变化还不习惯，所以很容易出现倾倒，腰部和背部也特别容易疲劳，在坐下或站起时开始感到有些吃力了。

需要注意的是，在这个阶段胎宝宝可能会发生早产，所以准妈妈们要尽量从饮食和运动上避免这种情况的发生。

准爸妈的生活指南

准妈妈的营养补充

到了第6个月，准妈妈的体型会显得更加臃肿，到月末就会变成大腹便便的标准孕妇模样。此时，孕妇和胎宝宝的营养需要猛增，就应该注意增加适量的营养，以保证身体的需要，另外要在增加营养的同时重点增加维生素的摄入量。

许多准妈妈开始出现贫血症状。铁是组成红细胞的重要元素之一，所以，本月尤其要注意铁元素的摄入。铁是一种重要的矿物质，它的作用是生成血红蛋白，而血红蛋白能够把氧运送给细胞。人体需要摄取足够的铁，贮存在组织中，胎宝宝就从这种“仓库”中吸取铁，以满足自己的需要。为避免发生缺铁性贫血，准妈妈应该注意膳食的调配，有意识地吃一些含铁质丰富的蔬菜、动物肝脏、瘦肉、鸡蛋等，还可以从这个月开始每天口服0.3 ~ 0.6克硫酸亚铁。如果准妈妈自觉不需要补铁，那么要保证多吃含铁食物，如牛奶、肉类、大叶青菜、水果等。另外为保证铁的吸收，如果有习惯喝些清淡的绿茶的准妈妈，应在吃饭至少30分钟后再饮茶。

由于准妈妈体内能量及蛋白质代谢加快，对B族维生素的需要量增加，由于此类维生素无法在体内储存，必须有充足的供给才能满足需要，因此，准妈妈在这一时期还要多摄入富含此类物质的瘦肉、肝脏、鱼、奶、蛋及绿叶蔬菜和新鲜水果。

应当多吃的食物

1. 黑木耳。黑木耳中所含的胶质可以把残留在消化系统的灰尘和杂质吸附集中起来排出体外，另外还具有滋补益气、健胃止血、润燥清肺等功效，可以有效预防缺铁性贫血症状的发生，准妈妈不妨多吃一些黑木耳。

2. 野菜。野菜当中的蛋白质、矿物质、维生素含量都比栽培蔬菜要高，所以准妈妈们可以在餐桌上多添一盘野菜，为胎宝宝多增加一条营养供给渠道。野菜的污染较少，对准妈妈和胎宝宝都比较安全，口感清爽还有利于增强食欲。此外，准妈妈时常吃些野菜还能中和体内的酸性，以维持身体弱碱性的内环境。但需要注意的是，不是什么野菜都能吃，叫不出名的不要吃，久放的不要吃，最好是到大型超市买新鲜的野菜食用。为了安全起见，在每次煮食前要把野菜放在清水里浸泡两个小时以上进行解毒后清洗，然后再烧煮食用。

3. 黄豆。黄豆中所含的蛋白质是牛肉的2倍、鸡蛋的2.5倍，此外还含有丰富的不饱和脂肪酸和亚麻油酸，以及核黄素、尼克酸、维生素E和多种微量矿物元素，准妈妈在整个孕期都应该多吃黄豆类的食物。

4. 黄鳝。黄鳝是一种营养丰富的鱼类，每100克黄鳝中含有蛋白质18.8克、脂肪0.9克、磷150克、钙380克、铁16克，此外还含有维生素A、黄鳝素A、黄鳝素B以及硫胺素。此外黄鳝中还含有能够促进胎宝宝大脑发育的DHA和卵磷脂。准妈妈多吃一些黄鳝，可以有效促进胎宝宝的大脑细胞发育，还可以防治妊娠高血压和妊娠糖尿病。但需要注意的是，黄鳝一定要买新鲜的，不可食用已经死亡的，也不能与狗肉、菠菜、南瓜和大枣一同食用。

5. 瘦肉。动物性蛋白质是整个孕期都需要补充的营养，随着胎宝宝一天天地长大，准妈妈摄入的蛋白质也应适当地予以增加量，瘦肉无疑是好的选择。而且，瘦肉中的脂肪含量较少，免去了准妈妈对于发胖和体重过重的担心。

6. 黑芝麻。黑芝麻当中富含丰富的钙质，有助于胎宝宝骨骼的发育，并可防止准妈妈的骨质疏松症。另外，将黑芝麻捣烂后配合牛奶、蜂蜜饮用，还可以有效防治便秘的症状。

应当少吃的食物

1. 糖精。糖精是和糖截然不同的两种物质。糖是从甘蔗和甜菜中提取的，而糖精是从煤焦油里提炼出来的，其成分主要是糖精钠，无营养价值。纯净的糖精对人体无害，但准妈妈不应长时间过多地食用糖精或大量饮用含糖精的饮料，或是每天在饮料中加入糖精。糖精对胃肠道黏膜很有刺激作用，并影响某些消化酶的功能，出现消化功能减退，发生消化不良，造成营养吸收功能障碍。另外由于糖精是经肾脏从小便排出，所以也会加重肾功能负担。

2. 冷饮。怀孕后胃肠功能减弱，过食冷饮会使胃肠血管突然收缩，胃液分泌减少，消化功能减弱而出现腹泻、腹痛等症状。研究表明，胎宝宝对冷的刺激十分敏感，当准妈妈吃过多的冷饮后会引起胎宝宝会躁动不安。

3. 苦瓜。苦瓜中富含多种维生素，常吃苦瓜对于预防坏血病、保护细胞膜、提高机体应急能力、预防感冒和降低血糖都有着极佳的效用，但苦瓜性寒且含有奎宁，奎宁会刺激子宫收缩，引起流产。虽然苦瓜中所含的奎宁成分很少，但为了胎宝宝的安全，准妈妈还是尽量少吃为好。

4. 绿豆汤。绿豆汤是清热解毒、消暑益气的最佳饮料，特别是在炎热的夏天，绿豆汤已经成为家家户户必不可少的清凉饮品。但绿豆汤性阴寒，所以准妈妈不可以喝太多的绿豆汤，特别是本身脾胃虚弱的准妈妈更不宜喝绿豆汤。

5. 柑橘。柑橘类水果包括甜橙、南橘、无核蜜橘、柚子等，当中富含柠檬酸、氨基酸、碳水化合物以及多种维生素和钙、磷、铁等营养成分，每 500 克橘子中就含有维生素 C 250 毫克，维生素 A 2.7 毫克，柑橘的皮、核络还都是有名的中药。常吃柑橘可以预防坏血病及夜盲症。但是柑橘好吃准妈妈却不可多食，因为柑橘性温味甘，补阳益气，过量反于身体无补，容易引起燥热而使人上火，发生口腔炎、牙周炎、咽喉炎等。若一次或者多次食用大量的柑橘后，身体内的胡萝卜素会明显增多，肝脏来不及把胡萝卜素转化为维生素 A，使皮肤内的胡萝卜素沉积导致皮肤呈黄疸样改变，尤以手及脚掌最明显。常伴有恶心、呕吐症状。建议准妈妈每天吃柑橘不应该超过 3 只，总重量在 250 克以内。

孕六月的饮食原则

这个月依然要坚持全面摄取多种营养元素的原则，增加体内营养物质的储存，同时要多喝白开水，以保证尿路通畅，预防尿路感染。如果准妈妈开始出现水肿的话，就要控制好食盐量，把饮水时间放在白天，晚上尽量少喝水。

在补充营养的同时，准妈妈还应提防营养过剩。自进入孕中期准妈妈胃口好转以来，多数准妈妈为了肚子里的宝宝能够全面摄取营养，都会吃各种各样的营养食品甚至是营养补品，久而久之可能就埋下了营养过剩的隐患。营养过剩最直接的后果就是准妈妈发胖，体重增长过快，为以后的生产和哺乳带来麻烦，同时对胎宝宝的生长发育也会造成不良影响。因此，准妈妈在孕中期应坚持科学均衡地摄取食物中的营养物质，避免偏食、暴饮暴食等不良习惯。

孕六月的营养食谱

山药香菇鸡——利于脾胃消化吸收，补充多种营养元素及矿物质。

【原料】山药100克，鸡腿1个，胡萝卜1根，鲜香菇5朵，盐、糖、料酒、酱油各适量。

【做法】1. 山药洗净去皮，切成片；胡萝卜去皮，切成片；香菇泡软，去蒂，打上十字花刀。

2. 鸡腿洗净，剁成小块，沸水焯过，去除血水后沥干。

3. 将鸡腿放锅内，加入盐、糖、料酒、酱油和水，并放入香菇同煮，用小火慢煮。

4. 煮10分钟后，放入胡萝卜片、山药片，再煮，煮至山药片熟透后即可。

板栗烧子鸡——益气健脾，厚补胃肠，健身壮骨，消除疲劳。

【原料】板栗10颗、子鸡1只、蒜、盐、糖、料酒、酱油、高汤各适量。

【做法】1. 将板栗划开一小口，大火煮10分钟捞出，剥去外壳。

2. 将子鸡肉洗净切块，放酱油、糖、盐、料酒腌制10分钟。

3. 锅中加高汤、酱油、板栗、鸡块同煮，煮至板栗熟烂。再调转大火，加入蒜瓣，继续焖5分钟即可。

菊花黄鱼羹——补充必需的蛋白质和维生素。

【原料】大黄鱼500克，豆腐160克，干香菇50克，冬笋50克，火腿20克，鸡蛋135克，鲜菊花10克，淀粉15克，色拉油5克，香菜5克，香油3克，盐3克，胡椒粉1克，酱油6克，料酒4克，醋4克，大葱4克，姜5克。

【做法】1. 黄鱼刮去鳞片，去头、尾、内脏、洗净；葱、姜洗净切片备用。

2. 将黄鱼用葱段、姜片、料酒、盐腌制10分钟，上笼蒸6分钟，取出备用。

3. 香菇泡发回软，去蒂，洗净，切成细丝；将冬笋、熟火腿也切成细丝。

4. 鸡蛋打入碗中，用筷子搅匀备用。

5. 豆腐切小丁，放入开水中汆烫一下，去除豆腥味。

6. 炒锅烧热，加色拉油置于旺火上，投入葱段煸炒出香味，加入鸡汤煮沸。

7. 加入料酒、冬笋丝、香菇丝、香菜，再次煮沸。

8. 将鱼肉同蛋液、豆腐丁一起下锅，加酱油、盐、香油、醋搅匀，起锅装盘。

9. 撒上菊花，熟火腿丝和胡椒粉即可。

橘味海带丝——补充碘和牛磺酸等营养元素。

【原料】干海带150克，白菜150克，白糖、味精、醋、酱油、香油、香菜段各适量。

【做法】1. 干海带放锅内蒸25分钟左右，捞出，放热水中浸泡30分钟，捞出备用。

2. 把海带、白菜切成细丝，码放在盘内，加酱油、白糖、味精和香油，撒入香菜段。

3. 把干橘皮用水泡软，捞出。剁成细碎末，放入碗内，加醋搅拌，把橘皮液倒入盘内拌匀，即可食用。

金果银耳——滋补肠胃，增进食欲。

【原料】银耳10克，金果（梨、苹果、香蕉、橘子均可）200克，桂花少许，白糖、湿淀粉各适量。

【做法】1. 银耳用湿水发1小时，清洗干净后放入碗内，加水300克，上屉用中火蒸2小时。

2. 蒸好后，把原汁滤入锅内，加入白糖和适量清水，用小火略煮，使之溶解，撇去浮沫。

3. 鲜果切成指甲大小的块，放入锅内煮沸，用湿淀粉调稀勾芡，倒入碗内。

4. 吃时碗上铺一层银耳、撒上桂花。

炒鳝鱼——防治妊娠高血压和妊娠糖尿病。

【原料】鳝鱼800克，洋葱100克，花

生油、酱油、大蒜、生姜、料酒、辣椒、淀粉、芝麻油、胡椒粉和清汤适量。

【做法】1. 将鳝鱼洗净，掏出内脏和脊骨，切成 2 厘米左右的长片。洋葱去老皮洗净切片，生姜、大蒜切末。

2. 锅置火上，倒入适量花生油，烧至七成热后放入鳝鱼片爆炒至鳝鱼片起卷后，加入酱油、生姜、洋葱片、辣椒、料酒和清汤后加盖焖。

3. 焖片刻后，将淀粉加水调匀后撒入锅中，撒上蒜末和胡椒粉，淋上适量芝麻油后翻炒均匀即可出锅食用。

南瓜排骨汤——促进胎宝宝骨骼发育。

【原料】猪排骨 1000 克，南瓜 1500 克，赤小豆、蜜枣、陈皮和盐适量。

【做法】1. 将猪排骨洗净后斩成小段。将南瓜洗净后切成片，赤小豆、蜜枣洗净，陈皮浸软洗净后备用。

2. 将所有材料放入汤锅中，加入适量清水，大火将水烧开后改成小火煮至汤汁浓稠，依个人口味加入适量盐后即可食用。

什锦蛋炒饭——提供多种营养元素，防止便秘。

【原料】米饭 400 克，鸡蛋 150 克，莴笋 100 克，火腿肠 60 克，蘑菇和洋葱各 60 克，花生油、小葱、鸡精和盐适量。

【做法】1. 将鸡蛋打散后倒入油锅中炒成嫩蛋，莴笋、蘑菇、火腿肠和洋葱切丁，小葱切成细末备用。

2. 锅内放入适量花生油，烧热后倒入蘑菇丁、莴笋和洋葱略炒，加入米饭和炒蛋同炒，再放入火腿丁，最后加入葱花、盐和鸡精后翻炒即可食用。

进食时要细嚼慢咽

即使再饿，准妈妈在进食时也应细嚼慢咽，切忌狼吞虎咽。准妈妈要知道，自己吃下的食物是在提供两个人的营养，为了保证全面彻底地吸收食物中的营养含量，准妈妈就要注意一下自己的进食方式了。

人体只有将食物的大分子结构变成小分子结构，才有利于更好地吸收，而这种由大分子结构变成小分子结构的过程是靠消化液中的各种消化酶来完成的。咀嚼食物引起的胃液分泌比食物刺激胃肠而分泌的胃液数量更大，持续时间更长。可见，咀嚼食物对消化液的分泌起着重要作用。当人在进食时，慢慢咀嚼食物可以使消化液的分泌增多，从而有利于摄取食物中营养；相反若在进食时吃得过快、食物嚼得不精细的话，当食物进入胃肠道后与消化液接触的面积就会大大缩小，从而影响食物与消化液的混合，有相当一部分食物中的营养成分不能被人体吸收。若长时间这样的话，就会导致营养素缺乏，进而使准妈妈和胎宝宝的健康都受到影响。此外，有时食物咀嚼不够，还会加大胃的消化负担或损伤消化道黏膜，使消化液分泌减少，易患上某些肠胃疾病。

不可贪食冷饮

有些准妈妈在怀孕后由于体内常感燥热，因而偏爱冷饮，但这实际上是非常不利的。首先，在怀孕期间准妈妈的胃肠对冷的刺激非常敏感，多吃冷饮能使胃肠血管突然收缩，胃液分泌减少，消化功能降低，从而引起食欲不振、消化不良、腹泻，甚至引起胃部痉挛，出现剧烈腹痛现象。

其次，准妈妈的鼻、咽、气管等呼吸道黏膜往往充血并伴有水肿，如果大量贪食冷饮的话，充血的血管突然收缩，血液减少，可致局部抵抗力降低，使潜伏在咽喉、气管、鼻腔、口腔里的细菌与病毒乘虚而入，引起嗓子痛哑、咳嗽、头痛等，严重时能引起上呼吸道感染或诱发扁桃体炎。

再有，胎宝宝对冷的刺激也极敏感。当准妈妈喝冷水或吃冷饮时，胎宝宝会在子宫内躁动不安，胎动会变得频繁。而且过冷的食物进入体内会使血管收缩，减少胎盘给胎宝宝的血液供应，从而对胎宝宝的生长发育造成不利的影响。因此，准妈妈吃冷饮一定要有节制，天气较热的话适当吃一点冷饮可以，但千万不可以吃得太多，以免破坏自身的健康状况和引起胎宝宝的不安。

准妈妈适宜的睡眠姿势

多数准妈妈都知道，孕期采用左侧卧睡眠是最好的，因此有很多人从怀孕一开始就坚持一动不动的左侧睡眠。但实际上，睡眠影响健康的前提是子宫的增大，所以睡眠姿势纵然对准妈妈和胎宝宝有影响，但这影响并不是从怀孕一开始就随即开始的。睡眠姿势对胎宝宝和准妈妈的影响，来源于子宫对腹主动脉、下腔静脉和输尿管的压迫，而只有增大的子宫才会产生这样的影响。孕早期子宫并未增大时，只要睡眠姿势不压迫腹部，就不会对自身和胎宝宝造成影响。注意调整睡眠姿势，一般来说，是从孕中期，即妊娠5个月以后才有必要引起重视的。

当子宫逐渐增大后，若采取仰卧位睡觉的话，增大的子宫会对脊柱侧前方腹主动脉和下腔静脉产生压迫。与此同时，还会造成子宫胎盘血流灌注量减少、回心血量和心血输出量减少、各器官血供减少、肾血流量减少，容易加重或诱发妊娠高血压和水钠潴留等病症；由于人体腹腔左下侧有乙状结肠，因此增大的子宫都会发生不同程度的右旋，进而对子宫的血管和韧带造成牵拉，这时若采取右侧卧位的话，会进一步加剧子宫的右旋，使子宫血管受到的牵拉或扭曲加重，子宫胎盘的供血量减少。

因此，准妈妈最好是用左侧卧睡眠的方式，可以有效避免上述问题的出现。但是，很少有人能够在一整夜坚持不变一种睡眠姿势，准妈妈只要做到躺下休息睡眠时采取并坚持左侧卧位就可以了，如果当醒来后发现自己改变了睡眠姿势的话，改成左侧卧位就可以。千万不要为了保持这一姿势而造成夜不能寐或是睡不安稳，要知道，感到最舒服的睡眠姿势就是最好的姿势，胎宝宝也有一定的自我保护能力，如果你的睡眠姿势使他感到不舒服的话，他会发出一些信号让你醒来，或是让你在睡梦中调整到一个舒适的姿势。

“烧心”怎么办

在这一时期，不少准妈妈吃完饭后都会感到“烧心”。所谓烧心，就是胃部的灼热感，是一种正常的孕期反应。除了饭后，当准妈妈的体位从坐位、立位转变为卧位时，或在咳嗽、屏气用力排便时，也易诱发这种不适感，并常伴有嗳气、反胃、中上腹闷胀不适等症状。引起“烧心”的原因在于，由于妊娠中后期，孕激素分泌增加影响食管蠕动，减缓食管反流胃内容物的清除，从而使反流性食管炎加重；另外孕期内分泌变化使胃酸反流，还会刺激到食管下端的痛觉感受器，从而引起不适感。而且这时候胎宝宝的发育使子宫迅速膨胀，对胃部形成了较大的压力，加之胃排空的速度减慢，胃液在胃内的滞留时间变长，也容易使胃酸反流到食管下端，准妈妈就会产生胃部不舒适、“烧心”的感觉。

避免和缓解胃部的灼烧感，合理饮食非常重要。准妈妈进食不要过饱，以免使胃内压力升高、横膈上抬；平时要多吃利于消化的食物，少吃肥腻、高脂的饮食，少吃酸味和辛辣食品，少吃过冷或过热的食品，避免喝咖啡及可乐等碳酸饮料，少吃巧克力、薄荷和芥末等。

此外，为了减轻食管反流造成的“烧心”感，准妈妈平时要穿着宽松舒适的衣服，腰带不要系得太紧；时刻保持大便的通畅；睡前2～3小时内不要进食；睡觉时要抬高上身，可以将头部的床脚抬高 15 ~ 20 厘米，使上身抬高 10° ~ 15°，也可有效地减少食管反流。另外，也可在医生指导下服用药物以减轻“烧心”感。

准妈妈要多吃鱼

研究表明，准妈妈多吃鱼有利胎宝宝的成长发育，特别是脑部神经系统的发育。这是因为鱼肉中除含有优质蛋白质、适量的脂肪、丰富的氨基酸、卵磷脂、无机盐、维生素以及钾、钙、锌等微量元素外，还含有较多的不饱和脂肪酸——二十碳五烯酸。二十碳五烯酸在人体内不能自己合成，而必须从食物中获得，吃鱼就是很好的获得途径。二十碳五烯酸具有很多药理作用，能使血液黏稠度下降，防止血栓形成；同时又能扩张血管，便于准妈妈将充足的营养物质运输给胎宝宝，以促进胎宝宝的发育。此外，二十碳五烯酸还能有效预防妊娠高血压综合征的发生。

此外，经常吃鱼的准妈妈，出现早产和低体重婴儿概率远低于平时不吃鱼或很少吃鱼的准妈妈。经临床统计，如果孕期每周吃一次鱼，早产的可能性仅为 1.9%，而从不吃鱼的准妈妈早产的可能性为 7.1%，这是因为鱼中富含 Ω-3 脂肪酸，有防止早产和有效增加婴儿出生时体重的作用。所以准妈妈最好每星期都吃两次鱼，并且多吃些不同种类的鱼。

但是，准妈妈不宜吃金枪鱼、鲭鱼、旗鱼和方头鱼，因为这四种鱼的汞含量可能会影响胎宝宝脑的生长发育。当汞进入准妈妈体内之后，会通过胎盘至胎宝宝，并沉积在胎宝宝的脑部，影响中枢神经的发育，造成一定程度的危害。再有，准妈妈尽量选择新鲜的鱼类，不要食用罐头装的金枪鱼、鬼头刀、鳕鱼等，因为这类罐头鱼的汞含量也很高。

适当补钙

在孕中期，每日钙的需要量为 1500 ~ 1800 毫克。根据我国的膳食特点，正常情况下每日从食物中摄取的钙含量为 800 毫克左右，无法满足准妈妈和胎宝宝的营养需要，因此这一时期准妈妈最好能加大钙的补充量。

在补钙时，人们首先想到的是食物来源的钙。食物中钙的来源以奶和奶类制品最多，不但含量丰富，而且吸收率高；绿色蔬菜如甘蓝菜、花椰菜，因含钙丰富而含草酸少也是钙的较好来源；小虾米皮含钙特别丰富；豆腐及豆干中含钙较高主要在生产过程中加入了石膏（硫酸钙），因此含钙量远比豆类要高。

另外，连骨吃油炸小鱼，或在煨排骨汤时加些醋，以促进骨头中钙的溶出，也可作为膳食中钙的好来源；骨粉、蛋壳粉也是良好的钙补充品。准妈妈在必要时，还可以适当补充钙剂，但钙剂的选择和补充量一定要合理、科学、规范。

目前市场上的钙剂种类很多，准妈妈在选择钙源时，必须要考虑其是否安全可靠。一般来说，准妈妈适合选择纯净的、高浓度的，不含糖、钠、脂肪、胆固醇的碳酸钙，而来源于动物骨骼、牡蛎壳、扇贝壳和珍珠等的钙剂，由于受到草场和海水的污染可能会使其中铅和其他一些重金属的含量升高，所以不宜选择服用，以避免重金属的危害。此外，准妈妈在选择补钙产品时，还应选择那些经过严格的临床验证的产品，以确保安全。

需要注意的是，补钙时一定要慎补维生素 D。很多人知道维生素 D 可以促进钙的吸收，但若不加限制地补维生素 D 则很容易导致其在体内蓄积，引起中毒现象。一般来说，日照是维生素 D 的最好来源，准妈妈只要能够保证每天晒晒太阳，一般就无须再额外补充。除非是严重缺少维生素D的准妈妈，可以在医生指导下限量限时服用维生素D补充药物，多数准妈妈是不需要加大它的补给量的。

胎龄评估和胎儿体重预测

孕12周以后，就能清晰地看到胎宝宝的头部了，因此从孕12周以后，就可以通过B超检查对胎儿头部各项指标进行测量，并以此来评估胎龄的大小。胎头测量的指标有双顶径（BPD）、头围（HC）、枕额径（OFD）。其中最常用的是BPD，也可通过B超测量胎儿腹围（AC）和股骨长径（FL），来评估胎龄。

胎龄评估除了可以推测预产期之外，还能推断胎儿在宫内的发育情况，如是否有宫内发育迟缓等。但需要注意的是，每个胎儿之间都存在着一定的个体差异，遗传，人种，营养，疾病等因素，对胎儿的发育都有一定的影响。例如，一个身体高大的孕妇和一个身体矮小的孕妇相比，胎儿的各项预测指标可能会有一定的差异。因此在分析预测结果时，要考虑正常的变化范围，以及准妈妈月经周期的变化，还有医生操作的准确性等。如果预测结果比实际孕龄大或小，并不都意味胎儿发育异常，还应做具体分析，或间隔一定时间后复查。

针对特殊情况的准妈妈，有的时候医生还会进行胎儿体重预测，以找出任何潜在的危险。如果准妈妈患有妊娠糖尿病，则需通过胎儿体重预测来检测是否出现巨大儿；如果遇到胎盘功能不好或是脐带发育有问题时，胎宝宝的生长发育可能会受到影响，有可能会出现宫内发育迟缓，也需要通过胎儿体重预测来判断。

胎儿体重预测主要通过B超测量胎儿的BPD和HC进行，但是依然会存在一定程度的误差。因为影响胎儿体重因素不仅有身长、股骨长和双顶径等因素，还可能包括有胎儿的内脏、软组织等诸多因素。再有，测量技术和测量仪器的精密程度也会造成一定的影响，由于测量结果误差，导致了计算误差，因此就有可能造成结论的误差。所以预测胎儿的体重，医生一般会根据准妈妈的多种情况和指标做综合分析，准妈妈切不可凭单一指标出现偏差就有所顾虑，甚至焦虑不安等。

孕六月的胎教方案

6个月的胎宝宝对外界的反应更敏感了，他的听觉、嗅觉、视觉等很多器官也正在迅速发展着，因此在这个月的胎教中，要开始注重与胎宝宝之间的互动性了。

爸爸妈妈可以给胎宝宝起个名字并轻声呼唤他，因为这时候的胎宝宝不仅具有听的能力，而且还能对听到的声音作出不同的反应。当爸爸妈妈每次和胎宝宝对话时，先呼唤他的名字，等到宝宝出生后再去呼唤的话，他能够回忆起这种熟悉的呼唤，继而会产生一种特殊的安全感。

这个月准妈妈可以明显地摸到胎宝宝的头、背和肢体了，因此抚摸胎教也是必不可少的好方式，能够促进胎宝宝的智力发育，加深父母与胎宝宝之间的情感联系。每天起床后和睡觉前是进行抚摩胎教的好时机，应避免在饱食后进行。一般每天可进行3次，每次约5分钟。在进行抚摸胎教时，准妈妈要排空小便，平卧床上，下肢膝关节向腹部弯曲，双足平放于床上，全身放松，腹部柔软，利于触摸。

抚摩可由妈妈进行，也可由爸爸进行，也可轮流进行。抚摸时，先用手在腹部轻轻抚摩片刻，再用手指在胎宝宝的体部轻压一下，可交替进行。有的胎宝宝在刚开始进行抚摩或按压时就会作出反应，随着孕周的增加，胎宝宝的反应会越来越明显。当胎宝宝习惯指压后，他会主动迎上来。通过轻轻的触摸和轻轻的指压，可以区别出胎儿圆而硬的头部、平坦的背部、圆而软的臀部以及不规则且经常移动的四肢。胎宝宝有时会翻身，手足转动，此时可以用手轻轻抚摩以安抚他。

这一时期还可以通过胎教培养胎宝宝的语言能力，这种培养方法包括日常性的语言诱导和系统性的语言诱导。日常性的语言诱导指的是父母经常对胎宝宝讲的一些日常用语，而系统性的语言诱导指的是有选择、有层次地给胎宝宝听一些简单的儿歌等。因此，平时多和胎宝宝说说话，给胎宝宝念唱些简单的儿歌，都是有效地培养胎宝宝语言能力的胎教方式。

这个月需要注意的问题

防止贫血

贫血是孕期常见的并发症之一，通常发生在怀孕末期，多次怀孕者、年纪较小的孕妇、未接受产前检查及未接受铁质补充的孕妇更易发生贫血。由于怀孕后体内血浆增加，较红细胞增加相对要多，因此血液被稀释，容易造成贫血。当血红蛋白在 10 克以下、红细胞在 350 万以下时，即可诊断为贫血，一般血红蛋白降至 8 克时为轻度贫血，降至 6 克以下为重度贫血。孕期贫血是最常见的缺铁性贫血，巨幼红细胞贫血较少见，再生障碍性贫血则极罕见。随着孕期的推进，准妈妈贫血现象更容易出现。所以，准妈妈最好每个月都去做一次血液检查。

有的准妈妈即使得了贫血也可能不会出现任何症状，特别是贫血程度比较轻微的时候。当准妈妈贫血较为严重时，可能会感到疲倦、虚弱或眩晕，同时会发现自己变得缺乏血色，特别是手指甲、下眼睑和嘴唇，并且会出现心跳加速、心悸、呼吸短促或很难集中注意力等现象。

贫血对准妈妈和胎宝宝都有很大危险。准妈妈贫血容易并发妊娠高血压综合征，还会出现心慌、气短、呼吸困难、贫血性心脏病，甚至发生心力衰竭。此外，贫血还会导致分娩时宫缩乏力，导致产程延长而需手术助产，产后易发生出血性休克；由于贫血致使红细胞输送氧气的能力下降，胎宝宝也易发生宫内缺氧，生长发育迟缓，容易发生流产、早产、低体重儿和死胎等问题。

对于贫血的准妈妈来说，首先要加强膳食营养，多吃补血食物，如金针菜、桂圆肉、胡萝卜、菠菜、黑豆等以及含铁量高的动物类食物，如蛋黄、动物肝脏、动物血、深绿色蔬菜等，此外还可根据医生建议给予必要的铁剂补充。一般来说，如果为单纯小细胞缺铁性贫血，补铁剂及维生素 C 即可治疗，铁剂最好用二价铁，二价铁比三价铁更容易吸收。但由于口服铁剂对胃肠刺激比较大，所以服用铁剂最好放在两餐之间或者饭后；如为大细胞贫血，那么除补铁外，还要补充叶酸及维生素 B_{12}；如果为叶酸缺乏导致的营养性巨幼红细胞贫血，则需要补充叶酸和维生素 C；如为维生素 B_{12} 缺乏导致的营养性巨幼红细胞性贫血，那么则要补充维生素 B_{12}。

胎动异常怎么办

异常胎动是因病理情况和功能障碍，如脐带绕颈较紧、胎盘功能障碍，或准妈妈不正常用药及外界的不良刺激等，导致胎宝宝在子宫内缺氧。当胎宝宝的生命受到威胁时，便会出现异常的胎动，不仅表现在次数上，而且还体现在性质上，如强烈的、持续不停的推扭样的胎动或踢动，甚或是微弱的胎动。准妈妈在家自测胎动时，如果 12 小时胎动少于 20 次，则为异常；如果少于 10 次则表明胎宝宝有宫内缺氧或宫内重度窒息。而且在妊娠 28 周后，胎动部位多在中上腹，很少出现小腹下部。如果小腹下部经常出现胎动，则也应视为异常，表明胎位不正常，多为臀位或横位，容易造成分娩困难，应及时就诊。引起胎动异常的，通常有以下几种情况：

（1）由准妈妈发热引起的胎动减少。一般来说，如果准妈妈有轻微的感冒发热，胎宝宝因有羊水的缓冲作用并不会受到太大的影响；但若是感染性的疾病或是流感，对胎宝宝的影响就较大了。如果准妈妈的体温持续过高的话，都会导致胎盘和子宫的血流量减少，进而使胎宝宝在子宫内造成供养不足，胎动明显减少。因此，准妈妈在怀孕期间，特别要避免感冒；当有流行性疾病发生时，要避免去人多的公共场所；外出回家后注意做好清洁工作；保持室内的空气流通和新鲜；平时也要多喝水、多吃新鲜的蔬菜和水果，补充营养，增强抵抗力。

（2）由准妈妈受到剧烈外伤而引起的胎动加快。由于受到羊水的保护，胎宝宝在妈妈的子宫可以避免轻微外力的伤害；但准妈妈受到严重的外力撞击时，就会引起胎儿剧烈的胎动，甚至造成流产、早产等情况。此外，如果准妈妈有头部外伤、骨折、大量出血等状况出现，也会造成胎动异常的情况。因此，准妈妈要减少大运动量的活动，并尽量少去人多的地方，以免不小心被撞倒。

（3）由胎盘早剥引起的胎动加剧后急速停止。这种情况多发生在孕中期以后有高血压、严重外伤或短时间子宫内压力减少的准妈妈。一旦出现这种情况，准妈妈会伴有阴道出血、腹痛、子宫收缩及严重休克的症状，胎宝宝也会由于突然缺氧而做出反应，表现为胎动突然加快，而后又很快停止。因此，建议有妊娠高血压的准妈妈一定要定时去医院做检查，并依据医生的建议安排日常的生活起居，尽量避免不必要的外力冲撞和刺激，同时还要保持良好的心态，放松心情，减轻精神紧张的程度。

（4）由脐带绕颈或打结引起的胎动急促后突然停止。正常的脐带长度为50厘米，如果脐带过长则容易缠绕胎宝宝的颈部或身体。由于这个时候胎宝宝已经能够在羊水中自由地运动翻转，所以一不小心就有被脐带卡住的危险。一旦出现脐带缠绕或是打结，血液就无法流通，胎宝宝因此就会出现缺氧窒息，准妈妈就会感觉到胎动先是变得急促，经过一段时间后又突然停止。脐带绕颈是无法提前预测的问题，所以就要求准妈妈在孕中后期时刻注意观察每天的胎动，一旦有异常就应马上到医院检查。

高危孕妇要提高警惕

高危孕妇是指由于自身的某些原因而在怀孕过程中比正常孕妇面临更多危险情况的孕妇人群。高危孕妇主要包括以下几类：

（1）在年龄、身高、身体素质方面具有危险因素的孕妇。

①年龄大于35岁的孕妇。

②身高在140厘米以下，体重不足40公斤或超过85公斤孕妇。

③幼年及青少年时期患过影响骨骼发育的疾病（如佝偻病、结核病等）的孕妇。

④有生殖道畸形、骨盆狭窄的孕妇。

⑤营养状况比较差、有遗传病家族史的孕妇。

（2）有过不良孕产史的孕妇。

①曾有过流产、早产、死产及新生儿死亡经历的孕妇。

②曾分娩过巨大儿及低体重儿、先天性畸形儿的孕妇。

③有手术产（产钳、剖宫产等）、子痫史的孕妇。

④曾患不育症经过治疗怀孕的孕妇。

⑤妊娠期有过阴道出血的孕妇。

（3）有某些疾病的孕妇。

如患有原发性高血压、心脏病、糖尿病、肾脏病、肝炎、贫血、血液病、甲状腺功能亢进等疾病的孕妇。

（4）有过不良接触史的孕妇。

指在妊娠早期曾用过某些对胎儿有影响

的药物，或是有过病毒性感染、接触过放射线等对胎儿有致畸作用物质的孕妇。

（5）患有妊娠合并症的孕妇。

如患有妊娠高血压综合征、妊娠合并心脏病、妊娠糖尿病等的孕妇。

此外，在怀孕期间仍然抽烟喝酒、滥用药物、好吃懒动的孕妇，以及粗心大意、拒绝产检或是对产检毫不重视、对性生活不加节制的孕妇也都属于高危孕妇群。

高危孕妇在孕产期中比一般孕妇更容易发生流产、早产、畸胎和难产，因此在孕期就更要谨慎小心和注意随时观察身体情况。对于年龄和某些疾病引致的高危人群，在这一时期要加强日常的自我监护，一有不适感就要立即去医院检查清楚，同时保持良好的生活习惯和开朗乐观的心情；对于那些由不良生活习惯引致的高危人群，应首先从思想上重视起怀孕这件事，家人和朋友也应多予以开导疏通，多在生活细节上提醒她们，以避免生活中的疏漏之处。

不要盲目补充大量维生素

准妈妈每天都需要补充大量的营养物质，维生素的补给当然也是不可或缺。但值得准妈妈注意的是，维生素不可盲目地补充，更不能过多地补充，否则非但对自己和胎宝宝没有任何积极的促进作用，反而有可能会产生一定的危害。

1. 维生素 A。若准妈妈体内缺乏维生素 A，胎儿有致畸的可能，如出现唇裂、腭裂、小头畸形等。而过量摄入维生素 A 又可引起中毒，影响胎宝宝大脑和心脏的发育，诱发先天性心脏病和脑积水，脑积水过多又易导致精神反应迟钝。中国营养学会建议。准妈妈自孕中期开始每日维生素 A 的摄入量为 900 微克。

2. 维生素 D。孕期维生素 D 缺乏，可影响胎宝宝的骨骼发育，并能导致新生儿的低钙血症和牙齿发育不良。而孕期过量摄入维生素 D 也会引起中毒，婴儿可出现动脉硬化、精神障碍和尿酸中毒。建议孕期每日膳食维生素 D 摄入量为 10 微克。

3. 维生素 E。一般较少出现缺乏，过量服用维生素 E 可造成新生儿腹痛、腹泻和乏力。建议准妈妈每日膳食维生素 E 的摄入量为 14 毫克。

4. 维生素 B_1。准妈妈缺乏维生素 B_1 的话，胎宝宝出生后可能会出现先天性脚气病。而补充过量的话则会引起神经过敏、抽搐、头痛、震颤、神经肌肉麻痹等不良症状。建议准妈妈每日膳食维生素 B_1 的摄入量为 1.5 毫克。

5. 维生素 B_6。维生素 B_6 可以有效控制早孕反应带来的干呕剧吐，但如果准妈妈服用维生素 B_6 的剂量高于正常需要量的 100 倍的话，就有可能发生感觉中枢的神经痛，还可使胎宝宝发生肢体缩短的畸形。此外，准妈妈若过量或长期服用维生素 B_6 会使胎宝宝对其产生依赖性，称之为“维生素 B_6 依赖症”。如果诊治不及时的话将会留下智力低下的后遗症。建议维生素 B_6 的日摄入量为 1.9 毫克即可。

6. 维生素 B_{12}。维生素 B_{12} 对神经系统及造血功能十分重要，但也不可过多补充，建议每天摄入 2.6 微克即可。

7. 叶酸。叶酸是孕前和孕期都要补充的物质，如摄入不足可导致胎宝宝发育异常，甚至发生先天畸形。但是，长期过量服用叶酸的话会干扰准妈妈体内锌的代谢，而锌元素不足同样会影响胎宝宝发育。建议准妈妈叶酸摄入量为每日 0.4 ~ 0.8 毫克。

8. 维生素 C。适量补充维生素 C 对准妈妈和胎宝宝均好处多多，但若摄入过量（超过 1000 微克）则会影响胚胎发育，长期过量服用还会使胎宝宝在出生后发生坏血症。此外，如果超过正常剂量很多倍，可能刺激准妈妈胃黏膜致出血并形成尿路结石。

9. 维生素 D。维生素 D 可以促进体内钙的吸收，但摄入过多的话会导致特发性婴儿高钙血症，表现为囟门过早关闭、腭骨变宽而突出、鼻梁前倾、主动脉窄缩等畸形，严重的还伴有智商减退。因此对于平时常晒太阳的准妈妈，可不必额外补充维生素 D 和鱼肝油。

10. 维生素 K。维生素 K 对于凝血有着重要作用，但大量服用会使新生儿发生生理性黄疸，还可降低口服抗凝血药的作用。建议准妈妈每天维生素 K 的补充量不要超过 0.2 毫克。

服药的“安全期”

有些准妈妈在不知道自己怀孕的情况下服用了一些药物，当得知已经怀孕后，不免会担心先前服用的药物对肚子里的胎宝宝造成伤害，并很怕因此而不得不终止怀孕。确实，误服药物可能会对胎宝宝造成一定的影响，其中致畸的可能是最大的。但实际上，整个孕期也有服药的安全期、低敏期、中敏期和高敏期，准妈妈应对此有一定的了解，以免引起不必要的恐慌担忧。

一般而言，孕 3 周（停经 3 周）以内是服药的安全期。这是由于囊胚细胞数量较少，一旦受到有害物的影响细胞损伤则难以修复，就会不可避免地造成自然流产。所以此时服药不必为生畸形儿担忧，若无任何流产征象，一般表示药物未对胚胎造成影响，可以继续妊娠。

孕 3 ~ 8 周内称为高敏期。此时胚胎对于药物的影响最为敏感，致畸药物可产生致畸作用，但不一定引起自然流产。此时应根据药物毒副作用的大小及有关症状加以判断，若出现与此有关的阴道出血等异常情况，不宜盲目保胎，应考虑中止妊娠。

孕 8 周至孕 4 ~ 5 个月称为中敏期。此时是胎儿各器官进一步发育成熟的时期，对于药物的毒副作用较为敏感，但多数不引起自然流产，致畸程度也难以预测。此时是否中止妊娠应根据药物的毒副作用大小等因素全面考虑，权衡利弊后再作决定。继续妊娠者应在妊娠中、晚期作羊水、B 超等检查，若是发现胎儿异常应予引产；若是染色体异常或先天性代谢异常，应视病情轻重及预后，或及早终止妊娠，或予以宫内治疗。

孕 5 个月以上为低敏期。此时胎儿各脏器基本已经发育，对药物的敏感性较低，用药后不常出现明显畸形，但可出现程度不一的发育异常或局限性损害，如眠尔通引起胎儿生长发育迟缓，苯巴比妥引起脑损伤，链霉素、奎尼丁引起耳聋等。此时服药必须十分慎重。

此外，准妈妈用药还要遵循一定的原则，如不要随便使用非处方药，服用药物应得到医生指导后方可使用；用药前要注意说明书中有无对孕妇血清药浓度及对胎宝宝的毒性说明；药物使用时应以最小有效量、最短有效疗程为宜，避免盲目大剂量、长期使用；治疗用药应选用已研究证实的对胚胎危害小的药物，如有 B、C 类药可用，则应选用 B 类药，在无 A、B 类药可选时慎用 C 类药，D 类药无其他可选且准妈妈病重时才选用；若非病情需要的话，应尽量避免孕早期用药。

准妈妈的理想体重

准妈妈在孕期所增加的体重包括自身增长的重量和胎盘、羊水、胎宝宝的重量，每个人由于自身情况不同，孕期每个阶段的标准体重也必然会有所区别。一般来说，就整个孕程而言，孕 14 周以前每周可以增加 0.1 克，孕 15 周以后至分娩时每周可以稳定增加 0.45 千克，或以不超过 0.5 千克为原则。

最为标准的算法是，以原来的体重作为基准，先测一下自己孕前的身体指数，即 BMI。BMI 的算法是：BMI＝体重（千克）/ 身高（米）^{2}，如准妈妈孕前身高为 1.6 米，体重 50 千克，那么她的 BMI 就为 19.5。

若 BMI 小于 19.8，属于低体重孕妇，可增重 12.5 ~ 18 千克。

若 BMI 介于 19.8 ~ 26 之间，属于正常体重孕妇，能增加 11.5 ~ 16 千克。

若 BMI 大于 26，属于高体重孕妇，那么增加的范围以 7 ~ 11 千克为宜。

胎宝宝的第七个月（孕七月）

宝宝的变化

第七个月的胎宝宝脸上布满了皱纹，酷似一位沧桑的老人，但是他的皮肤皱纹会随着慢慢长大而逐渐减少，皮下脂肪仍然较少；有了明显的头发；脑组织开始出现皱缩样，大脑皮层已很发达，开始能够分辨妈妈的声音，同时对外界的声音已初步拥有了作出是喜欢还是厌恶反应的能力；感觉光线的视网膜已经形成；有了浅浅的呼吸和很微弱的吮吸力；四肢已经相当灵活，可以自由地在羊水里游泳；男宝宝已经有了明显的阴囊，而女宝宝的小阴唇、阴核也已经清楚地突起了。

第 25 周，胎宝宝体重稳定增加，与上周相比又长了 100 多克，大约已有 600 克了。他的大脑进入了一个发育的高峰期，他的大脑细胞在迅速地分化着，体积也在慢慢增大；皮肤很薄而且有不少皱纹，几乎没有皮下脂肪，全身覆盖着一层细细的绒毛，身体比例已较为匀称；舌头上的味蕾正在形成。而且，这时候胎宝宝在妈妈的子宫中已经占据了相当多的空间，开始充满整个子宫。

第 26 周的胎宝宝的坐高大约为 22 厘米长，800 克重。胎宝宝的皮下脂肪已经开始出现，但依然很瘦，全身覆盖着细细的绒毛。从这一周开始，胎宝宝有了呼吸，但由于肺部还未发育完全，所以此时还依然不是呼出吸入真正的空气。此外，胎宝宝在这时候已经可以睁开眼睛了，如果这时候用手电筒照射准妈妈的腹部的话，胎宝宝就会自动把头转向光亮的地方。

到了第 27 周，胎宝宝便长到了 38 厘米，坐高为 25 厘米，900 克左右。这时候的胎宝宝眼睛已经能够睁开和闭合了，并且拥有了睡眠周期；有的时候他还将自己的大拇指放到嘴里吸吮；开始长出了头发；脑组织在快速地增长，大脑皮层表面开始出现特有的沟回，大脑活动非常活跃。有些专家认为，这个时候的胎宝宝开始会做梦了。

第 28 周，胎宝宝的坐高为 26 厘米，体重有 1100 ~ 1400 克。这时的胎宝宝几乎占满了整个子宫，随着空间越来越小，胎动也在减弱。尽管胎宝宝的肺叶还没有发育完成，可如果发生早产的话，他也能够在器械帮助下进行呼吸了。

准妈妈的变化

由于胎盘的增大、胎宝宝的成长和羊水的增多，准妈妈在这个月的体重会迅速增加，大约每周可以增加 500 克，经常会出现手脚酸痛的症状。准妈妈的肚子上和乳房上会出现一些暗红色的妊娠纹，从肚脐到下腹部的竖向条纹也越加明显；宫底上升到脐上 1 ~ 2 横指，子宫高度为 24 ~ 26 厘米。有些准妈妈这时会感到眼睛不适，怕光、发干、发涩，这是比较典型的孕期反应，可以使用一些消除眼部疲劳、保持眼睛湿润的保健眼药水以缓解不适。

这个月的准妈妈，新陈代谢时的耗氧量会明显增大，因此准妈妈的呼吸会变得更加急促，稍加活动就会气喘吁吁，所以尽量要避免走太远的路和站立过长的时间。

另外，胎宝宝的日渐增大会使准妈妈的心脏负担逐渐加重、血压开始升高，心脏跳动次数也会由原来65 ~ 70次/分钟增加至80次/分钟以上，所以准妈妈很容易出现相对性贫血。

到了这个月，胎宝宝几乎占满了整个子宫，随着空间越来越小，胎动也在减弱，准妈妈要注意记录下每一次有规律的胎动。有的时候，准妈妈的腹部会出现阵发性的跳动，这种跳动不同于胎动，它表示胎宝宝在呃逆，每天1 ~ 5次不等。胎宝宝打嗝是正常现象，是他正在“练习”呼吸动作，所以不必担心。另外在此阶段，寻求舒服的睡觉方式将是一个挑战，去卫生间、找水喝、吃零食以及胎宝宝的运动都会使准妈妈的睡眠支离破碎，所以准妈妈要努力获得充足的睡眠，白天有机会就打几个盹吧！

在25周的时候，准妈妈应当考虑进行尿糖测试，以预防妊娠糖尿病。怀孕期间患上妊娠糖尿病的准妈妈很多，所以也不必太惊慌，只要在医生的指导下适当地从饮食或药物来控制病情的话，就能生一个健康的宝宝。在28周左右，有的准妈妈偶尔会觉得肚子一阵阵发硬发紧，这是假宫缩，不必紧张。

马上就要进入孕晚期了，这时由于准妈妈的身体变化明显，所以会很容易感到疲劳，还会出现脚肿、腿肿、痔疮、静脉曲张等问题，令准妈妈感到不适，还有些准妈妈开始感到一种前所未有的压力和紧张。建议准妈妈从这时候，就要多多学习一下分娩知识了，多多放松心情，克服紧张焦虑的心情，为分娩做好准备。

准爸妈的生活指南

准妈妈的营养补充

孕七月以后，胎宝宝大脑快速发育，代谢活动也增强，准妈妈的食欲相应增加，需要大量的热量和蛋白质。这个月准妈妈应每天保证从食物中摄取蛋白质85克，能量2050千卡，维生素E 14毫克，钙1000毫克，铁25毫克，叶酸520微克，维生素B_1和维生素B_2各1.3毫克，以满足自身和胎宝宝成长发育需要。

由于这个月胎宝宝进入了大脑发育的高峰期，脑细胞迅速地增殖分化，所以为了促进胎宝宝的智力发展，使将来的宝宝更聪明，准妈妈应在这个月重点补充“脑黄金”。

“脑黄金”指的是DHA、EPA和脑磷脂、卵磷脂等营养物质。这些物质对于准妈妈和胎宝宝来说有双重的营养意义，对于准妈妈来说，“脑黄金”能预防早产，防止胎宝宝发育迟缓，增加婴儿出生时的体重；对于胎宝宝来说，足够“脑黄金”的摄入能够保证胎宝宝大脑和视网膜的正常发育和神经系统的完善，使宝宝将来更聪明活泼。

为了补充足量的“脑黄金”，准妈妈可以在这个月交替地吃些富含DHA类的物质，如富含天然亚油酸、亚麻酸的核桃、松子、葵花子、杏仁、榛子、花生等坚果类食品。此外还可以多吃些鱼类、鱼油等，这些食物富含胎宝宝大脑细胞发育所需要的必需脂肪酸，有健脑益智的作用。

除了补充“脑黄金”，为了满足这个时期的营养需要，准妈妈在日常的饮食基础上，还应多增加一些豆类蛋白质，可以多吃豆腐、多喝豆浆；为了满足大量钙的需要，应多吃海带、紫菜等海产品；为了满足维生素的需要，多吃动物的肝脏。由于怀孕后期胎宝宝生长更快，胎宝宝体内需要贮存的营养素增多，准妈妈需要的营养也达到高峰。为此，应做到膳食多样化，尽力扩大营养素的来源，保证营养素和热量的供给。

需要注意的是，这时候准妈妈不宜多吃动物性脂肪，也应减少盐的摄入量，忌吃咸菜、咸蛋等盐分高的食品，水肿明显的准妈妈要严格控制每日盐的摄取量，限制在2 ~

4 克之间。

应当多吃的食物

1. 谷物和豆类。这个月准妈妈必须开始大量摄入谷类和豆类，如多吃绿豆、赤小豆、黑豆等，还可以把新鲜毛豆洗净剥皮后用盐开水煮来吃，也是再好不过。

2. 海鱼。胎宝宝在妈妈肚子里最后的三个月，需要足够的亚麻酸和亚油酸（体内合成 DHA）以供大脑快速发育。普通食物中，只有深海鱼中才含有这些物质，所以准妈妈最好每周吃点海产鱼，最好是富含大量亚麻酸和亚油酸、又方便吸收的挪威三文鱼。

3. 秋梨。秋梨性甘寒微酸，有清热利尿、润喉降压、清心润肺、镇咳祛痰、止渴生津的作用，可有效治疗妊娠水肿及妊娠高血压的症状。此外，它还具有镇静安神、养心保肝、消炎镇痛等功效，可以防治肺部感染及肝炎的疾病。常吃炖熟的梨，可以增加口中津液，防止口干唇燥，不仅可保护嗓子，也是肺炎、支气管炎及肝炎的食疗佳品。准妈妈可以将生梨去核后塞入冰糖 10 克、贝母 5 克、水适量，文火炖熟后服汤吃梨，可以预防感冒、咳嗽等多种疾患。

4. 草莓。草莓中含有极丰富的维生素 C，可预防感冒，而其中所含果胶和有机酸可分解食物中的脂肪，有促进食欲及加强肠胃蠕动的作用。此外，还有研究指出，草莓能有效去除体内的重金属。需要注意的是，草莓的清洗比较麻烦，在清洗时一定要多洗几次，以防表面有农药的残留物，影响健康。

5. 冬瓜。冬瓜中含有丰富的碳水化合物、淀粉、蛋白质、脂肪、胡萝卜素、钙、磷、铁以及多种维生素，肉质细嫩，水分丰富，有利尿消肿、祛暑解闷、解毒化痰以及生津止渴等功效，是准妈妈预防妊娠水肿的最佳良药。

应当少吃的食物

1. 人参。人参属大补元气之品，准妈妈若滥用人参进补，可导致气盛阴虚，很容易上火；还会出现呕吐、水肿及高血压等症状，可引起见红、流产及早产等危险情况。除此之外，鹿茸、鹿胎、蜂王浆等补品，准妈妈们也不宜服用。

2. 桂圆。桂圆辛温助阳，虽有补血安神、养血益脾之效，但性温太热，准妈妈食用后易动血动胎，不仅不能保胎，反而易出现漏红、腹痛等先兆流产症状，所以不宜食用。

3. 柿子。柿子性寒，有清热、润肺、生津、止渴、镇咳、祛痰等功效，适用于治疗高血压、慢性支气管炎、动脉硬化、痔疮便血、大便秘结等症状。但同时，柿子也有很多不足之处，柿子有涩味，吃多了会感到口涩舌麻；它的收敛作用很强，多食易引起大便干燥；遇酸还可以凝集成块，与蛋白质结合后产生沉淀。因此，一次最好只吃一个，不能多吃。

4. 白薯。白薯属胀气的食物，适量吃一些白薯可以有效缓解便秘的症状，但若过量的话会使准妈妈的胃部难以承受，无法消化，加重胃部灼烧的不适感。

5. 动物性脂肪。动物性脂肪中所含的饱和脂肪酸和胆固醇较多，孕中晚期的准妈妈多食的话容易引起一系列妊娠性疾病，还有可能使体重增长过快，胎宝宝也有成为巨大儿的风险。因此，这个时候准妈妈尽量以植物性脂肪代替动物性脂肪，同时还要避免日常烹食中摄入过多的食用油。

孕七月的饮食原则

7 个月的胎宝宝的生长速度依然较快，准妈妈要多为腹中的宝宝补充营养。在保证营养供给的前提下，坚持低盐、低糖、低脂饮食，以免出现妊娠糖尿病、妊娠高血压、下肢水肿等现象。

准妈妈要注意维生素、铁、钙、钠、镁、铜、锌、硒等营养素的摄入，进食足量的蔬菜水果，少吃或不吃难消化或易胀气的食物，如油炸的糯米糕、白薯、洋葱、土豆等，以免引起腹胀，使血液回流不畅，加重水肿；多吃冬瓜、萝卜可以利尿、消水肿的蔬菜。准妈妈在怀孕26周以后，要注意不宜多吃动物性脂肪，日常饮食以清淡为佳，水肿明显者要控制盐的摄取量，限制在每日2～4克。

从现在开始到分娩，准妈妈每天应该增加谷物和豆类的摄入量，因为胎宝宝需要更多的营养。富含纤维的食品中B族维生素的含量很高，而且可以预防便秘，如全麦面包及其他全麦食品、豆类食品、粗粮等，都可以多吃一些。

由于这时候准妈妈常会有“烧心”的感觉，所以每餐的进食不要过多，尤其是不要在太饥饿的时候才去吃东西，也不要一次喝入大量水或饮料，特别是不要喝浓茶及含咖啡、巧克力的饮料，它们都可加重食道肌肉松弛。此外，辛辣性的食物和过冷或过热的食物也会刺激食道黏膜，加重“烧心感”，最好少吃为宜。还应注意的是，准妈妈在进食后不要立即躺下，最好是能活动半个小时。

孕七月的营养食谱

南瓜饼——促进胎儿的脑细胞发育，增强其活力，防治妊娠水肿、高血压等孕期并发症，促进血凝及预防产后出血。

【原料】南瓜1个，糯米粉200克，澄粉50克，豆沙100克，芹菜梗适量，白砂糖200克。

【做法】1.将半个南瓜去皮，去籽洗净切成小块。

2.放蒸锅蒸熟（也可包上保鲜膜，用微波炉加热10分钟左右）。

3.用勺子将熟南瓜肉碾成泥状，加糯米粉、澄粉、砂糖，和成面团。

4.将面团分成若干小份，分别包入豆沙馅成饼胚。

5.在饼胚表面刻上装饰纹，顶部加芹菜梗点缀后放入平盘，蒸4～5分钟即可。

木耳卷心菜——补充营养，益肾健脑。

【原料】水发黑木耳60克，卷心菜400克，葱、生姜、盐、酱油、味精、花生油、醋、白糖、淀粉和芝麻油各适量。

【做法】1.将黑木耳择洗干净，挤去水分后撕成小片；卷心菜洗净后去掉老叶切片；葱、姜洗净，切丝备用。

2.将锅至火上，放入适量花生油烧至七成热，放入葱丝和姜丝爆香，放入卷心菜、黑木耳煸炒，加入酱油、盐、白糖，烧滚后用湿淀粉勾芡，加醋，淋上芝麻油后即可食用。

绿叶豆腐羹——防止准妈妈营养不良。

【原料】豆腐300克，芹菜叶50克，鸡蛋50克，盐3克，胡椒粉2克，姜汁5克，葱汁2克，淀粉3克，料酒10克，香油5克。

【做法】1.将芹菜叶洗净，在开水中焯一下，捞出过凉，切碎末；豆腐切丁；鸡蛋磕入碗中搅匀。

2.锅上火，倒入猪骨汤、豆腐、葱姜汁、料酒、胡椒粉和精盐。

3.开锅后放入芹菜叶末，用水淀粉勾流芡，打入鸡蛋液，淋入香油即可出锅。

青盐三丝——补充钙质，促进胎宝宝的骨骼发育。

【原料】香豆腐干50克，熟笋75克，青椒75克，熟花生油5克，酱油8克，白糖3克，绍酒2克，水芡粉5克，麻油5克。

【做法】1.香豆腐干切成细丝，放沸水中烫一下，沥干水。

2.熟笋、青椒切成与香豆腐干丝同样大

小的丝，分置盆中。

3. 锅上火烧热，舀入花生油烧至七成热，放入笋丝、青椒丝煸炒两分钟，再加入香干丝、绍酒、酱油、白糖和少许水浇沸后，用水芡粉勾芡，淋入麻油即可食用。

珍菌饺——降低血糖，补充多种维生素及矿物质。

【原料】干香菇50克，鸡腿蘑100克，金针菇100克，平菇100克，油菜1000克，小麦面粉350克，盐4克，味精1克，植物油15克，香油5克，鸡蛋75克，姜10克。

【做法】1. 干香菇放入温水中泡开；金针菇去掉根；将泡开的香菇去蒂切成粒。

2. 平菇放入沸水锅中焯水后捞出；鸡腿菇放入沸水锅中，焯水后捞出。

3. 金针菇放入沸水锅中，焯水后捞出；油菜也放入沸水锅中，焯水后捞出冲凉。

4. 将鸡腿菇、金针菇、平菇分别切成粒。

5. 油菜切成细粒，和各种食用菌类一起加入盐、味精、油、麻油、姜末拌匀即成珍菌馅。

6. 将面粉、盐2克、水30毫升、鸡蛋混合在一起，揉搓成面团，再将面团分小块，再擀成面皮，备用。

7. 擀好的面皮中包入馅，捏好，包成饺子，以常法煮熟食之。

三鲜冬瓜汤——祛湿利尿，缓解下肢水肿。

【原料】冬瓜200克，鲜冬菇80克，番茄80克，油菜100克，油面筋80克，盐、花生油、芝麻油适量。

【做法】1. 将鲜冬菇、冬瓜切成5厘米长的片，番茄洗净后切成小块，油面筋洗净后切成3厘米长的块，油菜择洗干净。

2. 汤锅置火上，放入适量清汤，将冬瓜、冬菇、番茄、油面筋投入，并加入适量的盐、芝麻油和花生油，汤汁沸后放入油菜，烧煮即可。

羊肝胡萝卜粥——养肝明目，清虚火。

【原料】羊肝50克，胡萝卜100克，大米150克，生姜5克，葱5克，盐5克，胡椒粉少许，绍酒3克。

【做法】1. 将羊肝切薄片，用绍酒腌上，胡萝卜去皮切成粒，大米洗净，生姜切成米，葱切成花。

2. 用瓦煲一个，注入适量清水，用中火烧开，下入大米、姜米，改用小火煲约35分钟。

3. 再加入羊肝、胡萝卜，调入盐、胡椒粉，煲10分钟，再撒入葱花即可食用。

赤豆鲤鱼汤——降低血糖，治疗水肿。

【原料】鲤鱼1条（约450克），赤豆80克，白果15克，生姜10克，葱10克，花生油18克，盐6克，绍酒3克，胡椒粉少许。

【做法】1. 将鲤鱼处理干净，在鱼脊上剖上花刀，赤豆用温水泡透，生姜切成片，葱切成段。

2. 锅内烧油，待热时，下入鲤鱼，用小火煎透，攒入绍酒、姜丝，注入适当清水，加入赤豆，用中火煮至汤浓。

3. 再加入白果、葱段，调入盐、胡椒粉，续煮8分钟至透，即可食用。

吃海带的讲究

海带中富含碘、钙、磷、硒等多种人体必需的微量元素，含碘量高达5%～8%，含钙量是牛奶的10倍，此外还含有丰富的铁质、胡萝卜素、维生素B_1等维生素，有美发，防治肥胖症、高血压、水肿、动脉硬化等功效，故有“长寿菜”之称。准妈妈多吃些海带，可以补充多种营养元素，能够有效促进胎宝宝的大脑发育。

最适合准妈妈的海带吃法是将海带与肉骨或贝类等清煮做汤，也可以清炒海带肉丝、海带虾仁，或与绿豆、大米熬粥。另外，凉拌也是不错的选择。在海带煮汤时需注意，海带要后放，不加锅盖，大火煮5分钟即可。炒海带前，最好先将洗净的鲜海带用开水焯一遍，这样炒出来的菜才更加脆嫩鲜美。

不少家庭都贮存着一些干海带，放着不急于食用。一些人认为它和其他海产品一样，可以长时间贮存。其实，海带买回来后应尽可能在短时间内食用。如果不能食用完，应把拆封后的海带冷藏在冰箱或冰柜中，因为拆封后的海带在储存过程中受温度、光照等因素的影响，它的营养成分会有所降解，相反，微生物会不断繁殖，有害成分也会不断增加，这些原因都会促使海带发生变质而不能食用。

在食用海带时，应清洗干净后，根据实际情况用水浸泡，并不断换水，一般浸泡6小时以上。如果海带在经水浸泡后像煮烂了一样没有韧性，说明它已经变质了，就不能再食用。要使海带快速变软，可以用淘米水泡发海带，或在煮海带时加少许的食用碱或小苏打，还可以把成团的干海带打开放在笼屉里隔水干蒸半小时左右，然后用清水浸泡一夜。

但是需要注意的是，海带性寒，准妈妈不应过多食用，只要保证每周吃1～2次，就可满足孕期碘的需要了。另外，烹饪时最好加些性热的姜汁、蒜蓉等，不要放太多的油。

少喝浓茶

茶叶不仅具有提神清心、清热解暑、去腻减肥、消食化痰、降火明目、除湿等作用，还对一些疾病有一定的药理功效。但由于准妈妈身体比较特殊，所以喝茶一定要分清体质，可以在怀孕中后期适当饮用淡茶，否则不但会影响胎宝宝的发育，还会伤害自己的身体。

怀孕初期是胎宝宝神经系统建立的时期，茶叶中的茶碱和咖啡因等成分都会影响胎宝宝的发育，所以这时候的准妈妈是不宜喝茶的。到了怀孕中后期，准妈妈可以根据体质选择性地喝些淡茶。多数准妈妈怀孕后代谢功能较旺盛，体质偏热的较多，应该适当喝些绿茶，当中所含的茶多酚、芳香油、无机盐等营养成可有效加强准妈妈的心肾功能，促进血液循环，帮助消化，预防妊娠水肿，还能够促进胎宝宝生长发育。但对体质虚弱、特别是妊娠反应很重的准妈妈，就要适当喝一点温性茶，比如红茶。

但无论喝哪种茶，都忌过多过浓。如果喝茶太多太浓，特别是喝浓红茶的话，对胎宝宝就会产生危害。茶叶中含有2%～5%的咖啡因，每500毫升浓红茶中就大约含有0.06毫克咖啡因。咖啡因具有兴奋作用，饮茶过多会加剧准妈妈的心跳和排尿，增加心、肾负担，还会刺激胎宝宝增加胎动，甚至危害胎宝宝的生长发育，不利于母体和胎宝宝的健康。另外，茶叶中含有鞣酸，鞣酸可与孕妇食物中的铁元素结合成为一种不能被机体吸收的复合物。准妈妈如果过多地饮用浓茶就有可能引起妊娠贫血，宝宝也可能出现先天性缺铁性贫血或是先天性骨骼发育不全。再有，经过科学实验发现，茶叶中还含有咖啡因、奎宁、磺胺类及某些抗生素，这些物质可以通过胎盘血液循环而进入胚胎，造成胚胎代谢异常，甚至发生突变或染色体畸变，直接杀死正在增生的胚胎细胞，使胚胎某些部位的组织坏死，从而引起胎宝宝畸形。

所以，准妈妈不适合喝太多的茶或是喝过浓的茶。如果实在喜欢喝茶，不妨在饭后1小时适量喝些淡绿茶，可有效解决鞣酸妨碍铁的吸收的矛盾，同时还能对抗辐射。

学会自我监护

到了这个月，准爸爸和准妈妈应该在医生的指导下，学会一些简单的家庭自我监测方法来加强自我监护。这样，一旦出现异常情况，就能够保证及时发现，进而保证准妈妈和胎宝宝的健康不受到损害，最大限度地保证安全。一般来说，家庭自我监护主要监护的是胎宝宝的发育指数和准妈妈的身体指数是否正常：

1. 算算胎宝宝的体重是否正常。若胎宝宝的先露部分尚未入盆，此时体重（克）=[子宫底高度（厘米）-12] ×150；

若胎宝宝的先露部分已经入盆，此时体重体重（克）= [子宫底高度（厘米）-11] ×150

2. 量量胎宝宝的身长是否正常。怀孕的前 5 个月：胎宝宝的身长（厘米）= 怀孕月数的平方

怀孕的后 5 个月：胎宝宝的身长（厘米）= 怀孕月数 ×5

3. 数数胎宝宝的活动次数是否正常。准妈妈要在安静和精神集中的状态下，仰卧或左侧卧在床上，两手掌放在腹壁上，在每天早、午、晚固定的时间里各数 1 次，每次数 1 小时，然后把 3 个小时的胎动次数乘以 4，这就是 12 小时的胎动次数。这种计数方法既简便又有实用价值，准妈妈要充分地重视起来，认真地数好胎动次数。

4. 摸摸胎宝宝的胎位是否正常。准妈妈可以半躺着来摸摸肚子里胎宝宝的位置。将手放在肚子的任一侧，轻轻地来回推，会感觉胎宝宝脊柱所在的位置比较硬，对手的移动能给予更大的抗力；还可以简单地将手指尖划过腹部，胎宝宝的后背会感到硬挺，手臂和腿就会鼓起。需要注意的是，摸胎位有一定的难度，有的准妈妈刚开始很难找准胎宝宝的位置，可以试着轻轻多摸几次，每次的时间不要太长，慢慢就可以摸到了。

5. 听听胎宝贝的心跳次数是否正常。当准妈妈去做产前检查时，可以让医生帮助确定好胎心的位置，然后在腹部做一个标记。回到家后，每次测听时准妈妈要仰卧在床上，双腿平伸直，让准爸爸把一个木质听筒直接放在腹壁的标记上，每天听 1 ~ 3 次。

6. 测测准妈妈的体重增长是否正常。从怀孕 28 周以后，准妈妈正常情况下体重大约每周增长 500 克。如果连续数周不增，就表明胎宝宝可能生长发育缓慢，这时需就医检查，找出导致体重不增的原因并予以相应治疗纠正；如果体重增长过快的话，则有可能是准妈妈合并了妊娠糖尿病、妊娠高血压综合征或羊水急性增多等疾病，也可能是日常饮食没有合理控制，这时最好能先到医院排除疾病的可能，若检查无疾病异常的话，准妈妈必须要有意识地控制饮食了。

腹带的使用

随着胎宝宝的生长发育，准妈妈的肚子越来越大，身体也越来越沉重。有些准妈妈就在考虑能不能用现在市场上卖的孕妇托腹带来托住腹部，减轻身体的沉重感。孕妇托腹带可以使用，但不能盲目使用，更不是每一个准妈妈都需要它。

孕妇托腹带的主要作用是帮助准妈妈托起腹部，是专门为那些感觉肚子比较大、比较重甚至走路的时候都需要用手托着肚子的准妈妈提供帮助的。如果准妈妈身体较矮或腹肌过于松弛，增大的腹部往往会坠向前下方，以至于身体的重心明显前移，造成活动不便并增加劳累感。这时如果使用托腹带的话，就可以对下垂的腹部起到支托作用，以缓解准妈妈的沉重感；如果准妈妈连接骨盆的各条韧带经常发生松弛性疼痛，那么使用的托腹带就可以对背部起到支撑作用，以缓解疼痛感。此外，如果胎宝宝的胎位不正，如胎位为臀位，经医生做外倒转术转为头位后，为防止其又回到原来的臀位，可以用托腹带来限制。

但是，如果准妈妈仅仅是因为担心身材走形而使用托腹带，换言之是出于保持身材的目的而使用，则是完全没必要的。因为托腹带如果用法不当的话，会影响胎宝宝的正常发育。选用托腹带要根据医生的建议指导来选择，要选择那些伸缩弹性比

较强的，以保证能够完全托起增大的腹部，从而阻止子宫下垂，保护胎位并能减轻腰部的压力。另外，腹带的中间和边缘要适当加厚以免卷起；系腹带时要仰卧，站立时才能有效地托住子宫，既不可太紧，也不能朝前太高；腹带要完全包住髋部，前方一直要靠下至耻骨；晚上睡觉时要脱掉。如果将托腹带用于纠正胎位时，须由医生操作，不可自作主张。

如何能够安然入睡

有研究表明，孕晚期的睡眠质量是整个孕期中睡眠质量最差的，造成准妈妈在孕中晚期无法安然入睡的原因主要有以下几种：

（1）腹部变形、体重增加使准妈妈常常感到腰酸背痛、翻身困难。

（2）孕中晚期随着胎宝宝生长子宫变大，膀胱的压力随之增大造成的尿频，使准妈妈晚上小便次数增多。

（3）有些胎宝宝夜间活动频繁，不可避免地会影响到准妈妈的睡眠。

（4）胎宝宝的存在使准妈妈的心脏搏出量增加，心率加快。

（5）胃灼烧、恶心、抽筋、便秘等影响睡眠质量的问题。

（6）增大的子宫压迫肺部下方的横膈膜，从而使准妈妈呼吸频率加快，常常感到气短。

（7）精神压力过大、多梦等。

为了能够睡一个安稳的好觉，准妈妈们不妨这么做：

（1）左侧卧并将枕头夹在两腿中间，以及垫在背后。如果这些都没有作用的话，也可以找一张舒服的躺椅，用靠垫类的东西垫在背部支撑一下，这样会睡得好一些。不要采用仰卧，以防增大的子宫压迫下腔静脉引起回血量减少，从而出现胸闷、恶心、出冷汗、胎宝宝躁动等现象影响睡眠或是出现仰卧综合征。

（2）临睡前不要喝过多的水或汤，可以早饭和午饭多吃点，晚饭少吃，这样也有利于睡眠。

（3）养成有规律的睡眠习惯，晚上在同一时间睡眠，早晨在同一时间起床。不要整天躺在床上，除了睡觉和休闲看书躺在床上以外，其余时间尽量不要躺在床上。

（4）睡觉前不要做剧烈运动，睡前可以听一些舒缓的音乐或是看一会儿小说来放松神经，帮助睡眠。

（5）注重日常饮食中钙的摄取量。有些准妈妈晚上常常出现腿脚抽筋，进而影响睡眠。有这种情况的准妈妈就应在日常生活中多吃些富含钙的食物，如牛奶、鱼类、海藻类、豆类和绿叶蔬菜等，还要多晒晒太阳，以促进钙的吸收。

（6）放松精神。有的准妈妈睡不好是由于临近分娩精神压力过大而造成的，建议准妈妈多学习一些放松心情的办法，如参加瑜伽学习班、分娩学习班或新父母学习班，尽可能地卸下心里的包袱，睡眠情况自然会得到改善。

如何保持奶瓶卫生

这个时候很多家庭都开始为即将到来的宝宝准备婴儿用品了，而奶瓶则是宝宝必不可少的日常用品之一，那么，你知道如何保持奶瓶的干净卫生吗？

首先，洗奶瓶要注意技巧。在宝宝喝完奶后，先倒掉残余的奶液，冲洗奶瓶，然后倒入清洗液，用奶瓶刷把各个角落清洗干净，特别是瓶颈和螺旋处。洗奶嘴的时候，要先把奶嘴翻过来，用奶嘴刷仔细清洗。由于靠近奶嘴孔的地方比较薄，所以清洗这里的时候要格外小心防止其裂开。清洗的时候要特别注意清洗奶嘴孔里的奶垢，以保证奶嘴上的出奶孔保持通畅。当洗完奶瓶后，要再多水冲洗几次。如果有奶渍凝结在奶嘴的话，可以先用热水泡一会儿，等奶渍变软以后再用奶嘴刷刷掉。

其次，清洗奶瓶最好是放在宝宝刚喝完奶之后，因为这时候是比较容易洗干净的。如果放的时间太长的话，奶瓶上残留的奶的油脂就会变得黏腻难清，瓶身上看起来也会雾雾的，比较难清洗。在清洗的时候，妈妈们要保证足够的耐心和细心。

最后，洗完奶瓶后要进行消毒，以保证卫生、安全。一般来说，奶瓶的消毒方式分为煮沸法和蒸汽式两种。

（1）煮沸式消毒法。首先准备一个不锈钢的煮锅，装满冷水，水的深度要完全覆盖奶具。煮锅尽量不要和家里其他烹调食物的混用。将奶嘴和奶瓶盖拿下后，将奶瓶放入锅中煮沸。如果是塑料奶瓶，最好是放进煮沸的水里；如果是玻璃奶瓶的话，则要在水未煮沸之前放入以免炸裂。当水烧开后 5 ~ 10 分钟再放进奶嘴、瓶盖等，然后盖上锅盖，再煮 3 ~ 5 分钟即可关火。待水凉了以后，用奶瓶夹取出奶嘴、瓶盖等，放在干净的器皿上倒扣晾干，放置在通风、干净的地方，盖上纱布或盖子。需要注意的是，塑料奶瓶不宜烧太久，当水滚后立刻放进奶嘴等再煮 3 ~ 5 分钟即可。

（2）蒸气式消毒法。现在市场上有很多电动蒸汽锅，妈妈可以按照自己的需求来选择用蒸气锅消毒。需要注意的是，使用蒸汽锅消毒前，要先把奶瓶、奶嘴、奶瓶盖等物品彻底清洁。消毒的时候则要看奶瓶的耐温标示，在购买的时候，也要关注一下。如果奶瓶不耐高温的话，最好还是使用蒸汽锅来消毒。

此外，将清洗后的奶瓶盛上清水放入微波炉，打开高火 10 分钟也可以将奶瓶消毒，但注意不要将奶嘴及连接盖放入微波炉，以免变形损坏。还可以将淘米水放入奶瓶中用力摇动或冲刷，也能有效去除残留的奶汁，起到清洁的作用。

缓解浮肿的办法

到了孕中晚期，手脚浮肿是几乎每位准妈妈都会遇到的问题。若要缓解浮肿，准妈妈在日常生活中不妨这么做：

（1）注意饮食的平衡。过量的盐分是引起浮肿的主要原因之一，因此准妈妈从这时起就要严格控制盐的摄取量，尽量吃低盐的食物，以预防和缓解浮肿。

（2）平躺的时候，把脚稍稍抬高，能够使血液更容易回流到心脏，浮肿也就比较容易消除了。

（3）坐着的时候，把脚稍稍垫高。如果是坐在椅子上的时候，可以在脚前搭起一个小台子，把脚搭在上面；如果是坐在地板上，就用坐垫等把脚垫高。

（4）适当地做散步运动。通过散步，借助小腿肌肉的收缩力可以使静脉血顺利地返回心脏，以达到缓解浮肿的功效。

（5）游泳。游泳也是锻炼腿部的一种运动，会使静脉血更容易回到心脏。如果准妈妈的身体情况允许，并且在得到医生的允许之后，不妨尝试一下游泳运动。

（6）扶住东西上下运动。当进行这种运动时，脚上下活动会锻炼到小腿部位的肌肉，从而有助于预防静脉瘤。需要注意的是，准妈妈肚子变大很容易使身体失去平衡，所以一定要扶住柱子、墙壁或是桌子等东西进行上下运动，以防不慎跌倒引致不必要的危险。

（7）适当的按摩。通过按摩来促进血液循环，对于浮肿的预防是很有效的。在做按摩时，要从脚向小腿方向逐渐向上，从而有助于血液返回心脏。不妨多让准爸爸来帮帮忙，如在睡前进行的话可以解除腿部酸痛有助于睡眠，而在洗澡时按摩也是个不错的选择。

经过临床研究发现，差不多有 2/3 的准妈妈，到接近分娩的时候都会有轻重不一的浮肿。躺下休息或者一夜的睡眠，第二天早上，症状就会有所减轻或全部消失，这是正常的生理性浮肿。但是，如果通过休息和控制盐分的摄入后，浮肿仍不消退，指压时还有明显凹陷，并且还有加重的迹象，就应该尽快到医院就诊。另外，还有一些浮肿症状如浮肿出现在早晨，手指肿胀，戒指难以脱下，或是体重在一周内增加500克以上，感觉大腿外侧发麻、指尖刺痛或者没有感觉的，就应立即到医院检查，看是否患上了妊娠高血压综合征或是其他病症。

数数胎动，感受宝宝的快乐

这个月，胎宝宝的性格已经有所显现。活跃的胎宝宝活动可能比较频繁，他会用小手、小脚在妈妈的肚子里又踢又打，有时还会让自己翻个身，把妈妈的肚子顶得一会儿这里鼓起来，一会儿那里又鼓起来；调皮的胎宝宝会和妈妈玩“捉迷藏”，妈妈摸左边，宝宝在右边动；妈妈摸到右边，宝宝又藏到左边动。准妈妈有时还会看到肚子的两三处同时鼓出来，这说明胎宝宝在肚子里面正手脚并用地和妈妈玩游戏呢！当然，也有的胎宝宝则相对比较安静。在这个月，准妈妈可以记录下每一次有规律的胎动，想象一下胎宝宝在肚子里的动作，感受他的快乐。

准爸爸要多多安抚妻子

由于身体越来越不便，加之离分娩日期越来越近，准妈妈不免有时会感到恐慌焦躁，这时候就要求准爸爸有足够的耐心和细心，多多安抚自己的妻子。

腰酸背痛是这个月准妈妈最常出现的情况，特别是还坚持上班的准妈妈。准爸爸应当在每晚睡前或是闲暇时间，帮妻子做个舒缓的按摩。当准妈妈感到孤独、恐慌时，准爸爸不妨和妻子谈谈心，讨论下哪种分娩方式比较好、自己更适合哪种分娩方式，或是和妻子共同想象一下有了宝宝后的生活，以减轻准妈妈的心理压力。作为准爸爸，在这时候就要尽量多陪在妻子身边，将不必要的应酬全部推掉，尽量下班后立即回家，多询问一下妻子的情况，多关心和抚慰她。

此外，准爸爸还应帮助妻子克服产前的恐慌和焦虑情绪，要多了解一些分娩常识，用以打消妻子心中的顾虑。陪着妻子做定期产检，和妻子一起参加产前培训班，从饮食起居上给予她最好的照顾，让她可以时刻感受到你就在她的身边陪伴着她，感受到你无微不至的关怀和体贴，从而有效缓解她的不良情绪。

孕七月的胎教方案

这个月胎宝宝几乎已经是个完整的小人了，听觉、视觉、触觉等多种感觉更加完善，因而胎教内容也可进一步完善，可进行音乐胎教、语言胎教、情绪胎教、按摩胎教、运动胎教等多种方式。

1. 按摩胎教。这个月，胎宝宝的形体已经可以从腹部外感觉出来。触摸到圆而硬的是胎宝宝的头部，摸到平坦的是胎宝宝的背部，摸到不规则而又经常变动的是胎宝宝的胳膊或腿，摸到圆而柔软的是胎宝宝的臀部，准爸爸和准妈妈可以在舒缓音乐的伴奏下，轻轻地触摸一下胎宝宝的全身，就好似做按摩一样。

2. 给胎宝宝讲故事。准爸爸和准妈妈可选择幼儿图书的内容给胎宝宝讲个好故事。在给胎宝宝讲故事时，一定要注意把感情倾注在故事的情节之中，通过语气声调的变化，将喜怒哀乐通过富有感情的声调传递给胎宝宝，使其受到感染，增强他对声音的感受性和情感的建立。

3. 语言胎教。准妈妈这时已经能够清晰地感受到宝宝的胎动了，肚中宝宝的存在感因而也变得更加真实。准妈妈可以多和胎宝宝聊聊天，说话的内容可以以每天日常生活为中心，多说说家常话。在工作及家务的空隙、茶余饭后，都可以和肚中的宝宝交流一下。也可以到外面与大自然亲密接触，通过触摸、闻味、品尝等来获得具体的印象，从而更直观地把你的感受传递给你的宝宝。

由于传递给胎宝宝的声音通过羊水后往往有些模糊不清，所以当和胎宝宝说话的时候，准妈妈的声音要适当大一些，吐字要清晰一些，停顿要长一些，语速要慢一些。另外，对胎宝宝说话，持之以恒很重要。每次的时间短一些也不要紧，但要尽量坚持每天都至少进行 1 次，切忌两天打鱼三天晒网。另外，准妈妈自己不要觉得有负担，情绪上保持愉悦很重要。如果准妈妈总有“真麻烦”等抵触情绪，无形中就会成为一种压力，而这种压力也往往会传递给胎宝宝。因此，妈妈自己要保持轻松愉快的心情，才能保证胎教有好的效果。

这个月需要注意的问题

警惕妊娠抑郁症

准妈妈坚持到了第 7 个月，已经付出了很大的努力。在这艰难的一段时间里，身体产生了不可思议的变化，有些让准妈妈很不适应，于是情绪上也变得有些波动不平，易形成妊娠抑郁症。如果准妈妈在一段时间（至少两周）内有以下的几种症状，则有可能已患有妊娠抑郁症，需及时寻找合理的办法解决。如果出现其中的一种或两种，则说明有患上妊娠抑郁症的可能，必须引起高度重视：

（1）无法集中注意力。

（2）焦虑。

（3）极端易怒。

（4）睡眠不好。

（5）非常容易疲劳，或有持续的疲劳感。

（6）不停地想吃东西或是毫无食欲。

（7）对什么都不感兴趣，总是提不起精神。

（8）持续的情绪低落，想哭。

（9）情绪起伏很大，喜怒无常。

对于这种情绪病，最好是使用情绪疗法。准妈妈要尽量让自己放轻松下来，放弃那种想要在婴儿出生以前把一切打点周全的想法，舒缓的体操和孕妇瑜伽等会有一定的帮助。另外，准妈妈切忌闭门造车，不妨多跟亲朋好友交流交流，告诉他们你的真实想法以及你需要怎样的帮助；保证每天有足够的时间和配偶在一起，并保持亲昵的交流。要懂得把自己的情绪表达出来，而不是通过阴晴不定的坏脾气透露出来。当然，必要的时候也可以寻求医生的帮助，听取专业的意见，接受专业的治疗。

流鼻血不要怕

孕妇流鼻血是较常见的一种现象，在怀孕的早期、中期、晚期都可能会出现，尤其是在怀孕的中晚期会更严重，所以请准妈妈不用着急。

鼻腔黏膜中分布着致密的微细血管，很敏感很脆弱，容易破裂而致出血。当鼻腔过于干燥时，里面的毛细血管就会破裂，导致流血。怀孕后，准妈妈体内会分泌出大量的孕激素使得血管扩张，容易充血。同时，准妈妈的血容量增高，更容易导致鼻腔出血。90% 的流鼻血现象都属于血管破裂导致的血管性流血，此外，鼻息肉、血液病、凝血功能障碍、急性呼吸道感染等疾病，流鼻血的现象也会经常出现。

流鼻血时，准妈妈不用太紧张，大多数情况下可自行处理，及时止血。最简单有效的方法是：用手指由鼻子外面压迫出血侧的鼻前部（软鼻子处），就好像用手夹鼻子的做法，直接压迫 5 ~ 10 分钟再放手，大部分情况都可以此种方法来止血。而另一侧未流血的鼻孔仍可通畅地呼吸着。如两侧均出血的话，则要捏住两侧鼻翼，用嘴呼吸。鼻血止住后，鼻孔中多有凝血块，不要急于将它弄出，尽量避免用力打喷嚏和用力揉，防止再出血。也可以在家中准备鼻腔喷液将棉花沾湿，塞入鼻孔帮助止血。如果不能在短时间内止住流血，则可以在额头上敷上冷毛巾，并用手轻轻地拍额头，从而减缓血流的速度。

此外，对付流鼻血还有一些小窍门，如左鼻孔流血，举起右手臂，右鼻孔流血，举起左手臂，数分钟后即可止血；取大蒜适量，去皮捣成蒜泥，敷在脚心上，用纱布包好，也可较快止血；或是坐在椅子上，将双脚浸泡在热水中，也可以止鼻血。

要预防流鼻血，准妈妈首先要注意调节饮食，多吃含有维生素C、维生素E类的食品，如绿色蔬菜、黄瓜、西红柿、苹果、芒果、桃子等，以及豆类、蛋类、乳制品等食物，以巩固血管壁，增强血管的弹性，防止破裂出血的情况发生。如果维生素K吸收不足的话，血液中凝血酶原减少，易引起凝血障碍，不但容易造成鼻出血，还可引起胎儿先天性视力和智力发育障碍，所以准妈妈还应多吃些富含维生素K的食物，如菜花、白菜、菠菜、莴苣、苜蓿、酸菜等，必要时可每天口服维生素K。再有，每天用手轻轻地按摩鼻部和脸部的皮肤1 ~ 2次，也可促进局部的血液循环与营养的供应，平时要尽量少做如擤鼻涕、挖鼻孔等动作，避免因损伤鼻黏膜血管而出血。

如果流鼻血过于频繁的话，建议准妈妈最好去医院检查凝血功能，除外血小板减少所致的出血，并及时去五官科就诊治疗，以免造成贫血。

注意外用药的使用

女性在妊娠期间，除了口服用药之外，对于外用药也应谨慎对待。由于外用药当中的某些成分会透过皮肤渗透至血液中，或是通过胎盘直接进入到胎儿体内，因而对胎儿可能会产生一定的副作用。在孕早期，外用药不慎有可能引起胎儿神经系统器官发育受损致畸；而在孕中晚期，外用药不慎也可能会引起胎儿某些先天性疾病发生，严重时还可能会导致晚期流产、早产等危害，所以，准妈妈在使用外用药时，一定需要特别谨慎。

在孕期，有些外用药是不宜使用的，如治疗细菌感染的常用药达克宁，当中所含的硝酸咪康唑易使准妈妈发生接触性皮炎，引起不良反应。准妈妈在孕期可能接触到外用药的机会有治疗皮肤瘙痒、便秘等等，如有需要的话，准妈妈应在医生的处方指导下选择安全的外用药霜，用药之前认真阅读说明书，掌握好用法和用量，不可擅自加量使用，更不能在未经医生许可的情况下擅自购买使用外用药。

经常抽筋怎么办

半数以上的准妈妈在孕期，尤其在晚上睡觉时都会发生腿部抽筋的现象。之所以会发生抽筋，一方面是由于准妈妈体重逐渐增加导致双腿负担加重，进而使腿部的肌肉经常处于疲劳状态；另一方面当怀孕后，人体对钙的需要量明显增加，如果膳食中钙及维生素D含量不足导致钙缺乏，就会增加了肌肉及神经的兴奋性，故准妈妈经常会发生腿部抽筋的现象。加之夜间血钙水平比日间要低，所以抽筋在夜间更为明显。

再有，寒冷因素如冬季夜里室温较低，睡眠时盖的被子过薄或腿脚露到被外；或睡眠姿势不好，如长时间仰卧，被子压在脚面，或脚面抵在床铺上，造成血液循环不良，也是引起抽筋的原因。此外，睡眠时间过长，会造成血液循环减慢，使二氧化碳等代谢废物堆积，也有可能诱发肌肉痉挛。

当腿脚发生抽筋时，可下床以脚跟着地，或平躺使脚跟抵住墙壁，帮助拉伸小腿，减轻症状；或是先轻轻地由下向上地按摩小腿的后方（腿肚子），再按摩拇趾和整个腿，若再不缓解，则把脚放在温水盆内，同时热敷小腿，并扳动足部，一般都能使抽筋缓解。

为了防止腿脚抽筋，最主要的还是要补钙。准妈妈平时要注意多吃含钙丰富的食物，如芝麻、牛奶、排骨、虾皮等。海带含碘、钙丰富，准妈妈多食用可有效防治肌肉抽搐。在补钙的同时，还要注意保证饮食中维生素 D 的摄入，此外，建议每天最好喝些新鲜橙汁，以补充所需矿物质。

但是，有时仅依靠食物并不能满足妊娠的需要，因此，准妈妈在孕中晚期还应适当选择钙剂作为辅助补充。一般建议每日一片钙片即可，若缺钙明显则每日两片。个别准在妈妈服用钙片后可能会出现大便干结，可以蜂蜜水来润肠。

此外，下列一些措施也可帮助准妈妈减少抽筋：避免走路太多或站得太久，减轻腿部肌肉负担；睡眠时保持下肢温暖，不要让小腿受风寒；休息时，将脚部稍微抬高，脚趾向上伸展，使小腿后部肌肉舒张，减轻肿胀，常做肌肉按摩，特别是腿脚部的肌肉，改善血液循环；晚上睡觉前可以温热水泡脚 10 分钟，不仅能预防抽筋，还有利于睡眠，可谓一举两得。

营养越丰富就越好吗

一旦确定怀孕以后，准妈妈就开始了营养补充计划，合理的营养补充对准妈妈和胎宝宝的成长有着极大的促进作用，但若过度补充的话，则可谓过犹不及。据统计，越来越多的孕妇在产检体检时被诊断为超重，也有越来越多的孕妇患上了由于营养补充失当而造成的各种孕期疾病，甚至有些还会影响到胎宝宝的正常发育。

很多准妈妈认为，只要是对胎宝宝成长有帮助的东西就一定要吃，蛋白粉、叶酸、鱼肝油、铁、锌和钙等微量元素统统买来，而且更追逐于购买进口补品；也有的准妈妈认为多吃水果可以帮助美容和补充多种维生素和矿物质，因而大吃特吃。但是事实上，这样的吃法很可能招致疾病，例如，水果吃得过量可能会有引起妊娠糖尿病和其他疾病。

实际上，大多数准妈妈都是健康的，只需要在医生的指导下，补充所需的食物和营养即可。要知道，准妈妈不是准病人。有的准妈妈一旦怀孕后，就把自己看成了一个病人，认为自己缺这少那，于是只要有营养就补，结果导致体重过重，给自身健康、胎儿健康和生产以及产后塑形都带来不必要的困难。

其实对那些身体健康的准妈妈来说，她们什么都不缺，最好的就是食补，只要能够保证饮食多样化，不偏食不挑食，合理均衡膳食，就能保证营养元素的补充摄入。而对于那些身体欠佳的准妈妈来说，应在医生指导下，缺什么补什么，而不是盲目乱补。

什么是前置胎盘

正常情况下，胎盘的附着是处在子宫体部的后壁、前壁或侧壁。如果胎盘附着于子宫下段或覆盖在子宫颈内口处，位置低于胎儿的先露部，称为前置胎盘。前置胎盘是妊娠晚期出血的主要原因之一，为妊娠期的严重并发症，多见于经产妇，尤其是多产妇，或是有子宫内膜炎炎症的孕妇。

前置胎盘根据胎盘与宫颈口的关系可分为完全性前置胎盘、边缘性前置胎盘和部分性前置胎盘。造成前置胎盘的原因目前尚未明确，但可能与下列因素有关：①子宫内膜不健全，产褥感染、多产、上环、多次刮宫、剖宫产等手术引起子宫内膜炎，子宫内膜缺损，血液供应不足，为了摄取足够营养，胎盘代偿性扩大面积，伸展到子宫下段。②孕卵发育迟缓，在到达宫腔时滋养层尚未发育到能着床阶段，继续下移植入子宫下段。③胎盘面积过大，如多数妊娠盘常伸展到子宫下段。

前置胎盘的主要症状是在妊娠晚期或临产时，发生无痛性反复阴道出血，少见者会发生于妊娠20周左右。阴道出血发生时间的早晚、反复发作的次数、出血量的多少与前置胎盘的类型有很大关系，一般来说，完全性前置胎盘往往初次出血的时间早，约在妊娠28周左右，反复出血次数频，量较多，有时一次大量出血即可使病人陷入休克状态；边缘性前置胎盘初次出血发生较晚，多在妊娠37～40周或临产后，量也较少；部分性前置胎盘初次出血时间和出血量介于两者之间。临产后每次阵缩时，子宫下段向上牵引，出血往往随之增加。部分性和边缘性前置胎盘患者，破膜后胎先露如能迅速下降直接压迫胎盘，流血可以停止。破膜有利于胎先露对胎盘的压迫。由于反复多次或大量阴道出血，产妇可能出现贫血，其贫血程度与出血量成正比，出血严重者即陷入休克，胎儿发生缺氧、窘迫，以致死亡。

胎宝宝的第八个月（孕八月）

宝宝的变化

第八个月的胎宝宝多项发育已几近完全了。此时，胎宝宝的皮肤由暗红色变成了浅红色，已经长出了一头的胎发，眼睛时开时闭，能够辨认和跟踪光源；听觉神经已经发育完成，对声音开始有所反应；触觉也已经发育完全；手指甲变得很清晰；身体和四肢仍在继续长大；肺和胃肠功能已接近成熟，具备了呼吸能力，能够分泌消化液。男宝宝的睾丸这时正在从肾脏附近的腹腔，沿腹沟向阴囊下降的过程中，而女宝宝的阴蒂已突现出来，但并未被小阴唇所覆盖。

29周的胎宝宝全身长43厘米，坐高26～27米，体重1300克左右。这时的胎宝宝大脑发育迅速，头也在增大，听觉系统也发育完成，具备了初步的感觉、思维和记忆能力，会对外界刺激发出明显的反应。如果在这时候给胎宝宝放些音乐的话，他就会对不同的音乐作出不同的反应。并且此时，胎宝宝的性器官也在高速发育着。

第30周的胎宝宝，身高约有44厘米，体重约1500克。胎宝宝的头部还在继续增大，大脑发育也非常迅速，大脑和神经系统已经发达到一定的程度；皮下脂肪在继续地增长。这一周，胎宝宝的眼睛开始可以开闭自由了，他不仅能够看到子宫中的景象，还能辨认和跟踪光源。胎宝宝在子宫中被羊水所包围着，活动开始慢慢地减少了。

到了第31周，胎宝宝的体重约为2000克。身体和四肢在继续长大，正在努力和头部的比例相当；他的皮下脂肪更加丰富，皱纹开始减少，看起来更像一个婴儿了。此外，胎宝宝这时候各个器官继续发育完善，肺和胃肠接近成熟，能够呼吸和分泌消化液。胎宝宝喝进去的羊水，经过膀胱排泄在羊水中，这是在为出生后的小便功能进行锻炼。

孕8月的最后一周，胎宝宝已经有45厘米长，2000克重了。这时胎宝宝的生殖器发育已经接近成熟，如果宝宝是男孩的话，这时他的睾丸可能已经从腹腔进入阴囊，但是有的宝宝可能会在出生后当天才进入阴囊；如果是女孩的话，她的大阴唇已经明显隆起并左右紧贴着。除此之外，胎宝宝已经长出一头的胎发，但比较稀少，另外他的指甲也已经长到了指尖处。

准妈妈的变化

从这个月开始，准妈妈开始进入孕晚期。这个月准妈妈的体重会增加 1300 ~ 1800 克，支撑大肚子的双腿会感受到压力；胸口、胃部会受子宫压迫而产生心悸、恶心、腹胀等现象；乳房高高隆起，乳房、腹部以及大腿的皮肤上的一条条淡红色的妊娠纹更为增多，并且由于激素的作用，乳头周围，下腹、外阴部的颜色也日渐加深；骨盆、关节、韧带出现松弛；受孕激素的影响，耻骨联合会呈现轻度分离；早晨起床会手指发麻；阴道分泌物增多，如果护理不恰当的话就可能引起外阴炎和阴道炎，所以一定要在日常生活中注意保持外阴清洁卫生，以免胎宝宝在出生经过阴道时被感染；由于胎头开始下降压迫到膀胱，准妈妈尿频的感觉越来越明显，并且排尿次数也跟着增多，还会有尿不净的感觉；经常会出现“胃烧心”和便秘的现象，极易出现腰酸感，并且会发现自己变得非常健忘。

在这个月，准妈妈要特别注意胎位的问题。在孕晚期，胎宝宝在子宫内的正常姿势应该是头部朝下臀部朝上，以使分娩时头部先娩出。胎位正常与否十分重要，它关系到分娩能否顺利进行。28 孕周前，胎宝宝尚小，羊水相对较多，即使胎位不正大多也能自行转正；但若在 30 孕周后仍胎位不正的话，就需要在医生指导下进行自我矫正。

准妈妈还会发现，胎宝宝的胎动开始越来越少了。但是不用担心，胎动减少只是因为随着胎宝宝越来越大，能够让他活动的空间越来越少、他的手脚不能自由伸展了。只要感到宝宝在你腹中偶尔的活动，就说明他很好。此外，由于身体变得沉重，准妈妈从这个月开始会变得特别懒得活动。但是为了在生产时候更加轻松些，准妈妈还是要坚持适当的活动。

准爸妈的生活指南

准妈妈的营养补充

本月应继续秉承全面均衡膳食的原则，同时要注意饮食不可毫无节制，应该把体重的增加限制在每周 350 克以下。建议本月每天进食主食 400 克左右；鸡蛋 1 ~ 2 个或豆制品 100 ~ 150 克；牛奶或豆浆 250 毫升；鱼或肉类食品 100 ~ 150 克；蔬菜 500 克；水果 1 ~ 2 个；每周进食 1 次猪肝，2 ~ 3 次虾皮，海带或紫菜；若腿有抽筋现象，最好再多喝些骨头汤。

到了第 8 个月，胎宝宝开始在肝脏和皮下储存糖原及脂肪。此时若碳水化合物摄入不足的话，将造成蛋白质缺乏或酮症酸中毒，所以在本月准妈妈应主要补充碳水化合物，以保证热量的供给，维持身体的热量需求。准妈妈最好能保证平均每天进食 400 克左右的谷类食品，这对保证热量供给、节省蛋白质有着重要意义。另外，除了米、面主食之外，要适当增加一些粗粮，比如小米、玉米、燕麦片等。

除了碳水化合物，本月还要注重不饱和脂肪酸的补入。在怀孕最后的三个月，胎宝宝进入了大脑增殖高峰期，除了需要大量葡萄糖供胎宝宝迅速生长和体内糖原、脂肪储存外，还需要有一定量的脂肪酸，尤其是丰富的亚油酸，以满足大脑、血液和神经系统的发育所需。

应当多吃的食物

1. 茄子。茄子中含有维生素 P、钙、磷等营养元素，还含有一种叫花青素的物质，可以很有效地抗氧化、预防高血压和缓解肝功能障碍，还能有效缓解眼部疲劳感。孕晚期的准妈妈，特别是长时间看书或对着电脑的准妈妈最好多吃些茄子。

2. 糙米。糙米中富含锰元素，可以有效预防骨质疏松，促进胎宝宝的骨骼发育；此外，锰元素还可有效防治缓解准妈妈在孕中晚期皮肤瘙痒的症状。

3. 莲藕。莲藕中富含钙、磷、铁、多类维生素、黏液蛋白和膳食纤维，能与人体内胆酸盐，食物中的胆固醇及甘油三酯结合，使其从粪便中排出，从而减少脂类的吸收。此外，莲藕有一种独特的清香，还含有鞣质，有一定健脾止泻作用，可有效能增进食欲，促进消化，开胃健中。对于孕晚期胃口不佳的准妈妈，吃些莲藕可以有效增进食欲。

4. 鲫鱼。鲫鱼含有丰富的优质蛋白质和丰富的钙、磷、铁、维生素A和B族维生素等，可以为孕妇提供丰富的优质蛋白质，同时有益气健脾、清热解毒、通脉下乳、利水消肿、防治便秘等功效，是特别适合孕晚期准妈妈的食物。

5. 莴笋。莴笋浆液十分丰富，味道清新，略带苦味，能增强胃液及消化液的分泌，增加胆汁分泌量，刺激消化道各器官蠕动，对消化无力、酸度低及患有便秘的准妈妈特别有用。莴笋含糖较低，而无机盐、维生素含量较多，尤其含有较丰富的烟酸，故常吃莴笋可有效预防妊娠糖尿病。而且，莴笋所含铁元素很容易被人体吸收，常吃新鲜莴笋可有效预防贫血症。此外，莴笋还具有滋润皮肤、清洁口腔、防龋除臭的美容作用。

应当少吃的食物

1. 洋葱。洋葱容易消耗肠道水分而使胃腺体分泌减少，易造成胃痛、肠道干燥、痔疮、便秘或粪便梗阻，从而可能会对肚子里的宝宝产生不良影响。

2. 巧克力。过多食用巧克力会使准妈妈产生饱腹感，因而影响食欲，其结果是身体发胖，而必需的营养却缺乏。

3. 西瓜。西瓜中含的糖分占了9成，虽然西瓜有清热解暑等功效，但准妈妈的脾胃功能较弱，高温容易影响胃口使免疫力下降，如果西瓜吃得太多的话极易造成大量糖分摄入，从而导致糖代谢紊乱，极易诱发糖尿病，增加巨大胎儿、羊水过多及难产、产后出血的概率。再有，由于西瓜是利尿剂，准妈妈在孕晚期尿频的现象比较严重，如果多吃西瓜的话很容易造成脱水，故应尽量少吃。所以，即使能清热解暑，但也要适可而止，每天最多不超过200克。

4. 味精。味精的主要成分是谷氨酸钠，血液中的锌与其结合后便从尿中排出，味精摄入过多会消耗大量的锌，导致准妈妈体内缺锌。而锌是胎宝宝生长发育之必需品，故准妈妈要少吃。

5. 甲鱼。甲鱼虽有滋阴益肾的功效，但是其性味咸寒，有着较强的通血络、散淤块作用，因而有一定堕胎之弊，尤其是鳖甲的堕胎之力比鳖肉更强，所以准妈妈最好不要食用甲鱼，以免给胎宝宝带来不必要的危险。

6. 芒果。芒果是少数富蛋白质的水果，它的营养价值很高，富含胎宝宝生长发育所需要的维生素，以及蛋白质、钙、磷、铁等有助于宝宝生长的微量营养成分。但是，准妈妈如果对芒果过敏的话，最好还是不要吃。对于不过敏的准妈妈，适当吃点芒果还是有益的，但由于芒果性质带湿毒，属于热性食物，所以准妈妈不要吃太多。

孕八月的饮食原则

到了孕晚期，准妈妈饮食要尽量选择体积小、营养价值高的食物，如动物性食物等，食物以清淡爽口为原则。这是因为，清淡食物多为植物性食物，既能满足胎宝宝发育所需要的营养元素，又有利于准妈妈的消化吸收，进而有效预防便秘、消化不良等症状。

这个月要注重饮食的多样化和搭配食用，可使准妈妈获得多方面营养成分，有利自体健康和胎宝宝生长发育。例如在制作菜肴时，可以依寒冷与温热性质的不同互相搭配，如作馅或炒菜时白菜配韭菜、韭菜配菠菜、辣椒配苦瓜、茄子加蒜等，都是很好的搭配，可以使寒温结合，不使受损，而且营养全面平衡，有利于人体增加营养。

除了依寒冷与温热性质搭配之外，也可采用混吃搭配，以起到同吸收多种营养素的作用。例如，土豆炖牛肉既可以减少牛肉的油腻，又可以获得土豆和牛肉中的营养；蒸玉米面馍时加入黄豆面，可同时获得玉米、黄豆两种食物的营养，味道和质地也大为改善；蒸大米饭加上红豆或红小豆，以及大米、小米二米粥、豆稀饭、白面与玉米面发酵后蒸发糕，都是很好的搭配，可以同时获得多种营养成分。

此外，准妈妈要尽量少吃咸的东西，每天盐摄入量最好在7克以下，不宜大量饮水。要限制糖、甜食、油炸食品、肥肉、油脂摄入，避免吃土豆、红薯等不易消化的事物，以减轻胃部被增大的子宫顶的胀满感。

孕八月的营养食谱

韭菜炒虾仁——温胃、润肠、通便，补充胡萝卜素、维生素C及钙、铁等多种营养素。

【原料】虾仁300克，嫩韭菜150克，花生油、香油、酱油、精盐、味精、料酒、葱、生姜、高汤各适量。

【做法】1. 将虾仁洗净，沥干水分。将韭菜择洗干净，沥干水分，切成2厘米长的段。葱洗净切丝，姜去皮洗净切丝。

2. 炒锅上火，放花生油烧热，下入葱、姜丝炝锅，炸出香味后放入虾仁煸炒2～3分钟，烹料酒，加酱油、精盐、高汤稍炒，放入韭菜，急火炒约2分钟，淋入香油，加味精炒匀，盛入盘内即成。

芹菜炒肉丝——补充优质动物蛋白和多种维生素、矿物质。

【原料】芹菜500克，瘦肉200克，植物油、盐、酱油、料酒、味精和花椒各适量。

【做法】1. 将芹菜择洗干净，切成3厘米的小段，放入滚水中焯一下捞出，用清水浸凉，控净水分；将肉洗净后切成肉丝。

2. 锅置火上，加油烧热后放入花椒炸至变色有香味后将花椒捞出，下肉丝炒至变色，烹入酱油、料酒炒匀，装入盘内。

3. 锅中再放油，油热后下芹菜，翻炒片刻后放入肉丝、盐和味精，炒匀即可。

花生米粥——养血补血，补脾止血，滋补润肺。

【原料】花生米、粳米、冰糖各100克。

【做法】1. 将花生米用清水浸泡5～6小时，换水洗净。粳米淘洗干净。

2. 锅置火上，放入适量清水、粳米，先用旺火煮沸，加入花生米，转用文火煮至粥成。用冰糖调味，即可食用。

蒜蓉茄子——抗氧化，提高机体免疫力。

【原料】紫皮茄子400克，香菜15克，盐2克，大蒜25克，酱油3克，白砂糖3克，香油5克，植物油25克，花椒15克。

【做法】1. 茄子切段，放入盐水中浸泡5分钟，捞出，一剖为二，放入热油中炸软捞出；香菜洗净切末。

2. 再用油爆一大匙花椒后，捞出花椒，放入蒜蓉炒匀，放入茄子、酱油、白糖和盐烧至入味，放入香菜末即可。

红烧带鱼——补气暖胃、补虚泽肤，补充蛋白质、脂肪、钙、磷、铁、碘、维生素A、维生素B_1、维生素B_2及多种不饱和脂肪酸。

【原料】鲜带鱼500克，料酒、酱油、精盐、葱段、姜片、白糖、花生油、面粉各适量。

【做法】1. 将带鱼去腮、鳍、内脏，洗净，斩断。

2. 锅中放入花生油，烧热，将带鱼段裹上面粉下入锅内煎至金黄色，再加适量水、精盐、料酒、酱油、糖、葱、姜，烧至汤汁浓稠，带鱼已熟烂入味时即可。

海米炝芹菜——滋补润肠，补充蛋白质、钙、磷、铁及纤维素、维生素A和维生素C等营养元素。

【原料】嫩芹菜300克，海米20克，精盐、料酒、花椒、生姜、味精、花生油各适量。

【做法】1.将海米用温水泡好。生姜去皮洗净切细丝。芹菜去根和叶洗干净，切成3厘米长的段，放入开水中焯一下，捞出控净水分，装入盘内。趁热撒上海米、姜丝，放入精盐、料酒、味精拌匀。

2.锅下油，放入花椒，炸出香味，捞出花椒，将油倒在芹菜上，调拌均匀，用盘子扣好，稍焖片刻即成。

菜花沙拉——促进食欲，防止便秘。

【原料】白菜花200克，鸡蛋1个，熟白芝麻1小匙，优格1瓶，柠檬片1片，盐半匙。

【做法】1.优格放入冰箱，冷冻成半固体，柠檬挤成汁，食用前均倒入杯中混合拌匀。

2.菜花洗净，分切成小朵，放入滚水中余烫，捞起，置入冷开水中，待凉沥干水分备用。

3.鸡蛋放入滚水中煮熟，剥壳并分开蛋白与蛋黄，蛋黄研磨成粉碎状，蛋白切碎粒，加入碎蛋黄和煮好的菜花，撒上白芝麻，淋上拌好的酸奶柠檬汁即可。

鸡丝粥——滋补五脏，补益气血。

【原料】母鸡1只，粳米100克，盐、油菜适量。

【做法】1.将母鸡宰杀后用沸水烫过，去毛和内脏后用清水洗净放入沙锅内，倒入适量水后置于文火上熬鸡汤，将鸡汤汁倒入大碗内。

2.粳米淘洗干净后放入锅内，加入鸡汁、撕成丝的鸡胸肉和适量盐，锅加盖置于火上煮成粥。最后加点油菜即可食用。

奶瓶和奶嘴的选购

很多准妈妈从这个月开始，就要陆续为即将到来的宝宝准备各种生活用品了，而奶瓶是每个宝宝必不可少的用品，它的安全卫生是每个准妈妈都要考虑的问题。目前市场上奶瓶种类繁多，形状各异，奶嘴的设计也是五花八门多种多样。奶瓶是宝宝进食的主要工具，如果选得不好的话，很容易造成将来宝宝不喜欢吃奶，因此，准妈妈要懂得选购奶瓶的一些技巧。

1.奶瓶的选购。目前市场上的奶瓶有玻璃的和塑料的两种。玻璃奶瓶内壁光滑，容易洗净，开水消毒不易变形，适用于不会拿奶瓶的小宝宝；塑料奶瓶时间长久后易变黄而不透明，不易看出奶瓶是否洗净，有的经开水消毒还会变形，但对能够自抱奶瓶吃奶的婴儿则比较安全。

如何辨别奶瓶的质量好坏呢？奶瓶分为瓶身和瓶口两个部分。在选择奶瓶的时候，家长首先要考虑奶瓶的透明度，一般好的奶瓶透明度很好，可以清楚地看到奶的容量和状态，尽量不要购买瓶身图案和色彩太丰富的奶瓶。其次，好的奶瓶硬度高，因而在高温消毒时不易变形。再有，选奶瓶时还要观察瓶口的基部，因为宝宝在吸收的时候，嘴唇会对准瓶口的基部，因此这个部位的设计也将直接影响到宝宝对奶瓶的接受度。目前市场上有一种根据妈妈乳房设计的宽口径的奶瓶，其柔软而宽大的基部和妈妈的乳房感觉很像，宝宝在吸吮的时候会特别有种亲切和熟悉感。

此外，在买奶瓶的时候应选择带帽奶瓶，以便盖住消毒后的奶嘴和瓶口，防止污染。奶瓶的瓶口宜大不宜小，以便装奶和清洗。最好买个稍大的奶瓶，如240毫升瓶，可以让宝宝一直用到断奶不用更换。

2.奶嘴的选购。奶嘴孔的选择很重要，一个合适的奶嘴孔能让宝宝很愉快地喝奶。目前市场上最常见的就是硅胶和乳胶的奶嘴，还有一部分是橡胶制成的。硅胶奶嘴与乳胶相比质地较硬，也较接近妈妈的乳头；而乳胶的奶嘴宝宝吸起来不费劲，但却容易老化。选择哪种质地的奶嘴，可以根据每个宝宝的实际情况来决定。

在选择奶嘴时，并不是奶嘴上洞越大越好，要根据宝宝的月龄和食量酌情选择，因为如果奶嘴洞太大的话，宝宝吃奶的时候很容易呛着。奶嘴有小圆孔、中圆孔和大圆孔的，一般来说，小圆孔的奶嘴适合刚出生的宝宝，中圆孔的适合用来喝水和牛奶，而大圆孔的则是用来喝果汁和米粉这些流质的食物的。一般 3 个月以下的宝宝用小圆孔，3 ~ 7 个月的宝宝用中圆孔，7 个月以上的宝宝适合用大圆孔。

除了圆孔之外，现在的奶嘴还有十字孔、Y 字孔，以及根据母乳流量而设计的一孔、两孔和三孔奶嘴。Y 字形孔适合于可以自我控制吸奶量、边喝边玩的宝宝使用，而十字形孔则适合于吸饮果汁、米粉或其他粗颗粒饮品，也可以用来吃奶。

为母乳喂养做好准备

母乳是宝宝最好的食物，如果下决心要用自己的乳汁喂养宝宝的话，那么从这个月开始，准妈妈就应为哺乳做好准备了。

1. 注意乳房养护。乳房乳头的正常与否会直接影响产后哺乳。在孕晚期，准妈妈要做好乳头的准备，如可以在每晚清洁乳房后用羊脂油按摩乳头，增加乳头柔韧性；一手把住乳房，另一手平放乳房上轻轻做旋转或按摩，两手可交替以保证按摩均匀，每天 1 ~ 2 次，每次数分钟，以便疏通乳腺管；使用宽带、棉制乳罩支撑乳房，防止乳房下垂。但要注意此时不要采取牵拉乳头的方式纠正乳头凹陷，因为这种刺激乳头的方法有可能会引起早产。乳头凹陷并不一定会影响喂奶，只要在产后喂奶前轻按乳晕部分，抚摸乳头使其突出，大部分都可以顺利喂奶。

2. 注重营养。准妈妈若营养不良的话，不但会造成胎儿宫内发育不良，还可影响产后乳汁的分泌。所以准妈妈在孕期一定不能忽视蛋白质和维生素、矿物质类营养的摄取，特别是豆制品，因为其蛋白质、矿物质和维生素成分高，更重要的是异黄酮有调节雌激素的作用，有助母乳分泌，为将来泌乳做好准备。

3. 提前了解母乳喂养。准妈妈从怀孕开始就应主动学习有关母乳喂养的基本知识和有关信息，认识哺乳是人类的本能之一，是哺乳类动物繁衍生息过程中重要的生物学活动。只要认识明确方法得当，几乎每个健康的妈妈都可以完成哺育宝宝的任务。

4. 穿合适的胸罩。孕期穿戴合适的胸罩对保证乳腺畅通有着重要的作用。受内分泌的影响，准妈妈的乳房外形很容易随着孕期发生改变，选择一款合适的胸罩尤为重要。一款合适的胸罩应具备可以随意松紧的特点，可以随着胸围的增大而自由调整胸罩的大小。此外，胸罩支持乳头所在的正确位置应是乳头连线在肘与肩之间的水平位，这样可以防止乳房的重量将胸罩往背部方向牵拉。

不要久站或久坐

到了孕晚期，子宫增大会不断加重对腔内静脉的压迫，阻碍下肢静脉的血液回流，极易引发下肢静脉曲张或会阴静脉曲张。准妈妈若长时间站立的话，由于突出的腹部会使身体的重心前移，准妈妈为保持身体平衡就会不自觉地后仰，使背部肌肉紧张，而长时间的肌肉紧张则会造成背部肌肉负担过重，腰肌便很容易疲劳，从而使准妈妈感到腰酸背痛。所以准妈妈在站立时应尽量纠正过度代偿姿势，可适当活动腰背部，增加脊柱的柔韧性以减轻腰背痛。

若长时间保持坐姿的话，由于受到重力影响，可能会使身体低垂部位的静脉扩张、血容量增加、血液回流缓慢、较多的静脉血潴留于下肢内，导致下肢静脉曲张，从而导致准妈妈常感到下肢酸痛、小腿隐痛以及脚踝足背部水肿。

其实，准妈妈到了孕晚期，任何一种姿势坚持时间稍长的话都会引起不同程度的疲惫感，所以最好的方式是经常更换姿势，平时勤活动手脚，注意易疲劳部位的锻炼和适度的按摩，以助于预防和舒缓这些孕晚期所带来的不适感。

常见疼痛的解决办法

要缓解身体上的疼痛等不适症状，就要从生活的细节上多加注意：

（1）采取有利的姿势做家务。适当的家务劳动对准妈妈和胎宝宝都有很大的好处，但准妈妈在做家务的时候，还是要特别小心，尤其要注意保护好自己的腰部。

当扫地或是吸尘的时候，准妈妈可以把扫帚吸尘器的把手，斜着放在身前。一条腿朝前迈一小步，略微弯曲，另一条腿伸直，上身略微朝前倾斜，以避免颈部和腰部过分抻拉用力。收拾垃圾时要使用长把的簸箕，尽量减少弯腰动作。

一般厨房的操作台都比较矮，在做饭的时候需要稍稍弯下腰，到了孕中晚期弯腰的动作会让腰部感到明显的不适，同时也会加重颈部的疲劳感，所以准妈妈可以左手扶住操作台支撑住身体，用右手干活。

另外，像洗衣服、登高放东西、提重物、背太沉的包等都可能会抻到腰部的家务活儿，准妈妈少做最好。

（2）出门要小心。准妈妈在孕期里少不了出门上班、购物等，但是到了孕中晚期，出门的时候往往会有些不方便。建议准妈妈在出门时最好穿着透气舒适的孕妇装，如果天气情况不好的话尽量不要乘地铁、公交等公共交通工具，也不要走太多的路，更不能长时间地逛商场购物，否则会导致脚底发软、腰酸背痛。外出后回到家一定要及时休息。

（3）勤按摩。按摩是有效的缓解疲劳疼痛的方法。例如，适当地按摩腰部可以缓解腰痛症状，而适当地头部按摩则可以缓解神经的紧张感。做按摩的时候要量力而行，力度要适中，时间不宜过长，可以做全身按摩也可以是在疲劳疼痛部位做局部按摩，需要注意的是，一旦在按摩过程中出现不适症状，就应立即停止。

（4）勤做体操。当感到颈部腰部疲累疼痛时，可是适当做做孕妇体操，以达到缓解的作用。当然，在进行体操锻炼前，准妈妈要进行专门的学习，不能盲目做体操动作，以防起到反效果。如果身体条件允许的话，适当的游泳也可有效赶走痛感。总之，在日常生活中准妈妈要坚持适当的运动锻炼，切不可一动不动，那样很可能会使疼痛加剧。

（5）适当补钙和维生素。由于胎宝宝的快速发育，准妈妈很容易缺钙和维生素等营养物质，一旦缺乏，就较容易引起腰痛、抽筋等现象，所以准妈妈要注意日常的合理均衡膳食，从饮食上多多调节，必要时可以服用一些专门的钙剂和维生素来做补给。

（6）使用托腹带。有的准妈妈在孕中后期肚子过大，从而导致长时间的腰部酸痛，可以在医生的辅导建议下佩戴使用孕妇托腹带，以帮助减轻腰腹部的压力，缓解疼痛。

缓解由头到脚的不适

1. 头部不适。准妈妈头部的不适感除了头痛之外，还比较常见的就是头晕目眩。孕中晚期，准妈妈常常被头痛头晕的症状所困扰，并且这种症状对准妈妈来说也是件比较危险的事，可为了肚子里宝宝的安全，多数准妈妈都是宁可忍着都不肯吃药。那么，应当如何排解这种不适感呢？

首先应找出头痛头晕的诱因，一般情况下，长时间待在一个不通风的狭小空间时，最容易发生这种症状。比较好的办法是，立刻走出狭隘的空间，或是给它通通风，让空气多多流通一下，就能够减轻这种不适感了。此外，体位的急速变化也是造成眩晕的一个重要原因，由于胎宝宝所需的血液供给量很大，准妈妈若突然从一个姿势变换到另一个姿势的话，很可能由于一时间脑部血液供给不足而造成头痛头晕。所以，当准妈妈要变换姿势时，一定要将速度放缓放慢，比如从平躺到坐起来，或从坐着到站起来，都要慢慢进行，以减少头痛和头晕目眩感。

其次，保持血糖的稳定很重要，如果准妈妈的血糖低于标准，就会导致饥饿性头晕。所以准妈妈到了孕中晚期时，尽量少食多餐，随时补充一些小点心，以保持血糖的稳定。

最后，适当的头部按摩也不失为一种好方法，准妈妈可以放松平躺在垫子上，让准爸爸或其他家人在疼痛的部位以画圈的动作按摩，力量要足够使皮肤在颅骨上移动为宜，也能够有效缓解这种疼痛不适感。

2. 腿部抽筋。预防抽筋，首先准妈妈应严格控制日常饮食中的盐分，减少盐的摄取量。此外，可以平时多做一些预防腿部抽筋的运动，如保持站立的姿势，一腿前一腿后，前腿慢慢屈膝，身体前倾，后腿缓缓伸展小腿。还可以将双手平放于墙，双臂完全伸直，脚踩地板，背部直立之后弯曲肘部，呈推墙状，令小腿肌肉舒适展开。当发生抽筋时，可以让准爸爸帮助按摩抽筋的肌肉以促进血液循环，也可以慢慢行走或靠墙站立，都可以改善抽筋的症状。

3. 脚部不适。脚部的不适感多数是因为腿脚压力过大和浮肿所引起的，多表现为疼痛和酸胀感。为了缓解脚部的诸多不适，准妈妈在怀孕时特别是孕中晚期，要特别注意鞋袜的舒适程度，尽量选择棉质透气的袜子和宽帮低跟的鞋，鞋的尺码最好是比孕前穿的大一号，注意鞋底的柔软度和防滑性。此外，平时不要过久地站立，坐着的时候尽可能地抬高双脚。可以多做做脚部运动：将收缩脚趾，将脚趾尽量张开。伸出双腿脚趾朝上，让脚趾做画圈运动，同时也转动双脚与脚踝。还可以让准爸爸或家人帮忙做做脚部按摩，双手握住脚部用拇指在脚底顺着足弓慢慢地以画圈的方式进行按摩，但切记不要按摩脚底。

可缓解孕期疼痛的小动作

1. 牙疼。准妈妈体内热燥容易上火，所以牙部神经很容易疼痛。牙疼对于准妈妈来说可大可小，轻者干扰破坏准妈妈的好情绪，重则会引发各种牙周疾病以及其他部位疾病，所以一旦牙疼时，最好第一时间进行舒缓。准妈妈可以试着用手指蘸着盐做牙部按摩，这样的方式可以有效为牙齿杀菌并保持清洁，并且盐的味道通常也不会让准妈妈感到讨厌和恶心。

2. 肩膀疼。随着肚子越来越大，准妈妈总是会不自觉地向后仰肩膀，这时，颈椎和肩胛骨承受的压力也越来越大，所以准妈妈经常会感到脖子发紧和肩胛骨处疼痛，尤其是当长期坐着看电视或聊天时，这种疼痛会加更明显。而且越是到了孕后期，这种疼痛就越来越严重。若要缓解肩膀疼痛，准妈妈可以在坐着的时候，双手自然放在腿上，腰背部挺直，呼气，努力向上拉伸颈部，好像脖子长长一样坚持几秒钟后放松。连续多做几次这样的动作，就能对颈椎和肩膀的不适起到一定的舒缓作用。

3. 手疼。准妈妈的拇指、食指、中指指端有时会感觉异常或疼痛，多发于夜间，有时还会向肘、肩部放射，可单侧也可双侧。这些手疼的症状在医学上称腕管综合征，主要是因为怀孕期间生理性水潴留引起手腕腕管部局部水肿并压迫神经所导致的。

要缓解这种疼痛，准妈妈要尽量减少使用电脑的时间，最好买一个腕托安在电脑键盘，以减轻对腕神经的压迫。当感觉手指上有针扎般的疼痛时，可以轻轻按摩手指 5 分钟。睡觉的时候，可以在手和手腕下垫一个枕头，也可有效预防夜间疼痛发作。

4. 腰疼。很多孕中晚期的准妈妈都要

忍受腰疼的折磨，尤其是在变换动作的时候。若要缓解腰疼的不适感，准妈妈在坐着的时候，要保证腰背挺直，也可以在沙发或椅子的后面垫一个柔软的靠垫，使腰部达到最舒服的程度。当从沙发或椅子上起身时，可以先坐到沙发或椅子的边缘，双脚并拢，向前挺起上身再起立，不要站得过猛。此外，准妈妈平时也尽量不要做有弯腰或是抻拉腰部的家务活，不要提重物，如果能够采用坐姿干活的话就尽量采取坐姿；起床的时候也最好先用一只手抱住同侧的膝盖，把大腿拉到腹部，慢慢地朝侧面翻身，带动头、肩膀和身体一起转到侧卧之后，抬高另一侧膝盖，用手支撑着坐起来。这种动作可以将起床时的腰部用力动作转移到双臂用力，从而避免腰部因为过力而带来的疼痛和不适。

5. 腹部痉挛。到了孕晚期，子宫慢慢增大会使支撑子宫的韧带被拉伸得越来越紧，从而刺激到周围的肌肉，产生腹部痉挛。当发生腹部痉挛时，准妈妈会感到腹部被拉得紧绷绷的，特别难受。很多准妈妈发生腹部痉挛时，总是试图通过下蹲弯腰或者按压疼痛的点来止痛，但有过这种做法的准妈妈都知道，这样非但无效，而且往往是适得其反。正确的做法应该是：跪在床上，向前俯身，双手支撑住身体，腰部保持挺直。通过这种姿势，可以让腹部暂时悬空，从而使收缩的肌肉得到放松而达到缓解疼痛的功效。

6. 外阴疼。外阴疼也叫外阴静脉曲张，表现为外阴部肿胀，同时局部皮肤发红，在走动时，外阴有充血一样的疼痛感觉。孕晚期的准妈妈常会遭遇这种疼痛，预防和舒缓的办法是：避免长时间站立，避免穿过紧的裤子和鞋袜；不要接近热源或用过热的水洗澡。如果已经发生外阴静脉曲张的话，准妈妈可以用局部冷敷或用冷开水坐浴的方式，使外阴部的曲张静脉血管收缩。

孕八月的胎教方案

这时期的胎宝宝可以说已经是个真正的小人儿了，他对外界的任何刺激都能有明显的感觉，还能做出相应的反应。将来宝宝的性格倾向和这时期所接触的外界刺激关系非常密切，准妈妈的修养、兴趣、爱好、职业以及与准爸爸的融洽关系，这些都会对胎宝宝的性格形成起着影响作用。所以，从本月起要开始重视对胎宝宝的性格胎教，这首先就要求准妈妈要有豁达开朗的心胸和积极良好的生活心态。其次还要重视起家庭环境氛围。如果胎宝宝在子宫内感到温暖、和谐的气氛，那么他那幼小的心灵将感到生活的美好和欢乐，可以为将来热爱生活、活泼外向等优良性格形成打下坚实的基础；反之，如果家庭关系紧张，或是准妈妈情绪恶劣不稳，那么胎宝宝也很容易受到这种痛苦情绪的滋扰，不利于他将来好的性格形成。

除了性格胎教，这个月还应加入训练培养胎宝宝心智能力的美育胎教，这就要求准妈妈通过看、听等方式，体会生活中美好的事物，然后将自己这份美好的感受通过神经传导输送给胎宝宝。要进行美育胎教，准妈妈可以有选择性地阅读一些优秀的作品和欣赏优美的图画，在阅读欣赏过程中一定要注意细细体会当中的美感，有条件的准妈妈还可以欣赏一些著名的美术作品，尽可能多地开拓自己对美的感受和理解力，然后将这种感受传达给自己的胎宝宝。此外，多听美好的音乐也是美育胎教的一个重要部分，可以多选择一些主题鲜明、意境饱满的作品，更有利于体会当中的情怀美感。如果身体允许，准妈妈也可以到环境优美、空气质量较好的大自然中去欣赏大自然原始的美丽，这样也是一种不错的胎教。

无论进行何种胎教，保持放松愉悦的心情是非常重要的。但有时候因为各种原因，准妈妈会感到比较难于集中精力，常常被一些杂念所干扰。最简单的放松办法是，将屋内光线调暗，将所有缠挂在身体上的东西，如项链、耳环等，都摘下来，然后坐下或横卧，保持舒服的姿势，轻闭双目，保持半分钟左右，然后缓慢地重复 2 次下面的步骤：

心情放松→感觉两腕沉重→心情放松→感觉两脚沉重→心情放松→感觉两腕轻盈→心情放松→感觉两脚轻盈→心情特别放松。

这个月需要注意的问题

羊水过多过少危害都大

羊水是孕育胎儿的神奇之水，能保证胎宝宝在稳定的压力和温度中健康成长。羊水可以作为评估胎儿健康和性别的指标，它还具有一定润滑作用，使产道分娩不会过于干涩；能够形成水囊，在生产时对子宫颈和产道有软化扩张的功能，减少对母体的伤害；可以预防外界细菌感染，即使已经感染也可使其降低到最小限度，同时还能减少子宫收缩时对胎儿的压迫，使子宫收缩压力较为平均。正常情况下，妊娠时羊水量应随孕周增加而增多，到最后 2 ~ 4 周开始逐渐减少，妊娠足月时羊水量约为 1000 毫升，800 ~ 1200 毫升内都为正常。羊水过多或者或少，都有一定的危害。

1. 羊水过多。如果在妊娠任何时期内羊水量超过 2000 毫升的话，即为羊水过多，分为急性羊水过多和慢性羊水过多，以慢性较为常见。

急性羊水过多多发于妊娠 20 ~ 24 周，由于羊水急剧增多，准妈妈的子宫会在几日内迅速增大，导致横膈上抬，出现呼吸困难，不能平卧，甚至出现紫绀等症状，还可导致便秘、下肢及外阴部浮肿及静脉曲张等。

慢性羊水过多多发于妊娠 28 ~ 32 周，羊水可在数周内逐渐增多，属中等量缓慢增长，多数准妈妈可以适应。慢性羊水过多者，腹部膨隆要大于妊娠月份，妊娠图可见宫高曲线超出正常数，腹壁皮肤发亮、变薄，触诊时感到皮肤张力大，有液体震颤感，胎位不清，胎儿部分有浮沉感，胎心遥远或听不到。

羊水过多容易使准妈妈并发妊娠高血压征，出现胎位异常、早产等。破膜后因子宫骤然缩小，可以引起胎盘早剥，破膜时脐带可随羊水滑出造成脐带脱垂。产后因子宫过大还容易引起子宫收缩乏力而导致产后出血。

羊水过少破膜时脐带可随羊水滑出造成脐带脱垂。产后因子宫过大还容易引起子宫收缩乏力而导致产后出血。

2. 羊水过少。羊水过少指的是到了孕晚期，羊水量少于 300 毫升的情况。羊水过少时，羊水呈黏稠、混浊、暗绿色。由于羊水少，胎儿皮肤与羊膜紧贴，每当胎动时准妈妈会感到疼痛，同时胎儿会发育不良，皮肤干燥，缺乏皮下脂肪。若羊水过少发生在孕早期，胎膜可与胎体粘连，造成胎儿畸形，甚至肢体短缺；若发生在孕中晚期，子宫四周的压力直接作用于胎儿，容易引起肌肉骨骼畸形，如斜颈、曲背、手足畸形等，还会导致胎儿肺部发育不全。在生产时还易发生胎儿窘迫与新生儿窒息，增加围生儿死亡率。

羊水过少是胎儿危险的极其重要的信号。若孕早中期发现羊水过少的话，最好是终止妊娠；若到了孕晚期已足月的话，应尽快破膜引产，破膜后若羊水少且黏稠，有严重胎粪污染，同时出现胎儿窘迫的话，应选择剖宫产结束分娩。

体重增长过快怎么办

孕晚期正常情况下，准妈妈体重应以每周增长 0.5 千克为宜，如增长过快的话，最好先到医院做个 B 超检查，了解胎宝宝的生长情况和羊水量；还要查一次血糖，排除妊娠糖尿病的可能。如果一切正常的话，就要严格控制饮食量，日常饮食以高蛋白质、低热量、富含维生素、矿物质为原则。可以减少主食的摄入，多吃些蔬果类食品，不要碰任何热量高的饮食，如甜点、巧克力、蛋糕、油炸主食、奶油、奶酪、黄油及快餐食品。如果感觉自己体重增长过多又很难从饮食上调节的话，也可以找医院的营养师或保健医师，根据具体情况为自己制订一套专属的饮食方案。

不宜再远行

到了孕晚期，稍微走动或站得久一点都可能会给准妈妈带来疲惫感。并且由于生理变化极大，准妈妈在这时对环境的适应能力也降低了，因此这时候的准妈妈不宜再远行。

长时间的舟车劳顿会引起准妈妈的诸多不适，如恶心、呕吐、食欲降低。由于妊娠晚期胎儿不断增大，子宫本身重量比妊娠前增加了20倍，加上胎儿、胎盘和羊水重量，整个子宫的重量有6公斤左右。仰卧位时，增大、负重的子宫会压迫腹主动脉和下腔静脉。腹主动脉是准妈妈体内血液供应的主要血管，一旦受压就会使心、脑等组织器官供血不足，进而产生上述综合症状。

仰卧位低血压综合征严重情况下可导致休克，给准妈妈和胎儿造成生命危险，所以准妈妈必须要多加警惕。防止出现仰卧位低血压综合征，准妈妈要特别注意睡觉和休息姿势，必须坚持在睡觉时取左侧卧位或取右侧卧位，使腰椎前弯度减小。特别是发生过仰卧位低血压或有低血压病史的准妈妈，更要特别注意。

腹痛需要注意

这个月的准妈妈有时候常会感觉肚子一阵阵的发紧胀痛，如果这种疼痛是偶发的且间隔时间较长、疼痛不明显、无下坠感的话，一般没什么大的问题，很可能是增大的子宫刺激肋骨下缘、对肋骨产生压迫，或是假性宫缩所引起的，不需要特殊治疗。但若腹痛持续时间较长且剧烈，而且伴有阴道出血、破水等情况的话，就有可能是胎盘早剥、子宫先兆破裂或早产的征兆，必须迅速就医。

胎盘早剥多发生在孕晚期，妊娠高血压综合征、慢性高血压病或者有腹部外伤者较易发生。发生胎盘早剥时，下腹部会呈撕裂样疼痛，且多伴有阴道出血。腹痛程度受早剥面积的大小、血量多少以及子宫内部压力的高低和子宫肌层是否破损等综合因素的影响，严重者腹痛难忍、腹部变硬、胎动消失甚至休克等，当胎盘剥离超过50%时，极有可能导致准妈妈的凝血机制失常和胎儿死亡。所以在孕晚期，患有高血压的准妈妈或腹部受到外伤时，应及时到医院就诊，以防出现意外。

子宫先兆破裂是指在妊娠晚期或分娩过程中子宫体部或子宫下段发生的破裂，常发生于瞬间，之前准妈妈会感觉下腹持续剧痛，极度不安，面色潮红、呼吸急促，此时为先兆子宫破裂。在子宫破裂的瞬间，腹部会有撕裂样剧痛，破裂后子宫收缩停止，疼痛可缓解，随着血液、羊水、胎儿进入腹腔，腹痛又呈持续性加重，准妈妈呼吸急促、面色苍白、脉搏细数，血压下降陷于休克状态。子宫先兆破裂是直接威胁准妈妈及胎儿生命的产科并发症，子宫有先天畸形和瘢痕子宫者较容易发生，因此对于高风险的准妈妈，在孕晚期要时刻防范，加重自我监护，如有不良征兆应以最快时间送入医院采取相应手段进行救治。

防止会阴松弛

从这个月开始，准妈妈可以每天进行会阴的按摩和锻炼，来增加肌肉组织的柔韧性和弹性，为将来顺利分娩打下基础，同时还可以帮助妈妈避免尿频的尴尬。

锻炼会阴部肌肉，最好选择盘腿而坐。对于孕晚期的准妈妈来说，盘腿而坐这个动作可以会比较困难，可以选择坐姿、仰卧或者站立姿势代替。锻炼时，首先用力收缩会阴部肌肉，好像要拚命憋住小便一样，并保持呼气动作，坚持几秒钟后吸气放松。这个动作不仅可以在家中进行，在办公室、甚至在等公交车时，都可以随时进行练习，非常方便。

按摩会阴肌肉，准妈妈要先把指甲修剪干净，洗净双手，然后坐在一个温暖舒适的地方把腿伸展开，呈一个半坐着的分娩姿势；把一面镜子放在会阴的前面，面朝会阴部保证能够清楚看清会阴周围肌肉组织的情况；用一些纯的菜籽油或水溶性的润滑剂，用拇指和食指把按摩油涂在会阴周围；然后把拇指尽量深地插入阴道，伸展双腿，朝直肠的方向按压会阴组织；轻柔地继续伸展会阴口，直到有轻微的烧灼或刺痛感。保持这种伸展到刺痛的感觉平息后，继续前后地轻柔按摩阴道，还可以在按摩当中，在阴道里勾起拇指，并且缓慢地向前拉伸阴道组织，因为分娩时宝宝的头也是这样出来的，所以这种方式是非常好的锻炼活动。

但是在按摩过程中需要注意，不要过于用力按摩，否则会引起会阴部敏感的肌肤出现淤伤和刺痛；也不要用力按压尿道，否则会导致尿道感染和发炎。

胎宝宝臀位怎么办

臀位是先露部为臀部，是最常见的异常胎位，形成臀位的原因主要有：

（1）胎儿在宫腔内活动过大，如准妈妈腹壁松弛、羊水过多或胎儿较小等，使胎儿在宫腔内活动过于自由。

（2）胎儿在宫腔内活动受限，如准妈妈腹壁紧张、双胎、羊水过少及子宫畸形等，影响胎头不能自然下转。

（3）胎头衔接受阻，比如骨盆狭窄、头盆不称、前置胎盘、软产道阻塞及脐带过短等。

（4）胎儿畸形，如脑积水、无脑儿等，皆不易以胎头衔接入盆。

对发生在孕 28 周以内的臀位，准妈妈及家人不必太过担心，因为此时宫腔内羊水相对较多，胎位易变，自然回转率较高，无须急着矫正胎位。如果孕 30 周或以上仍为臀位的话，这时臀位自然回转率明显下降，很难自动矫正，必须要积极采取人工转胎措施。

目前人工矫正胎位的方法主要有以下几种：

（1）胸膝卧位矫正法。准妈妈采取胸膝卧位，可使胎儿臀部离开母体盆腔，当胎儿重心发生改变时，即可转成头位。此法每日早晚各一次，每次 15 分钟，7 天一疗程。

（2）外倒转术矫正法。这是由医生用双手在准妈妈腹部施行的一种矫正术，操作方法各异，具体到每个人身上采用哪种手法，由医生酌情而定。

如何预防围产期眼病

围产期是指怀孕 28 周到产后一周这一分娩前后的重要时期。为了保证围产期期间的眼部健康，准妈妈应做好以下预防工作。

1. 预防病毒感染。尽量少去人多杂乱的公共场合，尤其是在春秋季节各种传染疾病的流行期。

2. 防止中毒。准妈妈在整个孕期要绝对禁烟禁酒，不要吃未煮熟的海鲜、肉类食品和从未见过的水果，远离宠物，尽量少服药，合理营养。

3. 无论什么时候何种情况，准妈妈都不能用脏手揉眼，以防结膜炎的发生。

4. 由于孕期角膜的含水量相对较多，更易发生角结膜炎感染，所以如准妈妈患有屈光不正的话，在怀孕期间最好不要佩戴隐形眼镜。

5. 经常交替遮盖双眼，注意视力的变化及眼部疾病的发生。

6. 一旦发现眼病及与眼有关的全身病，应及时去医院做眼科检查，根据病情定期诊治。

怎样增加顺产的可能

若想增加顺产可能，准妈妈在怀孕过程中要注意营养补充适当，特别是到了孕中期和孕晚期，一定要严格控制体重增长，防止胎儿过重。建议准妈妈在孕晚期最好能有意识地控制主食的摄取，多吃粗粮，同时还要加上合理适当的运动。

此外，准妈妈还应及时发现可能会对顺产造成影响的因素，如明显的骨盆异常、胎位异常，或是其他不适宜顺产的疾病。如果是在产前检查并可以纠正的话，如胎位异常，应及时配合医生予以纠正，以促顺产。

还有的准妈妈，自身和胎宝宝的条件完全是可以顺产的，但由于过度担心害怕顺产所要承受的痛苦，以及担心发生难产，便放弃顺产主动要求剖宫产。其实，顺产对宝宝的成长发育更有好处，对妈妈的身体恢复也大有好处，并且多数难产是可以预测和避免的。只要学会与医生的良好配合，即使在生产过程中发生难产也可进行及时专业的处理，多数情况下，宝宝都可以健康顺利地娩出。所以，准妈妈只要放下对于顺产的种种顾虑，保持轻松良好的心态，就能自然而然地加大顺产的可能性。

可能造成难产的因素

正常分娩取决于产力、产道、胎儿以及心理四大因素，如果上述各因素均正常并能相互适应，胎儿就能顺利经阴道自然娩出。分娩过程中的难产指的是上述因素中的任何一个发生异常，从而导致产程不能顺利完成，胎儿不能够经由正常产道娩出，需要使用助产技术或剖宫产手术完成分娩过程。

1. 产力。产力就是将胎儿从产道产出的力量，有节率性、对称性、极性和缩复作用，可以在胎儿分娩时有规律的收缩，还能让子宫下段、子宫口和阴道慢慢地、被动地扩张开大，让宝宝平安娩出。正常的产力具有一定的节律性，并且临近分娩时逐渐增强，如果在分娩过程中，产力出现过强或者过弱就可能导致难产，应及时采取必要的措施来处理。

2. 产道。产道是宝宝分娩时必须经过的通道，分为骨产道和软产道。骨产道指的是真骨盆，而软产道则是由子宫下段、子宫颈、阴道及骨盆底软组织等多器官构成的。宝宝能否顺利分娩主要是由妈妈的骨盆大小以及形状所决定的，当然软产道的条件也很重要。如果两者中有任何异常情况的话，都会造成难产。可以在产前2周进行产道测量，主要测量骨盆的大小及形状，以评估产道条件是否能够支持顺产。如果测量结果不符合顺产条件的话，准妈妈就应该提前住院，采取剖宫产的方式将宝宝取出。

3. 胎儿情况。胎儿的体重和位置也是关乎能否顺产的重要因素。如果宝宝的体重大于4000克的话，通过妈妈相对固定的产道就会有一定难度；如果胎儿是臀位、横位、复杂先露的话，就无法在产道里及时转动来适应产道形态，有可能会被卡住而影响娩出，从而给分娩造成困难。这些都应该在分娩前做好充分的检查，以便在分娩过程中采取必要的措施加以纠正。

4. 准妈妈的心理。准妈妈的心理因素也可能会导致难产的发生。如果准妈妈在产前过分恐惧焦虑，这种情绪就会消耗产妇的体力，使其对疼痛的敏感性增加，大脑皮层神经中枢指令的发放紊乱，导致产力过强或过弱，直接影响宝宝的下降及转动，使产程进展缓慢。因此，准妈妈在临产前的心态至关重要。

胎宝宝的第九个月（孕九月）

宝宝的变化

到这个月末，胎宝宝就正式成为足月儿，可以随时和爸爸妈妈见面了！这个月的胎宝宝已经成为大宝宝了，他的身体已经成为圆形，而且皮下脂肪开始丰富，皮肤的皱纹也相对减少；皮肤呈淡红色，指甲长到了指尖部位；能够表现出喜欢或厌烦的表情；性器官和内脏已经发育齐全，肺部基本完成发育。另外，此时的胎宝宝已经为分娩做好了准备，将身体转为头位，即头朝下的姿势，头部已经进入骨盆。

第 33 周的胎宝宝身长约 48 厘米，体重约 2200 克。他的头骨仍然很软，每块头骨之间有空隙，这是为宝宝在生产时候头部能够顺利通过阴道做准备。除了头骨之外，身体其他部位的骨骼在这时已经变得很结实。呼吸系统和消化系统已近成熟，皮肤也不再又红又皱了。

第 34 周的胎宝宝坐高约 30 厘米，体重 2300 克左右。此时胎宝宝是圆圆的，皮下脂肪变厚，开始变胖。男宝宝的睾丸已经降至阴囊中，女宝宝的大阴唇已隆起，左右紧贴在一起，这一周胎宝宝的头部也开始入盆，为分娩做好了准备。

第 35 周时，胎宝宝能有 50 厘米长，2500 克左右重。他的听力已充分发育，对外界的声音已有反应，而且能够表现出喜欢或厌烦的表情；肺部发育基本完成，出生后即可自主呼吸，存活的可能性为 99%；中枢神经系统也已经发育完善，更容易被惊醒。

到了 36 周，胎宝宝仍在生长，身长约 51 厘米，体重约 2800 克。这时候胎宝宝已经成为了一个足月儿，他的手肘、小脚丫和头部也可能会清楚地在腹部突现出来；指甲开始超过指尖；两个肾脏已发育完全，肝脏也已能够自主处理一些代谢废物。

准妈妈的变化

从这时开始，准妈妈到了怀孕过程中最为烦恼的时候，因为这时的子宫还在继续往上、往大长，子宫底的高度已经到了 28 ~ 30 厘米，大概升到了心口窝的位置；腹部还在继续向前挺进，身体变得更为沉重，所以行动越来越笨拙，很容易引起腰部外伤或腰椎间盘突出；准妈妈常常会感到气短、喘不过气来；尿频、水肿、便秘等问题也依旧在困扰着她们。

在这个月，如果是初产妇的话，胎宝宝的头部已经降入骨盆，紧紧地压在子宫颈上；而对于经产妇，胎宝宝入盆的时间会较晚些。在这个月，准妈妈要特别关注胎位，因为胎位正确与否关系到孕妇能否正常分娩。胎位如果是臀位，即胎儿的臀部朝下，就是胎位不正，要在医生的帮助下进行纠正，以便顺利生产。由于胎宝宝已经占据了整个子宫，活动空间减少，所以这时候的胎动会越来越少了，准妈妈更要留意做好胎心和胎动的监护工作，以防出现不测。

另外，到了这个阶段，不少准妈妈难免会产生这样或那样的担心，因此有必要做好产前心理疏导，排除恐惧与紧张的情绪，保持良好的心态，有利于顺利分娩。

准爸妈的生活指南

准妈妈的营养补充

本月建议每天营养摄入量为：米、面主食400～500克，蛋类50～120克，猪、牛、羊肉200克，动物肝脏60克，豆制品250克，蔬菜500～750克，时令水果500克，植物油30～50克。

到了这个月，逐渐增大的胎宝宝会给准妈妈带来负担，准妈妈很容易发生便秘。由于便秘又可引发内外痔，所以必须及早预防和缓解。为了缓解便秘带来的痛苦，准妈妈应在这个月里重点注意摄取足够量的膳食纤维，以促进肠道蠕动。全麦面包、芹菜、胡萝卜、白薯、土豆、豆芽、菜花等各种新鲜蔬菜水果中都含有丰富的膳食纤维。

除了膳食纤维，本月还必须补充维生素和足够的铁、钙。充足的水溶性维生素，以硫胺素（维生素B_1）最为重要，如果这时硫胺素不足的话，会引起呕吐、倦怠、体乏等现象，还会影响分娩时子宫收缩，使产程延长、分娩困难，因此建议可以多吃些肉类、谷物、豆制品等富含硫胺素的食物；此外，若本月铁摄入量不足，可影响胎宝宝体内铁的存储，产后易患缺铁性贫血。再有，妊娠全过程都需要补充钙，但胎宝宝体内的钙一半以上是在怀孕期最后2个月储存的，如果在这个月里钙的摄入量不足的话，胎宝宝就要动用母体骨骼中的钙，致使准妈妈发生软骨病。

此外，维生素K是血液正常凝结所必需的营养物质，食物中的含量非常丰富，肠内细菌也可以制造，但是因为它可以溶解于脂肪，难以进入胎宝宝的血液中，因此新生儿特别容易出血，如果是脑部或脊柱出血的话，将会造成脑性麻痹。有些妇产科医生习惯为新生儿注射维生素K，但大量的合成维生素K具有一定的毒性，所以这种预防措施并不可取。为了让胎宝宝有足够的维生素K，在怀孕的最后一个月，准妈妈还应多吃维生素K含量丰富的食物，如新鲜的肝脏、煮熟的绿色蔬菜、新鲜的酸奶等。

应当多吃的食物

1. 百合。百合为一种清凉、宁心的中药食品，具有清暑益气、补心气的作用。准妈妈在孕晚期体内容易燥热，加上临近生产不可避免地会有不安多动的紧张情绪，用百合煮汤食用可以起到宁神解热的作用，还有助于安眠。

2. 银耳。银耳甘平无毒，润肺生津、滋养胃、益气和血、补脑强心，对孕晚期的准妈妈有特别好的滋补作用。建议孕晚期的准妈妈可以多多将银耳与百合同煮汤水食用，达到滋补作用。

3. 南瓜。南瓜中富含蛋白质、胡萝卜素、维生素、钙、锌、铁、磷、钴以及人体必需的8种氨基酸，钴是构成血液中红细胞的重要成分之一，锌能够直接影响成熟红细胞的功能，铁是制造血红蛋白的基本微量元素。准妈妈多吃南瓜，可以同时补充多种补血的微量元素，可以有效防止贫血症的发生。

4. 全麦食品。如麦片粥、全麦饼干、全麦面包等。临近生产的准妈妈要格外注意饮食尤其是主食的控制量，以防体重增长过快给分娩造成困难。全麦食品中含有丰富的纤维素、铁、锌等多种营养物质，并且可以果腹，所以准妈妈最好能在这个月多吃一些天然的、没有任何糖类或其他添加成分的全麦食品，还可以按照自己的喜好在里面加一些花生米、葡萄干或蜂蜜等，补充营养同时还能有效增进食欲。

5. 无花果。无花果的果实中富含多种氨基酸、有机酸、镁、锰、铜、锌、硼及维生素等营养成分，不仅是营养价值高的水果，而且是一味极好的良药，具有清热解毒、止泻通乳的功效。建议准妈妈在孕晚期可以适量常吃些无花果，以起到防止便秘和通乳的作用。

应当少吃的食物

1. 荸荠。荸荠性微寒，有清热行渴、温外害气、消食化痰的功效，准妈妈适当吃一些有利于增进食欲，但若脾胃虚寒的话，则应少吃或不吃。即使肠胃功能良好的话也不宜多吃，否则会引起胀气等一系列肠胃方面的不适症状。

2. 香蕉。香蕉是钾的极好来源，并含有丰富的叶酸，可以保证胎宝宝神经管正常发育，避免无脑、脊柱裂等严重畸形发生。此外，香蕉还具有保护胃黏膜、减少胃酸的分泌的功效，对缓解孕晚期胃灼热的现象也具一定的作用。但是，香蕉中有较多的镁元素，若空腹或过多食用香蕉的话，会使人体中的镁骤然升高而破坏人体血液中的镁钙平衡，对心血管产生抑制作用，不利于身体健康。

3. 猪肝。猪肝中的维生素 A 含量很高，适量食用可以有效提供身体所需的维生素 A。但若过量的话，大量的维生素 A 便会很容易地进入体内，进而影响到胎宝宝的健康发育，严重的话甚至会对胎宝宝产生不可逆转的致畸作用。

4. 牛奶。牛奶是钙质的最佳来源，但若此时准妈妈为了补钙而过量饮用牛奶，外加补充钙剂、维生素 D 的话，极易导致补钙过量，胎宝宝就有可能患上高血钙症，导致出生后囟门过早关闭、颚骨变宽而突出、主动脉窄缩等症状，既不利宝宝的健康生长发育，又有损将来的形象完美。

5. 海参。海参是一种高蛋白低脂的食物，是补充优质蛋白的最佳来源。但若过分食用海参的话，可能会影响准妈妈的食欲，增加胃肠道的负担，并影响其他营养物质摄入，使饮食营养失去平衡。此外，过多地摄入蛋白质，还可使人体内产生大量的硫化氢、组织胺等有害物质，容易引起腹胀、食欲减退、头晕、疲倦等现象，还可造成血液中的氮质以及胆固醇增高，加重肾脏的肾小球过滤的压力。

孕九月的饮食原则

在这个月，如果准妈妈的胃部仍会有挤压感的话，应继续坚持少食多餐，全面均衡摄取营养，控制体重；此外还要尽量避免一次性地大量饮水，以免影响进食。如果准妈妈这时候的胃口较好的话，也不要进食过多的蛋白质、脂肪和糖类、鱼肝油等，以免造成营养过剩，给分娩造成困难。

本月要秉承的饮食原则是：按时就餐，适量摄取各种营养素；在饮食时间和数量上保持一定的节制和规律，以适应母体新陈代谢和胎宝宝生长发育的需要；不偏食厌食，尽可能做到每餐食品多样化，配餐合理，营养均衡，色、香、味均以刺激食欲调胃口、助消化吸收为目的，同时提高烹饪粗粮蔬菜的技艺。

此外，准妈妈还要注意饮食的清淡和营养性，多吃富于营养的素食和淡食，适当吃些肉类、蛋类和奶类食品；不暴饮暴食，特别要控制食盐的摄入量和麻辣辛味刺激性过强的食品，可以在食物中加胡萝卜泥和柠檬汁，减少盐的摄入的同时还能做到促进消化、均衡营养。

孕九月的营养食谱

鱼粒虾仁——补充所需蛋白质。

【原料】净鱼肉 100 克，虾仁 100 克，荸荠 100 克，玉米粒 50 克，鸡汤 30 毫升，淀粉、盐、鸡精各适量。

【做法】1. 将净鱼肉切成丁（即鱼粒），虾仁洗净，均加少许淀粉拌匀；荸荠洗净，去皮，切丁。

2. 锅中热油，放入鱼丁和虾仁炒散，再放入鸡汤和荸荠，加盐和鸡精调味，炒至荸荠呈半透明时放入玉米粒翻炒均匀即可。

豉汁贵妃蚌——补充优质蛋白。

【原料】河蚌300克，豆豉5克，花椒5克，大蒜5克，大葱10克，盐2克，白砂糖2克，香油5克，胡椒粉3克。

【做法】1. 贵妃蚌以小刀除去一边壳，取出肠脏，洗净滴干水分，排在碟上。

2. 蒜肉、豆豉剁茸，用一汤匙油慢火爆香，盛起，加入调味料及红椒粒拌匀，淋在贵妃蚌上，撒上葱粒，隔水蒸5分钟取出，倒入蒸汁，淋上少许滚油即可趁热食。

砂仁蒸鲫鱼——补充优质蛋白，改善食欲不振、脾胃虚弱等症状，有助安胎。

【原料】鲫鱼1条，砂仁5克，姜、葱、精盐、淀粉、料酒、花生油、香油各适量。

【做法】1. 将砂仁洗净，捣碎。姜、葱洗净，切成丝。鲫鱼去鳞、鳃及内脏，洗净，抹干放入鱼盘内，将精盐、淀粉、料酒拌匀涂匀鱼身，砂仁放在鱼腹及鱼身上。

2. 把鱼盘放入蒸笼中，蒸约15分钟，至熟，取出。

3. 炒锅内下入花生油，烧热，下入姜丝及葱丝爆香，放在鱼上，淋少许香油，即可趁热进食。

百合南瓜盅——保护胃黏膜，帮助消化，防治糖尿病，降低血糖，促进生长发育。

【原料】南瓜600克，百合100克，黄玉米50克，盐3克，味精1克，椰子水30克，奶油30克。

【做法】1. 将南瓜洗净，然后对半切开，挖出瓜瓤；百合洗净。

2. 把其中一半作为南瓜盅，上笼蒸5分钟。

3. 将剩余南瓜取一部分去皮切成小块备用。

4. 用适量椰汁、淡奶油、清汤将南瓜块、百合、玉米粒煮开，并用盐、味精调味。

5. 把搅拌均匀的南瓜肉、百合、玉米粒盛入南瓜盅中，将南瓜盅放入锅中蒸2分钟即可。

莲藕山药枸杞炖排骨——清热平喘，止咳祛痰，滋补脾胃。

【原料】猪肋排300克，莲藕150克，山药150克，枸杞30克，精盐10克，生姜5克。

【做法】1. 将猪肋排漂去血水，剁成2厘米左右的小段，用沸水焯一下备用。

2. 将莲藕、山药刨去表皮，滚刀切块备用。

3. 生姜去皮切片备用。

4. 砂煲中放入焯好的猪肋排，切好的莲藕、山药以及姜片，大火焖煮20分钟后，改用文火煨2小时至莲藕熟透。

5. 熄火后再加入泡好的枸杞焖15分钟，调入食盐即可。

香菜牛肉末——补充蛋白质及多种纤维素。

【原料】牛肉200克，香菜100克，葱、生姜、酱油、糖、花生油、清汤、香油、胡椒粉、精盐各适量。

【做法】1. 将牛肉洗净、沥干水剁碎，香菜择洗干净、控干水分、切成小段；葱、生姜洗净切成末。

2. 净锅置火上，放入花生油烧热。

3. 下入葱、生姜末煸香，放入牛肉煸炒，炒至水分干时加酱油、糖和清汤。

4. 小火煨至牛肉熟烂，放入精盐、香油、香菜段、胡椒粉调味即可。

口蘑鸡片——滋补强身，增进食欲，帮助消化。

【原料】鸡肉150克，水发口蘑50克，鸡蛋1个（取蛋清），油菜心、芦笋段各15克，料酒、干淀粉、盐、水淀粉、香油、植物油、鸡汤各适量。

【做法】1. 将鸡肉洗净，切薄片，加入鸡蛋清、干淀粉调匀；油菜心洗净，切片，焯水；水发口蘑洗净，切片，备用。

2. 锅置火上，倒油烧热，放入鸡肉片滑熟，捞出，备用。

3. 锅留底油，加入鸡汤、芦笋段、盐、料酒煮沸，加入口蘑片、鸡肉片、菜心片烧至入味，用水淀粉勾芡，淋入香油即可。

凉拌芹菜叶——增进食欲，有助睡眠。

【原料】芹菜叶200克，豆腐干40克，盐、白糖、香油、酱油各适量。

【做法】1. 将芹菜叶洗净，焯水，过凉，沥水，剁细末，撒上盐拌匀；豆腐干焯水，捞出，切小丁，备用。

2. 将芹菜叶末放入盘中，撒上豆腐干丁，加入白糖、香油、酱油，拌匀即可。

桃仁炒猪腰——滋补肝肾，强腰壮体。

【原料】核桃仁30克，枸杞20克，猪腰2只，生姜10克，葱10克，植物油20克，盐5克，胡椒粉少许，绍酒3克，湿生粉适量，香油少许。

【做法】1. 将核桃仁用油炸熟，枸杞泡透，猪腰去内白切成丁，生姜去皮切成小片，葱切成小段。

2. 锅内烧油，下入姜片、猪腰丁，加入绍酒，用中火炒至猪腰硬身。

3. 再加入核桃仁、枸杞，调入盐、胡椒粉炒透，用湿生粉勾芡，淋入香油，炒匀即可入味。

烧香菇鹌鹑蛋——补充蛋白质、锌、铁和维生素A。

【原料】鹌鹑蛋10个，香菇50克，青菜100克，植物油8克，湿淀粉、酱油、葱、姜、精盐、味精、植物油、香油各适量。

【做法】1. 将鹌鹑蛋煮熟，去壳，放入油锅中炸至金黄色。

2. 将青菜洗净切条，沥干。

3. 香菇用温水泡软，去蒂，切片。

4. 锅烧热放油，下香菇、葱、姜、青菜，放料酒、酱油、精盐、味精后装盘。鹌鹑蛋挂上湿淀粉，入油锅炸一下，将油倒出，放精盐、味精，用湿淀粉勾芡，淋入香油，轻炒几下出锅装入香菇、青菜即可。

准备好宝宝用品

宝宝出生后所有要用到的物品，都应该在这个月购置齐全，做好充足的准备迎接宝宝的到来。

1. 婴儿床。婴儿床没有必要买得太大，能放在父母床边的小号床就可以了。婴儿床的床面坚实度是非常重要的，因为过于柔软的床垫很可能会使宝宝面朝下的时候发生窒息，最好选择木质无漆的床；床的四周要有护垫护栏保护，护栏的板条间距不能超过6厘米，以防宝宝将来活动时卡住头部；床两头如是镂空图案的话，镂空间距同样不能超过6厘米；小床应配有温暖舒适的床垫和能够防止儿童打开护栏的机械锁扣，床垫要紧贴床头和床尾的挡板；围栏的最高处与床垫可以调试的最低处之间至少要有66厘米的距离。要小心锋利的边角，拐角处的木条如果伸出1.5毫米以上的话也要特别小心，因为这个长度足以把衣服挂住，从而可能拽住或者勒住宝宝。再有，婴儿床最好是配有质量轻薄透气的蚊帐，不宜选择图案色彩过于鲜艳丰富的蚊帐，以免影响宝宝的休息睡眠质量。

2. 床上用品。宝宝的床上用品无论是自己缝制还是外面购买，都要选择纯棉的面料，另外还要尽量选择色泽较浅的布料。尽量不要给宝宝使用含有化纤成分的小毛毯，如果要用的话，毛毯外边要套上纯棉布料的被套。3个月以前的宝宝不用睡枕头，否则会影响大脑发育。3个月以后最好是用纯白的浴巾叠一个和小床一样宽的1～2厘米高的小枕头，好用又好清洗。可以多准备几条两面都是法兰绒的小块防水布垫在床下，以防宝宝尿湿无法及时更换。如果使用普通防水布的话，就要在上面铺上一块棉垫，防止宝宝尿湿同时还能保证宝宝身体下面的空气流通。

婴儿所有的床上用品都必须是可以水洗、拆洗的，如果有不可水洗的物品，就必须经常放到阳光下暴晒消毒。

3. 婴儿浴盆、浴床。金属盆较凉较重，并且又硬又薄的金属边还可能会磕碰到宝宝，所以给宝宝选择浴盆时不要选择金属质地的盆，应选用无毒无味的塑料盆或自然的木盆。为了防止宝宝洗澡时滑脱或是牵拉宝宝太用力，最好给宝宝同时配上一张小浴床。

4. 婴儿服。刚出生宝宝的婴儿服不讲求漂亮时髦，方便舒适为最好。可以给宝宝准备三四套质地柔软舒服的棉布和尚服或开肩套头的宝宝服，两套宽松好穿脱的婴儿睡衣，几双小的棉袜，还可以预备一件小斗篷。衣服刚开始没有必要买太多，因为宝宝的成长速度是很惊人的。

5. 婴儿尿布。尿布是宝宝离不开的生活必需品，而且用量惊人，所以最好多准备一些。除了备好一次性纸尿布、婴儿纸尿裤之外，还应准备几条纯棉织品的尿布。虽然目前市场上买的纸尿布、纸尿裤用起来方便，并且有一定的透气性能，但终究还是不如布尿布用得舒服。所以爸爸妈妈不要怕换洗尿布麻烦，为了宝宝的舒适健康，最好能用家里的干净棉织品给宝宝改几块尿布，并且在使用前要做好清洗消毒工作。

6. 哺乳用具。即使是母乳喂养，也应准备两三套婴儿用具，包括奶瓶、奶锅、水杯、小勺、榨汁器、暖瓶、滤网或是纱布。需要注意的是，宝宝的哺乳工具都不可以是铝制品，所有餐具都应注意做好用后及时清洁和定期消毒的工作。

7. 出行用具。婴儿车尽量选择带有遮阳伞和能改变车身角度的款式，要特别注意质量安全，尽量购买信誉评价较好的产品。另外，现在还有些一车多用的婴儿车，车身能从车座上拆卸下来，可以直接将其上半部分做提篮使用，这样当宝宝睡熟时可以直接把宝宝连人带篮一起提走，防止挪动宝宝时着凉感冒。同时这种婴儿车能很方便家长把宝宝直接从车里“运”到自家的车上，用起来非常方便。但在购买时，一定要注意连接部位的质量，看其是否连接牢固又方便拆卸。

如果有私家车的话，最好给宝宝配备一个婴儿座椅。以前当婴儿坐在车里时多数是由妈妈抱着，但其实这样很不安全。汽车专用的婴儿座椅都有较好的防护措施，这样万一出现紧急情况时，也能保证宝宝的身体安全。另外在使用座椅时，要将其放在正对司机的后排座位最为安全可靠。

学习使用尿布

宝宝从一出生就与尿布结下了不解之缘，直到完全能控制大小便为止，才能从尿布解放出来。由于曾经用过的旧棉布多数吸水性强且柔软，对皮肤没有刺激，因此是制作尿布的最好材料。但要注意不能用带颜色的布，也不能用太过陈旧的布，一定要注意布的清洁卫生。

由于尿布是用来接宝宝大小便的，而宝宝的尿中溶解着一些身体不需要而排泄的废物如尿酸、尿素等，一般呈弱碱性，在空气中会很快腐败分解，继而形成刺激性更大的氨类化合物；而母乳喂养的新生儿的大便则呈弱酸性。不论酸碱性，对宝宝娇嫩的皮肤都是一种不良的刺激，轻的发红，出现尿布疹，即一种红色的小疹子，重的还会发生溃疡及脱皮，所以尿布一定要勤洗勤换勤晾晒消毒。

尿布一次起码要垫三块，一块叠成长方形，用来兜住外阴（包括肛门及外生殖器），另一块叠成三角形，由两侧的臀部兜过来，用带子系住。第三块叠成正方形作垫子。在尿布下可垫油布或塑料布，以防尿渗到褥子上。

在换尿布时，要先用左手轻轻抓住宝宝的两只脚踝，上抬两腿，使臀部离开尿布成悬空，然后用右手把脏尿布撤出来，续上新的干净的尿布，按上述顺序一块块放好。总之，动作要快、要轻，尤其是在冬天，这样有利于保暖，防止宝宝着凉。

如果宝宝拉了大便，应当在换尿布的时候，先用脏尿布把臀部及肛门周围的大便擦干净，然后用温水沾湿软毛巾，擦洗干净。擦的时候要注意，女宝宝要从前向后，切忌从后向前擦，否则容易使大便污染到她的外阴，造成泌尿系感染。换下的尿布上沾了大便，要先刷洗干净，用热水烫一下洗一遍后，换水再用肥皂搓洗，将残留的尿便成分彻底洗净，保持尿布的卫生及柔软，然后再用清水洗两遍后放在阳光下暴晒晾干。

坐骨神经痛的缓解办法

随着胎宝宝的不断发育，他的重量会给准妈妈的背部增加压力，并且挤压到坐骨神经，加上增大的子宫压迫下腔静脉后，使得静脉回流不畅，水分不容易回流到心脏代谢出来引起下肢凹陷性的水肿，如背部、小腿部、足部等，从而使准妈妈在腰部以下到腿的位置上产生强烈的刺痛，也就是坐骨神经痛，常见于孕晚期。

若要减轻坐骨神经痛的话，准妈妈在白天尽量不要以同一种姿势站着或坐着超过半个小时；不要举重物过头顶；注意休息，避免劳累；躺下时可以将脚架抬高让脚的位置和心脏的位置接近，使静脉回流增加更为舒畅；睡觉时左侧卧，并在两腿膝盖间夹放一个枕头，以增加流向子宫的血液；如果身体条件允许的话还可以适度游泳来帮助减轻对坐骨神经的压力。如果还是很严重起不到缓解作用的话，就要到医院进行局部的镇痛治疗了。

保证充足的休息

充足的休息不仅能适当补充准妈妈的体力，防止过度疲劳，还可使准妈妈保持良好的精神状态和情绪。

准妈妈的精神好坏与胎宝宝的健康和能否顺利生产都有着至关重要的联系。当准妈妈的精神愉快、情绪和谐时，血液中有利于胎宝宝健康发育的激素和化学物质就会增加，因而胎宝宝的活动便更加有规律性，可促进胎宝宝神经系统发育。相反，如果准妈妈长时间处于焦躁不安、悲伤或紧张恐惧的状态下，血液中有害神经系统和心血管系统的化学物质就会增加，引起肾上腺激素分泌过多，进而影响胎宝宝的健康状况，有些甚至还会引起晚期流产或早产的现象。

因此，准妈妈在这个月应更要注重休息和睡眠质量，可以在每晚临睡前做些适当按摩、吃些助眠食物等促进睡眠，平时不要过度劳累，尽量减少外出活动，为即将来临的生产提前养精蓄锐。

气短、呼吸不畅

孕晚期的准妈妈常常有这样一种感觉：平时做了不会觉得累的动作，现在做了心就会扑通扑通地跳，并且总要大口地喘粗气。即使坐着不动有时也会觉得透不过气来，不自觉地就会深呼吸喘大气，即所谓的心慌、气短、呼吸不畅，这是为什么呢？

由于怀孕期间母体血容量比非孕时平均增加 1500 毫升，血浆增加的比例远超过红细胞的增加，出现妊娠生理性贫血，致使血液带氧能力下降。到了孕晚期，全身的血容量要比未孕时增加 40% ~ 50%，心率每分钟增加 10 ~ 15 次，心脏的排出量增加了 25% ~ 30%，也就是说，心脏的工作量要比未孕时明显加大；再加上怀孕后期膨胀的子宫使心脏向上、向左移位，心脏在不利的条件下工作，母体新陈代谢加快，需氧量增加，准妈妈必须通过加深呼吸，增加肺的通气量，才能获得必需的氧气。身体条件较好的准妈妈在一般情况下尚能代偿，当活动量增多、需氧量增多时，心肺负担必然会加重，从而容易出现心慌及气短的现象；若平时身体较弱的准妈妈，这个时候可能即使没有运动，也常常需要大口深呼吸才会觉得舒适。

若心脏没有器质病变的话，这时候这种气短、呼吸不畅的现象并无大碍，也不会对胎宝宝造成影响。正常的心脏有一定的储备力，可以胜任所增加的负担。因此，一旦发生心慌气短，准妈妈不必惊慌，休息一会儿即可缓解。也可侧卧静睡一会儿，注意不要仰卧，以防发生仰卧位低血压综合征。由于围产期心肌病常会在夜间出现心慌、气短的现象，有时半夜常因胸闷不能入眠而坐起呼吸，或者经常感到胸痛而与用力无关，所以若是妊娠前无心脏病史，心慌气短的问题在休息后仍然不能缓解，则应考虑围产期心肌病的可能，应及时入院检查治疗。

分娩练习

1. 缓解分娩痛的练习

（1）盘腿或取舒适姿势坐在地毯上，面向前方；两个手臂向上屈肘。两只手的五指并拢，然后两手放在肩上。

（2）取舒适姿势端坐地毯上，两手臂自然地放在身体两侧。两只手掌着地，面部朝两腿向前平伸；然后稍稍屈膝弓腿，脚跟着地，脚趾向上用力翘起，保持放松，小腿、脚踝、脚趾用力。心里默数到 10，先深吸气再做呼气动作。

（3）以舒适的姿势侧卧在地毯上。右手臂自然地放在身上，左手臂屈肘向头部弯曲，并且把小臂枕于头下，左腿向下伸直，右腿向上屈膝并放在一个枕头上。闭目养神，在心里默数到 10，先深吸气再做呼气动作。结束后上身再向相反方向侧卧，按照这个姿势重复上述动作。

（4）以舒适姿势侧卧在地毯上，上身抬起，右小臂着地并屈肘做支撑动作。右腿向内屈膝，左手臂自然地放在胸前。左腿抬起并向前伸直。心里默数到 10，先深吸气再做呼气动作，身体恢复原状，增加大腿牵引力，使骨盆放松变得灵活。保持刚才的姿势，身体再转向相反方向侧卧，做同样的动作。

上述动作可以对腰部和骨盆肌肉有一定的松弛作用，为分娩时胎宝宝顺利通过产道做好准备。准妈妈在孕晚期最好坚持每天做上述练习，注意动作要轻柔小心，做到自己尽力即可，不要过于勉强，微微出汗时即可结束。

2. 分娩呼吸技巧练习

（1）腹式呼吸。呈仰卧姿势，两腿轻松分开，膝盖稍弯曲。双手拇指张开，其余四指并拢，放在下腹部。两手拇指约位于肚脐的正下方。深深吸气，使下腹部膨胀般鼓起。当腹部膨胀到最大限度时，再慢慢吐气，使下腹部恢复原状。

重复多次练习此动作，可以增强腹部肌肉，这种呼吸法用于分娩第一期的阵痛发作时，具有一定的缓解痛苦的作用。

（2）胸式呼吸。往胸里吸满八成的气，屏气 3 ~ 4 秒钟，向肛门方向用劲，边用劲边将吸入的气呼出。

胸式呼吸是产程第二阶段要用到的呼吸法，当宫缩临近时吸气，当宫缩最为强烈时再呼气，可有利于胎宝宝的顺利娩出。

3. 分娩用力技巧练习

（1）均匀呼吸，不用力。此为产程第一阶段的用力技巧。在此阶段应注意有意识地锻炼腹式深呼吸。宫缩来临时深吸气，吸气要深而慢，呼气时也要慢慢吐出；宫缩间歇期最好闭眼休息，以养精蓄锐。

（2）用尽全力，屏气使劲。此为产程第二阶段的用力技巧。宫口开全后，当宫缩开始时，产妇应双腿屈曲分开，两手抓住手柄，像解大便一样用力向下，时间越长越好，以增加腹压，促进胎儿娩出。宫缩间歇时要充分放松休息，做好下次宫缩时再用力的准备。

（3）再次用尽全力。此为产程终了时的用力技巧。按照第二阶段的屏气法用力，用尽全力，以加快胎盘的娩出，减少出血。

4. 几种错误的分娩方法

（1）大声呻吟或大喊大叫。这样做不仅不能减轻疼痛，反而可能引起过度换气，致使母体缺氧，胎儿脑、脐带、子宫、胎盘循环血量减少，继发碱血症等；同时还会过多消耗体力，使真正要用力时无力可使。

（2）在第一产程就屏气用力。这样会使体力过早地消耗掉，另外过长时间屏气也容易导致呼吸性酸中毒。

（3）胎头即将娩出时，仍向下屏气用力。这样可能会使胎儿娩出过快，造成会阴部裂伤。

提前了解产房

1. 产床。产床上一般设有利于产妇分娩的支架，有些部位可以抬高或降低，床位可以去掉。

2. 吸氧设备。吸氧设备是为准妈妈准备的应急设施之一。当发生宫缩时，胎宝宝的血液和氧气供应都会受到一定程度的影响，此时及时地吸氧可以帮助产妇增强氧气的储备，进而增加对宫缩的耐受能力，是保证产妇和胎宝宝安全的重要仪器设施。

3. 胎儿检测仪。胎儿检测仪是用来检测胎宝宝情况的仪器设备，它可以时刻记录观察子宫情况和胎宝宝的心跳，若稍有异常就能及时发现，便于医生及时采取相应抢救措施。

4. 保温箱。由于刚娩出的宝宝热量很容易丧失，为了防止其体温降低，有时会将其放入保温箱中以保证生命体征的平稳。

5. 吸引器。胎宝宝在母体内处于羊水的包围中，口腔和肺部都有一定量的羊水存在。在胎宝宝经产道娩出的过程中，口腔和肺部的羊水会随着经产道时的挤压而排出，但若当娩出后口腔内依然还有羊水甚至是胎粪的话，就应及时用吸引器将这些东西吸出，以防肺部疾患的发生。

进行盆底肌肉训练

女性盆底肌肉呈现出阿拉伯数字“8”的形状，环绕在尿道、阴道和肛门的周围，像个弹簧床一样承托和支持着膀胱、子宫、直肠等盆腔脏器的肌肉组织，可起到控制排尿、维持阴道紧缩度、控制排便等多种作用。怀孕后，身体的变化会导致腹腔压力和盆腔脏器的重心指向盆底肌肉，加上子宫重量的持续增加，盆底肌肉就会在持续受压中变得松弛。孕晚期进行盆底肌肉训练，可以有效缓解尿频、尿失禁的现象，并且对产后骨盆及各个器官的恢复非常重要。此外，盆腔肌肉的收缩也是构成产力的一部分，可以在分娩过程中协助宝宝运动，有助于顺利分娩。因此，准妈妈在这个时候应有意识地进行盆底肌肉训练，做好训练动作：

（1）缓慢收缩。收缩会阴部周围的肌肉，吸气，然后在呼气过程中紧闭肛门，就像正在制止排便一样。同时紧闭尿道口，感觉像憋尿一样；屏气保持尿道口、阴道口、肛门同时紧缩 8 ～ 10 秒或者尽可能长的时间，然后慢慢将肌肉放松 10 秒，再次收缩，以锻炼肌肉的耐力。

（2）迅速收缩。如果准妈妈已经感觉到盆底肌在渐渐强壮起来，可以继续重复以上的锻炼，加强对盆底肌的控制能力。

（3）缩肛运动。锻炼肛门括约肌，同时也加强整个骨盆底。锻炼时，想象你正在竭力制止肛门排气，确保对松弛的阴部肌肉起到锻炼作用。

若要检测锻炼的效果，可以在排尿时，看看排尿过程中能否让它停止或控制其缓慢排泄，或是在大腿间夹一面镜子，观察在收缩运动时阴道和肛门是否上提，还可以放一手指于阴道内，感觉在运动锻炼时是否有缩紧感。

准爸爸要学习喂奶技巧

即使打算母乳喂养，准爸爸也应和妻子一同学习喂奶的技巧和喂奶的基本常识。首先，要学习喂奶时抱宝宝的姿势，注意在喂奶的时候，也要像妻子那样不断地用目光温柔注视着宝宝，并经常对他报以微笑。其次，要懂得每次喂奶之后，要把宝宝竖着抱起来，轻轻拍拍他的背部，帮助他把吞进胃里的空气排出来。

虽然现在有些奶瓶自带温度计，但为了保证安全，在每次喂奶之前，最好还是要先将冲好的奶水放在脸颊或胳膊内侧敏感部位试好温度，如果感到稍热的话即是最佳温度。然后再试试奶水的流动速度，方法是把奶瓶倒过来，观察奶水向外滴出的速度，以每秒钟滴出两滴为宜。当确定温度和奶水流转速度适宜后，选择一个舒服的姿势，让宝宝斜躺或斜抱在你的怀里。再有，为了不让宝宝吸进去太多空气，随着奶瓶中的奶量减少，要注意逐渐增加奶瓶的倾斜度。一般来说，吸奶时间最好控制在 10 ~ 20 分钟之间，因为这个速度不仅可以使进入胃里的奶水能与胃液充分混合，利于消化吸收，而且对宝宝的下颚和面部肌肉发育也大有好处。

除了了解喂奶过程外，准爸爸还应了解一些奶粉冲调、喂奶时间方面的小技巧。一般来说，奶粉的冲调最好是按照说明来进行配比，太浓或太稀都不好。奶水太浓的话，水分就会相对不足，对宝宝的肾脏会有一定损害；如果太稀的话，则会引起宝宝吐奶的情况。另外，喂奶时间也要灵活掌握，不要宝宝一哭就认为他饿了给他喂奶，最好是形成一定规律，这样就不会使宝宝由于吃奶太急或毫无规律而出现吐奶、消化不良的状况。再有，给宝宝喂完奶后，要注意不要立即把他平放在床上，应用枕头或毛巾垫在头部和胸部，使其位置与腹部呈 30° ~ 45° ，这样也可减少吐奶情况的发生。

外地分娩的注意事项

有的准妈妈与丈夫或父母分隔两地，或是由于各种原因需要到外地分娩，这时就要做好充裕的各项准备，根据路途远近和自身情况选择合适的交通工具和最佳时间。

由于长途旅行可能诱发早产，再加上孕 38 周后有可能随时分娩，所以准妈妈最迟应在孕 36 周，即本月末之前动身，这样比较安全。这样不但避免途中可能动产的危险，还能为在异地分娩做好充分的准备。在交通工具的选择上，如果能乘坐火车的话，就最好不要乘坐汽车和飞机；如果能乘坐飞机的话就最好不要坐轮船；能乘坐江轮的话最好不要坐海轮，另外尽量不选择夜车。此外，在临行前准妈妈应该去医院做最后一次产前检查，并且把要去外地分娩的想法告诉医生，请医生帮忙共同确定起程的日期，在整个旅途过程中要有人陪伴，以免旅途中出现突发情况。

在到达目的地之前，应该让亲人事先联系好新医院。到了目的地后应尽快去准备分娩的医院，把产前检查记录拿给医生看，让医生了解你的整个妊娠过程，检查你目前的情况，制订未来的分娩计划。另外，还要带好自己分娩所需的衣物用具和宝宝出世以后的衣物用具。即使路途不是很远，也要做好充分准备，带齐途中所需全部物品谨防遗漏，特别是不要忘记母子健康手册、产前检查记录册以及所有与妊娠有关的医疗文件和记录。

孕九月的胎教方案

虽然这个月胎宝宝会随时降临，但还应把胎教坚持下去。在这个月，胎宝宝的听力已发育健全，所以要尽可能地多抽一些时间欣赏胎教音乐，让轻柔悦耳的音乐充满所处的空间。随着音乐的节奏，还可以多想想胎宝宝欢快迷人的脸庞和体态，这也是一种在潜意识里与胎宝宝感情交流的方式。

随着胎宝宝的发育，这个月准妈妈还能够清楚地分辨出胎宝宝的头部、背部和四肢。所以准妈妈不妨轻轻地抚摸他的头部，有规律地来回抚摸背部，也可以轻轻地抚摸他的四肢。触摸顺序可由头部开始，然后沿背部到臀部至肢体，要轻柔有序。当胎宝宝可以感受到触摸的刺激后，会做出相应的反应，这有利于胎宝宝感觉系统、神经系统以及大脑的发育。需要注意的时，如果在触摸中胎宝宝的反应较大如感觉到他在用力蹬腿的话，就说明他可能感到不舒服或是不高兴了，应立即把动作停下来。

大部分准妈妈在感觉到胎动时，会很幸福伸手去摸摸胎宝宝，也可能会下意识用顺时针或者逆时针的手势转着圈抚摸。需要注意的是，摸摸胎宝宝是好的，但最好不要来回摸，不要打圈。因为胎宝宝和妈妈是有互动的，如果妈妈在一直打圈抚摸的话，很可能会造成宝宝被引导得脐带绕颈，特别是在孕晚期。但这目前仅仅是一种猜测，并不是说有这种动作就会导致脐带绕颈，没有这种动作就一定不会脐带绕颈。不过准妈妈还是尽量注意，不要长时间进行打圈抚摸。比较好的互动手势是，将手从肚子左侧开始划横线摸到右侧，然后手离开肚子，再从左侧放下摸到右侧。

另外，胎宝宝是有情绪的。当准妈妈能感觉胎动的时候，胎宝宝多是处于清醒期，这时他不仅能感觉到抚摸等动作，还会对准妈妈的情绪有明显的感知能力。所以，如果准妈妈很开心地抚摸胎宝宝，胎动就会很有力量、有规律，胎宝宝表现得活力十足；反之，如果准妈妈的情绪比较低落，那么胎宝宝可能也会慢慢地蠕动，好像也没什么力气，似乎也在伤心难过一样。所以，准妈妈在进行胎教时，一定要保持轻松愉悦的好心情。

这个月需要注意的问题

阴道分泌物增多怎么办

随着产期的临近，不少准妈妈会发现这时阴道的分泌物又有增多的迹象，有些准妈妈还会认为这也是表示临产的信号之一。其实，之所以这时阴道分泌物又继续增多，是因为准妈妈体内内分泌又一次的改变所引起，并不是预示着即将生产。

这一时期的准妈妈更应特别注意阴部的清洁卫生，每天都要用温热的清水冲洗外阴，避免局部感染。由于有的洗液会改变阴部局部环境的酸碱度，所以如果要用洗液的话，最好是经医生的推荐或在使用之前做好相关咨询，以免增加局部感染的可能性。其实，这时期任何可能对阴部造成刺激的物品都应尽量避免，以防引起早产，所以如无特殊需要的话，准妈妈还是尽量用清水冲洗更为安全。此外，还要注意每天更换内裤，内裤要绝对的舒适透气，也不要太紧。

当心阴道出血

孕晚期的阴道出血有早产的可能，也可能是前置胎盘、胎盘脱落，或者是阴道、子宫出血等。无论是何种原因所致，这时候的阴道出血都是表示危险的信号，准妈妈应立即入院检查，决定具体治疗方案。一般来说，入院后，医生会先检查胎儿的心跳是否仍然存在。如果心跳仍在，只是有所减弱的话，可能会提前进行剖宫产手术将胎儿产下。

为了防止孕晚期的阴道出血，准妈妈在最后的这个时段里要特别注意休息睡眠，保持轻松愉悦的心情。有的时候，过度疲劳或是持续紧张不安焦躁的情绪也会导致阴道出血。特别对于高危妊娠者，在此阶段更应加强护理，尽量多卧床休息，不要随意走动。如果准妈妈本身有胎盘轻度早剥史、早产史或晚期流产史等不良孕产史的话，应在孕晚期做好产前检查，如有需要的话，可提早入院保胎或是提早剖宫产结束妊娠。

前置胎盘的治疗

前置胎盘的治疗原则是控制出血、纠正贫血、预防感染，正确选择结束分娩的时间和方法。原则上以产妇安全为主，在母亲安全的前提下，尽量避免胎儿早产，以减少其死亡率。如果妊娠不足36周，胎儿体重小于2300克，阴道出血量不多，孕妇全身情况好，胎儿存活者，可采取期待疗法。期待疗法要保证绝对的卧床休息，给予服用镇静剂如鲁米那0.03，或利眠宁10毫克，或安定5毫克，口服3次/日；服用舒喘灵2.4～4.8毫克，4～6小时一次以抑制宫缩，当宫缩停止后给予维持量；此外还需口服硫酸亚铁纠正贫血，给予青霉素、先锋霉素等抗生素以预防感染；给予地塞米松10毫克，肌注或静推，1次/日，连续三天以促进胎肺成熟。此外，还需严密观察病情，同时进行有关辅助检查，如B超检查、胎儿成熟度检查等，如出现大量出血或反复出血，应酌情终止妊娠。

如孕妇在入院时出现大出血休克，或在前置胎盘期待疗法中发生大出血休克、近预产期反复出血、临产后出血较多的话，则需要采取积极措施终止妊娠。终止妊娠的方式有两种，一是进行剖宫产术，术前应积极纠正休克，输液、输血补充血容量，术中注意选择子宫切口位置，尽可能避开胎盘；二是采取阴道分娩，此方法仅适用于边缘性前置胎盘而胎儿为头位，在临产后发生出血但血量不多，产妇一般情况好，产程进展顺利，估计在短时间内可以结束分娩者。决定阴道分娩后，先进行手术破膜，破膜后胎头下降，压迫胎盘，达到止血，并可促进子宫收缩，加速分娩，此方法对经产妇的效果较好。

胎位异常

胎位异常一般是指妊娠30周后，胎儿在子宫体内的位置不正的情况，较常见于腹壁松弛的孕妇和经产妇。正常情况下，胎位应为胎体纵轴与母体纵轴平行，胎头在骨盆入口处并俯屈，颏部贴近胸壁，脊柱略前弯，四肢屈曲交叉于胸腹前，整个胎体呈椭圆形，称为枕前位。除了枕前位之外的任何胎位都为异常胎位，包括有臀位、臂位、横位、枕后位、颜面位等，以臀位最为多见，横位危害性最大。

胎位异常可在妊娠28周时，经腹部、阴道、B超检查诊断出来。当呈臀位时，腹部检查子宫呈纵椭圆形，子宫底部可触到圆而硬、按压有浮球感的胎头；耻骨联合上方可触到软、宽而不规则的胎臀；胎心音在脐上方左或右侧听得最清楚；B超检查胎头在肋缘下；耻骨联合上方为臂或为足。若为横位的话，B超检查胎头在母体腹部的一侧，子宫呈横椭圆形，胎头在母体腹部一侧触及，耻骨联合上方较空虚；胎心音在脐周两旁最清楚。

引起胎位不正的原因有子宫发育不良、子宫畸形、骨盆狭小、盆腔肿瘤、胎儿畸形、羊水过多等。胎位异常会给分娩带来程度不同的困难和危险，多数会引发难产，需要手术助产。如处理不当的话很可能危及准妈妈和胎儿两条生命。所以，早期诊断并纠正胎位异常，对预防难产有着重要的意义。

一般来说，妊娠28周以前胎位不正的话可以顺其自然，不需要过多干预。因为这时候胎宝宝相对较小，在子宫内的活动范围较大并不固定，有的时候他能够自动转为正常胎位。但若超过妊娠 32 周仍然胎位不正的话，就需要到医院进行诊治，视具体情况采取相应的人工干预措施了。

胎位不正最合适的纠正时间为孕 30 ~ 32 周之间。这时候，如果胎位仍为臀位或横位的话，准妈妈可在饭前或饭后 2 小时，或是早上起床及晚上睡觉之前，排空膀胱后解开裤带，双膝稍稍分开至与肩同宽，跪在床上，双膝腘窝成直角，胸肩贴在床上，头歪向一侧，双手下垂于床两旁或放在头的两侧，形成臀部高头部低的位置，每日 2 次，每次 15 ~ 20 分钟。要注意两者高低差别越大越好，以使胎儿头部能够顶到母体横膈处，借重心改变来纠正胎儿方位。

此外，运用穴位按摩或是针灸疗法，也能有效纠正不正的胎位，但需要由专业医生指导操作，准妈妈和家人不要擅自在家进行治疗。

脐带缠绕

脐带缠绕是指脐带环绕胎儿身体的现象，通常以绕颈最为常见，分娩时常能看到脐绕颈 1 ~ 2 圈的宝宝。此外，躯干及肢体的缠绕也有可能发生。发生脐带缠绕的胎儿，缠绕多为 1 ~ 2 圈，3 圈以上较为少见。还有一种不完全绕颈者，称为脐带搭颈。随着超声技术的发展，脐带缠绕可在妊娠晚期通过 B 超检查发现。

脐带缠绕被认为与脐带过长和胎儿活动过频有关。胎宝宝在母体内并不老实，它总是会在并不很大的子宫内翻滚打转，有的胎宝宝动作比较轻柔，而有的则动作幅度比较大，就可能会发生脐带缠绕。

由于脐带血管长度较脐带长，平时血管卷曲呈螺旋状，而且脐带本身由胶质包绕，有一定的弹性，故绕颈周数与胎儿的存活程度大多无直接关系。只有在孕晚期临产前，随着宫缩加紧，下降的胎头将缠绕的脐带拉紧时，才会造成脐带过短的情况，可影响脐带血流的通过，从而影响到胎宝宝氧和二氧化碳的代谢，使胎宝宝出现胎心率减慢，严重者可能会导致胎宝宝宫内窘迫缺氧甚至死亡，非常危险。所以到了孕晚期，需要勤听胎心，注意胎动，以便及时采取措施。

预防和及早发现脐带缠绕，准妈妈的自我监测和定期产检十分重要。当发现脐带缠绕时，如果胎儿没有其他异常，准妈妈就不必惊慌，也不必立即进行手术分娩。当脐带缠绕引起胎儿宫内缺氧时，胎动会明显减少，也能够通过电子胎心仪监护发现，这时医生会根据具体情况做相应处理。如果准妈妈这时还未出现临产征兆的话，多数医生会建议采取手术分娩；如果准妈妈已经进入临产状态，那么通常会选择手术或用产钳助产。当胎儿娩出时发现脐带缠绕，医生会立即经头部或肩部将其解脱；若缠绕脐带牵拉过紧，就立即以钳夹剪断脐带，保证宝宝的生命安全。

胎盘早剥

在妊娠 20 周后或分娩期，若胎盘在胎儿娩出前部分或全部从子宫壁剥离，则称为胎盘早剥。胎盘早剥是妊娠晚期的一种严重并发症，具有起病急、进展快的特点，若处理不及时的话可危及母子生命。临床上可将胎盘早剥分为轻型和重型两种。

轻型早剥多见于分娩期，以外出血为主，胎盘剥离面通常不超过胎盘的 1/3。主要症状为阴道流血，出血量一般较多、色暗红，伴有轻度腹痛或腹痛不明显，贫血体征不显著；腹部检查子宫软，宫缩有间歇，子宫大小与妊娠周数相符，胎位清楚，胎心率多正常。轻度早剥有时候症状与体征均不明显，只是当产后检查胎盘时发现胎盘母体面有凝血块及压迹，才发现胎盘早剥。

重型早剥多见于重度妊高征患者，以内出血为主，胎盘剥离面超过胎盘的1/3，同时有较大的胎盘后血肿。主要症状为突然发生的持续性腹痛或腰部酸痛，其程度因剥离面大小及胎盘后积血多少而有所不同，积血越多疼痛就越剧烈。严重者同时会出现恶心、呕吐，以至面色苍白、出汗、脉弱及血压下降等休克现象。重度早剥患者可无阴道流血或仅有少量阴道流血，贫血程度与外出血量不相符。腹部检查子宫硬如板状伴有压痛感，尤以胎盘附着处最明显，若胎盘附着于子宫后壁，则子宫压痛多不明显。子宫比妊娠周数大，且随胎盘后血肿的不断增大，宫底随之升高，压痛也更明显。偶见宫缩，子宫处于高张状态，间歇期不能很好放松，因此胎位触不清楚。若胎盘剥离面超过胎盘的1/2或以上，胎儿多会因严重缺氧而死亡，故多数重型患者无法监测到胎心。

胎盘早剥的发病机理目前还尚未完全阐明，但可能与准妈妈血管病变、机械性因素如外伤、行外倒转术矫正胎位、脐带过短或脐带绕颈、在分娩过程中胎先露部下降以及子宫静脉压突然升高有关。

为了防止胎盘早剥，准妈妈在孕期特别是孕晚期要特别注意保证充足的休息，避免过大的精神和身体压力；加强产前检查，积极预防与治疗妊娠高血压症；对合并高血压病、慢性肾炎等高危妊娠应加强管理；如准妈妈属于高危妊娠，则更应该高度重视定期复查，并积极预防和治疗各种并发症；增强自我保护观念和安全意识，避免腹部受伤，尽量少到拥挤的车站、商场、影剧院、公交车等场所；避免过度劳累，或猛起猛蹲、夜间睡眠长时间取仰卧位等妊娠晚期避免仰卧位及腹部外伤；如有胎位异常行外倒转术纠正胎位时，操作必须轻柔；处理羊水过多或双胎分娩时，要避免宫腔内压骤然降低而发生早剥现象。

慎防宫内感染

我们知道，胎宝宝出生前在准妈妈的子宫里生长，处于一个相对封闭的环境，许多危害和致病因素由于无法突破母体对胎宝宝的保护作用而无法接触到胎儿，因而也就不能对胎儿造成危害。但是，有些传染疾病和危害因子是能够通过准妈妈的身体进入到胎宝宝所在的子宫的，因此胎宝宝就有可能在子宫内遭到感染。这种情况在临床医学上被称为宫内感染。

宫内感染是先天性的母婴直接传播的疾病，主要通过胎盘的垂直传播、下生殖道感染的上行性扩散和围产期感染3个途径发生，围产期感染又包括分娩、哺乳及与新生儿直接接触传染3个途径。其中，胎膜早破是引起生殖道下段细菌上行性感染的最常见原因，且与破膜时间密切相关，若胎膜破裂时间延长，重复行阴道或肛门检查也有诱发宫内感染的危险。除此之外，孕晚期的性行为也有可能造成宫内感染。

宫内感染可能会引起一系列不良后果，其危害程度与宫内感染发生的时间、病原体的种类、母亲的身体状况有关。孕早期的宫内感染多造成流产和先天性畸形；孕晚期感染则多导致早产、胎膜早破和新生儿感染等。整个孕期无论何时发生宫内感染，对胎宝宝都是不利的。而且，不同病原体导致的宫内感染对胎宝宝造成的不良后果也不尽相同，如巨细胞病毒感染可造成胎儿脏器损害，影响胎儿的正常发育，导致先天畸形和智力发育障碍。

当准妈妈抵抗力低下时，很容易使体内的一些潜在感染源被激活，成为活动性感染。为此，准妈妈要在整个孕期注意营养搭配和合理运动，增强身体抵抗能力；及时纠正贫血、营养不良等可使产妇抵抗力低下的疾病以及及时治疗如阴道炎、子宫颈炎等妊娠合并感染性疾病；在孕晚期不要做不必要的肛门和阴道检查，更不能在围产期进行性交。此外，在孕期要做好宫内感染筛查，如果一旦确诊发生了宫内感染，就要及时采取宫内给药治疗或终止妊娠。

提防早产

早产是指在孕 28 ~ 37 周之间的分娩，在此期间出生的体重在 1000 ~ 2499 克、身体各器官未成熟的新生儿，称为早产儿。

造成早产的原因有准妈妈和胎宝宝两方面。若准妈妈在孕期有合并急性或慢性疾病，如病毒性肝炎、急性肾炎或肾盂肾炎、急性阑尾炎、病毒性肺炎、高热、风疹等急性疾病或是心脏病、糖尿病、严重贫血、甲状腺功能亢进、高血压病、无症状菌尿等慢性疾病；合并子宫畸形（如双角子宫、纵隔子宫）、子宫颈松弛、子宫肌瘤、宫颈机能不全；生殖道炎症如细菌性阴道病、衣原体等；有晚期流产、早产及产伤等病史；有不良生活习惯如吸烟、吸毒、酒精中毒等；有重度营养不良症；腹部直接撞击、创伤、性交或手术操作刺激等以及其他如长途旅行、气候变换、居住高原地带、家庭迁移、情绪剧烈波动等精神体力负担等都会造成早产。此外，若出现前置胎盘和胎盘早期剥离、羊水过多或过少、多胎妊娠、胎儿畸形、胎死宫内、胎位异常、胎膜早破和绒毛膜羊膜炎等问题，也有可能导致早产。

早产是可以预防的，关键是要及早诊断并及时治疗。当准妈妈在孕晚期，出现有下腹部反复变软变硬且肌肉有变硬发胀的感觉、至少每 10 分钟有 1 次宫缩并持续 30 秒以上，伴宫颈管缩短、阴道少量出血、早期破水的症状，就应立即入院检查，提防早产。

再有，在孕晚期准妈妈也要从生活上多加小心，如不到人多的地方，上台阶要走稳；不拿重东西或高处东西以免碰到腹部；不饮酒、不吸烟也不能被动吸烟；加强营养，保持精神上的愉快；保持充足的睡眠，不要让自己过度疲劳；不要长时间持续站立或下蹲等让腹部紧张的姿势；不要进行性生活等。如果一旦出现上述早产迹象，就应马上卧床休息并且取左侧位以增加子宫胎盘供血量，或是立即入院保胎。

有“突发情况”怎么办

到了本月末，胎宝宝已经成为足月儿，随时有可能出来与爸爸妈妈见面。一般来说，预产期并不是绝对精确的分娩日期，据统计，只有半数左右的孕妇在预产期那一天分娩，还有大半的孕妇可能会在预产期之前或之后分娩。因此，到了这个月，准妈妈要做好随时去医院生产的准备。

临产的征兆有间歇性宫缩、见红、破水等现象，当出现上述征兆时，切忌的是慌张忙乱，要绝对保持头脑的冷静和镇定。这时候慌乱的心情往往适得其反，并且紧张的情绪也很可能导致生产提前或是难产，引起不必要的麻烦。心理素质较弱的准妈妈可能就算提前做好了充足的心理准备，当真正进入临产状态后，依然会无可避免地心慌害怕失去理智，这时候就要求准爸爸必须保持清醒冷静，多多安抚自己的妻子，切不可同时慌了手脚。其实，大多数情况下，出现宫缩、见红、破水时并不会立即生产，宫缩不强烈也不频繁，所以准妈妈还有大把的时间用来准备，例如洗澡、整理物品，甚至还可以先睡一觉或是吃些东西补充体力准备即将到来的“战斗”。

到了这个月，准妈妈及家人应准备好待产包，随时做好入院的准备。虽然多数准妈妈在见红后并不会立即生产，但也有些准妈妈可能整个生产过程非常之快，所以就要求把入院应备的物品提前备好，以免猝不及防丢三落四。如果准妈妈见红破水后，宫缩的频繁程度和剧烈程度迅速加快，就能够保证即时拎包入院，不耽误一点时间。

胎宝宝的第十个月（孕十月）

宝宝的变化

这个月将是胎宝宝在妈妈体内的最后阶段，身体的各部分器官已经发育完成，手脚肌肉发达，骨骼也已变硬，头部也已经固定在了骨盆中，随时都能够出来与爸爸妈妈见面了。

第37周时，胎宝宝仍然在生长，身长51厘米左右，体重3000克左右。这时胎宝宝的头已经完全入盆，如果此时胎位不正常的话，那么其自行转动胎位的机会就已经很小了，需要人工干预，多数情况下会进行剖宫产；他的头发已经长得又长又密，有3～4厘米；有了“向光反应”，能够自动转向光源；感觉器官和神经系统也可对母体内外的各种刺激做出反应，能够敏锐地察觉到妈妈的心情、情绪以及对自己的态度。

38周的胎宝宝身长有52厘米左右，体重3200克左右。这时胎宝宝的头部会在盆内摇摆，周围有骨盆的骨架在保护着十分安全，同时这样的位置也有利于胎宝宝有更多的空间放下自己的小胳膊小腿；胎宝宝身上覆盖的一层细细的绒毛和大部分白色的胎脂正在逐渐脱落，皮肤开始变得光滑；脱落的物质和分泌物会随着羊水吞入胎宝宝的肚子里，储存在他的肠道中，在出生后形成黑便随即排出。

到了39周，胎宝宝的身长约有53厘米，体重3200～3400克甚至更重。胎宝宝在本周的活动越来越少了，似乎安静了很多，这是因为他的头部这时已经完全固定在骨盆中，随着头部的下降，便会来到这个世界上了。另外，此时胎宝宝身体的各器官发育几乎全部完成，但肺是最后一个发育成熟的器官，需要在出生后几小时内才能建立起正常的呼吸方式。

40周出生的宝宝平均体重在3300～4000克，身长大概有51厘米。这时的宝宝已经诞出，和爸爸妈妈见面了！刚出生的宝宝并不会太漂亮，而且大多数头部感觉还很奇怪，甚至会感觉有些畸形。这是由于通过产道时挤压所致的，爸爸妈妈不用太担心。另外，刚出生的宝宝浑身覆盖着胎脂和血液，肤色也有可能不匀、有胎记或皮疹，这些都是正常的现象。

准妈妈的变化

准妈妈在怀孕最后的这个月里，常常会感觉很紧张、心情烦躁焦急等，同时身体也会越来越感到沉重，到这个时候，正常的准妈妈一共会比孕前增长11.5～15千克。

在这个阶段，准妈妈可能会有出血的现象，即子宫颈变软及变薄后，黏液栓塞会和血液混合流出阴道。这是一种正常的出血现象，是子宫颈为分娩作准备而扩大，表示接近分娩的开始，准妈妈不须太过担心。另外，这时的羊水体积有所减少，宫缩频率继续增加，准妈妈常常会感到肚子一阵阵的发硬发紧。

由于宝宝进入骨盆，膀胱受到挤压，准妈妈不得不增加去卫生间的次数，尿频、尿不净的问题又再次袭来。需要注意的是，如果此时出现额外的手、脸水肿或是突发的严重的脚部、脚踝水肿，准妈妈要特别警惕急性妊娠高血压综合征或妊娠血毒症的病症。

到了最后一周，如果宝宝还没有诞出的话，这时准妈妈的宫高约 36 ~ 40 厘米。此时胎宝宝所处的羊水环境也会由原来的清澈透明变成有些混浊的乳白色；胎盘的功能也会逐渐退化，直到胎宝宝娩出后一并自动娩出。

由于随时都有发动的可能，所以这个月的准妈妈要特别注意小心活动，避免长期站立，洗澡的时候避免滑倒等。好好休息，密切留意自己身体发生的细小变化，做好临产入院的充足准备。

准爸妈的生活指南

准妈妈的营养补充

为了储备分娩时消耗的能量，准妈妈在这时应该多吃富含蛋白质、糖类等能量较高的食品。建议每天保证主食 500 克左右，总脂肪量 60 克左右。另外在这个月里，由于胎儿的生长发育已经基本成熟，如果准妈妈还在服用钙剂和鱼肝油的话，应该停止服用，以免加重代谢负担。

最后一个月里，必须重点补充各类维生素和足够的铁、钙、充足的水溶性维生素，尤其以硫胺素最为重要。如果硫胺素不足，易引起准妈妈呕吐、倦怠、体乏，还可影响分娩时子宫收缩，使产程延长，分娩困难。富含硫胺素的食物有酵母、米糠、全麦、燕麦、花生、猪肉、大多数种类的蔬菜、麦麸、牛奶和海鱼，以海鱼中的含量为最高。

除了补充硫胺素之外，这时还应多吃些含铁质的蔬菜，如菠菜、紫菜、芹菜、海带、黑木耳等。

应当多吃的食物

1. 鸭肉。鸭肉中富含高蛋白质、脂肪、铁、钾、糖等多种营养元素，有清热凉血、祛病健身的功效。此外，鸭肉中的脂肪化学成分类似于橄榄油，有降低胆固醇的作用，对防治妊娠高血压症有一定的益处，而且不同品质的鸭肉还有其不同的食疗作用，如青头鸭肉可利尿消肿，保护肾脏；乌骨鸭肉可抑制毛细血管出血，减轻肺热；纯白鸭肉可清热凉血；老母鸭肉则有生津提神、补虚滋阴、大补元气的作用，对于舌干唇燥、口腔溃疡等症状具有很好的食疗作用。

2. 植物油。研究发现，人体所必需的脂肪酸如亚油酸、亚麻酸等，人体自身是无法合成的，只能靠从食物中摄取，而这些物质主要存在于植物油中，动物油的含量相对极少。如果准妈妈在怀孕期间缺乏脂肪酸的话，胎宝宝在出生后就容易患上婴儿湿疹。尽管婴儿湿疹在宝宝 6 个月以后能慢慢减轻直至痊愈，但为了避免其出现，准妈妈还应多吃些植物油为好。

3. 鸡蛋。临近生产的准妈妈最好多吃些鸡蛋，以补充优质蛋白和其他能量，供生产时和生产后消耗，可以有效防止体力透支。

4. 鱼虾。鱼虾中的营养价值及热量都很高，而且不易引致消化不良、反胃胀气等问题。准妈妈在接近生产时有时会由于紧张不安的情绪导致食欲下降，这个时候鱼虾类的食物不失为既能补充营养、又能促进食欲的优质食品。

5. 蜂蜜。中医认为，当准妈妈进入临产阶段后，在饮食调节上应采取利窍滑胎的方法，这对于促进分娩、缩短产程、减少产痛有着积极的作用，特别是对于初产妇或胎儿偏大的产妇。而蜂蜜正有此功效，所以这时候的准妈妈可以多补充一点蜂蜜。

6. 巧克力。准妈妈在临产前要多补充些热量，以保证有足够的力量促使子宫口尽快开大，顺利分娩。巧克力营养丰富，含有大量的优质碳水化合物，每 100 克巧克力中含有碳水化合物 50 克左右，脂肪 30 克左右，蛋白质 15 克以上，还含有较多的锌、维生素 B_2、铁和钙等，而且能在很短时间内被人体消化吸收和利用并产出大量的热能，可供人体消耗。另外，巧克力体积小方便携带，吃起来也香甜可口。因此，准妈妈最好能在临产前适当吃些巧克力，对身体十分有益。

应当少吃的食物

1. 黄芪。黄芪具有益气健脾之功，与母鸡炖熟食用，有滋补益气的作用，是气虚者很好的补品，但快要临产的准妈妈应慎食，避免妊娠晚期胎宝宝正常下降的生理规律被干扰而造成难产。

2. 鱼肝油。有些准妈妈在怀孕后为了能让宝宝更聪明健康，便服用鱼肝油来补给营养。但是，若长期服用大剂量的鱼肝油，会引起毛发脱落、皮肤瘙痒、食欲减退、感觉过敏、眼球突出、血中凝血酶原不足和维生素 C 代谢障碍等。特别是在孕晚期，大量补充鱼肝油可能会为生产带来一定的副作用，所以若之前有补充习惯的话，此时也应停止补充。

3. 木耳。木耳有滋养益胃的作用，但同时也会降低血液的凝固性，易出现皮下紫斑，所以临产前的准妈妈不宜多吃，以防生产时造成出血难止。

4. 钙片。钙质是胎宝宝成长发育必需的营养元素，但这个月胎宝宝已经足月，发育也已经几乎全部完成，若此时继续补充钙质的话会导致血钙浓度过高，容易出现肌肉软弱无力、呕吐和心率失常，使胎宝宝出现牙胚移位，甚至会导致宝宝刚分娩不久就长出牙齿，所以此时不宜再额外补钙。

5. 木瓜。木瓜中含有雌性激素，容易干扰准妈妈体内的激素变化，特别是青木瓜。准妈妈若吃太多木瓜的话，不利于胎宝宝的稳定，还有可能导致流产或是早产。

孕十月的饮食原则

在这个月，保证足够的营养，不仅可以供应宝宝生长发育的需要，还可以满足自身子宫和乳房增大、血容量增多以及其他内脏器官变化所需求的额外负担。如果此时营养不足的话，不仅所生的婴儿常常比较小，而且准妈妈自身也容易发生贫血、骨质软化等营养不良症，这些病症将会直接影响临产时的正常子宫收缩，容易发生难产，所以这个月的准妈妈应坚持全面均衡膳食、少吃多餐的饮食原则。由于准妈妈胃肠受到了压迫，可能会产生便秘或腹泻，所以一定要增加进餐的次数，每次少吃一些，而且应吃一些容易消化的食物。可以适量吃些热量高的高蛋白、糖类食品，为分娩储备能量。要知道此时的膳食更重要的是为即将来临的生产蓄积能量，控制体重反倒是放在了其次，但是也不可为了储存能量就大吃特吃，以免起到反效果。

此外，这个月依然要注意饮食的粗细搭配，尽量吃些粥或者汤等易于消化吸收的食物，要保证饮食的多样性和丰富性，最好每天能够保证摄入两种以上的蔬菜，以保证维生素营养的全面均衡。

孕十月的营养食谱

蘑菇炒青椒——补充孕晚期所需的多种营养元素。

【原料】蘑菇 300 克，青椒 100 克，洋葱 50 克，葱、蒜泥各 5 克、盐 3 克，料酒、辣椒油和芝麻适量，辣椒丝少许。

【做法】1. 剪掉蘑菇的底端，去除外皮之后分成 4 等份。

2. 把青椒的子去除干净，分成 4 等份以后再按 2 厘米的长度切开。

3. 把洋葱切成与青椒一样的大小，再把小葱细细切碎。

4. 在平底锅里倒入油，放进蒜泥和洋葱开始炒，再先后放入蘑菇和青椒继续炒。

5. 在锅里倒入料酒和辣椒油并用盐进行调味，接着加入辣椒丝、芝麻粒和小葱后拌一下，即可食用。

荔枝鸡翅——温中益气、补精添髓、强腰健胃。

【原料】鸡翅 500 克，红葡萄酒 30 克，盐 2 克，味精 1 克，冰糖 2 克，大葱 3 克，姜 3 克，花椒 2 克，料酒 5 克，胡椒粉 1 克，植物油 15 克。

【做法】

1. 将鸡翅斩为两截，用盐、料酒、胡椒粉码味 30 分钟至 1 小时后入沸水去除浮沫，捞出待用。

2. 葱切长段，姜切片，锅内放油烧热，葱姜略炒，加入冰糖汁、红葡萄酒、盐、花椒，烧沸后放入鸡翅，用小火慢慢煨约 1 小时，待汁浓肉熟时，拣去葱、姜，加入味精炒匀，起锅装盘即可。

清汤慈笋——清鲜消暑，有助消化。

【原料】慈笋 500 克，清汤 1000 克，鲜桑叶数张，盐、料酒、胡椒面、白矾适量。

【做法】1. 白矾砸碎用凉水溶化，选用鲜嫩实心慈笋，切下老根，剥去壳，削去内皮，顺切成极薄的片，放入白矾水内漂上。桑叶洗净。

2. 将慈笋和白矾水倒入锅内，加入桑叶水煮一会儿，捞在凉水内，拣出桑叶，把笋片洗去白矾的苦、涩味，再用凉水漂上。

3. 烧开清汤，加入盐、胡椒面、味精、料酒、调好味，下入笋片，烧开撇去沫子即可。

山药乳鸽煲——补充蛋白质、脂肪和碳水化合物，增加热能储备。

【原料】山药 50 克，瘦肉 300 克，莲子 50 克，乳鸽 1 只，葱、姜和清汤适量。

【做法】1. 将乳鸽清洗干净，放入开水锅内与姜、葱共煮 10 分钟后取出；将山药、莲子洗净，瘦肉洗净切丁备用。

2. 沙锅中放入清汤煮滚，加入乳鸽、瘦肉丁、姜片、山药、莲子，烧沸 10 分钟后改用小火再煲 1 小时，放入适量盐调味即可食用。

羊肉冬瓜汤——营养滋补，利尿消肿。

【原料】瘦羊肉 200 克，冬瓜 500 克，酱油、盐、葱花、姜末和植物油各适量。

【做法】1. 将羊肉洗净，切成薄片后用酱油、盐、葱花、姜末拌好；将冬瓜去皮洗净，切片备用。

2. 锅置火上，放入植物油，下冬瓜片略炒后加少量清水，放入拌好的羊肉片，烧熟即可。

银鱼豆芽——补充钙及维生素。

【原料】银鱼 20 克、黄豆芽 300 克、鲜豌豆 50 克、胡萝卜丝 50 克，葱花、糖、醋、盐适量。

【做法】1. 将银鱼焯水，沥干，豌豆煮熟备用。

2. 炒锅加油，热后将葱花爆香，放入黄豆芽、银鱼及胡萝卜丝煸炒。

3. 加入煮熟的豌豆，调成糖醋味即可。

青椒里脊片——补充蛋白质、脂肪、钙、铁和维生素 C 等多种营养素。

【原料】猪里脊肉 200 克，青柿椒 150 克，鸡蛋 1 个，香油、精盐、水淀粉各 5 克，味精 2 克，料酒各 10 克，干淀粉 6 克，花生油 50 克。

【做法】1. 猪里脊肉剔去筋膜，切成柳叶形薄片，放入清水内漂净血水，取出放入碗内，加精盐、味精、鸡蛋清、干淀粉，拌匀上浆。青椒去蒂子，切成大小与肉片相同的片。

2. 炒锅上火，用油滑锅，放入花生油，烧至四成熟，下里脊片滑熟，捞出沥油。

3. 原锅留油少许置火上，下青椒片煸至变色，加料酒、精盐和清水 40 克烧沸，用水淀粉勾芡，倒入里脊片，淋香油，盛入盘内即成。

枝竹小肚汤——滋润补身，有助分娩。

【原料】枝竹 100 克，猪小肚 4 个，红枣 4 粒，盐适量。

【做法】1. 枝竹洗净，浸软切段。红枣洗净，去核。

2. 猪小肚切去油脂，用粗盐擦洗干净，放入开水中煮2分钟盛起。

3. 烧开适量水，放入猪小肚煮30分钟，加入枝竹、红枣煮1.5小时，下盐调味即成。

鸡块白菜汤——补充蛋白质、脂肪和钙、磷、铁、锌等微量元素及维生素。

【原料】白条鸡半只，白菜500克，精盐、味精、葱、姜各适量。

【做法】1. 将鸡洗净，剁成小块，放入沸水锅内烫一下捞出，用清水洗净。白菜切成小块，葱切段，姜切片。

2. 锅置火上，放入鸡块，加葱段、姜片和清水烧开，转微火煮至筷子能夹动，撇去浮沫，捞出葱、姜。

3. 白菜放入锅内略煮，加精盐、味精调好味，盛入盆内即成。

红烧海参——补血调经，安胎助产。

【原料】发好海参500克，瘦肉200克，白菜300克，姜2片，葱2棵，红萝卜数片，盐、糖各半茶匙，生抽、酒各1茶匙，上汤1杯，蚝油、生粉各1茶匙，油半汤匙，麻油、胡椒粉各少许，清水3汤匙。

【做法】1. 海参放入姜、葱、开水内煮5分钟，除去内脏洗净。

2. 瘦肉切丝，加入调味料拌匀，泡嫩油待用。

3. 白菜洗净，以油、盐、水焯熟围于碟边。

4. 烧热锅，下油两汤匙爆香姜、葱，加入煨料及海参煮至海参软烂，放入瘦肉，芡汁料兜匀上碟即成。

做好分娩前的检查

从这个月开始，准妈妈需要每个星期做一次产前检查，除了例行的常规检查之外，还需要做内诊或肛诊检查，以此来了解子宫颈口的情况。有些准妈妈很惧怕做内诊和肛诊，因为会感觉很不舒服，甚至有些疼痛。但如果医生认为有必要的话，尽量还是做一下比较好。

肛诊检查主要是用来检查产妇子宫颈口的具体情况，如宫颈口是否如期扩张，以及胎头衔接、产位、宫颈顺应情况等。宫颈扩张与否与扩张程度，能够客观地反映出能否正常顺利地进行分娩，所以非常值得重视。目前我国大多数医院对临产孕妇都要采取肛诊检查，如若肛诊摸不清具体情况时，通常还会结合内诊法，即阴道检查。

此外，到了临产阶段，对血压的监测也尤为重要。如果血压在这一时期突然增高，则有可能是妊娠高血压的显现，更有可能发生更严重的问题——子痫。子痫一旦发生，会给准妈妈和胎宝宝带来双重危害。所以，准妈妈在临产前一定不能忽视血压的测量，此外还应重视尿检，认真留取尿液，因为通过尿检，可以发现妊娠高血压、妊娠糖尿病及尿路感染的问题。

再次尿频的对策

由于胎宝宝的胎头下降、身体下滑压迫膀胱，所以准妈妈在临产前多数会再度发生尿频的现象。此外，临产前紧张的情绪也会加重尿频。因此准妈妈要应对尿频的困扰，首先要保证精神上的绝对松弛，不要总是想着它，如有尿意的话就尽快去排尿，采用身体略微向前倾斜的姿势会有助于排空膀胱里的尿液。但需要注意的是，千万不要总是坐在便盆上，如果没有尿液的话就应该马上起来，否则会使子宫颈出现水肿。此外，也千万不能因为害怕尿频而有意控制饮水量，不敢喝水，因为这时候的准妈妈需要大量的液体来维持胎宝宝的生长发育。

再有，过度尿频也是临产的一种征兆，但前提是排除心理因素。如果尿频同时伴有如见红、破水、宫缩其中的迹象之一，就应立即做好随时生产的准备了。

如何应对产房里的尴尬

到了分娩的时候，准妈妈在临产时和生产过程中可能会在产房里遭遇到如下的尴尬，应提前做好心理准备，并以平常心来看待这些事，以便更好地配合医生，顺利分娩。

1. 你被脱光。在生孩子的时候，你的下身会被脱光，当然如果是顺产的话上衣可以保留，但若剖宫产的话，上下身衣物都会被脱光。私处长时间暴露在外，准妈妈未免会觉得有些难为情。

但是，分娩时如果不脱光衣服的话，医生和助产人员所有的操作都将无从下手，宝宝也就无法顺利娩出。作为妈妈，首先考虑的应该是宝宝的安全，这个时候就要牺牲一下自己了。在生产时，准妈妈必须要端正心态，不要觉得难为情，更不要认为这样是一种侮辱，这个时候没有必要忸怩羞涩，应该乖乖地听从医生的指引，积极与之配合。

2. 你被肛检。在进产房之前，护士会不时就来揉搓你的肛门，这也会让有些准妈妈觉得难为情，并且频率之高也可能让准妈妈有些烦躁。

并不是一有宫缩就需要立即进产房的，只有当宫颈口几乎全开的时候才会被送入产房，其他时间则是要乖乖地留在待产室里安静地等待。分娩前进行的肛检，目的就在于了解宫颈口开的情况，以确定进产房的准确时间。护士们之所以反复肛检，就是为了能够及时准确地了解宫口的情况以及胎儿的位置，以避免错过了进产房的时间，出现不必要的麻烦和危险。

3. 你被灌肠。生产之前，医生会把一根管子插在肛门上或是把一种药剂喷在肛门处，迫使你将大便排出来。有些准妈妈会觉得这样的动作让人很尴尬，并且会产生疑惑：如果孕期没有便秘痔疮的话，真的有必要这么做吗？

其实，即使你没有便秘的问题，人体肠道内还是会有宿便堆积的。乙状结肠位于小骨盆腔内左上方，由于肠内有大量粪便堆积，在分娩时往往会影响胎头的顺利下降及内旋转，以致妨碍产程的进展。此外，如果没有灌肠的话，很可能在分娩用力时会把这些排泄物一同挤出来，这样就容易把细菌传给宝宝。所以，一旦临产就必须要灌肠以清除肠内粪便，减少产道的阻力，保证宝宝的健康。

4. 你被插尿管。张开双腿让医生或护士从中插尿管，尽管你也许曾经接受过类似动作的检查，但有些害羞的准妈妈可能还会觉得有些不好意思。

医生之所以要为顺产的准妈妈插尿管，是因为生产过程中，准妈妈的膀胱受到压迫，功能暂时丧失，而又不能及时恢复，无法及时排尿。但是生产后身体里有多余的水分要排出。如果不插尿管的话，体内无法排出的尿液就会损害妈妈的健康。如果你还觉得难为情的话，就应该想想一切都是为了自己的健康，也就没什么了。

5. 你会大小便失禁。即使已经被灌肠，在自然分娩在用力的过程中，还有可能会排出少量粪便或是尿液，甚至有时还不止一次，这同样也会让你觉得很不好意思。

因为在分娩时，进行硬膜外麻醉以后肛门附近的括约肌变得麻痹，对粪便的控制力会减弱。在产床上你同样会有肠蠕动，因此排便也是正常的事。另外，当宝宝的头通过产道时，直肠会变得平滑，里面的内容物也可能会被推出来。不要觉得难为情，因为医生会对这件事很客观，他们会认为这只是人体器官一种正常的运动，是再正常不过的事。

6. 你被切外阴。侧切外阴是有些准妈妈很不情愿的事情，并且有时候会伴随着一些担心，如外阴部被切开之后，会不会影响以后的夫妻生活质量呢？或是切开之后会不会很容易发生感染、很难愈合呢？

事实上，当直径约 10 厘米的胎头娩出时，如果没有助产医生的帮助，保护会阴部，那么肯定会有很多新妈妈的会阴会发生不同程度的撕裂伤。一旦发生了撕裂伤，便会在产后遗留下许多后遗症，问题会更多。如果能及时作会阴切开术的话，对妈妈和宝宝都有好处，并且产后注意卫生的话，一般不会出现感染等后遗症。另外，产前和产后恢复期通过一些专门的锻炼，同样可以恢复未生产前的弹性，不会影响到今后的夫妻生活，所以准妈妈大可放心。

胎头衔接

胎头衔接是描述胎儿向妈妈的骨盆方向下降的过程。生产时，胎头双顶径进入骨盆入口平面，胎头颅骨最低点接近或达到母体坐骨棘水平，呈半俯屈状态，以枕额径衔接，由于枕额大于骨盆入口前后径，胎头矢状缝坐落在骨盆入口右斜径上，胎儿枕骨在骨盆前方。

经产妇多在分娩开始后胎头衔接，小部分初产妇可在预产期前 1 ~ 2 周内胎头衔接。但这只是一般规律，每个产妇之间存在着个体差异。有的准妈妈在预产期前两天可能胎头仍然还没有衔接，因此不免会担心还能否正常分娩。其实不必担心，有的初产妇宫口已经开全了，胎头还浮得很高，直到破水后胎头才开始入盆，但生产过程仍然很顺利。所以，如果医生诊断一切正常的话，准妈妈就大可放心。

密切监测胎宝宝情况

1. 胎心异常。进入临产期后准妈妈常会出现无痛性子宫收缩。当子宫收缩时，正常情况下胎心率会减慢到大约 120 次 / 分，当宫缩停止后胎心自然会回到正常水平。但如果胎心率持续不恢复、低于 120 次 / 分或有高于 180 次 / 分的现象时，准妈妈就要立即与医生取得联系，以防不测。

2. 胎动异常。由于胎儿在子宫内活动空间越来越小，到了这时候胎动自然会有所减慢，这时候准妈妈切不可擅自在腹壁外用一些动作刺激胎儿使之像往常一样活跃。因为这时胎儿的头部正在钻进妈妈产道的入口，并努力向产道出口移动，这对于其正常娩出至关重要。此外，如果胎动次数减少明显，如 12 小时内胎动小于 10 次，或是胎动较之前减少了 50% 以上，就应该立即去医院检查，多数是提示胎儿出现异常的信号。

分娩时的用力方法

掌握一些分娩时的用力方法，可以在生产时给准妈妈一定的帮助：

1. 仰卧时用力的方法。仰卧时，两脚充分张开，膝盖弯曲，后脚跟尽量靠近臀部。两手向后举，抓住床头的栏杆或两侧的把手。先充分吸气，从鼻子吐气的同时停止呼吸，几秒后再慢慢像是要排便或打开肛门似的逐渐用力。此时要紧闭嘴唇，直到最后都不要让空气漏出来。从吸气、用力到吐气完毕，大约持续 25 秒。

2. 仰卧时抱腿的用力方法。举起双脚，双手从外侧抱住膝盖的内侧，双腿尽量靠近下腹部的两侧，并充分地张开。此时，大腿如果充分张开，与其说是双手抱住双腿，不如说是用双手将双腿抱起来。双手不可握在一起，而要各自握拳，双腿才能充分张开。用力的同时，使下颏贴近胸口，双腿尽量张开。

如果双腿没有充分张开，反而并拢在一起，或是吸足气后马上用力，只有腹部鼓起时，用力效果自然不佳。原本应贴近胸口的下颌向上突出，或用力时支撑腿部的力量比抱住腿部的力量强，使得臀部下滑，如此都无法达到良好的效果。

3. 侧卧时的用力方法。侧卧时，身体下方的手肘轻轻弯曲，手掌放在脸旁。双脚并拢，膝盖尽量弯曲，手抱住身体上方的大腿靠近臀部的地方。注意头部不可弯得太低，背脊也不可拱起至眼睛看得到肚脐的程度。

胸部先充分吸气，然后和仰卧的情形相同，暂停数秒后再用力。此时，背脊要挺直，不可拱起臀部向后突出般地出力。头部弯得太低或不抱住臀部而抱住膝盖，都是错误的用力法。

这种姿势就好像排便时的姿势一样。任何人都能轻易做到。因此，当产妇采用仰卧的姿势无法有效地用力时，不妨先以侧卧的姿势做做看，等感觉较顺时，再换回仰卧的姿势做做看。

提前了解整个产程的疼痛状况

对于打算自然分娩的初产妇来说，可能在这个时候你已经通过各种渠道听取了不少关于自然分娩的经验，在听到别人关于产痛的描述时未免会心惊胆战，并对即将而来的这一幕感到一丝恐慌和不安。但是，由于每个人的身体条件和胎儿情况不同，对于疼痛的感觉也是有一定差别的。对于初产妇来说，你从未亲身感受过这种疼痛，所以更有必要提前了解整个产程的疼痛情况，以做好充足的心理准备。

在第一产程，主要是内脏疼痛，以子宫为主。这是由于子宫平滑肌收缩、宫颈扩张等所引起的，表现为下腹部、背部和肠部的疼痛，后期由于产道的伸展扩张，还有可能出现直肠、下骶和肛门的疼痛，甚至是大腿部的疼痛。这时候需要产妇自己运用调整呼吸、分散注意力、改变体位、自行或准妈妈帮助按摩等方式来缓解疼痛。

到了第二产程，主要是阴道和会阴疼痛。这是由于阴道和会阴的扩张，或器械的助产所致，这时往往需要借助医学方法来减轻疼痛，如使用分娩镇痛或局部麻醉来减轻疼痛。

在最后的第三产程，主要就是子宫收缩和会阴创面的疼痛。在经历了前两个产程的疼痛之后，这时的疼痛往往就显得轻了很多。子宫收缩疼痛在胎盘娩出后仍有 20% 的产妇存在，但多数是不需要处理的，2 ~ 3 天可自行缓解；而创面的疼痛可以利用局部物理治疗如激光、红外线等照射缓解，一般不需要药物治疗。

疼痛是分娩时都要经历的过程，准妈妈在此时更应放宽心，尽量用平和的心态来看待它。要知道，尽管很多有过顺产经历的准妈妈都会用“痛到死”来形容当时的感受，但事实上并没有人真的是因为疼痛而致死的，如无意外情况，这种疼痛并不会给自己和宝宝带来任何危害。

剖宫产前的注意事项

与自然分娩相比，剖宫产的产妇只需要在产前做好包括体温、脉搏、呼吸、血压、既往病史、血型、肝功能、HIV 病毒、丙肝、梅毒等一系列的检查，以确定产妇和胎儿的健康状况就可以了。剖宫产的住院时间由医生根据胎儿的情况决定，产妇要按约定时间在手术前一天住院，以接受手术前的准备。

需要注意的是，手术前的晚餐要清淡，午夜 12 点以后不要再吃东西，以保证肠道清洁，减少术中感染。术前要测生命体征包括心率、血压等，还要听胎心，胎心在 120 ~ 160 次 / 分为正常。产妇在进手术室之前要脱光包括内衣内裤在内的所有衣服，只穿着手术服，在确认身上没有多余饰物后进行备皮、取血、插尿管，然后就可以推进手术室进行手术了。

这个月需要注意的问题

假临产先兆

当胎儿入盆时，不少准妈妈常会感到轻微的腰酸、腹部阵阵发紧和有坠痛感，觉得腹中的宝宝正在往下降，于是会立即兴师动众地赶往医院。其实，这种情况并不是真正临产前的征兆，其主要区别首先是宫缩的时间较短，常常不足半分钟；其次是宫缩并不规律，力量也比较弱。因此，常被人们称为“假临产”。

由于假临产多在夜间出现，最大的不利因素在于影响休息，使准妈妈彻夜难眠，疲劳不堪，徒增不安或焦虑的情绪。但实际上，这些征兆离真正的临产往往还需要一段时间，所以准妈妈大可不必过于紧张，更没必要立即慌张赶往医院。

过期产

一般把妊娠超过42周才生产或者仍未生产的情况叫做过期产。大多数过期产儿的胎盘功能尚正常，母亲体内的营养和氧气能够通过胎盘供给胎儿，胎儿的生长发育不会受到影响。但这种过期产儿多数出世以后就成为巨大儿，体重会超过4000克，皮下脂肪比较丰满，毛发浓密，颅骨变硬，精神反应也较灵活。但是，这样的宝宝几乎有50%会发生低血糖和低血钙的问题。此外，还有一部分过期产儿，由于母亲胎盘功能不好导致氧气和营养难以通过胎盘，从而造成胎儿的供给量不足，因此，宝宝出生后体重较轻，容易出现营养不良，四肢又瘦又长且皮下脂肪较少，皮肤松弛；另外，少数宝宝由于在子宫内长时间缺氧，加上在宫内时肠蠕动比较活跃，肛门肌会变得松弛进而排出胎粪，使羊水受到污染变为绿色，因此出生以后的皮肤、指甲也呈黄绿色，还极易引起低血糖、吸入性肺炎和颅内出血等病症。

但是，有的时候由于准妈妈的月经周期不稳定，或是记错了末次月经的时间，都有可能造成预产期估测错误，从而导致发生过期产的“错觉”。所以准妈妈到了孕晚期要每周进行一次产检，并把在孕早期的检查(如B超、妊娠试验等)及胎动出现的时间、结果告诉医生，让医生给你再次核对孕周。

如果胎龄正常的话，超过预产期还未生产准妈妈也不要太过紧张。因为就临床观察，预产期后两周内分娩对母婴影响不大，这段时间需要准妈妈格外注意胎动情况，一旦胎动每小时少于3次或在12小时内少于20次，或胎动减弱或自觉一段时间没有胎动，则需马上到医院作进一步检查，医生会根据情况决定分娩时机。

何时到医院待产

正常情况下，当出现以下临产症状时，准妈妈就要准备去医院待产了：

（1）宫缩。宫缩一开始往往是不规则的假性宫缩，这时候还没有必要入院；等到当它发生得越来越规则、越来越频繁时，就说明离分娩不远了。如果发现宫缩开始变得频繁剧烈而有规律，大约每5分钟左右发作一次，且子宫感到一阵阵发硬、疼痛或腰酸时，就应该去医院了。

（2）见红。当发现有出血时，需要马上到医院检查，尤其是出血量较大时。

（3）破水。由于羊水流出时可能脐带会随之脱出，脐带绕颈可导致胎儿死亡，所以一旦破水，无论是否有宫缩都要及时去医院。并且，在前往医院的在路上，准妈妈应采取平卧的姿势。

如果准妈妈属于如下人群，应在孕晚期按照医生建议提前入院待产：

（1）有妊娠并发症者。

（2）患有内科疾病如心脏病、肺结核、高血压等。

（3）重度贫血者。

（4）中、重度妊高征，或突然出现头痛、眼花、恶心呕吐、胸闷或抽搐者。

（5）胎位不正，如臀位、横位者。

（6）多胎妊娠者。

（7）经医生检查确定骨盆及软产道有明显异常者。

（8）经产妇有急产史者。

（9）有前置胎盘、过期妊娠者。

另外，到了孕晚期应提早准备好待产

包，把入院必须带的物品确定已经全部放在包里，特别是住院必需的证件，并把放置包的位置告诉家人，提前安排好家里的事情，确认到医院的最佳路线。此外，应确保随时都有家人陪在身边，一旦有了动静，可以保证有人陪同的情况下行动立即去医院。

提前了解怎样与医生巧配合

为了使胎儿顺利降生，并减少产道的损伤（主要是指会阴、阴道和子宫的裂伤），医生要在分娩过程中采取一系列的措施。这些措施必须得到产妇的密切配合，才能产生好的效果，否则只会延长产程，增加产妇的痛苦和胎儿的危险。因此，每一个产妇都要认识到与医生配合的重要性，并掌握如何才能与医生巧配合，使生产过程更为顺利。

第一产程：在分娩开始后，子宫的阵阵收缩会使产妇感到腹部发紧、疼痛和腰部不适，这是分娩中必须经历的，产妇应冷静对待，切不可大喊大叫，扭腰转侧，徒耗体力。当宫缩暂停时，产妇要尽量放松休息，等下次宫缩开始时再用力。在宫缩的间歇期，产妇可以吃喝一些易消化、营养多、能量高的食物，如巧克力，最好是能下地活动一下，或同别人聊聊天放松一下紧张的神经；当宫缩开始时可以让准爸爸帮忙按摩下腰部来缓解疼痛，尽量不要喊叫，避免无谓的耗费体力，更不要在宫缩开始的时候大喊大叫、宫缩停止后则拼命用力，这样对分娩是没有任何帮助的。

第二产程：应根据医生的指导或平时的练习在宫缩时配合用力。正确的用力方法是：双腿蹬在产床上，双手握住床把手，或还可以取抱位或蹲位。在宫缩到来时，先深吸一口气，然后屏住气，就像排便一样向下用力，尽可能把屏气时间拖长，紧接着做一次深呼吸，然后再深吸一口气，再屏气用力。每次宫缩时如此用力 2 ~ 3 次。在宫缩的间隙，要全身放松，安静休息，准备迎接下一次宫缩的到来。

当宫缩较强、并且胎头下降到骨盆底会阴部时，医生会要求用力，这时产妇一定要听医生的话，按要求屏气向下用力，使用力与子宫收缩二力合一，促使胎头娩出。在胎儿就要娩出时，为了避免胎儿娩出太快，使产道准备不足而发生撕裂，医生会嘱产妇不要再用力，即宫缩来临时不要再向下用力，而改为缓慢张口哈气，产妇应按医生的指导严格执行。

第三产程：等到胎儿娩出后，可以休息 3 ~ 5 分钟，然后再轻微用力，胎盘和脐带就会自动娩出。

全身心地迎接宝宝

基本上到了这个时候，你应该做足了一切准备迎接宝宝的到来，因此在待产时不妨卸下心里的负担，不要总是去想过多的身外之事，也不要总是紧张兮兮地去检查宝宝的用品，唯恐漏下什么。当感到紧张不安、或是不自觉地去想这样或那样的事情时，可以多听听舒缓的音乐，看看喜欢的书和杂志，适当玩一会儿电脑游戏，来解放紧张的神经；还可以坚持做做胎教，保持好充足的睡眠和足够的体力，用最饱满的精神全身心的迎接宝宝的到来。

准爸爸要做的心理准备

对于准爸爸来说，分娩对他们没有身体上的疼痛，但在心理上也同样是个煎熬，一方面看着妻子在承受痛苦却无从分担，另一方面也会担心妻子和宝宝的生命安危。如果说准妈妈要做的心理准备主要是应对疼痛和分娩时可能出现的尴尬场面，那么准爸爸要做的心理准备应该更全面一些。

首先，准爸爸要做好角色转换的心理准备。虽然在妻子怀孕期间你已经可以说是一名父亲了，但从这个时候开始到今后的几十年，你将会成为一名真正的父亲。对于月子里的妻子和刚刚出生的宝宝，你有没有做好全身心照料的准备呢？对于宝宝的成长、教育等今后不断要面对的问题，你有没有一个长远的规划呢？要知道，从现在开始，你身上肩负的责任会更多了。

其次，你要勇敢面对妻子将要承受的痛苦，当妻子还在待产室时，要尽可能地陪在她的身边，悉心照顾她，不时帮她喂水、按摩等等，和她说说话，以分散她的注意力，这些都能够稍稍缓解她的痛感。当然，就算你心里同样紧张，但在整个生产过程中、面对你妻子时，你也一定要保持轻松冷静的状态。因为如果当她疼痛的时候，你显得比她还要痛苦害怕，那就真的是帮倒忙了。另外，你也不要认为妻子的产痛不可能转移到你的身上，你就真的一点帮不上忙，只要做到了上述的这些，实际上你就已经在很大程度上帮她了。

再有，你有必要提前了解整个生产过程和可能出现的意外问题，一旦意外真的发生的话，一定不能慌张无措，更不能对医生护士横加指责甚至大声喊叫辱骂，此时最好的做法是保持镇定冷静的情绪，多多安抚周围紧张的家人。如果有些事情需要你签字决定的话，一定要果断行事，切不可犹豫拖延，以免耽误产房里产妇和宝宝的救治。

第 3 部分

诞生到一周岁以前

第 0 ~ 7 天（诞生 ~ 1 周）的婴儿

发育情况

正常足月的新生儿，一般身长为 47 ~ 52 厘米，平均为 50 厘米；一般体重在 2500 ~ 4000 克之间，平均体重为 3000 克；顶臀约 33 厘米，头围平均为 32 ~ 33 厘米，而胸围会比头围小 1 ~ 2 厘米，一般为 31 ~ 32 厘米；呼吸每分钟约 40 ~ 60 次，心率每分钟约 140 次。

刚出生的宝宝皮肤非常薄，呈粉红色，可能还有粘着尚未脱落完全的胎脂；自然分娩的宝宝由于出生时经产道的挤压，可能眼睛会有充血，或是浮肿睁不开的现象；眼睛里有眼屎，眼睛能区别明暗；鼻子扁平，在鼻尖及两个鼻翼上可以见到针尖大小、密密麻麻的黄白色小结节，略高于皮肤表面；双侧脸颊可能不对称，出现脂肪性隆起，俗称"螳螂嘴"；口腔上腭中线上和齿龈切缘会出现黄白色的小斑点，数周后自然消失；刚出生的宝宝耳朵可能是瘪的，还有可能两边不一致，几天后可慢慢舒展开来并渐渐一致；腹部较软且膨隆。此外，有的宝宝的头发可能很多，也有的是发量少，发质也有不同。在宝宝头顶上方还能看到随着脉搏跳动的前囟门。

到了第 2 天和第 3 天，宝宝的皮肤开始变黄，最明显的部位是眼白、手掌心和脚底板。由于新生儿肝功能发育不成熟，没有足够的能力处理大量的胆红素，便会出现这种情况，即为生理性黄疸。生理性黄疸正常情况下会随着时间的推移逐渐消失，爸爸妈妈不必担心。

宝宝出生后，脐带被扎结、切断，留下呈蓝白色的残端。几小时后，残端就会变成棕白色。以后逐渐干枯，变细，并且成为黑色。一般在出生后 3 ~ 7 天内脐残端脱落。脐带初掉时创面发红，稍湿润，几天后就能够完全愈合，并且随着身体内部脐血管的收缩，皮肤被牵扯、凹陷而成脐窝。

具备的本领

新生儿的体态还和在母体里一样，手臂和腿弯向躯干一边，小手紧紧地攥成拳头，蜷缩着身体。当他感觉到很大的声音或突然的动作时，会自动拱起背来，伸开手臂和腿，但这些运动多属无意识和不协调的。如果用力挠宝宝的脚心的话，他的大脚趾会向后弯曲，其他几个脚趾则呈扇形张开。

吸吮反射是宝宝的天生本能，可以找到食物的来源。饿的时候他就会移动头部，当任何物体接近婴儿嘴角时，他都会跟着转动。

新生儿一出生就具有视觉能力，但视焦距调节能力较差，所以并不能看清周围的事物。健康的宝宝在睡醒时，一般都有注视和不同程度转动眼和头追随移动物的能力。当宝宝睁开眼时，家长可以试着让宝宝看自己的脸，或是在距离宝宝 20 厘米左右处放一红色圆形玩具，以引起宝宝的注意，然后移动玩具上、下、左、右摆动，宝宝就会慢慢移动头和眼睛追随玩具。

大部分的宝宝在出生 24 小时后对听刺激 1 ~ 2 次就能引起反应，对大人说话的声音也很敏感。家长可以在宝宝身旁轻声说说话，观察看宝宝是否会随声音变化有不同的反应。

出生 1 周内宝宝处于最初的发声阶段，通常会发出两种声音，一种是哭声，一种是细语声，如“啊”之类的声音。

宝宝这时的触觉十分敏感，对身体接触、特别是对手心和脚心的接触尤其敏感。大人用手轻触宝宝的手心和脚心时，宝宝会有反应。

此时，嗅觉和味觉也都已经有了相当的发展，宝宝在出生最初几天就存在味觉的性别差异。一般来说，女宝宝会比男宝宝更喜欢甜味，出生 5 ~ 6 天的宝宝已经能够区分妈妈和其他哺乳期妈妈的乳汁气味了。

宝宝的音乐性这时尚处于朦胧阶段，但天生具有节奏的本能，极易被音乐所吸引。当宝宝啼哭时，如果在他耳边摇几下响铃，他会立即止住哭声并睁开眼睛寻找声音来源。

养育要点

新生儿主要指标测量

每个宝宝在刚出生的时候，都要对身体各指标进行测量，以确定是否正常。由于不同宝宝之间都存在有一定的差别，因此原则上只要宝宝的各项指标在正常范围内，就表示一切正常。新生儿主要的指标测量有以下几种：

（1）身高测量法。测量新生儿身高，需要由两个人进行。一人用手固定好宝宝的膝关节、髋关节和头部，另一人用皮尺测量，从宝宝头顶部的最高点，至足跟部的最高点。测量出的数值，即为宝宝身高。

（2）头围测量法。用软皮尺测量，从眉弓开始绕过两耳上缘和枕后，回到起始点，周长数值即宝宝头围。

（3）胸围测量法。用软皮尺经过宝宝两乳头，平行绕一周的数值即胸围。

（4）腹围测量法。用软皮尺经过宝宝肚脐上方边缘，平行绕一周的数值即腹围。

（5）前囟测量法。新生儿的前囟呈菱形，测量时要分别测出菱形两对边垂直线的长度。比如一垂直线长为 2 厘米，另一垂直线长为 1）5 厘米，那么宝宝的前囟数值就是 2 厘米 ×1）5 厘米。

（6）眼距测量法。用软皮尺小心测量宝宝两眼内眦之间的距离，数值即为眼距。

（7）眼裂测量法。用软皮尺小心测量宝宝眼外眦到眼内眦的距离，数值即为眼裂。

（8）耳位测量法。测量的是宝宝耳上缘水平线，与眼外眦水平线之间的距离。如果耳上缘水平线高于眼外眦水平线，宝宝就是高耳位，反之则是低耳位。

新生儿的营养需求

新生儿的营养需要包括维持基础代谢和生长发育的能量消耗。一般在适中环境温度下，基础热量消耗为每公斤 50 千卡，加上活动、食物的特殊动力作用，每餐共需摄入热量为每公斤 59.7 ~ 80.1 千卡。

对于出生还不到 1 周的宝宝来说，最理想的营养就是母乳。这个阶段宝宝的消化吸收能力还不强，母乳中的各种营养无论是数量比例，还是结构形式，都最适合小宝宝食用。因此，如果宝宝健康足月的话，就没有必要给他额外补充其他的营养物质；如果宝宝是早产儿或具有先天性某种营养物质缺乏症的话，就应根据具体情况适当予以额外药物补充了。

母乳喂养的难题

1. 宝宝衔不住乳头。如果妈妈的乳头过小、过短的话，都会使宝宝衔不住乳头，造成喂奶困难。宝宝总是衔不住奶头的话难免会烦躁哭闹，妈妈也会被累得筋疲力尽。遇到这种情况，妈妈可以在喂奶之前做下乳头牵拉动作，用食指、中指和拇指捏起乳头向外牵拉，每拉起一下至少坚持1秒，每次拉30下左右，或是用吸奶器帮助牵拉；如果家里或朋友有稍微大一点的宝宝，可以让他们帮助吸吮乳头。再有，喂奶的时候可以用食指和中指轻轻夹住乳晕上方，使乳头尽量突出，也可以防止乳房堵住宝宝的鼻孔。

2. 宝宝把乳头咬破。没有哺乳经历的妈妈很可能在刚刚哺育宝宝的时候，经常会遇到这个问题。之所以会出现这种情况，问题在于没有掌握好正确的喂奶姿势，没能让宝宝完全含住乳头，而是仅仅浅浅地叼着它。宝宝为了能够吃到奶，就会不自觉地用牙床咬住乳头，久而久之，妈妈的乳头就会被磨破了。

因此，妈妈在喂奶时，要尽量让宝宝把整个乳晕都含在口中，这样才能保证他能完全叼住乳头；另外还要注意，让宝宝用下颌贴着乳房，前额和鼻部尽量远离乳房仰着头吃奶，而不要把宝宝的头全贴在乳房上，否则会导致宝宝鼻孔堵塞无法出气，因而无法顺利吃奶。再有，妈妈要注意乳房的健康护理，每次喂奶后可以挤少许奶水涂在乳头上，起到保护作用；然后让乳头风干至少15秒，不要立即就把衣服穿上，也不要穿太紧或质地太硬的胸罩。

3. 宝宝不吃妈妈的乳头。有的妈妈在宝宝刚出生时由于还未下奶或是奶水不够，就用奶瓶给宝宝喂了配方奶，等到妈妈的奶水充足时再喂宝宝，可是宝宝却怎么都不吃了。

宝宝刚刚出生后的最初半个小时是十分重要的，一定要尽快把他放到妈妈的怀抱里，让他熟悉妈妈的心跳、体温和气味。这时妈妈一定要及时把乳房给宝宝，即使这时候还没有奶水或只是稀清的初乳，宝宝也会拼命地吮吸着，然后对这种感觉形成一定的心理依赖。如果妈妈没有这么做，而是用奶瓶给宝宝喂奶的话，宝宝一开始所产生的心理依赖就变成了奶瓶上的奶嘴，而不是妈妈的乳房。等到再给他换过来的时候，宝宝自然就会哭哭闹闹地“不买账”了。

所以，即使妈妈刚开始的时候奶水很少或是没有奶水，也应该让宝宝多吸几次。因为这个时候，吸吮的目的是建立一个熟悉依赖的过程，而后才是满足对食物的需要。另外，对于已经早早给宝宝喂了配方奶的妈妈，想让宝宝重归母乳的话，不妨狠狠心把配方奶丢掉，坚持多喂几次母乳，等宝宝慢慢适应了、习惯了，也就能够吃母乳了。

喂养初乳很重要

母乳按照泌乳阶段可以分为初乳、过渡乳和成熟乳，初乳是指分娩后5天内的乳汁，过渡乳是指分娩5～10天后的乳汁，而成熟乳则是指分娩10～14天后的乳汁，不同阶段的乳汁能够适应不同阶段宝宝的成长需要。

当宝宝一出生，初乳就已形成。初乳虽然较少、较黄，但却弥足珍贵，因为它里面蕴含了能满足新生儿出生头几天所需的蛋白质、矿物质、维生素、乳糖及脂肪，是宝宝最为宝贵的营养来源，既符合新生儿的消化能力，同时还能有效增强他的抵抗力。

此外，初乳中还含有一种极其珍贵的免疫物质，对宝宝的健康尤为重要。在妊娠后期，妈妈乳房内就已经逐渐开始蓄积少量的黄色黏稠状的乳汁，这便是初乳。初乳当中所含的蛋白质里，含有一种叫做分泌型IgA的免疫物质，这种物质具有防止新生儿患病、促使其健康发育的重要功能。而这种免疫物质只存在于母乳，其他任何奶制品中都几乎很难发现。

分泌型IgA既不会被消化、也不会被吸收和分解，摄入之后会紧紧覆盖住宝宝呼吸器官和消化器官黏膜的表面上，防止大肠菌、伤寒菌和病毒等的侵入而引起某些疾病。刚刚出生的宝宝自身支气管和消化器官的黏膜无法造出这种分泌型IgA物质，只能依靠从初乳中的摄取来达到保护作用，因此初乳会赋予新生儿很强的抵抗能力。

除了分泌型 IgA 之外，初乳当中还含有丰富的复合铁质蛋白和溶菌酶，可以起到减弱细菌的活动和消灭细菌的作用。同时初乳还能有效刺激肠蠕动，加速胎便的排出，加速肝肠循环，减轻新生儿生理性黄疸的症状。

尽管初乳的量很小，但同样刚刚出生的宝宝胃容量也很小，所以不用担心宝宝吃不饱。宝宝在初生时，常常睡的时间很多，所以妈妈只要遵循“按需哺乳”的原则给宝宝哺喂，那么，少量多次的乳汁就足够宝宝的成长需要了。

尽早给予母乳

母亲乳房里的食物，有“上天赐给新生儿最好的食物”之称，当中含有新生儿出生到 6 个月所需的所有营养，并且是一种非常容易消化的动态食物，里面的各种营养成分会随着宝宝成长需求而变动。有研究表明，吃母乳的新生儿，成年以后患心血管疾病、糖尿病的概率要比非母乳喂养者小得多。

母乳营养丰富，钙磷比例适宜，有利于宝宝对钙的吸收；含有较多的脂肪酸和乳糖，磷脂中所含的卵磷脂和鞘磷脂较多；蛋白质凝块小，脂肪球也小，且含有多种消化酶；母乳中所含的乳脂酶再加上宝宝在吸吮过程中舌咽分泌的一种舌脂酶，有利于对脂肪的消化；母乳中所含的溶菌素、巨噬细胞和分泌型 IgA 可以起到直接灭菌和增强呼吸道抵抗力的作用。另外，母乳的缓冲力小，对胃酸中和作用较弱，有助于宝宝对各种营养物质的消化吸收，还有利于增强母子间的感情，使新生儿感受到更多的母爱，增强安全感，有利于成年后建立良好的人际关系。

母乳有前奶和后奶之分。从宝宝吸第一口奶到吃饱、满足地吐出妈妈乳头的过程中，一开始吸入的乳汁叫前奶，而后面吸入的奶汁则为后奶。前奶中富含蛋白质、乳糖，含水分也较多，宝宝可借吸食前奶获取大量的水分。因此，吃母乳的宝宝在 6 个月大之前，无须另补充水分。

随着宝宝的吸吮，母奶中的成分会发生一定的变化，表现为脂肪含量渐渐提高，此时的奶水则称为后奶。前奶与后奶其实无清楚的分界。有些妈妈担心宝宝吸得不够久，后奶出不来，营养补充不足。其实，只要是健康足月的宝宝，顺应他的吸奶节奏，就能喝到完整的营养。

母乳该如何喂

对于刚刚出生的宝宝，喂奶的时间不用固定。新生儿出生 1 ~ 2 周内吃奶的次数比较多，有的一天可达十几次之多，夜晚时照样吃得很频繁。到了 3 ~ 4 周之后，宝宝吃奶的次数会明显减少，每天约有 7 ~ 8 次，很多时候可以整个后半夜直接睡过去，5 ~ 6 个小时都不吃奶。因此，吃奶的时间和次数应按照宝宝的需求而来，每个宝宝需求的情况都不太一样，随着慢慢喂养，妈妈自然会掌握一套自己宝宝的喂食规律。

在喂奶的时候，妈妈应选择较为舒适的体位，剖宫产的妈妈可以采取稍微侧身卧位的姿势，而自然分娩的妈妈则可以采取半坐式或是直立式给宝宝喂奶。正确的喂奶姿势是：胸贴胸、腹贴腹、下颌贴乳房。妈妈要用一只手托住宝宝的臀部，另一只手肘部托住宝宝的头颈部，让宝宝的上身躺在妈妈的前臂上，保持仰着头的姿势，以利于吸吮和呼吸，另外还要注意要让宝宝含住整个乳晕的部分，不要只是衔着乳头。在每次喂奶之前，妈妈还要洗净双手，用干净的热毛巾擦净乳房。

喂奶还要两边乳房交替着喂，喂完之后要把宝宝抱起来，上身直立，用手掌轻拍背部，也就是常说的“拍嗝”。拍嗝的目的是帮助宝宝排出吸奶时一并吸入的空气，防止宝宝因胃部储存过多的空气而发生吐奶的现象。等确定宝宝打嗝之后，才能够轻轻地将宝宝放下，观察几分钟，确定宝宝已经安稳地睡着后，妈妈才能去做别的事情。

新手妈妈还要注意的是，喂奶过程中千万不能睡着，特别是采取卧位喂奶的妈妈。有的时候，宝宝吸吮的过程会让妈妈感觉很放松很舒适，不知不觉地就有些昏昏欲睡了，但这样对宝宝来说是非常危险的。因为在宝宝吸吮乳房的时候，很可能由于不注意而导致鼻子或嘴被乳房堵住，从而造成窒息，而刚刚出生的宝宝对于这种堵住窒息的情况又很难做出抵抗动作，如果妈妈睡着的话便很难察觉，造成一定的危险。所以，妈妈在整个喂奶的过程中一定要保持清醒，可以多注意观察宝宝的表情，既可增强亲子间的交流，又可将注意力集中避免瞌睡。

奶水少怎么办

1. 勤喂。勤喂是最好的一种方法，不妨试着抽出 24 ~ 48 小时的时间，放掉身边一切事物，专心喂奶和休息，并且每次喂养时，都尽可能地让宝宝多吃一会儿。有的宝宝吃着吃着就睡着了，这时候不要打扰他，一旦他醒了的话，最好立即把他抱起来鼓励他吃奶。

2. 两边都要喂。喂奶不要只用一边的乳房，应该两边都喂，这样才能保证母乳充分、均衡地分泌，同时还能保证宝宝获取充足的母乳。

3. 两边换着喂。在每次喂奶时，可以两边交替更换 2 ~ 3 次，这样既可引起宝宝吸奶的兴趣，也可刺激两边乳房奶水的均衡分泌。一般来说，喂奶时可以让宝宝在一边吃 10 分钟，然后再换到另一边吃上 2 ~ 3 分钟。

4. 少让宝宝吸奶嘴。如果总是给宝宝奶瓶或者安抚奶嘴的话，就有可能使他因为习惯了奶嘴而拒绝妈妈的乳房，从而给母乳喂养造成一定的困难。如果你打算全部用母乳喂养的话，就应该只让宝宝吸吮你的乳房，如果等他稍大一些，要给他补充一些其他食物的话，也要用小汤匙喂食，而不要用奶瓶，或是让他总是吮吸安抚奶嘴。

5. 心理放松调整。首先要相信自己有能力哺喂自己的宝宝，有这种信心才能坚持母乳喂养；其次，要放松自己，保证充足的休息，可以多听听舒缓的音乐、做做轻缓的运动等，保持愉快的心情，可有效促进催乳素的分泌；再有，要与自己的宝宝多多接触，因为宝宝的皮肤、动作、表情和气味等都是刺激催乳素分泌的促进剂。

6. 满足营养。对妈妈来讲，水是一种重要的营养元素，首先要保证水的摄入，多喝汤、多喝饮料、或者是多喝开水，都是保证水摄入的有效方法。另外要尽可能吃些各种营养成分不同的天然食物，在每次喂奶前尽量喝一杯水或一杯果汁。

催乳食谱

有些食物具有促进奶水分泌的作用，产后如果奶水迟迟不下，或少奶、无奶的话，不妨试一试以下的催乳食谱，千万不要轻易放弃母乳喂养的机会。

清炖白鲢鱼

【原料】白鲢鱼一条，姜、葱、蒜少许。

【做法】1. 姜切片，葱切段，蒜剥皮。

2. 把鱼清洗干净。

3. 将锅置于旺火上，倒入植物油，烧至五成热时把鱼下锅，炸至两面浅黄色时捞出。

4. 锅内留底油，放入葱段、姜丝、蒜片煸炒，烹入料酒、酱油，放进鲢鱼，加水，刚好漫过鲢鱼即可。

5. 用小火慢炖，至鱼炖透，加盐和葱即可上碟。

猪蹄黄豆汤

【原料】猪蹄 1 只，黄豆 60 克，香油、盐适量。

【做法】1. 猪蹄洗净剁成碎块，与黄豆共煮烂。

2. 放入油、盐等调味即可食用。

阿胶大枣羹

【原料】阿胶 250 克，大枣 1000 克，核桃 500 克，冰糖 500 克。

【做法】1. 将核桃除皮留仁，捣烂备用。

2. 将大枣洗净，兑适量水放锅内煮烂，用干净纱布滤去皮核，置入另一锅内，放入冰糖、核桃仁文火炖之。

3. 将阿胶放碗内上屉蒸烊化后，加在大枣、阿胶锅内熬成羹即成。

花生大米粥

【原料】生花生米（带红衣）100 克，大米（糯米）200 克。

【做法】将花生捣烂后放入淘净的大米里煮粥，早晚各一次食用，连服 3 天。

草菇炖豆腐

【原料】豆腐(南)500 克，草菇 20 克，竹笋 15 克，油菜心 25 克，盐 3 克，酱油 20 克，味精 2 克，黄酒 10 克，淀粉 10 克，香油 5 克，清汤 100 毫升。

【做法】1. 竹笋去壳去皮后洗净切片；油菜心择洗干净；淀粉加水适量调匀成湿淀粉约 20 克；将豆腐切成 4 厘米长、2 厘米宽、1 厘米厚的块，放在锅内，加清水、少许精盐，用文火炖 10 分钟后，捞出沥净水。

2. 锅架火上，放入麻油，烧热后下黄酒，清汤 100 毫升、水发草菇、笋片、菜心、剩余精盐、酱油、味精、豆腐块，烧沸后用湿淀粉勾芡出锅即可。

南瓜排骨汤

【原料】猪排骨(大排)500 克，南瓜 1000 克，赤小豆 50 克，蜜枣 5 克，陈皮 5 克，盐 5 克。

【做法】1. 猪排骨洗净后斩断。

2. 老南瓜洗净切大片。

3. 赤小豆、蜜枣洗净，陈皮浸软洗净。

4. 将原料放入汤锅内，加入适量清水。

5. 大火将汤烧开后改用小火煮至汤浓，以盐调味即可。

奶汁鲫鱼汤

【原料】鲫鱼 1 ~ 2 尾，冬瓜、葱、姜、盐少许。

【做法】1. 鲫鱼洗净，将葱姜改刀、冬瓜切小片。

2. 鱼下冷水锅，大火烧开，加葱姜，后改小火慢炖。

3. 当汤汁颜色呈奶白色时下入冬瓜，并调味，稍煮即可。

鱼尾木瓜汤

【原料】木瓜 750 克，鲸鱼尾 600 克，盐 1 茶匙，生姜 3 片，油 1 汤匙。

【做法】1. 木瓜去核、去皮、切块。

2. 起油锅，放入姜片，煎香鲸鱼尾。

3. 木瓜放入煲内，用 8 碗水煲滚，再舀起 2 碗滚水倒入锅中，与已煎香的鱼尾同煮片刻，再将鱼尾连汤倒回煲内，用文火煲 1 小时，下盐调味，即可饮用。

哪些情况不宜喂母乳

1. 宝宝患有母乳性黄疸。宝宝如患有母乳性黄疸，需要暂停 48 小时母乳喂养，然后即可恢复。如果恢复母乳之后，黄疸再次加重，可以再次停喂 1 ~ 2 天。绝大多数的宝宝经过 2 ~ 3 次这样的过程，母乳性黄疸的症状都能消除，这时就可以继续喂母乳了。

2. 宝宝患有苯丙酮尿症。苯丙酮尿症是一种氨基酸代谢异常引起的疾病，属于常染色体隐性遗传病。这种病症是由于苯丙氨酸代谢途径中的酶缺陷，使得苯丙氨酸不能转变成为酪氨酸，从而导致苯丙氨酸及其酮酸蓄积并从尿中大量排出。患有此症的患儿，会在出生后表现为一定程度的智能障碍。

3. 宝宝患有乳糖不耐受综合征。患有乳糖不耐受综合征的宝宝，由于体内乳糖酶的缺乏，导致乳糖不能被消化吸收，因此吃了母乳或牛乳后容易出现腹泻。长期腹泻不仅会影响宝宝正常的生长发育，还会使宝宝的免疫力下降，进而容易引发感染和其他疾病。患有此症的宝宝不宜喂母乳，应以不含乳糖的配方奶粉或大豆配方奶代之。

4. 宝宝氨基酸代谢异常。氨基酸代谢异常主要影响神经系统发育，是宝宝智力发育落后的重要原因。氨基酸代谢异常所引起的疾病有 70 多种，其中苯丙酮尿症就是比较常见的一种。

5. 妈妈患慢性病需长期用药。如癫痫需用药物控制者，甲状腺功能亢进尚在用药物治疗者，肿瘤患者正在抗癌治疗期间，这些药物均可进入乳汁中，对宝宝不利。

6. 妈妈处于细菌或病毒急性感染期。妈妈的乳汁里如果含有致病的细菌或病毒，可通过乳汁传给宝宝。而感染期的妈妈常需应用药物，因大多数药物都可从乳汁中排出，如红霉素、链霉素等，均对宝宝有不良后果，故应暂时中断哺乳，以配方奶代替，定时用吸乳器吸出母乳以防回奶，待妈妈病愈停药后可继续哺乳。

7. 妈妈正在进行放射性碘治疗。由于碘能进入乳汁，有损宝宝甲状腺的功能，应该暂时停止哺乳，待疗程结束后，检验乳汁中放射性物质的水平，达到正常后可以继续喂奶。

8. 妈妈患严重心脏病和心功能衰竭。哺乳会令妈妈的心功能进一步恶化，严重时可危及生命，故应停止喂哺母乳。

9. 妈妈患有传染病或在恢复期。如妈妈患开放性结核病，各型肝炎的传染期，此时哺乳对宝宝感染的机会将增加。

10. 妈妈患有其他不宜给宝宝喂乳的疾病。如患严重肾脏疾病、肾功能不全，喂乳会增加肾脏的负担；患严重精神病及产后抑郁症，会对宝宝的安全构成威胁；服用过哺乳期禁忌药物、乳头疾病、产后严重并发症、红斑狼疮、恶性肿瘤等以及经常接触有毒化学物质或农药者，都不宜用母乳喂养宝宝。

母乳化奶粉等于母乳吗

母乳化奶粉是为了满足宝宝的营养需要，以牛乳为主要原料，按照母乳成分经过加工，去掉牛乳中过多的酪蛋白，添加了牛乳中不足的营养素制成的。母乳化配方奶粉目前可以说占据了婴幼儿奶粉市场上的主力位置，并且大部分配方奶粉的成分也都接近于母乳成分，但严格地说，它们与母乳的接近程度也有所不同。有的配方奶粉所含的营养素含量和母乳中的营养成分含量已经很接近，有的则或多或少。纵然母乳化奶粉在营养成分上已经很接近母乳，但与母乳相比仍有一些区别：

（1）母乳中的营养成分含量（每 100 毫升）。热量 68 卡，水分 87.5 克，乳糖 7.5 克，脂肪 3.5 克，蛋白质 1.2 克，矿物质 0.2 克，维生素 D0.4 ~ 10 国际单位，胆固醇 300 ~ 600 毫克，无机盐 0.2 克，钙 33 毫克，磷 15 毫克，铁 0.21 毫克，饱和脂肪酸占 55%，不饱和脂肪酸占 45%，此外还含有较多的脂肪酶。

（2）配方奶中的营养成分含量（每 100 毫升）。热量 66 卡，水分 87.5 克，乳糖 4.8 克，脂肪 3.5 克，蛋白质 3.5 克，矿物质 0.7 克，维生素 D0.3 ~ 4 国际单位，胆固醇 280 ~ 300 毫克，无机盐 0.7 克，钙 125 毫克，磷 99 毫克，铁 0.15 毫克，饱和脂肪酸占 65%，不饱和脂肪酸占 35%，含有的脂肪酶较少。

混合喂养

如果母乳分泌不足或因其他原因不能完全母乳喂养的话，可以采取混合喂养。混合喂养是在采用母乳喂养的同时也使用代乳品，如牛奶、奶粉等来喂养婴儿，可以在每次母乳喂养后通过代乳品来补充母乳的不足部分，以维持婴儿的正常生长发育。混合喂养比人工喂养更利于宝宝的健康成长。

新生儿的混合喂养一次只可以喂一种奶，如果吃母乳的话就只吃母乳，如果吃代乳品的话就只吃代乳品，最好不要交叉着食用，否则会引起宝宝消化不良，也会导致宝宝对乳头发生错觉，引起拒吃乳头或是拒绝奶瓶。

混合喂养要充分利用有限的母乳，尽量多喂母乳，另外母乳喂养的次数要均匀分开，不要很长一段时间都不喂母乳，千万不要因母乳不足从而放弃母乳喂养，至少应坚持母乳喂养到宝宝6个月后再完全使用代乳品。另外母乳是越吸越多的，多多让宝宝吸食在一定程度上也可以促进乳汁的分泌。

另外，半夜起床给宝宝冲调奶粉会很麻烦，所以夜晚最好是用母乳喂养。这个时候妈妈在有了充分休息的前提下往往乳汁会分泌得多一些，而宝宝在这时的需要量又相对较少，所以这时候母乳一般情况下是可以满足宝宝的需要的。但如果母乳量太少的话，宝宝一次吃不饱就会缩短吃奶的间隔，从而影响到妈妈夜晚的休息，这种情况下就要以代乳品为主了。

奶粉的调配方法

刚出生的宝宝消化功能很弱，无法消化浓度较高的奶粉，因此应先给予浓度低一些的牛奶。也就是说，这个时候的宝宝不能喂全奶，要喂1/3奶；3天之后可以喂1/2奶，出生一周后才能喂全奶。

全奶的配制方法是：一平勺奶粉加同样大小4勺的水，奶粉恰好能够溶解为奶水。

1/2奶的配制方法是：一平勺奶粉加同样大小8勺的水。

1/3奶的配制方法是：一平勺奶粉加同样大小12勺的水。

调配奶粉的方法中最重要的就是保持奶粉干净卫生不受污染。由于奶粉在出厂时已经经过了严格的杀菌和消毒过程，所以奶粉中本身是不含细菌的。但是在冲配的过程中，如果妈妈的手上有细菌，则很容易在调配时把细菌也带了进去；或是如果奶粉在使用后没能及时覆盖，细菌也很容易钻进去；再有就是奶瓶和奶嘴没能及时消毒导致细菌衍生。另外，日常厨房里用的抹布也是致病菌寄居繁殖的地方，也应值得警惕。

因此，在调配奶粉之前，一定要把奶瓶、奶嘴和所用餐具消毒干净，消毒尽量用蒸锅和微波炉，不要用抹布擦洗；每次配制前都要洗净双手，认真做好消毒工作；配制时要先往奶瓶中加入规定量的热水，再用奶粉罐中带的小勺量好奶粉加进去，然后将干净卫生的奶嘴拧好后摇匀使奶粉充分溶解；要严格按照说明配制奶粉，不要把浓度配得过高；配好的奶一定要趁热马上食用，一次喂不完的奶要扔掉，不可再次食用。如果消毒严格的话，可以一次配制一天的奶量，分装到多个奶瓶中，降温后放入冰箱保存。注意不能把温热的牛奶放入保温瓶内，这样也很容易造成细菌繁殖。

如何给宝宝喂牛奶

牛奶中含有比母乳高3倍的蛋白质和钙，虽然营养丰富，但却并不适宜婴儿的消化能力，尤其是新生儿。牛奶中所含的脂肪以饱和脂肪酸为多，脂肪球大又无溶脂酶，新生儿消化吸收非常困难。此外，牛奶中含乳糖较少，喂哺时需要加5%～8%的糖，加上矿物质成分较高，不仅会使胃酸下降，而且还会加重肾脏负荷，因此是不利于新生儿、早产儿和肾功能较差的婴儿食用的。喂牛奶的话，需要经过稀释、煮沸、加糖3个步骤来调整其缺点。

一般来说，出生后1～2周的新生儿可先喂2：1牛奶，即鲜奶2份加1份水，以后逐渐增加浓度，吃3：1～4：1的鲜奶。到满月后如果宝宝消化能力好、大便正常的话，便可直接喂哺全奶。

牛奶是很好的细菌培养剂，因此要特别注意防止变质，要根据季节的变化掌握调配。如果是炎热的夏天，应尽量将煮过的牛奶安排在上午分次吃完，必要时每次煮沸后喂哺；晚上的牛奶要煮沸后放在冰箱中保存，或者下午喂奶粉按喂哺时间随时冲调。或是将每天的用奶分上下午两次调配，将煮沸好的奶倒入已消毒的奶瓶中，喂哺时用热水温热即可。

牛奶喂养的原则

1. 不要兑过多的水。3 个月以下的婴儿肾脏功能尚未健全，体内水积存过多的话容易导致水中毒。一般来说，1 个月之前的宝宝可以根据需要按照 2 ∶ 1 或 3 ∶ 1 或 4 ∶ 1 的比例适量稀释牛奶，满月之后只要孩子吃后不吐泻，就应该喂纯牛奶，这样喂养的宝宝体重增长较快。

2. 保留奶皮。牛奶加热过程中，常在表面产生一层膜，也就是我们常常说的奶皮。奶皮中含有丰富的维生素 A，利于宝宝眼睛的健康。以牛奶为食的宝宝，如果长期饮用去奶皮牛奶的话容易诱发眼病，所以在喂宝宝的时候，不应丢掉这层奶皮。

3. 不宜过量。以牛奶为主食的宝宝每天喝牛奶最多不得超过 1 千克，否则大便中会有隐性出血，时间长了容易发生贫血。

4. 牛奶“怕酸”。用牛奶喂养的宝宝容易出现大便干结、排便困难的现象。其实，只要酌情减少奶量，再适当增加一些糖，就能解决问题。如果让宝宝经常饮用果汁的话，不但效果不好，而且还会影响他们的健康。因为牛奶中的某些蛋白质遇到这些酸性饮料会形成凝胶物质，变得不易消化吸收。因此，给宝宝饮用果汁的时间要与喂牛奶的时间隔开，一般以喂牛奶后 1 小时为宜。

5. 不要掺米汤。有些家长喜欢在牛奶中掺些米汤、米粥给宝宝一起吃，实际上这是一种错误吃法。实验证明，将牛奶与米汤混合后会使不同维生素 A 大量流失。宝宝如果长期维生素 A 摄入不足的话，就会出现发育迟缓、体弱多病等问题，所以最好把牛奶、奶粉与米汤等分开喂。

6. 保温适当。有的家长为了图方便，就将煮沸的牛奶放在保温杯内，一旦宝宝啼哭要吃奶时，就将牛奶倒入奶瓶中直接喂。虽然这样的确方便，但对宝宝却是有害的。因为在牛奶中，细菌每 20 分钟就能繁殖一代，3 ~ 4 小时后就会使牛奶变质，给宝宝健康带来危害。另外，保温杯中恒定的温度还会使牛奶中的维生素等营养物质遭到破坏，也会直接影响宝宝的健康。

7. 不要多饮冰冻牛奶。有的家长因为贪图方便或买不到牛奶，往往一次买很多袋装鲜牛奶，然后放入冰箱内随吃随取。但牛奶结冰后会使当中的脂肪、蛋白质分离，干酪素呈微粒状态分散于牛奶中，即使再加热融化，牛奶的味道也会明显变薄，营养价值大大降低。因此，无论是宝宝或是大人，都不应过多饮用冰冻牛奶。另外，冰冻牛奶还会刺激肠胃蠕动，引起轻度腹泻，如果宝宝患有伤风感冒的话，饮用冰冻牛奶很可能会加重病情。

不要选用鲜牛奶

鲜牛奶中所含的钙质和蛋白质都非常丰富，是母乳的 3 倍。从量上来看，鲜牛奶中的营养含量的确很高；但从质上来看，当中的这些蛋白质大多数对人类都是没有用的，而人类成长必需的蛋白质反而不足。对于不足 5 个月的宝宝，过多的异种蛋白质，特别是酪蛋白，会使宝宝的胃肠难以消化吸收导致溢乳；另外过多的钙质也会加重宝宝的肾脏负担。所以在给刚出生的宝宝喂牛奶时，一定要将牛奶稀释过后再喂，此外还需要加糖。

人工喂养的乳类选择

1. 速溶奶粉。速溶奶粉的溶解速度很快，易于冲配，但消化比较困难且含糖量很高，颗粒粗易吸收水分，所以并不是很适合新生儿喂养。

2. 甜奶粉。甜奶粉是将牛奶水分去掉，加糖制成的奶粉，每 100 克甜奶粉含糖 50 多克。甜奶粉保持了牛奶的原有成分，营养价值比较高，但营养价值没有母乳高。而且甜奶粉的含糖量较高不易消化，味道又比较甜，容易造成宝宝对甜食的依赖，为以后添加辅食造成一定的困难，所以也不宜食用。

3. 淡奶粉。每 100 克淡奶粉中含糖量为 35 克，其成分基本上和甜奶粉一致，只是含糖量不同。此外，淡奶粉当中酪蛋白的含量较高，不易消化，因此也不太适合婴儿喂养。

4. 婴儿奶粉。婴儿奶粉是以牛奶为主要原料，应用营养互补原理，从大豆中提取大豆蛋白和油脂制成的，可以用来弥补牛奶中酪蛋白含量高不易消化的缺点，同时还补充了滋养性单糖和维生素 D 以及一定量的铁剂，比较适合新生儿食用。

5. 母乳化奶粉。母乳化奶粉也叫配方奶，是营养学家根据母乳的营养成分，重新调整搭配奶粉中酪蛋白与乳清蛋白、饱和脂肪酸与不饱和脂肪酸的比例制成的，当中除去了部分矿物盐的含量，加入了适量的营养素，包括各种必需的维生素、乳糖、精炼植物油等物质，和母乳的营养成分比较接近，比较适合喂养 1 岁以内的婴儿。

宝宝的配方奶喂养

在没有母乳的情况下，配方奶喂养是较好的选择，特别是母乳化的配方奶。目前市场上配方奶种类繁多，在选择时应选择质量有保证的配方奶。有些配方奶中强化了钙、铁、维生素 D，因此在调配配方奶时，一定要仔细阅读说明并严格按照说明书的方式配比，不能随意冲调。使用配方奶要注意妥善保存，否则会影响其质量。应贮存在干燥、通风、避光处，温度不宜超过 15℃。

虽然婴儿有一定的消化能力，但如果配方奶调配过浓的话，还是会增加他消化的负担，而若冲调过稀则会影响婴儿的生长发育。正确的冲调比例，若是按重量比应是 1 份奶粉配 8 份水；若按容积比应是 1 份奶粉配 4 份水。另外，还可以根据奶瓶上的刻度来进行配比。奶瓶上的刻度指的是毫升数，如将奶粉加至 50 毫升刻度，加水至 200 毫升刻度，就冲成了 200 毫升的牛奶。

由于水温过高会使奶粉中的乳清蛋白产生凝块、某些对热不稳定的维生素和免疫活性物质遭到破坏，从而影响宝宝的营养摄取和消化吸收，所以冲泡的水必须调至适当的温度，以 40℃左右为宜，并必须保证水是完全煮沸过的。而且，也不要用纯净水或矿泉水冲奶粉，因为纯净水较普通自来水来说缺少了必需的矿物元素，而矿泉水则是本身矿物质含量比较多且复杂，所以用普通的自来水煮沸后是最合适的。

有些宝宝是从母乳改喂配方奶的，由于配方奶的味道大多比母乳重些，所以宝宝很容易出现拒奶现象。这时妈妈要循序渐进地让宝宝改变，一点点减少母乳，增加配方奶，或者将母乳和配方奶调在一起喂宝宝，便于宝宝逐渐习惯接受。如果宝宝不爱喝的话，也可以尝试更换一种配方奶来喂。

由于更换配方奶可能会使宝宝产生不良反应，如腹泻和过敏，所以换奶也需掌握一定的方法。换奶的基本原则是减少一小匙原配方奶粉，改成新配方奶粉一小匙，若宝宝没有不良反应，即可再更改第二小匙，以此完成更换。

特殊奶粉的更换方式

换奶过程中由于奶粉浓度掌握不当，或是二者的配方相差过大，都会引起宝宝的不良反应，所以要特别注意奶粉的更换方式，特别是一些特殊奶粉间的更换：

1. 早产儿奶粉。早产儿奶粉适用于早产儿或低体重儿，当早产儿的体重发育至正常（大于 2500 克）之后，可更换成婴儿配方奶粉。更换的方法是：原奶粉每次减少一匙，改成添加婴儿配方奶粉一匙，如无特殊反应则继续更换，直至完全更换成功。

2. 免敏配方奶粉。免敏配方奶粉又称为黄豆配方奶粉，当中不含乳糖，特别针对天生缺乏乳糖酶的宝宝及慢性腹泻导致肠黏膜表层乳糖酶流失的宝宝设计。宝宝在拉肚子时，要暂时停用原来的配方奶粉，待腹泻改善后仍需以渐进式添加奶粉的方式进行换奶。

3. 水解蛋白配方奶粉。水解蛋白配方奶粉又称为腹泻奶粉，营养成分已经事先水解过，食入后不需经由宝宝的肠胃消化即可直接吸收，故此配方奶粉含渣量少或无渣，可减少宝宝的粪便量。这种奶粉多使用在急性或长期慢性拉肚子，以致肠道酵素黏膜层受损、多种消化酵素缺乏的宝宝。

使用时，可直接停用原配方奶粉，更换成腹泻奶粉；当由腹泻奶粉换回一般婴儿配方奶粉时，则需采用渐进式的换奶方式更换。

人工喂养的注意事项

（1）喂奶前先试温。牛奶不宜过热，也不宜过冷，冲调奶的温度应以 50℃ ~ 60℃为宜。在喂奶前，应将奶瓶的奶水向手腕内侧的敏感皮肤上滴几滴，检查一下奶的温度。

（2）检查奶的流速。喂奶前要提前检查好奶的流速，合适的流速应该是在瓶口向下时，牛奶能呈连续的奶滴流出。如果需要几秒钟的时间才能形成一滴，就说明孔过小，会造成宝宝吮吸困难；如果牛奶呈线状流出不止，说明孔过大，容易呛着宝宝。

（3）让奶瓶里进点空气。喂奶前应该要把奶瓶的盖子略微松开，让空气能够进入瓶内，以补充吸出奶后的空间。如果不这样做的话，在奶瓶内就会形成负压使瓶子变成扁形，而且宝宝的吸吮也会变得非常费力。这时宝宝可能会发脾气、生气或者不想再接着吃剩下的牛奶。出现这种情况时，可以轻轻地把奶嘴从宝宝的嘴里拉出让空气进入瓶内，然后继续喂奶。

（4）刺激宝宝吸吮奶嘴。在喂奶的时候，可以轻轻地触碰宝宝靠近妈妈一侧的脸蛋，诱发出宝宝的吸吮反射。当他把头转向你的时候，顺势把奶嘴送入宝宝的嘴里。需要注意的是，不要把奶嘴捅得过深，以免呛着宝宝。

（5）吃奶后立即拿开奶瓶。当宝宝吃过奶后，妈妈要轻轻而果断地移去奶瓶，以防宝宝吸入空气。通常这时候宝宝也会主动放开奶瓶。如果宝宝不肯放开的话，妈妈可以轻轻地把自己的小手指塞到宝宝的嘴角，诱使其放开奶瓶。

（6）保持安静舒适的环境。给宝宝喂奶时，一定要找一个安静、舒适的地方坐下来，必要时可以用垫子或枕头垫好胳膊。把宝宝放在膝上，使他的头部在妈妈的肘窝里，用前臂支撑起宝宝的后背。不要把宝宝放成水平，应该让其呈半坐姿势，这样才能保证宝宝的呼吸和吞咽安全，也不会呛着他。

（7）喂奶时也要注重交流。喂奶的时候，妈妈要亲切注视着宝宝的眼睛和他的表情，不要只是静静地坐着，可以对着他说说话、唱唱歌，或是发出一些能令他感到舒服和高兴的声音，同时要保持亲切的微笑。有时宝宝在吃奶的过程中可能停下来，四处看看，玩一玩奶瓶等，这时妈妈应该安静地等着宝宝再去吸食，或是趁机换一下手臂，这样会给宝宝一个新的视角，而且还能休息一下胳膊。另外在这个时候，还可以顺便轻拍宝宝的背部让他打一打嗝。

如何选择餐具

新生儿的餐具至少要包括：不锈钢小奶锅 1 个，200 毫升以上容量的吃奶奶瓶 2 个，

100 毫升的喝水用奶瓶 1 个，仿真软硅胶奶嘴 5 个以上，水杯 2 个，专用小暖瓶 1 个，配奶专用小勺 2 个。

新生儿的餐具必须要选择对婴儿健康无害的、无色透明的制品，如选用塑料质地的则应确保其无特殊异味，如为了引起婴儿的兴趣可以选择外部有浅色素花的餐具。目前市场上有各种材质的婴儿餐具，每种都有其利弊，家长应根据不同月龄宝宝的特点和不同的用途，选择合适的餐具。

1. 仿瓷餐具（密胺餐具）。仿瓷餐具质地柔和、光滑如瓷器，又很轻薄，不怕摔不变形，保温好不烫手，化学稳定性好，不易残存食物味道。但存在有些不法厂商制造假仿瓷餐具，使用后会对人体产生一定的危害。建议妈妈在购买仿瓷餐具时要到正规商店购买，选择上色均匀，无变形，表面光滑，贴花图案清晰、不起皱，来回擦拭不褪色的产品，并且正规仿瓷餐具的底部都有企业详细信息及生产许可证 QS 标志和编号。此外，把仿瓷餐具买回家以后，可以先用开水煮半小时，晾半小时后再煮半小时，反复四次，若发现餐具上发白或有黑点的话，则表示是质量不过关的次品，不能使用。

2. 塑料餐具。塑料餐具样子好看，能让宝宝对进食产生兴趣，而且不怕摔。但是在加工过程中会添加一些溶剂、可塑剂与着色剂等，有一定的毒性；且易附着油垢，难清洗，摩擦后易起边和棱角。在选择塑料餐具时，最好选择无色透明或素色的。餐具外面可以带花，但内侧不可以带花，千万不能买有气味的、色彩杂乱的塑料餐具，并且最好不要用塑料餐具吃需要保温和太油太烫的食物。

3. 不锈钢餐具。不锈钢餐具最适合用来喝水，好擦洗，不容易滋生细菌，所含化学元素少，但是容易烫手，如果当中重金属含量不合格的话会危害健康。注意不能长时间用不锈钢餐具盛放有菜汤的菜，因为菜汤中常含有酸性物质，会把不合格的不锈钢餐具中的镍和铬溶解出来，这些重金属被宝宝吃到肚子里，会影响大脑和心脏健康；此外也不要用不锈钢餐具盛酸性食物。

不锈钢餐具有“13 — 0”、“18 — 0”、“18 — 8”三种代号，代号前面的数字表示铬含量，后面的代表镍含量。铬是使产品不生锈的材料，镍是耐腐蚀材料，镍含量越高，质量就越好。但是镍、铬是重金属，所以一定要选择技术过硬、质量过关、符合国家标准的产品。

4. 陶瓷、玻璃餐具。玻璃和陶瓷确实是非常安全的餐具，最大的问题就是易碎。在购买陶瓷餐具时，要注意买釉下彩，即表面光滑、摸不出花纹感的陶瓷餐具。当然，如果是纯色无花纹且表面光滑的陶瓷餐具更好。

5. 竹木餐具。竹木餐具保温效果好，天然，质地更细腻柔和，不容易伤到宝宝，但不好清洗，容易滋生细菌，装饰用油漆毒性大。因此最好不要买表面比较光亮或者有油漆的，因为多数油漆装饰的餐具是含有铅的，长期使用对宝宝健康不利，最好使用天然制造的。

6. 搪瓷餐具。搪瓷餐具保温效果好，有害物质含量少，是最好的宝宝餐具，但目前已经不多见了。搪瓷餐具多次摔打后容易变形，瓷容易脱落，所以不能用得太久，隔一段时间必须更换，以防止掉瓷让宝宝误食，此外也要注意不要买内壁有花纹的搪瓷餐具。

处理脐带

在正常情况下，脐带在出生后 3 ～ 7 天脱落。但在脐带脱落前，脐部很容易成为细菌繁殖的温床。脐带结扎后留有脐血管断口，如果脐部感染，细菌及其毒素进入脐血管的断口处并进入血循环，就会引起菌血症。新生儿免疫功能低下，菌血症会很快发展为败血症甚至脓毒血症。因此，脐带断端的护理是很重要的。

在宝宝出生后 24 小时，就应将包扎脐

带的纱布打开不再包扎，以促进脐带残端干燥与脱落。处理脐带时，应先洗干净双手，然后以左手捏起脐带，轻轻提起，右手用消毒酒精棉棍围绕脐带的根部进行消毒，将分泌物及血迹全部擦掉，每日进行1～2次，以保持脐根部清洁。

有的宝宝肚脐很长时间不脱落，或脱落后化脓的，有些老人为了干燥脐带就要给宝宝用紫药水擦拭，这个方法以前的时候经常使用。但现在医学上不提倡这个方法，因为紫药水的干燥效果仅限于表面，而酒精的干燥效果是从里到外的干燥，所以尽量还是不要用紫药水擦洗。

另外，还要注意勤换尿布，以免尿便污染脐部。如果发现脐根部有脓性分泌物，而且脐局部发红，就说明有脐炎发生，应及时请医生查看治疗。

在宝宝的脐带未脱落前，或刚脱落脐窝还没干燥时，一定不能让宝宝泡在浴盆里洗澡。可以先洗上半身，擦干后再洗下半身。一般情况下，宝宝的脐带会慢慢变黑、变硬，1～2周后自然脱落。如果宝宝的脐带2周后仍未脱落，就要仔细观察脐带的情况，只要没有感染迹象，如红肿或化脓等，也没有大量液体从脐窝中渗出的话就不用担心。另外，可以用酒精给宝宝擦拭脐窝，使脐带残端保持干燥，以加速脐带残端脱落和肚脐愈合。

脐带残端一经脱落，肚脐就形成了。在脐带残端脱落的过程中，肚脐周围常常会出现轻微的发红，这是脐带残端脱落过程中的正常现象，不用担心。但是，如果肚脐和周围皮肤变得很红，而且用手摸起来感觉皮肤发热，那很可能是肚脐出现了感染，要及时带宝宝去看医生。

怎样给宝宝洗澡

刚出生的宝宝一般不主张立即全身洗澡，只要用消毒纱布蘸温水，轻轻擦拭头皮、耳后、面部、颈部及其他皮肤皱褶的部位就可以。出生3～5天后，可以开始用温水洗澡，一部分一部分洗，逐渐使用无刺激性的肥皂、浴液，但洗后应该用清水彻底冲洗干净，防止残留皂液刺激皮肤。

给宝宝洗澡最好选在每天上午9～10点，吃奶前1小时到1个半小时之间的觉醒状态下。不要给吃奶后或睡眠中的宝宝洗澡。洗澡的时候要关上门窗，不能有对流风。要保证光线的充足，最好能在有太阳的地方洗澡。如果全裸洗的话，室温要达到24℃以上；如果是半裸洗的话，室温要在20℃以上。

新生儿的皮肤表面留有少量的皮脂，可以起到滋润、保护皮肤的作用。所以每次洗澡后，只要用柔软的毛巾沾干宝宝皮肤上的水就可以，不要摩擦擦拭，避免将皮脂擦掉。注意如果脐带没有脱落的话，就不能把宝宝放到水中洗澡，以免脐带进水。

尿布的裹法

不少事实证明，许多婴儿的髋关节脱臼是生后3个月内发生的，这多数是因为尿布的裹法不当造成的。宝宝在妈妈肚子里时双腿是呈“O”形的，所以出生后两腿会呈外展、双膝屈曲的自然姿势。处于这种体位时，宝宝的股骨头正好能容纳在关节臼内，随着宝宝慢慢长大，日常的活动会促使关节发育成熟，保证不会在将来站立行走时发生脱位。有些父母在给宝宝换尿布时，习惯将他的双腿拉直，在裹尿布时又裹得过紧，从而使宝宝的大腿骨肌肉长期处于紧张状态，易导致股骨头错位，这不利于臼窝的发育，也容易引起髋关节脱臼。因此，在给宝宝裹尿布时，应特别注意让宝宝的两腿保持这种自然的状态，使髋关节及膝关节能自由活动，避免任何外部施加的外力影响宝宝关节的自然发育。

三角形的尿布很科学，可基本保证这种自然姿势，但如果系得过紧也会影响腿部的自由活动，所以还要注意裹尿布的松紧程度。另外，在给宝宝垫尿布时，如果尿布片前后厚度一样，宝宝的两腿之间夹太厚的尿布会使两腿间分开的距离太大，长此以往也会使宝宝的腿部变形。

所以，垫尿布的关键是把尿布最厚的地方放在小便最多的地方，不要把尿布放在腹部，更不要把低于婴儿腹温的尿布放在腹部。男宝宝排尿向上，应以前方为主，身子上半部要垫厚些；而女宝宝则以后方为主，身子下半部垫厚些，这样就可以预防男宝宝阴囊湿疹、女宝宝臀红的现象。此外，在垫尿布时，要使宝宝的两腿保持外展蛙式位，从而活动自如；注意不要将尿布覆盖在宝宝的脐部上，以防尿液弄湿脐带。

再有，在每次垫尿布之前，要彻底做好宝宝臀部的清洁工作，还要注意清洁方法防止因为尿布使用不当而给宝宝带来疾患。例如，为女宝宝擦粘在臀部的大便时，如果用尿布的一部分从后面向前面擦的话，就会使大便里的大肠杆菌粘在阴部，细菌从尿道进入膀胱会引起膀胱炎。另外，如果在炎热的季节，为了防止尿布疹的发生，可以适当延长不系尿布的时间，在系尿布时也不要系得过紧。如果宝宝垫尿布的地方发生糜烂的话，一定要勤换尿布，不要总裹着湿尿布，也不要过多使用纸尿裤。

纸尿裤的选择

纸尿裤用起来方便，但仍有一定的缺陷。目前很多的纸尿裤并非完全是纸质的，外层有塑料，并且为了增强防漏和吸湿作用，还会在内层加入吸收剂、特种纤维等物质，长期使用对宝宝幼嫩的肌肤会造成一定的伤害。再有，曾有医学专家表示，长时间使用纸尿裤会造成男宝宝睾丸处温度升高，对今后的生育能力造成影响。尽管目前并不能完全肯定纸尿裤的使用是造成男性不育一个绝对性因素，但若纸尿裤挑选和使用不当的话，的确会对宝宝产生某些隐患。

家长在为宝宝穿着纸尿裤时，一定注意不要包得太紧和长期使用。如果让宝宝的小屁股一直处于纸尿裤的包裹之下，或使用的是劣质纸尿裤的话，就会影响到宝宝的正常生长发育，甚至会造成尿道感染、肛周炎、肛瘘等疾病。

正确选择纸尿裤，要根据以下的原则：

（1）表层干爽，吸湿能力强，不外漏。纸尿裤的吸湿能力是选择纸尿裤时首先要考虑的问题。倘若宝宝的小屁股总是与潮湿的表层保持接触的话，很容易患尿布疹。很多妈妈担心纸尿裤的吸湿能力不够强，所以晚上会给宝宝换尿裤，从而导致宝宝会因此醒来1～2回，阻碍了宝宝的持续睡眠。所以，选择一款吸湿能力好的纸尿裤尤为重要。

吸湿能力好的纸尿裤不仅能够能吸收大量水分，而且可以迅速牢牢地锁住水分避免外漏。新妈妈们由于缺乏经验很难一次买对，不妨通过测量各牌子纸尿裤的吸收量，来判断哪一种纸尿裤吸收能力强。测量方法是：向不同品牌的纸尿裤里面倒入等量的水，待水吸收后，将一张干的纸巾轻轻地放在上面，看一看差别。如果是具有高分子吸湿材料的纸尿裤，能够快速地吸收大量水分，所以纸巾上不会留有水印。一般来说，最好是选择四层结构的纸尿裤，这种纸尿裤上多加了一层吸水纤维纸，可以充分吸水，有效减少渗漏。

（2）透气性能好，不闷热。如果宝宝使用的纸尿裤透气性能不佳的话，很容易导致尿布疹的发生，还可能会使男宝宝阴囊局部环境温度增高，对今后的睾丸发育造成不利的影响。当然，纸尿裤的透气性情况是无法用肉眼分辨的，这就需要妈妈除了在选购时对不同品牌的纸尿裤多作比较外，还特别需要多观察宝宝使用后的情况。一般来说，大品牌的纸尿裤都是经过严格的多方测试的，所以选择这些纸尿裤会较有保障。

（3）触感舒服，具有护肤保护层。触觉在宝宝还是胎儿的时候就已形成，因而异常敏锐，对任何不良刺激都会表现出相应的反应。因此，只要有一点点的不适，宝宝就会感到非常的不舒服。纸尿裤与宝宝皮肤接触的面积是很大的，而且几乎长时间不理，所以一定要选择超薄的、合体的、柔软的、材质触感好的纸尿裤，以充分保证宝宝的舒适。另外，尿布疹的成因主要是尿便中的刺激性物质直接接触到肌肤，目前市场上有些纸尿裤中添加了护肤成分，能够直接借助体温在宝宝的小屁股上形成保护层，抵抗外界刺激并有效减少皮肤摩擦，可以让宝宝有更舒服的肤触感。

（4）尺码合适，价格适中。目前市场上的纸尿裤基本上能够满足不同宝宝的多种需要，在选择纸尿裤的时候，可以参照包装上的标识购买。纸尿裤的腰围要紧贴在宝宝的腰部，胶贴贴于腰贴的数字指示在 1 ~ 3 之间比较合适。如胶贴贴于 3 号指示上，就说明纸尿裤的尺寸小了，下次购买时要买大一码的了。还可以检查腿部橡皮筋的松紧程度，如果太紧的话就表示尺码过小，如果未贴在腿部的话就表示尺码过大。

此外，市场上出售的纸尿裤品牌众多，价格也高低不等。好的纸尿裤生产成本较高，因此价格不会过低。为了保证宝宝的健康，建议妈妈们不要一味地贪图便宜，买回质量不过关的纸尿裤给宝宝使用，尽量还是选择有品质保证、评价较高的知名品牌。

正常粪便什么样

新生儿一般在出生后 12 小时开始排便，胎便呈深绿色、黑绿色或黑色黏稠糊状，3 ~ 4 天胎便可排尽。吃奶之后大便逐渐转成黄色，喂牛奶的宝宝大便呈淡黄色或土灰色，常常有便秘现象，而母乳喂养的宝宝多是金黄色的糊状便，次数多少不一。

此外，对于母乳喂养的宝宝，家长可以通过观察他的大便来了解母乳的质量，还能从中得知妈妈的营养是否适当，以便调整饮食结构及科学哺乳。

由于糖分过度发酵会使新生儿出现肠胀气、大便多泡沫、酸味重，所以如果新生儿的大便呈黄色，且粪与水分开，大便次数增多，说明新生儿消化不良，提示母乳中含糖分太多。妈妈应该限制糖的摄入量，适当控制淀粉的摄入量。

当母乳中脂肪含量过多时，新生儿会出现大便次数增多的现象，并且粪便中有不消化的食物。这时可以缩短每次喂奶的时间，让宝宝吃前一半的乳汁，这是因为，母乳的前半部分蛋白质含量较多，容易消化，富于营养，而后半部分脂肪含量较多，不易消化。如果情况严重的话，妈妈可以在喂奶前半个小时到 1 个小时内先饮一大杯淡盐开水，起到稀释乳汁的作用，然后再进行哺乳。

如果新生儿的大便有硬结块，恶臭如臭鸡蛋味的话，就表示母乳中蛋白质过多，这时妈妈就应该限制鸡蛋、瘦肉、豆制品、奶类等蛋白质含量高的食品的摄入量。

如果母乳喂养不足的话，宝宝的大便色绿、量少且次数多，呈绿色黏液状。同时新生儿还会常因饥饿而多哭闹，这种情况只要给予足量喂养后，大便就可以转为正常。

如果发生肠道感染，宝宝的大便就会呈溏薄或水样的黏液便，且脓性腥臭，这时就需要带宝宝去医院就诊了。

新生儿的睡眠

睡觉是刚出生的宝宝最主要的任务，也是评价新生儿生活是否规律的重要指标。同时，由于新生儿在睡眠时会分泌大量的成长激素，所以也可以说“新生儿是在睡眠中长大的”。

新生儿每天要睡 16 ~ 20 个小时，约占一天的 70%，一般在吃饱奶水后会很快进入睡眠状态，睡醒后接着吸吮乳汁，然后再睡。深睡时，新生儿很少活动，面部平静、眼球不转动、呼吸规则；而浅睡时有吸吮动作，面部有很多表情，有时微笑，有时撅嘴，眼睛虽然闭合，但眼球在眼睑下转动，四肢有时还会有舞蹈样动作。这个时候爸爸妈妈不可以去打扰他，应让他在光线、温度和湿度都适宜的房间内舒舒服服地睡觉。

月龄越小的宝宝睡眠时间越长，随着宝宝的慢慢成长，他的睡眠时间会越来越少。一般来讲，新生儿每天的睡眠时间约为 20 个小时，2 个月的婴儿每天约 18 个小时，4 个月时每天约睡 16 个小时，9 个月时约 15 个小时，1 周岁左右，有 13 ~ 14 个小时就可以了。但是由于每个宝宝睡眠时间的个体差异很大，有的宝宝睡的时间长，有的则精神头很大睡眠时间较短，所以爸爸妈妈也不必太严格按照规定去卡宝宝的睡眠时间，只用作一般参考就可以了。

宝宝应该怎么抱

抱宝宝是新爸爸和新妈妈的必修课之一，而且刚刚出生的宝宝非常脆弱，所以在抱着的时候要特别注意姿势。那么如何抱宝宝才是既安全又能让他感到舒适的呢？

1. 标准式。这是一种很传统的抱姿，妈妈要先将右手滑到宝宝的颈下，托起宝宝的头颈部；然后将左手滑入宝宝的腰部和臀部的后方，以便稳稳地托起宝宝的下半身；抱稳后慢慢地直起身体，同时将宝宝轻轻托起至胸前横抱于怀中，让宝宝的头轻轻地靠在妈妈左侧的臂弯里；用左前臂支撑着宝宝的身体，右臂则可以环绕在宝宝的体侧，右手可用来帮助支撑宝宝的背部和头部。另外，当要抱起宝宝时，可以先用眼神或说话声音逗引以引起他的注意，一边逗引，一边伸手慢慢将他抱起。

2. 母子依偎式。妈妈先用左手托住宝宝的头，让他靠在妈妈的肩头；右手将宝宝环抱在怀中，左前臂支撑宝宝的腰背部，右手托住宝宝的臀部。这种方法下，如果再将宝宝托得高一些，让宝宝的头靠在妈妈的肩上，右手轻拍宝宝的后背，就轻松地变成了哺乳后的拍嗝式。用这种方式抱起宝宝，宝宝不但能嗅到妈妈身上的乳香，还能听到妈妈熟悉的心跳声，从而使他更有安全感。

3. 母子交流式。让宝宝的头靠在妈妈右侧臂弯里，妈妈的右前臂环绕至宝宝的腰腹部，支撑着宝宝的头颈和背部；让宝宝的大腿靠在妈妈的左前臂上，左手托住宝宝的臀部，并向上协助支撑宝宝的腰部。用这种方式抱宝宝可以让妈妈和宝宝面对面，是最利于亲子间交流与对话的方式。此外，还可以轻轻地将宝宝放在身前荡荡，可以让宝宝更开心更放松。

免疫注射

乙型肝炎疫苗没有传染性，对乙肝病毒其有很好的免疫性能。整个免疫注射要打 3 针，第一针在宝宝出生后 24 小时之内在上臂二角肌处注射，一般由产科婴儿室医务人员注射。免疫疫苗接种过程简单，多数情况下无异常反应，个别宝宝可能会出现低热的症状，还有些会在接种部位出现小的红晕和硬结，一般不用处理，1 ~ 2 天后可自行消失。

在宝宝出生的第 2 天，即可接种卡介苗疫苗，接种后可获得对结核菌的一定免疫能力。卡介苗接种一般在左上臂三角肌处皮内注射。新生儿接种卡介苗后，无特殊情况一般不会引起发热等全身性反应。如果是早产儿、难产儿以及有明显先天畸形、皮肤病等的新生儿，则必须要禁止接种。

能力的培养

吸吮的能力

吸吮是宝宝从一出生就拥有的一种先天性的条件反射能力，即使是刚刚从产房抱出来的宝宝，只要将他放到妈妈的乳房旁边，他就会自动地开始吮吸乳房，此外他可能还会在睡梦中吸吮着自己的小手指。

宝宝的吸吮能力可以促进今后的智力发育。锻炼宝宝吸吮能力最直接的办法是，尽早给予母乳。一般来说，出生半小时左右的婴儿就会出现觅食反射和吸吮反射，因此最好是在宝宝出生的半小时之内，就让他来到妈妈身边给予哺乳。即使妈妈此时还没有奶水，或是只有一点点初乳，也应该让宝宝衔着吸吮。因为此时，对于宝宝最重要的是发展这种天生的能力，其次才是进食。

如果打算用母乳喂养的话，就尽量不要让宝宝用奶嘴吸吮，因为此时的宝宝容易发生乳头错觉，一旦这时他熟悉了奶嘴之后，往往就很难再接受妈妈的乳头了。

培养宝宝对声音的敏感度

宝宝的听觉在胎龄 6 ~ 7 个月的时候就已基本成熟，正常新生儿从一生下来，就有听觉定向能力。研究发现，刚刚出生的宝宝喜欢听人的声音、高调的声音和轻柔优美、节奏鲜明的音乐曲调。因此，从这时候开始，就要有意识地培养宝宝对声音的敏感度。

出生不到 3 天的宝宝，就会表现出对妈妈声音的偏爱。如果一边是爸爸的声音，另一边是妈妈的声音，多数宝宝喜欢听妈妈的声音，将眼睛和头转向妈妈一边，这可能与宝宝未出生时在子宫里听习惯了妈妈的声音有关。如果妈妈在照料宝宝时能经常呼唤他的名字，5 ~ 8 天后，大多数宝宝就能对母亲的呼叫发生反应。所以，在这个时候，妈妈可以在宝宝觉醒时，在他身边轻声呼唤他，以发展他的听觉功能。但是也要警惕以防过激，在发展培养过程中，一旦宝宝出现疲劳、烦躁的表现，就应立即停止这种听觉刺激。

家庭环境的支持

最好的温度和湿度

恒定适宜的温度和湿度，对于刚刚出生一周的宝宝非常重要。刚刚出生的宝宝，对温度的自身调节能力很低，如果室内温度不适当的话，很容易造成寒冷损伤或发热；如果室内相对湿度过低的话，会加快新生儿的水分蒸发从而导致新生儿脱水、呼吸道黏膜干燥，降低呼吸道抵抗病原菌的能力；室内相对湿度过高会利于一些病原菌，特别是霉菌的繁殖，会增加新生儿感染病菌的危险。

对于此时的宝宝，最适合的室内温度为 24℃ ~ 26℃，一般保持在 25℃；相对湿度适宜在 50% 左右，一般维持在 45% 是比较好的。

身体的接触

新生儿的触觉器官最大，全身皮肤都有灵敏的触觉，并且出生一周的宝宝触觉敏感性就已经有很大的发展。对新生儿来说，对触觉刺激最灵敏的部位是嘴唇、手掌、脚掌、前额和眼睑。而且，婴儿从生命的一开始就已有触觉。习惯于被包裹在子宫内的婴儿，出生后自然喜欢紧贴着身体的温暖环境，从中他们可以找到那种熟悉的触觉安慰，提高自己的安全感。

心理学研究发现，新生儿和成人的身体接触有助于婴儿身体的发育，这种接触对情绪发展也非常重要。除了有助于宝宝的身体发育和情绪发育之外，身体接触也是很好的亲子感情交流方式，是亲子交往建立感情的第一步，对宝宝身心发育也十分重要。因此，从宝宝一出生开始，爸爸妈妈就要多同宝宝说话、唱歌，用眼睛温柔地注视宝宝，轻轻地抚摸宝宝，与宝宝多进行身体的接触。

紧贴妈妈的左胸

当宝宝还在妈妈肚子里时，就能够借助感觉系统的听觉、视觉、触觉、嗅觉、味觉等与妈妈交流联系。其中，妈妈和谐的心音、血流声、肠蠕动声及轻声的说话声，都是胎儿最初的听觉对象。当胎儿 6 个月大时，就能听见妈妈的心跳声，这种心跳声会从此时一直陪伴胎宝宝到他出生为止，给他一种安全感。

当新生儿脱离母体后，他的听觉和视觉还保留有胎内的印象。出生一周内的新生儿大多数时间都处于睡眠状态，每天睡眠可达 22 个小时，很少睁开眼睛。这时候如果妈妈能让宝宝紧紧贴在自己的左胸，让宝宝听到自己有节奏的心跳声，会使他有一种熟悉感和安全感，从而能让他睡得更安稳。此外，还有研究发现，新生儿长时间知觉妈妈的心跳声，有利于他今后的成长发育和情绪的良好发展，也有利于建立良好的亲子关系。因此，妈妈们不妨多把宝宝抱在自己左胸的位置上，让他睡得更香甜、更安稳。

需要注意的问题

不要用照相机闪光灯直对宝宝

为刚出生的宝宝拍照留念是每个爸爸妈妈都会做的事情，但一定要注意给宝宝拍照的时候尽量不要用闪光灯。细心的爸爸妈妈通常会发现，当相机的闪光灯闪过之后，宝宝的眼睛会一直眨个不停，这是因为闪光灯的强度刺激了婴儿的眼睛。刚出生的宝宝，眼睛神经发育还不完全，无法经受瞬间的强光刺激，这会给他们的视力带来极大的损害。

因此，建议在给刚刚出生的宝宝照相时，相机与宝宝的距离最好保持 1 米以上的距离，尽量选择光线充足的时间和地点拍照，不要使用闪光灯。

低体重儿的护理

出生时体重低于 2500 克的新生儿即为低体重儿，多为早产儿。低体重儿的皮下脂肪少，保温能力差，呼吸机能和代谢机能都比较弱，特别容易感染疾病，死亡率比体重正常的新生儿要高得多，另外其智力发展也可能会受到一定的影响。

低体重儿在出生后，就会由医院儿科收治进行专业护理治疗，此时还不需家长亲自护理，但是家长应提前做好宝宝出院后家庭护理的有关准备，如充分了解低体重儿的护理要点、商量好由谁护理、准备好相关婴儿用品等。一般来说，等到新生儿体重到达 2500 克之后，就可出院回家了。

新生儿头皮血肿

如果宝宝在出生时，头部与妈妈的骨盆不相称，当胎头到达骨盆壁时，头颅骨受到压迫，或在生产过程中使用产钳助产、牵拉力量过大引起头颅受伤，就会发生新生儿头皮血肿。

头皮血肿多数是由于分娩时胎儿头部受到过度挤压与骨盆摩擦，或自行分娩困难时，行负压吸引、产钳助产等小手术导致的头颅骨膜牵移，引起骨膜下血管破裂，血液积聚在骨膜下形成。但也可能发生于剖宫产的小宝宝，如新生儿本身的血管脆性强，一点轻微的损伤也会导致出血，血小板值降低、凝血因子异常也可成为出血的原因。

头皮是颅骨外面一层致密的软组织，含丰富的血管组织，它由皮肤、皮下组织、帽状腱膜层、腱膜下层和骨膜层组成。头颅受到外力作用后，血管破裂出血形成血肿。新生儿头皮血肿表现为新生儿在出生后几小时至几天以后，在头顶骨膜下出现不同程度大小的圆形肿块。肿块小的像鸡蛋大小，大的可以与颅骨块差不多，稍微隆起，边界清楚，不超过骨缝。肿块表明皮肤色泽正常，如果用手指压肿块会出现凹陷，感觉稍硬，富有弹性，不容易移动。由于肿块内部有血流，所以在触压肿块时会有波动的感觉。

新生儿头皮血肿由于是属于骨膜下出血，血吸收比较慢，所以，需要 2 ～ 4 个月才能自主吸收消退，一般情况下在家治疗就可以。可在出生后前几天用冰袋或冷水袋敷局部，避免加重出血，不要揉搓。也可以戴一顶帽子，以减少头部和枕头摩擦的刺激。出生一周以后，可以改为热敷，以帮助血肿周围血液循环，促进吸收血块，在出血初期还可连服三天维生素 K。注意要必须保持患处皮肤的清洁，防止继发感染。如果发生感染，应加用消炎药治疗。如果在家护理 4 ～ 8 周以后血肿仍不消退，而且还比较大时，就要到医院外科作抽吸手术或用超声波理疗治愈。

家长们可以放心的是，由于这种出血仅仅发生在头颅外，局限在骨膜与颅骨之间，并非颅内出血，不会殃及到脑细胞，所以对宝宝今后的智力发展不会有不利影响。另外，头皮血肿引起的头颅变形也是暂时的，宝宝的骨质非常柔软，易变形也易恢复，因此可以自然恢复，不必太过担心。

当新生儿发生头皮血肿之后，家长们应该做的是注重患处的清洁护理，任其自然吸收消失痊愈，千万不可在家擅自用注射器抽取血肿。这是因为，抽取后会使腔内压力减低，导致继续出血，同时如果消毒不彻底的话，细菌就会进入血肿内，继而引发细菌感染、伤口化脓等一系列严重后果。所以，头皮血肿待其慢慢吸收就可以，不宜过多干预。

唇裂儿

唇裂是口腔颌面部最常见的先天性畸形，俗称兔唇，分为单侧唇裂和双侧唇裂，常与唇腭裂并发，是由于在胎儿期没能正常发育所造成的。造成唇裂的原因主要有遗传和环境因素两方面，并与营养、遗传、感染、内分泌等因素有关。

1. 遗传方面。流行病学调查表明：在直系亲属中有唇裂畸形者，其后代的唇裂发生率比亲属中无唇裂畸形者要高。也就是说，如果家中直系亲属或旁系亲属有唇裂者，那么宝宝的唇裂就为遗传所致。

2. 环境因素。造成唇裂的环境因素很多，如果妈妈在怀孕前 3 个月生理状态受到侵袭或干扰的话，如营养缺乏（主要是维生素 A、维生素 B_2 及叶酸的缺乏）、受到感染或损伤、曾使用激素治疗过某种疾病、服用过可能致畸的药物以及长期接触放射线或微波等，都是造成宝宝唇裂的原因。

唇裂不仅有碍美观，而且还可造成吸吮功能障碍，切牙发育畸形、突出，前牙牙槽裂开，发音吐字不清等问题。唇裂的患儿在吃奶时，很容易误吸入呼吸道，从而引起气管炎、肺炎等。因为不能正常进食，所以唇裂患儿较容易发生营养不良及各种营养障碍，严重者甚至危及生命。

预防唇裂首先就要求父母在备孕时做好相关的遗传咨询，并且准妈妈在怀孕期间要全面补足营养、防止各种可能致畸的危险侵害。

对于唇裂患儿，主要是通过手术治疗。一般认为，如果患儿健康状况良好，无明显贫血，无上呼吸道感染，局部及周围组织无感染发生的话，单侧唇裂可以在 6 个月左右进行手术，而双侧唇裂则要略向后推迟。

耳部畸形

新生儿耳部畸形多数都是由于遗传或是母亲在怀孕期间受到某些环境影响，从而致使胎儿耳部发育缺陷所造成的。耳部畸形不仅有损于宝宝的听力，而且还会对宝宝的心理产生不小的影响，所以应及时治疗。

当发现宝宝有耳部畸形的话，应先

在医生的指导下，带着宝宝做详细的畸形程度检查以及听力检查，确定听力损失程度，并在医生的建议下决定是否应该配备助听器、配备何种助听器，以及根据宝宝的具体情况，共同确定手术整形治疗的最佳时间。

呃逆、吐奶

呃逆是一个生理上的常见现象，即为我们平时所说的“打嗝”。通常来说，新生儿打嗝多为良性自限性打嗝，稍待一会儿便能自行缓解。对宝宝的护理不当，使其外感风寒，寒热之气逆而不顺，或是由于哺乳不当，让宝宝食入生冷奶水都会引起宝宝呃逆。另外，宝宝如果进食过急，或是在惊哭之后进食的话，也可诱发打嗝。

虽然打嗝不会影响宝宝的健康，但却会让宝宝觉得不舒服。新生儿若无其他疾病而突然打嗝，并且嗝声高亢有力而连续的话，一般就是受寒凉所致。这时，可以给宝宝喝点热水，用被子或者衣服盖上宝宝的胸腹部，冬季还可在衣被外置一热水袋保温。正常情况下，宝宝一会儿就可以停止打嗝。

由于新生儿胃部生理结构的特点，有时会在喂奶过后出现吐奶现象。吐奶分为病理性呕吐和生理性溢奶两种，多数宝宝属于正常的溢奶，是新生儿特有的正常现象。溢奶多发生在喂奶过后，新生儿会吐出一两口奶，特点是吐出的奶量较少，且宝宝没有任何不适表现。而病理性呕吐则表现为吐奶量较多，且宝宝表现出痛苦、焦躁的表情，这就表示可能出现了某些胃肠道疾病，以及时就医治疗。

要防止宝宝溢奶，每次喂奶适可而止，一次不能喂得过多，可以分开多次喂；在每次喂奶时不要太急、太快，中间应暂停片刻，以便宝宝的呼吸更顺畅；每次喂奶中及喂奶后，让宝宝竖直趴在大人肩上，轻拍宝宝背部，帮助宝宝将吞入胃中的空气排出，以减少胃的压力；如果妈妈奶水太冲的话，在喂奶时要控制好奶量，防止宝宝呛着；使用奶瓶的话奶嘴开口不能过大；喂食过后尽量让宝宝右侧卧，也可以将宝宝的上半身垫高一些，这样胃中的食物不易流出；另外在喂食之后，不要让宝宝有激动的情绪，也不要随意摇动或晃动宝宝。

产伤骨折

产伤骨折是由于在分娩过程中，由于牵引和分娩时操作不当所导致的新生儿骨折，母体骨盆狭窄、软组织僵硬以及新生儿体重过重、臀位产和剖宫产都易引起新生儿的骨折，多发于锁骨、肱骨干、股骨干、颅骨、肱骨或股骨的骨骺分离。

发生产伤骨折后，新生儿除具有骨折症状外，还可见患病侧肢体自主动作减少，这种情况常易被误为瘫痪，但它并非神经损伤所致，故称假性瘫痪。此外，在给新生儿换尿布、穿脱衣裤或擦身洗澡移动某侧肢体时，新生儿常会有不明原因的突然啼哭，这是由于骨折断端移动而引起的疼痛所致。当出现此情况时，应立即将患侧肢体暴露，并与另一侧肢体进行对比检查，以发现异常。

新生儿不但对成角畸形塑形能力强，而且对肢体短缩畸形也同样有较大的代偿性加速生长能力，因此对新生儿产伤骨折一般不需特殊处理。锁骨骨折不需要任何绷带固定，生活护理时轻搬轻抱，避免压迫伤处或牵动患肢，7 ~ 10 天即可痊愈；上臂骨折（胶骨干骨折）可用压舌板（或小竹片）绑直或用绷带等物固定于躯干；大腿（股骨干）骨折用小木片（夹板）绑直或作悬吊牵引。新生儿产伤骨折通常 2 周左右可自然愈合，只要宝宝活动自如、没有痛感，家长就不必惊慌，宝宝在骨发育过程中的塑形能力能使畸形自然得到矫正。一般到周岁左右再照 X 光检查，多数能够恢复正常。

先天性髋关节脱位

先天性髋关节脱位是新生儿比较常见的先天性畸形之一，以后脱位多见，出生时即存在，女宝宝比男宝宝更易发生，左侧比右侧多一倍，而双侧者较少。先天性髋关节脱位主要特点为髋臼发育不良，或关节不稳定。主要由于髋臼、股骨头、关节囊、韧带和附近肌肉先天性发育不良或异常，导致关节松弛，半脱位或脱位而致。此外，胎儿在子宫内位置不正常，髋关节过度屈曲，也易致本病。再有遗传因素也较明显，不同种族、地区的发病情况差别很大。

先天性髋关节脱位症状表现常常不明显，很难引起家长的注意。如果新生儿有以下体征，则应视为有先天性髋关节脱位的可能性：

（1）新生儿两侧大腿内侧皮肤皱褶不对称，患侧皮皱加深增多。

（2）新生儿髋关节活动少，活动时受限，蹬踩力量较健侧弱。

（3）新生儿腿部常处于屈曲位，无法伸直。

（4）新生儿会阴部增宽，双侧脱位时更为明显。

（5）新生儿肢体短缩。

（6）牵拉新生儿下肢时有弹响声或弹响感，有时还会引起宝宝突然地哭闹。

另外，也可以通过观察新生儿下肢的外形来判断。如见两侧、臀部增宽，大腿短粗，小腿细长，或是两侧腹股沟的皮纹长短不一，而且患侧臀部及大腿皮纹也会增多、加深，会阴部增宽的话，可以再进行如下试验，确定有无髋关节脱位的问题：

（1）让新生儿平卧，将其两足齐平，两踝部靠拢，然后屈膝约 90°。如发现双膝高低不平的话，则是由于股骨脱位后上移引起，高侧则为脱位侧。

（2）让新生儿平卧，使其屈膝、屈髋各 90° 成直角，然后握住宝宝双膝外展。如为正常，应双膝外侧能够触及床面；如有脱位，则不能触及床面。有的在外展至 75° ~ 80° 时会突然有弹跳感，以后才触及床面。

对于先天性髋关节脱位应尽早发现、尽早治疗。目前看来，婴幼儿期的治疗效果最佳，年龄越大效果越差。如果在婴儿期治疗的话，不会影响宝宝将来走路，也不会在以后的生活中有什么影响。但是如果耽误了治疗，就有可能造成永久性的跛行，或是髋关节炎。因此，家长要密切留意刚出生的宝宝，如有异常情况应尽快进行检查。

母乳应该怎么挤

如果由于自身的某些原因不能哺乳，或是宝宝由于某些问题吸吮能力降低，无法自主吸吮乳房的话，妈妈就要将奶水挤出来再喂宝宝。那么，应该如何挤奶呢？

在挤奶前，首先要做好准备工作：将双手用肥皂和水洗净，乳头用清水清洁后用热毛巾热敷 5 ~ 10 分钟以助于输乳管内乳汁的流出；采用舒服的姿势并放松身心，轻柔地按摩乳房数次；准备好吸奶器、奶瓶、乳垫、奶瓶保温盒和干净的纱布。

如果是妈妈自己挤奶的话，将容器靠近乳房，拇指在上，其余四指在下面托住乳房，握成一个 C 型；将拇指和食指及中指放在乳头后方约 2.5 ~ 4 厘米处；做有规律的一挤一放的动作，指腹向乳头方向滚动，同时将手指的压力从中指移动到食指，将乳汁推挤出来。挤压的区域是以乳头为中心，半径约 3 厘米的区域，挤压过程中要避免太深或太用力，以免阻塞输乳管。注意不要挤压乳头，因为挤压或拉乳头就像婴儿只吸吮乳头一般，并不会促使奶水流出。

每次挤奶的时间以 20 分钟为宜，双侧乳房轮流进行，刚生产完奶水不太多的产妇可以适当延长挤奶的时间。正确的挤乳姿势乳房不会有疼痛，如果感觉疼痛的话就表示动作有误，需要重新调整大拇指与食指的位置。

对于一些乳房肿胀疼痛严重的妈妈来讲，由于乳头紧绷，用手挤奶很困难，可以用热瓶挤奶法。采用这种方法时，先用一个容量为 1 升的大口瓶（瓶口的直径不应小于 2 厘米），用开水将瓶装满，数分钟后倒掉开水；用毛巾包住拿起瓶子，将瓶口在冷水中冷却一下；将瓶口套在乳头上，不要漏气；当瓶内形成负压，乳头被吸进瓶内后，奶水就会慢慢流入瓶内；等乳汁停止流出后，轻轻压迫瓶子周围的皮肤，取下瓶子，完成挤奶。

还可以用吸奶器挤奶。吸奶器的使用方法是：挤压一下吸奶器后半部的橡皮球，使吸奶器呈负压，将吸奶器的广口罩在乳头周围的皮肤上，不让其漏气，放松橡皮球，乳汁就会慢慢地流入吸奶器容器内。在使用吸奶器时，应在每次使用前做好吸奶器的消毒工作。

无论用何种方法挤奶，每次挤奶时，每边乳房至少要挤 3 ~ 5 分钟，直到奶流量减慢然后再挤另一侧，如此反复数次，直到乳汁不再流出为止。每 3 ~ 4 小时就应挤一次奶，以保证泌乳的正常。另外每次挤奶的时间最好选在一天中感觉乳汁最盛的时间，一般多为早上。

奶水太冲怎么办

如果奶水太冲的话，很容易呛到宝宝，造成宝宝恐惧并拒绝吃奶。解决乳冲的办法是，在哺乳时用一只手的食指和中指呈剪刀状夹住乳房，以控制乳汁的流速，使其缓缓流出。另外对于乳冲的妈妈，在这时应尽量少喝汤水，尤其是催奶的汤水。

乳冲的妈妈多数会常感到乳房发胀，特别是在每次喂奶前。不建议妈妈们在喂奶前先挤出一部分奶水以缓解乳涨、减缓乳冲，因为乳汁中的前奶部分富含有珍贵的蛋白质和免疫物质等营养元素，如果将其挤出的话，很容易造成宝宝吸收不到这些营养物质进而导致一定程度的营养不良或是摄入营养不均衡。

乳头破裂怎么办

进入哺乳期以后，由于初次哺乳难以瞬间适应，又或是因为内分泌失衡等因素，有的妈妈会出现乳头皲裂的症状，甚至会引发局部疼痛，喂奶时会很痛苦。

要防止乳头皴裂，首先要保证每次喂奶时将乳头和大部分乳晕都含吮在宝宝口中；先让宝宝吸吮损伤较轻或没有损伤的一侧乳房；哺乳间期用毛巾热敷乳房和乳头，要局部消毒，可以搽一些鱼肝油，同时按摩乳房数次；每次哺乳结束时，滴一滴乳汁涂擦在乳头皮肤上，风干后再穿上衣服。如果乳头疼痛剧烈，可暂时先让宝宝停止吸吮一天，改用手挤压乳汁，如果是全母乳喂养的话，最好不要使用奶瓶和奶嘴喂宝宝，可以用小勺来喂；如果皲裂处有感染迹象，可以涂抹一些红霉素软膏和龙胆紫，但在喂奶之前要把药物洗干净。如果疼痛非常严重的妈妈，也可停哺 24 ~ 48 小时。

再有，妈妈要注意整个哺乳期间保持乳头的清洁卫生，不要让宝宝含着乳头睡，否则会使乳头较易皲裂。

乳头凹陷怎么办

青春发育时期内衣过紧、胸罩使用不当以及一些遗传因素都可能造成女性乳头凹陷，乳头凹陷会给哺乳带来一定的困难。乳头凹陷的纠正应从怀孕时期开始，如果在宝宝出生后，乳头凹陷仍然没有纠正过来的话，妈妈们可以这么做：

（1）使用吸奶器辅助抽吸，每次 1 分钟，每天 4 次。

（2）当宝宝饥饿时，先让宝宝吸吮乳头凹陷一侧的乳房。因为这时宝宝的吸吮力强，容易吸住乳头及大部分乳晕，促进乳房的立乳反射。

（3）喂奶的时候，先用食指和拇指在乳头旁将乳头提起，尽量将乳头及乳晕一起送入宝宝的口中，直到宝宝吸住乳头后再松手。

（4）让爱人帮忙把凹陷的乳头吸出来，然后将奶水挤到奶瓶里喂宝宝。然后接着让爱人吸吮凹陷的乳头，每天重复3次，每次3～5分钟。

（5）多做乳头牵拉运动。一手托住乳房，另一只手的食指、中指和拇指捏住凹陷的乳头向外牵拉，坚持约30秒后放开。重复动作数次，持续10分钟后完成运动，每天可重复4次。

（6）每次喂奶前可用乳泵或吸奶器将乳头拉出，便于宝宝含吮。

乳房湿疹

乳房湿疹是皮肤的一种非特异性过敏性炎症，多见于哺乳期女性，特别是过敏体质者，主要是因乳汁刺激和婴儿吮吸乳头的物理刺激而发病，多发生于乳头及乳晕处，特别是乳房下部，有时累及乳头周围皮肤，常常反复发作而转成慢性。

最常见的情况是，女性在哺乳期内一旦出现漏奶，常常会用厚毛巾垫在乳房上，以免把衣服弄湿。由于毛巾往往是潮湿的，加上里面温度较高，长时间如此的话，就会引起乳头湿疹。哺乳期妇女的乳头湿疹比较顽固，很难根治，可以反复发生长期不愈，并随时有恶变的可能。

发生乳房湿疹后，乳房皮表常出现多数密集粟粒大的小丘疹、癌疹或小水泡，基底潮红，瘙痒，抓搔后疹子易破损而出现点状渗出及糜烂面，有较多浆液渗出，可伴有结痂、擦烂、脱屑等，转为慢性湿疹后，乳头、乳晕部皮肤增厚、粗糙，乳头皲裂、色素沉着，表面覆盖有鳞屑，伴有渗出液及阵发性瘙痒。

要预防乳头湿疹，当出现漏奶时，就应改变上述做法，不要去制止漏奶现象。如果当喂奶时，没有喂养的一侧也同时流出奶水的话，就任其自由流出。另外，还可以在胸罩下面垫上一块无菌纱布，随时更换，并定时露出乳房，特别是在刚刚喂奶过后，等到乳头完全干燥之后再穿好衣服。

在乳头上涂抹凡士林或鞣酸软膏也是很好的防治乳头湿疹的办法。这些药物有防止乳汁侵袭乳头的作用，但注意在喂奶之前要先将药物清除干净。

如果已经患上乳头湿疹的话，最好是尽快治疗，不能耽误。

乳腺炎

乳腺炎是指乳腺的急性化脓性感染，是产褥期的常见病之一，常见于哺乳期妇女，特别是初产妇。乳汁淤积和乳头破损是造成乳腺炎的主要原因。初期乳腺炎常伴有乳头皴裂，哺乳时会感觉乳头刺痛，伴有乳汁郁积不畅或结块；乳房局部肿胀疼痛，结块或有或无，伴有压痛，皮色不红或微红，皮肤不热或微热；严重时还可能会导致乳管化脓，患者出现高热症状。

乳腺炎除了对妈妈自身有很大危害之外，对宝宝也会产生一定的影响，最直接影响就是妨碍了正常的母乳喂养，宝宝可能会因此导致营养不良、营养不均衡、厌倦母乳等问题。因此，对于可能发生的乳腺炎，要做好早预防早治疗的工作。

预防乳腺炎，要做到以下几点：

（1）有乳头凹陷者要特别注意做好乳头凹陷的纠正。

（2）尽量避免乳头皴裂，如已发生者，要积极治疗，绝不可小视。

（3）定时哺乳，每次将乳汁吸尽，如果吸不尽的话可用吸乳器或按摩挤出，以使乳汁尽量排空。时刻保持乳汁通畅。

（4）睡觉时尽量仰卧，不要长时间压迫乳房。

（5）如果发现有乳核的话，要及时揉

开，也可以用硫酸镁湿敷或热敷。

（6）如果乳汁较浓的话，要多喝水，以使乳汁变稀，减少淤滞，利于乳汁排出。

（7）如果有其他感染病发生的话，要及时妥善治疗。

（8）不要让宝宝含着乳头睡觉，注意宝宝的口腔卫生，一旦发现有口腔疾病，在治疗同时要改用外用喂奶法。

（9）保持良好的情绪，不要着急上火。

（10）一旦发现乳房有异常变化，应及时处理。如果发现乳头有感染趋势，应尽快使用抗生素。一旦发生乳腺炎，就要及时静脉注射抗生素，以免形成化脓性乳腺炎。如果已经发展到了化脓性乳腺炎，则应尽快切开引流。

新爸爸要做的事

从现在开始，你已经由准爸爸变成了一名真正意义上的父亲了。这时妻子还在月子中，爸爸们这时要做的，除了从生活上和心理上悉心照顾好妻子之外，还要用心呵护好宝宝。

在与宝宝的交往中，爸爸的作用十分重要。如果说妈妈在这个时候的主要任务是用自己的乳汁喂养宝宝的话，那么爸爸就更应该重视与宝宝的日常交流。爸爸和宝宝的交往风格常常不同于妈妈，妈妈可能更多地会使用语言、温柔的抚触和宝宝进行交流，而爸爸则更爱在嬉戏玩乐中与宝宝交流。妈妈的拥抱轻柔舒适，能让宝宝感到特别舒适；而宝宝宽厚有力的臂膀，则会让宝宝充分找到安全感。如果爸爸用带有胡茬的脸轻轻地亲亲宝宝的话，就会让宝宝产生不一样的皮肤触觉；另外，爸爸的幽默风趣常常能赢得宝宝的欢笑。

因此，作为父亲，不管你平时有多忙，在这个时候，也一定要抽出一定的时间与宝宝亲密接触一下。通过接触照顾宝宝，爸爸才会真正感受到宝宝和自己的亲密程度，宝宝与自己是联系在一起的，从而建立起坚定的父子之情。

此外，日常生活上的悉心照料也不容忽视，这种照料就分为对妻子和对宝宝，二者同样重要。对于妻子，这个时候要充分用你的爱好好去呵护她，饮食起居上都力争做到令她感到舒适，另外还要多陪她聊聊天。有的女性在刚刚生产之后会出现产后抑郁症，因此如果发现妻子的情绪有变时，作为丈夫，一定要耐心疏导，多多劝慰，以避免妻子出现这种情绪病。在照顾宝宝上，你一定要改变以往行事动作的惯性，要用充分的耐心，无论对宝宝做什么，都要尽量地放轻放缓，对于宝宝从现在开始到未来几个月的变化要做到心中有数，充分了解育儿方面的知识，当出现问题时保证能够果断作出决策。

总之，从宝宝一出生开始，你最好暂时告别男人“硬汉”的作风，认真地扮演好爸爸的角色吧！

第 8 ~ 14 天（1 周 ~ 半个月）的婴儿

发育情况

多数宝宝从一周开始，就出院和爸爸妈妈一起回家了。

这一周宝宝的时间大部分是在睡眠。如果是母乳喂养且奶水充足的宝宝，在这一周体重将出现明显的增加；但如果妈妈的奶水不足，或是宝宝还不太喝奶的话，那么此时也有可能较上一周体重不会出现明显的变化。不管宝宝的体重会不会出现明显增加，妈妈最好还是坚持母乳喂养。因为宝宝此时的体内正在蓄积着能量，准备在将来的几个月里努力成长。

养育要点

营养需求

这一周宝宝所需热量为每日每千克 80.1 ~ 100.4 千卡，蛋白质每日每千克体重 2 ~ 3 克，脂肪每日总需要量为 9 ~ 17 克 /100 卡热，糖每日需要量为 17 ~ 34 克 /100 卡热。

除了上述营养之外，宝宝成长所需的 9 种必需氨基酸（赖氨酸、精氨酸、亮氨酸、异亮氨酸、缬氨酸、色氨酸、苏氨酸、苯丙氨酸、甲硫氨酸）以及多种维生素、微量元素和矿物质，通过母乳就能够摄取到。所以这一时期如果是母乳喂养的话，正常足月的新生儿是不需要额外补充任何其他营养元素的。

母乳喂养

从出生后 1 周到半个月里，宝宝吸奶的力气会越来越大。这时期妈妈主要是防止乳房出现各种小问题，如乳头皴裂等。在奶水充足的情况下，可以让宝宝一次只吃一侧奶，那么另一侧乳房就能够休息一次，这样可以有效减少乳头皴裂的机会。但如果奶水并不充裕甚至有些不足时，在每次喂奶时，就要左右轮换交替着喂，以保证宝宝一餐吃饱，也有利于刺激泌乳。

有的妈妈两侧乳房泌乳量可能会出现不一致的现象，这时就更要注意两侧同时喂养，不能只用奶水充足的一侧喂而放弃不充足的一侧。并且在喂奶的时候，可以先用奶水不充足的一侧喂，感觉喂空后再补充另一侧，保证宝宝吃饱。

这个时候依然不需要控制喂奶时间，可以任由宝宝随便吃，或是每次哺乳 30 ~ 100 克，每隔 3 小时喂奶一次，每次 15 ~ 20 分钟。另外，纯母乳喂养除了母乳外，不需要给宝宝添加任何食品，包括不用喂水。如果母乳充足的话，纯母乳喂养最好能坚持至少 6 个月。

需要注意的是，很少有宝宝对母乳过敏，但哺乳的妈妈所吃的食物则有可能引起宝宝过敏。因此，建议哺乳的妈妈要尽量少吃含有高度过敏原的食物。

混合喂养

混合喂养虽然不如母乳喂养好，但在一定程度上能保证母亲的乳房按时受到婴儿吸吮的刺激，从而维持乳汁的正常分泌。另外，婴儿每天能吃到 2 ~ 3 次母乳，同样对他的健康仍然有很多好处。

混合喂养每次补充其他乳类的数量应根据母乳缺少的程度来定，喂养方法有补授法和代授法两种：

（1）补授法。先母乳，接着再补喂一定数量的牛奶或代乳品，适用于 6 个月以前的婴儿。这种方法的好处是让婴儿先吸吮母乳，从而使妈妈的乳房能够保证按时受到刺激，以保持乳汁的正常分泌。

（2）代授法。一次喂母乳，一次喂牛奶或代乳品，轮换间隔喂食，适合于 6 个月以后的婴儿。这种喂法容易使母乳减少，逐渐地用牛奶、代乳品、稀饭、烂面条代授，可培养宝宝的咀嚼习惯，为以后断奶做好准备。

不管是采用哪种方法的混合喂养，都应坚持每天让宝宝定时吸吮母乳，并且补授或代授的奶量及食物量要足，注意食物的干净卫生。

这个时候宝宝是按需哺乳的，最好是尽量使用母乳。但需要注意的是，由于现在宝宝的消化能力依然还很弱，所以还是同上一周一样，不要交叉着喂，如果吃母乳的话就给他吃母乳，吃代乳的话就给他吃代乳，否则会不利于宝宝的消化吸收。另外在喂宝宝代乳的时候，最好是使用小勺而不要使用奶嘴，因为如果宝宝一旦习惯奶嘴的话，很可能会拒绝再吃母乳，给母乳喂养带来一定的困难。

人工喂养

在这个时期里，如果加喂奶粉的话，一般要用3匙或4匙奶粉调配成100毫升来喂。快到半个月时，能吃的宝宝会吃超出100毫升的奶。

用牛奶人工喂养，应每天喂7～8次，每次间隔3～3.5个小时，有些宝宝的间隔时间也可以再短些，次数可相应增加一些。建议每天总的喂养量应为100毫升×公斤数，再按照比例加水稀释。例如，宝宝此时3公斤，则应配奶100毫升×3=300毫升，加上150毫升水，总量为450毫升，分7～8次吃，每餐为60～70毫升。如果宝宝消化能力好，大便正常的话，从半个月时可以按每公斤体重100～150毫升的量给予纯奶，每顿吃60～100毫升，同时要密切关注宝宝的消化情况，如发现宝宝在喝纯奶后出现消化不良的情况时，就应立即改为加水稀释的喂法。对于未足月的早产儿，要用少食多餐的喂法，每天可以喂9次，每次吃50毫升以下，不要让宝宝一次性吃得过多，以防胃部难以承受出现呕吐、消化不良的情况。

另外，奶嘴的选择也很重要。如果胶皮奶嘴上的孔过小，宝宝吃起来费劲的话，往往吃一吃就不吃了。一般来说，胶皮的硬度、奶嘴是否圆润等，都能影响宝宝的吃奶情况。因此，对于人工喂养的宝宝，最好是选择与妈妈的乳头相似的奶嘴，如目前市场上出售的高仿真奶嘴，会更容易被宝宝接受。

宝宝生长发育的必需元素

（1）蛋白质。蛋白质是婴幼儿成长发育所必需的首要营养素，它是构成脑细胞发育的基本原料，同时参与脑的生理功能和代谢活动，维持大脑内环境稳定。蛋白质能够提供多种氨基酸，影响神经传导物质的制造，促进大脑的神经发育。此外，它还具有构成和修补组织、调节和促进生理功能、增强机体抵抗力、提高中枢神经系统的兴奋性、增加活动能力和供给热能的作用。如果宝宝缺乏蛋白质的话，会直接影响其生长发育，严重时还可能会出现发育迟缓、贫血、乏力、食欲不振及对疾病抵抗力差、智力低下等问题。

（2）碳水化合物。碳水化合物是供给人体热能最主要、最经济的来源，是婴幼儿一切内脏器官、神经、四肢、肌肉等内外部器官发育及活动的强大动力。婴幼儿大脑细胞的增殖和神经系统的发育，都需要大量葡萄糖。此外，糖类也是维护心脏及神经系统正常生理功能不可缺少的物质，还具有抗酮作用，能帮助脂肪氧化，避免婴幼儿机体发生酸中毒。如供给不足的话，会出现低血糖的症状，长期缺乏则会影响正常的生长发育。

（3）维生素A。维生素A与视觉、机体生长、骨骼发育、生殖以及抗感染有关，此外它还有维护皮肤、黏膜健康的作用。0～3岁的孩子缺乏维生素A会导致生长发育障碍，生理功能也会受到影响。

（4）B族维生素。B族维生素有助脑部对糖类的利用，并帮助热量代谢顺畅及维持髓鞘的完整性。若B族维生素摄取不足或不均衡，会影响宝宝今后的思维能力与学习效率。维生素B_1对调节神经、肌肉系统的兴奋和传导有着重要作用，是维持大脑正常生理功能的基础原料，缺少后可造成婴儿出现瘫软无力等神经系统疾病，严重者可发生心力衰竭；维生素B_{12}是重要的造血元素，如果严重不足的话会导致婴幼儿贫血，严重者会造成对神经系统的危害。

（5）维生素C。维生素C虽不直接构成脑组织，也不向脑提供活动能源，但维生素C有多种健脑强身的功效，它是脑功能极为重要的营养物，可以提高儿童的智商，促进大脑的灵活度。另外，维生素C还能够促进胶原形成、促进骨骼的发育和防止贫血发生。若缺乏时会使神经疲乏，进而影响智力的发展。

（6）维生素D。维生素D的主要功能是调节体内钙、磷代谢，维持血钙和血磷的水平，从而维持牙齿和骨骼的正常生长发育。婴幼儿缺乏维生素D，易发生佝偻病。

（7）碘。碘可合成甲状腺素，促进蛋白质、脂肪和糖的分解，为生长发育提供养料。碘缺乏的孩子会引起甲状腺功能低下和呆小病，表现为智力低下、反应迟钝、体格发育迟缓。

（8）钙。钙是人体含量最丰富的无机元素，有人体“生命元素”的美誉，它是构成骨骼和牙齿的主要物质，在维持所有细胞的正常生理状态、控制神经感应性及肌肉收缩、帮助血液凝固，增强人体抵抗力等方面都发挥着不可替代的作用。

（9）铁。铁是构成血红蛋白的主要物质，在预防及治疗因缺铁而引起的贫血、调节组织呼吸和能量代谢、维持机体的免疫功能和抗感染能力、帮助成长等方面有重要作用。缺铁的婴儿除了易贫血，还常哭闹，易激惹；缺铁的儿童则注意力不集中，记忆与思维能力下降，行为异常，直接影响学习能力。

（10）锌。锌是人体必需的微量元素，人体的每个组织和器官里都有锌。同时，锌又是大脑膜中含量最高的微量元素，它能保护各种系统并影响膜结合酶的活性。锌缺乏不仅使体格发育迟缓，出现厌食和地图舌，更表现为精神不振、反应迟钝，学习困难。不同月龄阶段，婴幼儿对锌的需要量有所不同，出生至半岁婴儿每日需摄入1）5毫克锌以达到身体所需；7 ~ 12个月的婴儿每日需要摄入锌8毫克；1 ~ 3岁的儿童每日需摄入9毫克；4 ~ 6岁的儿童每日需摄入12毫克；7 ~ 10岁的儿童每日需摄入13）5毫克的锌。

（11）磷。磷是体内代谢必不可少的物质，特别是三磷酸腺苷和磷酸肌酸中的磷，具有贮存和转移能量的作用。而无机磷或有机磷复合物则是构成骨骼及牙齿的主要成分。磷酸盐从尿中排出，有释放能量的作用，并能保持体内磷的数量和形式，有助于调节机体内的酸碱平衡。

（12）镁。镁有维护中枢神经系统的功能，能够抑制神经、肌肉的兴奋性，保障心肌的正常收缩。婴幼儿如果缺镁的话，轻者突然两眼角抽动，面肌痉挛，眼球上翻并有凝视，发作后入睡，醒后如常；重者面色苍白，不思饮食，手足节律性抽动，可有阵发性呼吸暂停和大小便失禁。

（13）DHA，AA。DHA和AA分别是二十二碳六烯酸和花生四烯酸的简称，属于不饱和脂肪酸。DHA和AA对促进脑细胞的形成、生长和发育以及脑细胞突起的延伸都起重要作用，是维系正常视网膜功能及促进学习行为的重要物质。此外，婴幼儿期神经系统发育对α－亚麻酸的需求量较高，补充α－亚麻酸对孩子的智力开发和大脑形成具有重要作用。

如何为婴幼儿补铁

婴幼儿所需要的铁元素的含量是随着年龄的变化而变化的。足月健康的新生儿体内铁的储存量可供使用到出生后4 ~ 6个月，所以一般补铁是在6个月以后。建议7 ~ 12个月的婴儿每天摄入铁含量为11毫克，1 ~ 3岁每天摄入量为7毫克。

对于母乳喂养的婴幼儿，补铁要从6个月以后开始，主要通过添加含有铁元素的食物进行，最好是选用新鲜的深海鱼类和肉类、蛋类，不宜食用菠菜和猪肝；另外在补铁同时还应注意加入富含维生素 C 的食物品种，以促进铁的吸收。对于混合喂养或人工喂养的婴幼儿，应在 6 个月前后使用加强铁元素的配方奶粉，来给宝宝增加食物中铁元素的含量。如果是早产儿的话，则应提早补铁，因为早产儿体内铁的储备量仅能维持出生后 8 周左右的需要量，因此应在此时就开始补铁，如不及时补充的话，则有可能出现缺铁性贫血。

一般在治疗营养性缺铁性贫血时，铁制剂的总疗程为 3 个月左右。多数婴幼儿在用铁制剂的 4 ~ 6 周后，即可使体内铁的贮备达到正常水平。有些婴幼儿口服铁制剂后可能会发生恶心、呕吐、胃部不适、腹泻等反应。对于反应较为严重者，可以采取减量，服用推荐剂量的 80% 的方法，或是采用隔日、隔 3 日疗法，即每隔一日、每隔 3 日服药一次。还可以换用另外一种铁制剂。

另外，在给婴幼儿服用铁剂补铁时，还需要注意以下几点：

（1）尽量在两餐之间服用铁剂，此时吸收效果最好。

（2）铁剂不宜放置过久。硫酸亚铁是二价铁，如果放置过久或是存贮不当的话，二价铁会氧化成三价铁，从而影响疗效。

（3）铁剂不宜在饭前服用。因为铁剂对胃黏膜有刺激作用，如果在饭前服用的话，会使宝宝难以耐受。

（4）铁剂不宜过量服用。铁剂药片、药丸的外面多数包有糖衣，易被婴幼儿吞服。如果用量过大的话，会刺激胃肠黏膜，引起腹痛、腹泻等症状，严重者可发生昏迷甚至死亡。所以，铁剂的补充要适可而止，并保存在宝宝够不到的地方。

（5）服用铁剂同时可以加服维生素 C，以促使铁的吸收。

（6）有些婴幼儿在铁剂服用后，大便会变黑，这是正常现象，停药后自可消失，家长不必太过紧张。

如何为婴幼儿补锌

0 ~ 6 个月的婴儿每天只需要 1.5 毫克锌，7 ~ 12 个月的婴儿为 8 毫克。之后随着年龄增长，人体对锌的需求量呈缓慢递增势，到 14 ~ 18 岁时增至最高量 19 毫克，18 岁以后需要量逐渐下降。

尽管缺锌能导致婴幼儿厌食、生长缓慢，成年后身体抵抗力下降、皮肤伤口愈合慢等问题，但锌作为一种微量元素，每天的需求量并不大，母乳喂养的新生儿很少缺锌。随着宝宝不断长大，母乳中的锌已不能维持婴儿生长发育需要，此时应及时添加辅食，如蛋黄、豆浆等，然后随着月龄增长适时再添加瘦肉、鱼肉、鸡肉、豆类及各种坚果类食品，以保证婴幼儿的锌摄取。只要保证膳食均衡的情况下，一般婴幼儿都不会缺锌。

如果婴幼儿已经出现了锌缺乏症，可口服葡萄糖酸锌、硫酸锌或醋酸锌予以纠正，一般 3 个月为一疗程，医生会根据患儿的具体情况决定补充量。注意不可长期过量补锌，否则会出现锌中毒，出现呕吐、腹泻、低热等症状，危害婴幼儿的健康成长。另外在补锌后，更要注意饮食均衡，避免再次出现锌缺乏病。

如何为婴幼儿补钙

2000 年出版的《中国居民膳食营养素参考摄入量》中建议，0 ~ 6 个月婴儿每日应补充钙质 300 毫克，6 个月 ~ 1 岁每日应补充 400 毫克，1 ~ 4 岁每日应补充 600 毫克，4 ~ 7 岁每日应补充 800 毫克。

奶是婴幼儿补钙的最好来源，就钙容易被吸收的程度来看，母乳最佳，其次是配方奶，然后是鲜奶。一般母乳喂养的婴幼儿不易缺钙，而混合喂养或是人工喂养的婴幼儿应注意钙的补充。如果是人工喂养的宝宝，那么在给宝宝选择奶粉的时候，最好选择富含钙质的配方奶粉。

1岁半以内的婴幼儿缺钙主要是因为体内缺乏必要的维生素D，从而使钙难以被吸收利用。因此，这个年龄段的婴幼儿除了保证按时喝奶之外，还要注意除保证喝奶外，还应注意多到户外晒太阳，以促进体内维生素D的合成，另外还可在医生的指导下服用鱼肝油等。由于玻璃对阳光中的紫外线有隔离作用，所以如果在室内晒太阳的话，是起不到任何作用的，还是要多到户外活动。而1岁半以上的幼儿室外活动会明显增多，此时缺钙主要是由于日常饮食中钙摄入不足所造成的。

适合婴幼儿吃的富含钙质的食品有：酸奶、奶粉、骨头汤、小虾皮、海带、鲫鱼、鲤鱼、羊肉、猪脑、鸡肉、鸡蛋、黄豆、蚕豆、豆腐、蛋类、芹菜、油菜、胡萝卜等，必要时也可选择补充钙剂和钙制品。目前市场上的钙剂种类繁多，在选择时一定要根据医生的建议，不能擅自购买服用。

在给宝宝补钙时，还需注意以下几点：

1. 补钙时一定要同时补充维生素D，以促进钙在肠道的吸收和利用。

2. 最好先把面粉发酵或把大米放在温水里浸泡一下再给宝宝制作主食，因为面粉和大米中所含的植酸会影响钙的吸收。

3. 食用菠菜、苋菜等含有草酸的绿色蔬菜时，要先将菜用热水焯一下，去除当中的草酸，以免破坏食物中的钙质吸收。

4. 不要把钙剂放在牛奶、米汤或稀粥等食物中，否则会导致体内钙的吸收能力下降。

5. 夏天户外活动较多，1岁以上的宝宝可以暂时先不服用维生素D，以免蓄积体内引起中毒。

6.2岁以内的婴幼儿胃酸浓度低，最好选择葡萄糖酸钙、乳酸钙等有机钙；2 ~ 3岁后，随着宝宝胃酸浓度的逐渐增高，可选择含钙量较丰富的无机钙，如碳酸钙等。

如何为婴幼儿补充各种维生素

我国婴幼儿最容易缺乏的维生素是维生素A和维生素D，而维生素C、维生素E和其他维生素的缺乏则不多见。补充维生素A和维生素D最常用的办法是服用鱼肝油，但也要注意补充量，如补充过量的话就会给宝宝带来一系列的副作用，如恶心、呕吐、头疼、腹泻等，严重者可以引起免疫功能下降、肝功能异常等等严重不良反应。

健康足月、母乳喂养的新生儿很少缺乏维生素，因为如果妈妈每天的饮食合理，并适当补充哺乳期营养的话，乳汁就能提供新生儿所需要的绝大多数的维生素和矿物质。而人工喂养或混合喂养的健康足月新生儿，如果是吃配方奶的话，那么也不需要额外补充维生素，因为配方奶可以全面提供所需的营养物质。对于大一些的婴幼儿，最好是通过合理均衡的膳食来补充多种维生素，而不要单纯依靠药物补充。要知道，饮食是最安全、最好的补充来源。

为了保证婴幼儿健康成长，也可以为大一点的孩子每天补充适量所需的补充维生素和矿物质的非处方补品。但是如果没有医生的建议，就不要给你的宝宝额外添加任何维生素、矿物质或草药补品，避免适得其反。

其他营养元素的补充

宝宝在成长的过程中，需要多种维生素、矿物质、微量元素以及其他营养元素。由于婴幼儿机体抵抗能力较弱、较为敏感，因此对多种营养元素的摄取最好是通过食物进行，如无特殊需要，不需要用专门的药物补充。

总的来说，只要能够坚持母乳喂养，包括添加辅食同时的母乳喂养，同时注重辅食的营养均衡全面，宝宝就能摄取到成长所需的营养物质。对于已经断奶、开始吃饭的大一些的幼儿，要注意日常饮食的丰富性和多样性，饮食不宜太细太精，主食、蔬菜、瓜果要搭配得当，远离不利于健康的零食，纠正偏食、厌食的坏习惯，保证一日三餐规律进食，大多数的宝宝就都能健康地成长。

拍嗝的方法

给宝宝拍嗝主要有两种方法，一是俯肩拍气法，二是坐腿拍气法。

1. 俯肩拍气法。先把垫布在妈妈的一侧肩上铺平，以免宝宝溢奶弄脏妈妈的衣服。将宝宝抱直放在肩膀上，让其下颌靠着垫布。妈妈一手抱住宝宝的臀部，另一手手掌弓成杯状，由下往上轻轻叩击宝宝的背部，或是把手掌摊平轻抚宝宝背部，直到宝宝打出嗝为止。

2. 坐腿拍气法。将给宝宝的脖子上戴上围嘴，避免宝宝溢奶弄到衣服上。让宝宝坐在妈妈的大腿上，妈妈张开一只手的虎口，托住宝宝的下颌及前胸，另一手手掌弓成杯状由下至上轻轻叩击宝宝的背部，或是将手掌摊平轻抚宝宝的背部，直到宝宝排出气为止。

宝宝洗浴的保护

1. 适宜的室温和水温。给宝宝洗澡时，应使室温保持在 26℃ ~ 28℃，水温在 38℃ ~ 40℃为最佳，以防宝宝受冷着凉。

2. 洗澡时间。应将洗澡时间安排在喂奶前 1 ~ 2 小时，以免引起吐奶。最好是选择阳光充足的上午 9 ~ 10 点，刚喂过奶的宝宝不能洗澡，另外洗澡的时间也不能过长。

3. 做好必要的准备工作。在给宝宝洗澡之前，要做一些必要的准备工作。先把需要换洗的衣服、尿布和洗澡时要用的浴巾、毛巾、婴儿浴皂等放在身边；选择一个大小适中的浴盆；把洗澡水的温度调好，然后用手背试一下水温，以不觉得烫为宜。

4. 用清水洗澡。给这个阶段的宝宝洗澡最好不用任何清洁用品，因为这时宝宝的皮肤还很幼嫩，对刺激非常敏感，清水就是最好的清洁用品。

5. 提防水流到耳朵里。最好是将宝宝呈仰卧位放在澡盆里，洗澡时要用手托住头部并用手指将两耳护好，以免耳朵里进水，引起中耳炎。如果不小心进了水，可以用干棉签轻轻擦拭，但不要捅得太深。

6. 保护脐带。如果宝宝此时脐带还未脱落，那么在洗澡时就不宜将宝宝全部放在洗澡盆里，洗澡过程中也要倍加小心，尽量避免浸湿脐部造成感染。

7. 女宝宝的特殊护理。给女宝宝洗完澡时，可用毛巾或棉花球擦干她的外阴部。在擦拭时，要从外阴的前面向后面擦洗，这样可以有效防止细菌从她的肛门扩散到尿道。

8. 最好不用爽身粉。新生宝宝的代谢很快，出汗也多，而且多尿，当爽身粉遇到汗水或尿就会结成块状或颗粒状。当宝宝活动时，身体皱褶处的粉块或颗粒摩擦娇嫩的皮肤，容易引起皮肤红肿糜烂。

9. 洗澡后要及时保暖。给宝宝洗完澡之后，要尽快擦干他的全身，垫好尿布或穿戴好纸尿裤，然后给宝宝裹上毛巾，盖好小被子，防止着凉。

低体重儿出院后的护理

医院会将出生时体重在 2 千克以下的低体重儿放在新生儿培养箱内进行特别护理，直到其体重超过 2.5 千克后才可出院。

这样的宝宝出院后的身体仍然很弱，因此需要家长的特别小心护理，主要要注意以下几点：

（1）注意保暖。婴儿所处的室内温度应保持在20℃～25℃，包着婴儿的被子温度应保持在30℃～32℃。要注意室内的空气流通，在换尿布时动作要快，以防冻着，尽量先不要洗澡，可用食用油每2～3天擦拭婴儿脖子、腋下、大腿根部等皱褶处。

（2）监测体温。正常新生儿体温应在36℃～37℃。每天上午和下午都要给宝宝测一次体温，实时注意宝宝的体温变化，如果其最高体温或最低体温与新生儿标准体温相差1℃或更高时，就应采取相应的措施以保证体温的稳定。

（3）防止感染。低体重儿自身防御能力要较正常新生儿弱，更容易受到病菌的侵害。所以这时除了专门照看宝宝的人之外，最好不要让其他人走进宝宝的房间，更不要把宝宝抱给外来的亲戚邻居看。照看者在每次给宝宝喂奶或做其他护理时，都要先换上干净清洁的衣服或专用的消毒罩衣，洗净双手后再接触宝宝。

（4）保持安静。低体重儿所处的环境要保持安静、清洁，进入房间时动作要轻柔，换尿布、喂奶也要非常轻柔、敏捷地进行，不能大声喧哗，更不能弄出其他刺耳的响声，以免惊吓到宝宝。

（5）精心喂养。低体重儿的体重增长很快，因此营养供给更要及时，最好是母乳喂养。吃奶量可根据宝宝的体重来确定，一般说来，每千克体重每天需要150～180毫升，2.5千克重的宝宝每天喂350～450毫升就可以了。喂奶的次数以每天7～9次为宜，或是按需哺乳。

需要注意的是，低体重儿的消化吸收能力较差，更易呛奶、呕吐，所以在睡觉时头部宜取侧位，以防止呕吐物吸入气管，每2～3小时要变换体位一次。

（6）定期称重。低体重儿应每隔两天就称体重一次，以及时了解体重的增长。体重是反映其生长情况的重要指标，如果体重持续不增的话，就要查明原因，及时采取措施治疗。

（7）警惕异常。与健康新生儿相比，低体重儿的黄疸持续时间较长，有的甚至在出生1个月黄疸仍不能完全消失。对于黄疸不退的现象，家长应以加强观察监护为主，如无其他症状，则不必在此时紧张就医。

如果宝宝的体温出现下降或上升超出标准值、且进行干预措施后不见效，或是有突然间吃奶量骤减、脸色蜡黄、哭声很弱、腹胀、咳嗽、吐白沫、呼吸急促、痉挛、抽搐等异常现象，就应及时入院检查治疗。

一般来说，待低体重儿的体重要达到3千克以上，每次的吃奶量在100毫升以上，或者体重的增长每天在30克以上时，就表示已经恢复正常，可以与足月的婴儿一样养育了。

新生儿反射

在刚刚出生的前半个月，宝宝的身体活动主要是反射，这是宝宝的脑部为适应身体所受到的刺激而产生的自我保护机制，例如主动寻找妈妈的乳头并且进行吸吮的动作、紧握爸爸妈妈的手指头等，这些反射通常在6个月左右的时候自然消失。在这一时期，常见的新生儿发射主要有以下几种。

（1）摩罗反射。当婴儿的头部突然移动，或向后跌倒，或因某种原因吃惊时，他的反应是手脚张开，颈部伸直，然后快速将手臂抱在一起，开始大哭。这是一种全身动作，在婴儿仰躺着的时候看得最清楚。摩罗反射是婴儿对外界突然的刺激所作的反应，一般3～4个月时就会消失，如果超过6个月依然存在的话，则表示有神经病变。

（2）拥抱反射。用一只手托起新生儿的颈和背部，另一只手托起头的枕部，然后突然将托起枕部的手下移4～5厘米，使新生儿的头及颈部向后倾10°～15°。正常新生儿会出现两上肢外展、伸直，手指张开，然后上肢屈曲回缩呈拥抱状态。

（3）觅食反射。觅食反射是婴儿出生后为获得食物、能量、养分而必定会出现的求生需求。当有物体碰触到他的嘴角时，婴儿会试图寻找到物体来源并做吸吮的动作。如果将婴儿头部置中，手放在前胸，以食指轻压口周围皮肤，分别触在口角及上下唇的中央位置，婴儿会张口并转头至刺激侧，上唇受刺激时头部会后仰，刺激下唇时下巴会垂下。这种反射有助于授乳时寻找乳头。

（4）吸吮反射。吸吮反射与寻乳反射为配套的反射反应，一定要能寻乳后且有吸吮的动作，才能真正达到进食与补充营养的效果。刚刚出生的婴儿就已经能够进行吸吮动作，如果棉花棒或手指头等物体放进婴儿嘴里时，他就能主动的吸吮。

（5）强直性颈反射。当婴儿仰躺着的时候，将他的头转向一侧，保持婴儿下颌位于肩部上方，婴儿会伸出脸朝向一侧的手臂和腿，弯曲另一边的手臂和腿。

（6）掌抓握反射。掌抓握反射是新生儿为了避免摔落的本能反射。轻触新生儿手掌的话，他就会立即紧握拳头；如果将食指放在新生儿掌心的话，他会立刻抓紧你的手指，同时还可借此将婴儿提升在空中停留几秒钟。需要注意的是，婴儿在第 1 个月时会常紧握拳头，但如超过 2 个月仍持续握拳，那么则表示有中枢神经系统损伤。

（7）蜷缩反射。当婴儿的脚背触及桌面边缘时，会主动将其腿抬到桌面上，做出类似小猫的蜷缩动作。出生时体重超过 1800 克的新生儿均会出现蜷缩反射。

（8）嘴角反射。类似于觅食反射。用手指轻轻地碰触婴儿嘴角，婴儿为了寻找刺激点来源，就会自动转动头部，或是嘴角撇向刺激源，展现出求生本能。

（9）身躯弯曲反射。当使婴儿俯卧在手上，用手在婴儿背部中线外 1 厘米处的脊柱旁线由肩部延伸至臀部滑动刺激，那么他的躯干就会主动弯向刺激一侧，肩部与骨盆向同一方向移动。

（10）眨眼反射。刚出生的宝宝面对强光刺激会主动闭上眼睛，如果正在睡觉的时候遇到光的刺激，会把眼睛闭得更紧。一般到了 2 ~ 4 周时，婴儿就可以注视一件物体；到了 6 ~ 9 周，如果突然把某种东西放到他的眼前，他就会本能地眨眼或是闭上眼睛。

了解宝宝的睡眠状态

这一时期宝宝仍然大部分时间处于睡眠当中，但妈妈会发现似乎宝宝睡得好像并不好，睡觉时身体总是在动，并且还会出现惊跳、啼哭的现象。有的妈妈便会去急忙采取各种方式安慰宝宝，还会以为是宝宝的健康出了问题，担心这会影响宝宝的睡眠质量，进而影响他的健康成长。但事实上，这只是说明宝宝在浅睡，只要宝宝清醒时精神状态良好、食欲正常，并且体重增长情况良好的话，家长就没有必要担心。

婴儿的睡眠并不像成人一样总是沉沉的，它分为深睡眠（安静睡眠）和浅睡眠（活动睡眠）两种状态。深睡眠下的宝宝十分安静，脸部、四肢均呈放松状态，呼吸均匀，有时还能听见鼻鼾声，这时候的宝宝处于完全的休息状态；浅睡眠下的宝宝则显然没有那么安静，能看见他的眼球在眼睑下快速地运动，偶尔还会短暂地睁开眼睛，脸上常有微笑或皱眉的表情，有时还会出现吸吮或咀嚼的动作，四肢和躯体也有一些活动，一些非常轻微的动静都会引起宝宝的惊跳和啼哭。

成人的浅睡眠只占睡眠总时间的 1/5，而新生儿的浅睡眠则能占到睡眠总时间的 2/3。从安静睡眠到活动睡眠是一个睡眠周期，一般时间各占一半，一个周期大约持续 0.5 ~ 1 个小时。所以，新生儿每天有 18 ~

20个睡眠周期，其中有9～10个小时是在浅睡眠状态下。所以便会经常看到新生儿在睡觉时，小嘴角往上翘，有时还会皱眉，眼皮下的眼球来回动，眼睛闭闭睁睁的，嘴一张一合在吸吮，面部表情很丰富，极其不老实。当知道这些都是宝宝的正常状态后，爸爸妈妈就无需过多担心，也需要触碰安慰宝宝。如果宝宝哭出声音来，妈妈则可以轻轻地拍一拍他，过不了一会儿宝宝又能继续沉沉地睡着了。

能力的培养

看的能力

这时候的宝宝开始爱看妈妈的脸和色彩鲜艳、对比度高的物体，但视觉范围还是有一定的界限，无法看清3米外的东西。要锻炼宝宝看的能力，发展宝宝的视觉，可以在他的小床上、距离他20厘米左右处，悬挂一个小圆环，当宝宝清醒的时候，用手轻轻拨动圆环，会发现宝宝的眼睛会跟着圆环的摆动稍稍移动自己的眼球。

另外，还可以在一张白纸上画上黑色的长方形给宝宝看，这时宝宝的视线就会跳到黑色轮廓上，在它附近徘徊，而不是在整个视野游荡。这就足以表示，宝宝偏爱注意对比鲜明的图案，而且偏爱注意轮廓或形状的边缘，而不是图案的内容。

在锻炼宝宝视觉能力时，一定要保证适宜的光线，太暗的环境会让宝宝更看不清楚，而太强的光线则会刺激宝宝的眼睛。

听的能力

出生不到3天的宝宝就会表现出对妈妈声音的偏爱，如果妈妈在照料宝宝的同时经常呼叫宝宝的名字或说说话，5～8天后大多数宝宝就能对妈妈的呼叫声发生反应。另外宝宝对声音的反应会随意识状态而改变，深睡时对声音的反应可能不明显或仅有呼吸节律的改变，浅睡时可有惊跳，瞌睡时可突然变得觉醒起来，在安静觉醒状态时，他可能会机敏地慢慢将头和眼转向声源方向。

在这个阶段，大人可以在宝宝身旁轻声说说话，观察宝宝是否会随声音变化有不同反应。可以将说话的音调稍稍抬高，但音量不可太大，更不能让宝宝接触到噪音，否则会引起宝宝的不适。

新生儿运动能力

新生儿觉醒状态时的躯体运动，是宝宝和父母交往的一种方式。很多妈妈会发现，当给襁褓中的宝宝“松绑”时，宝宝就会手舞足蹈并表现得异常兴奋，这就表示，他迫切地需要发展他的运动能力。

这个时候宝宝的很多运动能力还属于先天性的条件反射，但也有了一些小的动作。要发展宝宝的运动能力，首先应给宝宝自由的活动空间，最好不用传统的襁褓束缚宝宝，让他的肢体自由活动。

同时，爸爸妈妈多和宝宝说说话，逗逗他，也是一种很好的发展运动能力的方式。因为随着宝宝视觉、听觉等多种感受器的发展，他可能会对爸爸妈妈的话语做出相应的肢体反应，这就在无形当中，发展了他的运动能力。

此外，爸爸妈妈此时也可以借助宝宝先天的条件反射，来发展他的运动能力。例如，在宝宝安静觉醒的状态下，轻轻抚弄一下他的小手，或者挠挠他的小脚丫，这种肢体上的抚触可以让宝宝感到轻松快乐，他的小手小脚和小身体便会不由自主地达到了运动的功效。

家庭环境的支持

多给宝宝一点微笑

出生一周的宝宝已经有了初步的听觉、视觉和触觉能力，妈妈对宝宝的照顾、微笑、抚摸、拥抱、对视、逗引，以及胸部、乳房、手臂等身体的接触，都是对宝宝的良好刺激，可以促进母子感情日益加深，同时还会使宝宝获得满足感和安全感，使宝宝心情舒畅，这也是宝宝将来心理正常发展的重要因素之一。

对于这个时候的宝宝，只要他醒着，妈妈就应该在照顾他时，和他亲切地说说话、抚摸他，并经常向他露出微笑。如果发现宝宝正在看着你，你就可以微笑对着宝宝说："宝宝笑一笑"，如此反复进行多次，相信宝宝在不久的将来就会笑了。笑对于新生儿来说，是和成年人交流的第一步，对智力开发非常重要，同时这也是令新生儿感到愉悦的一种小游戏。

轻柔的抚摸和呼唤

很多父母都会发现，当宝宝哭闹不停的时候，只要给他温柔的抚摸和轻声的呼唤，就可以很快让他安静下来。事实证明，除了安抚情绪的作用外，爸爸妈妈轻柔的抚摸和呼唤对新生儿来说是有很大作用的。

首先，抚摸和呼唤能促进宝宝的发育。实验证明，从出生起经常接受抚摸的宝宝身体发育得更好。同其他温血动物一样，人类从一出生就有被抚摸的需求，如果这类需求得不到满足，就可能会出现生长迟缓、发育不良等问题。如果父母能够经常抚摸宝宝，不仅能刺激他皮肤组织下的神经细胞发育，还能将触觉所产生的刺激信息传达到大脑，有利于大脑的充分发育。此外，对宝宝的轻声呼唤有助于使宝宝对自我产生初步的认识，为将来的自我认知打下基础。

其次，抚摸和呼唤能安抚宝宝的情绪。父母对宝宝轻柔的抚摸和呼唤，不仅是父母对宝宝爱的体现，对宝宝来讲，这也正是他们分辨父母、感受父母柔情的时刻。这种抚摸和呼唤很容易建立起宝宝对父母的依赖，所以宝宝总是在妈妈的怀里能睡得特别安稳。当宝宝哭闹时，这种做法能够让宝宝很快地安静下来。

再有，抚摸和呼唤能促进宝宝的性格发展。从小就与父母身体接触比较频繁的宝宝，更容易感到安全并建立起对他人的信任感，而这种信任感正是今后形成健全人格的基础，有利于孩子良好性格的养成。这样的宝宝长大后往往显得性格开朗、自信心强、富有爱心和同情心，社会适应性较强。

最后，抚摸和呼唤能加深宝宝与父母的感情。对于还不会对话的宝宝来说，父母温柔的抚摸和呼唤就是与其最好的互动交流方式。通过这种亲子交流，能够加深宝宝与父母间的感情，等宝宝长大后与父母间的隔阂也能相对减少。

尽量拒绝过多探视

刚刚来到世上的小宝宝，虽然在妈妈体内时候已经获得了足够使用6个月的抵抗外部病菌侵袭的免疫能力，但仍然较为脆弱。因为成人呼吸道中的微生物很可能成为新生儿的致病菌，所以如果太多的人来探视的话，就有可能使宝宝遭到致病菌的袭击。新生儿的生活环境要保证绝对的安静舒适，空气清新无污染。另外，刚出生的宝宝几乎每天长时间处于睡眠当中，经常有人来访探视必然会或多或少地影响宝宝的睡眠质量。

再有，过多的探视对刚刚生产完的妈妈也不是太好，不利于妈妈的产后恢复。家里来了客人后，妈妈出于礼貌免不了一番招待，如果次数过多、过频的话必然会影响到妈妈的休息质量。妈妈休息得不好，泌乳就会受到影响，进而也会使宝宝受到影响。因此，尽管亲戚朋友想来探望是好事，但新妈妈们还应理智地对待并适当地拒绝，相信大家也是能够理解的。

需要注意的问题

囟门的发育标准

囟门发育变化是婴儿颅骨发育过程中的一个阶段，分为前囟与后囟。前囟门是婴儿在头顶的前半部中央的菱形状的十字骨缝合交界处，它是头颅上最大的骨缝交点，没有骨块存在，因此摸起来非常柔软；后囟门是在头顶后半部中央的骨缝交点，尺寸较小，有时甚至不太容易摸到。

宝宝的前囟门多呈菱形，出生时约为1.5 ~ 2厘米。由于出生后的最初几个月，大脑的生长速度较颅骨的生长速度相对要稍快些，所以正常宝宝的前囟门可随着头围的增加而略变大，但一般都在1 ~ 3厘米之间；到6个月左右以后开始逐渐变小，一般在12 ~ 18个月闭合。如果宝宝前囟门大小超过3厘米，或伴有多汗、夜惊、烦躁等其他异常表现，则要考虑是否有佝偻病或其他颅脑疾患，要请医生及时检查。

由于婴儿整个颅骨的结构在前囟门最弱，没有骨片的保护，而大脑组织就在正下面，所以有时在前囟门较大的宝宝，可以用手摸感觉好似有凹凸不平的东西在下面，这就是大脑表面的纹路，如果用力压当然会造成大脑的伤害。前囟门凸出时可以用手感觉到颅内有跳动的情形，这是反映脑内动脉的振动波。

后囟门在宝宝头的后部正中，呈三角形。宝宝刚出生时，后囟门很软，还没有闭合。一般在宝宝生后2 ~ 3个月时开始闭合。宝宝的后囟门部位缺乏颅骨的保护，因此，爸爸妈妈要注意，在宝宝后囟门闭合前，一定要防止坚硬物体的碰撞，但可以用手轻轻地摸，也可以用水轻轻地洗。如果宝宝头上有痂，千万不能用手抠，可先泡软，再轻轻地洗去。

宝宝后囟门的闭合，标志着宝宝头部发育趋于完善，也是宝宝脑细胞发育第二个高峰期的到来。

新生儿生理性体重降低

体重是直接衡量体格发育和反映宝宝营养状况的重要指标，正常足月新生儿的平均出生体重为3.2 ~ 3.3千克，大多数新生儿出现生理性体重下降，3 ~ 4天时达到最低点，7 ~ 10天就可以恢复到出生时的体重，体重下降最多的可达300克。新生儿出现生理性体重下降是一种正常现象，但通常下降百分比不能超过出生时的10%，否则即应视为异常。

新生儿出现体重下降多半是因为出生后不能立即适应母体外的环境，加上不能立即进食，或因吸吮能力弱，进食量少，再加上胎粪排出，尿液、汗液的分泌，由呼吸和皮肤排出的肉眼看不到的水分等丧失，造成暂时性的体重下降，表现为多睡、吸入不足，而肺和皮肤又蒸发大量的水分，大小便的排泄也相当多。当出现这种情况时，家长不必紧张，随着宝宝吃奶量逐渐增多、机体对外界的适应性逐步调整，体重自会逐渐增加，一般在7 ~ 10天即可恢复正常。如果在出生后第二周仍不能恢复体重的话，就表示可能有异常情况出现，应该及时查找原因。

新生儿的体重增长有一定规律，家长应重视起来。一般来说，新生儿的体重增长每周应为最低125克，也就是在满月时比出生增长600克。所以对新生儿应定期测量体重，6个月内每月测1次，6个月以后每两个月测1次，根据成长坐标，检测体重是否正常，以保证实时监测其生长发育情况。如果测量结果不足指标最低值或超出指标最高值很多，就要格外引起家长的注意。

当发现宝宝体重变化异常时，除去疾病因素之外，大多数是因为处理不当或喂养不当造成的，应必须及时采取措施。

新生儿败血症

新生儿败血症是指新生儿期细菌侵入血液循环，并在其中繁殖和产生毒素所造成的全身性感染，有时还在体内产生迁移病灶，是一种很危险的细菌感染性疾病，早产儿更易发。新生儿败血症如果能早期发现正确治疗的话，大部分能治愈；但如果延误了治疗，发生严重并发症，如脑膜炎、全身出血等的话，致死率会很高。

新生儿败血症主要是由大肠杆菌、金黄色葡萄球菌、表皮葡萄球菌、克雷白杆菌及B组链球菌感染所致，感染途径为宫内感染、产时感染或产后感染。出现新生儿败血症的宝宝吃奶明显减少，吮乳时间短且无力，吃奶时易呛奶；不爱哭闹，或只哭几声就不哭了，而且哭声低微；手足常常发冷，体温多在35.5℃以下；全身软弱无力，即使拉着他的上肢，他也没有明显的屈曲反应；反应能力低下，精神委靡或昏昏欲睡；生理性黄疸持续不消退反而加剧，或黄疸消退后又出现黄疸；并且生理性体重下降超过正常范围，在体重增长期体重不增加。

新生儿败血症目前我国的发病率为1‰～10‰，预防关键在于孕期警惕各种感染。在宝宝出生后的前半个月，要注意随时观察，如果发现宝宝有疑似病症出现的话，就应及早到医院检查判断，进行专业治疗。

溢乳

新生儿常有呕吐现象，有些是生理性的，有些则是由某些疾病引起的。新生儿溢乳属于生理性呕吐，不会影响其生长发育。溢乳是指在喂乳后不久从口边溢出少许奶液，一般压力不大，不是喷射性的。很多新生儿在出生后几周内都会发生溢乳的现象，属于正常情况。由于新生儿胃入口贲门肌发育还不完善，非常松弛，而胃的出口幽门很容易发生痉挛，加上食道较短，进入胃里的奶汁便不易通过紧张的幽门进入肠道，反而通过松弛的贲门反流回食道，溢入口中，并从小嘴巴里流出来，出现溢乳；另外，新生儿消化道神经调节功能尚未完善，这也是造成奶汁反流的原因。生理性溢乳不需要治疗，只要留意护理，一般随着月龄的增长，都会慢慢减轻直至消散。

解决溢乳的办法是在宝宝吃奶前提前换好尿布，避免宝宝吃奶后由于尿湿而大哭；喂奶后如果发现宝宝尿了或是拉了，也不要急于换尿布，要等宝宝熟睡后再轻轻调换；每次喂的奶量要少，一般30～50毫升为宜；喂奶速度不要太快，如是人工喂养的话，奶头孔不要太大；如宝宝吃奶急的话，要恰当控制一下；如果奶水比较冲的话，妈妈要用手指轻轻夹住乳晕后部，保证奶水缓缓流出；要让宝宝含住乳晕，以免吸进过多空气，更要避免宝宝吸空乳头；如果是用奶瓶的话，要让奶汁布满奶嘴，以免宝宝吸进空气；喂奶后要将宝宝竖起轻拍背部，让他打出嗝来，然后顺势将宝宝放在床上置右侧卧位，尽量不再挪动宝宝。如上述方法不能缓解的话，可以在喂奶前15～20分钟，给新生儿口服普瑞博思混悬液，以增加胃动力，促进胃排空。

腹胀

正常的新生儿，尤其是早产儿，在喂奶后常可见到轻度或较明显的腹部隆起，有时还有溢乳，但宝宝安静，腹部柔软，摸不到肿块，排便正常，生长发育良好，这是通常所说的生理性腹胀，是由于新生儿腹壁肌肉薄，张力低下，且消化道产气较多所致，是正常状况。

但如果新生儿腹胀时，腹壁较硬，常伴有频繁呕吐、不吃奶、腹壁发亮、发红，偶有小血管显露、可摸到肿块，有的还伴有黄疸，解白色大便、血便、柏油样大便、发热等症状，同时宝宝的精神状态很差，就应引起重视了。

由于新生儿腹肌发育及神经控制能力未成熟，且弹性组织缺乏，易使空气存留肠内，发生腹胀，并产生疼痛。腹胀多从出生后2周左右开始，到3个月左右消失，并且常会在同一时间发生疼痛，一般以下午至晚上10点之间最为常见。如果新生儿由于腹部疼痛和长时间哭闹导致吞入更多空气的话，会导致疼痛更加剧烈，症状更为严重。

如果宝宝出现腹胀的话，妈妈可以用小暖水袋给宝宝捂一下，但要把握好温度，不要烫着宝宝；可以从肚脐开始，按顺时针方向螺旋向外按摩，以促进肠胃蠕动，帮助消化；或是抱起来轻轻拍拍他的背部。还可以用少量的薄荷油轻轻擦拭宝宝的腹部，帮助排气；还可以用棉花棒沾凡士林后轻轻扩大肛门以助排气或排便。

要预防新生儿腹胀，母乳喂养的妈妈要尽量少吃红薯等产气较多的食物，另外注意采取正确的哺乳方式，不要给宝宝吮空乳头，每次哺乳后，抱起婴儿，轻轻拍打其背部；及时安抚宝宝焦躁的情绪，尽可能地避免宝宝在吃奶中或吃奶后哭闹，从而防止空气进入宝宝的胃部，造成胀气。此外，还要注意宝宝所处室内的温度，避免寒冷的刺激。如果宝宝出现消化不良的症状，应及时予以纠正。

婴儿耳后湿疹

刚刚出生的宝宝皮肤很薄，容易敏感，特别是耳后的皮肤。这个时候的宝宝往往都是仰卧位睡眠，这就会造成耳后的透气性较差，加上婴儿所处的室内环境温度稍高，因此宝宝就很可能会出汗，造成耳后潮湿。如果宝宝溢乳的话，流出的奶水也会顺势流到耳后，这些情况都有可能造成新生儿耳后湿疹。

新生儿的耳后湿疹比较顽固，但只要注意睡眠姿势，解决掉室温、溢乳等诱因的话，新生儿的耳后湿疹还是比较容易治好的。

此外，还要特别注意新生儿耳背后面的干燥清洁，同时注意不要给宝宝穿太多的衣服。有的时候，新生儿的耳后会发生皲裂，如果妈妈没有细心检查发现的话，这些皲裂的位置就可能会引发湿疹，所以妈妈一定要做好宝宝的护理工作，注意每天的全面清洁，洗澡只用清水，洗完澡后一定要特别注意擦干耳后的水。当发现宝宝有耳后皲裂情况时，可以涂抹一些食用植物油或紫药水，如果发生了耳后湿疹的话，可以涂抹婴儿专用的湿疹膏。

尿布疹

刚出生的宝宝皮肤极为娇嫩，如果长期浸泡在尿液中或尿布透气性较差，造成臀部潮湿的话，就会出现红色的小疹子、发痒、肿块或是皮肤变得比较粗糙，这就是常说的尿布疹。

尿布疹的外观并不完全相同，有的宝宝只是在很小的一块区域内长一些红点，也有些严重的会出现一碰就疼的肿块，并分散到肚子和大腿上。如果发现宝宝放尿布的地方看上去发红、肿胀和发热的话，那就有可能表示他出尿布疹了。

引起尿布疹的原因有很多，除了尿布透气性能和尿布摩擦的问题，新的辅食、外界环境感染也是造成尿布疹的原因。但是对于不足一个月的宝宝，患上尿布疹多是由于尿布使用不合理，或是护理不当造成的。要预防尿布疹，最好的措施就是使宝宝的小屁股时刻保持干爽清洁，在护理时要特别注意以下几点：

（1）要经常给宝宝更换尿布，保持臀部的洁净和干爽。

（2）每次换尿布时，要彻底清洗宝宝的

臀部。洗完后要用软毛巾或纸巾拍干水分，不要来回地擦。

（3）不要为了怕宝宝尿湿处理麻烦而给宝宝加垫橡胶布、油布、塑料布等不透气的布料，否则会让他的臀部长期处于湿热的状态。

（4）女宝宝的屁股底下尿布要垫得厚一些，男宝宝的生殖器上要垫得厚一些。

（5）如果宝宝腹泻的话，除了要治疗腹泻外，还要每天在臀部涂上防止尿布疹的药膏。

（6）发现宝宝有轻微臀部发红时，及时使用护臀膏。

（7）选择品质好、质量合格、大小合适的纸尿裤，并注意使用方法要正确。

（8）给宝宝用的尿布一定要是柔软的、纯棉质地的、无色无味或浅色的布料，不能选择质地粗糙或是深色的尿布。

（9）漂洗宝宝的尿布一定要用热水漂洗干净，还可以在第一次漂洗时加入一点儿醋，以消除碱性刺激物。不能用含有芳香成分的洗涤剂清洗宝宝的棉质尿布，也不要使用柔顺剂，因为这些东西都会使宝宝的皮肤产生过敏反应。

（10）如果宝宝出现尿布疹的话，可以适当让他光着小屁股睡觉，还可以在床单下垫一块塑料布，以保护床垫不被尿湿了，但这时要特别注意给宝宝保暖。

“红屁股”

新生儿的皮肤非常娇嫩，有的宝宝小屁股上可能会出现一些红色的小丘疹，变成了“红屁股”。“红屁股”也叫臀红，是新生儿常见的一种问题，一般表现为臀部出现红色的斑疹，严重时还会出现皮肤糜烂破溃，脱皮流水。

新生儿臀红主要是由于大小便后不及时更换尿布、尿布未洗净、对一次性纸尿裤过敏或长期使用塑料布致使尿液不能蒸发，婴儿臀部处于湿热状态，尿中尿素氮被大便中的细菌分解而产生氨，刺激皮肤所造成的。

臀红的防治需要注意以下几点：

（1）保持臀部的干燥。如果发现宝宝尿湿了，要及时更换尿布。尿布要用细软、吸水性强的旧棉布或棉织品，外面不能包裹塑料布。如果要防止尿布浸湿被褥，可以在尿布下面垫个小棉垫或小布垫。如果是炎热的夏天，可以将臀部完全裸露，使宝宝的臀部经常保持干燥状态。

（2）注意尿布的卫生。要注意尿布的清洁卫生。换下来的尿布一定要清洗干净。如尿布上有污物时，要用碱性小的肥皂或洗衣粉清洗，然后要用清水多洗几遍，要将碱性痕迹完全去掉，否则会刺激臀部皮肤。清洗后的尿布要用开水烫过、拧干后放到阳光下晒干。

（3）大便后清洁臀部。在宝宝每次大便后，都要用清水洗净臀部，保持局部的清洁。

（4）如出现臀红的话，不要用热水和肥皂清洗。如果用热水和肥皂清洗的话会使宝宝臀部的皮肤受到新的刺激而更红。

（5）臀红的治疗。可以在换尿布时，在患处涂上鞣酸软膏或消过毒的植物油。如果出现糜烂的话，应将宝宝俯卧，用普通的 40 瓦灯泡距离 30 ~ 50 厘米照射 30 ~ 60 分钟，促进局部干燥。另外在照射时需要有专人守护，避免烫伤。

臀红的治疗，局部可涂鞣酸软膏；如皮肤破溃流水，可涂氧化锌油，以帮助吸收并促进上皮生长。只要在治疗的同时注意护理好臀部的皮肤，臀红很快就会好转。

婴儿脐部出血

肚脐出血是指脐带在 4 ~ 5 天脱落后，本已干燥了的肚脐经过数天后又时而渗出水分，时而在覆盖肚脐的纱布上渗了血迹的现象，即为新生儿脐部出血。

新生儿脐带脱落并不意味着肚脐已经长好，事实上从脐带脱落到完全长好还需要一段时间，时间的长短因人而异，时间较长可能需要1个多月。当新生儿的脐带结扎、切断、脱落以后，就会造成脐残端血管闭塞。但这时脐带内的血管仅为功能上的关闭，其实仍然还存在一个潜在的通道。一旦宝宝的腹压升高，就会有出血的可能。如果宝宝在这时用力咳嗽、哭闹的话，升高的腹内压会使本来闭塞的脐残端血管稍微张开，继而出现少许咖啡色或鲜红色的血迹。

新生儿脐部出血是一种正常的现象，家长只要先用75%的酒精轻轻地擦去脐部的血迹，然后再用消毒纱布包扎好即可，一般几天后就可痊愈。不必使用止血药，也不能用未消毒的水或布条来擦洗或填塞肚脐眼来止血，要注意保持局部清洁卫生，以免造成脐部感染。

脐肉芽肿也是造成肚脐出血的一个原因。脐肉芽肿是指由于断脐后未愈合的伤口受异物的刺激形成的息肉样小肉芽肿，表现为脐部有樱红色似米粒至黄豆大小的肿物，其中有脓血性的分泌物。对于这种脐肉芽肿，可以去医院用10%的硝酸盐腐蚀或用消毒剪剪除过多的肉芽组织，同时还必须注意局部的清洁卫生。大部分患儿经处理后会很快地痊愈。

此外，如果脐茸护理不好的话，也会造成出血。脐茸位于肚脐中央，实际上是脐部黏膜的残留物，它的外观看上去很像一块粉红的肉。脐茸的分泌物较多，如果在护理时无意碰触了脐茸，就会出现少量的血性分泌物。因此，对于新生儿的脐茸应去医院请医生处理，最好不要自己在家处理。

口腔中的白色小斑点

出生1周的宝宝，偶尔会在口腔内颊部或牙床上出现像奶渣般的白色小斑点。这种小白点刚开始很可能会被妈妈误以为是奶渣，但与奶渣不同的是，它是无法用温水冲掉的。这种白色的小斑点其实是念珠菌附着在口腔上形成的，成因与母体有关。有的妈妈在怀孕时产道中会存在这种念珠菌，当自然分娩胎儿经过产道时，就会受到念珠菌的感染，因此就出现了这些白色的小斑点。

很多健康的宝宝在这个时期口腔中都会出现这种小斑点，不用任何处置，半个月或1个月左右会自然消失。但如果这种白色小斑点是在给新生儿使用抗生素治疗过程中出现的话，就一定要立即报告医生。因为这是抗生素的一种副作用。

如果宝宝是人工喂养或混合喂养，出现了这种白色的小斑点的话，就要特别注意在每次喂奶前后，对奶嘴和奶瓶进行严格消毒，以防宝宝再次受到感染。

如果宝宝是早产儿，口中出现了这样的白色小斑点，且吃奶量有所减少的话，就要请医生检查治疗了。因为吃奶量的减少很可能对本就脆弱的早产儿造成健康方面的威胁。

新生儿黄疸不消退

新生儿黄疸是指新生儿时期，由于胆红素代谢异常引起血中胆红素水平升高而出现于皮肤、黏膜及巩膜黄疸为特征的病症，有生理性和病理性之分。生理性黄疸多发在脸部和前胸，一般在出生后2～3天出现，4～6天达到高峰，7～10天消退，早产儿持续时间会稍微长些。发生新生儿黄疸的宝宝除了偶尔会有轻微食欲不振之外，没有其他不适症状表现。而且，新生儿黄疸不会对足月健康的宝宝造成健康危害，所以家长们尽可放心。

如果宝宝在出生半个月后黄疸仍不退，家长也不必立即去医院检查看宝宝是否出现胆管堵塞或是肝脏有异，因为很多生理性黄疸也会持续到1个半月左右。当发生这种情况时，家长可以再耐心地等待一段时间，并注意观察自己的宝宝。只要宝宝吃奶很好、大声啼哭、不发热、大便没有变白、体重仍在增加的话，就没有必要担心，照常喂养就好了。

但如果宝宝在出生后不到24小时即出现黄疸，或是2～3周后仍然不退，甚至还有继续加深加重的趋势，再或者是黄疸消退后重复出现以及出生后至数周内才开始出现黄疸的话，则可判断为病理性黄疸，需要及时请医生检查治疗。

吸气时喉部发出声音

细心的妈妈会发现宝宝在出生1周左右，呼吸时嗓子里总会发出一种呼噜呼噜的声音，并且在哭闹时这种声音更大。这是由于新生儿没有清理呼吸道的能力，分泌物容易积留在咽喉处，加上新生儿的喉头比较软，每当呼吸时，喉头的一部分就会变得很窄造成的，是一种正常的现象。

有的妈妈在听到宝宝发出这种声音后，会误认为宝宝是感冒了，或是患上了气管炎、肺炎，但其实这是一种不需治疗的正常现象。随着宝宝渐渐长大，原本柔软的喉头慢慢变硬，声音就会自动消失了。也有的宝宝会到半岁以后才会告别这种现象，甚至有的宝宝要到一周岁才看不见这种现象。只要宝宝没有其他感冒等病症的迹象，也没有表现出不适、哭闹的话，妈妈们便可放心。

此外，妈妈还可以通过轻轻给宝宝拍拍背，来帮助清理宝宝喉咙中的分泌物，方法是：用胳膊托住宝宝的胸部，使之向前稍微倾斜，然后将另一只手握成空拳状，轻轻拍打宝宝的背部直到喉咙中的分泌物移到咽部并咳入口腔。这时妈妈可以用套着消毒好的纱布的手指，轻轻放进宝宝的嘴里，把分泌物清理出来。另外还可以多给宝宝补充水分，以稀释呼吸道中的分泌物，促使其尽快排出。

哭不一定表示不舒服

初为父母，最头疼的事情可能就是宝宝的啼哭了，宝宝是饿了吗，还是尿了，病了？每当孩子哭个不停的时候，爸爸妈妈也就乱了手脚。其实宝宝的啼哭不一定表示他们现在不舒服。

新生儿不会说话，他们表达自己想法的最直接的办法就是啼哭。但是并不是宝宝所有的啼哭都代表他们不舒服。如果宝宝的哭声洪亮、面色红润、眼睛有神、脉搏有力，不伴有发热、咳嗽、呕吐、腹泻、抽搐等症状，没有影响宝宝的正常饮食、睡眠和玩耍，每天大概4～5次，累计持续的时间在2小时左右。这时妈妈可以轻轻抚摸宝宝或者轻轻地摇一摇宝宝，宝宝就会安静下来，有时还会对妈妈微笑。遇到这种情况时爸爸妈妈就不需要着急了，这是宝宝健康性的啼哭。婴儿时期的啼哭对于宝宝来说是一种全身性的健康运动，宝宝啼哭的时候，增加了呼吸系统的运动量，增加肺活量，同时还促进宝宝的血液循环和新陈代谢，有利于宝宝的健康。

但是，宝宝啼哭也可能是因为他们饿了，感觉到冷或者是热，需要换尿布了，需要抱抱，或者受到外部刺激，也可能是因为宝宝生病了。在这种情况下爸爸妈妈就需要及时关注宝宝，找出宝宝啼哭的原因，照顾宝宝。

所以，爸爸妈妈们在遇到宝宝啼哭时不用再手忙脚乱，应先判断是宝宝不舒服或是有需求，还是只是宝宝想要告诉大家：瞧，我很健康！

第15～29天（半个月～1个月）的婴儿

发育情况

到满月时，男宝宝的体重为3.6～5千克，身高为52.1～57厘米；女宝宝的体重为3.4～4.5千克，身高为51.2～55.8厘米。此时男宝宝的头围平均为38.43厘米，女宝宝的头围为37.56厘米。

养育要点

营养需求

从半个月以后，宝宝每日每千克体重约需要100.4～120千卡热量，其他营养物质需要量和前两周一样，蛋白质每日每千克体重2～3克，脂肪每日总需要量为9～17克/100千卡热量，糖每日需要量为17～34克/100千卡热量，此外还有其他各种矿物元素、微量元素、维生素等。

同样，对于足月健康的宝宝，上述营养物质都可以从母乳中吸收。因此只要母乳充足、宝宝健康的话，此时依然不需要额外补充任何营养物质。

母乳喂养

母乳的质量与妈妈产后的饮食大有关系，建议哺乳期妈妈较为理想的膳食是：每日应包括牛奶266～453克，谷类（包括米、麦、面、红薯等粗细粮）500克，油脂50克，肉类（包括内脏类）250克，鸡蛋2～3个，豆或豆制品100克，蔬菜500克，水果1～2个，高营养价值饮料数杯。

这时的母乳授予量依然是按需进行，还不需要规律宝宝的饮食。

此外，母乳分泌量的多少受许多因素的影响。如果妈妈膳食均衡、营养状况良好的话，那么分泌的乳汁质量就高而且充足，可以供给宝宝成长所需的各种营养物质；反之，则可能会影响宝宝的营养吸收。因此，哺乳期的妈妈应特别注重自己的饮食，不能偏食，更不能饥一顿饱一顿，要根据乳汁的变化调整饮食，同时要尽量少吃或不吃容易过敏的食物和任何刺激性食物。

乳汁多少还会受到情绪的影响。如果妈妈出现焦虑、悲伤、紧张、不安等情绪的话，都会使乳汁突然减少。如果长期处于这样消极的情绪状态下，势必会影响母乳喂养的质量。因此，哺乳期的妈妈应处于一个宁静、愉快的生活环境，并保持轻松开朗的好心情。

此外，过度疲劳、睡眠不足和发生疾病也会使乳汁减少。所以，妈妈们要有充足的休息，保证良好的睡眠质量，同时应进行适当的运动，以增强机体的抵抗力。

混合喂养

这时的混合喂养可以先按需哺乳，哺乳后如果宝宝仍然不够饱的话，可以隔10分钟左右喂30～90毫升的配方奶粉，并自满月后就开始添加维生素D制剂。如果条件允许的话，最好是一天只有1～2次喂其他奶类或代乳品，其余喂奶时间全喂母乳。

混合喂养很难控制喂养总量，主要是由于较难控制母乳量，加上有的宝宝还很难表达自己是不是吃饱了，因此妈妈们往往会在是否应添加代乳以及添加多少代乳的问题上犯难，生怕宝宝吃不饱饿着。其实，还是可以通过一些小方法，来观测宝宝是不是吃饱了。

如果宝宝在两次喂奶之间表现得满足、安稳，睡眠稳定，并且24小时内尿布能湿6次或6次以上，大便较软，呈金黄色糊状的话，就表示宝宝的健康状况良好，妈妈们可以继续按照目前的方式喂养。

人工喂养

人工喂养的宝宝在这个时候可以喂食配方奶、全脂奶粉，如果宝宝消化情况良好的话，在满月时可以喂养纯牛奶。每次喂奶量为60 ~ 120毫升，每天6 ~ 7次，一般每隔3.5 ~ 4个小时一次。

对于人工喂养的宝宝，奶瓶就是他们的“粮袋”。母乳在宝宝开始吸吮后便会自动流出，所以宝宝在吃奶的时候，无需费力吮吸；但是奶嘴开口的大小就会影响到宝宝的吮吸质量，太小的开口会造成宝宝吮吸困难，而太大的孔又容易呛着宝宝，还会令其吸入过多的空气而导致呃逆、腹胀的问题。所以，尽可能购买开口合适的奶嘴，这样的奶嘴正好与孩子的上腭相当，孩子可以控制奶水的流量。至于购买哪种奶嘴，可以根据奶嘴上的说明来选取，也可以一次性多备一些不同型号的奶嘴，以备宝宝的各时所需。

如果买回家的奶嘴开口太小的话，也可以用一根烧红的针来刺大开口。只需要把针轻轻地插入奶嘴上原来的孔里，橡胶便会自动融化。对于没有哺乳经验的新手妈妈来说，能刺出合适的孔还得要花些时间才能体会出来，所以最好是多备几个奶嘴。

另外在人工喂养时，还需要注意以下几个问题：

（1）不要在宝宝平躺时喂他，因为这样的姿势不但会让吃奶更费力，而且还可能会呛着宝宝，或引起宝宝溢奶呕吐。

（2）不要把奶瓶靠在枕头或垫子上，因为这样的话由于瓶子的角度不好，可能会存在呛着宝宝的危险，并且也会致使宝宝因此吸入大量的空气。更重要的是，这种吃奶的姿势失去了妈妈的抚抱，不利于亲子关系的建立，也不利于宝宝的健康成长。

（3）如果宝宝在吃奶时突然停了下来，并没有继续吃的欲望，那么就不要强迫宝宝把剩下的牛奶喝光，剩下的牛奶也不能再给宝宝食用。

（4）如果宝宝有鼻子阻塞的情况，最好是在每次喂奶前给宝宝滴入一些经医生许可或医生所开的滴鼻药，在保证鼻子呼吸通畅的情况下再喂奶。因为宝宝不可能在吃奶的同时再用嘴呼吸，如果鼻子不通的话，稍不留神很容易会呛着宝宝，令他呕吐，或是引发窒息。

（5）如果认为牛奶的配方不合适的话，最好也不要擅自改变配方，应先向医生进行咨询后再决定改用何种配方奶。另外极少数的宝宝，对牛奶有过敏的现象。对于这样的宝宝，可以改喂豆粉，但在喂养之前一定要先咨询医生。

配方奶粉中的营养元素

虽然母乳绝对是宝宝的最好食粮，但由于无母乳、母乳不足或是妈妈本身有某些疾病不适宜母乳喂养，宝宝就需要改由混合喂养或人工喂养。此时，配方奶粉的选择便非常重要。

由于刚出生不到一个月的宝宝身体机能尚未发育成熟，所以并不是所有的奶粉都适合。在给宝宝添加奶粉时，多数都会选择与母乳成分非常接近的婴幼儿配方奶粉，即母乳化配方奶粉。众所周知，这种配方奶粉中除了含有我们平时所熟知的钙、铁、锌、维生素等维持婴幼儿基本生长需要的元素外，还添加了一些母乳中特有的营养元素，对促进婴幼儿智力发育、提高免疫力有极其重要的作用。

但是，目前市场上的配方奶粉每一种当中所含的特殊营养物质均有不同，妈妈应根据宝宝的月龄和健康状况有的放矢地选择。那么，配方奶粉中常见的营养元素，都有些什么作用呢?

1.DHA。化学名称是二十二碳六烯酸，又名脑黄金。DHA 是一种长链多不饱和脂肪酸，天然存在于母乳中，是帮助宝宝视网膜及大脑皮层发育的重要营养元素，是帮助宝宝体格发育的重要脂肪酸。

2.ARA。ARA 也叫花生四烯酸，是一种长链多不饱和脂肪酸，天然存在于母乳中。对成人而言，DHA、ARA 是由脂肪酸和 α－亚麻酸转化合成，由于婴幼儿体内合成的能力较低，对处于脑部和视力发育黄金期的宝宝来说，在食物中提供一定量的 DHA、ARA，有利于智力、体格发育和视敏度的提高。

3. 核苷酸。是新陈代谢的基础物质，参与细胞分裂与更新，有益于宝宝成长发育。

4. 胆碱。胆碱属于 B 族维生素，是少数可以直接进入脑细胞的物质之一，是一种认知发育必需的营养成分。研究发现，胆碱能帮助中枢神经传递信息，是大脑思维、记忆等智能活动的必需物质。在食物中添加胆碱能促进大脑记忆中枢的发育，增强宝宝的记忆力。

5. 活性双歧杆菌。抑制有害菌的生长，保持胃肠道健康，增强机体免疫力，预防并减少宝宝便秘和腹泻的发生，同时促进益生元发挥功效，确保营养有效吸收。

6. 牛磺酸。婴幼儿食品中应特别添加的重要物质。婴幼儿吸收功能尚未健全，在食品中加入牛磺酸可有效促进宝宝营养吸收，帮助脑部和视网膜发育。

7. 复合益生元。能够帮助活性双歧益生菌更好地生长和繁殖，从而改善宝宝的肠道环境，有效促进各种营养物质的吸收，增强机体免疫力。

8. 乳清蛋白。增强宝宝抵抗力的重要物质，普遍存在于母乳中，尤其是生产后 3 ~ 4 天的初乳，它是一种生理功能的天然活性糖蛋白，具有促进吸收、抑制和杀死病菌，调整肠道菌群、提升免疫力、抗氧化等作用，可以帮助宝宝建立良好的消化道微生物环境。

9.L– 肉碱。具有促进脂肪酸的氧化，降低血清胆固醇及甘油三酯的含量，提高机体耐受力等重要生理功能。

10. 低聚果糖。低聚果糖是有利于婴幼儿摄取的糖分，可以提高宝宝的消化吸收能力。

11. β－胡萝卜素。β－胡萝卜素可以有效增强宝宝对外界环境的适应能力，是维生素 A 的重要来源。

12. 酪蛋白磷酸肽。可以促进钙、铁等物质的吸收，保证宝宝的健康成长。

13. 亚麻酸 / 亚油酸。是 DHA 和 ARA 的前体，有助于宝宝成长发育。有的非金装奶粉中无 ARA 或 DHA，若包含此类物质，则可弥补。

添加鱼肝油

新生儿每日的维生素 D 需要量为 400 国际单位。由于食物（奶）中所含的维生素 D 较少，加之新生儿期基本没有户外活动，接触不到阳光的照射，很容易发生佝偻病，出现哭闹、多汗、易惊吓等症状。所以不论是母乳喂养或人工喂养的正常足月宝宝，如果出生后没有注射过维生素 D 的话，那么就应在宝宝出生 3 ~ 4 周时，及时添加鱼肝油，以防止佝偻病的发生。

鱼肝油是一种维生素类药物，主要成分是脂溶性维生素 A 和维生素 D。目前鱼肝油有两类，一类是普通鱼肝油，它每毫升含维生素 D5000 国际单位、维生素 A50000 国际单位，这种鱼肝油长期服用会出现维生素 A 中毒，会对宝宝造成一定的危害；另一类是新型鱼肝油，它减少了维生素 A 的含量，降低了发生维生素A中毒的可能性。

给宝宝加服浓缩鱼肝油时，开始应每天一滴，逐步增加，但最多不超过5滴。若是早产儿、双胎儿以及患消化道疾病的新生儿，则应从出生后第2周就开始添加鱼肝油，每天最多不超过5～7滴，一个月后改为每天3～5滴。同时可服适量钙剂，每天不超过0.5克。另外，在服用鱼肝油的过程中，要注意观察宝宝的大便，若发现有消化不良的现象时，就应适当减少鱼肝油的用量，待宝宝适应、大便正常后再逐渐增加。

需要注意的是，不管是哪种鱼肝油都不宜长期服用，因为一旦发生中毒，宝宝并无特异性症状，因而不能早期发现。最安全和最有效的是再等宝宝稍大一些，就让他尽量多晒太阳，多做户外活动。

再有，给宝宝喂哺各种婴儿配方奶粉及强化食品时，一定要仔细阅读配方中维生素A和维生素D的含量，注意宝宝每日摄入的总量，包括来自各种维生素强化食品中的维生素A和维生素D含量，适时判定是否有必要再服用鱼肝油，以避免用量过大，引起不应有的中毒情况。

宝宝护肤品的选择

新生儿的皮肤非常敏感脆弱，很怕外界的刺激。因此在这个时候，如果没有医生的建议，就不要用任何的护肤品，包括市面上那些标着“婴儿专用”的护肤品，平时用清水清洁就可以。一般来说，宝宝在百天之前，都不应该用任何护肤品。

如何给宝宝滴眼药水

即使宝宝分娩的过程未受任何感染，在出生后也有患上结膜炎、泪囊炎等眼部炎症的可能。因此，给刚出生的宝宝滴儿滴眼药水是有必要的，可以有效预防上述炎症的发生。在给宝宝滴眼药水时，妈妈要根据说明中的规定次数和用量来滴，同时还要注意滴眼药水的技巧。

给宝宝滴的眼药水最好选择小儿专用的眼药水，一般医院会给刚出生的宝宝配一瓶适合新生儿的眼药水，家长们不要擅自更换眼药水。在给宝宝滴眼药水之前，要先用卫生棉签蘸上冷开水，将宝宝的眼屎清理干净，另外眼药水的瓶口也一定要离宝宝的眼睛一段距离，不能太近，以防宝宝出现躲避、反抗或是其他动作，导致药瓶口碰到宝宝的眼睛，伤害到他。

在滴眼药水时，先把消毒棉棒平行地横放在宝宝上眼睑接近眼睫毛的地方，轻轻地平行着上推上眼皮，顺利地将眼睑扒开，然后向眼里滴入一滴眼药水。注意动作一定要轻柔迅速，滴完后要用棉花轻轻擦去流出的部分，保持宝宝面部的干燥洁净。

睡眠问题

为了使新生儿睡得更安稳，家长们要注意以下几个细节：

（1）卧室内有适度光线。虽然新生儿喜欢睡在比较暗的环境中，但最好要有起码的光源。

（2）在抱着哄睡时，要离新生儿睡觉的小床尽量近一些。因为距离小床越远，新生儿在梦中醒来的机会就越大，所以，要尽可能在靠近小床的地方喂奶或哄新生儿入睡，最好是把宝宝的小床放在妈妈的床边或母婴同床。

（3）在哄宝宝睡觉之前，就要先把床铺好。如果没有提前准备好，当宝宝睡着后再临时用单手去清除床上的物品或铺床的话，这些成人看起来微乎其微的动静也可能会让宝宝随时醒来。

（4）婴儿床最好不要靠墙，这样从两边都可以放新生儿躺进去。如果想要从左边把宝宝放到床上的话，就要把他放在左手臂上喂奶或是哄睡；反之则应放在右手臂上，总之在宝宝睡熟之后，要尽量避免大的移动动作。另外在把宝宝从怀里移到小床的过程中，也尽量顺势而行，不要过多地搬挪。

（5）如果新生儿突然离开妈妈的怀抱的话，很容易会发生惊跳，然后醒过来。因此，在抱着哄宝宝入睡时，发现宝宝睡着后要在放下他的同时轻轻地拍哄着，即使确定他睡稳了，也要将手留在他的身上待一会儿，也可以哼唱一些催眠曲或是说一些有节奏的话语哄新生儿安稳地入睡。

有的宝宝在睡觉时非得含着妈妈的乳头或奶嘴才能入睡，这样一来，每次醒来后他便会下意识地吮吸乳头或奶嘴吃奶。这种过分频繁的进食习惯，容易使宝宝的胃肠功能紊乱，并且也容易呼吸不畅，导致睡眠质量下降，甚至可能引发窒息。此外，这种不良习惯还可能影响孩子牙床的正常发育以及口腔的清洁卫生。再有，宝宝长时间含着妈妈的乳头，也会导致妈妈的乳头发生皴裂，或是引起其他炎症。因此，如果宝宝有这种不好的习惯的话，就应在此时帮他纠正过来。

能力的培养

说的能力

这个时期的宝宝还不会发音，此时哭泣就是宝宝的“语言”，是他的一种语言表达方式。宝宝的哭声可能表达多种含义，并不一定是饿了或是不舒服了，冷了、热了、尿湿了、感到孤独的时候，宝宝都可能会哭；另外还有的时候，宝宝哭闹仅仅是想做做运动或是和爸爸妈妈做做“游戏”。所以，初为父母，就应了解宝宝的哭声，采取适当的措施应对。

宝宝饥饿，哭的声音很洪亮，哭的时候头来回活动，嘴会不停地寻找，并做着吸吮的动作。这个时候只要一喂奶，宝宝的哭声就会立即停止，而且吃饱后就能满足地入睡，或是安静地四处张望。

当宝宝哭得满脸通红、满头是汗，一摸身上也是湿湿的，就可能是他觉得热了，这时候他哭的意思是告诉爸爸妈妈“我热了”，“快给我把被子拿开”。只要给他减少铺盖或衣服，宝宝就会止住哭声。

如果宝宝觉得冷了，他的哭声会减弱，并且面色苍白、手脚冰凉、身体紧缩。这时只要把宝宝抱在温暖的怀里或多盖一层被子，宝宝觉得暖和了之后就不会再哭了。

有的时候宝宝睡得好好的，突然间大哭起来，并好像很委屈的样子。这时他很可能是想告诉爸爸妈妈“我尿湿了，快给我换换尿布”，等爸爸妈妈给他换了干净的尿布之后，他就能止住哭声。

当然，这种情况也有可能是因为宝宝感到睡的姿势不舒服，自己想换换姿势却又无能为力，他想告诉爸爸妈妈来帮他换换姿势。所以如果发现宝宝并没尿湿的话，就应该试着给他换换姿势，也许他就能止住哭声。

另外，有时候宝宝大声哭闹，越哄拍反而哭得越厉害。如果宝宝没有任何身体异常的话，就很有可能是他想借着哭声做做运动，或是和爸爸妈妈闹着玩，想引起爸爸妈妈的注意。这种哭声多数抑扬顿挫，不刺耳，声音响亮，节奏感强，无眼泪流出，每次时间较短，并不影响饮食和睡眠。这时只要爸爸妈妈把宝宝的小手放在他的腹部轻轻摇两下，或是干脆不妨任由他哭一会儿，让他多“说”一会儿，不要立即去哄他打扰他，等他哭够了，运动够了，就能自动停止。其实，这种顺其自然的做法还是很好的亲子交流方式。

不过如果宝宝的哭声尖而直，同时还伴有发热、面色发青、呕吐，或是哭声微弱、精神委靡、不吃奶的情况，就表明宝宝生病了，要尽快请医生诊治。

嗅的能力

嗅觉对于母子间的交流接触十分有趣。刚刚出生2天的宝宝就已经拥有嗅觉，5天左右就已经能嗅出妈妈的味道，到了 10 天以后这种嗅觉反应更为明显，如果这时给宝宝闻闻茴香、八角等带有刺激性气味的食物，宝宝会出现扭头、躲避的反应。

大多数新生儿能将头部和鼻子准确地转向自己的母亲气味的方向，并唤起愉快的情绪，从而使食欲增进。如果哺乳期的妈妈涂脂抹粉，或不停地更换看护人员的话，就会令宝宝情绪低落，不愿与之靠近，或表现出不同程度的紧张、哭闹、拒哺、无法安睡。更为严重的是，这种紧张会延迟到幼儿期，出现性格孤僻，甚至心理障碍等不良后果。

这个时期培养宝宝的嗅觉能力，最终目的还是建立宝宝对妈妈或其他亲人的依恋感，增强亲子关系。培养方法主要是通过与家人的身体接触，从一出生到满月的这 30 天里，妈妈最好是能每天陪伴在宝宝的身边，抱着他哺乳、抱着他入睡、抱着他哄逗，让宝宝尽快熟悉妈妈的气味，增强宝宝的愉悦感和安全感。

与外界的交流能力

婴儿期的情绪、人际交往的发展是相伴着的，出生一个月左右的宝宝虽然还不能说话，但是已经表现出与外界交流的渴望。家长培养婴儿与外界的交流能力，主要是培养宝宝情感交流的能力、对父母和护理者的依恋、积极的自我概念、对他人的兴趣以及与人交往的能力。

宝宝从一出生，就具有和成人交往的能力。哭是新生儿和父母或看护人交往的最主要形式。正常新生儿的哭有很多原因，如饥饿、口渴、尿布湿了等，还有在睡前或刚醒时不明原因的哭闹，一般在哭后都会安静入睡或进入觉醒状态。爸爸妈妈可能一开始会对宝宝的哭闹手足无措，不知如何是好，但只要耐心观察，经过 2 ~ 3 周的摸索就能理解宝宝哭的原因，并给予适当的处理。此外，新生儿还会用表情，如微笑或皱眉及运动等，表达他们的意愿，以让爸爸妈妈知道。

此外，新生儿还会通过一些运动来实现与外界的交流。如他会将手放到嘴边甚至伸进嘴内吸吮，小手小脚会做伸屈的运动；当爸爸妈妈和宝宝说话时，宝宝会随着爸爸妈妈的声音有节奏地运动，如转头、手上举、伸腿等动作，用手试图去碰爸爸妈妈说话的嘴，甚至有的宝宝还会出现皱眉、凝视、大笑等成人看起来有些怪异的面部表情。

要锻炼宝宝与外界的交流能力，可借由锻炼宝宝的其他能力，如听觉、视觉能力实现，注重与宝宝的身体接触和眼神交流，鼓励宝宝多做一些小的动作。要知道，宝宝每出现一个新的动作，都标志着他成长过程中的一次飞跃。

家庭环境的支持

多逗宝宝笑笑

刚出生的宝宝虽然大部分时间都在睡觉，但他们的听觉、视觉和触觉都相当敏锐。大约在出生一周的时候，他就特别喜欢看妈妈的脸，也特别喜欢看妈妈笑，并会主动模仿妈妈的动作。如果爸爸妈妈常常对着宝宝微笑的话，那么有些宝宝到了将近满月的时候，就会回报给爸爸妈妈一个会心的微笑了。所以，爸爸妈妈就应该多逗宝宝笑一笑。

让宝宝微笑、令他感到快乐，除了直接的表情引逗之外，还有以下几种方法：

（1）让宝宝尽早和水接触。宝宝在水里会有熟悉感和安全感，足月健康的宝宝出生后就能进行半身温水浴。等脐带脱落之后，就能进行全身温水浴。在宝宝满月的时候，可以每隔 2 天就洗浴一次，尽管此时的宝宝还不可能“戏水”，但和水接触时，多数宝宝都会产生快乐感。

（2）在宝宝眼前握着一个玩具慢慢移

动，让他的目光追随着物体，尽管此时他还不会发出“呀呀”的叫声来表达自己心里的新奇感，但这种追随的过程也能让宝宝感觉快乐。

（3）让宝宝以不同姿势躺在小床里，如有时仰卧，有时俯卧或侧卧，爸爸妈妈在一旁用亲切的目光和宝宝交流，还可以给宝宝唱唱歌，并轻轻地抚触宝宝。不同的姿势会满足宝宝的新奇感，从而加强宝宝的愉悦感受。

（4）用一个发声或发光的玩具吸引宝宝的注意，不过玩具的声音不能过大，发出的光不能太过刺眼。

（5）让宝宝呈仰卧姿势，然后小心地抓住他的双脚做跑步运动，或抓住他的双手做轻柔的伸展体操。

（6）尽可能地多和宝宝接触，在每次接触时都要做眼神交流。最初的亲子关系就是通过眼神交流建立起来的。由于宝宝在半个月时，就特别喜欢看妈妈的眼睛，所以这个时候就要努力让宝宝接触到妈妈的目光。当妈妈给宝宝喂奶时，让宝宝的眼睛和妈妈的脸之间的距离30厘米，这是宝宝最喜欢、最能看清楚东西的距离。当妈妈在给宝宝喂奶时，微笑并专注地看着他，就会让宝宝感到非常快乐，并努力模仿妈妈的微笑。

亲子视听游戏

从半个月到满月的这半个月时间里，宝宝的视觉在不断发展着，到满月时就能看清距离他3米处的物体，同时还学会了追踪物体。另外到满月时，婴儿的听力也已经发育成熟，并且有了初步的听觉记忆，能够记住他听到的某些声音。因此在这半个月，可以通过一些亲子视听的小游戏，锻炼宝宝的视觉和听觉，增进家长与宝宝间的感情。

家长可以拿一些色彩明快的图案给宝宝看，多让宝宝看妈妈的脸，还可以拿着宝宝的手摸摸妈妈的脸，同时给他一个微笑。当宝宝睡醒以后，可以用和蔼亲切的语音和他说说话，给他唱唱儿歌，或是在距离宝宝单侧耳朵旁20厘米处轻轻摇晃一个会发出声响的小盒，宝宝就会立即警觉起来，向声音发出的方向转动眼睛和头；如果再将小盒放到另一侧，重复同样动作的话，宝宝就会把头转过来，同时还会用眼睛找寻，似乎要弄明白，到底是什么东西发出了声音。另外，还可以给他听一些柔和悦耳的音乐，但音量要小，以免过强的声音刺激到他。

当宝宝精力充沛、心情较好时，可以让宝宝只看着妈妈的脸，然后听别人说话的声音；再反过来，让宝宝听妈妈的声音，但是要看别人的脸；最后再让宝宝一边看着妈妈的脸，一边听着妈妈的声音。你会发现，在前两种情况下，宝宝会有些慌乱哭闹，不知所措；当换到最后一种状态下时，宝宝就会眼睛发亮，且表现兴奋，感到心情特别舒畅。

需要注意的问题

可能发生的事故

1个月内的宝宝可能发生的意外有烫伤、窒息和一氧化碳中毒，此外还可能会有抓伤、咬伤和摔伤的危险。

（1）烫伤。1个月以内的婴儿最常见的是热水袋烫伤。由于新生儿皮肤又薄又嫩，即使热水袋的水温没有达到能使宝宝哭闹的程度，只要接触一定的时间，也可能会烫伤宝宝。而宝宝被烫伤后，往往不哭不闹，没有任何反应，家长很难察觉。

要防止宝宝烫伤，家长在用热水袋给宝宝取暖时，要特别注意经常变换热水袋的位置，在用热水袋之前要先用手臂内侧敏感部位试试温度，感觉不冷不热即可。另外，在给宝宝准备洗澡水时，要先放凉水后放热水，在把宝宝放进洗澡盆中之前要试好温度，以免过热的水烫伤宝宝。

（2）窒息。窒息是1～3个月的宝宝都比较常见的意外事故，多是由于以下几个原因造成的：①给宝宝吃奶时，妈妈不小心打瞌睡甚至是睡着了，乳房就容易堵住宝宝的口鼻发生窒息。②宝宝与妈妈合睡一个被窝，或将婴儿搂在怀里睡，家长熟睡后误将手臂或被子捂住宝宝的脸部。③给宝宝用奶瓶躺着喂奶时，家长离开时，宝宝发生吐奶，将奶液或奶块呛到气管引起窒息。④家长带宝宝外出时，把宝宝包得严严实实，误将宝宝窒息。⑤宝宝在床上不断手脚乱蹬，由仰卧变为俯卧使自己的口鼻被为了防止尿湿而垫在小床上的塑料布堵住。⑥给爱吐奶的宝宝使用塑料围嘴，围嘴倒卷上去，遮住宝宝的口鼻。

只要爸爸妈妈或其他的看护人注意避免以上的潜在危险，就能有效防止宝宝意外窒息。

（3）一氧化碳中毒。目前大多数北方城市家庭冬季用暖气取暖，但在城乡交界部和农村不少家里仍使用烧煤取暖，这样的家庭一定要注意预防一氧化碳中毒，婴儿的房间里不要放炭火盆和没有烟囱的蜂窝煤炉子，同时要多注意通风，以避免一氧化碳中毒。

（4）摔伤。宝宝满月前后，身体一天比一天变得强壮而灵活，喜欢腿脚乱蹬，反复用脚蹬被子，身体就会逐渐移到床边，有时碰巧就掉在地上，有可能造成对宝宝的伤害，因此，应该经常检查婴儿床的护栏，看它是否松动，及时加固。如果宝宝睡在大人床上，妈妈就要不断地给予照顾，离开时要先用东西挡上，以免宝宝摔伤。另外在抱宝宝的时候要抱稳后再离开床铺，小心因抱得不稳误把宝宝摔着。

（5）咬伤、抓伤。除了宝宝自己的指甲抓伤自己的脸以外，家里的宠物，如猫、狗也有可能在舔食留在宝宝脸蛋和嘴角上的牛奶时咬伤宝宝。因此，要给宝宝勤剪指甲，每次在宝宝吃完奶后要仔细给宝宝洗脸，洗除嘴角和脸上的奶渍。家里最好不要养宠物，因为除了可能咬伤外，还有可能将某些传染病传染给宝宝，如弓形虫病。如果实在要养的话，一是要做好宠物的卫生防疫工作，二是尽量不要让宠物进入宝宝的房间，三是要时刻看着宝宝，以防意外。

便秘

这个月龄如果宝宝发生便秘的话，应从以下几方面寻找原因：

（1）乳量不足。如果宝宝吃奶吃得少，或呕吐较多，或进食补液的宝宝可能会引起暂时性的无大便。

（2）消化道功能不健全。刚出生1个月的宝宝消化道肌层发育尚不完全，这也是引起便秘的原因，并且在便秘同时还有可能伴随吐奶的现象。只要宝宝的体重在正常增长，那么吐奶和便秘的现象都是正常的。

（3）人工喂养和混合喂养。牛奶经消化所含的皂钙较多，会引起宝宝的便秘；宝宝不适应配方奶的营养结构，也容易引起大便干结，从而便秘。

（4）外科性疾病。某些外科疾病，如肠道闭锁、肠狭窄、肠旋转不良、先天性巨结肠、先天性无肛、骶尾部脊柱裂、脊膜膨出、肿瘤压迫马尾部神经等，都会造成宝宝呕吐、腹胀和便秘，如发生则须尽快治疗。

如果宝宝出现了便秘的症状，排除疾病因素之外，如果是母乳喂养的话，可以适当地给宝宝轻轻按摩肛门口，这会引起宝宝的生理反射，促进排便；还可以手掌向下，平放在宝宝脐部，按顺时针方向轻轻推揉。这不仅可以加快宝宝肠道蠕动进而促进排便，并且有助于消化；或是用清凉油在宝宝的肚脐周围薄薄地抹一层，再在肚脐相对应的后背也抹一层，稍加按摩帮助宝宝排气、通便，如果1次不见效的话，不妨做2～3次；如果是人工或混合喂养的宝宝，可以适当给宝宝喝一点温水，稍适按摩，有助于缓解便秘的症状。

需要注意的是，新生儿几天不大便不一定是便秘。由于新生儿的解便机制未发育成熟，所以无法定时解便，常常要大便积多，直肠壁的神经感受到膨胀压力，引发反射性的解出。特别是母乳喂养的宝宝，由于母奶吸收较完全，大便量较少，有些宝宝更是会好几天才解一次便，不一定随吃随解。所以，新生儿几天不大便，不一定说明他便秘了。只要宝宝的大便性状正常，家长就不用太过担心。

新生儿多动

有的宝宝从刚一出生，就显得有些“与众不同”，他们吃奶的时候不像大多数宝宝那样安静，总是吃吃停停，吃了一会儿突然把乳头吐出来，头转向一边看看，玩一玩，然后过一会儿扭过头来继续吃。如果妈妈在他“走神”的时候强行把他的头扭过来，把乳头塞到他嘴里的话，他就会哭闹抗拒，并且把吃的奶全都吐出来。

有的宝宝是在睡觉的时候很不安稳，睡着的时候“张牙舞爪”，小脚乱蹬，有的时候甚至在睡梦中把自己蹬醒了；有的还特别容易惊醒，有时眼睛都不会睁开，只是突然抬起小手，然后又再放下，继续睡或者觉醒；或是干脆黑白颠倒，白天睡个没完晚上玩个不停。

还有的宝宝似乎天生就是个“捣蛋鬼”，把他放在小床上，他的手就一直乱抓、脚一直乱蹬，小脸涨得通红，大小便时更明显。稍好一点的宝宝，只要爸爸妈妈抱抱他，他就能安静下来；有些更麻烦的宝宝，无论怎样安慰都不见效，甚至变本加厉开始哭闹，怎么都哄不好……

上述的种种情况，其实都是新生儿多动的表现。新生儿多动与小儿多动症不同的是，它不是一种疾病，是由于宝宝对养育环境不适应造成的一种自然反应。多动的宝宝可能和妈妈在怀孕时的情绪有关，如果妈妈在孕期常常焦虑、不安，情绪波动较大，精神过度紧张的话，宝宝在这个月出现多动的概率就较大；宝宝的各种感受器官都非常敏感，如果妈妈由于某些原因不能亲自带宝宝，而是把宝宝全部交给月嫂、保姆等，宝宝由于听不到他熟悉的妈妈的心跳声，感觉不到来自妈妈的关爱，也会出现焦虑、不安的情绪，从而引起多动。

新生儿多动不是疾病，所以也不需要专门治疗，平时多注意关怀安抚宝宝就能解决这个问题。当宝宝再表现多动时，妈妈可以将宝宝的两只小手放在胸前并轻轻摇晃几下，宝宝就能立即安静下来。安抚多动的宝宝更需要足够的耐心，不能过分哄，更不能急躁，否则只会让宝宝愈演愈烈。

脸上的小红疙瘩是什么

宝宝的脸上出现的小红疙瘩，有可能是痱子，也有可能是婴儿湿疹。

痱子是由于大量且持久地出汗，造成汗孔阻塞而引起的。初生宝宝的皮肤细嫩，汗腺功能尚未发育完全，加上如果过度保暖或是天气太热的话，就容易出痱子。痱子初起时皮肤发红，然后出现针头大小的红色丘疹或丘疱疹，密集成片，有些丘疹还呈脓性，宝宝会感觉刺痒不适。

婴儿湿疹是一种异位性皮炎，初起时为散发或群集的小红丘疹或红斑，逐渐增多，并可见小水疱，黄白色鳞屑及痂皮，宝宝会因瘙痒而哭闹不止。

如果情况不是很严重的话，最好不要使用药物治疗，也不要用手给宝宝挤这些小疙瘩。注意做好宝宝的皮肤清洁，用温水给宝宝洗脸，洗脸的毛巾要柔软，并保持脸盆、毛巾的清洁，清洁皮肤后要擦干，保持皮肤干燥清爽；保持宝宝双手的清洁，经常帮宝宝剪手指甲，避免宝宝由于搔抓引起皮肤感染；尽量减少环境中的变应原，如屋尘螨、人造纤维和真菌等；室内温度不要过高，衣服不要过暖，以减少汗液分泌的刺激；调整宝宝的喂哺间隔时间，改变奶粉的调配。

如果情况较为严重的话，也不要擅自给宝宝涂抹药膏。最好是先带宝宝到医院看看，听听医生的意见，这样比较放心。

臀部糜烂

新生儿臀部糜烂有可能是日常臀部护理不得当、出现尿布疹后没有正确对待导致进一步恶化引起的。只要做好日常的防护工作，这种情况一般就不会发生。

有婴儿湿疹的宝宝，其臀部、大腿根的褶痕里也会发生红肿糜烂。当发生糜烂时，应按照婴儿湿疹的防治措施治疗，注意保持臀部的清洁干爽，不要长时间地裹着湿尿布，注意尿布的卫生。可以在患处涂抹一些婴儿专用的软膏，如婴儿护臀膏、金霉素软膏等，必要时还是去医院请医生开药处理比较好。

头型不正

头型不正是必须在新生儿期注意和纠正的一件事。许多新生儿的头型都会有轻微的不对称，这可能是因为在通过产道的时候受到不均匀的挤压造成的，或是因为宝宝出生后的大部分的时间都用同一个姿势睡觉造成。刚出生的宝宝头骨很软，发育又特别快，一个月头围要长 3 厘米，而且头骨逐渐变硬，如果不注意宝宝睡眠时头的方位，一旦变形，2 个月后就很难再纠正。所以，有的婴儿看上去脑后扁扁的，有的则出现头型两边不对称等头型不正的问题。

要想使宝宝头部左右对称，有个完美的头型的话，就应该在宝宝出生的第一个月里经常观察宝宝的头部，发现稍有不平的话就应马上把不平的一侧垫起来，使这一侧不承受重力，或是让宝宝平躺着睡，但要不断改变他脸部的朝向；也可以在宝宝睡着的时候利用一些工具，例如一些专门设计的 U 型或凹陷型的垫子垫在他的头下，但不要让他枕在枕头或者其他软的被褥上。此外，在宝宝醒的时候尽量抱着他、有人看护的情况下让宝宝爬着玩会儿、多调几次睡觉方位和拿着小玩具吸引他四处多看看，也有助于矫正不正的头型。

如果宝宝的头偏得非常严重的话，也可以从宝宝 3 个月开始，选择塑型头盔辅助矫正。这种头盔能够为头部提供平均的承受力从而让囟门正常地生长，但量制头盔，必须由专业医生指导，量头定制。

如果发现宝宝坚持只肯转向一边，无论怎样换位置，他仍然只偏向一个方向，这就要考虑有无颈部血肿和先天斜颈的可能了。因为先天斜颈的新生儿，一边颈部有血肿，肌肉紧缩，只有朝向这个方向比较舒服，这时就要到小儿外科进行检查。

皮肤红斑、色变

有的宝宝在产后前几天身上会出现一些大小不等、形状不一的红斑，仔细观察类似于皮下毛细血管破裂状，有时还伴有脱皮。如果宝宝吃奶、睡眠均正常的话，家长就无需担心。这种新生儿红斑也是一种新生儿期极为常见的现象，也被称为称新生儿过敏性红斑，发生率为 30% ~ 70%，一般以足月健康的新生儿多见，早产儿则比较少见。

新生儿红斑的形成可能与两种因素有关：一是新生儿经乳汁并通过胃肠道吸收了某些致敏源，或来自母体的内分泌激素导致新生儿出现过敏反应；二是新生儿皮肤娇嫩，皮下血管丰富，角质层发育不完善。当从母体中娩出，从羊水的湿润环境来到外界干燥的环境之后，一时无法承受空气、衣服等的刺激，皮肤就有可能出现红斑。

新生儿红斑是一种新生儿时期的一过性生理现象，只要家长加强观察，小心护理，保持宝宝的衣物柔软、清洁、舒适无刺激，数日后红斑大多可自行消退。

如果数日红斑不退的话，也可以在医生指导下给予局部处理或全身用药。一般来说，局限性、不发展、无融合的红斑可以用碘伏局部涂敷，每日 2 ~ 3 次即可，不需全身用药。但如果红斑呈现扩大趋势，或融合成为大片的话，则需要在涂敷碘伏的基础上，给予新生儿非那根粉口服，每次剂量为 1 毫克 / 千克，每日 2 ~ 3 次。多数情况下服用 1 ~ 2 次即可见效，红斑范围和程度随之减轻，无需多次用药。注意不能自行用药，以防止药物不良反应发生。

新生儿皮肤色变是指当宝宝变动体位时，皮肤颜色会出现界线分明的不同变化，如当宝宝左侧位时，左侧下部的皮肤呈多血的鲜红色或紫红色，而右侧的皮肤则是少血的苍白色；当宝宝从左侧位改到右侧位之后，皮肤的颜色也随之变换过来。

这种皮肤的变色是由于宝宝受到重力的影响，造成血管舒张、收缩功能暂时性失调所导致的，不需要治疗，一般到出生 3 周或满月时就会自行消失。

黄疸还不消退

宝宝如果到了满月黄疸仍不消退，大多数都是母乳性黄疸，但要排除是否有溶血、肝炎、胆道闭锁、其他地方的感染引起。可以先试停母乳 3 天，观察看黄疸能否减轻或是退下来。如果黄疸依旧如常的话，建议最好到医院检查血胆红素、肝功、母婴血型，以便明确黄疸的种类，并积极对症治疗。

母乳性黄疸

有的宝宝刚出生时，皮肤的颜色红润，但喂母乳后不久，就发现皮肤变黄，而且久久不退。但宝宝能吃能睡，精神很好。检查化验显示胆红素多在 20 毫克 / 毫升以下，宝宝的肝脏和脾脏也不大，无贫血症状，白细胞数不高，肝功能正常。这种情况就是母乳性黄疸。

母乳性黄疸是一种特殊类型的病理性黄疸，特点是在生理性黄疸高峰后黄疸继续加重，胆红素可达 10 ~ 30 毫克 / 分升；若继续哺乳，黄疸在高水平状态下继续一段时间后缓慢下降；如停止哺乳 48 小时，胆红素可明显下降达 50%；若再次哺乳则胆红素会回升。母乳性黄疸是由于母亲乳汁中含有高活性的葡萄糖醛酸苷酶，使胆红素在宝宝的小肠中被重复吸收所造成的。

母乳性黄疸一般可分为早发型及迟发型两种。早发型与新生儿生理性黄疸的出现时间及达到高峰值的时间相似，即在出生后的 2 ~ 3 天出现，并于第 4 ~ 6 天最明显，然后在两周内消退，但母乳性黄疸的最高值要超过生理性黄疸；迟发型者多出现在宝宝出生后的 7 ~ 14 天，也可能在生理性黄疸减轻后加重。

母乳性黄疸比一般生理性黄疸的持续时间长，有的可长达 1 ~ 2 个月。如果母乳性黄疸症状较轻时，不需要任何药物治疗，也可以继续吃母乳；但如果情况较重的话，应暂时停喂母乳，改用配方奶喂养，或是采取多次少量的母乳喂养的方法。母乳暂停期间，可以用吸奶器将母乳吸出，以保证乳汁的正常分泌。等宝宝黄疸减轻或消退后，可以继续母乳喂养。即使此时再出现轻度黄疸，也不必再停母乳。

婴儿鼻塞

新生儿的鼻腔发育尚未成熟，鼻腔比较短小，鼻黏膜内血管丰富。当接触到忽冷忽热的空气或是遭到病原体侵犯后，都可能会导致鼻腔内分泌物明显增加、鼻黏膜充血肿胀，从而引起鼻塞。出现鼻塞时，宝宝由于鼻子不通气，常常有流鼻涕、哭闹和烦躁不安的现象，严重时还会张开嘴呼吸，并影响到正常吃奶。

家长平时就要注意做好宝宝的鼻腔护理。如果宝宝是由于因感冒等情况导致鼻黏膜水肿引起的鼻塞，可以用湿毛巾热敷宝宝的鼻根部，就可以有效缓解鼻塞；如果发现宝宝有鼻涕的话，可以用柔软的毛巾或纱布沾湿捻成布捻后，轻轻放入宝宝的鼻道，再向反方向慢慢边转动边向外抽出，把鼻涕带出鼻道。

需要注意的是，如果宝宝的鼻涕很多、颜色澄清，或干结后的鼻屎堵住鼻孔，宝宝只能不停地用嘴呼吸，这就可能是伤风感冒了；但如果流出的鼻涕有臭味、带血丝，鼻子肿胀，有可能是鼻子内有异物，家长应注意区别。

如果是由于鼻腔分泌物造成的阻塞，可以用小棉棒将分泌物轻轻地卷拨出来。如果分泌物比较干燥的话，要先涂些软膏或眼药膏，使其变得松软和不再粘固在黏膜上时，再用棉棒将其拨出；或是用棉花毛刺激鼻黏膜，让宝宝打喷嚏，这样宝宝鼻腔里的分泌物就会自动排出了。注意动作要轻，不要损伤宝宝的鼻黏膜，以免引起鼻出血。

如果看到宝宝鼻子里有鼻痂时，可以先用手指轻轻揉挤两侧鼻翼，等到鼻痂稍为松脱后再用干净的棉签卷出来。如果鼻痂不容易松脱的话，可以先向鼻腔里滴一滴生理盐水或凉开水，等到鼻痂变得润湿以后，就比较容易松脱了。

如果上述方法均无效，鼻塞又严重影响了宝宝的呼吸，甚至宝宝面部发生青紫时，可用筷子或小勺的把横放在婴儿的口里，使口唇不能闭合，通过经口呼吸解除缺氧症状。经口呼吸不是新生儿的正常状况，只是在新生儿缺氧时的暂时解决办法，遇到此种情况时应该及时到医院就诊，因为宝宝若长时间闭塞，且无法缓解的话，就有可能是患上新生儿腺样体肥大或其他疾病的征兆。

脐疝

父母在护理新生儿脐部时，需要特别注意防止脐疝发生，它是新生儿的常见病，多见于未足月的早产儿。发生脐疝的时候，宝宝脐带脱落后，在肚脐处会有一个向外突出的圆形肿块，大小不一，小的如黄豆大小，大的可像核桃。当宝宝平卧且安静时，肿块消失，而在直立、哭闹、咳嗽、排便时肿块又突出。用手指压迫突出部，肿块很容易回复到腹腔内，有时还可以听到“咕噜噜”的声音；如果把手指伸入脐孔，可以很清楚地摸到脐疝的边缘。

之所以会发生脐疝，是因为婴儿脐带脱落后，脐孔两边的腹直肌尚未合拢，一旦腹腔内压力增高，腹膜便向外突出从而造成疝。脐疝的内容物是肠管的一部分。随着年龄的增长，疝环口也会逐渐缩小，一般在2岁以内便可自然闭合。因此，只要宝宝没有腹痛、呕吐或局部感染的话，一般不需特殊处理。

如果脐疝较大的话，为了加快其愈合，可以取一条宽约4～5厘米的松紧带，在其中心处用布固定半只乒乓球，球的凸面对准脐孔，使肠子不再突出，松紧带两头用可调节长短的扣子固定。压力应保持在既能保证肠子不再突出，而又不影响呼吸和吃奶为准。使用后每2～3小时检查一次，以防止皮肤擦伤。

需要注意的是，曾有人主张用钱币压迫或绷带扎紧，但实际上效果并不理想，因为婴儿的腹部呈圆形，绷带过紧会造成局部皮肤坏死，所以还是应该用乒乓球压迫，这样既安全效果又好。

第30～59天（1～2个月）的婴儿

发育情况

宝宝满月了！这时候的宝宝多数皮肤变得光亮白嫩，弹性增加，皮下脂肪增厚，胎毛、胎脂减少，头形滚圆，更加招人喜爱了。

在这个月，男宝宝体重正常范围4.3～6.0千克，平均为5.6千克；女宝宝体重正常范围4.0～5.4千克，平均为5.1千克。宝宝的体重增长很快，平均每周可增长200～300克，整个月平均可增500～1000克，人工喂养的宝宝甚至有可能增加1500克或是更高。但宝宝体重增长的个体差异很大，有的宝宝在这个月增长明显，但也有的宝宝可能到下个月才表现出较快的增长趋势。因此，如果宝宝在这个月并没有表现出较大幅度的增长，家长也不必过多担心，只要不是疾病因素所致，那有可能在下一个月会出现补长的现象。

这个月男宝宝身高平均为58.5厘米左右，正常范围55.5～60.7厘米；女宝宝身高平均为56.8厘米左右，正常范围为54.4～59.2厘米。宝宝的身高增长也是很快的，平均可增长3～4厘米，并且这时身高的增长不受遗传影响。

男宝宝在本月的头围平均为39.8厘米左右，女宝宝头围平均为38.6厘米左右。宝宝在前6个月的头围平均每个月增长2厘米，但实际上这种增长并不一定都是平均的，只要头围是在逐渐增长，家长就不必担心。

这个月宝宝的前囟大小与新生儿期没有太大区别，对边连线是1.5～2厘米左右，每个宝宝前囟大小也存在着个体差异，只要是在1～3厘米之间就是正常的。

养育要点

营养标准

这个月的宝宝每日所需的热量是每公斤体重100～110千卡，如果每日摄取的热量超过120千卡的话，就有可能发胖。

如果是母乳喂养的宝宝，由于很难控制母乳量，因而很难准确算出每天摄取的热量。可以通过每周测量一次体重来判断所摄取热量是否合适，如果宝宝每周体重的增长都超过200克以上，就有可能是摄入热量过多；如果每周体重增长低于100克，那么就有可能是摄入热量不足。

大多数宝宝在这个月不需要额外补充其他营养，如果是早产儿或是有某些先天疾病的宝宝，应根据医生的建议决定是否补充某些营养物质。

母乳喂养

如果母乳很好的话，这个月一定是个太平时期。宝宝的吸吮能力增强了，速度加快了，一次吸入的乳量也增加了。另外，哺乳次数也会根据宝宝的个性而逐渐稳定，吃奶间隔延长，一般2.5～3小时一次，一天8～9次，但有的宝宝吃奶的次数比这更少或更多。但如果宝宝一天吃奶的次数少于5次或多于10次，就要向医生咨询，让医生帮助判断是否有异常情况。一般来说，这个月的宝宝晚上吃奶的次数会减少，有的时候能睡整个后半夜不用喂奶，但也有个别的宝宝还要喂三四次。这时妈妈可以试着后半夜停一次奶，如果停不了的话就把每天喂奶时间向后延长，从几分钟慢慢延长到几个小时，要有耐心循序渐进，不能急于求成一下子给宝宝减少一顿奶。

这个月的宝宝是“直肠子”，一吃就拉，特别是每次将出奶丰富的两侧乳房的奶全部吃光的宝宝大便次数就更多，腹泻便也多，多数宝宝每天都要排便6次以上，有个别的宝宝一天还会排便10多次，并且总是把吃得过多的奶倒吐出来。尽管这时的宝宝可能会出现稀便、大便每天七八次、吐奶、湿疹等情况，但只要宝宝精神状态良好、吃奶正常，家长就不必担心。但如果发现宝宝大便带水、或是大便次数突然增加的话，就要带宝宝去看医生，看看是否有乳糖不耐受或者其他问题。其实，在1～2个月中，用母乳喂养的婴儿一般不会生病。

很多混合喂养儿都是在这个月产生的，由于宝宝每次吃奶时间缩短，有的妈妈就担心是不是母乳不足了，怕宝宝饿着就急忙给宝宝添加牛奶。一个合适的奶嘴往往比乳头吸吮起来更省力更畅快，加上奶粉比母乳甜，味觉敏锐的宝宝一旦尝惯了“甜头”，就会开始拒绝母乳。要知道，母乳是越刺激越多，如果每次都有吸不净的奶的话，就会使乳汁的分泌量逐渐减少，最终人为地造成了母乳不足，不得不混合喂养。而混合喂养又是几种喂养方式中最难掌握的，所以要尽量避免，要了解这时候宝宝吃奶时间缩短是正常的，只要宝宝每周体重能增加150～200克，就说明喂养效果很理想，宝宝吃得很饱。

由于这个月宝宝的吮吸力大大加强，常常会吮伤乳头。如果细菌从受伤部位侵入的话，就容易引起乳腺炎。所以妈妈要特别注意保护乳头，做好乳头的清洁，不要让宝宝在一侧乳头上连续吮吸15分钟以上。在哺乳前应该把手洗净，保持皮肤清洁，避免弄脏乳头。

混合喂养

如果母乳喂养下宝宝每周体重增加不足100克，就说明母乳不足，此时的宝宝也会经常哭闹。这时候就需要增喂一次牛奶，时间最好安排在妈妈下奶量最少的时候，一般多选择下午4～6点单独增加1次，每次加120毫升。如果加一次牛奶后，妈妈得到适当休息，母乳分泌量增加或者宝宝夜间啼哭减少了，就可以这样坚持下去；但如果加喂一次牛奶后，仍未改变宝宝夜间因饥饿啼哭，而母乳又不多，那就应该在夜里10～11点的时候停喂一次母乳，再加一次牛奶，以保证妈妈的夜间休息。

总之，增加牛奶的次数要根据宝宝体重来决定，并且不能一次同时喂母乳和牛奶。如果宝宝一次母乳没吃饱的话，可以将下次喂奶的时间提前并喂食牛奶；如果宝宝上一顿吃得很饱，到了下次喂奶时间时感觉乳房比较涨、而且奶量充裕的话，就应该继续母乳。混合喂养应以母乳喂养为主，只要母乳够量，就要给予母乳。

母乳喂养有的时候还需要足够的信心，因为母乳是越吸分泌得越多，不要因为一次两次母乳分泌不足、或是因为夜间总要喂奶感到十分疲倦就放弃母乳。要知道，母乳喂养除了对宝宝的身体发育有好处之外，母乳喂养的过程本身就是母子间最好的交流，宝宝通过母乳喂养可以感受到极大的母爱，对宝宝的心理健康也有极大的好处。

人工喂养

从满月之后就可以给宝宝喂全奶了，但注意不要过量，以免加重宝宝消化器官的负担。一般情况下，出生时体重为3～4千克的宝宝，在此期间每天以吃600～800毫升牛奶为宜，分开7次吃，每次100～200毫升；如果吃6次，每次吃140毫升。

对食量过大的宝宝，尽管每次能吃150～180毫升，最好也不要超过150毫升，否则会加重肾脏、消化器官的负担。如果宝宝吃完150毫升后好像还没有吃饱并啼哭时，可让宝宝喝30毫升左右的白开水，也可适量加一些白糖。但是用奶粉冲调牛奶时不要再加糖，否则会使宝宝过胖。

如果妈妈还是没有把握的话，也可以这么做：只要宝宝吃的话就喂，宝宝不吃的话就停止。不能反复往宝宝嘴里塞奶嘴，只要宝宝往外吐奶嘴，就说明他已经吃饱了。另外这个时候，奶粉的成分不如质量重要，只要是国家批准的正规厂家生产的、有正规销售渠道的、适合这个月龄宝宝食用的奶粉，都可以给宝宝吃，最好是选择有品牌的、信誉度高的奶粉，并严格按照说明书所说的调配方法冲配。一旦固定了一个牌子的奶粉，如无特殊情况就不要轻易更换另一品牌，更换品种过频的话容易导致宝宝消化功能紊乱和喂哺困难。

牛奶喂养的宝宝，如果每天大便3～4次，只要精神好的话就不用担心。但在宝宝一个月后，就要预防佝偻病的发生，除了常抱婴儿到室外晒太阳外，应每天给宝宝加400国际单位的维生素D，即浓缩鱼肝油滴剂，从1滴开始逐渐增加到每天5～6滴。还可以给宝宝增加一些新鲜果汁，以补充牛奶中缺乏的维生素C。

什么时候可以喂果汁

应该从什么时候开始给宝宝喂果汁，并没有一个明确的规定。如果是用母乳喂养，由于母乳中含有丰富的维生素C，所以母乳喂养的宝宝即使这时不加果汁，也不会缺少营养，并且母乳喂养的宝宝此时最好也不要添加母乳以外的辅助食品。而对于混合喂养或是人工喂养的宝宝，可以在42天检查后根据医生的建议添加一些辅助食品。

人工喂养的宝宝在这个月会出现便秘的现象，因此对于大便较硬、干燥和便秘的宝宝，可以在快满2个月时喂些果汁，促进排便。

2个月左右的宝宝，如果用果汁代替开水给他喝的话，他就会高兴地喝着，甚至喝完之后还会吮吸空瓶。所以说，给宝宝增加果汁除了有补充成长所需的维生素和促进排便的功效之外，还有一个作用就是刺激宝宝的味蕾，丰富宝宝的味觉体验，从而提高他进食的乐趣。

果汁的选取和喂法

决定给宝宝喝哪些果汁原则是选择当季的、生产地距离较近的新鲜成熟的水果，春天可以用橘子、苹果、草莓；夏天可以用西红柿、西瓜、水蜜桃；秋天可以用葡萄、梨、苹果；冬天可以用苹果和橘子。此外，还要注意所选水果与宝宝的体质、身体状况相宜，例如舌苔厚、便秘、体质偏热的宝宝，最好给吃寒凉性水果，如梨、西瓜、香蕉、猕猴桃、芒果等，可以败火；秋冬季节宝宝患急慢性气管炎时，橘子可以起到化痰的作用，有助于治疗，不能过多食用，如果吃多了的话容易上火。

给宝宝喝的果汁一定要在家亲自榨，不能选择外面现成的果汁饮料，因为包装好的饮料都含有糖、防腐剂和其他不利于宝宝健康的物质，所以必须选用新鲜水果现喝现榨。在家榨果汁时，要先把双手和相关的餐具清洁干净，然后把水果洗净切皮后切成小块，用榨汁机压榨后，用纱布将里面的渣子筛出后给宝宝喂食。如果家里没有榨汁机，可以直接把切成小块的水果放到碗里捣碎，然后用汤匙背挤压果汁或者用消毒纱布挤出果汁。

刚开始给宝宝喂果汁时不能直接喂纯果汁，应在果汁里加同等分量的水后再给宝宝吃。喂食时尽量用小勺喂，从小半勺喂起，慢慢增加到 10 毫升、20 毫升、30 毫升，并随时注意宝宝的消化情况，观察大便的次数和性状，及时调整喂法。如果是为了解除便秘的症状，给宝宝喂稀释果汁无效时，也可以试着喂纯果汁或是增加喂食量，如果宝宝没什么不适的话，就可以照此继续喂养；但如果宝宝出现了不适表现的话，就要还回到以前的喂法，不能不管不顾地给宝宝加量或加浓度。

注意给早产儿补铁

贫血会影响孩子体格生长和智力发育，尤其对脑细胞发育的影响是不可逆的。由于早产儿从母体中接受的铁的分量少，6 周之后就容易发生贫血。所以早产儿应从 6 周时就要补铁，以防贫血的发生。

首先，应尽量保证母乳喂养，因为早产儿妈妈所分泌的母乳在营养成分上与足月儿妈妈所分泌的母乳有所不同，它更适合未成熟儿生长之所需；如果由于某些特殊原因无法进行母乳喂养的话，应选用早产儿特制奶粉，因为这种奶粉在制备时已考虑到早产儿的特点并在某些营养素上给予了强化。还可以在医生的指导下，服用铁剂来补充，并严格遵照医嘱服用。但是铁剂不宜长时间服用，等到宝宝 4 个多月可以吃辅食的时候，应还是从食物中补充，这样才是最安全的。

开裆裤

婴儿期的宝宝排便次数相对较多，而且还不能控制大小便，为了方便起见，不可避免地要用到开裆裤。

开裆裤虽然很好地省去了一些不必要的麻烦，但对宝宝来说，还是有一些安全隐患的。首先，穿开裆裤会使臀部、阴部暴露在外，极易造成被锐器扎伤或被火、开水烫伤等阴部外伤，还容易使婴幼儿感染上蛲虫症。因为宝宝可能会因肛门瘙痒用手抓挠，沾染上虫卵，虫卵再经手进口、进入消化道而引起感染。

其次，穿开裆裤会令宝宝的臀部裸露在外，前后通风，还会使冷风直接灌入腰腹部和大腿根部，特别是冬天易使宝宝着凉，造成感冒或腹泻。

再次，由于生理的原因，穿开裆裤会使女宝宝外阴部被感染，患上尿道炎、膀胱炎、泌尿系统感染等，而男宝宝则容易玩弄生殖器而养成不良习惯。

最后，宝宝穿开裆裤时间太长的话，还会养成大小便无规律和随地大小便的不卫生习惯。

鉴于以上可能存在的隐患，宝宝到了 1 岁半的时候就应该要穿满裆裤，而在这之前，特别是宝宝还不能控制大小便的时候，穿开裆裤还是有必要的。要想开裆裤穿得安全、卫生，消除上述隐患，家长们就要注意以下几点：

（1）每天为宝贝清洗小屁股，保持局部清洁卫生。

（2）尽量避免因穿开裆裤给宝宝带来的不利因素，例如男宝宝可以用一次性尿布保护阴部，女宝宝则可以在开裆裤上钉上子母扣，大小便时一拉就开，便后再扣上。

（3）不要让宝宝随便在地上乱坐，在宝宝坐的时候先在下面铺上一层棉垫子。

（4）只在家时穿开裆裤，这可以便于爸爸妈妈为宝宝更换尿布，并方便宝宝在便盆上练习排便。

（5）严格注意家中的卫生保洁，并保证盯着宝宝的小屁股或在小屁股下面垫上尿布，以避免宝宝坐在不该坐的地方发生危险。

（6）外出或冬天的时候，里面的裤子可以开裆（最好垫上纸尿裤），外面再套上满裆裤，这样既有利于保护宝宝，又方便爸爸妈妈换洗清洁。

日用品的选取

满月以后的宝宝就可以穿整身的婴儿服了。给宝宝挑选婴儿服不能图便宜，但也不是越贵越好，重点在于衣服的款式、做工和质量。目前市场上的婴儿服多数都是纯棉且质地柔软的，所以根据宝宝的月龄特点选择适当的款式是每位家长重点要做的工作。

简单来说，给刚过满月宝宝的婴儿服，领口、袖口和脚脖子都不能过紧，最好选择和尚服，因为它能够充分暴露宝宝的脖子，在保证宝宝呼吸通畅的同时还可以避免颈部湿疹和皮肤糜烂的发生；不宜穿带纽扣的衣服，因为它除了穿脱麻烦之外还会有异物危险；不要穿连脚裤，裤子的开裆要尽量大一些，后面要把整个臀部暴露出来，太小的话既不方便换尿布也容易造成宝宝皮肤损伤；给宝宝穿的袜子口不能太紧，如果袜子口有橡皮筋的话最好是拆掉它，否则会影响宝宝脚部的血液循环。再有特别需要注意的是，给宝宝所有穿的衣服，特别是袜子都要仔细检查看里面是否有线头，如果有的话要剪掉后再给宝宝穿，否则这些线头很可能会对宝宝造成一定的危险，例如袜子里的线头就有可能缠住宝宝的脚趾头，时间太长的话就会影响血液循环、造成脚趾坏死。

满月的宝宝睡的婴儿床要放在妈妈的大床旁边，方便妈妈随时能把宝宝抱起来照顾。这个月的宝宝可能会翻身，四肢也会随意扭动，要特别注意不要让婴儿床的栏杆卡住宝宝的头部或身体其他部位。

给宝宝的铺盖最好是棉布包裹的棉被和棉褥子，尽量不要用毛毯。因为大多数的毛毯都是腈纶甚至是化纤制品，不仅会刺激宝宝的皮肤发生过敏，而且掉落的飞毛还会被宝宝吸入，造成呼吸道过敏或气道异物。另外，所有铺盖的东西都应视季节来调整薄厚，不能为了怕宝宝受凉而全部做得厚厚的，因为过热同样会引起宝宝的某些疾病。

过胖症的预防

如果宝宝每日摄取的热量超过 120 千卡的话，就有可能过胖。喝牛奶的宝宝，只要知道每天所使用的奶粉总量，就可以计算出每天所摄取的热量。用婴儿现在的体重除以每天所摄取的热量，就可以弄清每公斤体重每天所摄取的热量。如果算出的结果为每公斤体重每天所摄取的热量超过 120 千卡的话，就应减少奶量，以维持正常体重。

再有，喝牛奶的宝宝，冲配牛奶应遵循说明书上的比例严格配比，尽量不要在牛奶里加糖，因为这也是导致婴儿过胖的原因。

而吃母乳的宝宝，在这个月也几乎不会出现过胖的问题。

婴儿体操

满月以后，宝宝的动作渐渐多起来了，可以在爸爸妈妈的帮助下做一些简单的肢体运动，等再大一些便可以练习翻身、坐立、爬行等动作，以促进血液循环，增强骨骼、肌肉的发育，让宝宝有一个愉快的好心情，身心得到良好的发展。婴儿体操分为被动操和主动操，给宝宝做体操，应根据其月龄及体质循序渐进。

刚过满月宝宝的体操主要在爸爸妈妈帮助之下的被动操。宝宝妈妈可以借助按摩操，锻炼宝宝腿部伸展的能力、手臂肌肉的力量等等。一般来说，给宝宝做操的时间可以安排在上午喂完奶 30 分钟以后，如果宝宝的情绪不好的话，也可以推迟到下午再做。

在做体操之前，应保证室温不能低于 20℃，还要有良好的通风条件。如果给宝宝做抚触操的话，因为宝宝要裸露身体，所以室温以 28℃左右为宜，较小的宝宝还可在操作台旁放上取暖器，但要谨慎操作小心烤伤宝宝。做体操时宝宝的穿戴只要不影响肢体的灵活性即可，一般冷天穿毛衣毛裤。还要在室内播放优美柔和的背景音乐，营造一个温馨的氛围。

给宝宝做体操不仅是宝宝的一种身心锻炼，还是一种很好的亲子游戏，所以在做操时，爸爸妈妈应保持轻松愉快的心情，一脸灿烂的笑容。如果一边做一边担心宝宝受凉，或是一边争论该不该做，或是心事重重等，那就无法传递给宝宝爱抚和安慰了，效果往往是事与愿违。爸爸妈妈最好的做法是在做操的过程中，亲切温和、面带微笑地与宝宝边说边做，即便宝宝听不懂，也要以自身的愉快情绪感染宝宝，激发宝宝的积极情绪，以促进其认知能力的发展，有利于大脑的发育与成熟。

另外在给宝宝做体操时，爸爸妈妈还要注意掌握好体操的锻炼强度。因为婴儿操会使宝宝的呼吸和脉搏加快，在一般情况下做完操恢复常态的时间大约需要2分钟，如果不能恢复就说明运动量过大，每节体操的次数就应减半，以后再根据宝宝的体能状况逐渐增加次数。再有，由于做体操时会接触到宝宝稚嫩的皮肤，所以爸爸妈妈或其他操作者要把指甲剪短，手表、胸针、戒指等饰物要暂时摘掉，以免发生意外。

睡眠问题

这个月的宝宝比上个月的睡眠时间有所减少，觉醒的时间越来越长，每天的睡眠时间一般在16～18小时，上午八九点时可能是觉醒时间最长的，而且宝宝不再像上个月一样，吃完奶就睡，睡醒了再吃。后半夜吃奶的次数可能会减少1次。

这时期爸爸妈妈最怕的是宝宝昼夜颠倒，白天呼呼大睡晚上又变得特别精神。这么大的宝宝看、听的能力还相对较弱，并且也不会玩耍，所以一旦晚上醒了多半时候是哭，闹得爸爸妈妈一整夜都很难睡好。因此，从这个时候开始，爸爸妈妈最好给宝宝建立一套睡前模式：每天临睡之前先洗个热水澡，换上睡觉的衣物；睡觉前和宝宝说说话，念1～2首儿歌，把一次尿，然后播放固定的睡眠曲，最后关灯，不要再打扰宝宝。每天按时很重要，这样就可养成宝宝固定时间睡眠的习惯，但不要让宝宝喝完奶后立即入睡。如果宝宝总是晚上显得很精神、白天睡得又多的话，也可以适当让宝宝白天少睡一会儿，帮助他把觉都挪到晚上来。

有些家长在冬季里为了怕宝宝睡觉着凉，便为宝宝盖上厚厚的被子。但事实上，比较厚的被子往往过重，宝宝盖着会觉得负重很大，甚至可能还会引起呼吸不畅，而且被子中过高的温度往往会令孩子烦躁不安甚至哭闹不停，最后的结果就是影响了宝宝的睡眠质量。而且，让宝宝从小就在过分温暖的环境下入睡，还可能降低人体对寒冷的抵抗力，造成将来长大后的“弱不禁风”。因此，不要在宝宝睡觉时给他捂得太严实，只要宝宝不觉得冷就可以了。

免疫接种

这个月足月健康的宝宝应去接种乙肝疫苗。宝宝出生时医院就会发给每个家庭一本接种的小册子，上面有宝宝每个月龄应该注射的疫苗和注射时间，爸爸妈妈应提前了解，做到心中有数，并严格按照规定的免疫程序和时间进行接种。

能力的培养

腿部伸展的能力

这个月锻炼宝宝腿部伸展的能力主要依靠爸爸妈妈的按摩和协助。爸爸妈妈可以抓着宝宝的双腿，轻轻地做屈伸运动。还可以让宝宝仰卧，在他的小床上方悬挂一个能发出声音的彩球，拨动彩球使之发出声响。当宝宝看见球在跳动，或听到声音时，就会兴奋得努力蹬腿，屈伸膝盖，双腿上举或随球而动。通过这个小游戏，可以充分活动宝宝的双腿，锻炼下肢肌肉。

如果宝宝发育得好的话，有的时候还能手脚同时碰到球，这样下肢运动就扩大到了四肢和全身运动，从而促进宝宝的肌肉发育和新陈代谢。但要注意的是，彩球不能离宝宝太远，否则宝宝无论如何都是够不到它的。

手指抓握的能力

这一时期的宝宝会逐渐对自己的手产生兴趣，有时他会凝视自己紧紧握着的手，在注意其他东西时又会不自觉地将手指松开。此时手的活动正是下一步练习抓东西的基础，不要让过长的衣袖把宝宝的手挡住，不要限制他的手部运动。当宝宝情绪高昂，四肢挥舞的时候，爸爸妈妈可以将自己的食指轻轻放在宝宝手心上，看他能不能主动握住你的手指。如果宝宝喜欢抓他的小被角，甚至是抓他的脸时，就任由他抓，这表示宝宝正在努力锻炼自己的手部活动。等宝宝到了手能张开、握手时，就可以给他准备一些容易握的小玩具玩。通过手握东西的锻炼，可以有效促进宝宝手眼的协调和发展。

识别声音的能力

培养宝宝的听觉能力，爸爸妈妈可以让宝宝从周围环境中，直接接触各种声音，以提高宝宝对不同频率、强度、音色声音的识别能力。比如，可以在宝宝的小手、小脚上系一个小铃铛，这样当宝宝移动手脚时，铃铛就会随之发出响声，使宝宝在玩耍时就可以得到很好的听觉开发。

爸爸妈妈平时还应多用声音和宝宝交流。当宝宝高兴时，会发出咿呀的声音，这时候爸爸妈妈也应该用同样的声音来回应宝宝，让宝宝多听听爸爸妈妈的声音，培养宝宝初步的辨识力和记忆力。

这个时期的宝宝会用心注意声音和语言，所以也可以用有声响的玩具放在他的身旁摇动，他就会随着声音不断地追寻发出响声的地方。可供宝宝进行听觉能力训练的音响玩具品种很多，如各种音乐盒、摇铃、拨浪鼓、各种形状的吹塑捏响玩具，以及能拉响的手风琴等，不妨给宝宝多准备一些。还可以放一些节奏欢快的轻音乐给他听，在增添他欢乐的情绪同时，还能有效促进宝宝的智能发育。

眼睛注视的能力

这一时期，要锻炼宝宝用眼睛注视的能力。这个月的宝宝只要被妈妈抱起，就会目不转睛地注视着妈妈，在妈妈说话时，他就会一直看着妈妈。为了锻炼宝宝眼睛的灵活性，妈妈可以抱起宝宝，让他观看墙上的画片，桌子上的鲜花，鲜艳洁净的苹果、梨、香蕉等摆件和食品，同时还要和宝宝说话，指给宝宝看，用眼睛注视着宝宝。这样，宝宝也会一直看着妈妈，这既是一种注视力的锻炼，也是母子之间无声的交流。

妈妈还可以和宝宝面对面，确定宝宝能够看清妈妈后，一边喊着宝宝的名字一边挪动，使宝宝的脸随着妈妈的移动而移动，促使宝宝视听识别和记忆的健康发展；或是拿着带响声的玩具，沿水平或上下方向边摇晃边慢慢移动，也可以前后转动，这样宝宝在锻炼注视能力的同时，也发展了听力。

由于这个时候宝宝的最佳注视距离是20 ~ 25厘米，所以最好是把他的注视对象放到距离他眼睛的20 ~ 25厘米处。

潜能开发和智力训练

1. 转脚训练。让宝宝侧卧，在宝宝的左侧和右侧放一个色彩鲜艳或有响声的玩具或镜子，然后抓住宝宝的脚踝，让他的右脚或左脚横越过左脚或右脚并碰触到床面。注意在搬动宝宝脚的时候，动作一定要轻柔，并注意宝宝的身体是不是也跟着脚翻转。如果宝宝的身体并没有跟着转的话，可以在宝宝背后轻轻地推一把；如果宝宝的身体跟着脚翻转的话，就会自己翻过去，变成趴着的姿势。转脚法的训练一般每天可以训练 2 ~ 3 次，每次训练 2 ~ 3 分钟。只要宝宝在爸爸妈妈的帮助下完成这个动作，就可以提前翻身了。但这个训练必须建立在宝宝会以侧卧姿势睡眠的基础上。

2. 认识娃娃。把几个不同表情的绒布娃娃或颜色各异的布球缝在一起，中间绑一根带子，把娃娃或布球拴在宝宝手能够到的地方，让宝宝拍打，从中观察他喜欢什么表情的脸或是什么颜色的布球。此时宝宝的手眼协调能力极弱，拍打完全是无意触碰，爸爸妈妈可以帮助他触碰。通过这个训练，可以发展宝宝的视觉，另外通过手部运动，还可以刺激宝宝把动作和效果联系起来，锻炼宝宝的思维和反应能力。

3. 垫上操。让宝宝仰卧，双手垂直在身体两侧，然后拉着宝宝的双手，轻轻平举在他身体的两侧。再把平举继续为往上举起，高过宝宝的头部，然后回到双手平举在身体两侧，最后回到双手垂直在身旁两侧。通过这个简单的动作，可以提升宝宝的运动智能，并有助于宝宝形成一种连贯性的思维。

4. 游泳池。在浴缸里放上温水，或是找一个大的洗澡盆，然后一手托住宝宝的脖子和肩膀，一手托住他的屁股，慢慢把他放入水中，托着他“仰泳”。宝宝对水中活动并不陌生，会自然而然地在里面踢打嬉戏，并表现得十分兴奋快乐。爸爸妈妈不要过分干扰宝宝的活动，只要牢牢握住他的身体，不让他呛水、碰到浴缸四壁就可以了。通过这个训练，可以刺激宝宝的平衡技能，并且有助于愉悦身心。

家庭环境的支持

给宝宝一点新鲜空气

从出生后 2 周左右，就应该让宝宝接受外界新鲜的空气，满月后更是如此。呼吸新鲜空气是一个循序渐进的过程，首先应从习惯室内的空气开始，将窗户打开，让宝宝尽量呼吸 5 分钟左右的新鲜空气，等到过 2 ~ 3 天宝宝习惯以后，就可以带到外面去 5 分钟左右，以后再渐渐延长时间。让婴儿接触户外的新鲜空气，可以有效促进新陈代谢，这对婴儿来说是极其重要的，但是要注意选择好的无风的天气，并且尽量避免让阳光直射头部，可以给宝宝戴上婴儿帽来遮挡阳光的刺激。

身体的接触

从宝宝满月的时候，就可以给宝宝做抚触按摩了。通过抚触按摩，可以让宝宝感受到妈妈的关爱，同时还能借助抚摸中对皮肤的刺激来促进宝宝的神经系统发育。此外，身体的接触还是建立和谐亲密亲子关系的有效途径。

抚触按摩的时间要选在宝宝心情愉快的时候，一般应安排在早上、午睡后或沐浴之后，让宝宝有充分休息后再进行抚触按摩。不宜在宝宝太饱或太饿的时候进行，如果是在喂奶以后进行的话，也要选在喂奶半个小时以上再进行。

按摩刚开始的时候所有动作要轻，然后再逐渐加大压力，让宝宝慢慢适应。由于宝宝此时的注意力还不能长时间集中，因此要强迫宝宝保持固定姿势，每个抚摸动作也不能重复太多，可以先从 5 分钟开始，然后延长到 15 ~ 20 分钟。

如果宝宝的脐痂还未脱落长好，那么就不要进行腹部按摩，要等脐痂脱落后再按摩。在抚触中，可以打乱抚触操的顺序进行，也可以节选其中的几节对宝宝进行抚触按摩，并在整个按摩的过程中时刻关注宝宝的情绪变化。如果宝宝出现不适表现或是情绪反应激烈的话，就要立即停止抚触按摩。

戒烟与环境湿度

这个月的宝宝对所处环境的要求仍然比较严格，室内温度冬季宜保持在18℃，夏季宜保持在28℃，春秋季节自然温度即可。室内温度不能忽高忽低，注意不要让宝宝吹对流风，冬季开窗通风时要让宝宝离开通风的房间。

湿度对宝宝的呼吸道健康至关重要，最好的室内湿度应为40%～50%。如果湿度过低的话，宝宝呼吸道黏膜就容易干燥，从而很难抵抗外界的细菌病毒，宝宝患呼吸道疾病的概率因此就会大大提高。特别是在感冒多发的春秋季节，更应充分重视环境湿度，尽最大可能保护好自己的宝宝。

有了宝宝之后，爸爸最好戒烟。有的爸爸认为，只要不当着宝宝的面吸烟就没什么问题，但其实同样会对宝宝产生一样的危害。因为只要是吸烟的话，头发上、身上和衣服上必然会残留烟草的气味，如果吸完烟之后再和宝宝接触，宝宝照样会受到这些味道的刺激。刚刚一两个月的宝宝嗅觉已经十分敏感，这些味道不仅会令他感到不适，也会刺激到他的呼吸系统，从而对健康造成一定的危害。大多数的爸爸妈妈都很重视外界空气污染的危害，但却很难控制自己的小环境，而对于这个月龄的宝宝来说，受小环境影响的概率要比受大环境影响的概率大很多。所以，爸爸妈妈们应从小环境做起，给宝宝创造一个健康良好的生长环境。

需要注意的问题

可能发生的事故

这个月的宝宝出门的时间还短，所以大部分可能发生的事故都是室内事故，最常见的就是从床上坠落到地上。由于宝宝此时的脚力增强，蹬着被子就可能会倒栽下去，所以当只有宝宝一个人在床上的时候，一定要用东西把宝宝挡在里面，以防宝宝摔伤。

如果把宝宝放在靠窗位置的话，要确定窗帘上没有多余的饰物或者诸如曲别针等的小物品，因为这些一旦不慎掉落，也有可能砸伤宝宝，一些小的东西如果落在正在哭闹宝宝的嘴里，后果将不堪设想。

这个月的宝宝常常会用手抓脸，为了避免他把自己的脸抓破感染，要勤给宝宝修剪指甲并把指甲磨圆，修剪的时候要用指甲刀而不能用剪子。

一氧化碳中毒依然是此时宝宝的高危事故，应重点预防。每天在临睡之前，最好仔细检查一遍厨房里的煤气灶、液化罐的阀门是不是已经拧紧，如果是冬天用炉子采暖的家庭，最好不要把炉子直接放在宝宝的房间里，并且在临睡之前要做好相关的安全检查和防护工作。

虽然这个月重点要预防室内事故，但偶尔也会出现室外事故，最常见的就是开车带着宝宝出门遇上突发情况。以往人们往往认为，坐在汽车后座上抱着宝宝是最安全的，但其实这是很危险的，一旦出现紧急事故，甚至仅仅是急刹车这种情况，都可能会由于惯性的作用伤到宝宝。因此，如果要带宝宝出门的话，最好是使用汽车专用的婴儿座椅，并把它安放在驾驶位置的正后方。

42天检查

在宝宝出生的第42天左右，妈妈和宝宝应该一起去他出生的医院作一次全面的健康检查，以便了解宝宝第一个月中的生长发育情况，以及妈妈的产后恢复情况。42天检查是与医生进行面对面沟通的最好时候，可以及时发现宝宝的异常问题，因此非常必要。

42天检查对宝宝的检查项目主要有常规的身体检查，包括精神反应，有无皮疹、黄疝；头围、身高、体重；囟门、咽喉部、心肺听诊、生殖器官、肌张力等等，还会做进一步的畸形筛查，如心脏杂音、生殖器畸形、听力异常等；了解宝贝的生长发育情况，指导喂养；检查宝宝脐带脱落及皮肤清洁情况并指导护理；询问宝宝的吃奶情况，有无呛奶、吐奶，及大小便情况等；有些医院还会进行宝宝尿液或血常规化验，或进行微量元素测定。

妈妈的42天检查主要是检查体重、血压、血常规、尿常规、妇科及分泌物化验、盆腔器官、乳腺等，以及孕期合并其他疾病者需要进行相关检查。有些医院根据情况还会评估妈妈的精神状况。

有些家长对42天检查显得漫不经心，例行公事般地到医院匆匆走一趟了事，但其实这样做是非常不好的。宝宝的很多问题妈妈们都很难及时察觉，特别是缺少带孩子经验的新手妈妈，常常是错把一些正常的生理现象当成疾病，而对真正的病症又往往忽略。宝宝的某些疾病可能在出生时并不会表现出来，要等1个多月之后才有所显现，例如脐疝、巨结肠症以及一些产伤和护理不当引起的疾病。所以，家长要充分重视起42天检查，有问题可以此时向医生详细咨询，以得到最好的解答。

吐奶

这个月宝宝吐奶和上个月有了一些不同，上个月可能还仅仅是在嘴角流出一点奶液，但在这个月就可能是吐一大口了。男宝宝比女宝宝更容易吐奶，而且吐奶的程度一般也比女宝宝要重。

宝宝的生理性溢乳不需要治疗，母乳喂养的话可以让宝宝每次吸空一侧乳房后，另一侧只吸一半；人工喂养的宝宝可以试着每次少冲一点奶，并观察宝宝的体重，如果增长速度慢了，那么还是要把奶量加上去。

生理性溢乳不会影响宝宝的成长发育，宝宝的体重依然每周增加200克左右，每天增加40克左右。如果体重增加低于正常值的话，就要考虑是不是发生病理性溢乳了。

如果宝宝吐奶特别严重的话，还可以用万分之一的阿托品滴液，先在喂奶前15分钟滴一滴，以后每天增加一滴，直到宝宝脸部发红后再逐日递减至脸红消失。如果在滴的过程中发现宝宝吐奶减少或不再吐奶了，就应维持原量巩固几天后再停药。但是这种方法最好是在医生指导下使用，不能擅自乱用。

消化不良

宝宝肠胃功能比较脆弱，奶粉配比不当、喂食量不当都可能导致其消化不良。发生消化不良的宝宝有的有便秘现象，有的大便发绿，还有的宝宝口中还会出现异味。当宝宝消化不良时，应先找出导致其消化不良的原因，然后才能对症解决。要找出这个原因，通过观察宝宝的大便性状就可以完成：

如果宝宝大便的臭味明显，则表示蛋白消化不良，这时应适当减少奶量或将奶冲稀，要注意科学喂养，要按时按量，特别不要过量。

如果宝宝大便中多泡沫，则表示碳水化合物消化不良，就必须减少甚至停止喂食淀粉类的食物。

如果宝宝大便外观呈奶油状，则显示脂肪消化不良，应减少油脂类食物的摄入。

如果上述方法都不能改善宝宝消化不良的情况的话，可以给宝宝服用妈咪爱、乳酸菌素片（乳酸菌颗粒）、健儿消食口服液、复合B族维生素等。另外需要注意的是，如果宝宝的大便次数多，小便就会发黄，要特别注意补充水分。

便秘

导致婴儿便秘的原因主要有以下几种：

（1）饮食不足。宝宝如果进食太少的

话，消化后液体吸收的余渣就会减少，从而导致宝宝大便减少、变稠。此外，当奶中含糖量不足时，也会导致肠蠕动减弱，从而发生大便干燥。如果长时间饮食不足的话，就会造成宝宝营养不良，腹肌和肠肌张力减低甚至萎缩，收缩力减弱，从而进一步加重便秘，成为恶性循环。

（2）食物成分不当。大便的性质与食物的成分密切相关，例如若食物中含大量蛋白质，而碳水化合物不足的话，那么肠道菌群就会继发改变，肠内容物发酵过程少，大便易呈碱性、干燥状；如果食物中含有较多的碳水化合物，那么肠道发酵菌增多，发酵作用增加，产酸多，大便就易呈酸性、次数多而软；如果脂肪和碳水化合物含量都很高的话，则大便会非常通畅；如果吃下大量的钙化酪蛋白，那么在粪便中便会含有多量不能溶解的钙皂，从而使粪便增多，且易发生便秘。在碳水化合物中，米粉、面粉类精细食品要更容易引起便秘，如果宝宝偏食，只爱吃肉不爱吃蔬菜的话，就会使摄入纤维素量变少，从而发生便秘。

（3）肠道功能失常。生活不规律和缺乏必要的排便训练也是导致便秘的原因。宝宝如果没能形成排便的条件反射，就可能会导致大便在体内蓄积，从而引起便秘。另外，常用泻剂或灌肠、缺少运动导致肠壁肌肉乏力、功能失常，通常也会引起便秘，而交感神经功能失常、腹肌软弱或麻痹也常会使大便秘结。再有，服用某些药物可能造成肠蠕动减少而便秘，如抗胆碱能药物、抗酸剂、某些抗惊厥药、利尿剂以及铁剂等。

（4）体格与生理的异常。如宝宝有肛门裂、肛门狭窄、先天性巨结肠、脊柱裂或肿瘤压迫马尾等问题，都可能容易便秘。对于这样的宝宝，应做好肛门指检、下部脊柱和会阴部检查。有的宝宝从出生后就有便秘现象，应首先排除甲状腺功能不全和先天性巨结肠。如果有家族史的话，那么就不排除和遗传有关。

（5）精神因素。如果宝宝突然间受到精神刺激，或环境和生活习惯突然改变，会使宝宝感到不适应，从而引起短时间的便秘。

这个月宝宝如果发生便秘的话，母乳喂养的宝宝可以多给他揉揉小肚子，以促进肠蠕动。不必给予过强的刺激，必要时可以用温湿巾按揉肛门，或用棉棒蘸食用油少许塞入肛门约 2 ~ 3 厘米，然后捏住肛门片刻即可排便。而喝牛奶的宝宝则可以在每次喂奶后给几小勺温开水，或是给一些菜汁水、梨水和猕猴桃汁，以补充宝宝的膳食纤维。需要注意的是，在周岁内的宝宝不宜服用蜂蜜水缓解便秘。

湿疹

1 ~ 2 个月的宝宝更容易在头上、脸上出现湿疹，特别是在炎热潮湿的夏季。一旦宝宝发生湿疹，应及时趁症状较轻时予以治疗，否则很快就会扩散到宝宝身体的多个部位。一旦疮头长得很大，发红溃烂的话，就很难自行治愈，而且宝宝也会更痛苦。

当湿疹很轻时，可以每天给宝宝涂 1 ~ 2 次治疗湿疹的婴儿软膏，但无论使用哪种软膏，都应在用前咨询医生，在确保安全后再给宝宝涂抹。如果宝宝是人工喂养的话，可以改用 7 匙奶粉加 3 ~ 4 匙脱脂奶粉的比例来试喂，这种方法对于湿疹比较轻的宝宝有一定的疗效，对于症状较重的宝宝可起到有效的缓解作用。

在给患上湿疹的宝宝洗澡时，最好是用专门治疗湿疹的弱酸性肥皂，同时还要经常为宝宝换枕巾、枕套及贴身衣物。贴身衣物都要采用棉质物，勤洗勤换，新买来的用品应用开水洗过、烫过之后再给宝宝使用。

痰

快 2 个月的宝宝，有的时候能听到嗓子里有呼噜呼噜的积痰声，抱着宝宝的时候，手部有时也能感觉到宝宝胸部呼噜呼噜的，特别是气候比较干燥的秋冬季节，爱出汗的宝宝更多见。有的宝宝还总是咳嗽，当吃完母乳或牛奶后有时会随着咳嗽把母乳和牛奶全吐出来。

没有经验的爸爸妈妈总会认为宝宝是生了病，着急忙慌地带着宝宝就医治疗。到了医院之后有的医生检查过之后说没问题，可家长依然还是不放心；有的医生会将此诊断为支气管炎或哮喘性支气管炎，开始给宝宝输液打针，折腾了半天却也不见任何起效，还徒增了宝宝的痛苦，家人也往往被弄得疲惫不堪。

其实，这种积痰的现象在婴儿中极为常见，是由于呼吸道或支气管被分泌物轻微堵塞所导致的，多数情况不需治疗。只要宝宝平时精神很好、能吃能睡、大小便都正常的话，家长就不用担心，更不用把宝宝当成病人般对待。

要消除这种症状最好的办法不是打针吃药，不是过分保护，而是加强锻炼，特别是皮肤和气管黏膜的锻炼，为此就要多让宝宝到户外呼吸新鲜空气，进行耐寒锻炼，平时多喝些水。如果宝宝因为夜里咳嗽睡不好觉的话，可以给他调整一下体位，会起到一定的缓解作用。如果天气较冷的话，要控制洗澡的频率和时间，但在炎热的夏天还应照常洗澡。容易积痰的婴儿，一般持续时间较长，但只要家长不急不躁、加强锻炼，随着宝宝渐渐长大，都能慢慢地好起来。

头部奶痂

婴儿刚出生时，在皮肤表面有一层油脂，这是一种由皮肤和上皮细胞分泌物所形成的黄白色物质。如果婴儿出生后长时间不洗头，时间一长，这些分泌物和灰尘就会聚集在一起，就会形成奶痂。

奶痂在新生儿中非常普遍，多出现在前囟门周围，一般不疼不痒，摸上去有些油腻，颜色发黄，对宝宝的健康没有明显的影响。奶痂是一种暂时性的现象，大部分都能痊愈。

虽然这些奶痂能自愈，但是宝宝可能会因痒、痛而烦躁，进而影响了消化、吸收和睡眠。另外，严重的头皮奶痂还会耽误宝宝的疫苗接种。所以，当出现奶痂以后，还是要积极做好清理工作。

清理奶痂最简单方便的方法就是用植物油清洗。一般要先将植物油（橄榄油、香油、花生油等）加热消毒后再放凉，以保证植物油的清洁。在给宝宝清洗头皮乳痂时，先将冷却的植物油涂抹在乳痂表面，停留1～2个小时，待乳痂松软后再用温水轻轻洗净头部的油污。依乳痂的轻重每日清洗，一般3～5天即可消失。清洗时，要注意室温应在24℃～26℃，在清洗后还要注意用干毛巾将宝宝头部擦干，以防止宝宝受凉。

去除奶痂不要急于一下子全部清除掉，要每天弄一点，慢慢弄干净。千万不能硬性地给宝宝往下揭痂，这样会损伤宝宝的皮肤，严重时可出血甚至发生感染。

当除掉奶痂以后，一定要勤给宝宝洗头和脸，并耐心细致地清洗干净，不要让宝宝再结奶痂。再有，头皮乳痂往往与婴儿湿疹“混为一体”，所以如果是母乳喂养的话，妈妈在哺乳期就应暂时停止进食鸡蛋、鱼、虾、蟹等过敏食物，不能吃喝任何刺激性食物和饮品。

奶秃和枕秃

这个月的宝宝可能会出现不同程度的奶秃和枕秃现象。

有的宝宝刚生下来的时候，有满头黑亮浓密的头发，但过了满月后就出现了脱发的现象，头发变得稀疏发黄了。这时妈妈未免担心宝宝是否营养不良了，或是缺乏某种营养了。其实，1～2个月的宝宝出现脱发，是生长过程中的一种生理现象，俗称奶秃。奶秃一般会随着宝宝月龄的增大、辅食的添加而消失，脱落的头发就会重新长出来。再有，宝宝胎儿期的头发与妈妈孕期的营养有关，出生后与遗传、营养、身体状况等多种因素有关。如果爸爸妈妈有一方头发稀黄的话，那么宝宝的头发也可能会比较稀黄。

以前人们都认为枕秃是由于宝宝缺钙引起的，但就目前来看，缺钙引起枕秃的情况已经很少了，大部分枕秃的形成是与宝宝的睡姿或枕头的材料有关。

这么大的宝宝基本都是仰卧着睡觉，而且比较爱出汗，一天中的大多数时间是在枕头上度过的。有的爸爸妈妈为了让宝宝有一个好的头型，就给宝宝睡过硬的枕头，甚至是用黄豆、玉米粒装枕头，这样势必会令宝宝觉得不舒服，在枕头上磨来蹭去。时间一长，就会把枕后的头发磨掉，形成枕秃。

因此，当宝宝出现枕秃后，先不要忙于补钙，应该先找找枕头方面的原因。实际上，纠正宝宝头型还有很多种方法，给刚过满月的宝宝睡硬枕头并不是一个好办法。

经常哭闹的孩子

宝宝哭闹有多种原因，有些是生理性的，有些是病理性的，只要仔细观察都能找到哭闹的原因。

排除疾病和不适因素，健康的爱哭闹的宝宝哭闹时声音洪亮、底气十足，不哭时情绪很好，特别爱笑，像这种哭闹就是婴儿早期发育的正常行为，只要在宝宝哭闹时抱着他散散步，呼吸呼吸新鲜空气，看看外面的风光，宝宝就可以分散注意力而停止哭闹。等到宝宝感到疲劳了，稍微哄一下很快就能进入睡眠。

虽然不赞成总是抱着宝宝，以免养成抱癖，但总是让宝宝躺着啼哭不去管他也是不好的。尽管无论哭得多厉害都不会使大脑受损，或者引起痉挛，但是哭闹时腹部过于用力，就会引起疝气（脐疝或腹股沟疝气）。

此外，剧烈的啼哭会让没有经验的爸爸妈妈感到恐慌、沮丧，因此常常采取来回摇动婴儿的办法安抚宝宝，但这是非常危险的一种行为。因为宝宝此时的颈部肌肉无力，头部较大，剧烈持续的摇动会对其头部产生很大的冲击力，发生所谓“摇动婴儿综合征”，造成脑出血、脑水肿、视网膜出血和破裂等，导致严重的后果，

因此，当宝宝哭闹时，千万不要来回摇晃婴儿，可以让宝宝俯卧在肩膀上抚慰走动，细声细语地说话或唱歌，也可以用热水袋敷一下宝宝的腹部。如果所有的安慰都无效、并且哭闹得让人无法忍受时，也可以先走开一会儿，因为宝宝的心理很难琢磨，有的时候他哭也可能是想唤起大人的注意，当发现大人不在身边了，他也许就会觉得无趣而主动安静下来了。

忽闪忽现的疹子

这个月的宝宝如果突然间出现精神委靡不振、吃奶量减少的话，有的时候在转天全身就会发出又红又小的疹子。这种疹子既像痱子，又像6个月后经常出现的突发性皮疹，但与二者又有一定的区别。

与突发性皮疹的区别是，突发性皮疹多在婴儿6个月以后出现，而这种疹子是在这个月出现，并且出疹子时宝宝并不发热。

与痱子的区别是，这种疹子在不知不觉中会完全消失，多数情况下1天内就会消失，而痱子却不会在这么短的时间消失。

这种忽闪忽现的疹子在1～2月大的宝宝身上常会出现，但究竟是由什么原因引起的，目前尚不清楚，就目前观测也不会对宝宝造成很大影响。当知道可能发生这种现象以后，家长若真遇到时就不必恐慌担心，也不用怕宝宝是得了麻疹，因为这个月龄的宝

宝是不会得麻疹的。

大便溏稀、发绿

当新生儿胎便排尽后，吃母乳的宝宝大便将呈黄色、均匀、糊状，而且次数较多，每天可达4～5次；而喝牛奶的宝宝大便多发白且成形，有时可见奶瓣，每天2～3次。

但有的宝宝在这一时间常常会有大便溏稀、发绿，中间混有白色疙瘩的现象，并且有时会像打碎的鸡蛋一样不成形状。这种情况多出现在母乳喂养的宝宝身上，是一种生理性腹泻。

生理性腹泻的大便呈黄绿色、较稀，甚至有小奶瓣和黏液，每日可达6～7次。发生生理性腹泻的宝宝精神状态较好，吃奶量正常，腹部不胀，不发热，不呕吐，大便中没有过多的水分和水便分离，体重增长速度也正常。这种情况下家长大可不必着急，更不必为改变大便性状而停喂母乳改喂牛奶，等宝宝开始合理添加辅食后，这种生理性腹泻也就自然痊愈了。

如果宝宝出现吃奶间隔时间缩短、好像吃不饱的情况时，就有可能表示母乳不足了。当出现这种情况后，先不要急于添加代乳食品，应先监测几天宝宝的体重变化。若宝宝的每日体重增加值少于20克或一周体重增加少于100克时，再予以添加奶粉，同时观察宝宝的吃奶间隔时间是否延长了，并继续监测体重。如果在这样的调节下一周内体重增加超过了100克，就证明是母乳不足造成的大便溏稀、发绿。

虽然母乳是宝宝最好、最安全的食品，但如果妈妈不注意乳房清洁或患乳腺炎时，宝宝就可能会吃到带菌的乳汁，继而造成大便带脓血、患感染性腹泻的可能。如果大便常规检查异常的话，就必须带宝宝上医院诊治，千万不要以为是生理性腹泻而贻误治疗时机。

吃奶时间缩短

新生儿的胃容量小、吸吮能力弱，加上妈妈的奶量较少或是乳头条件还不是很好，所以会造成宝宝吸吮比较费力，因此每次吃奶的时间也比较差。但是从满月之后，宝宝的胃容量开始增大，胃口越来越好，吸吮能力也有所提高，吸吮速度越来越快，加上此时妈妈的乳汁分泌开始多了起来，抱着宝宝吃奶的姿势也更加熟练，所以这个月宝宝的吃奶时间会比上个月刚出生时有所减少。

有的妈妈一看宝宝每次吃奶的时间缩短了，就担心是不是奶水不足或是宝宝生病了。检查奶水是否不足，可以通过每天体重检测来确定，如果宝宝的每天体重增长都在正常范围内，且宝宝在不吃奶的时候不哭不闹，精神十足的话，那么就表示母乳足够宝宝所需；反之则提示母乳不足，应适当增加牛奶。如果宝宝是因为生病而导致吸收能力减弱，那么他肯定还会有其他不正常的表现，细心观察宝宝状况的妈妈应该不难发现其中的异常。

睡眠不踏实

有的宝宝满月过后睡得可能没有以前踏实了，睡觉时会出现各种各样的表情动作，有时还会哭两声，甚至突然惊醒。这是因为随着宝宝看、听、嗅等感知能力的增强，对外界的刺激感应更明显所造成的，任何环境中的微小动静都可能被宝宝察觉到，进而表现得不踏实。

再有，这个月的宝宝开始会做梦了，这也会令他在睡眠中出现躁动。但这些都不会影响到宝宝的睡眠质量，因为他所有的动作都是在睡眠过程里进行的，换句话说宝宝此时仍然处于睡眠之中，所以并无大碍。

如果宝宝在睡觉中突然惊醒、哭闹的话，妈妈只要轻轻拍他几下，宝宝就会很快地再次入睡。如果不停地哭闹，妈妈就要过去安慰一下，握着他的小手轻轻放到他的腹部摇一摇，处在迷糊状态的宝宝会很快地睡去。如果是晚上惊醒哭闹的话注意不要开灯，也不要逗他玩、把他抱起来或摇晃他。如果越哭越厉害的话，可以仔细检查一下宝宝是不是饿了、尿了，或是有没有发热等病兆。

用手抓脸是怎么回事

快两个月的宝宝，常常会用手抓脸；如果宝宝指甲长的话，就会把自己的脸抓破；即使没有抓破，也会抓出一道道红印。这是由宝宝在这一时期的活动特点造成的，最好的办法是把宝宝的指甲剪短并磨圆钝，这样无论宝宝怎么抓，也不会抓破自己的小脸了。

有的家长为了防止宝宝把脸抓破，就给宝宝缝制一双小手套，用松紧带束上手套口或用绳把口系上。但这种方法是不可取的，虽然这样做能避免宝宝再把脸抓破，但却会带来更大的弊端，而且还存在着安全隐患。

如果手套口束得过紧的话，就会影响宝宝手的血液循环；如果缝制的手套内有线头，那么宝宝“不老实”的手就可能会被线头缠住，造成手指出现缺血。但宝宝即使手被缠住了也很难向爸爸妈妈表述清楚，一旦爸爸妈妈不能及时发现，就会使宝宝手指出现坏死，造成终身的遗憾。

再有，宝宝正处在生长发育期，戴上手套会令手指活动受到限制，从而给宝宝的成长带来一定的影响。

手是宝宝发育中非常关键的器官，在大脑发育中占有很重要的位置。手部的神经肌肉活动可以向脑提供刺激，从而促进宝宝的智力发展。用手抓东西是宝宝的本能，也是宝宝初步感受事物的最基本的动作。整天把宝宝的手用手套束缚着的行为是很不利于宝宝手部运动的发展的。宝宝的小手被手套挡住了，他看不到自己的小手，就不能有意识地锻炼，减少了锻炼机会，就会导致运动能力发展迟滞，影响智力发育。

有的爸爸妈妈虽然没有给宝宝戴上手套，但会给上宝宝穿袖子很长的衣服。虽然这不会使宝宝出现手指缺血的危险，但也同样会影响宝宝手的运动能力，也是不可取的。

提防生理性贫血

1 ~ 2个月的宝宝有时会出现正常的生理性贫血，这是宝宝在生长发育过程中的一种自然现象。造成这一时期的生理性贫血，是因为宝宝在胎儿期相对缺氧，红细胞生成增多，出生后进入正常氧环境，机体生成红细胞减少而造成的，并不是因为造血物质不足，也不是因为骨髓的造血功能异常。

生理性贫血多发生在宝宝出生后的1 ~ 8周以内，血红蛋白会逐渐下降到低于正常值，直至8周后停止。一般刚出生的新生儿血红蛋白可高达180 ~ 190克／升，足月儿血红蛋白生理性下降极少低于100克／升；未成熟儿由于代谢及呼吸功能较低，体重增长快，所以生理性贫血出现时间早，贫血表现更为严重，生后3 ~ 6周内可下降至70 ~ 90克／升。

宝宝出现生理性贫血，在保证正常营养的情况下，一般不需治疗，更没必要服用铁剂，因为铁剂对生理性贫血是无效的。等到宝宝满百天后，机体内红细胞生成素的生成增加，骨髓造血功能逐渐恢复，红细胞数和血色素又缓慢增加，至6个月时就可恢复到正常值范围内。但如果超过这个时间，血红蛋白和红细胞计数不在正常值范围内，那么，就有可能患有病理性贫血。

其实，生理性贫血是可以预防的。由于母乳中的铁比牛乳中的铁质生物效应高，易被吸收，因此坚持母乳喂养可以有效地减少生理性贫血的发生。

如果妈妈在怀孕期间患有缺铁性贫血、宝宝是早产儿或双胞胎，特别是喝牛奶的早产儿，应该从2个月起就要补充铁剂。因为胎儿从妈妈那里接受铁，多在妈妈妊娠期进行，而早产儿因为提前来到世间，补铁时间相对要短；双胞胎因母体中的铁又分成了两份，故可能会造成先天性的铁不足。上述原因都会造成宝宝从母体中接受的铁较少，一般只能提供6周左右的生长所需，超过6周之后体内储存的铁就几乎没有了。如果这时候不马上给宝宝补铁的话，宝宝就极易出现生理性贫血。

要预防生理性贫血，应注意喂养的食物中必须富含造血需要的物质，如尽量母乳喂养、给予相当年龄阶段的配方奶，对早产儿应及时添加含维生素E和叶酸及含铁质等食物，这样才有益于机体造血功能的恢复。

观察宝宝是否斜颈

这个月宝宝的头还不结实，还没有能力变换自己的睡姿。如果这时只让宝宝的头朝一侧躺着睡觉的话，就会使宝宝的头部变形或者凹陷，造成头型不正。头型不正经过纠正后可自然恢复，但如果宝宝的头持续偏向一侧，变换头的方向也不起作用的话，就应考虑斜颈的可能。

斜颈是指以头向患侧斜、前倾及面部变形为特点的畸形，是由于颈部胸锁乳突肌受压，血管受压缺血，患侧胸锁乳突肌的动脉管腔均栓塞不通，而致肌肉发育不良，或肌肉出现水肿、炎症使肌细胞退化，产生纤维变性，最终为结缔组织所代替，而造成挛缩所致。检查斜颈除了上述特征外，有时还可在患处摸到梭状肿物。

如果怀疑是斜颈，应立即去医院进行诊断，轻度的斜颈可以通过物理方法来纠正，斜颈的治疗越早越好，如果延误的话就会造成婴幼儿畸形。

对斜颈患儿的治疗，在出生后两周即可开始。主要通过被动牵拉进行矫正，即将患儿的头倾向健侧使健侧耳垂向肩部靠近，进行与畸形相反的方向运动。矫正的手法要轻柔，同时还要对肿物进行按摩，每次牵拉15～20次，一日4～6次。对于1岁以上的患儿，则需进行手术治疗，且术后仍要继续矫正及保持头颈部正常姿势，才能收到良好的治疗效果。

妈妈饮食不可肆无忌惮

出了月子的妈妈们虽然按理说可以像以前一样“毫无节制”地大吃大喝了，但只要宝宝在吃母乳的话，妈妈就不能乱吃东西，因为某些食物会通过乳汁送到宝宝嘴里，对宝宝有直接的影响。哺乳期的妈妈最好不要吃的食物有：

（1）刺激性的食物：包括辛辣的调味料、辣椒、酒、咖啡等。一般而言，少量的酒可促进乳汁分泌，对婴儿也无影响；但过量会抑制乳汁分泌，也会影响子宫收缩，故应酌量少饮或不饮。咖啡会使人体的中枢神经兴奋，1杯150毫升的咖啡，即含有100毫升的咖啡因。虽然目前尚无直接证据表明咖啡对婴儿绝对有害，但对哺乳期的妈妈来说，还是应该有所节制地饮用或停饮。

（2）油炸食物、脂肪高的食物：这类食物不易消化，且热量偏高，应酌量摄取。

（3）生冷食物：如果妈妈贪凉贪新鲜吃了生冷不易消化的饮食，就可能会导致宝宝腹泻。如果实在想吃的话，也要在给宝宝喂奶后再吃，这样等到下次喂奶时，对宝宝的影响就不大了。

（4）香烟和烟草：如果妈妈在喂奶期间仍然吸烟的话，尼古丁会很快出现在乳汁当中被宝宝吸收。研究显示，尼古丁对宝宝的呼吸道有不良影响，因此，哺乳妈妈最好能戒烟，并避免吸入二手烟。

（5）药物：对哺乳的妈妈来说，虽然大部分药物在一般剂量下，都不会让宝宝受到影响，但仍然建议哺乳妈妈在自行服药前，要主动告诉医生自己正在哺乳的情况，以便医生开出适合服用的药物，并选择持续时间较短的药物，达到通过乳汁的药量最少。另外，妈妈如果在给宝宝喂养母乳后服药，应在乳汁内药的浓度达到最低时再喂宝宝，这样宝宝才会更加安全。

第 60 ~ 89 天（2 ~ 3 个月）的婴儿

发育情况

在这个月，宝宝将脱离新生儿的特点，开始正式进入婴儿期了。从现在开始，宝宝的皮肤变得更加细腻有光泽，并且弹性十足，脸部皮肤开始变干净，奶痂消退，湿疹也减轻，眼睛变得炯炯有神，能够有目的地看东西了。

男宝宝在这个月的体重为 5.0 ~ 6.9 千克，平均体重 6 千克；女宝宝体重为 4.7 ~ 6.2 千克，平均体重 5.5 千克。这个月的宝宝体重增长仍然非常迅速，平均每天可增长 40 克，一周可增长 250 克左右，整个月将增长 0.9 ~ 1.25 千克。

这个月男宝宝身高为 58.5 ~ 63.7 厘米，平均身高 61.1 厘米；女宝宝身高为 57.1 ~ 59.5 厘米，平均身高 58.3 厘米。一般来说，这个月宝宝的身高可增长 3.5 厘米左右，到了 2 个月末，身高可达 60 厘米左右。

头围是大脑发育的直接象征，影响宝宝今后智力发展的好坏。本月男宝宝的头围平均为 41.25 厘米左右，女宝宝头围平均为 39.9 厘米左右。家长要知道的是，头围的增长也存在着个体差异，到了多大月龄头围应该达到什么值，其值是平均的，并不能完全代表所有的宝宝。

宝宝在这个月前囟和上一个月没有较大变化，不会明显缩小，也不会增大。此时的前囟是平坦的，张力不高，可以看到和心跳频率一样的搏动。囟门的个体差异很大，有的宝宝可达 3 厘米 ×3 厘米，也有的宝宝只有 1 厘米 ×1 厘米。

养育要点

营养需求

这个月宝宝每日所需的热量大致是每千克体重 100 ~ 120 千卡，如果每日摄取的热量低于 100 千卡的话，宝宝体重增长就会缓慢或落后；如果超过 120 千卡的话，就有可能造成肥胖。

除了热量之外，蛋白质、脂肪、矿物质、维生素的需求大都可以通过母乳和牛乳摄入，另外每天还需要 300 ~ 400 国际单位的维生素 D；人工喂养的宝宝每天可以补充 20 ~ 40 毫升的新鲜果汁，母乳喂养的宝宝如果大便干燥的话，也可以适当补充一些果汁；早产儿从这个月开始要补充铁剂和维生素 E，铁剂为每日每千克 2 毫克，维生素 E 为每日 25 国际单位。

母乳喂养

母乳充足的话，2 ~ 3 个月的宝宝体重平均每天增加 30 克左右。

如果母乳足够宝宝吃的话，本月宝宝吃奶的间隔时间会变长，以往一过 3 个小时就饿得哭闹的宝宝，现在即使过 4 个小时、有时甚至过 5 个小时也不哭不闹，而晚上也有可能延长到 6 ~ 7 个小时，妈妈终于可以睡个安稳的好觉了。

这个时候千万不要因为喂奶时间到了就叫醒正在酣睡的宝宝，因为宝宝睡觉时对热量的需求减少，上一次吃进去的奶量足够维持宝宝所需的热量。而且只要体重增加而睡眠时间变长，就说明宝宝的胃开始可以存食了。如果每隔 3 小时就把宝宝叫醒吃奶的话，就很难弄清楚宝宝的胃是否具备存食的能力。

如果宝宝体重增加缓慢，到了吃奶时间也不啼哭，睡眠又好的话，就说明他的食量较小。对于这样的宝宝，妈妈不要一次给他吃得太多，采取少食多餐的方法。只要宝宝把乳头吐出来，把头扭过去的话，就先不要给他吃，等到过 2 ～ 3 个小时再喂。这样的话虽然每次食量较正常情况少，但全天的食量仍然不变，足以提供宝宝的日常所需。

由于母乳很难控制食用量，所以对于母乳喂养的宝宝，可以每周用体重计测量宝宝的体重来衡量宝宝的发育情况。如果每周宝宝的体重增长都超过 250 克，就有可能是摄入热量过多，宝宝营养过剩；如果每周宝宝的体重增长低于 200 克，就有可能是摄入热量不足，宝宝营养缺乏。

当宝宝出现营养不足时，他可能在每次吃奶时，吃不到 10 分钟就不吃了，或是吃完了还想吃，好像总吃不饱似的；皮肤也依然是遍布皱纹，尤其是脸上的皮肤仍然没有长开；体重不足的情况一直没有明显改善。如果出现上述情况，家长就应注意，最好是尽快带着宝宝到医院检查。

母乳喂养婴儿营养不足的主要原因就是妈妈的奶水不够。妈妈最好是到医院去检查一下，如果确定是自己的原因，就要积极想办法改善调节，例如平时多注意休息和饮食平衡，特别是要多吃些新鲜的水果和蔬菜，以保证营养的均衡充分；尽量让宝宝多吮吸乳房，只要他想吃就让他吃，这样也可以有效刺激乳房、调节乳汁分泌，以满足宝宝的营养需要；同时还要保持轻松、愉快的好心情，这对妈妈的乳汁分泌水平也是很重要的。

混合喂养

母乳是否不足，最好的判断方法就是根据宝宝的体重增长情况来判断。如果宝宝在一周中体重增长低于 200 克，就表示母乳不足了。另外如果宝宝吃不饱的话，就可能变得很爱哭，以前夜里只醒一次，现在却醒 2 ～ 3 次，并且哭闹，由此也可以确定是母乳不足。再有，正常发育和成长的宝宝一天会尿湿 6 ～ 10 块尿布，也可以将此作为辅助参考的依据。

如果确定宝宝吃不饱的话，就可以在每天母乳较少的时候（一般是下午 4 ～ 6 点）加一次牛奶。开始先加 150 毫升试试看，如果宝宝一次喝光仍觉不饱的话，下次可以加到 180 毫升；如果宝宝吃不了的话，那下次就应适量减少一些。

按照这样的方法添加 5 天，如果宝宝半夜便不再哭了、平时不再闹人了，每周的体重增加也超过了 200 克，或每天体重增加超过了 30 克，就可以照此继续添加下去。但如果 5 天内宝宝的体重依然还是增加不到 200 克，那就应再增加一次牛奶。

如果宝宝以前一直吃母乳，现在加了牛奶，就要适量补充维生素 C 了，可以每天给宝宝喝些鲜果汁来予以补充。

吃惯母乳的宝宝还有可能不接受胶皮奶嘴或牛奶，所以应该尽量在宝宝肚子饿的时候加奶，或是平时用奶瓶给宝宝喝点水或果汁，让宝宝习惯奶瓶和牛奶的味道。由于胶皮奶嘴的形状和硬度与宝宝不爱喝牛奶有关，所以不妨多试用几种。另外不能在吃过母乳后再加牛奶，应该采用单独喂一次牛奶的方法。吃完母乳后去增加不足部分的做法最不好，因为与母亲的乳头相比，宝宝显然讨厌很硬的胶皮奶嘴，加上牛奶的味道与母乳不同，宝宝当然不愿意吃。

需要注意的是，不管宝宝多么爱喝牛奶，也应切忌过量。因为牛奶比母乳要甜、要好吃一些，一旦宝宝喜欢上了牛奶，往往就变得不爱吃母乳了，这样母乳的分泌就会减少，从而不得不提前告别母乳喂养。再有，牛奶没有母乳易于消化，容易给宝宝增添肠胃负担。

人工喂养

这个月宝宝的食欲显得特别的好，可以从原来的120 ~ 150毫升，增加到150 ~ 180毫升，有些甚至会增加到200毫升以上，大约每隔4个小时就要喂一次。

对于食欲特别好的宝宝，也不能任由其“肆无忌惮”地吃，因为喝牛奶的宝宝很容易营养过剩。当宝宝吃完奶后经常反刍、吐奶、打嗝，并有腹胀、腹泻、大便过频（每天6 ~ 8次）而且较稀，就说明宝宝可能吃撑了。当然，由于宝宝的消化系统发育尚不完全，许多宝宝在吃完奶后都会有打嗝、吐奶的现象，如果吐得不多就属正常现象，家长不必过于担忧。但如果每次都吐，而且吐得相当多的话，就要及时就医检查了。这既有可能是宝宝消化系统的问题，也可能是由于吃得过多、营养过剩造成的。

用奶粉喂养的爸爸妈妈要特别注意奶粉的保质期和保存方法。如果奶粉包装袋或罐子有开裂、洒漏等现象，最好不要给宝宝食用。另外还可以从这个月给人工喂养的宝宝添加一些辅食，如每天可以给10毫升的菜汤，1/4个蛋黄，但还不能加米粉。

需要注意的是，有些宝宝可能会对奶粉中的某些成分过敏，例如牛奶粉中的蛋白质等。当宝宝过敏时，通常会有吐奶、腹泻、胃疼、皮疹甚至大便出血等症状。还有的宝宝不能吸收奶粉中的乳糖，也就是说，宝宝不能完全消化奶粉，因为这种乳糖最适合乳牛而不完全适合人类婴儿。不吸收乳糖的症状包括多屁、腹部鼓胀和疼痛、腹泻等。如果出现这类情况，就应尽快与医生取得联系，并改变奶粉配方。

有的宝宝对奶粉的过敏反应较轻，在少量饮用时不出现过敏现象。对于这样的宝宝，在遇到过敏时，可以先试着停服奶粉2 ~ 4周，然后开始喂以少量奶粉，先喂10毫升，如未出现过敏现象，每隔几天增加5毫升，逐渐增加，找出不发生过敏反应的适用量，就可继续饮用了。有的宝宝可能这时候对牛奶过敏，但是当月龄渐大后，对牛奶就不再有过敏反应了。

如果宝宝对牛奶过敏严重的话，则可以尝试改用其他代乳食品如羊奶、代乳粉、奶糕或低乳糖的营养粉等。

鲜果汁好处多

从这个月开始，就可以给宝宝喂食一些新鲜果汁了，特别是人工喂养的宝宝，更要添加多种鲜果汁，以补充宝宝成长所需的多种维生素和营养物质。

适合2个多月宝宝食用的果汁有很多，尽量选择当地当季盛产的水果，如春天可用橘子、苹果、草莓；夏天可用西红柿、西瓜、桃；秋天可用葡萄、梨；冬天可用苹果、橘子、柠檬等，不能给宝宝喝市场上销售的果汁，把果汁挤出来以后一定要过滤。

由于此时宝宝还太小，胃肠功能比较脆弱，所以最好是不要给宝宝喂纯果汁，即要把榨好过滤干净的新鲜果汁兑上适量的温开水再给宝宝食用，并且一次不能超过50毫升，一般以20 ~ 30毫升为宜，最好不要加糖。在添加果汁之后，要注意观察宝宝的反应，如果宝宝没出现任何不适症状、也没有消化不良或者便秘的话，就可以继续喂食，量也可以逐渐增加；但如果宝宝有便秘或其他不适症状的话，就应减少喂食量或暂时停喂，等宝宝再大一个月的时候再试着喂。

不适合喝米粥

米粥的营养价值高又易于消化，是宝宝最理想的辅食之一。但是需要注意，这个月龄的宝宝还不适合给予米粥类的食物，因为此时宝宝体内还未形成能够消化米粥类食物的酶，一旦喂食米粥的话很容易出现消化不良。而且，此时正是宝宝发育的旺盛期，需要大量的优质蛋白质支持，乳类食品又是优质蛋白的主要来源。如果吃米粥的话，就会影响奶的摄入量，因此影响到蛋白质的摄取。再有，米粥中的主要成分是碳水化合物，过早过多吃的话容易造成热量摄入过多，从而导致宝宝肥胖。

所以，急于给宝宝添加米粥的爸爸妈妈们，最好是再耐心等待一阵，等到宝宝4个月以后再喂食。另外这个时候也不宜给宝宝添加婴儿米粉，道理都是一样的。

选择合适的洗澡时间

过了2个月的宝宝，不会像以前那么容易因为洗澡而生病了，所以洗澡的时间也并不一定要固定，只要形成自己的规律即可。一般来说，寒冷的冬天不必给宝宝天天洗澡，可以把洗澡的时间放在周末白天、室内阳光充足的时候；在天气较暖和的春秋季节，也尽量将洗澡时间放在上午九十点钟，因为此时的温度比较适宜，且阳光比较充足；如果是在炎热的夏天，可以随时给宝宝洗个降温的热水澡。不过无论选在什么时候洗澡，每次洗澡的时间也不宜过长，最好不要超过15分钟。

如果宝宝发育完全健康的话，这时他的脐部已经完全长好了，而且脊椎也变得硬朗多了，所以妈妈可以放下心来直接把宝宝放在浴盆里洗澡了。由于洗澡比起刚出生时要顺利得多，也可以试着把宝宝放到洗浴间里洗澡，但一定要注意洗浴间的温度，尤其是在冬天。

还要注意的是，当宝宝肚子饿的时候，喂奶30分钟以内尽量避免给宝宝洗澡。再有，给宝宝洗澡也许是忙碌的爸爸接触宝宝再好不过的机会，所以爸爸可以在休息日或回家早的时候，好好享受一下给宝宝洗澡的乐趣。

给宝宝洗澡之前，要把浴室温度提前调好，做好浴缸、浴盆的清洁，然后把所有洗澡用品都准备好放在身边，不要因为临时去拿东西而让宝宝在浴盆里等待时间过长而着凉；给宝宝洗澡的水温最好是33℃～35℃之间，有经验的妈妈可以用手背或手腕前部直接试温，如果感觉掌握不好的话，也可以准备一个水温计；给宝宝放的洗澡水不能太深，以坐着时没过生殖器、躺着时刚好露出肚脐为宜，但躺着时要把宝宝的头放在妈妈的上臂上；洗澡时注意小心，不要把洗澡水弄到宝宝耳朵里、把洗发水或婴儿皂弄到宝宝的眼睛里；如果是女宝宝的话，洗完澡后要用清水冲一下外阴部；洗完澡后要立即用浴巾裹好抱出浴室，放到温暖的卧室，等到宝宝身上全干后再给宝宝穿衣服。

多呼吸新鲜空气

为了宝宝的健康，妈妈就要让宝宝多接触户外的新鲜空气。如果宝宝健康检查显示发育良好的话，从这个月开始，就可以带着宝宝到户外接受新鲜的空气了。新鲜空气中的含氧量高，由于宝宝单位体重所需的氧量远远超过成年人，因此多让宝宝呼吸新鲜的空气，有利于满足其对氧的需要，促进新陈代谢，保证其健康发育。

在刚刚带宝宝进行室外活动的时候，要选择无风、气候适宜、室内外温差相对较小的时间，可以先打开窗5分钟左右，让宝宝呼吸新鲜空气，每天1次。等宝宝慢慢习惯之后就可以带着宝宝到外面走走，每次在户外待几分钟，以后逐渐增加到每次十几分钟，由每天的1次活动增加到2～3次，以后随着宝宝的年龄增大再不断增加。

外出的时间，夏季可适当延长早、晚在户外的时间，中午11：00～下午3：00最好不要去户外活动。冬季可适当缩短午睡时间，利用阳光充足、室外温度较高的下午时间到户外玩耍。

男女婴的护理差异

由于男宝宝和女宝宝的身体构造不同，所以必然有一些护理方法上的差异：

1. 日常清洗时。男宝宝可能会出现鞘膜积液、包皮过长的问题，或是由于包皮藏匿污垢而引起龟头炎症。所以，在给男宝宝清洗臀部时，应特别注意包皮处的清洗。在每次清洗时，要轻轻把包皮向上翻起，使龟头暴露，然后用清水涮一涮，把积存在包皮内的尿酸盐结晶清理干净。如果想给宝宝洗得更干净时，可以把包皮轻轻地向后拉，直到感到有阻力的时候为止，然后把包皮里面的污垢洗掉，并且冲洗干净。但不能把包皮强行向后拉，否则可能导致感染。

女宝宝的尿道与阴道口紧密相邻，如果不注意卫生的话就有患上尿道口炎和阴道炎的危险。因此，在给女宝宝清洗尿道口和臀部时，一定要用流动清水从上向下冲洗，这是预防尿道和阴道炎的关键。另外在给女宝宝擦肛门时，必须注意一定要从前向后擦，也就是从外阴部往肛门处擦洗，而不能从后向前擦，否则容易使肛门口的大肠杆菌污染尿道和阴道口而引起发炎。

2. 尿便清理、换尿布时。在给男宝宝换尿布的时候，可以先把尿布在宝宝的阴茎处稍微停留几秒钟，避免在打开尿布的一瞬间宝宝尿得到处都是。打开尿布之后，先用纸巾把粪便清理、擦拭干净，再用柔软的毛巾蘸上温水，在宝宝的小肚子、皮肤、大腿、睾丸、会阴和阴茎部分仔细擦拭。最后再举起宝宝的双腿，把肛门、屁股擦拭一遍后换上干净的尿布。给男宝宝换尿布特别要注意一些容易被忽视的“卫生死角”的清洁，如鼠蹊部、睾丸等，特别是睾丸。如果睾丸处皮肤长期处于一种潮湿的非清洁状态，除了会让宝宝的肌肤受到极大的伤害之外，还会为宝宝的生殖健康带来一定的危害。

给女宝宝换尿布，打开尿布、用纸巾把粪便清理、擦拭干净后，用柔软的毛巾蘸上温水，在宝宝的小肚子、皮肤、大腿、外阴部仔细擦拭。清洗完毕之后要立即用毛巾把小屁股包起来，以免宝宝着凉。然后再举起宝宝的双腿，擦干肛门和小屁股之后换上干净的尿布。注意在给女宝宝的肛门清理干净之后，必须要再用温水清洗一下，因为如果只是使用擦拭的方式的话，还是会留下一些排泄物在皮肤上。

衣物被褥

这个月宝宝可以继续用以前的衣物被褥，但不要再给宝宝周围放多余物品，特别是塑料薄膜类的用品。因为这个月的宝宝可能会翻身了，如果在家人没有留意的情况下翻身碰到这些物品，轻则碰伤宝宝，重则甚至有窒息的危险。

这一月龄的宝宝开始学着抬头，脊柱颈段出现向前的生理弯曲。因此，为了维持宝宝的生理弯曲，保持体位舒适，就要给宝宝垫婴儿枕头了。好的婴儿枕头必须有适合的承托力、合适的高度和好的填充材料；高度以3～4厘米为宜，并根据宝宝的发育状况，逐渐调整枕头的高度；长度要与宝宝的肩部同宽为宜；质地要柔软、轻便、透气、吸湿性好。

家长可以给宝宝用以木棉、草籽、灯芯草、蒲绒、珍珠棉、蚕沙为填充物的婴儿枕头，另外传统的荞麦皮枕头也是不错的选择。尽量不要使用泡沫塑料或腈纶做充填物的枕头，也避免使用太软的纤维棉等材料填充的枕头。因为过于柔软的枕头无法承受住宝宝头部的重量，还容易出现窒息的危险。

除了过软的枕头，太硬的枕头和带凹的马鞍形枕头也不宜给宝宝使用。宝宝的颅骨很软，囟门和颅骨缝还未完全闭合，如果长期使用质地过硬的枕头，易造成头颅变形，或一侧脸大，一侧脸小，影响外形美观；而此时的宝宝有的还有吐奶的情况，如果选择带凹的枕头就可能会使吐出去的奶堵塞住宝宝的口鼻，造成窒息。

这一时期婴儿的新陈代谢旺盛，头部出汗较多，睡觉时很容易把枕头浸湿，汗液和头皮屑混合易使致病微生物黏附在枕面上，极易诱发颜面湿疹及头皮感染。因此，婴儿的枕芯要经常在太阳底下暴晒，最好每年更换一次枕芯，枕套也要常洗常换，保持清洁卫生。

排便训练

从宝宝出生 2 个月开始，就可以有意识地训练定时把大小便了。训练宝宝定时大小便，可以使宝宝的胃肠蠕动规律化，通常只要宝宝的吃、喝、睡有规律，大小便稍加训练，就可形成规律。

这个时期的宝宝每天排尿次数多、间隔短，一般在吃奶、喝水后的 15 分钟左右就可能排尿，然后隔 10 分钟左右可能又会排尿，连续两三次后，间隔会稍长一些，但具体的次数和时间间隔还是有一定的个体差异。只要家长了解了自己宝宝的排尿规律，就可以有意识地进行训练。

宝宝的排大便次数多少也有些规律，吃母乳的宝宝一天可能拉 3 ~ 5 次，喝牛奶的宝宝一天拉 1 次的居多，有的可能两天一次。每次宝宝在排大便前都会有发呆、愣神、使劲儿等表现，如果家长能够及时发现并抱起把他大便就可能成功。还可以在每天早上吃奶后、晚上临睡前试着把一把。这个时期定时把大便可以有利于宝宝排便形成一定的规律，有利于避免便秘的发生。

刚开始进行训练时，家长可以有意识地在宝宝排便时给予固定的声音 (哼哼或嘘嘘声) 来强化排便动作，逐渐再固定排便地点和排便器皿。需要注意的是，这个阶段把宝宝大小便可能成功的时候不多，家长不必着急，更不能强迫。这时期练习的主要目的是帮助宝宝形成条件反射，等着宝宝慢慢地学会配合。只要经过一段时间的训练，宝宝大小便的时间就能够相对比较固定了。

翻身训练

在宝宝学会侧卧后，还会从侧卧翻到俯卧或仰卧，这种翻身几乎是无意的，是由身体重心的偏移决定的。但到了这个月，宝宝开始有自己主动翻身的倾向，但由于不太会使用下肢的力量，所以往往只是能把头和上身翻过去，而下半身还是仰卧的姿势。爸爸妈妈在这时，可以利用一些玩具，给宝宝做做翻身训练。

在做翻身训练时，先让宝宝仰卧，然后爸爸妈妈可以分别站在宝宝两侧，用色彩鲜艳或有响声的玩具逗引宝宝，训练宝宝从仰卧翻至侧卧位。如果宝宝无法自己翻身的话，妈妈可以用一只手撑着宝宝的肩膀，慢慢将他的肩膀抬高，当宝宝的身体转到一半时，妈妈就把手放下，让宝宝恢复平躺的姿势。这样左右交替地多训练几次，宝宝就能进一步练习真正的翻身了。

睡眠问题

宝宝必须要从小开始，培养一个规律良好的睡眠习惯。虽然宝宝在妈妈摇篮曲的哼唱声中能够更快更甜地入睡，但这种人为方式令其安然入梦是不宜提倡的，最好的睡眠方式还是自行入睡，而且这样的睡眠质量也比较高。

2 ~ 3 个月的宝宝虽然不像新生儿那样需要长时间的睡眠，但每天依然要睡 16 ~ 18 个小时。一般来讲，宝宝通常在白天大约要睡 4 ~ 5 次，每次 1.5 ~ 2 个小时，喂奶之后会醒一段时间。而夜间的睡眠时间则会相对延长一些，大约要睡10个小时。

有的爸爸妈妈很喜欢用摇晃的方法让宝宝睡觉，觉得这样可以让宝宝更快入睡，但其实这种做法是不对的，甚至是有一定的危险性。因为宝宝的头相对要大而重，颈部肌肉软弱无力，当遇到震动时的自身反射性保护机能较差，所以传统那种哄宝宝睡觉时用力摇晃摇篮、推拉婴儿车、把宝宝高高抛起、在怀里来回晃动或是让宝宝躺在过于颠簸的车里等做法，都可能会令宝宝的头部受到一定程度的震动，从而造成脑损伤。长此以往的话，轻者可能造成脑震荡，严重者还可引起脑损伤，甚至留下永久性的后遗症。所以，爸爸妈妈尽量不要用摇晃的方法哄宝宝睡觉。

这一时期宝宝的头骨发育还没定型，所以在睡觉的时候一定要注意姿势，有些宝宝的头型不正就是因为睡姿不正确而造成的。虽然头型不正与大脑发育无关，也不会影响大脑的发育，但偏得太重的头型会影响美观。这时的宝宝发育很快，颅骨的可塑性大，及时采取措施，能纠正过来。可以让宝宝侧睡，后背用枕头或被子垫着，也可以经常调换睡觉的位置。但千万不能硬掰，以免造成损伤。

有的宝宝在入睡后可能会发出微弱的鼻鼾声，如果是偶然现象，就不是病态，家长不必担心。但如果是经常性的、而且鼻鼾声较大的话，那就应及早带宝宝到医院检查，谨防增殖体增大。

在人体的鼻咽部有个淋巴组织，医学上叫做增殖体。如果是病理性的增殖体增大，入睡后人就会张口呼吸，并引起鼻鼾。宝宝的增殖体增大严重时，还会引起硬腭高拱、牙齿外突、牙列不齐、唇厚、上唇翘、表情痴呆、精神不振、体虚和消瘦等反应。所以，如果宝宝睡眠时出现经常性鼻鼾，需请专科医师诊断是否是病理性增殖体增大，如果是病理性的应及早做手术切除。

婴儿体操

这个月的宝宝应在家长的帮助下做被动体操，主要锻炼胸、臂肌肉、肩关节、膝、股、肘关节及其韧带的功能，让宝宝熟悉四肢运动，同时借以按摩体操促进手臂肌肉和脚腿肌肉的肌力。

伸屈运动：让宝宝平卧，先将其两上肢交叉伸屈，再将两下肢交叉伸屈。腿要尽量弯曲，而后伸直，最后两下肢同时伸屈。每一动作重复2 ~ 3次，以锻炼肩部及腿部的肌肉。

屈腿运动：家长用两手分别握住宝宝的两个脚腕，使宝宝两腿伸直，然后再将两腿同时屈曲，使宝宝的膝关节尽量靠近腹部。连续重复3次。

俯卧运动：让宝宝呈俯卧姿态，两手臂朝前，不要压在身下，家长站在宝宝前面，用玩具逗引宝宝使其自然抬头。为了避免宝宝过分劳累，开始时可以一次只练半分钟，然后逐渐将锻炼时间延长，一天做一次即可。俯卧运动不仅能锻炼宝宝的颈肌、胸背部肌肉，还可以增大宝宝的肺活量，促进血液循环，有利于预防呼吸道疾病。除此之外，抬头的姿势还能扩大宝宝的视野范围，令宝宝从不同的角度观察到新的事物，有利于其智力的成长发育。

扩胸运动：让宝宝仰卧，家长握住宝宝的手腕，大拇指放在婴儿手心里，让婴儿握住，使宝宝的两臂左右分开，手心向上，然后两臂在胸前交叉，最后还原到开始姿势。连续做3次。

这个时候给宝宝做体操不能强拉他的腿，因为如果姿势方法不正确的话，非但达不到锻炼的作用，还很可能会伤着宝宝。所以，这一阶段的婴儿体操量应按具体情况而定，如果宝宝平时很活跃的话，就不一定非要他做体操；如果冬天较为寒冷、室温又较低的时候，也没必要给他做体操。另外，由于婴儿操会使宝宝的呼吸和脉搏加快，在一般情况下做完操恢复常态的时间大约需要2分钟左右，如果不能恢复，就说明运动量过大，每节体操的次数就应减半，以后再根据宝宝的体能状况逐渐增加次数。

免疫接种

满2个月的宝宝要到医院接种脊髓灰质炎疫苗，即口服麻痹糖丸。少数婴幼儿服用脊灰疫苗后会发生一过性腹泻，不需治疗可自愈。对牛乳及牛乳制品过敏的宝宝禁服糖丸型疫苗，可改服液体疫苗。

在带宝宝做免疫接种时，家长应注意以下几点：

（1）从宝宝一出生，医生就会发给一本小册子，上面会详细写有宝宝应该注射的疫苗和注射时间，父母要严格按照规定的免疫程序和时间进行接种，不要半途中断。如果因为粗心错过规定的注射时间，一定要向医生说明情况，另外约定时间再注射。

（2）接种前要向医生说明宝宝的健康状况，如果宝宝是早产儿或者有营养不良症状的话，最好不要立即接种，要向医生咨询，让医生进行评估后再根据建议选择合适的时间再注射。

（3）给宝宝接种疫苗后，要在接种场所休息30分钟左右，密切监视宝宝情况。如果宝宝出现高热和其他不良反应的话，可以及时请医生诊治。

（4）接种以后，要保证接种部位的清洁卫生，擦洗时要尽量避开接种针孔的位置，以防止局部感染。

（5）宝宝接种以后，应避免剧烈运动。父母要细心观察宝宝的反应，如果有轻微发热、食欲不振的现象，这是正常的，一般1～2天会自动消失。但如果反应强烈且持续时间很长，就可能有过敏现象，应立刻带宝宝去医院请医生诊治。

能力的培养

锻炼手部的活动能力

婴儿手的灵巧程度从某种意义上决定着大脑的发达程度。手的活动不仅是宝宝的本能，也是体能发育的基础。这个月手部的活动是为以后练习抓东西奠定基础，通过手握东西的锻炼，可以促进宝宝手和眼的协调能力。

这个月宝宝开始能认识自己的手，常常会凝视自己的小手。妈妈可以借着宝宝凝视小手的机会，讲给宝宝听："这是你的小手，可以用来吃饭、写字、玩玩具"等，还可以给他一个带把并且能晃出声响的小玩具，让宝宝拿着晃动。宝宝很可能会握不住玩具，这时就要求妈妈不厌其烦地一次次把玩具递到宝宝的手里。

如果宝宝发育比较慢，可能这时手还不会自己张开。妈妈也不必为此着急，以为自己的宝宝笨，可以有意识地把宝宝的小手放到自己的脸上摩擦，或用嘴吻宝宝的小手，这时候往往是宝宝最高兴、最快乐的时候，宝宝往往也会乐此不疲地反复做这个动作。

如果宝宝显得比较懒、不愿意自己抓东西的话，妈妈也可以把小玩具直接放到宝宝手里或是拿着宝宝的手去触摸一些物体，让宝宝通过触觉来感受不同的物体，令他觉得兴奋。通过这样的触觉刺激，相信宝宝很快就能张开自己的小手，为将来的握力训练做好准备了。

训练宝宝的抓握力

在训练宝宝抓握力以前，妈妈可以先做一个宝宝能否抓握的小测试：把自己的大拇指或食指放在宝宝手里，看他能不能主动握住。如果宝宝能够握住，并且感觉有了点"手劲"的话，可以试着把手指从宝宝手里向外拉，看看宝宝还能不能抓握住。

抓球法是一个一举两得的训练方法，

不仅可以训练宝宝手的抓握力，而且还可以训练宝宝眼睛的追视力。训练的时候，先让宝宝趴着，然后把一个色彩鲜艳的球，从宝宝的手可以抓到的地方慢慢滚过。一开始宝宝会专心地盯着球从自己手边的一侧滚到另一侧，但过不了多久，他就会伸手去抓那个球了。

还可以把一些色彩鲜艳的小小的软塑动物或其他小玩具悬挂在宝宝的小床上方，注意不要悬挂得太高。先轻轻晃动玩具，引起宝宝的注意，然后抓着宝宝的手去抓那些玩具，再慢慢引逗他自己主动伸手去抓。如果宝宝没什么兴趣的话，妈妈可以把带着拴绳的玩具塞到宝宝手里，然后趁着宝宝没有注意或没有抓牢的时候拉住绳子，把玩具从宝宝手里提起来，刺激宝宝去“抢”回他的玩具。

头部的支撑力

过了2个月的宝宝能够抬起头和前胸，但存在一定的个体差异，有的宝宝在快满3个月时基本能把头抬得很稳并坚持几分钟，有的抬头时间则依然很短暂。这时，可以通过一些训练来锻炼宝宝头部的支撑力。

俯卧抬头练习不仅能锻炼颈肌、胸背部肌肉，还可以增大肺活量，促进血液循环，有利于呼吸道疾病的预防，并能扩大宝宝的视野范围，从不同角度观察新的事物，还有利于智力的发育。训练宝宝的俯卧抬头，要先把宝宝放在稍有硬度的床上，让宝宝俯卧，然后拿着一些色彩鲜艳或有响声的玩具在宝宝面前逗引他，当宝宝看到色彩鲜艳的玩具并听到响声时，就会努力抬起头来。

俯卧抬头训练应在喂奶后一个小时或喂奶前训练，时间长度可以根据宝宝的能力灵活安排，开始时，只练10～30分钟，逐渐延长时间，每天1次即可，不要让宝宝感到疲劳。以后可根据宝宝的实际情况，逐步增加训练时间和次数。

宝宝的运动发育是连续性的，在宝宝能够俯卧抬头45°后，宝宝颈部肌肉的力量也在增强，双臂的力量也在增强，慢慢就可以高高地将头抬起，逐渐达到与床面接近90°角的程度。等宝宝的头部稳定并能自如地向两侧张望时，爸爸妈妈就可以手持色彩鲜艳的玩具，放在离宝宝眼睛30厘米远的地方，慢慢地移到右边，再慢慢地移到左边，训练宝宝转头，最终目的是让宝宝完成转头180°。这个方法不仅锻炼了宝宝俯卧抬头的持久力和颈部的支撑力，同时也锻炼了宝宝颈部转动的灵活性。

宝宝潜能的开发

针对这个阶段宝宝的特点，可以做以下潜能开发的训练：

（1）手拍吊球。在宝宝小床上方距离宝宝不远处悬挂一个带有铃铛的塑料小球，逗引宝宝用他的小手去拍击小球。当小球前后摇摆不断发出声响时，宝宝出于好奇不断地去击打它。由于这个时候的宝宝还不会估计距离，手的动作也欠灵活，所以经常会有拍空的情况，拍空几次宝宝可能就会没了兴趣。这时，爸爸妈妈可以摇晃小球来吸引宝宝的注意力。注意每次玩的时候要改变小球的悬吊位置，以免宝宝长时间的集中注视造成对眼。每次玩过以后，要记得把小球收起来，以防止总是长时间去盯视它。通过这个练习，可以发展宝宝手眼配合协调的能力，为以后的进一步发展做好准备。

（2）与宝宝对话。这个月爸爸妈妈再逗宝宝笑的时候，发现宝宝已经会发出会心的笑声了，而且笑也变成了经常性的交流。另外此时宝宝开始能发出咿咿呀呀的声音了，他总是发出一些双元音，或是把一个元音拉长，活泼的宝宝还喜欢喊叫。

宝宝自小喜欢喊叫是语言发育良好的开始，针对这些特点，爸爸妈妈就要多和宝宝说说话，还可以用夸张的口形同宝宝说话，让宝宝也发出声音来，以此激起宝宝与人对话的兴趣，为以后早日学话和与人交往做好准备。

（3）认识爸爸。新生儿时期宝宝总是对妈妈比较熟悉，从现在开始就应该让宝宝认识和感受爸爸了。爸爸要主动同宝宝玩耍，让宝宝感受到爸爸和妈妈的不同。多数宝宝都喜欢让爸爸抱，把自己举得高高的，尤其是男宝宝，往往更喜欢惊险刺激，更喜欢爸爸豪爽的笑，这会让他感到更有趣。通过爸爸的参与，可以发展宝宝的感受力、分析力、辨别力和记忆力。

宝宝体能和智能的开发

（1）竖头训练。在宝宝清醒、情绪状态较好的时候，把宝宝立着抱起来，用两只手分别支撑住宝宝的枕后、颈部、腰部和臀部，以免伤及宝宝的脊椎；也可以把宝宝面朝前地抱着，让宝宝的头和背部贴在妈妈的胸前，然后一手在前托住宝宝的胸部，另一只手在后托住宝宝的臀部。

通过竖头训练，既可以发展宝宝的抬头能力，也可以扩大宝宝的视野范围，为今后注意力和观察力的发展做好准备。

（2）摇晃训练。让宝宝躺在摇床里或床垫上，然后轻轻摇晃摇床或床垫。当宝宝被摇到半空身体倾斜时，为了保持身体平衡，自然就会努力挺胸直腰，把身体往后仰，以此来锻炼宝宝的平衡能力和背部及胸部肌肉的力量。但训练中要注意的是，开始不能摇动过大，频率不要太快，随时注意宝宝的反应。如宝宝表现出新奇、兴奋、高兴的话，可以慢慢加大摆动的角度；如果宝宝表现惊恐不安的话，就要马上停止，以免发生危险。

（3）单肢遥控训练。让宝宝仰卧，吊一个大花球在宝宝能看到的地方，用一条绳子一端系在球上，一端系在宝宝的手腕上。妈妈先扶着宝宝的左手摇动，这就会牵动大花球上的铃铛发出响声。当宝宝起了兴趣后，妈妈就可以松手让宝宝自己玩了，宝宝就会舞动着四肢甚至晃动身体，想方设法地让铃铛发出声响。当宝宝发现挥动左臂铃铛会响后，妈妈可以再把绳子绑到宝宝的另一只手上，然后再轮流绑到左、右脚踝上。这是一种锻炼感觉统合和选择性专一的游戏，由看到、听到支配全身无选择运动，再到感觉统合、锻炼大脑专门指使选择肢体活动，对宝宝的智力开发非常有用。

家庭环境的支持

身体的接触

1～2个月依然可以对宝宝进行抚触按摩，在促进宝宝生长发育的同时增进家长与宝宝之间的感情，为宝宝良好性格的塑造打下基础。

给宝宝的抚触按摩有多种方法，家长要掌握每种方法的技巧所在：

进行头面部按摩时，家长要用双手拇指从宝宝的下颌部中央向两侧以上滑动，让上下唇形成微笑状，两拇指从额部中央向两侧推，两手从前额发髻抚向脑后，两中指分别停在耳后，像洗头时涂抹洗发水的动作。

进行胸部按摩时，用两手分别从胸部的外下方向对侧上方交叉推进，在胸部划成一个大的交叉。

进行腹部按摩时，双手依次从宝宝的右上腹向左下腹移动，呈顺时针方向画半圆；

进行背部按摩时，以脊椎为中分线，双手与脊椎呈直角，往相反方向重复移动双手，从背部上端开始移往臀部，再回到肩膀。

进行四肢按摩时，双手抓住宝宝的一只胳膊，交替从上臂至手腕轻轻挤捏，像挤牛奶一样，然后从上到下搓滚，完成后再以与此同样的手法按摩另一只胳膊和双下肢。

进行手脚按摩时，用双手拇指的指腹从宝宝的脚跟交叉，向脚趾部推进，并捏拉脚趾各关节，手的做法与足相同。

无论是哪种按摩，在按摩过程中都应重视与宝宝的交流，要直视宝宝的眼睛并保持微笑，也可以在进行过程中跟宝宝咿咿呀呀地说说话。每个部位的按摩时间都不宜过长，一般以4～6次为宜；整个按摩过程最好保持在10～15分钟；在整个按摩的过程中要注意观察宝宝的反应，如果宝宝表示抗拒或出现任何不适表现时，就要立即停止按摩；按摩结束后要立即给宝宝穿上干净的衣服，以免着凉。

玩具

宝宝到了第3个月，已经能够抓住带把的玩具了，但对目标的把握还不准确。可以给宝宝准备一些各种质地、各种色彩、便于抓握的玩具，如摇铃、小皮球、金属小圆盒、不倒翁、小方块积木、小勺、吹塑或橡皮动物、绒球或毛线球等，但宝宝可能会在晃动玩具时把玩具打到脸上，所以在选择玩具时要注意玩具的质地和硬度。

针对宝宝能够对周围环境发生兴趣的特点，可以准备一些颜色鲜艳、图案丰富、容易抓握、能发出不同响声的玩具，如拨浪鼓、哗铃棒、小闹钟、八音盒、可捏响的塑料玩具、软布球、小木块、手镯、脚环、未使用过的颜色鲜艳的小袜子和小丝巾等给宝宝玩。或是买一些带拉线的玩具，最好是一拉线就会动或发出响声的玩具，让宝宝学会拉动拉线使玩具发出响声，刺激宝宝玩要的兴趣。由于宝宝很容易把玩具放到嘴里，所以应注意玩具的干净卫生，最好能定期消消毒。

此外，还可以选一些手感温柔、造型朴实、体积较大的毛绒玩具，放在宝宝手边或床上，让宝宝认识不同质地的小玩具，并且能给宝宝一些安全感。但毛绒玩具买回来之后，一定要先消毒清洗干净、晾晒后才能给宝宝玩。

室外活动

3个月的宝宝视线范围由原来的45°扩大到180°，能看4～7米远处的物体，对颜色也有了初步的分辨能力，并能够跟踪追随物体的运动，而且对能发出声音的、色彩鲜艳的或活动着的东西特别感兴趣，并开始尝试触觉、听觉、视觉或味觉的相互配合运用。

由于神经系统的发育，宝宝双手的抓握在这个月也出现了随意性的变化，并会主动去抓自己想要的东西，而且凡是看到了令他好奇的东西都想抓过来看一看、摸一摸，甚至是放到嘴里咬一咬。这一切的发育成果，都为进一步培养宝宝的观察力奠定了基础。

因此，这个月的室外活动，不仅是让宝宝多接受新鲜的空气和温暖的阳光，还是宝宝感知力和观察力的重要途径。通过观看外面的世界，并在看的过程中用自己的各种感觉去感受世界，宝宝的智力和心理都能获得良好的发育。

需要注意的问题

可能出现的事故

这个月的宝宝可能突然从某天起能够翻身了，因此从床上摔落的危险更大了。前两个月由于宝宝还不会这个动作，所以家长并不太担心，在离开宝宝身边时会给他旁边放上一个小被子做阻挡；而当家长知道宝宝能够翻身时，必然会加强必要的防护措施。只有在这个月，很可能会由于家长的稍不留意，造成宝宝摔伤，因为此时宝宝的手脚力度比前两个月要大很多了，可能以前还管用的小被子现在宝宝随手就能把它拨到一旁，或是直接翻过去。

这个月龄的宝宝也有因为睡觉时含着乳头而窒息的。让宝宝含着乳头，心情舒畅的母亲一旦睡着了，乳房就可能堵住婴儿的鼻子和嘴，由于2个多月的婴儿还很难用双手推醒母亲，所以很容易发生婴儿窒息。

吐奶也是造成窒息的原因之一，如果宝宝吐奶没有被及时发现，就有可能使其被吐出的奶水堵住呼吸道，这点在夜间更容易发生，所以家长应倍加小心。对于常吐奶的婴儿，不能使用塑料围嘴儿，因为塑料围嘴卷起来时，也可能会堵住鼻子和嘴。在枕头底下铺塑料布也不安全。婴儿常吐奶时，有的妈妈怕换褥子麻烦，就在枕头底下铺块塑料布，防止宝宝吐脏，但这也是很危险的，一旦宝宝由于某个原因俯卧，塑料布就会堵住婴儿的嘴和鼻子而引起窒息。

此外，任何可能会堵住宝宝口鼻的东西都不能放在宝宝身边，这个月的宝宝已经会用手抓东西，如果把一块塑料布抓起来放到了脸上，就有可能堵住宝宝的口鼻，造成窒息。

这个时候的宝宝还能够握住带把的玩具并摇动，很可能会打到脸上，所以给宝宝玩玩具一定要有大人的看护，玩具也要选择质地比较柔软、即使打到脸上也不会造成伤害的，以防宝宝自伤。

带着宝宝乘车时，应特别注意保护宝宝的头部，最好妈妈能始终用身体护着宝宝的头。如果是自家开车的话，要使用婴儿座椅，并系好上面的安全带。

此外，烫伤、抓伤和一氧化碳中毒仍然是这个月可能出现的事故，家长们依然要诸多留意。如果家里有宠物的话，要看好它们，不要让它们伤害到宝宝。

发热

宝宝从小到大，或多或少都会出现发热的症状。引起婴儿发热的原因有很多，外在环境因素如天热时衣服穿太多、水喝太少、房间空气不流通；内在身体原因如感冒、气管炎、喉咙发炎或其他疾病，以及其他因素，如免疫注射（麻疹、霍乱、白喉、百日咳、破伤风等）后的自然反应。一般宝宝在发热的同时多伴有呕吐、食欲不振，所以当宝宝发热时，不要强迫宝宝进食，否则会吐出来，加重消化道症状。

以往人们总认为婴儿发热会烧坏脑子，特别是这么小的婴儿。但其实这种看法是错误的，因为只有脑炎、脑膜炎等疾病才会导致脑质本身受病毒破坏，进而伤及智能或感官机能，而发热本身是不会破坏脑部功能的。由于婴幼儿体温控制中枢稳定性不如成人，轻度的病毒感染也可能高热到40℃，所以发热时家长只要知道如何进行降温处理和日常护理就可以了，至于诊断病因应该交给专业的医师，不必过分忧心。

这个月龄的宝宝如果发热度数不高的话，最好使用物理降温，尽量不要给宝宝吃药。可以用温水多给宝宝擦擦身子，特别是腋下、脖子和腹股沟的位置，进行物理降温，还可以用稍凉的毛巾给宝宝擦擦额头和脸部，同时为了加强机体的抵抗力，还要保证足够的营养的摄入。

发热伴有呕吐症状的宝宝会导致体内缺水，所以要保证母乳的量，可以在两次喂奶之间喂一次水；喝牛奶的宝宝则要减少每次喂奶的量，增加喂奶次数，奶嘴的孔不要太大，让宝宝慢慢喝。

如果宝宝持续高热不退的话，就应该先到医院请医生诊断，然后根据医生指导服用相关的消炎药和退热药。

吐奶

大多数宝宝在这个月吐奶的情况都会好转，但不免还会有些宝宝依然会大口吐奶。

宝宝出现吐奶的原因，一是给宝宝喂的奶多了，引起吐奶。一般食量大的宝宝更会发生吐奶，而且大便次数也增多，体重增加很快。出现这种吐奶时，妈妈应适当减少宝宝的奶量，增加每天吃奶的次数，即少食多餐，吐奶情况一般就会好转。

还有一种可能是，妈妈在给宝宝喂完奶后，马上就把宝宝放躺下，或是给宝宝洗澡、逗宝宝玩、令宝宝情绪激动，这些都会引起宝宝吐奶。只要在给宝宝喂完奶后，拍完嗝再让宝宝躺下休息，不要急着逗宝宝，让宝宝保持安静，就不会吐奶了。

如果上述方法都无效的话，那么就要观察宝宝其他方面是否正常。如果宝宝的体重增加正常、精神状况很好、不哭不闹、大便也正常，就不必管他。因为这种生理性的吐奶有时会持续到 3 个多月，甚至少数宝宝还会持续到 5 个月。如果宝宝吐出的奶流到耳朵里的话，应立即用柔软的棉布擦干净，以免损伤宝宝的耳朵，引起外耳炎。

有一种情况家长一定要警惕，就是宝宝在之前几个月里从来不吐奶，但到了这个月的某一天突然开始吐奶，就要想到有发生肠套叠的可能。如果宝宝在吐奶同时还排出果酱样大便的话，基本就可以确定了。肠套叠属于婴儿急症，一旦出现这种情况，就要及时带宝宝到医院治疗。

腹泻与便秘

宝宝若在此时发生腹泻，应首先分清是生理性腹泻还是病理性腹泻，然后从多方面找原因。宝宝受寒着凉、换用配方奶粉、奶粉冲调和喂食不当、奶粉过敏或是母乳喂养妈妈吃了某些过敏性、刺激性的食物，都是引起宝宝腹泻的原因。如果是生理性腹泻的话，家长不需过多担忧；但如果有病理性腹泻的特征时，就要及时警惕，必要时立即就医治疗。

宝宝除了腹泻之外，便秘也比较多见。要知道，便秘的不良后果有很多，最直接的后果就是肛裂，可引起便后滴鲜血，肛周疼痛。宝宝在便后疼痛，就不愿意排便，这样必然会加重便秘，最终导致恶性循环，严重时还会引起外痔。此外，若宝宝患有慢性便秘的话，多数情况会表现得食欲不振，从而导致营养不良，精神委靡，肠道功能紊乱等一系列问题。所以，对于宝宝的便秘，应想方设法予以纠正改善。

母乳喂养的宝宝如果是母乳量不足所致的便秘，常伴有食后啼哭、体重不增等现象，这时只要增加乳量，便秘的症状就会得到缓解。

相对于母乳喂养，人工喂养的宝宝要更易发生便秘，多半是由于牛奶中酪蛋白含量过多，导致大便干燥坚硬而引起的。对于这种情况，可以减少奶量、增加糖量，即把牛奶的含糖量由原来的 5% ~ 8% 增加到 10% ~ 12%，并适当增加新鲜果汁；还可以在牛奶中加一些奶糕，使奶糕中的碳水化合物在肠道内部分发酵后刺激肠蠕动，有助于通便。

鼻塞

鼻子堵塞，对大人来说只是小毛病，而婴儿却常常因此而呼吸不畅、烦躁不安，甚至造成吸奶和睡眠困难。婴儿的鼻腔狭窄，鼻黏膜血管丰富，极易受外界因素刺激，出现鼻黏膜水肿、渗出，鼻涕增多，或是出现鼻痂堵塞鼻孔，造成呼吸困难。

非疾病性的鼻塞不需要到医院进行治疗，只要保持室内空气新鲜，湿度、温度适宜，用温湿的毛巾放在宝宝的鼻部进行热敷，并用软布捻子放到宝宝的鼻孔中轻轻捻动着转出，就可以带出鼻子里的分泌物。如果是鼻涕的话，可以借助吸鼻器；如果是干鼻屎的话，可以去买一种专门夹鼻屎的塑料圆头的小夹子，在宝宝睡着的时候夹，但是动作要快要轻；或是用鱼肝油或生理盐水在宝宝的鼻孔里各滴一滴，这样会软化鼻屎，不一会儿它就能自动排出。

如果鼻痂堵在鼻孔口的话，可以用消毒小棉签轻轻将其卷除。如果鼻垢在鼻腔较深处，可先用生理盐水、冷开水或母乳往鼻孔内滴 1 ~ 2 滴，让鼻痂慢慢湿润软化，然后轻轻挤压鼻翼，促使鼻痂逐渐松脱，再用消毒小棉签将鼻痂卷除，不能用手直接抠宝宝的鼻子，以免损伤嫩弱的鼻腔黏膜，引起出血和感染。在宝宝临睡前，可以用温的湿毛巾擦完鼻子后再往枕头上滴1～2滴清凉油或薄荷水，会令宝宝的鼻子在睡觉时会更舒服些。如果因为开了空调造成夜里室内温度较高的话，最好是放一个加湿器来调节室内湿度，以免宝宝由于空气干燥而加重鼻塞。

百日咳

目前在3个月以下的婴儿中，百日咳仍然有较高的发病率。这种病是由百日咳杆菌感染引起的，是一种急性呼吸道传染病，主要经由飞沫传播，起病1～3周内传染性最强，以冬春季节的发病率最高。

这个月龄的宝宝患了百日咳后没有典型痉挛性咳嗽，往往在咳了2～3声后出现憋气、呼吸停止、头面部及全身皮肤因缺氧而发红、紫绀，甚至窒息、惊厥等。对于患了百日咳的宝宝，要做好日常的护理和观察，室内环境要保持通风、清净，无烟尘的刺激以及其他不必要的刺激。可以给宝宝身边放一个容器，以便他有痰咳出或咳后有呕吐物，容器用后用水洗净，以确保感染不致扩散。此外，还要注意每天仔细观察宝宝的变化，如有发现阵咳后脸色发青的话，就说明已经缺氧了，要立即入院抢救治疗。

虽然宝宝总是咳嗽，但此时并不能随便给宝宝服用止咳药，不祛痰而强行止咳对于宝宝来说是很危险的。如果宝宝在喂奶时发生阵咳，就要等阵咳过后再喂奶，避免宝宝呛奶甚至窒息。如果宝宝出现痉挛性的咳嗽时，就更要防止窒息的发生。

预防百日咳最有效的办法是按时注视百白破三联疫苗，满3个月时要注射第一针百白破疫苗，在3个月以前，主要是从日常护理上来做预防，如保持室内空气流通和卫生的整洁干净，在百日咳流行期间要减少与人群的接触，家人从外面回来后接触宝宝之前要先洗净双手，尽最大可能将一切可能的传染源切断。

常吃手指怎么办

这个月龄的宝宝把手指头或整个小手放到嘴里吃是很正常的事，是智力发育的一种现象，这代表着宝宝运动能力的又一发展，同时也是一个认知世界的过程，爸爸妈妈不必过多干涉和纠正，也不用担心宝宝形成吃手的坏习惯。

随着宝宝的慢慢长大、各种能力的发展提高，吃手的现象会逐渐消失。但也有很多的宝宝到了半岁甚至一两岁的时候还吃手，这个时候爸爸妈妈就要注意纠正了，因为吃手不仅是一个不好的习惯，而且还很不卫生，会使手上的细菌进入宝宝的身体，从而引起宝宝口腔、肠胃等疾病。

如何对待拒绝牛奶的宝宝

人工喂养或混合喂养的宝宝，以前牛奶一直吃得好好的，可在3个月前后可能会突然在某一天拒绝牛奶了，甚至一看到奶瓶就会哭闹。就算妈妈想了好多方法，换奶粉品牌、将奶粉兑上果汁、或者等宝宝半睡半醒之间喂，千方百计地让宝宝重新喜欢上牛奶，但宝宝似乎不怎么领情，依然将奶瓶“拒之门外”。

看似突然间的拒绝其实也有它的必然原因。细心的妈妈可能会发现，在拒绝牛奶的前几周里，宝宝往往是饮食良好，甚至还特别能吃，而体重每天也能增加到40克以上。不到3个月的宝宝很难完全吸收牛奶中的蛋白，有一部分其实是过而不入的，不会为宝宝增加负担。但在快满3个月时，宝宝就能相当多地吸收牛奶了，同时肝脏和肾脏的负担也会增加。当有一天肝脏和肾脏会因为不停地工作而感到疲劳时，宝宝就会拒绝牛奶了。

对于刚开始拒绝牛奶的宝宝，妈妈的做法起着决定性作用。如果妈妈做法不当的话，宝宝很可能会长期性地厌食牛奶；如果妈妈能用好的办法“哄骗”宝宝，那么宝宝也会重新爱上牛奶。

建议妈妈们可以这么做：把牛奶配得稀一点，一天只喂 1 ~ 2 次奶，每次 100 ~ 150 毫升；把奶放凉一点再喂，不要往奶里掺任何其他东西；多给宝宝喝开水和新鲜果汁；也可以重新换一只奶嘴试试。

当宝宝拒绝牛奶时，妈妈最不可取的做法是强迫宝宝吃奶，因为任何时候强迫喂养都可能会导致宝宝厌食。拒绝牛奶并不是病，而是宝宝本身为了防止营养过剩而采取的自卫措施，婴儿的身体是根据自然调理来调节的，家长不应给予强硬的干涉。只要宝宝平均每天能吃 100 毫升或 200 毫升牛奶，爱喝果汁和白开水，体重增长正常，妈妈就不用着急，尽量多用果汁和水分去弥补。等到宝宝的肝脏和肾脏得到了充分休息并恢复了代谢功能，就能重新接受牛奶了。

宝宝拒绝牛奶，妈妈还应切忌急躁，因为并没有因拒绝牛奶而饿坏了的婴儿。只要经过 10 天半个月的细心照顾，多数宝宝会再次喜欢上牛奶。不过当宝宝重新恢复喝奶后，一定要注意不要再给宝宝加喂过多，而应慢慢增加奶量和顿数，否则宝宝会再次拒绝牛奶，甚至导致厌食牛奶。

经常流眼泪

如果发现 2 个多月的宝宝不哭的时候也总是流眼泪，眼睛里总是泪汪汪的，甚至特别是一只眼睛有眼泪，一只眼睛没有眼泪时，那就是异常的情况，家长需要警惕，并及时到医院请医生诊治。

这种情况多数是由于先天性泪道阻塞造成的。先天性泪道阻塞是婴幼儿的常见病，是由于胎儿时期鼻泪管末端的薄膜没有破裂、宫内感染造成泪道受刺激形成狭窄粘连或鼻泪管部先天性畸形所造成的。如果诊治不及时的话，会导致泪囊炎症急性发作并向周围扩张，而泪囊的长时间扩张则会使泪囊壁失去弹力，即使泪道恢复通畅也无法抑制溢泪症状，或是形成永久的瘢痕的泪道闭塞，导致结膜和角膜炎症，引起角膜溃疡，发展为眼内炎。所以，一旦发生这种症状的话，就应及早进行疏通泪道的治疗，避免并发症发生。

如果确诊为泪道阻塞，首先可以采取保守治疗，在家里给宝宝点眼药水（如泰利必妥），并配合鼻部进行按摩。如果宝宝眼睛里面有脓性分泌物的话，家长可以用十指指腹按在宝宝的鼻根及眼睛内眦中间的部位，往眼睛的方向挤压到有脓液从眼角流出来，然后擦去脓液即可。每天进行 3 ~ 4 次，每次按压 2 ~ 3 下，按摩后要擦拭眼睛，再点药水。

如果症状无法缓解的话，就要到医生进行药物加压冲洗或是泪道探通术治疗。做完探通手术后，家长要根据医嘱定期给宝宝点药水，按摩泪囊区域。由于部分宝宝因为膜的厚度比较厚，通过探通后仍有闭塞的可能，按摩能防止其不再粘连闭塞。另外，家长还要特别注意做好宝宝眼睛局部的日常清洁卫生，避免感染，同时还要防止宝宝感冒。

宝宝身上的奇怪声响

宝宝的身体总会发生一些“奇怪”的声音，令爸爸妈妈既好奇又担心。

1. 肠鸣声。宝宝肚子里有时会发出“咕噜咕噜”的声音，就是肠鸣声。肠管是空腔脏器，当蠕动时，其中的气体和液体被挤压、肠间隙之间腹腔液与气体之间揉擦都会使肠管发出这种声音。一般情况下偶尔能够听见，当宝宝腹胀或患肠炎、肠功能紊乱时，听到的响声更明显，也更频繁。

2. 胃叫声。胃和肠管一样属于空腔脏器，当胃内容物排空以后，胃部就会由贲门向幽门方向蠕动收缩。当胃部存在的液体和气体在胃壁剧烈收缩的情况下，就会被挤捏揉压，从而发出叽里咕噜的声音。当宝宝胃里出现这种声音时，很可能是表示他饿了，但是在胃胀气和消化不良的时候，也同样可能出现这样的声音。

3. 关节弹声响。宝宝的韧带比较薄弱，关节窝较浅。关节周围韧带松弛，骨质较软，长骨端部有软骨板，当主关节屈伸的时候，关节处就会出现弹响声。这种声音随着宝宝逐渐长大、韧带逐渐变结实和肌肉逐渐的发达，会自动消失。有些成年人，当挤压关节或是关节活动不正常时，也会发出这种声音，一般情况下如无特殊症状，这就是正常的现象。但需要注意的是，如果当膝关节伸屈发出响声并伴有膝部疼痛的话，就应排除先天盘状半月板的问题；若髋关节出现关节弹响声的话，则应排除先天髋关节脱位的问题。

4. 疝。人体内的各脏器和组织都有其固定的位置，当它们离开了原来的位置，通过人体正常或不正常的薄弱点或缺损间隙进入另一部位时，就会形成疝，常见的有腹股沟斜疝、股疝、脐疝等，当令其复位时就会出现响声。当挤压“疝”时，就会发出“咯叽咯叽”的响声。除此之外，还些罕见的横膈疝，食管裂孔疝，即腹腔中的空腔脏器疝入胸腔，在肺部听到肠鸣音或胃蠕动声。疝是一种病症，如发现应当及时治疗。

第90～119天（3～4个月）的婴儿

发育情况

百天后的宝宝更招人喜爱了，眼睛的黑眼球很大，眼神清澈透亮，会用惊异的神情望着不认识的人；如果大人对着他笑，他就会回报给你一个欢快的笑容；如果大人用手蒙住脸，再突然把手拿开冲着宝宝笑，和宝宝玩“藏猫猫”的话，宝宝就会发出一连串咯咯的笑声。

本月宝宝的增长速度较前3个月要缓慢一些，满3个月的男宝宝体重为5.7～7.6千克，女宝宝体重为5.3～6.9千克。这个月的宝宝体重可以增加0.9～1.25千克。

这个月男宝宝的身高为61.0～66.4厘米，女宝宝身高为59.4～64.5厘米。这个月宝宝的身高增长速度与前三个月相比也开始减慢，一个月增长约2厘米。

男宝宝这个月的头围平均值为43厘米，女宝宝为41.2厘米，从4个月到半岁，宝宝的头围平均每月增加1～1.4厘米。

在这个月，宝宝的后囟门将闭合，前囟门对边连线可以在1.0～2.5厘米不等，头看起来仍然较大。如果前囟门对边连线大于3.0厘米，或小于0.5厘米，应该请医生检查是否有异常情况。

刚刚出生的宝宝唾液腺还不发达，所以唾液分泌很少，从这个月开始宝宝的唾液分泌将逐渐增多，随着未来两三个月辅食的添加、饮食结构的变化，宝宝将开始出现流口水的现象。

养育要点

营养需求

这个月的宝宝每天每千克所需热量为110千卡左右。如果母乳充足的话，那么足够提供宝宝成长所需营养，所以母乳喂养的宝宝此时仍然不需要添加任何的辅食，可以喂一些果汁来增加宝宝的饮食乐趣。

宝宝所需要的其他营养物质，如蛋白质、脂肪、矿物质、维生素等，都可以从乳类中获得，不过此时宝宝对碳水化合物的吸收能力仍然较差。这个时期的宝宝还容易缺铁，健康的宝宝可以从辅食中获取，如蛋黄、绿叶蔬菜等，但要一种一种的添加，并观察宝宝的反应。如果宝宝表现不耐受的话，就应减少添加量或暂停添加，等下个月再加。如果妈妈在孕期贫血的话，宝宝在这个月就应该开始补充铁剂，适宜补充量为每天每千克体重2毫克。

用母乳喂养的宝宝这个月不管是“稀便”，还是两天大便1次，都是正常情况。因为母乳喂养不像人工喂养那样均衡，乳量可能会忽多忽少，加上妈妈的饮食因素，如吃了生冷食物等，这些都会影响到宝宝的大便。

如果母乳依然充足的话，这个月的宝宝可能夜里还要喂1次奶，也可能一宿都不吃，妈妈没有必要刻意叫醒宝宝吃奶，这个月龄的宝宝胃里有一定的存食能力了，如果他不吃的话就说明胃里已经存够了，刻意叫起来吃奶的话必然会打扰宝宝的睡眠，还会影响他的情绪。如果宝宝饿了，他肯定会醒来要奶吃的。

母乳喂养

母乳喂养的宝宝，在这个月中喂奶次数是有规律的。能存食的宝宝，除了夜里以外，一般每天可喂5次，每次间隔4小时，加上深夜的1次，共6次。一般来说，食量小的婴儿只吃母乳就足够了，但如果10天体重增加不足200克，或是每天体重增加不足20克的话，就提示可能是母乳不足了，需要增加果汁和牛奶，或是视情况添加适量辅食。

只吃母乳的婴儿，尽管母乳不足，也不愿意吃为补充母乳不足而加的牛奶。所以如果宝宝吃母乳吃到3个月后，再喝牛奶刚开始往往很困难。

当宝宝夜里因肚子饿了而哭闹时，妈妈给加牛奶，宝宝可能会拒绝奶嘴，就算妈妈硬把胶皮奶嘴塞到宝宝嘴里，宝宝也只会看看奶瓶而啼哭，或是含着奶嘴而不吃。这时妈妈不要着急，如果在此之前宝宝情况一直很好，那么这时仅喂母乳也无妨，当然这可能会对体重增加有所影响，但这影响并不大。这样的宝宝在白天可以给他喂些果汁，或是添加一些菜汁、蛋黄等，最好不要吃米粉，因为可能会消化不好。如果母乳非常少，宝宝真的肚子饿了，慢慢也会开始喝牛奶。

混合喂养

如果之前宝宝一直吃母乳，从这个月开始由于母乳不足而需要加牛奶混合喂养的话，宝宝可能一开始不喜欢喝牛奶，这时千万不要用断母乳的方式硬给宝宝加牛奶，要给宝宝一个慢慢适应的过程。

刚开始添加牛奶时，可以先在第1天吃奶的时间里喂1次牛奶，给宝宝150毫升牛奶，如果他吃剩下20毫升的话就说明宝宝的食量较小，第2天就要适当减少给予牛奶的量了。如果宝宝一次就把150毫升牛奶吃光了，那么从第2天如果1天喂5次的话，每次可喂180毫升，如果1天喂6次的话，每天可仍然喂150毫升。如果这样喂还不够的话，还可以增加喂奶次数，但尽量给予母乳，因为母乳此时仍然是宝宝的最佳食品，如果长时间喝牛奶的话就会进一步减少乳汁的分泌量。

如果宝宝变得对牛奶很抗拒的话，只要宝宝的体重还在增长，就应该继续坚持母乳喂养，并适当添加一些果汁、蛋黄、菜汁等辅食，宝宝是不会被饿坏的。但增加辅食要一样一样地添加，并且刚开始量要小。

也有的宝宝，由于奶嘴口大方便吸吮，

加上奶粉比母乳要甜，所以开始喜欢上奶粉而不爱吃母乳了。遇到这样的宝宝，最好是尽量给予母乳，少给奶粉，毕竟母乳是宝宝最好的营养食物，能多吃一个月就尽量保证让他多吃一个月。

从前一直进行混合喂养的宝宝，可能到了这个时期就渐渐不爱喝牛奶了，这是常见现象。妈妈可以试着换一个牌子的配方奶喂宝宝，或把奶粉冲得稀一点，还可以换一个奶嘴试试。如果还不成功，也可以在夜间宝宝睡得迷迷糊糊的时候轻轻地把奶嘴放入宝宝嘴中，趁着宝宝的睡意喂。过不了多久，大多数宝宝还是能重新接受牛奶的。

人工喂养

人工喂养的宝宝这个月的食量差别很多，能吃的宝宝每天吃 1000 毫升牛奶好像还不够，而食量小的宝宝每天仅能吃 500 ~ 600 毫升就足够了。此时妈妈没有必要严格按照书上或奶粉包装上的标注量喂养，任何强迫的喂养都会造成宝宝厌食。

太能吃的宝宝要警惕过胖症。过胖不仅使人体脂肪组织增加，而且可加重心脏负担。由于脂肪组织增加，宝宝的动作发育会变得迟缓，站立也较晚。所以无论如何，每天给宝宝的牛奶量也最好不要超过 1000 毫升，对食量大的宝宝，可以加些果汁或稀一点的乳酸饮料来控制增加奶量。

和混合喂养的宝宝一样，人工喂养的宝宝在这个月同样会出现突然拒绝牛奶的现象。这种暂时的厌食并不是病，是因为以前吃的牛奶量过多，加重了宝宝肾脏、肝脏的负担，宝宝的身体进行自我调节和自我防卫而表现出来的拒绝行为。所以妈妈并不需要为此担心，只要在此期间宝宝每天还能吃 100 ~ 200 毫升牛奶，体重也在增长的话，就不会饿坏的。只要给他一个调整阶段，让他的肝脏、肾脏和消化系统得到充分休息，等到功能逐渐恢复之后，宝宝就会继续喝牛奶了。

准备断乳食品

宝宝快到 4 个月的时候，就要开始为他准备断乳食品了。虽然现在市场上有多种断乳辅助食品，如乳儿糕、乳儿粉、儿童营养粉等，但均有其不足之处。首先，这些食品在加工过程中加进一些添加剂，如色素、香料、防腐剂等，含糖量也比较大，这些成分对婴儿的生长发育并无益处。其次，这些食品的营养成分也往往不全面。再有，这些食品在使用过程中，如运输保管不好，容易腐败变质或超过食用期限，并且价格较贵。婴儿需要的食物量不多，为了保证断乳食品新鲜可口、营养丰富、价廉物美，最好是买了材料自己动手在家里做。

最适合宝宝的断乳食品有菜泥、果泥、蛋黄等，以后随着宝宝月龄的增加再给予米粉、米粥、肉类、蛋类、碎菜等食品，当宝宝完全适应了断乳食品时，就可以彻底断乳了。

刚开始为宝宝添加断乳食品时，一定要遵循“细、软、少”的原则，注意为宝宝添加不需咀嚼、容易下咽的泥糊状食物，以免宝宝被噎住，甚至因此而出现厌食。每次添加要从少量开始，宝宝不喜欢时不要勉强，可以换一种食物试试。尝试得多了，宝宝就会逐渐适应并接受配方奶以外的食物了。

需要注意的是，并不是说到了这个月宝宝必须添加断乳食品，要根据宝宝的情况和个性区别对待。如果母乳依然充足的话，那么这个月可以继续只吃母乳，只要添加适量果汁就可以了；而对于母乳不足或是人工喂养的宝宝，则可以试着喂些辅食。如果宝宝对辅食还表现得比较抗拒的话，家长不用着急强求，可以再等一个月再添加，到时候宝宝也能比较容易接受它们了。

决定是否添加辅食的因素

一般来说，混合喂养或人工喂养的宝宝在4个月前后就可以添加辅食了，而纯母乳喂养的宝宝相对要晚一些。但是，每个宝宝的生长发育情况不一样，个体差异也不一样，因此添加辅食的时间也不能一概而论。如果宝宝需要添加辅食了，通常他会发出以下信号：

（1）到达一定发育指标。只有当宝宝能够控制头部和上半身，能够扶着或靠着坐，胸能挺起来，头能竖起来，宝宝可以通过转头、前倾、后仰等来表示想吃或不想吃的时候，才可以添加辅食。

（2）吃奶已经基本形成了规律。如每次喂奶间隔时间大约为4小时，每日喂奶5次左右。

（3）开始对大人吃饭感兴趣。如别人在宝宝旁边吃饭时，宝宝会感兴趣，会盯着看，可能还会来抓勺子、抢筷子。如果宝宝将手或玩具往嘴里塞，说明宝宝对吃饭有了兴趣。

（4）有尝试吃东西的行为。如果当父母舀起食物放进宝宝嘴里时，宝宝会尝试着舔进嘴里并咽下，宝宝笑着，显得很高兴、很好吃的样子，就说明宝宝对吃东西有兴趣，就可以给宝宝喂食了。但如果宝宝将食物吐出，把头转开或推开父母的手的话，就说明宝宝不要吃也不想吃，这时父母一定不能勉强，可以隔些日子再试试。

（5）伸舌反射消退。如果给太小的宝宝喂辅食时，宝宝通常是会把刚喂进嘴里的东西吐出来，这是一种舌头的本能自我保护，称为“伸舌反射”，说明还不到喂辅食的时候。如果发现宝宝的伸舌反射消退了，就说明该喂辅食了。

（6）有吃不饱的表现。比如宝宝以前能一夜睡到天亮，现在却经常半夜哭闹，或者睡眠时间越来越短；即使每天喂奶量增加，宝宝也常常是仍处于饥饿状态，一会儿就哭，一会儿就想吃。当出现这些情形，就应考虑给宝宝添加辅食了。

培养规律的生活习惯

婴儿经过了新生儿期对外界生活环境的适应后，就会根据其生理活动规律形成自身的饥、饱、醒、睡、活动、休息、哺喂、排泄的节律和秩序。从这时候开始，爸爸妈妈就要有意识地在他的生活内容和顺序上给予科学的安排，形成一种合理的生活制度，培养宝宝每日有规律的生活习惯。生活有规律的宝宝会更健康、快乐，不易生病，也不爱哭闹缠人。这样，爸爸妈妈和其他家人也能节省很多的精力和时间去做其他的工作和家务。

睡眠对婴儿来说很重要，6个月以内的婴儿神经系统发育尚未十分成熟，兴奋持续时间短，容易疲劳，过度疲劳后易转入抑制状态进入睡眠。婴儿体内的每个细胞的生长都需要能量，而睡眠是一种节能的最好办法。睡眠时身体各部分的活动都减少了，会使大脑皮层处于弥漫性的抑制状态，对神经系统起保护作用。此外婴儿在睡眠期间体内会分泌出一种生长激素，可以促进蛋白质合成，加速全身各组织的成长，特别是骨骼的成长。所以宝宝要培养良好的睡眠习惯。尽管此时的宝宝常常出现白天睡觉夜晚兴奋的状况，但这时也是宝宝知道了一天有24个小时、睡觉和醒来的时间是按照昼夜区分的时候，所以家长在这个时期就要帮助他区分昼夜，纠正“黑白颠倒”的睡眠习惯。

此时还要建立规律的饮食习惯。喂哺要根据婴儿的月龄增长和时间，逐步实现定时定量。对于这个月龄的宝宝，当母乳充足的时候，婴儿的胃肠能够形成每隔3 ~ 4小时分泌消化液的规律，因此应隔3 ~ 4小时喂一次奶。若不注意建立规律，宝宝一哭就喂奶，就会因进食奶量过多而造成消化不良，不仅这种习惯不好，还会影响身体健康。还要让宝宝养成专心吃奶的好习惯，在宝宝吃奶的时候不能干扰他，也不要让他边吃边玩，以免延长喂奶时间。另外，此时还需要为添加辅食做好准备，可以帮宝宝开始练习使用勺子。

清洁和排便也要养成规律的习惯。这个月龄的宝宝除了避开喂奶前后的时间以外，在宝宝身体舒适、妈妈方便的时间都可以洗澡，但是要保证基本上在同一时间沐浴。平时要养成勤洗手脸、勤换尿布、尿便后及时清洗臀部、勤换衣服和勤剪指甲等个人卫生习惯，还要继续练习规律排便，但此时期重点的训练是建立把尿便时宝宝的条件反射。

给宝宝理发

我国不少地方都有给宝宝剃“满月头”的习俗，也就是等宝宝满月之后，就要把头发剃光。认为这样会使宝宝的头发长得更好，但实际上这是没有科学根据的。宝宝头发的质量受先天父母遗传和后天自身健康状况的双重影响，与满月理发无关。

而且，由于刚出生的宝宝颅骨较软，头皮柔嫩，理发时宝宝也不懂得配合，稍有不慎就可能弄伤宝宝的头皮。宝宝对细菌或病毒的感染抵抗力低，头皮的自卫能力不强，一旦头皮受伤就可能会导致头皮发炎或形成毛囊炎，甚至影响头发的生长。所以，给宝宝理发最好是选在宝宝 3 个月以后。但是，如果宝宝出生在春末夏初的话，为了避免头上长痱子，也可适当提前理发，最好是趁着宝宝睡觉时进行，以免宝宝乱动。

如果打算自己在家亲自给宝宝理发，那么在购买婴幼儿理发工具时，最好是去婴幼儿用品专柜或专卖店购买，选择可靠的品牌和安全的产品。理发工具最好用剪刀，理发前应先把梳子、剪子等理发工具用 75%酒精消一下毒，并彻底清洁双手，保证手部的卫生。

在给宝宝理发的过程中，动作要轻柔，如果宝宝没有睡着，理发时更要小心，要顺着宝宝的动作，不可以和宝宝较劲。理发时要不断与宝宝进行交流，分散其注意力并随时注意宝宝的表情，如果宝宝不合作、哭闹的话应先暂停理发，以免不慎碰伤宝宝。理发之后要先用极软的毛刷将剪下的碎头发扫干净，防止宝宝抓挠，然后立即给宝宝清洗头发，以清理干净头皮和碎发。洗头发的时候最好是仰着脸洗，这样可以防止把没有清理干净的碎发弄到宝宝眼睛里。

如果宝宝头部出现痱子，在给宝宝理好发、洗干净之后，要擦上痱子粉，还要勤洗头，保持头发的清洁；如果宝宝头上有头垢，最好要先用婴儿油涂在头部 24 小时，头垢软化后，用婴儿洗发露清除头垢，然后再理发。这是为了防止在理发过程中，将头垢带下来引起疼痛和感染；如果宝宝头部长了湿疹，更应该及时理发，防止湿疹进一步恶化。有湿疹的宝宝在理发时，要特别注意推子离头皮应远一些，防止刺激湿疹。

由于宝宝的头发本来就很软，如果洗完发之后理，头发会更软，增加了理发难度。所以给宝宝理发一定要干发理，理好之后再洗发。不建议给这么大的宝宝理光头，因为宝宝的头骨和神经系统还没有完全长好，近距离地接触宝宝的头皮往往有可能损伤头骨和神经系统。

衣物被褥

3 个多月的宝宝的衣服不需要准备太多，因为这个时候宝宝的生长发育很快，常常会发生新衣服还没来得及穿，或是衣服买来还没穿过几回就变小穿不了了，白白浪费。而且衣服过多的话轮换的周期就长，会影响衣服的清洁，所以一般情况下，冬季准备 4 套，夏季准备 6 套，春秋季节准备 3 套，能保证正常的清洗更换就足够了。而且这个时候给宝宝的衣服不必追求样式的新颖独特，只要质地柔软、面料舒适、方便穿脱、方便活动就可以了，冬天的话最好是给宝宝穿棉衣而不是毛衣，因为毛衣有时候会有毛掉下来，如果被宝宝吸入呼吸道就会刺激到呼吸道黏膜，引起咳嗽、哮喘、过敏等问题。

不宜给宝宝穿着连体服，最好是衣服和裤子分开各一件，外出时也不要给宝宝戴衣服上连着的帽子，否则会妨碍宝宝的转头活动。即使天气再冷，也不要为了保暖给宝宝戴上手套或穿袖口很长的衣服，或用被子整个给宝宝裹起来，这样会妨碍到宝宝的正常肢体活动，不利于其运动能力的发展，从而也会影响到宝宝智力的发育。

给宝宝铺盖的被褥要经常拿到户外去晾晒消毒，阳光是最好的消毒手段。很多家庭会使用消毒液浸泡消毒，但这或多或少都会使消毒液中的某些成分残留到上面，再给宝宝使用时，会对宝宝的皮肤造成一定的刺激伤害。给宝宝洗所有的衣物最好都是用婴儿皂、婴儿洗衣粉或洗衣液，而不能直接用成人用的洗衣粉。

婴儿体操

3 ~ 4个月宝宝的婴儿体操以俯卧抬头动作为主。

1. 手臂交叉。进行手臂交叉运动，可以提高宝宝双肩的肌肉关节活动能力。做操时，先让宝宝仰卧，握住妈妈的拇指，妈妈其余手指轻轻抓住宝宝手腕；将宝宝双手分别向两侧分开，让其肘部伸直；牵拉起宝宝的双手，使其两臂在胸前呈交叉，不要让肩膀抬起；再将宝宝两臂分开，回到原位，来回做7 ~ 8次。

2. 仰首抬头。进行仰首抬头运动，可以加强宝宝颈部肌肉的韧性。做操时，让宝宝呈仰卧位，妈妈双手轻轻支撑宝宝腋下；妈妈慢慢抬起双手，让宝宝的头随之自然抬高，重复动作2 ~ 3次。需要注意的是，如果宝宝此时的头还不能抬起，而是向后仰的话，就要停止这一动作。

3. 俯卧挺背。进行俯卧挺背运动，目的是锻炼宝宝背部的肌群。做操时，让宝宝趴着，双手放在头前并与肩同宽，宝宝的头会由贴着地面慢慢自然抬起；妈妈一只手抓住宝宝两只脚，另一只手撑住宝宝腹部，抬起双脚踝，使宝宝背部自然弯曲。

4. 抬头挺胸。可以通过抬头挺胸运动锻炼宝宝胸部、背部和手臂的力量。做操时，让宝宝趴着，双手放在头前与肩同宽；妈妈两手分别抓住宝宝双肩，使宝宝头部抬起；重复动作几次后，宝宝头与胸部就能够顺着妈妈手部的力量并逐渐挺立住，呈抬头挺胸状。

5. 双腿伸屈。双腿伸屈的动作可以促进宝宝双腿和腹部的发育，以及膝关节的活动。做操时，让宝宝呈仰卧姿势，妈妈抓住宝宝双脚踝部；先屈曲一侧膝盖至腹部，使大腿尽量贴近腹部，停留几秒钟再伸直；换另一只腿重复上述动作后，再将双腿同时屈曲至腹部后还原，垂复数次。

睡眠问题

宝宝在3 ~ 4个月时的睡眠时间因人而异，大多数都在午前、午后各睡两个小时左右，晚上从8点开始睡，夜里醒1 ~ 2次，但也有少数宝宝与此不同。但是宝宝对外界的环境很敏感，往往一有“风吹草动”便难以入睡，或在熟睡中被惊醒，有的宝宝在这个月的时候，还会出现入睡困难、惊醒哭闹等现象。

要保证宝宝的睡眠质量，除了保持宝宝的卧室安静、空气新鲜，温度和光线适宜外，还要合理解决随时出现的问题。有的宝宝白天睡得还好，一到晚上就哭哭啼啼地不好好睡觉。宝宝睡眠不好，不仅闹得全家和邻居不得安宁，而且还会影响宝宝的健康发育和成长。要解决宝宝睡眠不好的问题，就要先找对原因，对症下药。

这个月龄的宝宝睡眠不好主要有以下几

种原因：①白天睡得太多，到了晚上反倒清醒或活跃。②母乳不足造成奶不够吃或者口渴。③衣被太厚，压得宝宝不舒服，且宝宝容易出汗。④尿布尿湿了。⑤家长过于频繁检查尿布，干扰了宝宝的睡眠。⑥身体不舒服，如感冒、胃肠功能紊乱，消化不良、肠胀气、肠痉挛等异常情况都会影响睡眠。⑦缺锌。

很多家长都知道缺锌会影响宝宝的睡眠质量，所以一旦宝宝睡得不好就急忙补锌，但很多时候，即使补了锌还依旧是于事无补，归根到底还是因为没能找到真正影响宝宝睡眠质量的原因。再有的爸爸妈妈，当宝宝夜里哭闹不肯睡觉时，所采取的方法不是积极寻找宝宝哭闹的原因，而是将宝宝抱起来又哄又摇，即使这样可以暂时奏效，但长此以往反而会养成宝宝只有爸爸妈妈抱在怀里摇晃才能入睡的坏习惯。这种做法不仅影响宝宝的睡眠质量，还会使爸爸妈妈疲惫不堪。所以，唯一解决婴儿睡眠问题的办法就是，通过仔细观察，尽快设法找到导致宝宝睡眠不好的因素，并积极实施对策，消除这些诱因，宝宝的睡眠问题就能迎刃而解了。

免疫接种

3个月开始打百白破三联疫苗，第二次吃脊髓灰质炎疫苗糖丸。

家长最好不要轻易给宝宝接种国家计划外的疫苗，如果想接种的话，也必须事先向防疫站或其他权威医疗机构做好相关的咨询，在充分了解疫苗的作用、接种后不良反应、当前临床应用、免疫效果、接种意义和疫苗的应用范围之后再决定是否接种，必须要慎重行事。

发热是接种疫苗后最常见的不良反应，家长要学会区分接种后的发热与疾病导致的发热。接种后不良反应的发热没有任何症状和体征，1 ~ 2天会自行消退，无需任何治疗；而疾病引起的发热是由细菌感染引起的，宝宝会有明显的发热伴随症状，如咽部充血、扁桃体增大、扁桃体充血化脓、咳嗽流涕等。只要家长懂得观察，就能很容易地区分出两种不同类型的发热症状。

家长不能因为担心宝宝对疫苗的不良反应而放弃疫苗接种。因为接种疫苗后造成的不良反应绝大多数都是暂时性的、比较轻的，极少见到严重的不良反应。而一旦因为没有接种疫苗而患上某种传染病，那真可谓是因小失大了。所以，权衡二者利弊，为了宝宝的健康着想，还是要按照国家计划规定的时间，按时带着宝宝进行免疫接种。

能力的培养

追踪声音、感受声音远近的能力

3 ~ 4个月的宝宝已经能够寻找声源、追踪声音和辨别不同的声音了，所以这个阶段爸爸妈妈要锻炼宝宝追踪并感受声音的能力。采取适当的锻炼方式，不仅可以提高宝宝的活动兴趣的同时，还能促使其学会用自己的力量去控制一些事物，甚至能够根据大人的指令来做出相应的动作。

进行听音找物练习，可以对宝宝寻找并追踪声源的能力起到锻炼发展的作用。在训练前，爸爸妈妈先准备好几件能够发出声音的玩具，如小鼓、摇铃、口琴、小钢琴等。训练时，爸爸妈妈先在宝宝面前敲响玩具，引起他的注意，然后走到宝宝视线以外的地方再敲响玩具，让他凭着听声音去寻找，观察他的视线是否能够朝着有声音的地方注视。如果宝宝没有注视的话，可以重复敲到他开始注视为止。当宝宝凭着声音找到玩具时，可以把玩具给他玩一玩，和他描述一下他手里的玩具，借此增强宝宝的感知能力。

在宝宝兴致高的时候，可以抱着宝宝在台灯前用手拧开灯说“灯”，最初宝宝可能不去注意灯，但多次开关之后，宝宝发现了一亮一灭的变化，目光便会向台灯转移，加上同时又听到“灯”的声音，便逐渐能够形成条件反射，只要再听到大人说“灯”的时候，眼睛就能立即转向台灯，找到目标。这个锻炼可以在提高宝宝视听能力的同时，增强宝宝对环境的适应性。

用一件能够发声的玩具在宝宝眼前晃动，然后慢慢后退走远再慢慢走近，让宝宝倾听这个过程中的声音变化，可以培养宝宝感受声音远近的能力。此外，平时还可以把宝宝抱坐在膝盖上，然后托住宝宝的背部边有节奏地前后摇晃边念一些歌谣，这样在刺激听觉的同时，还能发展宝宝的语言接受系统，一举两得。

发音的能力

这个时期是宝宝语言智能的萌动期，宝宝在这个阶段语言能力进步很快，嘴里时常会发出一些咯咯咕咕的声音，所以，此时对宝宝进行语言训练是必不可缺少的。家长平时要尽可能多听宝宝喃喃自语，并及时予以回应，鼓励宝宝多说话。需要注意的是，在和宝宝说话时一定要面向他，最好能结合实物，一字一字地发出单个音节，这样宝宝才会注意到你的口形，并试图模仿着说出同样的话。还可以多和宝宝一起听歌谣，妈妈可以边听边哼唱，这样的反复唱可以让宝宝的大脑不断得到很好的良好刺激，为日后真正学说话打好基础。

如果这个时候，妈妈对着宝宝用手捂脸，使宝宝看不见大人脸，然后突然把手放下，说:“蒙儿！看见了！”宝宝就会发出咯咯的笑声，还会咿咿呀呀的说话，这也锻炼了他发音的能力，对他的记忆力发展也能够起到很好的促进作用。

开发宝宝的语言能力，最简单的方式就是和他多说话，多教他认、学一些东西，并在教学的过程中注意使用规范、简洁的语言，如指着苹果的时候，就告诉他这是“苹果”，而不要说“又大又红、甜甜的大苹果”，也最好少用或不用婴儿化的语言，如把吃的东西叫做“饭饭”，把汽车叫做“车车”，这样都不利于宝宝的语言学习和发展。再有，培养宝宝的语言能力并不是一天两天就能速成的，家长切不可操之过急，一定要有足够的耐心。

感触的能力

感官能力的培养与训练对宝宝的身心发育有着非常重要的意义，它不仅能促进宝宝智力的发展，还有利于健全宝宝的性格，提高宝宝的环境适应能力。这一时期宝宝的各种感官触觉都很敏感，所以爸爸妈妈应有意识地多多训练宝宝对多种事物的感受，并通过让宝宝体会不同事物的不同感受，初步发展宝宝的辨别力和判断力。

爸爸妈妈可以准备一些宝宝喜欢的玩具，如小球、积木块、毛绒玩具，以及一些柔软的羽毛、棉花、头梳、粗细不同的毛巾或海绵等，把这些东西轻轻放到宝宝的脸上、手指头上、脚趾头上或身体的其他部分，让宝宝体验一下不同材料、形状的玩具所带来的不同感受。还可以将自己的手指头放到宝宝的手心、脚心上来回摩擦，以此来刺激宝宝的手心和脚心，提高宝宝的触觉反应能力。

这个时候也可以让宝宝多尝几种味道了。可以在给宝宝喂果汁的时候，先让宝宝闻闻、舔舔洗干净的水果，让他知道不同水果的气味和味道，大人吃饭的时候也可以用筷子蘸点菜汤给宝宝舔舔，但不能给他味道太重的菜汤。

在培养宝宝的感触能力过程中，还可以运用一些方法帮助宝宝建立一系列的条件反射，避免可能会对他造成危害的事物，如让宝宝知道什么是冷什么是热，从而让宝宝明白，要避开热的东西，否则会烫到自己。妈妈可以在奶瓶里放一些热水，当着宝宝的面用手触摸瓶子后迅速拿开，告诉宝宝“烫”，然后拉着宝宝的手，碰一碰装着热水的瓶子后迅速把宝宝的手拿开并说“烫”，这样就会帮助宝宝建立一种“不能碰烫的东西”的意识，从而使宝宝今后一碰到较热的东西手就会自动离开，这对他以后建立自我保护意识有着很重要的意义。

视觉训练

3 ~ 4个月时的宝宝视觉能力进一步增强，两眼的肌肉已经能够很好地协调运动，而且能够很容易地追随移动的物体，这时可以通过动态训练来发展宝宝的视觉。

在训练时，妈妈可以拿着玩具沿水平或上下方向慢慢移动，也可以前后转动，鼓励宝宝用眼睛追踪移动的物体，还可以抱着宝宝观看鱼缸里游动的鱼、街上行走的人群和窗外的景物；或是准备一块白色的餐巾，放上一粒红色或黑色的糖豆，然后逗宝宝观看。如果宝宝伸手去摸、去抓，想通过各种方法试着把糖豆抓起来放进嘴里的话，妈妈就可以趁机观察宝宝的手部协调能力是否良好，看宝宝能不能用五个手指把糖豆扒到掌心。但要注意的是，千万不要让宝宝把糖豆塞到嘴里，以免卡着。

开关灯训练也是一个比较不错的训练方式。找一些颜色不同的小灯泡，逐个开关，让宝宝注意到灯泡在一闪一闪地，并能不断追踪每个不断亮起来的灯泡；或是在晚上将室内灯光调暗，然后拿手电筒照在墙壁上并上下移动，引导宝宝去看移动的亮光点。如果如果宝宝对这个光点非常关注的话，还可以再将手电筒上下左右缓慢地挪动，吸引宝宝去追看。

另外，爸爸妈妈在和宝宝说话的时候，要有意识地移动自己的头部，让宝宝的眼睛追着爸爸妈妈的脸庞，这也是使宝宝眼睛的灵活性得到锻炼的好方法。

家庭环境的支持

身体的接触

对这一月龄的宝宝，依然可以按照前几个月的方式进行抚触按摩来进行身体的密切接触。要知道，皮肤是人体最大的器官，也是宝宝感觉外界和认识事物的最好的测量器，平时多接触或触摸宝宝的皮肤有助于更好地开发宝宝的感触智能，促进宝宝的感官发育与认知能力。

进行脸部按摩时，先在双手抹上适量婴儿油或婴儿润肤乳液，然后用两手拇指指腹从眉间向两侧滑动；两手拇指从下颌上、下部中央向外侧、上方滑动，让上下唇形成微笑状；一手托头，用另一只手的指腹从前额发际向上、后滑动，至后下发际，并停止于两耳后乳突处，轻轻按压。

进行胸部按摩时，双手分别从胸部的外下方（即两侧肋下缘）向对侧上方交叉推进，至两侧肩部，在胸部划一个大的交叉，要注意避开宝宝的乳头。

进行腹部按摩时，用食指和中指从宝宝的右下腹至上腹向左下腹移动，呈顺时针方向画半圆。

进行背部按摩时，将双手平放在宝宝背部，从颈部向下按摩，然后用指尖轻轻按摩脊柱两边的肌肉，再次从颈部向底部按摩。

进行手部按摩时，将宝宝双手下垂，用一只手捏住其胳膊，从上臂到手腕轻轻挤捏，然后用手指按摩手腕。用同样的方法按摩另一只手。双手夹住小手臂，上下搓滚，并轻拈宝宝的手腕和小手，在确保手部不受伤的前提下，用拇指从手掌心按摩至手指。

进行腿部按摩时，先从宝宝大腿至踝部轻轻挤捏，然后按摩脚踝及足部。接下来双手夹住宝宝的小腿上下搓滚，并轻拈宝宝的脚踝和脚掌。在确保脚踝不受伤害的前提下，用拇指从脚后跟按摩至脚趾。

所有抚触按摩做完后，可以用手掌心握住宝宝的小屁股轻轻地揉一揉，以此告诉宝宝：抚触结束了。

室外活动

经过3个多月的发育成长，宝宝的眼睛已经能够相当清楚地看东西，对外界的各种事物也开始关注并充满了好奇心，还可以配合自己的头部左右眺望。所以从第3个月起，就应适当增加到外面去的时间，一方面可以让宝宝有一个愉快的好心情，另一方面也可以让宝宝通过空气的刺激锻炼皮肤，增强宝宝的抗病能力。

满3个月的宝宝每天的户外时间最好能有1～2个小时，可以根据季节和天气情况适当调整。这个月的宝宝头部已经能够挺直，他开始想让大人竖着抱而不是横着抱了，所以家长也不妨把宝宝竖着抱起来，扩大他的视野范围。但是在竖抱着宝宝时，应注意宝宝脖子的挺立程度，如果宝宝的脖子能够挺立20～30分钟也不感到疲劳的话，就可以把每次的室外活动时间控制在20分钟，并注意保护好宝宝的颈部和头部。也可以让宝宝躺在手推车里，但还不能用座式的手推车，也不要带着宝宝去商场、超市等人多的地方，以免感染疾病。

如果天气比较冷的话，也尽量选择温暖的午后给宝宝进行20～30分钟的室外空气浴。呼吸冷空气可锻炼宝宝的气管黏膜，从而增强抵抗力，但是要注意保护好宝宝的手脚和耳朵，回家后也可以给宝宝揉搓按摩一下小手小脚。夏天炎热的时候外出要选择背阴的地方，避免阳光直射到宝宝的皮肤，如果宝宝出汗了的话回家要用温热的毛巾将汗擦干后，及时换上干净的衣服，并加喂果汁和温开水，以补充宝宝因出汗而消耗的水分。

春季的日光浴

如果宝宝的这个月赶在春天的话，那千万不可错过日光浴的最佳时机。春天是进行户外活动的最好季节，此时最好每天都能保证带着宝宝进行2个小时的日光浴，让宝宝接受充足的阳光照射，促使宝宝皮肤中的维生素D制造工厂努力生产，以补充一个冬季造成的维生素D缺乏；促进血液循环，加速新陈代谢，使骨骼组织供血增加，从而有利于宝宝健康成长。

世界卫生组织的资料证明，春夏之交是宝宝长高的黄金季节。这时的宝宝在运动半小时后，体内的生长激素分泌会达到高峰。如果宝宝在运动后能够好好地睡一觉的话，那么他体内的生长激素就会呈脉冲式分泌，促进宝宝更快更好地生长。

春天宝宝到户外活动时，一般不必戴遮阳帽，更不要用太阳镜。城市楼房的平台、社区活动区、街心花园都是不错的活动地区，有条件的话还可以在家里的院子或露台处给宝宝设个活动区，但不能带着宝宝在人流车流密集的马路上，以防止大气污染伤害到宝宝。

尽管日光浴好处颇多，但也不可以肆无忌惮地进行。一般来说，在宝宝刚开始做日光浴时，时间不能过长，要避免阳光强烈的时间或正午时间，预防灼伤皮肤；也不能让阳光直射宝宝的头部，注意保护好宝宝的眼睛。如果是在室内做日光浴的话，开始不能长时间裸体做日光浴，要从脚底下到大腿、腹部、胸部直至全身，分段逐渐进行太阳照射，循序渐进，大约经过一个月的分段日光浴后才能进展到30分钟的全身浴，而且进行日光浴时必须打开窗户让太阳直接照射，不能隔着玻璃，日光浴后要用干毛巾擦干汗迹，换件内衣，并及时补充些果汁或白开水，防止宝宝口干缺水。当宝宝患病时，要先暂停日光浴；如果宝宝湿疹严重的话，注意不要让阳光直射到患处部位。

需要注意的问题

可能发生的事故

这个月龄的婴儿最常见的还是跌伤。如果将宝宝放在没有栅栏的床上或是直接放在大人的床上，很可能就在大人离开的一瞬间发生跌落受伤，所以这个月要加强对宝宝的看护，不能因为宝宝睡熟了就不做任何防护措施地离开他，因为很多的跌伤事故都是在宝宝睡觉时发生的。一旦发现宝宝会蹬被子了，就要更加小心。

这个月的宝宝拿着东西时总是会抓住不放，因此，常常发生婴儿拿着硬质橡胶做的哗啷棒胡乱挥舞而弄伤自己脸的事，或是把小的胶皮玩具吞到喉咙里发生窒息，所以在给宝宝玩玩具的时候，大人必须在一旁看着，如果宝宝单独一个人的时候，就不要在他的身边放任何的东西，特别是体积较小的东西，很容易被宝宝误吞。

这个月洗澡的危险性也增加了，在给宝宝洗澡一定要专心，如果在中途有事要离开宝宝的话必须先把宝宝用毛巾包好并放在安全的位置，不能把宝宝一个人留在澡盆里。因为这个月宝宝的活动能力增加了，也更淘气了，他在澡盆里可能会乱活动他的四肢，而不再乖乖地坐着由妈妈“摆布”了，稍有闪失的话很可能就会把口鼻埋在水里，造成溺水窒息的严重后果。

在乘车外出的时候，依然要保护好宝宝的头部，不能带着宝宝坐在副驾驶的位置。

感冒

这个月是宝宝较少患病的一个月。如果家里有人感冒了，一两天后宝宝也出现了感冒症状时，就可以确定是得了感冒。不过这个时候宝宝的感冒多数都表现为鼻子不通气、流清鼻涕、打喷嚏，体温一般都在37.5℃～37.6℃之间，不发高热，宝宝也不会表现得很痛苦。但可能会因为咳嗽、鼻子不通气等问题使吃东西变得困难，进而食欲有所下降，有些还会出现轻度腹泻的症状。

这种感冒一般持续2～3天就可以消退，而且宝宝的鼻涕也会由开始的水样清鼻涕变成黄色或绿色的浓鼻涕，吃奶量也会再次增加，所以家长没有必要太担心。只要在宝宝感冒期间，给宝宝多喝些温开水，注意调节室内的温度和湿度，注意保暖，暂停户外活动，控制洗澡时间和频率，并让患了感冒的家人远离宝宝就可以了。如果宝宝因为鼻子不通气而造成吃奶困难、食欲不振的话，可以适当减少吃奶量，多喝些果汁补充维生素C；如果宝宝平时喉咙里总是呼噜呼噜的，容易积痰的话，就要多给他喝些温开水稀释痰液，或是利用吸痰器辅助吸痰；如果宝宝的感冒较为严重的话，可以吃些适合婴儿吃的感冒药，以免引起发热或其他严重并发症。需要注意的是，感冒的宝宝千万不能“捂”，否则会加重病情。

感冒本身对宝宝的健康来说，并不会造成太大的影响，一般一周之内都能痊愈。但是，家长也不可就此就对宝宝的感冒掉以轻心，因为如果在宝宝感冒时没有重视护理，一旦引起某些并发症，那么后果就可大可小了。例如，很多感冒病毒都可能会侵害心肌，引发心肌炎；如果宝宝是早产儿、低体重儿或有先天性心脏病、营养不良、贫血、佝偻病等，若不积极治疗的话就会并发支气管炎、肺炎等，严重时会危及生命或迁延不愈；病毒性感冒不仅可以继发上呼吸道感染，如链球菌感染，引起扁桃体炎，2～4周后还可引发急性肾小球肾炎，出现水肿、血尿和蛋白尿，病情严重者还会发展为急性肾功能衰竭。所以，一旦发现宝宝有感冒症状，家长就要加强护理工作，以免感冒蔓延，造成其他影响宝宝健康成长的病症。

积痰

有的宝宝从出生后半个月就出现积痰的现象了，1个多月的婴儿有积痰时，主要症状是胸部呼噜呼噜的发响，较严重的当大人抱起他的时候手部都能感觉到他胸部呼噜呼噜的震动。而到了3个月以后，宝宝常常会随着咳嗽，把吃进去的奶全部吐出来，在夜里更常见，一旦发生这种情况，爸爸妈妈往往就容易慌了手脚。

婴儿容易积痰大多都是体质的问题，多数爱积痰的宝宝都是渗出性体质，体型较胖、平时爱出汗、有婴儿湿疹、容易过敏、大便也较稀。对于这样的宝宝，控制体重、加强锻炼、增强身体抵抗力是减轻积痰问题的有效方式，只要这种现象没有妨碍到宝宝的日常生活，宝宝的精神依然很好，吃奶也好，体重也相应增加，就不需要特别护理。如果宝宝因为咳嗽一道把吃过的牛奶全吐出来的话，只要他还想吃，就可以继续给他吃。为了防止夜里吐奶，可以适当减少晚上的奶量。

由于洗澡会使血液的循环加快，导致支气管分泌旺盛，可能会加重积痰程度。所以如果发现宝宝积痰比较多的时候，就应减少洗澡的次数。

很多家长都担心宝宝长时间积痰会引起哮喘。实际上，几乎所有的积痰的宝宝，随着渐渐长大症状都会大大减轻甚至完全消失，只有极少部分缺乏锻炼宝宝，才会在长大后仍然有哮喘。因此，不要把容易积痰的宝宝当成病人，只要宝宝很精神，也不发热，经常发笑，吃奶也很好，就要完全按健康的宝宝去照料他们，平时也不要给宝宝穿得太多，天气晴好的时候尽量多作室外空气浴，以锻炼肌肉和支气管的抵抗力。

高热

引起宝宝发热的病因有很多。上呼吸道感染、肠胃炎、扁桃腺炎、肺炎及一切传染病都有可能出现发热的症状。另外，一岁以内的宝宝也可能因泌尿道感染、肠胃病、手足口病而出现发热的情形。3～4个月的宝宝发高热比较少见，必须注意观察宝宝有无其他症状，必要时要及时就医，因为许多情况必须经由医生判断，才能知道发热的真正原因。

如果宝宝体温在38℃左右，并且以前夜里从不哭闹而现在突然在夜里哭闹的话，首先应怀疑为中耳炎。在宝宝发热哭闹的第2天早上，如果发现耳孔发湿并流出透明液体（极少数会有黄绿色的脓）的话，就可以确定是中耳炎，并且此时鼓膜已经穿孔破裂，家长就要按照中耳炎来对宝宝进行护理治疗。不过婴儿的鼓膜即使穿孔破裂了，也会很快再长好，家长不用为此担心。

除了常见的中耳炎之外，颌下淋巴结化脓也是引起婴儿高热的原因之一。当患了该病时，宝宝的颌下会肿得很硬，造成其头部难以转动，体温一般为38℃左右。这时应及早给予抗生素治疗，有的不用手术就可痊愈。

如果宝宝的肛门周围长出“疖子”，变硬、红肿的话，可能也会发热，一般体温为38℃左右。只要发现宝宝在大便时啼哭，就应该想到这种情况并及时检查。

幼儿急疹也会导致婴儿发热，多见于7个月以后的宝宝，但也不排除这个月龄的宝宝偶然发病。由于这个原因发热一般不会超过3天，通常在1天左右就会退热，退热后可能会在身上某个部位出现红色的疹子，并迅速扩展到全身，很像麻疹或痱子。这种疹子是可以很快治愈的，只要家长注意做好卫生护理工作就可以了。

如果宝宝这个月是在炎热的夏季，那么就要考虑夏季热病的可能。夏季热病一般多见于4个月以后的婴儿，但在这个月也并非没有。患上夏季热病的症状只是发热，从半夜开始到第2天上午，可体温在38℃～39℃之间，一般到下午就退热了。根据这种发热情况，大致可以知道是夏季热病。

如果宝宝的高热持续4天以后，应该检查一下尿，当尿非常浑浊时，就可能就是膀胱炎，多发生于女婴。但是，这也是很少见的疾病。

夜啼

尽管夜啼在婴儿的各个月龄中都会发生，有些较早的可能在出生 2 ~ 3 周后就开始了，但大多数有夜啼习惯的宝宝都是从这个月突然开始的。一旦开始夜啼，宝宝往往就哭个没完没了，而且面部涨得通红，刚开始的时候难免会把爸爸妈妈吓一跳，以为宝宝是生病了。

有些夜啼是一种不好的习惯，也有些是某些疾病的信号。当宝宝在某天突然发生夜啼时，家长就可以检查看看宝宝有没有其他异常的症状。如果宝宝不发热，就可知道不是中耳炎、淋巴腺炎之类的炎症；如果宝宝是连续不断地哭的话，就知道不是肠套叠，因为患肠套叠的宝宝虽然也是哭得很厉害，但哭法与夜啼不一样，是每隔 5 分钟左右哭一阵，而且一吃奶就吐。

比较好哄的宝宝只要在他夜啼的时候，妈妈把他抱起来轻轻地晃两下，或是轻轻地拍拍、抚摸几下背部，他就可以沉沉地睡去；比较难哄的宝宝可能怎么抱着哄都不管用，这时不妨把他放到婴儿车里走上几圈，他就能很快停止哭闹了。对于夜啼的宝宝，爸爸妈妈要用充分的耐心和信心，相信宝宝慢慢地长大，这种麻烦总会消失的。

有时候宝宝在白天也会“干嚎”几声，可能是在任性发脾气，只要大人不予理睬过不了多久他就会自动停止；但是宝宝在夜里哭闹时，就不能用这种不予理睬的方式了，因为这会加重宝宝的消极情绪。用爱抚来缓解宝宝的焦虑和孤独感，是应对夜啼唯一有效的办法，所以就需要爸爸妈妈有充分的耐心和良好的情绪。如果爸爸妈妈带着急躁、生气、愤怒、抱怨、争吵、焦虑等不良情绪哄宝宝的话，效果会比不予理睬更糟糕。因为宝宝对爸爸妈妈的情绪感受非常敏锐，这种消极的情绪会被他充分感知到，进而使宝宝本来已经很糟糕的情绪更加糟糕，也会让他哭得更厉害。

斜视

有的宝宝由于种种原因，两只眼睛无法相互配合成组运动，也无法同时注视同一物体，这种情况被称为斜视，是婴幼儿最常见的眼病之一。斜视不仅影响美观，还会影响宝宝的视力发育。

斜视有外斜和内斜之分，外斜就是通常所说的“斜白眼”，内斜就是通常所说的“斗鸡眼”，婴幼儿的斜视以内斜居多。它们有些是先天的，有些则是后天形成的。先天性的难以预防，只有到一定年龄时求治医生治疗，但不少斜视的发生与婴儿期时的养育不当有关，这一点应当引起爸爸妈妈足够的重视。

但是，宝宝在出生最初几个月内，调节眼球活动的一些肌肉发育还不完善，双眼的共同协调运动能力较差，而且他总是喜欢目不转睛地观察周围事物或与人交流，再加上此时宝宝的鼻骨未能发育完全，两眼距离较近，所以有时会令爸爸妈妈感觉有些“斗鸡眼”。但事实上，这种现象对于 4 个月以内的宝宝来说，是一种暂时性的生理现象，是由其发育尚不完全造成的，通常随着宝宝未来几个月双眼共同注视能力的提高，自然就会消失。所以此时据此断定宝宝斜视，未免有些欠妥。

如果家长还是不放心的话，可以准备一把手电筒，宝宝仰卧在光线较暗的地方，然后在距宝宝双眼大约 50 厘米的正前方用小手电筒照射双眼。如果光点同时落在宝宝的瞳孔中央，就说明宝宝没有斜视，或者为假性斜视；如果光点一个落在瞳孔中央，另一个落在瞳孔的内侧或外侧，就可以判定为斜视，应及时去医院诊治。

如果经检查发现宝宝在 4 个月时已有斜

视，可以试着用以下简单方法调节：

内斜：爸爸妈妈可以在较远的位置与宝宝说话，或在稍远的正视范围内挂些色彩鲜艳的玩具，并让宝宝多看些会动的东西。

外斜：经常转换大人与宝宝间的视觉，让宝宝掉换睡觉方向，并采取和调节内斜相反的方法；也可以让宝宝先注视一个目标物体，再将此目标由远而近直至鼻尖，反复练习，以助于增强宝宝双眼的聚合能力。

当然，造成婴儿斜视的原因有时并非是单一的，如经过4～6个月的调节仍无效时，就应当去医院治疗。一般人的视觉发育，从出生后3个月开始，一直可以持续到8岁左右，其中2岁以前是婴幼儿视力发育的关键期。如果治疗及时的话，就能很好地起到纠正眼位、提高视力的作用，但如果错过了最佳的治疗期，就会造成弱视，使宝宝本应正常的视觉功能受到不同程度的损害。因此，治疗斜视越早越好。

要预防宝宝斜视，重在消除引起斜视的条件：婴儿床上方的玩具应多角度悬挂，尽量不要让宝宝长时间注视近距离及同一方向的物品；经常变换宝宝睡眠的体位，使光线投射的方向经常改变，避免宝宝的眼球经常只转向一侧造成斜视；不要长时间把宝宝放在摇篮里，家人应该不时地将宝宝抱起来走动走动，扩大宝宝的视野范围，促使其四处观看，从而增加眼球的转动，增强眼肌和神经的协调能力，避免产生斜视。

啃手指

这个月的宝宝除了啃自己的小拳头、吸吮自己的大拇指以外，还喜欢把身边的玩具拿来啃啃，这些都是婴儿发育过程中的正常行为，此时家长仍然不需要过多的干涉，也不用担心宝宝会因此形成“吸吮癖”。因为宝宝在一岁之后出现的吸吮癖和这时的吸吮手指并没有直接的因果关系。如果宝宝超过6个月后出现这种行为的话，那么就应通过分散宝宝注意力的办法，改掉宝宝的这个习惯；如果宝宝到了1岁甚至两三岁后还有这种行为，那么爸爸妈妈就要提高警惕，并坚决给予纠正。

如果宝宝总是吃和看一只手，而另一只手则很少有类似的有目的的探索运动，或是似乎对另一只手没有存在的感觉，爸爸妈妈就应警惕有无发育或医学问题，如脑瘫（偏侧瘫）的早期征象。在给宝宝做作神经运动检查时，应注意两侧肢体运动、肌张力、神经反射的对称性。

厌食牛奶

一开始就厌食牛奶的婴儿很少，大多数都是吃了一段时间牛奶以后，突然从某个时期开始拒绝牛奶，进而导致对牛奶厌食。

如果宝宝还在吃母乳的话，多数厌食都是因为尝惯了母乳的味道而不喜欢喝牛奶。这样的宝宝通常能够茁壮成长，不会因为厌食牛奶而饿坏。妈妈可以只给宝宝吃母乳，然后多让宝宝喝些开水、糖水或果汁来补充母乳的补足，还可以适当添加一些米粉、肉汤、粥等，尽量早些给宝宝加辅食，不爱喝牛奶的宝宝一般喜欢吃这些东西。

如果宝宝是人工喂养的话，可以换个配方的牛奶试试看，如果宝宝还是不吃的话，也可以给他换食羊奶、豆浆、奶糕或其他代乳品。厌食牛奶除了自身负担太重之外，还可能会有别的原因，所以最好是能请医生帮忙看看，针对宝宝的具体情况给予专业的意见。

其实只要调节得当的话，多数宝宝还是能够重新接受牛奶的。当宝宝不喜欢喝牛奶的时候，千万不能逼着他吃，否则只能导致宝宝更加厌食。更不能把厌食牛奶的宝宝当做病人去注射各种药物，如注射含有氨基酸的营养液等，这样反而会加重肝脏和肾脏的负担；输葡萄糖也没有意义，因为只要能经口服而由胃肠自然吸收的东西就没有必要静脉输液进行补充。另外，注射只能使宝宝感到疼痛和害怕，很不利于宝宝情绪的稳定。

不要和宝宝半夜玩耍

人在睡眠的时候，体内会分泌生长激素，如果睡眠时间缩短，生长激素的分泌就可能相对减少，进而影响宝宝的正常生长发育。长期睡眠不足不但会导致宝宝脾气大、注意力易分散、记忆力不佳、食欲不振，而且还会干扰到大人的正常休息。为了保证宝宝有一个良好的睡眠习惯，家长就要尽量避免出现宝宝半夜起来玩耍的情况，更不能和宝宝半夜玩耍。

有些爸爸妈妈看见宝宝半夜醒了，怕宝宝哭闹就赶忙把他抱起来哄，全力陪着他玩，这样久而久之就养成了宝宝半夜起来要父母陪玩的习惯。当这种不好的习惯形成之后，爸爸妈妈再不依着宝宝的习惯来，那么宝宝就会大哭大闹，一来二去就变成了闹夜的宝宝，此时再想纠正的话，就要费一番苦工夫了。

所以，如果宝宝在夜里醒来不哭不闹、睁着眼睛自己玩的话，家长可以不予理睬；如果宝宝哼哼唧唧地要找人的话，家长也不要开灯、不要说话，也不要轻易把他抱起来，只要轻轻摸摸、拍拍他，让他有充分的安全感就可以了。对于夜里常常醒来的宝宝，爸爸妈妈应该让他白天少睡一会儿，多带他到户外走走、多和他玩玩、做做锻炼，这样宝宝到了晚上就能睡得比较好了。

第120～149天（4～5个月）的婴儿

发育情况

这一时期的宝宝变得更可爱了，眉眼等五官开始“长开”，脸色红润而光滑，能显露出活泼、可爱的体态，有些宝宝的口水越来越多，各种能力也大大提高，并逐渐会出现一些让家长惊喜的“新花样”。

这个月宝宝的体重增长速度开始下降。4个月以前，宝宝每月平均体重增加0.9～1.25千克；从第4个月开始，宝宝体重平均每月增加0.45～0.75千克。满4个月男宝宝的体重为5.7～7.6千克，女宝宝的体重为5.3～6.9千克。

男宝宝在这个月的身高为63.2～68.6厘米，女宝宝的身高为61.5～66.7厘米。在这个月平均可长高2厘米。宝宝身高的个体差异是受诸多方面影响的，并且会随着年龄的增大逐渐变得明显起来。一般说来，3岁以前身高更多地是受种族、性别影响，3岁以后遗传的影响作用会越来越明显。

从这个月开始，宝宝头围增长速度也开始放缓，平均每月可增长1厘米。男宝宝的头围为40.6～45.4厘米，平均43厘米；女宝宝的头围为39.7～44.5厘米，平均42.1厘米。另外这个月宝宝的囟门可能会有所减小，也可没有什么变化。

养育要点

营养需求

这个月宝宝对营养的需求量没有较大的变化，每日每千克所需热量仍然为110千卡。一般情况下，母乳能满足6个月内婴儿所有营养素需要，而质量合格的配方奶也能提供大部分已知营养素。如果需要额外补充营养素的话，最好经过医生指导再进行补充，所选的营养素剂型以经过微胶囊处理的为佳，因为该种制剂通过微胶囊将各元素分开，从而使各元素能分段吸收，避免了元素间的相互作用。

在给宝宝额外补充营养元素的时候，家长还要注意以下几点：

（1）每日摄入某元素总量不应超过该营养素可耐受最高摄入量，以防过量中毒。

（2）正常情况下，某元素膳食以外添加量应低于推荐摄入量(RNI)，以补充 1/3 ~ 2/3 的 RNI 量为宜。

（3）如果补充单一矿物质的话，最好与膳食同时食入，分几次服用，这样比一次服完一天量的吸收率要高。

（4）如果同时补充多种矿物质的话，要注意各元素间的相互拮抗作用，例如钙与铁、锌之间就存在着相互制约的关系，如果补充过多的钙，就会导致体内铁、锌的流失。

母乳喂养

4 ~ 5个月的宝宝只要吃母乳吃得很好，没有其他原因，体重增加正常，平均每天能增加 15 ~ 20 克的话，可以继续母乳喂养，并适量加些辅食。适合这个月的辅食有果汁、菜汁和蛋黄，建议每天喂一次果汁 50 ~ 60 毫升，一次菜汁 50 ~ 60 毫升，每天 1/4 个蛋黄。

母乳充足的话，这个月添加辅食的主要目的并不是补充营养，而是刺激宝宝的味觉反应，让宝宝逐渐建立起吃母乳外其他食物的习惯，为半断乳和宝宝出牙吃固体食物做好准备，同时也能促进咀嚼肌的发育，锻炼宝宝的吞咽能力。

如果这个月母乳越来越少，宝宝与以前相比更容易因饥饿而啼哭的话，就可以先加一次牛奶；如果宝宝 10 天内体重只增加 100 克左右的话，就可以加两次牛奶。如果宝宝每天需要添加牛奶量在 150 毫升的话，就要继续添加下去，同时还要添加果汁、菜汁、蛋黄等辅食；如果每天的添加量不到 150 毫升的话，那就说明母乳还能够供给宝宝每日所需的热量，那么就不急于每天定时给宝宝添加牛奶。

在给以前只吃母乳的宝宝第一次添加牛奶时，要调配得比奶粉瓶上标明的比例稍稀一点，不要在牛奶里放糖。不能在吃完母乳后接着加牛奶，而应在母乳下奶量不好的时候单独加一次牛奶。如果宝宝吃得很好的话，一周之后可以增加牛奶的浓度。

刚给宝宝添加牛奶的时候很可能会遇到宝宝不爱吃的情况，如果试过各种方法，如用奶瓶喂、用小勺喂、用杯子喂、用煮沸的鲜牛奶加糖喂或是换了几种奶粉都不见效的话，就应放弃添加牛奶，直接给宝宝添加辅助食品。多数情况下，如果爸爸妈妈本身就厌恶牛奶味道的话，那么这种偏好就会“遗传”给宝宝，所以宝宝也一点都不喜欢牛奶。对于这样的宝宝，可以一天先添加 20 ~ 30 克的米粉，观察宝宝的大便情况，如果宝宝拉稀的话就减少米粉量或停掉，改用米汤、肉汤面等。这个月给宝宝所有的辅食还是要自己在家亲自做，不要买市场上的半成品。另外在刚添加辅食的时候，宝宝的大便的颜色可能会呈黑色或褐色，这是正常的。

由于母乳下奶不好，宝宝发脾气，用牙咬妈妈的乳头，使乳头受伤而患乳腺炎的情况在这个月并不少见。因此，当宝宝根本不吃代替母乳的牛奶时，要多给他添加辅助食品，减少他咬乳头的机会。

混合喂养和人工喂养

混合喂养的宝宝，如果在这个月出现厌食牛奶的现象，就可以多给宝宝添加必要的辅助食品。人工喂养的宝宝这个月的吃奶量不会有大的变化，家长不要认为宝宝长大了，所需的能量和营养都多了，所以就应该多喝牛奶。实际上，成长和运动所耗的能量是可以通过糖分或其他营养物质来补充的。

食量较小的宝宝这个月吃的仍然较少，每天最多也就能吃 600 ~ 800 毫升，只要运动正常、夜里睡眠很好、精神愉快，这就证明宝宝的发育良好，即使体重平均每天只增加 15 克左右，对他的成长也没有任何妨碍。不能强迫着宝宝非要每天吃够 1000 毫升，否则会引起宝宝厌食、消化不良。更不能因为宝宝吃得少就担心他缺锌、缺钙、缺各种营养素而开始大补特补，这更是错误的。宝宝需要多少的能量、饱了与否，他自己清楚，家长顺其自然就好。

食量较大的宝宝，这个月每天能吃到 1000 毫升以上。如果宝宝一次能吃很多并能持续很长时间的话，那么就可以试着把每次的奶量增加、每天总次数较少，并给予辅助食品。总之，给宝宝一天的喂奶量尽量不要超过 1000 毫升，不要觉得如果宝宝能吃的话就给他吃，即使胖了也无所谓，照此发展下去的话，宝宝很可能成为过胖儿，这会造成很多健康方面的问题。

喝牛奶的宝宝比起吃母乳的宝宝大便较为干燥，更容易便秘，但并不是说喝牛奶会让宝宝"上火"。之所以喝牛奶的宝宝大便次数少且干，是因为牛奶特别是非配方奶中蛋白质含量比母乳高 1 倍左右，磷的含量比母乳高数倍，过多的蛋白质和磷使肠道 pH 值偏高呈碱性，导致大便比较干结，这是正常现象。对大便干结明显的宝宝，可以在两顿奶间加喂一次菜水或果汁，起到辅助消化的作用。

鲜果汁的添加

喂果汁最理想的时间是在吃奶后 1 个小时左右，因为这时宝宝胃里的奶量已基本排空，处于半饥饿状态，比较容易接受奶外的食物。这个月可以每天喂 2 ~ 3 次，每次 15 ~ 20 毫升，最好还是加水稀释着喂，不过可以适当减少水的比例。

在给宝宝喂果汁的前后，家长应注意以下几点：

（1）果汁不能代替水果。即使是自己鲜榨的果汁，固体残渣往往也浪费掉了，这就会使果汁中的纤维素缺乏，所以等到宝宝稍大一些的时候，尽量给他喂果泥，等到宝宝长牙以后，就开始喂小块的水果切块比较好。

（2）选择新鲜水果。果汁材料以选择新鲜当令水果最好，在冰箱放置时间过久，维生素的含量逐渐减少，对身体的益处也相对减少。

（3）每次制作适量。做果汁的时候要以适量为原则，能让宝宝一次喝完。如果有剩余的话，也不能留着下次给宝宝吃，以免遭污染或变质。

（4）添加果汁种类要循序渐进。刚开始时，先试用一种果汁，观察 24 小时内宝宝的全身状态，如大便性质有无改变、皮肤有无过敏等。如无不良反应的话，可持续喂 7 ~ 10 天。然后更换另外一种果汁，再观察有何反应。如多种果汁均未发现有不良反应，就可以交替饮用了。

（5）不能喝太浓的果汁。高浓度的果汁会刺激宝宝脆弱的肠胃，例如苹果原汁会引起宝宝腹泻，所以在给宝宝喝果汁的时候，应先以 1 ∶ 3 的比例加水稀释，随着宝宝慢慢长大逐渐减少水的比例，调整到 1 ∶ 2 或 1 ∶ 1 为好。

（6）不能把果汁放在牛奶里。因为果汁属弱酸性饮料，放在牛奶中饮用的话会使牛奶中的蛋白质凝固成块，不易吸收，造成宝宝营养不足。

（7）果汁不宜加热。水果在榨汁过程中会在一定程度上破坏维生素，而过度加热则加剧了这种对维生素的破坏程度，常温或冷藏后食用更有营养。如果加热，温度不宜过高，时间不宜过长。

（8）不能喝市售的果汁。市售的果汁或多或少都含有食品添加剂，而且市售果汁大多不是原汁，而是配制成的，不能为宝宝补充所需的维生素，即使有些果汁含有少量原汁，但经过消毒加工后，维生素所剩无几，所以不宜给宝宝食用。

（9）服用抗生素类药物后2小时内不要饮用果汁。因为果汁尤其是新鲜果汁中富含的果酸会加速抗生素的溶解，从而使药效大大降低。

（10）注意口腔清洁。每次给宝宝喝完果汁后，特别是临睡前，妈妈应给宝宝喝少许白开水，以帮助宝宝清洁口腔。

断奶前的准备

断奶对于宝宝的影响是最大的，因为宝宝的生活习惯被改变了，这个时候尤其要注意饮食和休息。最好是选择在宝宝能够添加辅食以后再断奶，也就是至少要等到宝宝4～6个月。

对于纯母乳喂养的宝宝，可以在准备断奶前1个月就把乳汁挤到奶瓶里喂给宝宝吃，让宝宝渐渐适应使用奶瓶。等宝宝适应奶瓶后，再一顿一顿地把母乳换成配方奶粉：先减一顿母乳，加一次配方奶。等宝宝适应了之后，再减一顿母乳。直到宝宝每天只吃1～2顿母乳，再进入最后的断奶阶段。在断奶的过程中，一定要让妈妈回避，在宝宝喝奶的时候不要让他看见妈妈，更不能让他在妈妈怀里，因为这样他肯定会主动寻找乳头，这就会使断奶准备工作功亏一篑。

在断奶的过程中，最好不要添加新的辅食品种，先逐渐用配方奶或牛奶来替代母乳。母乳很容易消化，因此换了配方奶，宝宝很可能不适应，断奶过程中宝宝最容易出现消化不良和腹泻。这就要求妈妈要提前做准备，母乳喂养的宝宝断奶要循序渐进，先过渡到混合喂养，让宝宝的肠胃适应后再逐渐过渡到人工喂养，最后彻底断奶。

混合喂养和人工喂养的宝宝，断奶会比母乳喂养的宝宝顺利一些。具体的准备做法和母乳喂养一样，一般来说，按时给宝宝添加辅食，宝宝就能顺顺利利地完成从牛奶到食品的过渡。

在准备断奶之前，应先有意识地改变宝宝的吃奶习惯，例如宝宝早上起床习惯喝母乳、中午必须喝完母乳再睡觉的话，那么妈妈就可以比宝宝更早起床，让宝宝无法直接在床上喝奶；中午让宝宝到户外去玩耍，玩累了就回家睡觉，尽量让宝宝不要处在让他想喝母乳的情境。如果宝宝有晚上睡觉前习惯喝母乳再睡觉的习惯，那么也可以停止晚上的哺乳，每天晚上改由爸爸或其他家人哄宝宝睡觉，妈妈暂时避开一会儿。

适量增添辅食

有的妈妈到了这个时候乳汁依然分泌旺盛，能够满足宝宝的需要。但即使是这样，到了这个月，还是应该给宝宝适量添加辅食。

虽然乳汁里含有丰富的优质蛋白和多种宝宝成长所需营养，但到了四五个月时，宝宝唾液分泌和胃肠道消化酶的分泌明显多了，消化能力比以前强，胃容量也日渐增大，有能力消化吸收奶以外的其他食品。尽管母乳、配方奶等乳制品仍是这个年龄宝宝的最佳食物，但它们所含的营养素已不能完全满足宝宝生长发育的需要，因此，父母要在宝宝4～6个月大的时候，开始添加乳制品外的其他食物，这些逐渐添加的食物就称为辅食。开始进入换乳期，此时需要更多种类和更多量的营养物质。在这个时期添加辅食，能够弥补单纯奶制品的不足，促进宝宝健康生长。此外，通过辅食的给予还能让宝宝学会用嘴咬切、在口腔内搅拌以及吞咽较硬和较粗的食物，以此来训练宝宝的胃肠道功能、咀嚼等生理功能，为以后从以母乳为主食转变为以辅食为主食做好准备。

4～5个月是添加辅食的最好时期，此时应给宝宝添加菜泥、肉泥、鸡蛋、牛奶、豆腐、肉汤等食品，但是注意不要添加过多的调味品。

由于这个阶段是辅食添加的适应阶段，因而不要过于强求宝宝必需的进食量，要鼓励宝宝对饮食产生兴趣，千万不能强迫，以免造成宝宝的抗拒，加重他的心理负担。

满4个月时，最好的起始辅食应该是婴儿营养米粉，因为婴儿营养米粉中强化了钙、铁、锌等多种营养素，可以让宝宝获得比较均衡的营养素，而且胃肠负担也不会过重。添加米粉最好是在白天喂奶前，上下午各一次，每次两勺干粉（奶粉罐内的小勺），用温水和成糊状，喂奶前用小勺喂食。家长必须记住，每次进食都要让宝宝吃饱，避免其形成不良的进食习惯。可以在每次喂完米粉后再让宝宝吃些母乳或牛奶，直到他不吃为止。如果宝宝吃完辅食后，不再喝奶，就说明他已经吃饱，以后可逐渐增加米粉的量。

辅食添加原则

（1）与宝宝月龄相适应。添加的辅食必须与宝宝的月龄相适应，循序渐进。宝宝4～6个月时，应加烂粥、蛋黄、果泥，或薄面片汤内加碎菜、食油少许；7～12个月可加软面条、鸡蛋羹、豆腐、馄饨、各种碎菜、鱼肉、瘦肉末等。从谷类开始，逐渐向蔬菜水果、鱼肉禽蛋、豆类制品等过渡，也可选择一些婴幼儿营养辅食系列产品作补充。

（2）添加辅食应从一到多。要按照宝宝的营养需求和消化能力逐渐增加食物的种类。刚开始时，只能给宝宝吃一种与月龄相宜的辅食，待尝试了3～4天或一周后，如果宝宝的消化情况良好、排便正常的话，再让宝宝尝试另外一种，千万不能在短时间内同时增加好几种。

这样做还有一个好处，就是如果宝宝对某一种食物过敏，在最初尝试的几天里就能观察出来。如果宝宝在吃后几天里没发生不良反应，就说明他可以接受这种食物；如果怀疑宝宝对某种食物过敏，可以在停食这种食品一周后再喂一次，如果接连出现不良反应的话，就可认为宝宝对这种食物过敏。

（3）添加辅食应从稀到稠。在宝宝刚开始添加辅食时还没有出牙，所以只能喂流质食品，逐渐再添加半流质食品，最后发展到固体食物。一般来说，在喂水果时，要从过滤后的鲜果汁喂起，到不经过滤的纯果汁，再到用勺刮的水果泥，再到切的水果块，直到让宝宝拿着整个的水果直接吃；喂蔬菜时，要先从过滤后的菜汁喂起，到菜泥做成的菜汤，然后到菜泥，再到碎菜。菜汤要用煮，菜泥用炖，碎菜用炒；喂谷类食品时，先从米汤喂起，然后慢慢过渡到米粉、米糊、稀粥、稠粥、软饭，最好到正常的饭；面食的添加顺序是面条、面片、疙瘩汤、饼干、面包、馒头、饼；喂肉蛋类食品时，先从蛋黄喂起，然后到整个的鸡蛋，然后再喂虾肉、鱼肉、鸡肉、猪肉、羊肉、牛肉。只有这样，宝宝才能吸收好，才不会发生消化不良。

（4）添加的辅食应从细小到粗大。宝宝的食物颗粒要细小，口感要嫩滑，因此菜泥、果泥、蒸蛋羹、鸡肉泥、猪肝泥等泥状食品是最合适的。这不仅锻炼了宝宝的吞咽功能，为以后逐步过渡到固体食物打下基础，还让宝宝熟悉了各种食物的味道，养成不偏食、不挑食的好习惯。而且，“泥”中含有纤维素、木质素、果胶等，能促进肠道蠕动，更容易消化。等到宝宝快要长牙或正在长牙时，家长就可以把食物的颗粒逐渐做得粗大，这样有利于促进宝宝牙齿的生长，并锻炼宝宝的咀嚼能力。

（5）添加辅食应从少量到多量。刚开始给宝宝添加新的食品时，一天只能喂一次，而且量不要大。比如给宝宝加蛋黄时，要先从 1/4 个喂起，如果宝宝几天中没有什么不良反应，而且在两餐之间无饥饿感、排便正常、睡眠安稳的话，可以再增加到半个蛋黄，以后逐渐增至整个蛋黄。切勿一次增加过量，增加宝宝的消化负担。

（6）宝宝不适要立刻停止添加。在宝宝吃了新添的食品后，家长要密切观察宝宝的消化情况。如果宝宝出现腹泻或便里有较多黏液的话，就要立即暂停添加该食品，等宝宝恢复正常后再重新少量添加。宝宝在刚开始添加辅食时，大便可能会有些改变，如便色变深，呈暗褐色，或便里有尚未消化的残菜，这些都是正常情况。

（7）吃流质或泥状食品的时间不宜过长。通常宝宝在开始添加辅食时，都还没有长出牙齿，因此流质或泥状食品非常适合宝宝消化吸收。但也不能长时间给宝宝吃这样的食品，因为这样会使宝宝错过发展咀嚼能力的关键期，可能导致宝宝在咀嚼食物方面产生障碍。所以到了宝宝出牙时，就要适当给宝宝添加有咀嚼性的食品。

（8）不能很快让辅食替代乳类。由于宝宝的主要食品还是母乳或配方奶，其他食品只能作为一种补充食品。所以即使添加了辅食，6 个月之前也不应断乳。

（9）注意辅食的新鲜卫生。在给宝宝制作食物时，要特别注意辅食的新鲜卫生，可以稍微添加一点盐或糖，但不能添加味素和人工色素等，以免增加宝宝肾脏的负担。另外也要注意辅食的口味，口味香甜的辅食才能让宝宝更爱吃。

（10）不强求宝宝。家长们都很重视宝宝从辅食中摄取的营养量，却往往忽视培养宝宝进食的愉快心理。当宝宝对某种辅食表示不愿吃时，千万不可强迫宝宝进食，要遵从宝宝的个性，这样才能为宝宝营造一个快乐和谐的进食环境。

（11）夏季不添加。夏季炎热的天气会使宝宝的食量相对减少，更容易消化不良，所以如果夏天宝宝不肯吃辅食的话，家长们不必强求，应等到天气凉爽些再添加。

（12）患病期不添加。在宝宝患有某些疾病时，最好不要添加一种新的辅食，以免宝宝消化不了，给本来不适的身体再次增加不适感，从而对这种食品产生抗拒心理。

（13）灵活掌握。每个宝宝都有自己的个性，因此家长在给宝宝添加辅食时，添加的品种和数量都不宜过分拘泥于书本，应根据宝宝的自身情况灵活掌握，及时添加或删减某种食品，保证宝宝的健康成长。

辅食的制作

给宝宝制作辅食的配料要合理，尽量保证多种混合膳食，每餐辅食最好包括：①一种主食作主要的成分，最好用谷类粥等。②一种蛋白质辅助食品，可用动物或植物蛋白质如奶类、肉类、鱼、蛋、豆类等。③一种含矿物质和维生素的辅助食品蔬菜和水果。④一种供应热能的辅助食品油类或糖类以增加混合膳食所提供的热能。每餐辅食最好能以适合的比例采用这四种成分，以形成完善的平衡膳食。

由于宝宝的胃容量较小，一餐不能容纳过多的食物，所以配置辅食应选择量小且热量较高、营养素丰富的食物。在烹调时，应注意用不同颜色食物的搭配，这样可以刺激宝宝的食欲。但不宜采用多加油、糖等的纯热能食物，也不宜使用刺激性的调味品。烹调要以清蒸或煮为主，不宜煎或炸，蔬菜不宜长时间烧煮。另外在配制辅助食物的过程中，要特别注意卫生，尽量选择新鲜的食物，并挑选其较嫩的部分，如蔬菜的菜叶部分。

以下为几种常吃的辅食的制作方法：

（1）蛋黄。鸡蛋煮熟后把蛋黄剥出切成 4 份，取 1/4 放在小碗中，用温开水调成稀糊状，或用牛奶调成奶糕状即可。

（2）菜汁。将洗净的青菜用手折成小段后放入沸水锅中煮沸后，将锅盖盖上再焖煮 2 ~ 3 分钟后关火，将菜取出，菜汤放凉后给宝宝喂食。

（3）果汁。将洗净的水果削皮去核，放入榨汁机中榨汁。如非汁渣分离的榨汁机，还需人工将果汁中的渣滤出；如没有榨汁机的话，可以将水果切成小块后放到碗里碾碎，然后将碾碎的水果放到干净的纱布中，将果汁滤出喂食。

（4）胡萝卜汁。将胡萝卜洗净切碎，放入锅中，加水、植物油适量，煮沸 1 小时离火。待降温后用纱布过滤取汁，加白糖饮用。

（5）米汤。将大米或小米洗净，放入锅中加水煮至米烂后取米汤喂食。

（6）菜泥。将新鲜蔬菜洗净切碎，投入沸水中急火煮烂，捞入碗中，用汤匙捣烂，去粗纤维，加盐食用。

（7）肝泥。将猪肝洗净，放入锅中加葱、姜、酱油，急火煮开，撇去浮沫，慢火炖熟。熟肝放碗中，加少许汤汁，用汤匙搅成泥状即可食用。

（8）虾糊。把虾去壳，洗净煮开，取出研碎，倒入肉汤中共煮，加入淀粉、盐，呈糊状即可食用。

（9）菜肉粥。取绿叶蔬菜适量，洗净切碎。待米粥煮熟后下菜末、肉末以及食盐少许，煮烂即成。

（10）烂米粥。将大米或小米淘洗干净后，放入小锅中，加水浸泡 1 小时左右，使米粒吸水膨胀，上急火烧开后再慢火煮至烂熟，待温即可喂食。

注意餐具卫生

当添加辅食之后，妈妈可以给宝宝准备一套属于他自己的餐具，并注意做好每一样餐具的清洁卫生工作。

宝宝极易感染肠道类疾病，如果餐具的材质决定其不能进行高温消毒的话，那么附着在餐具上的油垢就得不到及时去除，会衍生出大量的病菌。所以为了保证婴儿餐具的卫生，首先在餐具的选择上就不要选择那些不易清洁的婴儿餐具。

每次在宝宝吃完东西之后，所有的餐具都要及时清洗消毒，不要搁置太久，以免细菌滋生。清洗餐具的时候最好一件一件逐个清洗，而不要泡在一起，更不要和大人刚刚吃过饭的餐具一起清洗。

在清洁餐具时，可以用一些温和的洗涤剂或是婴儿专用洗涤剂，洗净以后用清水冲洗掉洗涤剂，一定要保证餐具上没有残余洗涤剂，否则，这些残留物质会损害宝宝健康。清洁完毕以后，再用热水冲一下，不需要用抹布擦干，因为抹布也是细菌传播的一条途径，自然晾干就可以了。

洗净晾干的餐具要放到严密的储物柜里，以防蟑螂、蚊蝇的叮咬。所有餐具都要定期消毒，有条件的家庭可以使用家庭消毒柜，或是直接放在锅里进行蒸气消毒，或是用微波炉进行微波消毒。用微波炉进行消毒时要注意，尽量不要把空餐具放在里面空烧，因为如果餐具不耐高温的话，就很容易变形。应在餐具里加点水，或是在清洗干净以后不要用抹布擦掉水，直接放进微波炉稍微加热消毒即可。

流口水的对策

人的口腔是随着生长发育而变化的。刚出生的宝宝口腔内没有牙齿，舌短而宽，两颊部有厚的脂肪层，面部肌肉发育良好，颌骨的黏膜增厚凸起，牙槽突尚未发育，腭部和口底比较浅。

随着正常发育，有的宝宝从这个月开始，唾液量分泌会逐渐增加。而由于吞咽反射不灵敏，口腔分泌的唾液既没牙槽突的阻挡，宝宝又不会把它咽下，所以就会出现流口水的现象。这一月龄的宝宝流口水是一种生理性流涎，无需治疗。随着未来几个月牙齿的萌出、牙槽突逐渐形成腭部慢慢增高、口底渐渐加深，加上吞咽动作的训练，宝宝流口水的现象自然会好转直到消失。

由于唾液中含有消化酶和其他物质，因此对皮肤有一定的刺激作用。常流口水的宝宝，由于唾液经常浸泡下巴等部位的皮肤，也会引起局部皮肤发红，甚至糜烂、脱皮等。所以，对于流口水的宝宝，一定要注意好日常的局部护理。家长平时可以用柔软质松敷料垫在宝宝的颈部，以接纳吸收流出的口水，并经常更换清洗；不要用手绢或毛巾给宝宝直接擦拭口水，要用干净的毛巾轻轻蘸干，以免擦伤皮肤；如果喂了有盐、对皮肤有刺激可能的辅食，就先要用清水清洗一下口水，因为单用毛巾蘸的话可能蘸不掉那些刺激成分；要经常用温水清洗宝宝的面部、下颌部及颈部，如果天气比较干燥的话，可以涂抹一些油脂类的婴儿护肤品保护宝宝的皮肤。

需要注意的是，有些婴儿流口水是病理性的，表示婴儿可能患了某些疾病。如宝宝口水较多且伴有口角破溃发炎的，则属口角炎引起的流涎症；若伴有口腔黏膜充血或溃烂，拒食烦躁等，则可能为口腔炎所致的流涎症；若伴有一侧或双侧面部肌肉萎缩、咀嚼无力，这是由于消化不良、肠道蛔虫症所致的流涎症；若伴有智力发育不全、痴呆，这是脑神经系统发育不全所致。如果出现上述病理性流涎症的症状，就需到医院立即检查治疗。当原发病因消除之后，这些病理性的流涎症也会自然好转或痊愈。

不能过早使用学步车

有些家长为了图方便，在宝宝到了四五个月时，就把宝宝交给了学步车，省去了整天要抱着看护宝宝的麻烦。但实际上，过早地使用学步车，对婴儿的成长发育是很不利的，存在着一些健康和安全隐患。

宝宝在一岁以前，踝关节和髋关节都没有发育稳定。虽然在学步车里，宝宝只需要用脚往后一蹬，车就能带着他满屋子跑，但这对他的肢体发育是很不利的，可能会导致肌张力高、屈髋、下肢运动模式出现异常等问题，会直接影响宝宝将来的步态，如走路摇摆、踮脚、足外翻、足内翻等，严重的甚至还需要通过手术和康复治疗来纠正。

再有，学步车只能帮助宝宝站立，而不能帮助他们学会走路。不仅如此，由于学步车的轻便灵活，宝宝能借助它轻易滑向家里的任何地方，这无疑会使他们在无意中遭到磕碰，导致意外伤害的发生。

研究发现，经常待在学步车里的婴儿会爬、会走路的时间都要晚于不用学步车的婴儿，而且学步车还限制了婴儿活动的自由，会影响今后的智力发育。四五个月大的宝宝的腿脚还不结实，本应在地上爬以锻炼腰、腿、胳膊及全身，但进了学步车之后就仿佛有了一双“脚”，可以比较自由地在房间里移动，并追随大人的身影，然而他们却很难掌握真正走路的感觉。正常的发育规律下，宝宝从爬到走，是需要一步一个脚印成长起来的，只有通过一次又一次的摔跤，才能帮助身体学会怎样摔不会受伤；可如果使用了学步车的话，则很难让身体学会如何很好地保护自己，因而使用学步车的婴儿在刚刚走路以后，往往会比正常学走路的婴儿更容易摔跤，也就增加了受伤的概率。

所以，为了宝宝的健康成长，家长不应太早地给宝宝选择学步车，让他自然而然地学会站立、走路，对他才是最好的。

婴儿体操

宝宝4个月以后的婴儿体操，除了四肢运动外，还要增加身体的运动。但由于此时的宝宝还不能爬行，所以可以给宝宝做被动体操，来达到锻炼的效果。妈妈可以根据室温、宝宝的情绪、健康状况以及自己的时间等具体情况来决定做操的频率、时间和方法。

1. 背肌按摩操。让宝宝俯卧，妈妈松握拳头，用手背按摩宝宝的脊背。先从肩部往下按摩到臀部，然后从臀部往上按摩到肩部。重复4～5次。

2. 双脚按摩操。让宝宝仰卧，妈妈握住宝宝的右脚，用拇指从脚尖揉摩，当揉摩到脚关节时就揉摩踝骨四周。重复4～5次后换到左脚重复上述动作。

3. 翻身运动。让宝宝仰卧，妈妈一手握住宝宝的双脚腕，另一手轻托背部，稍用力帮助宝宝经体右侧翻身至俯卧位，同时把宝宝两臂移至前方，使他的头和肩抬起片刻；将宝宝两臂放回体侧，一只手握住他的两脚腕，另一只手插到他的胸腹下，帮助他从俯卧位翻回仰卧位。以上动作反复4次，操作时动作要轻柔、缓慢，翻身成俯卧时可以逗引宝宝练习抬头。

4. 举腿运动。让宝宝仰卧，两腿伸直，妈妈握住他的膝部，拇指在下，其余四指在上；将宝宝双腿向上方举起，与腹部成直角后还原。以上动作反复4次，在宝宝双腿上举时，要注意膝盖不弯曲，臀部不离床。

尿便管理

尽管从前几个月爸爸妈妈就有意识训练宝宝把尿把便的条件反射，但到这个月为止，大多数宝宝依然是无法控制自己的尿便。如果能在宝宝排便很有规律的前提下，实现让宝宝少尿床或少换尿布固然很好，但如果宝宝的尿便还没有什么规律、爸爸妈妈很难掌握的话，那么也没有必要强迫训练。

这个月大的宝宝在大小便之前都能发出一些信号，例如小便之前，宝宝会突然打激灵、双腿不自觉地摆动、玩得好好的突然眼神发呆凝视、睡梦中突然扭动身体等；大便之前会突然用力、脸憋得发红。有经验的爸爸妈妈就知道此时应该给宝宝把尿便了，但不要以为把尿便成功、宝宝尿床或更换尿布的次数减少就说明宝宝懂得控制了，更合适的说法是，这只是家长找到了其中的规律而已。一旦宝宝大便较软，或是家长没注意到这些信号的话，宝宝也许同样还会把大小便排在尿布里的。

有些家长总是担心宝宝夜里尿床，所以每天半夜都会起来给宝宝把尿、换尿布，但这对宝宝和大人都是不好的。这种行为会令宝宝平白无故地损失睡眠时间，影响睡眠质量，长此以往必然会影响他的生长发育，而且这样做的话大人在夜里也睡不好。如果宝宝没有特殊情况的话，半夜就没有必要把宝宝弄醒给他换尿布、把尿；如果宝宝因为不换尿布而发生臀部糜烂、尿布疹的话，那么也可以在夜里换一次尿布，但是如果宝宝因为半夜换尿布惊醒后哭闹、再难入睡的话，那就不能在夜里再更换尿布了，可以在每晚临睡之前在臀部涂抹一些鞣酸软膏，以此来减轻臀部糜烂和尿布疹的症状。

睡眠问题

从第四个月开始，宝宝一般每天总共需睡15～16小时，白天睡的时间比以前缩短了，而晚上睡得比较香，有的宝宝甚至能一觉睡到天亮。每个宝宝在睡眠时间上的差异较大，大部分的宝宝上午和下午各睡2个小时，然后晚上8点左右入睡，夜里只起夜1～2次。如果家人睡觉都比较晚的话，那么宝宝也不会像以前一样早睡早起了，可能会到了晚上10～11点时才入睡，然后睡到转天早上的7～8点。

每个宝宝都有自己的睡眠时间及睡眠方式，爸爸妈妈要尊重宝宝的睡眠规律而不应强求，要保证宝宝醒着的时候愉快地好好玩，睡眠时好好安心地睡。如果宝宝白天睡得比较香的话，就不要干扰他，否则会影响宝宝睡眠，使宝宝烦躁哭闹，同时也会影响宝宝的食欲。如果宝宝在白天醒着的时间比较长，就应该在宝宝醒着的时候多陪他玩玩，这样晚上他才能睡得更香，而且时间也比较长。需要注意的是，晚上入睡前不要逗宝宝玩，以免宝宝因过度兴奋而影响睡眠。

再有，这个时期的宝宝，大多都能在自然的“家庭噪音”背景下入睡，如说话声、走路声、适度的收音机或者电视机的声音，家长大可不必在房间里特意踮脚走动，不敢发出任何一点细微的声响。否则会令宝宝养成只有在人为刻意制造的极度安静的环境里才能入睡的不良睡眠习惯，而这种环境在现实中却是难求的，因此可能会使宝宝长大之后的睡眠质量较差。

一般来讲，发育正常的宝宝都会选择自己最舒服的睡眠姿势。所以，爸爸妈妈不必强求宝宝用哪一种睡眠姿势，如果看宝宝睡眠的时间较长，只要帮助变换一下姿势就可以了，但动作一定要轻柔，顺其自然，不要把宝宝弄醒。

如果宝宝有昼夜颠倒的习惯，即白天呼呼大睡，晚上怎么哄都不睡，半夜兴奋哭闹的话，那么家长就该有意识地纠正宝宝的这种睡眠习惯，否则不利于宝宝的身心健康，还会令大人疲惫不堪。研究证实，晚间睡眠不足而白天嗜睡的婴儿不仅生长发育比较缓慢，而且注意力、记忆力、创造力和运动技巧都相对较差。此外，缺乏夜间睡眠还会扰乱生长激素的正常分泌，使得免疫系统受损，内分泌失调，代谢出现问题，易发胖。所以，如果宝宝白天睡得过多，家长就要尽量让他少睡一会儿，多陪他玩玩，尽量把这种不良的睡眠习惯克服过来。但如果宝宝一天的睡眠时间加起来还不到12个小时、且这种情况有一定的持续性的话，那么家长就要看一看是否有什么问题了。

免疫接种

这个月的宝宝应该接种第二针百白破疫苗，口服脊髓灰质炎糖丸。

如果宝宝在临近免疫接种时间时突然生病了，那么应视具体情况决定是否推迟接种疫苗。一般来说，轻微的感冒不影响按时接种，在接种前不要服用药物尤其是抗生素类药物，接种后1～2周之内也不要服用抗生素类药物。如果病情必须用药治疗的话，就应暂缓接种，将接种时间向后推迟，直到病情稳定，可以向医生说明情况，共同商定接种疫苗的具体时间。如果服用了抗生素类药物的话，就要在停药一周后才能接种疫苗。

一旦疫苗的接种时间向后推迟，那么以后的接种时间也可以顺延向后推迟，但只需向后推延延迟接种的那种疫苗，其他疫苗还应照计划进行接种。如果推迟到的时间和另外一种疫苗的注射时间重合了，那么医生就会根据疫苗的种类、性质来判断能否同时接种，如不能同时接种的话应先注射哪一种、两种疫苗注射时间要间隔多久，家长只要遵照医生建议进行疫苗注射就可以了。

一般来说，任何药物对疫苗的免疫效果都会有或多或少的影响，尤其是以抗生素类药物的影响作用最大，另外微生态制剂对口服疫苗也会有较大的影响作用。因此，原则上在疫苗接种前后2周内都不能使用任何药物，如果必须使用的话也应提前向医生做详细咨询。如果宝宝在接种后生病的话，有可能会导致免疫效果降低，但不会使免疫效果丧失，因此不需要补种。

能力的培养

发展感觉技能

4～5个月的宝宝视觉和听觉已建立联系，视觉与手的动作也协调起来。他在听到声音时会用眼睛去寻找声源，懂得分辨颜色，会主动去抓看到的东西。因此，爸爸妈妈应该加强这方面的引导和刺激，促进视、听、感、知等多种感觉技能的进一步的发展。

例如，平时可以多为宝宝准备一些色彩鲜艳的玩具，或吊着，或挂着，让宝宝随时能看到、摸到、抓到，还可以抱着宝宝看看家里的各种家具摆设或外面更加丰富多彩的环境，并让他用手摸一摸，或是在大人吃饭时，也让宝宝尝些不同味道的汤水，以此来刺激宝宝视、听、感、知、味、触觉的良好发展，从而有助于促进智力的全面发育。

除了日常的训练之外，通过一些小游戏来锻炼也是不错的选择，例如通过听音找物的游戏，可以锻炼宝宝的听觉和视觉；通过开关灯的游戏，可以锻炼宝宝的视觉，提高宝宝对不同环境的适应性；通过用柔软的玩具抚触宝宝身体的不同位置，来发展宝宝的触觉等。

独自坐立的能力

宝宝能够坐起来是很重要的，不仅有利于宝宝的脊柱开始形成第二个生理弯曲，即胸椎前突，对保持身体平衡有重要作用，而且还可以接触到许多过去想够又够不到的东西，对感觉知觉的发育都有重要意义。

满4个月的宝宝可以由大人扶着腋下坐2～3分钟了，所以从这个月开始，如果宝宝坐立的愿望非常强烈，就可以进行坐立的训练。训练时，先让宝宝仰卧在平整的床上，爸爸或妈妈握住宝宝的双手手腕或用双手夹住宝宝的腋下，面对着宝宝，一边拉坐一边念些儿歌，或是和宝宝说话，慢慢将宝宝从仰卧位拉到坐位，然后再慢慢让宝宝躺下去。

可以反复进行这个动作练习，练习过程中爸爸妈妈逐渐减少自己的力度，让宝宝借助爸爸妈妈的力度自己坐起来，然后慢慢发展到宝宝用自己的力量就能够很好地坐起来了。

练习多次后，妈妈或爸爸只需稍微用力帮助，宝宝就能借助妈妈或爸爸的力量自己用力坐起来。然后，妈妈或爸爸逐渐减少帮助的力量，进而只有姿势而不出力，慢慢地宝宝就会自己坐起来了。

还可以在训练的过程中在宝宝的后背处放一个靠垫，以起到辅助的作用。坐的训练在开始阶段一般每次几分钟即可，逐渐可以延长至15～20分钟。宝宝刚学会坐时，常常会左右摇摆或身子前倾，但过不了多久，宝宝就能挺直腰部了。进入第6个月后，大多数宝宝已能稳稳地独坐了。但是如果宝宝在这个月对这些训练表现得比较抗拒的话，家长也不用着急强求，可以再等一两周再进行训练。

发声训练

4～5个月正是宝宝咿呀学语的阶段，家长应该抓住这个时机，对宝宝进行发声训练，尽早开发宝宝的语言功能。这个月大的宝宝已能够分辨出不同人的声音，所以家长应多和宝宝说话，多发一些“呀、吗、吧”等单音节的字，并鼓励宝宝模仿自己的口型，发出同样的声音，或者是让宝宝多听一些轻松愉快的音乐和歌曲，鼓励宝宝跟着音乐歌曲发出声音。

除了用大人的声音和音乐逗宝宝发声以外，发声训练还可以利用一些可以发声的玩具来完成。因为当宝宝玩得高兴的时候，他就会不知不觉地发出声音，这时候大人一定要及时地鼓励宝宝，并对他发出的声音给予适当的回应，这样就会让宝宝知道，大人对他发出的声音很感兴趣，从而提高他发声的积极性，对他来说是一个很好的鼓励。

如果在户外活动的时候，家长可以因势利导，引导宝宝去注意观察周围的事物，并教他模仿一些声音。例如看到小狗的时候，就可以告诉宝宝这是小狗，小狗会发出汪汪的声音；如果听到外面有音乐的声音，就可以趁着音乐摆动摆动宝宝的小手，引导宝宝跟着音乐发出声音，并积极给予回应。

对宝宝进行发声训练最好是全家人都参与进来，因为越多的人和宝宝说话，和宝宝玩耍，宝宝就会越开心，积极性从而也就会越高，这是促进婴儿发声的最佳方法。

记忆力训练

宝宝从一出生就具有了形成记忆的能力，在那个阶段各种信息以一种自动的、无意识的形式进入婴儿的记忆中，而且只能存留很短的时间。到了4个月以后，宝宝的大脑皮层发育得更加成熟，这时他能够有意识地存储并回忆一些信息，最明显的表现就是，他只需看一眼，就知道某个东西是他所熟悉的，而某个东西是陌生的，并能对此迅速作出反应。

训练宝宝的记忆力有很多方法，例如，可以抱着宝宝坐在桌边的椅子上，把他喜欢的多种玩具放在桌子上，拿出其中一件，让他摸摸并跟他谈论这个玩具，然后让宝宝背向玩具。’如果宝宝懂得转过头去并主动找出刚刚所拿的玩具的话，就把玩具给他玩一玩，并多多鼓励他。

如果宝宝趴在地上玩的话，可以先把一种玩具放在他面前，引起他的注意后再把玩具放到他身边别的地方，如手边、脚边或腿边，然后问问宝宝“玩具去哪了”，引导宝宝扭动着身子去寻找玩具。如果宝宝一开始不知所措的话，爸爸妈妈可以先耐心引导，帮助他找到玩具，以此来增强宝宝的信心，过不了多久，他就会主动去寻找玩具了。

家庭环境的支持

身体的接触

从宝宝学会坐起到逐渐练习爬行以后，就可以适当减少婴儿抚触，或是将婴儿抚触与婴儿体操相结合。这一月龄的宝宝的抚触依然可以按照头部、脸部、胸部、腹部、背部、四肢的按摩动作来进行，抚触时间也可以相对延长到20分钟左右，做好室内的保暖工作，抚触过程中保持和宝宝的眼神及语言交流，随时根据宝宝的情绪变化和反应来调整抚触的频率、次数和手法动作。给宝宝的抚触注意要选在两次喂奶之间，过饱、过饿、过疲劳以及宝宝生病的时候都不宜进行。

除了在每次抚触按摩之前准备好毛巾、尿布、替换的衣物等物品，抚触时还要在掌心里先倒一些婴儿润肤油并相互揉搓，使双手温暖后再开始按摩，按摩开始时应轻轻按摩，逐渐增加压力，力度要根据宝宝的感受做具体调整，以做完之后宝宝的皮肤微微发红为宜。

再有，抚触的重点位置要根据不同月龄宝宝的特点来选择。例如，在宝宝长牙时可以多帮他按摩按摩小脸；学习爬行的时候就帮他按摩腿部；学习走路的时候，除了多给他做些腿上的按摩外，还要加强脚部的按摩。

家长还需注意的是，为宝宝抚触时要记住各部位的安全点，以免对宝宝造成伤害。例如在做头部抚触时，要注意宝宝的脊柱和颈部安全，小心不要把润肤油滴到宝宝眼睛里；做腹部抚触时要按顺时针方向，以利于宝宝的胃肠消化；关节处是宝宝最容易感到疼的地方，所以在抚触过程中遇到手腕、肘部和肩部的关节时，要自如地转动关节，不要在宝宝关节部位施加压力。

室外活动

这个月带宝宝到户外活动的话，不再仅仅是为了晒太阳、呼吸新鲜空气、增强体质了，还要加上运动，培养宝宝的各种能力。例如，在带着宝宝看外面的花花草草时，就可以告诉宝宝，这是红花，这是绿叶，并拉着宝宝的小手让他感受一下，这样可以使宝宝将他看到的、摸到的、闻到的，经过大脑进行整合，进而实现对自然界中的事物的全方位深层次感受。

通过室外活动，还可以初步训练宝宝的社交能力，有效避免宝宝出现“认生”。妈妈可以教给宝宝用笑同人打招呼，当别人逗他时学会报以微笑，这些都有助于宝宝今后养成大方开朗的良好性格。

室外活动还应选在温度适宜的时间，如果是炎热的夏天，尽量选择上午8～9点钟，下午4～5点钟，在树荫下或屋檐下等背阴的地方活动，避免猛烈的阳光直接照射；冬天则应选择温度较高的中午。宝宝的活动能力增强了，所以在户外活动时更要注意安全。

玩具

过了4个月的宝宝，能够用双手紧紧抓东西并放到嘴里吮吸，能用脚踢着玩具玩。因此，这时给宝宝的玩具一定要非常干净，并经常做好清洁消毒，特别是大人碰过的玩具更要做好清洁，因为大人的手上有很多的细菌，而宝宝又总是把玩具放到嘴里，这就相当于宝宝把大人的手放到嘴里，从而使大量细菌通过口腔进入宝宝身体，造成诸多健康隐患。

给宝宝的玩具要经过严格的筛选，可以让宝宝玩弄用软塑料做的装有红色和黄色的珠子圆环和三角环，这种环一摇动就发出声音，里面珠子的滚动声可以锻炼宝宝的听力和注意力。也可以给宝宝玩专供婴儿舔弄的哑铃状玩具，或是能够挂在婴儿床上、下面垂有一根绳子、一拉绳子就会发出声音的玩具。

特别要注意的是比较小的玩具，这种玩具很容易被宝宝吞进肚子里或卡住喉咙，很不安全；小零件太多的玩具也不适合宝宝，因为这些玩具上的零件一旦松动掉落的话同样有被宝宝误吞的危险。掉色、劣质和容易啃坏的玩具也最好不要给宝宝玩。

这个月的宝宝手眼配合能力有限，手里拿着玩具就有可能碰着脸，因此摇铃类的玩具最好不要让宝宝自己拿着玩，可以由妈妈拿着晃动声响来逗宝宝发笑，或是训练他抬头。所有给宝宝拿在手里的玩具，材料质地都要软而轻，尽量选择那些即使被宝宝打到脸上也不会弄伤他的材质的玩具。

引逗宝宝“交谈”

语言是开发智力的工具。在宝宝语言的发生和发展中，家长的引导非常重要，不管宝宝能否听懂，家长都要及早建立与宝宝间的对话交流习惯。

这个月的宝宝高兴的时候能发出一些单音节的字了，并且他会注意模仿大人的说话口型，有时还会对着他的玩具发出些大人看来莫名其妙的声音，这些都是宝宝开始学习用语言交流的“准备工作”。所以，家长要做好引导工作，一有空闲时间就和宝宝说说话，说话的时候要面对着他，让他看到你的眼睛和口型，并在说的过程中重视双方的交流，即你对着宝宝说说话，然后静待着宝宝“回应”你；或是宝宝对着你咿咿呀呀的“说话”，你也立即对他作出回应。这种方式会提高宝宝对“交谈”的兴趣和积极性，并且在这个过程中，他通常也表现得非常开心和兴奋，这也有助于宝宝情绪和性格的良好发展。

再有，和宝宝聊天的时候，家长的表情也十分重要。表情是情绪的指南针，感觉敏锐的宝宝会通过你的表情，感受到你的情绪，同时被你的情绪所传染。如果你在心情不好、烦躁的时候对宝宝说话，那么宝宝很可能会表现得比较沉闷、甚至皱着眉头想要哭出来；如果你的心情愉悦的话，那么宝宝就会感受到同样的快乐；如果你在快乐的情绪下，先故意皱着眉、用轻松愉快的音调同宝宝说话，然后再对宝宝报以微笑的话，那么宝宝就能察觉到你在和他“做游戏”，并因此会表现得更活跃，有更大的精神去配合你的“游戏”，从而使这种亲子交流的效果大大提高。

给宝宝听些好听的声音

这个月龄的宝宝听觉十分敏感，优美的音乐、动听的旋律不仅能够发展宝宝的听力，而且还有助于提高宝宝的音乐感知力和鉴赏力，还可以为培养宝宝将来的音乐才能打下基础。

除了妈妈温柔细腻的说话声之外，平时不妨多给宝宝听些优美的轻音乐，尽量将最好的音质呈现给宝宝，同时注意播放的音量要适当；或是让宝宝听听节奏欢快的儿歌，家长可以握着宝宝的双手，随着儿歌的节奏有韵律的活动，这有利于发展宝宝的节奏感；还可以多带宝宝到户外，听听大自然的声音，如鸟叫声、水流声等等，但不要让宝宝接受马路上汽车轰鸣的噪音和杂乱无章的鸣笛声。

如果在给宝宝喂奶时能够放一些优美抒情、节奏平缓的曲子，会使宝宝的进食过程更加愉悦和放松，可以有效提高他进食的乐趣；如果在宝宝玩兴正浓的时候，放一些轻快活泼、节奏跳跃的音乐，宝宝就会很自然地把音乐中所表达的情绪和自己当时的心情联系在一起，而这种对音乐的感受又会很自然地被记忆，日积月累的音乐印象，对提高宝宝的音乐感知力有很大的帮助；如果在临睡前给宝宝听些安静柔和、节奏舒缓的音乐，必然会令宝宝睡得更加香甜。

需要注意的问题

可能发生的事故

这个时期发生比较多的事故还是从床上掉下来，随着宝宝学会翻身、脚蹬被子的力气增强，稍不留意就可能会从床上掉到地上。最好是能在地上铺睡毯或地毯，以防止宝宝直接碰到地板上摔伤。

不能把任何金属器具如暖水瓶、电熨斗等，以及任何有危险的物品如剪刀、水果刀等放到宝宝的旁边，以免宝宝乱抓碰伤抓伤。也不要在宝宝身边放任何能整个塞到嘴里的小物件，否则很可能会发生误吞卡住喉咙的危险，特别要注意的是婴儿玩具上的小零件。

放在枕头边上的大塑料袋被风吹到宝宝的脸上，4个月的宝宝会哭叫着提示大人注意，但还不能自己把它推开。如果此时身边刚好没有大人的话，就很可能出现窒息的危险。

夏天如果点蚊香的话，一定要把它放在离宝宝较远的地方。比较多见的事故是，家长为了怕宝宝被蚊子咬，就在宝宝睡觉的时候，把点着的蚊香放在宝宝小床或凉席的旁边。宝宝一翻身，手碰到了蚊香，结果被烫伤。

过了4个月的宝宝，脖子已经可以完全挺立了，这时妈妈就会用婴儿车带宝宝外出了。平时应养成经常对婴儿车进行严格的检查的习惯，以防半路上车轴断了而摔伤宝宝。在买婴儿车时，最好买带制动闸的，避免出现某些紧急情况时因来不及控制婴儿车而导致宝宝摔伤或撞伤。

极少情况下可见宝宝由于俯卧而导致窒息死亡，这种现象多发生于患有小儿麻痹症的婴儿，正常的婴儿并不多见，但是宝宝睡觉的时候，家长还是要尽量避免其采取俯卧的姿势。

体重增加缓慢

婴儿时期宝宝每个月体重并不一定是规律增加的，有的宝宝可能在这个月体重增长不多，到了下个月猛长，这种现象也常见。所以爸爸妈妈不要看到宝宝在某个月体重增长得比较慢，就心急火燎地给宝宝猛补特补或四处求医问药，这是没必要的。如果宝宝平时饮食规律、精神良好、大便正常、能吃能睡，就没有什么问题。

宝宝的食量也会影响到他的体重，食量小的宝宝体重自然就可能比同月龄食量大的宝宝要轻一些。不过食量小的宝宝只是体重轻而已，其他方面都一切正常，并且平时多半不会大哭大闹，夜里也不哭，能一直睡到天亮。

婴儿的体重也和遗传有一定关系，如果妈妈本身就较瘦小的话，那么宝宝可能体重也会偏轻。对于这样的宝宝，只要按照食量小的婴儿去抚养就可以了，只要宝宝一直很精神，运动机能也好，就不必过多补充各种营养，想方设法让他增加体重，赶紧长胖。与其花费精力和时间让宝宝吃代乳食品增加体重，还不如尽量让宝宝到室外去接触新鲜空气得好。

湿疹不愈

婴儿期的宝宝，湿疹多见于 1 ~ 5 个月内，而且以头部和面部为多。大多数之前有湿疹的宝宝到了快 5 个月的时候，湿疹症状都会减轻甚至完全自愈，但仍然有些宝宝的湿疹还较为顽固。此时湿疹不愈的宝宝多为渗出体质，也称泥膏型体质，这类宝宝通常比较胖、皮肤细白薄、较爱出汗、头发稀黄，喉咙里还总是发出呼噜呼噜的痰音。如果把耳朵贴在宝宝胸部或背部，能清楚听到呼呼的喘气声。这样的宝宝一旦感冒，就很可能会合并喘息性气管炎，而且也比较容易过敏。除了平日常吃的鱼、虾、鸡蛋会招致过敏、发生湿疹，穿用的化纤衣被、肥皂、玩具、护肤品以及外界的紫外线、寒冷和湿热的空气以及机械摩擦等刺激同样都可能会导致湿疹长期不愈。有的宝宝经过一段时间的治疗之后，表面上看是痊愈了，但如果这些诱因不去除的话，湿疹就很有可能会反反复复地出现。

对于这类宝宝，如果是母乳喂养的话，妈妈就要少吃鱼虾等容易过敏的食物以及辛辣刺激的食物，多吃水果蔬菜；如果是人工喂养的话，就应及早添加辅食，把牛奶量减下来，尽量给予配方奶而不要吃鲜牛奶，同时注意补充足量的维生素。在辅食上，暂时先不要添加蛋黄，尽量等到 8 个月以后再添加，如果蛋黄不耐受的话，就应坚决停掉。此外，到 1 岁之前都不能给喝黄豆浆，否则也会加重湿疹或使治愈的湿疹复发。再有，不要太快地增加辅食品种，这样也有助于湿疹的控制。

为了尽早治愈湿疹以及预防湿疹反复发作，要特别加强患有湿疹的宝宝的皮肤护理。洗脸时要用温水，千万不要用刺激性大的肥皂，以免使湿疹加重。在选用外用涂膏时，一定遵医嘱使用止痒、不含激素的药膏。一旦湿疹严重、发生有渗出或合并感染时，就要及时到皮肤科就诊。

发热

4 ~ 5 个月的宝宝还不会患发热很严重的病，多数发热是由中耳炎、颌下淋巴结化脓、肛门口长“疖子”所引起的。这种发热是化脓引起的，化脓处会出现疼痛，所以如果发现发热的宝宝好像是由于疼痛而哭闹时，就应注意观察上述几个地方。但是中耳炎的症状是无法用肉眼看到的，所以家长应留心观察宝宝的举动，如果发现宝宝总用手抓挠疼痛一侧的耳朵，并且耳孔潮湿的话，那么就应该想到是中耳炎。

如果是感冒引起的发热，通常不会温度

太高，一般都在37.5℃左右，伴有鼻塞、流鼻涕、咳嗽等症状；如果是幼儿急疹引起的发热，热度通常也不高，并且很快会消退；如果是夏季不明原因的持续发热的话，那么就应想到是夏季热病。

宝宝的前囟门在1岁半之前还未完全闭合，所以如果宝宝发热了，爸爸妈妈可以在宝宝睡着以后，用手心捂在其前囟门处直到宝宝微微出汗，这时宝宝鼻子通了，呼吸匀称了，温度也下降了，然后可以叫醒宝宝，多喂他一些温开水或红糖水。

如果能用物理方法降温的话，就最好不要用药。物理降温的主要方法有酒精擦浴、冰枕或冰敷额头以及温水擦浴等。用酒精擦浴是从前家长最常用的退热方法，但是现在并不提倡，因为酒精对宝宝的刺激很大，会造成宝宝皮肤快速舒张及收缩，还可能会引起酒精中毒。

用冰枕或冰敷额头的方式退热也不适用于6个月以内的宝宝，因为这会导致宝宝的温度下降太快难以适应。另外，局部的冰敷只能有局部降温作用，无法使全身都降温。最好的办法还是用温水擦浴。

不过在给宝宝用温水擦浴时也要注意，如果宝宝在擦浴过程中有手脚发凉、全身发抖、口唇发紫等所谓寒冷反应，就要立即停止，必须先用退热药物，降低身体温度，这时再辅助物理散热，体温才会真正降下来。

给宝宝吃退热药也要谨慎，因为药物虽然能较快改善宝宝的病症，但同时也会带来一些副作用。一般情况下，如果发热体温不高于38.5℃，就尽量不要吃退热药；如果是有过高热惊厥史的宝宝，最好也是体温到了38℃以上再吃退热药。另外退热药不能混着吃，否则可能使药效重叠，导致烧退得太猛太急，体温速降至36℃以下，这必然又会产生新的问题。

便秘

母乳喂养的宝宝此时很少发生便秘，如果发生的话，可以利用一些有润肠作用的辅食来治疗改善，如给宝宝食用橘子汁、番茄汁、煮山楂或红枣水，还可以加些菜泥或煮熟的水果泥。如果是母乳不足造成的便秘，可增食1～2次加8%糖的牛奶。但注意不能给宝宝服用蜂蜜水。

相对于母乳喂养，人工喂养的宝宝更容易发生便秘，但只要合理地加糖和辅食，还是可以避免便秘发生的。当宝宝出现便秘时，可以将牛奶中的糖加到8%，也可加喂一些果汁，如番茄汁、橘子汁、菠萝汁、枣汁以及其他煮水果汁以刺激肠蠕动。如果宝宝是由于营养不良所造成的便秘，就要注意补充营养，等到营养情况好转后，宝宝的腹肌、肠肌张力就会增加，排便自然就能恢复通畅。

以往传统的做法是给宝宝喂菜汤来治疗便秘，但实际上，这种做法往往事与愿违。因为蔬菜中所含的维生素C怕光更怕热，在100℃的水中煮3.5分钟就会被破坏50%以上，而且在菜汤的冷却过程中，维生素C仍然在不断地被氧化、破坏。因此，菜汤中维生素C含量并不多。并且，蔬菜中含有较多的植酸和草酸，它们都会溶解在菜汤中，与食物中的各种矿物质（如钙、铁、锌等）结合成不溶于水的植酸盐和草酸盐，从而阻碍这些必需元素的吸收。久而久之，就会造成这些必需元素的缺乏。因此，给宝宝食用菜汤，非但对治疗便秘没有明显作用，反而会造成营养缺乏。

出眼屎

宝宝在出生4个月左右时，爸爸妈妈常会发现，宝宝在睡醒觉或早晨起床后，眼角或外眼角总是沾有眼屎，这很有可能是倒睫。倒睫的宝宝除了有眼屎以外，眼睛里还总是泪汪汪的，仔细观察宝宝的眼睛能发现下眼睑的睫毛倒向眼内，触到了眼球。

造成宝宝倒睫的原因，主要是由于宝宝的脸蛋较胖、脂肪丰满，使下眼睑倒向眼睛的内侧，进而对角膜产生刺激。如果倒睫是暂时性的，那么家长不用担心，可以涂抹一些抗生素眼药膏来缓解，多数情况下随着宝宝的逐渐发育，倒睫就可以自然痊愈。

除了倒睫之外，急性结膜炎也会导致宝宝的眼睛常出眼屎。可以根据宝宝的白眼球是否充血来判断是否为急性结膜炎，另外急性结膜炎严重的话，宝宝早上起来会由于上下眼睑沾到一起而睁不开眼睛，爸爸妈妈必须小心翼翼地用干净的湿棉布擦洗后才能睁开。这种急性结膜炎多半是由细菌引起的，点 2 ~ 3 次眼药后就会痊愈。

不哭不闹正常吗

宝宝哭闹家长担心，如果宝宝不哭不闹的话，可能有些家长也会同样担心，特别是看到别人家的同龄宝宝都会哭闹的时候，未免会怀疑自己的宝宝是否有些“不正常”。

每个宝宝不同的性格特点都是由个体间的气质不同所造成的，有的宝宝生来就好动，经常哭闹，而有的宝宝平时表现得比较安静，既不哭也不吵，经常会笑。只要宝宝各项生长指标都正常的话，那么这些都是正常的表现。

但是如果宝宝特别安静，可以自己躺在床上一整天都一声不响，也很少活动，并且与同龄的宝宝相比，动作、语言、认知发育也显得落后的话，那么就要排除是否有发育或医学上的问题，如先天性甲状腺功能减退症、21- 三体综合征或是发育缺陷或迟滞。

先天性甲状腺功能减退症是由于人体中甲状腺发育不良致血液中甲状腺素不足而引起的，可以通过检查甲状腺功能来判断。患上此症的婴儿的生长发育比较迟缓，身高比正常同龄婴儿要矮，多伴有水肿、便秘，动作发育如坐、站等要比正常婴儿缓慢，语言和认知等也明显落后。

21- 三体综合征是由于染色体异常所导致的，宝宝从出生时就有非正常的面容，如眼距宽、眼裂小、两眼外侧上斜、舌常伸出口外、鼻梁平、外耳小、头围也较小等，平时少哭不吵，肌张力低，抬头、坐、立、走及语言、情绪和认知均落后于平均发展水平。如果有上述症状和体征的话，就应检测染色体核型来核实。

发育缺陷或迟滞（如脑发育不良、小脑畸形或精神发育迟滞等）的宝宝，往往反应比较慢，发育迟缓，显得特别安静，可通过相应检查如神经系统检查、发展里程碑检查、颅脑 CT 协助诊断。

突然哭叫

如果以前不爱哭的宝宝突然间大哭大闹，并伴有持续性腹痛症状的话，就应该想到是肠套叠。如果发现宝宝的哭声是每隔 4 ~ 5 分钟后就反复一次，并总是把伸着的双腿弯曲到肚子上的话，甚至有吐奶、面色苍白症状的话，就更应想到是肠套叠。这是婴幼儿急症，必须尽快到医院抢救治疗，否则会有生命危险。

当然，并不是说宝宝一大哭大闹就是肠套叠，只要宝宝是连续不断地哭，或只是突然哭一次，给他吃奶时他能吃得很好，给他玩具、抱着他看看外面环境他就能止住哭声的话，那么就不是肠套叠。

这时应考虑是不是发生了肠堵塞。肠堵塞最常见的是肠绞窄，多数是由腹股沟疝气引起。家长可以打开尿布看看宝宝生殖器的侧面，如果肿得厉害、变硬的话，就可以确定是肠绞窄。如果平时有疝气的宝宝突然哭闹，还应该看看肚脐。

阵发性的肠绞痛也会令宝宝突然大声哭闹。肠绞痛是由于婴儿肠壁平滑肌阵阵强烈收缩或肠胀气引起的疼痛，哭时面部渐红、口周苍白、腹部胀而紧张、双腿向上蜷起、双足发凉、双手紧握，抱哄喂奶都不能缓解，直到宝宝哭到力竭、排气或排便而止。肠绞痛与肠套叠症状明显不同的是，宝宝不会有呕吐症状，而且面部是发红而不是发白，并且哭闹的时间很有规律，如固定在每天晚上或是下午的某段时间内哭泣，一旦排气或是排便了以后哭闹就能立即停止。

如果宝宝是在发热的同时并有突然大声哭闹的话，那么大都是中耳炎或外耳炎，能看到耳朵较湿润、有液体从耳朵里流出或是一侧的耳孔肿得堵住了。

眼睛异常

婴幼儿的眼睛问题主要有两大类，一类是功能低常，一类是眼病。功能低常是发育问题，多数是在内因或外因的作用下过早地停止了发育，从而引发永久性损害。如果早期发现并做到及时干预的话，绝大多数会都随着年龄的增长而不断发育完善。眼病则是指发生于眼睛的疾病，种类很多，影响较大的主要有先天性与遗传性眼病、屈光异常和急性眼病。如果发现宝宝眼睛有如下异常表现，就应引起重视：

（1）“蓝眼”。医学上称为“蓝巩膜”，它是临床上许多疾病的重要症状，其中最主要的是成骨不全。由于巩膜胶原纤维发育不全，使巩膜半透明，透露葡萄膜而显蓝色。成骨不全是一种遗传性疾病，骨脆、耳聋、蓝巩膜是其三大基本症状。

（2）“绿眼”。多为先天性青光眼，也叫发育性青光眼，是由于胎儿期房角组织发育异常，使房水排出受阻、眼压升高的一种致盲性眼病。一般患儿在出生时症状不明显，但常常怕光、流泪、眼睑痉挛、眼球大，之后逐渐出现视力下降、眼球发绿、角膜混浊、视神经萎缩等症状。

（3）“白蒙眼”。为先天性白内障，表现为黑色瞳孔内有许多白色斑点，甚至整个瞳孔呈弥漫性白色混浊，是胎儿的晶状体在发育过程中受到障碍，或在婴儿发育过程中晶状体变混浊所造成的。

（4）“猫眼”。很可能是视网膜母细胞瘤的早期症状，这是一种遗传性的恶性肿瘤，患儿的瞳孔不是常人的黑褐色，而是像猫的瞳孔一样呈黄白色。

（5）“望天眼”。为先天性上眼睑下垂，表现为上眼睑不能正常抬起，平视物体时只能采取仰头姿势。此病多与遗传有关，由动眼神经或提上肌发育不良引起。

（6）眼睛不能注视目标。多为视神经萎缩或某些先天性严重眼病，完全不能注视目标的话表明眼睛看不见，即没有视力；不能准确注视目标或看不见小的物品则表明眼睛视力较差。

（7）歪头眯眼。如果宝宝看东西总是歪着头、眯起眼的话，则表明可能有斜视或散光等问题。

（8）白天夜晚视物有差别。如果一到晚上或是进入较暗的环境里，宝宝就看不清东西、无法注视目标的话，就有夜盲症的可能。

（9）眼裂大小不等。正常的宝宝眼裂大小相同或相近，如果差别过大的话则表示可能有先天性眼病。

（10）眼白发红。表示结膜充血，是有炎症的表现。

（11）瞳孔对光无反应。瞳孔对光反射情况。正常情况下，当面对强光时瞳孔可见明显缩小，若无反应或缩小勉强的话，就表明有眼疾发生。

（12）眼屎突然增多。提示可能有炎症、泪道堵塞等问题。

肠套叠

肠套叠是指一段肠管套入与其相连的肠管腔内的疾病症状，是婴儿急性肠梗阻中多见的一种，最常见的是回肠（小肠的末端部分）套进了与它相连的结肠（大肠的前端）内。肠套叠发病与肠管口径不同、肠壁肿瘤、憩室病变、肠蠕动节律失调等因素有关，典型的三大症状有急性腹痛、果酱样血便和腹部包块。肠套叠是婴幼儿急症，如果不加治疗的话，套叠部分的肠子的血液循环受阻碍，肠子本身也会溃烂，出现穿孔，最终引起腹膜炎而致死。

此病多发于 4 个月以后的婴儿，周岁以后发病率就会大大减少，且多发于较胖的男宝宝。发病没有规律，也没有哪个季节发病多，那个季节发病少的区别。

肠套叠的早期临床表现主要有四大信号：

（1）腹痛，突然哭闹。表现为无任何诱因而突然发生剧烈的有规律的阵发性腹痛，由于患儿无法表述出疼痛，所以多表现阵发性的哭闹不安、屈腿、面色苍白，其中哭闹具有间歇性，常常是哭 3 ~ 4 分钟就停止，隔 4 ~ 5 分钟后又再次哭闹，并且在哭闹时表现痛苦，腿部弯曲，反复多次之后可见精神委靡、疲乏不堪、面色苍白。

（2）呕吐。起病不久即出现反射性呕吐。这是由于肠系膜被牵拉所致，呕吐物为奶块或食物，以后即有胆汁甚至可为粪便样物，是肠梗阻严重的表现。

（3）血便。多于病后 6 ~ 12 小时出现，是本病特征之一，常为暗红色果酱样便和黏液的混合物，有时可排出深红色血水，一般无臭味。

（4）腹部肿块。在疾病初期，腹痛暂停、腹肌放松时，在患儿的右上腹部可摸到一长筒形如腊肠或香蕉状中等硬度、略带弹性、表面光滑、稍可活动并有压痛的肿块，这是诊断小儿肠套叠最有价值的体征。

当有上述症状出现一种或多种同时出现的话，就应该想到这种疾病的可能，并以最快的速度到医院进行诊断治疗。

肠套叠前期之所以容易被家长忽略，是因为在患病前期，患儿的全身情况尚好，体温正常，仅有面色苍白，精神不好，食欲不振或拒食，只有随发病时间延长，才会出现精神委靡、嗜睡、脱水、发热、腹胀，甚至休克或腹膜炎征象等严重病症。因此在早期，很容易被家长误当做便秘、消化不良等常见婴儿症状而耽误治疗。

虽然肠套叠多发于较胖的男宝宝，但不胖的男宝宝和女宝宝也有发生的可能。此外，肠套叠不是“终生免疫”的疾病，发生过肠套叠的婴儿，有时还会再次发生。

添加辅食遇阻

这种现象在纯母乳喂养的宝宝中较为常见，一般混合喂养或人工喂养的宝宝都能高高兴兴地吃辅食，只有母乳喂养的宝宝，除了母乳之外他不愿意吃任何东西。因此妈妈开始担心，怕宝宝长此下去会无法断奶、营养不良。

其实，一直不吃辅食、无法断奶的情况是不存在的，吃辅食只是时间早晚的问题，也不是说辅食添加得晚一些宝宝就会营养不良。宝宝不吃辅食有很多原因，有可能是妈妈的乳汁足够他日常所需，有可能是他暂时不能适应除母乳之外的其他食物的味道，也有可能是他习惯了妈妈的乳头而无法接受其他餐具。至于到每个不爱吃辅食的宝宝到底是其中哪个原因，只有宝宝自己才能知道。

对于此时不爱吃辅食的宝宝，妈妈应重点添加含铁丰富的辅食，其他类型的辅食可以先不添加，等下个月再说。等到妈妈的乳汁无法满足宝宝生长发育需要的时候，他自然会开始吃辅食，所以妈妈只要耐心等待、多尝试几回就可以了。

第 150 ~ 179 天(5 ~ 6 个月)的婴儿

发育情况

这个阶段的宝宝体格进一步发育，神经系统日趋成熟。此时的宝宝差不多已经开始长乳牙了，常是最先长出两颗下中切牙(下门牙)，然后长出上中切牙(上门牙)，再长出上侧切牙。宝宝对外界事物越来越感兴趣，并且对妈妈的依恋性增强，陌生人已经很难从妈妈怀里把他抱走了。

这个月的男宝宝体重为 6.9 ~ 8.8 千克，女宝宝体重 6.3 ~ 8.1 千克。这个月内可增长 0.45 ~ 0.75 千克，食量大、食欲好的宝宝体重增长可能比上个月要大。需要家长注意的是，很多肥胖儿都是从这个月埋下隐患的，因此，如果发现宝宝在这个月日体重增长超过 30 克，或 10 天增长超过 300 克，就应该有意识调整牛奶和辅食添加量。

男宝宝在这个月身高为 65.1 ~ 70.5 厘米，女宝宝为 63.3 ~ 68.6 厘米，本月可长高 2 厘米左右。需要家长注意的是，宝宝的身高绝不单纯是喂养问题，所以不能一味贪图让宝宝长个，还是要遵从客观规律，顺其自然。

这个月男宝宝的头围平均为 43.9 厘米左右，女宝宝平均为 42.9 厘米左右。另外这时宝宝的前囟门尚未闭合，约为 0.5 ~ 1.5 厘米。

养育要点

重点摄入铁

5 ~ 6 个月的宝宝体内的铁储备已经快要耗尽了，加上母乳和牛奶中的铁也很难提供宝宝的成长发育所需，所以从这个月开始要重点添加富含铁质的辅食。最适合这个月龄宝宝的辅食还是蛋黄，因为蛋黄中的含铁量很丰富而且也利于吸收。

如果上个月已经开始给宝宝吃 1/4 个蛋黄，并且宝宝吃得很好的话，那么从这个月开始可以把添加量增加到每天 1/2 个。如果宝宝的消化很好、同时又有铁不足的倾向的话，可以吃一个蛋黄。

如果宝宝有缺铁倾向的话，妈妈可以从宝宝的表征中看出来。一般来说，缺铁的宝宝的嘴唇、口腔黏膜、眼睑、甲床和手掌发白，精神委靡，对周围环境反应较差，有食欲不振、恶心、呕吐、腹泻、腹胀或便秘等现象，严重者还会有异食癖，如吃纸、煤渣等。

母乳喂养

在 5 个月以前一直用纯母乳喂养的宝宝，多数在这个月也开始想吃辅食了，特别是看到大人吃饭时，他也会伸出双手或吧嗒着嘴唇表示想吃了。所以从这个月开始，可以做好断奶的准备了。

如果前 5 个月的下奶量一直很好、足够宝宝所需而从这个月开始奶量不足的话，就可以加一次牛奶了。刚开始加牛奶的宝宝可能会拒绝奶瓶，这时可以改用小勺来喂。如果宝宝拒绝牛奶的话，可以多给辅食，加快半断奶的速度，以补充宝宝所需的能量。如果宝宝肚子饿的话，在这个月是不会拒绝辅食的。

如果这个月母乳量仍然很好的话，也应该给宝宝增加辅食，首先是因为宝宝此时需要的营养量更多了，因此需要更多的食物来源作补充；其次是为了让宝宝适应母乳以外的其他食物，为以后的断奶做好准备；再有就是锻炼宝宝的咀嚼和吞咽能力。

混合喂养和人工喂养

混合喂养和人工喂养的宝宝在5～6个月时，即使吃再多的牛奶也不会感到厌倦，因此就要警惕那些食量过大的宝宝，因为很多肥胖的宝宝都是这个月奠下“根基”的。

这个月给宝宝每天的牛奶量应控制在1000毫升之内，食量大的宝宝这时如果让他任意吃的话，就会长得过胖。所以，对于爱喝牛奶的宝宝，应该每隔10天就称1次体重，如果10天期的体重增加保持在150～200克之间，就是正常，如果超过了200克就要加以控制了，如果增加量到了300克以上，应该认识到宝宝正在成为肥胖儿，要严格控制饮食量了。

调节饮食量最好的办法就是利用辅食，可以让宝宝吃果汁、菜汁、菜泥、肉蛋和汤类，但要慎喂米面类的辅食，否则依然有过胖的危险。

如果宝宝食量较小的话，可以早些进行半断奶并加快半断奶的速度。对于食量小的宝宝，不必严格按照食谱上的食用量来喂，只给宝宝吃能吃下的量就可以了。一般来说，不太爱喝牛奶的宝宝，辅食吃的可能也不算多。这种吃多吃少是因人而异的，有的宝宝天生食量就小，只要他的身体各项指标发育都正常的话，家长就不用担心。

正式添加辅食

无论之前是纯母乳喂养还是喝牛奶的宝宝，这个月开始都要增加辅食了。此时的宝宝对乳类之外的食物已经有了较好的消化能力，而且也表现出了想吃辅食的愿望，加上这个时期宝宝需要更多的营养，因此就应该正式添加辅食，进行半断奶，为将来1岁以后由吃奶转变为吃饭做好准备。

虽然配方奶是按照宝宝各个月龄阶段成长发育所需营养量来配比的，能够满足宝宝的营养需求，但配方奶也不能一直吃到1岁以后直接转为喂辅食。要给宝宝的肠胃一个从奶类到饭菜类食物过渡的适应时间，才能保证宝宝更健康地成长。

早产的宝宝添加辅食的时间要更早一些。因为他们需要摄取更多的营养物质来赶上健康足月儿的生长发育水平，所以对于早产儿要尽早给予辅食，并保证所需营养物质的合理搭配。

如果宝宝对某种辅食表现抗拒，喂到嘴里就吐出来，或用舌尖把它顶出来，或是用小手把饭勺打翻、把脸扭向一边“不合作”的话，就表示宝宝可能不爱吃这种辅食。这时候妈妈不应强迫宝宝吃，以往那种趁着宝宝张嘴大哭就赶紧喂进一勺食物的方法更是不可取，最好是先暂停喂这种食物，过几天后再试着喂一次，如果连续喂两三次宝宝都不吃的话，那么就先不要喂这种东西，很可能是宝宝真的不爱吃。

辅食不要影响母乳喂养

纯母乳喂养的宝宝此时之所以要增添辅食，是因为只喂母乳的话可能会造成铁摄取不足。出生后4个月之内母乳中的铁分较多，加上宝宝自身还储存着从母体中带来的铁，所以正常情况下还不存在铁不足的问题。但是从宝宝5个月之后，体内储存的铁分就会越来越少，所以就要及时增添辅食，以补充体内铁元素的需求量。

不过，即使添加辅食，在这个月也尽量不要影响母乳喂养，特别是母乳还比较充足的话。因为此时宝宝辅食的食入量还较少，也有些宝宝此时还不是特别爱吃辅食。如果妈妈为了让宝宝吃辅食就不给母乳，这种做法是不对的，因为母乳对于这个月龄的宝宝来说，仍然是最好的食品。如果宝宝不爱吃辅食，妈妈就任由他饿着，让他饿到无计可施而不得不吃辅食的话，这不但会影响到宝宝对辅食的兴趣，还会影响到他的正常生长发育，使宝宝变得极易烦躁不安。

为辅食准备的餐具选择

添加辅食以后，可以为宝宝准备一些他喜欢的、能够自由抓握的餐具，把食物盛在里面，会引起宝宝的兴趣，促进他的食欲。给宝宝选购辅食用的餐具最好选择那些专用的婴儿餐具，因为这些餐具会根据宝宝的生理特点加以设计，比较适合宝宝使用。

在选购的因素中，餐具的用材是最需要重视的。一般来说，知名品牌的婴儿餐具经过严格检测，材质一般是安全无毒的，如使用食品级硅胶。另外，婴儿餐具的样式五花八门，有圆形、椭圆形、多边形等，现在有些设计是专门针对从母乳喂养过渡到辅食的宝宝，符合宝宝的口腔发育，比如圆形设计不会伤害宝宝的嘴和牙床，甚至有定位安全挡块，汤勺浅，令宝宝进食更加干净，家长不妨考虑这些。

另外，目前市场上婴儿餐具的功能也很多，有底盘带吸盘的碗，能够把碗吸在桌面上不会移动，这样就不容易被宝宝打翻；感温的碗和勺子，能够让父母掌握温度，不至于让宝宝烫伤；耐高温的餐具，能够进行高温消毒，保证安全卫生。

需要注意的是，很多宝宝在长牙期间，往往因为牙痒、牙痛而喜欢乱找东西来咬，有时候他可能会紧紧咬住小勺不放。所以，宝宝的小勺一定要柔软、边缘光滑，避免伤到宝宝稚嫩的口腔。

再有，不要选不易清洁的婴儿餐具。宝宝极易感染肠道类疾病，假如又不能进行高温消毒，附着在餐具上的油垢得不到及时去除的话，很容易招致惹人讨厌的蟑螂、蚊蝇等，它们会带来大量的病菌，对宝宝身心健康的影响也是相当可怕的。所以为宝宝选择的餐具应该能够耐高温消毒，并且在每次使用后尽快清洗消毒，以免细菌滋生。

在清洁餐具时，可用一些温和的洗涤剂或是婴儿专用洗涤剂，洗净以后要多用清水冲洗几次，以保证彻底清洗掉洗涤剂，否则这些残留物质会损害宝宝健康。清洁完毕以后，还要再用热水冲一下后自然晾干，不要用抹布擦干。

断奶的方法

（1）循序渐进，自然过渡。断奶不但是妈妈的一件大事，而且是宝宝的一件大事，断奶的准备是否充分不但影响到宝宝身体的发育，同时也会对其心理发育和感情也有很大影响。断奶需要一个过渡时期，在这时期内要先用一种非母乳的半流体或固体的食物来供给宝宝的营养需要，到最后全部代替母乳。

再有，断奶的时间和方式取决于很多因素，每个妈妈和宝宝对断奶的感受各不相同，选择的方式也因人而异。如果妈妈和宝宝都已经做好了充分的准备，那么就可以很快断掉母乳；但如果宝宝对母乳依赖很强，快速断奶就会让宝宝不适，加上有的妈妈也很不舍得给宝宝断奶，这种情况下就可以采取逐渐断奶的方法，从每天喂母乳 6 次，先减少到每天 5 次，等妈妈和宝宝都适应后再逐渐减少，直到完全断掉母乳。

（2）少吃母乳，多喝牛奶和辅食。刚开始断奶的时候，可以每天都给宝宝喝一些配方奶，也可以喝新鲜的全脂牛奶。需要注意的是，要尽量鼓励宝宝多喝牛奶，但只要他想吃母乳，妈妈不该拒绝他。断奶期给宝宝添加食品应从一种到多种，从少量到多量，添加各种不同种类、性状的辅助食品，让其逐渐适应成人的进食方式、食物种类。

（3）断掉临睡前和夜里的奶。大多数的宝宝都有半夜里吃奶和晚上睡觉前吃奶的习惯。宝宝白天活动量很大，不喂奶还比较容易，最难断掉的就是临睡前和夜里的奶了。不妨先断掉夜里的奶，再断临睡前的奶。在这个过程中，特别需要爸爸和其他家人的积极配合，例如在宝宝睡觉的时候，先暂时改由爸爸或其他家人哄宝宝睡觉，妈妈到别的房间里去，不让宝宝看到。当宝宝见不到妈妈的时候，刚开始肯定要哭闹一番，但是过不了几天习惯了，稍微哄一哄也就睡着了，这个时候妈妈的心一定要“狠”一点，不能一听到宝宝哭闹就于心不忍地马上去抱去哄，这会使之前所有的努力都前功尽弃。刚开始断奶的时候，宝宝都会折腾几天，尤其是之前纯母乳喂养的宝宝，妈妈一定要有这个心理准备。

（4）减少对妈妈的依赖。从断奶之前，就要有意识地减少妈妈与宝宝相处的时间，增加爸爸照料宝宝的时间，给宝宝一个心理上的适应过程。刚断奶的一段时间里，宝宝会对妈妈比较黏，这个时候爸爸可以多陪宝宝玩一玩，分散他的注意力。刚开始宝宝很可能会不满，但后来都能慢慢地习惯。对爸爸的信任，会有效使宝宝减少对妈妈的依赖。

断奶的注意事项

在准备断奶之前，妈妈就要着手准备添加辅食，并且开始有意识地训练宝宝用勺子吃饭，可以连续一周试着用勺子给婴儿喂一些果汁、汤等。如果婴儿的脸颊和舌头使下颌跟着运动起来，宝宝能顺利吃下，就可逐渐实行断奶了。

有些宝宝可能会突然间不喜欢喝牛奶了，妈妈就觉得这是断奶的好机会。但是，宝宝的这种拒绝牛奶的行为是有“自我断奶”和“罢奶”之分的。有些宝宝在没有任何明显理由的情况下会突然拒绝吃奶，并看起来很烦躁，对母乳相当地抗拒，这就是常说的“罢奶”。而能够“自我断奶”的宝宝大部分都在 1 岁以上。所以妈妈们应该学会分辨，宝宝到底是“罢奶”还是准备好了“自我断奶”，不要看到宝宝拒绝牛奶就轻易作出“断奶”决定。因为这种“罢奶”现象普遍发生在宝宝 4 个月以后，这时宝宝的生长速度明显减缓下来，对营养物质的需求也相应减少。这种本能地减少对奶的需求量，称为“生理性厌奶期”。通常持续一周左右，以后随着运动量增加，消耗增多，食欲又会逐渐好转，奶量恢复正常。而真正准备好“自我断奶”的宝宝，已经能吃很多固体食物，并且每天的饮食十分正常。

在断奶的过程中，还要注意宝宝因为断奶而出现对辅食抗拒、进食量越来越少、吃了就吐、体重增加缓慢甚至不增加的现象，这种现象也就是常说的“奶痨”。造成“奶痨”的主要原因是营养元素长期摄入不足，尤其是热量和蛋白质摄入不足。婴幼儿时期的生长发育十分迅速，因此对各种营养元素的需求量也相对较多。一旦在断奶过程中和断奶后无法及时、合理地添加辅食，就会因营养摄入不足而导致“奶痨”。要避免“奶痨”的发生，就要在宝宝断奶前好好添加辅食，给予每日每公斤体重 1 ~ 1.5 克的蛋白质，多吃些新鲜水果和蔬菜，注意营养的全面均衡。

如果宝宝对母乳的依赖很强，可以运用逐渐断奶法：从每天喂母乳 6 次，先减少到每天 5 次，等宝宝都适应后再逐渐减少，直到完全断掉。在刚开始断奶的时候，可以每天给宝宝喂些配方奶，尽量鼓励宝宝多喝牛奶，同时断掉临睡前和夜里的奶。如果以前宝宝都是由妈妈哄着睡觉的话，那么在断奶时就改由爸爸或其他家人哄宝宝睡觉，妈妈先避开一会儿。

断奶后，断奶期间和断奶后宝宝的饮食

应以碎、软、烂为原则，喂以营养丰富、细软、易消化的食物，切忌给宝宝吃辛辣食物，此外仍然要每天添加牛奶。如果在按断乳食谱进行断乳，宝宝不愿吃的话，也不要硬喂，可以按照宝宝特点，摸索出一套适合自己宝宝特点的喂养方法。

如果宝宝生病了，那么就先不要进行断奶。因为患病时宝宝的抵抗力较差，消化功能不好，身体也很虚弱。如果这时候断奶的话，不利于宝宝身体的恢复，甚至还可能会使病情进一步加重。

在断奶的前后，要养成宝宝良好的行为习惯。有的家庭对于断奶中的宝宝往往诸多纵容，要抱就抱，要啥给啥，不管宝宝的要求是否合理。但是这种纵容娇惯很容易使宝宝的脾气越来越坏，变得十分任性。所以说，在断奶前后，妈妈适当多抱一抱宝宝，多给他一些爱抚是应该的，但是对于宝宝的无理要求绝不要轻易迁就，不能因为断奶而养成了宝宝的坏习惯。这时，就需要家庭所有成员对宝宝的态度保持高度一致，不能爸爸一个意见、妈妈一个意见、爷爷奶奶或姥姥姥爷又是一个意见，否则对宝宝的健康成长十分不利。

断奶中的误区

1. 往乳头上涂黄连、墨汁、辣椒水、万金油之类的刺激物。这是传统断奶最常用的一种方式，但是这对宝宝是很不利的。这些刺激物除了会对宝宝的口腔黏膜造成伤害之外，对宝宝的心理也是很大的刺激，会使宝宝产生对进食的恐惧心理，长期下去会对宝宝的身体和心理造成极大的危害。

2. 母子分离。这也是以往比较常用的方法，到了该断奶的时候，妈妈突然在宝宝的世界里“消失”了。这种母子分离的方法很可能非但不能成功断奶，还会影响宝宝生理、心理健康。长时间的母子分离，会使宝宝缺乏安全感，特别是对母乳依赖较强的宝宝，还可能产生强烈的焦虑和恐惧情绪，不愿吃东西，不愿与人交往，烦躁不安，哭闹剧烈，不肯入睡或实在困极了入睡后的惊醒，甚至还会消瘦、生病。

3. 突然断奶。断奶是一个循序渐进的过程，需要让宝宝有一个从母乳到混合喂养再到人工喂养、吃辅食的适应过程，突然断奶会使宝宝一时间无法适应除母乳外的其他食品，继而引起某些消化系统的疾病症状，出现腹泻、便秘等问题，还会造成宝宝厌食、营养缺乏等不良后果。

4. “速效断奶”。这是指采用不喝汤水、用毛巾勒住胸部、用胶布封住乳头等方法，企图把奶水憋回去。这些方法显然违背了自然的生理规律，而且很容易引起乳房胀痛。如果妈妈的奶太多，一时退不掉，可以口服些回奶药。如果断奶后妈妈还有不同程度奶胀的话，可以用吸奶器将奶吸出，同时用生麦芽60克、生山楂30克水煎当茶饮，3 ~ 4天即可回奶，切忌热敷或按摩。

5. 反复断奶。在断奶的过程中，妈妈既要让宝宝逐步适应饮食的改变，又要态度果断坚决，不可因宝宝一时哭闹，就下不了决心，从而拖延断奶时间。也不可突然断一次，让他吃几天，再突然断一次，反反复复带给宝宝不良的情绪刺激。这种做法会对宝宝的心理健康带来危害，容易造成宝宝情绪不稳，夜惊、拒食，甚至为日后患心理疾病留下隐患。

衣物被褥

由于这个月龄的宝宝生长发育比较迅速，不仅活动量比以前有了明显增大，而且活动范围和幅度都比以前大大增强，所以妈妈在为宝宝准备衣服时，一定要以宽松为主，款式设计要宽松些并容易穿脱，同时还要保证好的吸水性和透气性。如果衣服整体设计过紧的话，就会影响宝宝正常发育；如果领口或袖口过紧，就会对宝宝的正常活动和呼吸造成阻碍；如果衣服的袖子或裤腿过长的话，就会妨碍宝宝的手脚活动。

这个月宝宝的口水开始增多了，加上开始喂辅食，常常会把衣服弄湿弄脏，因而衣服要比以前换得更勤了。所以这个月妈妈要为宝宝多准备几套衣服，以便换洗。如果宝宝口水很多的话，可以给宝宝戴个吸水性较强的围嘴，既方便又好洗。

给宝宝的袜子要选择那些透气性能好的纯棉袜，因为化学纤维制成的袜子不但不吸汗，而且还可能会令宝宝的脚部皮肤发生过敏。再有，给宝宝的袜子款式要符合宝宝的脚型和大小，否则不利于宝宝脚部的正常发育以及日常活动。

对于刚刚五个月的宝宝来说，有的时候还不能有意识地控制自己的活动，所以服装的安全性也很重要。这么大的宝宝已经会把比较小的东西拿到手里，而一旦东西放到手里，下一步就是放到嘴里。因此，给宝宝的衣服尽量不要带扣子或其他多余的小饰物，以免被宝宝误食造成窒息。

如果有的衣服必须要钉扣子的话，那么爸爸妈妈就要经常检查扣子是否牢固，以及扣子的位置是否会硌着宝宝。如果买来的衣服上有很多装饰性的小球、小花之类，也要都去掉以后再给宝宝穿。毕竟，宝宝的人身安全比衣服的美观要重要得多。

还有一点要格外引起家长注意，就是还要经常检查宝宝的内衣裤上，是否有脱下的线头。以往曾经发生过很多宝宝被衣服里的线头误伤的例子，不是宝宝的小手被内衣的线头缠伤，就是宝宝的小脚丫被勒伤，甚至还发生过男宝宝的阴茎被内裤里的线头勒破引发感染的情况。因此，给宝宝穿的所有衣服，特别是贴身穿的内衣裤、秋衣秋裤和袜子，在每次给宝宝穿之前一定要翻过来仔细检查，如果发现有线头的话就要立即剪掉。

这个月对于被褥要求与上个月没有太大的变化，可以继续使用上个月的被褥物品。需要注意的是，这个月的宝宝不仅手部的力量大增，而且腿部也比以前更有力了，加上已经学会翻身，如果睡床太小或没有栏杆防护的话，就应及时更换大床或安装护栏，否则宝宝就很容易从床上掉下来。此外，在床边的栏杆上也不能系绳子，以免宝宝翻身或掉到地上时，因绳子缠住脖子而发生危险。

吞咽和咀嚼训练

吸吮是宝宝从出生就具有的本能，但学会咬一小块食物、嚼碎并吞咽下去，还需要后天的训练和培养。一般来讲，当宝宝4个月大时，就要开始有意识地添加少量半流质食物，如米糊、蛋黄泥等，以此来训练宝宝的吞咽能力。

刚开始给宝宝喂半流质的食物时，宝宝由于还不会咀嚼和吞咽，所以大多数都会发生用舌头将食物顶出或吐出来的现象。即使是把食物吃了进去，也不能做到将食物从舌面运动到舌后，然后吞咽下去，因此会整吞整咽。另外由于动作不协调，还可能会出现干呕的现象。

这些都是很正常的，因为之前宝宝习惯了吸吮，尚未形成与吞咽动作有关的条件反射。妈妈可以在喂食的时候，将食物放到宝宝的舌头后方，这样宝宝就会通过舌头的前后蠕动配合做出吸吮和吞咽的动作，逐步适应吞咽。只要经过一个阶段的训练，宝宝都能逐步克服上面所说的现象，形成与吞咽的协同动作有关的条件反射。

有些宝宝到了快6个月的时候就有乳牙萌出，这时就可以加上咀嚼训练，以促进牙齿的萌发。

训练咀嚼能力可以从在泥糊状食物里添加少量的小块固体食物开始，随着宝宝的适应再慢慢添加固体食物的量，让宝宝自己抓着吃固体食物，学习在嘴里移动食物，培养宝宝对食物和进食的兴趣。另外，还可给用一些专门用来磨牙的小零食来辅助训练。在刚开始训练的时候，妈妈可以先示范给宝宝看如何咀嚼食物，或是用语言提示宝宝用牙齿咬东西。

在进行吞咽和咀嚼训练时，由于不同的宝宝有着不同的适应性的心理素质差异，所以有的宝宝只要经过数次试喂即可适应，而有的宝宝则需要 1 ～ 2 个月才能学会。所以，在让宝宝学习吞咽和咀嚼时，爸爸妈妈一定要有足够的耐心。

婴儿体操

这个月的宝宝轻拉腕部即可坐起，独坐时头身能前倾，运动能力已经比初生时有了很大的进步。这一阶段的婴儿体操应以翻身拉坐为主：

（1）左右侧翻。可以加强宝宝躯干肌肉的发育程度。练习时，先让宝宝呈自然俯卧状态，然后一只手轻抓住宝宝膝盖内侧，使其弯曲，另一只手将宝宝对侧的手拉直，轻轻提起该侧屁股，使身体向对侧滚动翻成俯卧位。

（2）脚踝扭转。可以促进宝宝脚踝关节和韧带的发育。练习时，先让宝宝俯卧抬头位，然后用双手分别握住宝宝的两个脚踝，将一侧脚踝牵起向对侧扭转然后还原，再以同样的方法活动另一侧脚踝。这个练习动作也适合宝宝呈仰卧位时进行。

（3）侧身运动。可以锻炼宝宝腰部、背部肌肉的发育。练习时，先让宝宝呈自然仰卧，然后用左手握住宝宝的右手腕，右手轻按宝宝双脚踝，让宝宝靠自己的力量，左手支撑地面向侧方坐起来。然后再用同样方法做反方向运动，重复 3 ～ 4 次，注意过程中不要强拉宝宝的手腕。

（4）拉手起坐。可以加强宝宝肩、手、腹部肌肉的发育。练习时，先让宝宝仰卧于大人对面，用双手分别握住宝宝的左右手腕，将拇指放在宝宝手心，使之呈握拳状，然后双手轻轻拉宝宝坐起，保持此姿势 5 ～ 6 秒后再让宝宝躺回去。重复 3 ～ 4 次，过程中注意不能太用力。

（5）双腿跳跃。可以促进宝宝下肢关节和腿部肌肉的发育。练习时，先用双手分别轻而稳地扶住宝宝两侧腋下，在宝宝双脚触及床面时用双手把他向上提起，等到宝宝呈双臂展开、双膝屈曲跳跃后自然还原。重复 5 ～ 6 次，扶起宝宝的时候力量要适度，不要令宝宝负重。

睡眠问题

这个月的宝宝睡眠总体的规律是，白天的睡眠时间及次数会逐渐减少，即使白天睡觉较多的宝宝，一白天的睡眠时间也会减 1 ～ 2 个小时。具体到每天晚上应该睡多久，白天应该睡多久，每天一共应该睡几觉，则没有绝对的标准。能睡的宝宝这个月晚上能连续睡 10 多个小时，一觉到天亮，白天一般睡 2 ～ 3 次，上午睡 1 次，1 ～ 2 个小时；下午睡 1 ～ 2 次，2 ～ 3 个小时。有的宝宝则开始习惯晚睡了，通常要到晚上 10 点甚至 11 点才开始睡，一直睡到转天早上 7 ～ 8 点，甚至 8 ～ 9 点。只要宝宝自己调节得好的话，家长就不必过多干预。

由于这个月的宝宝运动能力增强，即使白天睡觉，晚上也照样能睡得很好，因此家长再不用因为宝宝白天的睡觉问题而担心了。以前夜里要醒两次的宝宝，现在变为一次；而原来只醒一次的宝宝现在则可以一觉睡到天亮。

有些宝宝睡觉的时候总爱出汗，家长就要注意鉴别，分清楚是正常的生理出汗还是病态的出汗。出汗是受交感神经支配的，婴幼儿的交感神经兴奋性高，一般都比较爱出汗，所以如果宝宝是在入睡后不久出汗，过一段时间汗液就能消退而不再出汗的话，就没什么问题，是正常现象，是因为宝宝从兴奋状态逐渐进入抑制状态过程中，全身血流仍较快所导致的。家长可以在宝宝刚开始入睡时，不要给他盖太多的被子，等到他熟睡之后完全处于稳定状态时再将被子盖好，并要注意室内的空气流通。

如果发现宝宝入睡后，全身出汗很多，尤其头部表现更为突出。出汗的同时还常因汗多刺激头皮而摇头，宝宝的枕后部可见一圈脱发，伴有神经兴奋性增加的表现，如睡后突然惊醒、惊哭或者烦躁不安等，并同时还伴有骨骼的改变，如颅骨软化、肋骨外翻、前囟大、方颅等，就需要到儿童保健门诊做检查治疗，这有可能是佝偻病早期的症状。

如果宝宝在刚刚入睡时无汗，入睡一段时间后，尤其是下半夜出现全身大汗，这种叫"盗汗"。若宝宝同时伴有面色苍白或苍黄、精神委靡、食欲不振甚至低热和咳嗽等症状，就应到传染科做相关检查，排除结核病可能。

免疫接种

出生 5 个月宝宝应接种百白破疫苗第三针。

百白破有全细胞和无细胞之分。全细胞疫苗是免费的，宝宝较难吸收；无细胞疫苗又分国产和进口两种。我国列入计划免疫的疫苗基本上都是国产的疫苗。通过实行计划免疫，我国儿童传染病的患病率显著降低，可以说，国产计划免疫的疫苗是安全可靠的。

接种百白破疫苗后一些婴儿会在注射局部出现红肿、疼痛和硬结，多在接种后 12 ~ 24 小时内发生，持续 2 ~ 3 天可自行消退。个别者会出现红肿浸润面积较大，称为局部加重反应，可以采用局部热敷方法，每天 3 ~ 5 次，每次 10 ~ 15 分钟。还有些宝宝会在注射后 7 ~ 8 小时内出现低热，一般都不需处理，通常 1 ~ 2 天会自行退热，如果出现高热且持续不退或伴有其他异常的话，就应该到医院诊治。

百白破疫苗与其他疫苗一样，在患有急性传染病以及恢复期、患有重要脏器疾病、发热以及有过敏史者均不能接种。如果在接种第一或第二针百白破疫苗后，因疫苗反应出现高热甚至惊厥的话，也不能再继续接种。

疫苗接种的不良反应一般多发于接种后 48 小时之内，而大多数则是发生在接种当天。接种疫苗后，宝宝即使不出现明显的发热等症状，也可能会出现爱哭闹、不爱吃饭等现象。所以，接种疫苗以后，家长尽量不要带宝宝到外面玩耍，更不要让宝宝玩得太疯，适当注意休息，避免剧烈活动，夏季适当多饮水，保证身体有一个合适的内环境，以减少接种不良反应的发生。

能力的培养

认知世界的能力

过去的几个月，爸爸妈妈在和宝宝说话的时候，基本上是随机的，看到什么就说什么或者干什么就说什么，目的只是为了吸引宝宝的注意力。但是到了 5 个月的时候，宝宝已经具有很强的探索精神了，所以爸爸妈妈就要有计划地教宝宝认识周围的日常事物，提高宝宝对世界的认知能力。

首先，爸爸妈妈应努力创造丰富的环境刺激。平时尽可能多地为宝宝提供不同的东西、不同的景象让宝宝多看、多玩，比如经常抱着宝宝在室内走一走，看一看，一边看的同时还要一边告诉他各种物体的名称，如这是桌子、沙发、电视机等；带着宝宝到户外活动的时候，应多让宝宝看看飞过的小鸟、院子里的绿树鲜花等，逐渐帮助宝宝在语言和实物之间建立最初的联系，同时帮助宝宝开阔眼界，丰富知识。

其次，这个时候应教给宝宝指认事物。宝宝语言能力的发育，一般规律是先听懂之后才能会说，所以指认物名是第 5 个月宝宝的训练重点。爸爸妈妈可以准备一些色彩鲜艳、图幅较大的卡通画报，一边给宝宝看，一边讲画报上的卡通形象，如一只猫、一个香蕉等等。经过多次练习后，宝宝对小狗、小猫、香蕉、灯、花、鸡等名字有了记忆之后，再教宝宝听到物名后用手指出来，以此来启发宝宝认知事物的兴趣，同时也培养了宝宝的语言能力。在进行这种听到声音并与相应物品相联系的指认物名训练时，爸爸妈妈一定要有极大的耐心和热情。训练时，要一件一件地认，一点一点地学，一次不要同时认好几件东西，只有经过逐件物品的反复温习才能使宝宝记得牢，认得准。

再有，可以利用宝宝喜欢玩的玩具，在游戏中达到练习的效果。例如，准备一些摇铃、玩具汽车、布娃娃、玩具狗、玩具猫等宝宝平时熟悉的玩具，把它们都放到宝宝的面前，一边指给他看，一边用准确的语言说出玩具的名称，然后再说出不同的玩具名称，引导宝宝主动把相应的玩具指出来。

翻身运动

翻身可以带动全身的肌肉进行活动，如果宝宝到了5个多月的时候还不能很好地翻身，妈妈或爸爸就应该加紧训练宝宝翻身。可以在床上、沙发上或在地上铺好毯子进行训练，训练时，先让宝宝仰卧在毯子上，然后拿一个色彩鲜艳的、宝宝从来没有看到的新玩具，引起宝宝的注意之后，把玩具放在宝宝一侧伸手够不着的地方。当宝宝想抓玩具时，就将玩具向左侧或右侧移动，这时的宝宝要想抓到玩具，不仅头会随着玩具转，而且也会因伸手够玩具而带动上身和下身也跟着转，全身都在使劲。经过如此多次练习，宝宝的全身就自然而然地翻过来了。

如果宝宝这时候翻身已经很熟练了的话，可以在翻身运动的基础上锻炼宝宝独坐和匍行的能力，为将来的爬行做好准备。训练独坐的时候，爸爸妈妈可以用手或被褥等给予宝宝一定的支撑，或是直接把宝宝放在有扶手的沙发上或椅子上，让宝宝练习靠着坐。如果宝宝自己靠坐困难的话，爸爸妈妈可以先用手扶住宝宝，等宝宝自己能够坐稳后，再逐渐把手拿开或撤离靠背。这样的靠坐练习，每日可连续数次，每次10分钟左右，只要经常进行，大多数宝宝到了第7个月时就能灵巧地翻滚和稳稳地独坐了。

5个月的宝宝在趴着的时候，已经能够挺胸抬头甚至胸部有时还可以离床一段时间，发育较好的宝宝此时双腿也能够离床，利用腹部作支点在床上打转。这个时候，爸爸妈妈可以用手顶住宝宝的足底，并把宝宝喜欢的玩具放到他的面前做引逗，这样宝宝就能够借助爸爸妈妈的力量，以足底为基点，用自己上肢和腹部的力量开始向前匍行。刚开始的时候，如果爸爸妈妈放开抵住宝宝足底的手，宝宝在自己手部力量的作用下，身体会向后面匍行。每天坚持反复练习，这样宝宝很快就能学会爬行了。需要注意的是，练习匍行的时候，床上应铺着平整又有质感的床单，这样才能更便于宝宝匍行。

手部肌肉能力训练

在肢体活动中，宝宝最先注意到的就是自己的手，从刚出生时的无意识抓握，到后来有意识的拿取，充分反映出宝宝智能体能的发育过程以及发育的程度。根据这个月宝宝的发育特点，爸爸妈妈可以对宝宝进行手部肌肉能力的训练。

手部肌肉能力训练主要包括够取比较小的物体、扔掉再拿和倒手等内容。训练够取物体时，爸爸妈妈可以让宝宝坐着，在他面前放一些色彩鲜艳的玩具，边告诉宝宝各种玩具的名称，边引导宝宝自己伸手去抓握。开始训练时，所选择的玩具要逐渐从大到小，距离要逐渐从近到远，让宝宝努力够取小的物体，最好从满手抓逐步过渡到用拇指和食指捏取，以锻炼手指灵活性和手指肌肉的力量。

在此基础上，还可以在给宝宝一些能抓住的如小积木、小塑料玩具等小玩具之后，继续给宝宝手里递另外的玩具，训练宝宝放下一件，再接过一件的能力，或是有意识地将玩具从一只手传到另一只手的能力。

如果宝宝能做得很好的话，可以继续试着将宝宝不喜欢的玩具递过去，让宝宝练习推开的动作，还可以将宝宝喜欢的玩具从他手中拿过来再扔到宝宝身边，让宝宝练习拣东西的动作，以此来锻炼宝宝手部肌肉的力量。

手眼协调的能力

训练宝宝手眼协调的能力有很多种方法，例如，把适宜宝宝抓握又能发声的玩具用松紧带悬吊在他能够着的地方，训练他用手去抓握；或是抱着宝宝坐在桌前，桌上放一些色彩鲜艳的糖块、水果等，引导宝宝去抓桌子上的东西，让他一手抓一个。

这个月的宝宝能够在俯卧的时候抬起胸部，所以可以在他俯卧着的时候先把玩具放在他伸手能够到的地方让他抓，然后再把玩具换个地方，让他转头或转身去找。当他找到时，就要鼓励他。宝宝在得到鼓励之后，就会更加积极地寻找玩具，准确度也会越来越高。这样在锻炼了宝宝头、颈、上肢的活动能力及动作的同时，也锻炼了其手眼协调的能力，还能有效促进触觉的发育和记忆能力。经过多次训练之后，大人还可以把不会发出声响的绒毛玩具扔到更远的地方，以此来锻炼宝宝的追寻能力。

此外，还可以利用拆装玩具的游戏来锻炼宝宝手眼协调的能力以及综合记忆能力。训练时，爸爸妈妈可以将一只能够拆装的玩具放在宝宝面前，先让宝宝玩一会儿，等到宝宝对玩具的整体熟悉之后，爸爸妈妈再当着宝宝的面把玩具拆散，在拆的过程中让宝宝看着，拆完之后再装回去，这样拆了装、装了拆反复进行多次，然后把玩具给宝宝，让他试着模仿爸爸妈妈刚才的动作。如果宝宝不太会动的话，爸爸妈妈可以拿着宝宝的小手来做。当然，对于这个月龄的宝宝来说，拆装玩具是有一定难度的，但是此时训练的目的只是一种示范，并不要求宝宝真的学会拆装。还有，在训练的过程中，爸爸妈妈一定要看好宝宝，防止宝宝将玩具的零件误吃到嘴里而发生危险。

记住声音的能力

5个多月的宝宝，对音乐已经具有初步的记忆力，不仅能够在听到不同音乐的时候表现出明显的情绪，而且有了对音乐的初步感受能力，可以配合着音乐的节拍摆动四肢。

虽然这么大的宝宝还听不懂儿歌的意思，但却对节奏明快的儿歌表现出明显的偏爱，家长可以顺着宝宝的喜好来锻炼宝宝记住声音的能力。最简单的方法就是让宝宝反复听同一首儿歌，有条件的话还可以配合着儿歌的内容准备一些相应的图片卡片，让宝宝边听儿歌、边看图片、边听爸爸妈妈的讲解，这样就可以在发展宝宝音乐记忆力的同时，极大地调动起宝宝的兴趣和愉快的情绪，使锻炼效果得到更进一步的强化。

除了听儿歌之外，爸爸妈妈平时还可以先拿一些可以发出响声的玩具，弄出响声让宝宝注意倾听。等宝宝有了反应之后，爸爸妈妈就从宝宝的身边走到另一个房间或躲在宝宝卧室的窗帘后面，叫着宝宝的名字让宝宝寻找。如果宝宝找不到的话，爸爸妈妈可以露出头来吸引宝宝，直到宝宝注意为止。进行这种听觉感知训练，声音要由弱到强，距离要由近到远，循序渐进地锻炼宝宝的感听知觉能力。

“咿呀”交流的能力

在进行语言能力训练前，首先要让宝宝听懂大人叫他的名字。根据观察研究，从胎儿期就能听到爸爸妈妈常常喊自己名字的宝宝，一般在3个月左右的时候，就会在听到大人喊自己的名字时本能地予以回应，而如果一直没有这种呼名训练的宝宝，则要到5～7个月大的时候，才会对自己的名字有所反应。所以说，呼名训练，是对宝宝进行语言能力训练的基础。

这个月可以继续之前的模仿发音练习。在宝宝觉醒状态下，爸爸妈妈与宝宝面对面，用轻柔愉悦的声音发出“baba”、“mama”等简单的音节，要让宝宝看到并模仿大人的口型，在每发出一个音节之后，都应该停顿一会儿，给宝宝一个反应和模仿的时间。模仿发音要遵循循序渐进的原则，不要急于求成。

除了日常的面对面交流之外，利用儿歌也能达到较好的训练效果。这个月的宝宝普遍喜欢听节奏明快的儿歌，爸爸妈妈可以选择一些朗朗上口的儿歌，每天给宝宝念1～2首，每首重复3～7遍，当宝宝对着儿歌发出咿咿呀呀的声音时，爸爸妈妈要及时予以回应和鼓励。

家庭环境的支持

室外活动

这个月的室外活动时间和次数和上个月没有太大区别，不过由于宝宝的活动能力增强了，所以更要注意室外活动的安全。

如果用婴儿车带着宝宝出去的话，要检查好婴儿车的安全，不要在婴儿车的车把上挂重物，以防在重力的作用下使婴儿车向后仰，给宝宝造成危险。

当在户外给宝宝喂奶时，不要把奶瓶放在宝宝的旁边，以防大人不注意的时候宝宝碰到奶瓶烫伤。

再有，带着宝宝到户外的时候，不要让宝宝触碰别人养的小宠物，更不能让宠物舔宝宝的手脚，以防宠物咬伤宝宝，引起不必要的后患。

玩具

适合5个多月的宝宝的玩具有很多，如不同材质的绒毛玩偶、丝织品小玩具、铁皮制成的小汽车、积木、橡胶或塑料制成的球、色彩鲜艳的脸谱、卡通形象的画册、塑料包边的镜子、塑料图形玩具、各种材质的动物造型以及风铃、八音盒、彩色小摇铃以及拨浪鼓等可以发出悦耳声音的玩具。

不过对于这个月龄的宝宝来说，婴儿玩具没有我们日常生活中的常用物品的吸引力大。此时的宝宝对那些大人根本不会在意的日用品更感兴趣，比如奶瓶、小勺等等，常常是拿起来敲敲打打不厌其烦地玩个不停，并且十分开心。

这是宝宝发育过程中都要经历的阶段，家长不必过多干预，宝宝如果感兴趣的话，就尽管拿这些日常生活用品给宝宝玩，并且在他玩的时候给他讲讲这些东西的名称、用处，让宝宝边玩边认，在宝宝玩耍的同时，还能提高他的认知能力。

能力开发的亲子游戏

1. 控制玩具。当宝宝仰卧时，将塑料小动物的一端用松紧带系在床栏上，另一端用松紧带做成小环套在宝宝的手腕或脚踝上。当宝宝手脚活动时会牵动玩具动，让宝宝体会手或脚动时玩具也跟着动的乐趣。不过需要注意的是，玩耍后要将松紧带放开，以免勒伤宝宝。

2. 平衡游戏。到了第5个月时，宝宝的脖子非常稳固，爸爸妈妈可以扶着宝宝的手肘和肩膀，将卧躺的宝宝扶起来，在扶起来的过程中可以配合一些歌谣和轻轻摇动的动作，以训练宝宝的平衡能力。

3. 踢球游戏。做踢球游戏时，可以让宝宝趴着，先让宝宝触摸一下有铃铛的球，再把球放在宝宝的手边滚动。等宝宝熟悉了球以后，再从稍远的地方将球滚向宝宝，甚至从宝宝身边滚过。滚动的球就会引导宝宝移动整个身体追寻球的去向。或者由爸爸妈妈先抓住宝宝的脚，让宝宝的脚被动踢球。刚开始时，宝宝肯定不会踢，不是用脚从上面蹬踩球，就是用脚踝笨拙地碰球。等宝宝把球碰出去后，妈妈或爸爸再把球用手挡回来。当宝宝看到自己的脚把球碰出去然后又弹回来的时候，一定会表现出很兴奋的样子。经过这样多次练习，如果妈妈或爸爸再把球放在宝宝的脚边时，宝宝就会自动踢球了。

4. 找东西。爸爸妈妈把能发出响声的玩具扔到地上，让宝宝去寻找，如果宝宝找不到的话，可以先指给宝宝，并抱着宝宝让他自己把掉在地上的东西拿上来。等宝宝很好地完成之后，再让宝宝自己把东西扔到地上，然后再捡起来。反复锻炼，让宝宝知道东西掉到地上不会消失，还能被捡起来。

5. 找铃铛。爸爸妈妈轻轻摇着小铃铛，先引起宝宝的注意，然后走到宝宝视线以外的地方，在身体的一侧摇响铃铛，同时引导宝宝去寻找铃铛。当宝宝将头转向响声的地方时，爸爸妈妈再把铃摇响，给他听和看，让他高兴。然后当着宝宝的面把铃铛塞入被窝内，露出部分铃铛，再次引导宝宝去寻找铃铛，如果宝宝不知所措的话，爸爸妈妈可以用眼示意。如果宝宝找到的话，就抱起宝宝亲亲，以示表扬和鼓励。

需要注意的问题

可能发生的事故

这个月的宝宝身体越来越有劲，活动的范围越来越广，经常能翻过大半个身子，因此从床上掉下来的危险更大了。此时在床上用被子之类的东西做防护工作用处已经不太大了，所以如果把宝宝放在大床上的时候，就一定要有人在旁边看着，另外最好在床下铺上毛毯或地毯，以免宝宝直接摔到地上。

由于这个月的宝宝手部活动越来越灵巧，而且看到什么东西都要往嘴里送。所以，当宝宝在床上的时候，不管宝宝是睡觉还是醒着，周围都要整理干净，特别是那些可能被宝宝吞咽的危险物品，如别针、纽扣、缝衣针、硬币、刮脸刀片、安眠药、烟灰缸、香烟、打火机等，决不能放在宝宝身边。如果是爸爸妈妈暂时使用的物品，在用完后也必须从宝宝身边拿走。

这个月的宝宝无论看见什么都会摸一摸，所以千万不要把药品、洗涤用品等物品放在宝宝能抓到、摸到的地方，以防误食中毒。也不要把盛好的热粥、米糊、菜汤等放在宝宝能摸到的地方，以免烫伤宝宝。

在天气暖和的时候，许多爸爸妈妈都会用婴儿车推着宝宝到室外玩耍了，这就需要特别注意婴儿车的安全问题。如果在车架上有减振器或系有玩具的话，要把它固定好，以免掉在宝宝头上砸伤他；如果车架可以折叠的话，就要确保宝宝够不到折叠开关，将宝宝放入车架前应该锁好折叠开关；一旦宝宝能够单独坐立了，就不要再使用车架，因为宝宝非常容易摔出车架；无论何时停止行走时，都要使用刹车；婴儿车上要随时用安全带，并且任何时候都不要让宝宝单独待在婴儿车里；不要把袋子挂在婴儿车的把手上，以免婴儿车向后翘起，造成宝宝摔伤。再有，即使所使用的婴儿车昨天才用过，但今天出门前也必须进行严格的检查，以免因车子的任何部件，特别是车轴、刹车闸等部位出现故障发生意外。

消化不良

这个月龄的宝宝由于开始正式添加辅食，所以大便可能会变稀、发绿，次数也会比以前多，有些在大便里还会出现奶瓣，于是就会有妈妈认为宝宝这是消化不良了。其实，这一时期所谓的消化不良多数都是婴儿腹泻，主要是由细菌病毒感染引起和饮食不当引起的。此时宝宝患恶性腹泻的不多见，但家人小题大做地带着宝宝到医院化验吃药打针的却有的是，使宝宝遭受不必要的痛苦。

如果是由细菌引起的腹泻，主要是辅食制作过程中消毒不彻底，从而使当中的细菌进入宝宝体内所导致的，只要给予适量的抗生素就能解决问题；如果是病毒引起的腹泻，就要注意补充丢失的水和电解质，病毒造成的腹泻并不会持续很长时间，而且可以自然痊愈。

如果是由于新添加的辅食引起的腹泻，宝宝通常没有什么异常表现，既不发热，精神也很好，而且还是和从前一样爱喝牛奶和其他辅食，只是大便的性状与以前不同。如果不看宝宝的全部情况，只因为大便形状改变了就盲目认为是消化不良，又注射、又停食是完全没必要的，只要给宝宝吃些助消化药并暂停添加那种辅食就可以了。

这个月的宝宝还会因为不添加辅食而引起腹泻。随着宝宝月龄的增加，乳类食品已经不能够满足宝宝的日常需要的，有些宝宝在这个月还会出现乳糖或牛奶蛋白不耐受的情况，而乳量不足和乳糖不耐受都会造成宝宝的肠蠕动增强，从而排出又稀又绿的大便，大便的次数也开始增多。所以，如果一直没添加辅食的宝宝出现这种情况时，可以试着增添辅食，情况就有可能会好转。

持续性的咳嗽

这种持续性的咳嗽多发在秋冬季节，平时不怎么咳嗽的宝宝可能在夜里睡觉或早上起床之后会连续咳嗽一阵，如果是夜里的话，还有可能把晚上吃的牛奶都吐出来。但是宝宝白天却十分正常，精神十足，并且食量也没有减退的迹象。如果是以前一直爱积痰咳嗽的宝宝，妈妈就不会太担心，但若宝宝是刚刚出现这种现象的话，妈妈未免就会担心宝宝是不是生病了。

婴儿期的这种咳嗽多半是由体质造成的，宝宝的喉咙和气管里也总是呼噜呼噜的，仿佛有痰一样。只要宝宝平时不发热、没有异常表现，进食和大便都正常的话，家长就不用担心，也没有必要带着宝宝到医院去吃药打针，只要平时注意加强锻炼，多进行户外活动，多晒晒太阳，改善体质，随着宝宝渐渐长大，这种情况就会好转。一般情况下，婴儿时期的这种积痰、咳嗽很少会转成哮喘，但如果家长把这样的宝宝当做病人般治疗的话，反倒有可能会令宝宝的体质衰弱、抵抗力下降，因而更容易招致疾病。

如果宝宝在一段时间里咳嗽严重、但除了咳嗽之外没有任何不适症状的话，家长就应该多给宝宝喂水，减少洗澡的次数，以避免积痰加重。如果非要洗澡不可的话，也尽量不要在晚上洗，最好是把洗澡的时间放在下午。平时多带宝宝进行室外运动，用室外空气锻炼皮肤和气管的黏膜，是减少积痰的分泌和缓解咳嗽的最好办法。

夜啼

5～6个月的宝宝夜啼闹夜的很多，多数都是闹着玩，只有当以前从来不闹的宝宝突然在夜里大声哭闹，或是闹的方式很反常，才有可能是某些疾病所致。这一月龄最常见的病因仍然是肠套叠。

这个月的宝宝已经形成了一定的睡眠习惯，所以要调整这个睡眠习惯，还得要循序渐进。当宝宝夜里醒来哭闹的时候，爸爸妈妈可以用柔和的、很轻的语调跟他说话，让他感觉到安全和关心，最好不要开灯。如果宝宝提出想去房间外的话也尽量不要满足他。因为要是每次都满足宝宝那种不合理的要求，逐渐会变成生物钟，形成习惯，这样就很难调整了。所以说，对待夜啼的宝宝，处理的方式一定要慎重，因为有过1～2次之后，这种处理的方法就可能会变成他的习惯。

从医学和心理学的角度上讲，哭首先是表达一种生理和心理需要。对没有自立能力的婴儿来说，哭是他们特有的语言，是他们饥渴、尿湿、想睡或不舒服时向父母发出的信号。依赖父母是孩子的天性，特别是未满6个月的婴儿，更需要有人陪伴。当他发现身边没人时，就会用哭来表达自己的不满。对于婴儿的哭闹父母应当尽量回应，可以多抱抱他、抚摸他、亲亲他、用温柔的语调和他讲话等，不能总是完全不予理睬。

常常宝宝一哭，爸爸妈妈就先紧张起来，这在新手爸爸妈妈中更为常见。大人的紧张、烦恼、生气、抱怨只能加剧宝宝闹夜的程度，宝宝多数会越闹越凶，且持续更长的时间。所以，最好的方式是大人从始至终保持镇静，用温柔的抚摸和轻声的话语使宝宝逐渐放松，继而平静下来。由于大人的情绪能直接传染给宝宝，所以与其爸爸妈妈手忙脚乱地抱起他，拿奶瓶、递玩具，甚至是急忙抱到外面走几步，倒不如保持镇定地就地安抚，这样的效果反而更佳。

舌苔增厚

舌苔变厚主要是丝状乳头角化上皮持续生长而不脱落之所造成的。以乳类食品为主的宝宝舌面都会有轻微发白或发黄，只要宝宝吃奶好、大便正常的话，这就是正常现象，家长不必担心。

如果宝宝患有某些疾病，也可引起舌苔增厚，如感冒发热、胃炎、消化道功能紊乱等都是引起舌苔增厚的主要原因。如果舌苔出现偏厚或者发白等情况，而身体无其他不适症状的话，一般就是上火的表现，这种情况还通常还会伴有口腔异味甚至口臭；如果舌苔在增厚同时发黄的话，就可能是胃肠方面的疾病或是出现某些炎症；如果宝宝在舌苔增厚的同时，一并出现食欲下降、消瘦或是发热等症状，最好是及时就医。

夏季头疮

每年将近夏末时，有的宝宝头上会长出脓疮。长脓疮的原因有两种：一种是从其他宝宝身上传染来的；另一种是由于挠破了痱子后引起化脓菌感染造成的。不同的宝宝形成的脓疮差别很大，有的宝宝只长出三四个，而严重的宝宝则满头都是，密密麻麻的。一般到了情况比较严重的时候，宝宝可能还会会出现38℃左右的发热症状，且化脓的脓疱，稍微碰一下就很疼。如果宝宝在睡觉的时候翻身碰到脓疱就会被痛醒，然后哭个不止。

为避免这种现象的发生，在宝宝开始起痱子时，爸爸妈妈就要经常给宝宝剪指甲、勤换枕巾以保持清洁，防止宝宝抓挠，这样就能防止转成脓疙瘩。如果已经出现脓疙瘩时，只要及时治疗，就不会发展到十分严重的地步。所以，一旦爸爸妈妈发现宝宝头上有脓疮生成，哪怕只有一个，也要尽早进行治疗。

青霉素对婴儿夏季头疮的早期治疗非常有效，一般在就诊时要具体看脓疱的状况选择去外科还是去儿科就诊。如果脓疱有一部分已经化脓而且变软的话，就必须去外科将其切开。当脓疱痊愈以后，有的宝宝在耳后、脑后部可能会留有几个淋巴结肿块，但这种情况很少见，而且这些肿块不疼痛，也极少化脓，自己会慢慢变小直到吸收痊愈的。需要注意的是，这种病属于化脓菌感染，应注意不要传染给其他的婴儿。

婴儿麻疹

6个月以前的宝宝如果得了麻疹，多数都是被患有麻疹的宝宝传染上的，由于此时的宝宝还带有从母体中得来的抵抗力，所以即使得了麻疹，也能很快痊愈。

从被传染到发病一般都是10天左右的潜伏期，如果身体里抗体比较强的话，潜伏期就有可能会更长，有些会等到被传染后20天才出疹子。

5个多月的宝宝如果出了麻疹，在出麻疹前不会有打喷嚏、咳嗽、长眼屎等明显症状，只是体温会稍高于37℃，紧接着在颈上、前胸、后背处就会发出稀稀拉拉像被蚊子咬了一样的红点。如果宝宝的抗体比较少的话，发热的时间就会稍长一些，大概能持续一天半左右，疹子也出得比较多，但发病时不会因为咳嗽而十分痛苦，也不会诱发肺炎等并发症。

这个月的宝宝患上麻疹不需要采取特殊治疗，只要控制洗澡次数，防止宝宝受凉就可以了。由于麻疹有传染性，6个月以上的宝宝一旦感染了，就会患上普通麻疹，所以患了麻疹后要暂停户外活动。患过麻疹后会产生终生的免疫力，只要患过一次，那么以后就不会再患了。

耳垢湿软

有的宝宝耳垢很软，呈米黄色，常常粘在耳朵里，这种现象就是耳垢湿软。耳垢湿软是天生的，受父母的遗传，是由耳孔内的脂肪腺分泌异常所导致的，脸色白净、皮肤柔软的宝宝比较多见，并不是什么疾病。

宝宝的耳垢特别软时，有时会自己流出来，这时用脱脂棉小心地擦干耳道口处即可，平时洗澡的时候注意尽量不要让水进到耳朵里。不能用带尖的东西去挖耳朵，以免使用不当碰伤宝宝，引起外耳炎。耳垢软的宝宝，即使长大以后耳垢也不会变硬，只是分泌量会比较少。

如果爸爸妈妈不清楚自己也是湿性耳垢的话，当看到宝宝的耳垢很软，就会担心宝宝患上了中耳炎。其实，中耳炎和耳垢湿软还是很好区分的。患中耳炎时，宝宝的耳道外口处会因流出的分泌物而湿润，但两侧耳朵同时流出分泌物的情况很少见。并且流出分泌物之前，宝宝多少会有一点儿发热，还会出现夜里痛得不能入睡等现象。而天生的耳垢湿软一般不会是一侧的，并且宝宝没有任何不适的表现。

枕部扁平

婴儿枕部扁平一般从3个月左右开始显现出来，5～6个月的时候最明显。很多家长为了防止宝宝枕部扁平，平时就总是抱着宝宝，也很注意调整宝宝的睡姿。但即使如此，有的宝宝依然还是出现了扁平头，一般都是右侧后部的位置被压扁，也有些是整个后头部都呈扁平形。

枕部扁平与大脑内部的功能没有关系，也不会影响宝宝智力的发展，后头部扁平的一般也不明显，大多数的宝宝到了3～4岁左右，这种现象就会消失，所以爸爸妈妈不用过多担心。而且，多抱少躺的方式也并不能解决婴儿时期枕部扁平的问题，爸爸妈妈只要耐心等待就可，随着宝宝慢慢长大，这个问题会自然好转的。但如果爸爸的枕部也很扁平的话，那宝宝就有可能受到遗传影响，终生都是扁平头。

不会翻身

大多数的宝宝在满5个月左右的时候就已经能够翻身自如了，甚至有些宝宝早在3～4个月大的时候就开始努力翻身，能从仰卧位翻到侧卧位，再从侧卧位翻到俯卧位，唯独不会从俯卧位翻回侧卧位或仰卧位。

如果宝宝到了快6个月的时候还不会翻身，那么首先就要考虑到护理的问题。如果宝宝这个月是在冬天的话，那么有可能是因为穿得多导致宝宝负重过重而影响活动，难以翻身；如果宝宝在新生儿时期用了蜡烛包，盖被子的时候两边被枕头压着，同样也会阻碍宝宝的自由活动而造成其学习翻身较晚；还有一种可能，就是家人没有对宝宝进行翻身的训练或是训练的次数不够。

对于还不会翻身的宝宝，这一时期应加强翻身训练，不过在训练之前要给宝宝穿得少一点。训练的过程很简单，可以从教宝宝右侧翻身开始，将宝宝的头部偏向右侧，然后一手托住宝宝的左肩，一手托住宝宝的臀部，轻轻施力，使其自然右卧。当宝宝学会从俯卧转向右侧卧之后，可以进一步训练宝宝从右侧卧转向俯卧：用一只手托住宝宝的前胸，另一只手轻轻推宝宝的背部，令其俯卧。如果宝宝俯卧的时候右侧上肢压在了身下，就轻轻地帮他从身下抽出来。呈俯卧位的宝宝头部会主动抬起来，这时就可以趁势再让宝宝用双手或前臂撑起前胸。以此方法训练几次，宝宝就能翻身自如了。

如果训练多次，宝宝依然还是不会翻身的话，那么最好带宝宝去医院做个检查，排除运动功能障碍的可能。一般来说，运动功能障碍不会仅仅是翻身运动落后，往往是多种运动能力都比同龄的宝宝落后许多。

把尿打挺

这个月的宝宝依然不能自主控制大小便。爸爸妈妈要知道的是，建立宝宝对大小便的条件反射与宝宝学会控制大小便是两回事，如果前几个月训练好的话，那么这个月的宝宝当听到“嘘嘘”的声音或是遇到把尿、坐盆的动作，就能排出大小便，但这并不是说，宝宝已经能够控制自己的大小便了。更为准确的说法应该是，爸爸妈妈已经能够观察到宝宝大小便之前的信号，如面色涨红、暗自使劲、眼神突然呆滞等，因此能够实现顺利把尿把便。

这一时期的宝宝若出现把尿打挺、放下就尿的现象是很正常的。如果爸爸妈妈总是频繁地训练宝宝的大小便，一是没有意义，二是徒增宝宝的烦躁感。要是总是给宝宝把尿的话，会使宝宝建立起排尿非主观意识反射，只要大人一把，就算宝宝的膀胱并没有充盈到要排尿的程度，也同样会排尿，长此以往就可能会造成宝宝尿频。要是爸爸妈妈能够观察到宝宝要大便的话，就可以给他坐便盆，但如果不能准确判断的话就不要长时间地把着宝宝，因为这样很可能会造成他能力的衰退。

什么都拿来啃啃

6个月以前的宝宝吸吮手指、玩具等是很正常的现象，尤其是到了这个月，宝宝看见什么东西都会塞到嘴里啃啃，这与宝宝的“吸吮癖”无关，是成长发育的必然过程，家长不必过多干涉，到了6个月以后自然就会逐渐减少消失的。宝宝的吸吮啃食动作是他智力发育和多种知觉功能发育的要求，如果这个时候家长一看到他啃东西就急忙制止的话，非但不能制止住这种行为，还可能会挫伤宝宝的自尊心，令宝宝情绪低落、闹别扭、哭闹等。

家长担心宝宝形成吸吮习惯的心情是可以理解的，但与其生硬的禁止，不如以积极的方法来对待。比如当看到宝宝在啃手指或是吮吸自己的小拳头时，可以抱起宝宝把他的小手从嘴里拿出来亲亲，把玩具送到宝宝手里，或是为宝宝喝些白开水和果汁，转移宝宝的注意力，避免宝宝吸吮手指成癖。

另外，这个时候的宝宝除了啃自己的小手，外界任何他接触到的东西，只要他能放到手里，那么下一步的动作必然就是放到嘴里。因此，这时候任何可能对宝宝造成危害的东西都不能放在他的身边，如糖块、纽扣、香烟等。给宝宝的玩具也要彻底清洁消毒，并且要确保玩具上不能有容易掉落的小零件，以免宝宝误吞造成气管异物窒息的危险。

第180～209天（6～7个月）的婴儿

发育情况

满6个月的宝宝身体发育开始趋于平缓，如果下面中间的两个门牙还没有长出来的话，这个月也许就会长出来。如果已经长出来，上面当中的两个门牙也许快长出来了。

这一个月中，男宝宝的体重为7.4～9.3千克，女宝宝的体重为6.8～8.6千克，本月可增长0.45～0.75千克；男宝宝的身高为66.7～72.1厘米，女宝宝为64.8～70.2厘米，本月平均可以增高2厘米；男宝宝的头围平均为45.0厘米，女宝宝的头围平均值为43.7厘米，这个月平均可增长1厘米。

一般在这个月，宝宝的囟门和上个月差别不大，还不会闭合，但已经很小了，多数在0.5～1.5厘米之间，也有的已经出现假闭合的现象，即外观看来似乎已经闭合，但若通过X射线检查其实并未闭合。家长如果为了要弄清前囟是否真的闭合了，就去给宝宝做X射线检查，其实是完全没必要的。如果宝宝的头围发育是正常的，也没有其他异常体征和症状，没有贫血，没有过多摄入维生素D和钙剂的话，家长就不必着急，因为这大多数都仅仅是膜性闭合，而不是真正的囟门闭合。

发育快的宝宝在这个月初已经长出了两颗门牙，到月末有望再长两颗，而发育较慢的宝宝也许这个月刚刚出牙，也许依然还没出牙。出牙的早晚个体差异很大，所以如果宝宝的乳牙在这个月依然不肯“露面”的话，家长也不必太过担心。

养育要点

半断乳期

这个月的宝宝开始正式进入半断乳期，需要添加多种辅食。适合这个月龄宝宝的辅食有蛋类、肉类、蔬菜、水果等含有蛋白质、维生素和矿物质的食品，尽量少添加富含碳水化合物的辅食，如米粉、面糊等。同时，还应给宝宝食用母乳或牛奶，因为对于这个月的宝宝来说，母乳或牛奶仍然是他最好的食品。

如果妈妈乳汁分泌尚好的话，可以一天给宝宝喂两次辅食，吃三次母乳，晚上再喂两次母乳。如果宝宝不好好吃母乳、妈妈感到乳涨的话，可以只给宝宝吃蛋类、蔬菜和水果，不吃米面，或是适当减少辅食的喂养量，要是宝宝同时在喝牛奶的话，牛奶量也可以酌情减少。如果此时母乳已经很少了，就可以停止母乳，改喂牛奶。如果宝宝不爱喝牛奶的话，可以试着喂些乳酪、酸奶等乳制品，或是尝试着喂些鲜牛奶。

此时给宝宝完全断奶还有些过早。一岁以内的宝宝应该是以乳类食品为主的，如果完全断奶太早的话，是不利于宝宝生长发育的。所以，如果宝宝在这个时候不爱吃母乳或牛奶，只爱吃辅食的话，可以多尝试着给宝宝喂几次牛奶，培养起宝宝喝牛奶的习惯。

母乳不要浪费

如果这个月母乳依然分泌得很好的话，可以坚持继续给宝宝喂母乳，辅以适量蔬果、肉蛋类辅食。没有必要在这个时候强行减少母乳的喂养量，只要宝宝想吃的话就给他吃，不要白白地浪费了母乳。如果宝宝半夜总是哭闹着要奶吃，最好的办法就是及时给予母乳，这样的话才不会令宝宝变成个“夜哭郎”。

牛奶过敏

有些喝牛奶的宝宝在吃奶后出现哭闹、烦躁、难以安慰及蜷曲双腿等表现，这可能是牛奶过敏的反应。经研究，牛奶蛋白中的β－乳球蛋白是引起过敏反应的主要物质，牛奶过敏不仅会使宝宝出现肠绞痛样反应，还会引起鼻炎、呕吐、荨麻疹、湿疹、腹泻等症状，严重时会造成宝宝发育不良甚至是出血性腹泻。

牛奶过敏分为牛奶完整蛋白过敏和消化后的牛奶蛋白过敏。如果宝宝在吃奶后 4 个小时内出现了上述症状，就是牛奶完整蛋白过敏；如果在 4 ～ 72 小时出现上述症状的话，就是对消化后的牛奶蛋白过敏。

一般来讲，出生后即开始用纯母乳喂养的宝宝在 2 岁之前很少会对牛奶过敏，但如果发现宝宝牛奶过敏的话，尽量采取母乳喂养。如果母乳不足的话，可以改用羊奶或大豆配方奶喂养，并尽早添加辅食。如果宝宝的过敏情况不严重的话，可以采用稀释脱敏的方法，即先给宝宝饮用极少量的稀释配方牛奶，在一杯温开水中先加 1/30 的牛奶，饮用后观察数小时，如宝宝无任何不适症状，则可改加 1/20 的牛奶、1/15 的牛奶，以此类推，直到宝宝能接受全牛奶。每次加牛奶的间隔时间，要以宝宝能适应为度，不能太快。此外，在脱敏期中，为了保证宝宝能够摄入足够的成长所需营养，应及时添加多种辅食，还可以视情况补充维生素 C 或葡萄糖酸钙片，以增强机体代谢作用和解毒能力。

辅食的给法

这个月辅食添加的方法，要根据辅食添加的时间、添加量、宝宝对辅食的喜爱程度、母乳的多少和宝宝的睡眠情况灵活掌握。

给宝宝断乳食品的选择，应包括蔬菜类、水果类、肉类、蛋类、鱼类等等。如果宝宝已经习惯了辅食的话，只要宝宝发育正常的话就可以照之前的方法继续添加下去，不需要做过多的调整；如果宝宝的吞咽能力良好，并且表现出对辅食的极大渴望，那么不妨给宝宝一些面包或磨牙棒，让宝宝自己抓着吃；如果宝宝此时吞咽半固体的食物还有困难的话，可以多喂一些流质的辅食；如果宝宝每次吃辅食的时间都很长的话，爸爸妈妈就要尽快提高辅食的喂养技巧，暂时先不要增加每天喂辅食的次数；如果宝宝一天吃两次辅食，吃奶量就减少到 3 次或更少，那么就应减少一次辅食，以增加奶的摄入量。

宝宝到了 7 个月时，已经开始萌出乳牙，有了咀嚼能力，同时舌头也有了搅拌食物的功能，味蕾也敏锐了，因而对饮食也越来越多地显出了个人的爱好。因此，在喂养上，也随之出现了一定的要求。爸爸妈妈最好能多掌握几种辅食的做法，以适应宝宝不同的需要。不过对于辅食的做法，也没有必要恪守一些食谱，有的时候爸爸妈妈对着食谱满头大汗地做了半天辅食，结果宝宝还是不吃，白白浪费时间。只要把平时大人吃的饭菜煮烂一点，少放些盐，就可以给宝宝吃。要知道，这个时候给宝宝添加辅食，重要的是添加，是锻炼宝宝吃的能力，所以在一岁以前，只要让宝宝练习吃辅食就可以了。只要是健康又有营养的东西，就可以给宝宝吃，没有必要太花心思在上面。

辅食食谱举例

胡萝卜泥

【原料】胡萝卜、水。

【做法】1. 将胡萝卜切成片，放入锅中加水煮熟。

2. 将煮熟的胡萝卜捞出，放进大碗中碾成泥状，水放在一旁备用。

3. 往碾好的胡萝卜末加入少量的胡萝卜水，调匀即可。

鱼泥胡萝卜泥米粉

【原料】河鱼或海鱼、米粉、胡萝卜、水适量。

【做法】1. 将鱼蒸熟，取肉，小心将刺剔去，压成泥状。

2. 胡萝卜煮熟，压成泥状。

3. 将做好的少量鱼泥，连同胡萝卜泥一起拌在米粉里调匀。

肉末茄泥

【原料】圆茄子 1/3 个，精肉末 1 勺，湿淀粉少许，蒜 1/4 瓣，盐、麻油少许。

【做法】1. 将蒜剁碎，加入精肉末中用湿淀粉和盐搅拌均匀，腌 20 分钟。

2. 圆茄子横切 1/3，取带皮部分较多的那半，茄肉部分朝上放碗内。

3. 将腌好的精肉末置于茄肉上，上锅蒸至酥烂，取出，淋上少许麻油，拌匀即可。

牛奶蛋黄米汤粥

【原料】米汤半小碗，奶粉 2 勺，鸡蛋黄 1/3 个。

【做法】1. 在烧大米粥时，将上面的米汤盛出半碗。

2. 将鸡蛋煮熟，取蛋黄 1/3 个研成粉。

3. 将奶粉冲调好，放入蛋黄、米汤，调匀即可。

鲜玉米糊

【原料】新鲜玉米半个。

【做法】1. 用刀将玉米粒削下来，搅拌成浆。

2. 用纱布将玉米汁过滤出来，煮成黏稠状即可。

肉末粥

【原料】新鲜猪肉适量，米粥或菜粥一小碗。

【做法】1. 将肉整块煮烂，取出剁烂成末。

2. 将适量肉末加入菜粥或米粥中煮沸后食用。

牛奶红薯泥

【原料】红薯 1 块，奶粉 1 勺。

【做法】1. 将红薯洗净去皮蒸熟，用筛碗或勺子碾成泥。

2. 奶粉冲调好后倒入红薯泥中，调匀即可。

白萝卜生梨汁

【原料】小白萝卜一个，梨半个。

【做法】1. 将白萝卜切成细丝，梨切成薄片，将白萝卜倒入锅内加清水烧开。

2. 用微火炖 10 分钟后，加入梨片再煮 5 分钟取汁即可食用。

鸡汤南瓜泥

【原料】鸡胸肉 1 块，南瓜 1 小块。

【做法】1. 将鸡胸肉放入淡盐水中浸泡半小时，然后将鸡胸肉剁成泥，加入一大碗水煮。将南瓜去皮放另外的锅内蒸熟，用勺子碾成泥。

2. 当鸡肉汤熬成一小碗的时候，用消过毒的纱布将鸡肉颗粒过滤掉，将鸡汤倒入南瓜泥中，再稍煮片刻即可。

胡萝卜山楂汁

【原料】新鲜山楂 1 ~ 2 颗，胡萝卜半根。

【做法】1. 山楂洗净，每颗切四瓣；胡萝卜半根洗净切碎。

2. 将山楂、碎胡萝卜放入炖锅内，加水煮沸，再用小火煮 15 分钟后用纱布过滤取汁。

西红柿苹果汁

【原料】新鲜西红柿半个，苹果半个。

【做法】1. 将西红柿洗净，用开水烫后剥皮，用榨汁机或消毒纱布把汁挤出。

2. 苹果削皮蒸熟或直接榨汁，取 1 ～ 2 汤匙兑入番茄汁中。

出牙

如果妈妈突然发现从某天开始，宝宝吃奶时的表现与往常有些不一样了，他有时会连续几分钟猛吸乳头或奶瓶，一会儿又突然放开奶头，像感到疼痛一样哭闹起来，如此反反复复，并且开始喜欢吃固体食物，或是突然间食欲变差、咬到东西就不舒服等。这一切都说明，宝宝可能要长牙了，这些一般是牙齿破龈而出时，吸吮奶头或进食使牙床特别不适而表现出来的特殊现象。

通常来说，婴儿从大约 6 个月时就开始长牙，最早开始长的是下排的 2 颗小门牙，再来是上排的 4 颗牙齿，接着是下排的 2 颗侧门牙。到了 2 岁左右，乳牙便会全部长满，上下各 10 颗，总共 20 颗牙齿，就此结束乳牙的生长期。在牙齿还没有出来之前，婴儿的牙龈会出现鼓鼓的现象，紧接着会出现牙龈发炎的症状，牙龈的颜色会变得红红的。由于牙齿在努力从牙龈中钻出的过程中难免会造成伤口，所以宝宝一般都会出现不适的感觉，有些较为敏感的宝宝甚至还可能会出现轻微的发热症状。

宝宝的牙齿长得整不整齐、美观与否是家长最多关心的问题，这有一部分是由先天遗传因素决定，也有一部分是有后天环境因素决定。有的宝宝总是喜欢吸吮手指，这种行为就容易造成牙齿和嘴巴之间咬合不良，上排的牙齿就可能会凸出来，类似龅牙；而长期吃奶嘴的宝宝也会出现这种情况。因此，为了让宝宝有一口整齐漂亮的乳牙，爸爸妈妈就应在日常生活中，多纠正宝宝爱叼奶嘴、吃手等不良习惯。

必须要喝白开水

这个月母乳喂养的宝宝，每天应该喝 30 ～ 80 毫升的白开水，牛奶喂养的宝宝应该喝 100 ～ 150 毫升的白开水。纯净的白开水对宝宝的健康很重要，它进入人体后可以立即进行新陈代谢、调节体温、输送养分及清洁身体内部的功能，特别是煮沸后自然冷却的凉开水最容易透过细胞膜促进新陈代谢，增加血液中血红蛋白含量，增进机体免疫功能，提高宝宝抗病能力。此外，喝凉开水还会减少肌肉内乳酸的堆积，可缓解疲劳。所以，宝宝每天要喝够足量的白开水。

最简单的给宝宝喂水的方法是把水灌进奶瓶里让宝宝自己拿着喝。这个月大的宝宝对抓握东西特别有兴趣，因此让他自己抓着奶瓶喝，也可以有效提高宝宝对喝水的兴趣。只要在喝水的时候大人在一旁看护，一般宝宝都不会出现呛水等问题。

成人体内缺水的信号是口渴，但是对于婴儿来说，就不能等到渴了以后再喂水。这个阶段的宝宝还不太会表示自己口渴了，加上日常活动得比较多，所以最好是随时添加水分，特别是在炎热的夏天，宝宝出汗较多的时候，更应及时为宝宝补足水分。一旦水分不能及时补充，就会使宝宝发生短暂或轻度的肌体缺水症状，还有可能使宝宝出现咽喉干燥疼痛、发声沙哑、周身无力等症状。

6 个月以前的宝宝吸吮欲望还比较强，无论奶瓶里装什么，他都会津津有味地吮吸。但是到了 6 个月以后，由于宝宝对吸吮有了更具体的目的，加上他喝惯了果汁、配方奶、菜水、菜汁等，所以未免会表现出对白开水不感兴趣，这是很自然的现象。

培养宝宝喝水的习惯很重要，如果宝宝在这个时候不爱喝水的话，爸爸妈妈不妨用一些巧方法，让宝宝爱上白开水。例如，给宝宝喝水的时候，爸爸妈妈可以同样也拿着一小杯水，和宝宝面对面，玩“干杯”的游戏，让宝宝看着爸爸妈妈将杯里的水喝光，这样宝宝就会高高兴兴地模仿爸爸妈妈的动作，把自己小杯子或奶瓶里的水也都喝光了。还可以在户外活动的时候，给宝宝找一个喝白开水的小朋友做榜样，让宝宝向他学习。或是在宝宝睡觉醒后和玩耍投入的时候喂白开水，因为这个时候宝宝都比较乖，容易接受平时不爱接受的事物。再有，家里的大人最好都不要在宝宝面前喝果汁、汽水等饮料，以免宝宝产生心理上的“不平衡”感。

给宝宝喂白开水需要足够的耐心和细心，但不能为了让宝宝多喝水而给宝宝喝加了饮料的白开水，也不能在饭前喝太多水，否则不利于食物的消化。即使是炎热的夏天，也不能给宝宝喝带冰块的冰水，因为喝大量冰水容易引起胃黏膜血管收缩，不但影响消化，甚至有可能引起肠痉挛。如果宝宝晚上尿床比较厉害的话，那么也不宜在睡觉之前给他喝太多的水，否则不但会使尿床更严重，还会干扰到宝宝的睡眠质量。

如何给宝宝选杯子

有的宝宝很小就开始用杯子喝水和奶了，也有的宝宝到了2岁还习惯于抱着奶瓶喝水，其实，用杯子喝水的早晚也是因人而异，但从6个月前后，最好是开始有意识地训练宝宝用水杯喝水，因为当牛奶、果汁以及其他饮料中的糖分与婴儿口腔中的细菌发生反应后，很容易形成腐蚀牙齿的酸质。6个月之后宝宝开始萌出乳牙，这时候如果长时间叼着奶嘴的话，很可能会令刚刚萌出的乳牙长期处于含有腐蚀牙釉质成分的液体中，进而诱发龋齿。再有，经常含着奶瓶不仅会妨碍宝宝的正常活动，也同样会减少了宝宝学习语言的机会，而练习杯子的使用不仅可以避免上述问题，还可以发展宝宝的认知能力和双手协调能力。所以，从宝宝6个月左右，最好是给宝宝选一款合适的水杯，锻炼宝宝拿杯子喝水。那么，哪些杯子是比较适合婴幼儿使用的呢？

首先，杯子的选择要跟上宝宝成长的步伐。虽然各大品牌部拥有自己的专利设计，但一般都是分为鸭嘴式与吸管式两种，有软口和硬口之分，软口的杯子一般都是采用活性食用硅胶制成，比较近奶嘴的感觉；而硬口则是无毒塑料，更贴杯子的称谓。原则上，宝宝应该从鸭嘴式过渡到吸管式再到饮水训练式，从软口转换到硬口。可以循序渐进，也可以跳跃式进阶，要根据宝宝的喜好和习惯及时更换杯子的款式。

其次，有些杯子是有把手的，也有一些杯子，做成了方便宝宝拿着的造型就不再配备把手，还有一些品牌将把手作为选配件。爸爸妈妈可以根据需要自行选择。另外还要注意看杯子是否具有不漏水的功能，即把整个杯子倒转都不会漏水。

再有，现在的婴幼儿杯子几乎清一色采用太空玻璃杯PC无毒塑料制成，保证耐高温且耐摔打。只有极少数的品牌供应一次性纸杯式学饮杯。就这一特点来说，爸妈买什么样的杯子都不用担心拿捏不住打碎伤及自己。但是，并不是所有的杯子都可以消毒，在选择杯子时，要看清楚外盒包装上是否有“可否机洗与可否消毒”的标注。

让宝宝在大床上玩

这个月的宝宝坐得比较稳，能够在床上翻滚着玩，并开始学习爬行。婴儿床的空间和四周的栏杆，会妨碍宝宝的活动，所以为了给宝宝更大的活动空间来发展他的运动能力，只要宝宝醒着的话就可以让他在大床上玩。但是把宝宝放在大床上的时候，要保证有人在旁边看护，不能让宝宝自己一个人在大床上待着，否则很可能会一不留神翻下床摔伤。如果家里只有一个大人，并且还要忙于做其他家务的话，就还应把宝宝放在婴儿床上，以避免不必要的危险发生。

白天尽量少睡

这个月的宝宝白天睡眠时间减少了，玩的时间增多了，因此爸爸妈妈不必让宝宝像从前那样白天多睡上几觉了，因为这样很可能造成宝宝晚上睡得很晚、并且半夜常常醒来睡不踏实甚至夜啼的问题。晚上是生长激素分泌的高峰，如果错过了这个时间，就会导致生长激素分泌减少，从而影响宝宝的生长发育。所以，爸爸妈妈应尽量在白天多陪宝宝一起玩，如果他不想睡觉的话，就没必要强迫他睡觉，这样才能保证宝宝在晚上有个舒舒服服的睡眠。

把尿不要太勤

这个月的宝宝正常小便次数应在每天 10 次上下，如果是夏天出汗多的时候尿量会适当减少。如果前几个月已经开始有意识地训练宝宝的尿便条件反射的话，那么给这个月的宝宝把尿一般不会出现太多的困难，宝宝都能比较顺利地排尿。但此时家长就需要注意一个问题，不要过于频繁地给宝宝把尿。

这是因为，这个时期宝宝还不能自主控制自己的尿便，即使把尿成功，也只能说明初步建立好了一种条件反射，或是家长已经掌握了宝宝排尿便的信号。过于频繁地把尿，会使宝宝的膀胱变得越来越小，给将来自己控制排尿造成困难，而且还可能会造成尿频的问题。再有，过于频繁地把尿也会让宝宝觉得不舒服，从而出现哭闹、打挺等抗拒行为，这也不利于他将来自己的尿便控制。

对于这个月的宝宝，训练尿便仍然是要顺其自然，掌握好火候，千万不可过度。

如果宝宝在排尿的时候总是哭闹并表现痛苦的话，那么就要警惕是否出现了某些疾病问题。女宝宝排尿哭闹且尿液混浊的话，就应想到尿道炎，需要及时到医院化验尿常规；男宝宝排尿哭闹的话，应先看看尿道口是否发红，如果发红的话可以用高锰酸钾水浸泡阴茎几分钟，还要想到是否有包皮过长的可能，不过这需要由医生来诊断。

学会看舌苔

舌头也是观察宝宝身体健康情况的一张“晴雨表”，却常常被忽略。如果宝宝稍有发热不适的话，很快就能被爸爸妈妈发现，但却少有家长会留心观察宝宝舌头的变化。只有当宝宝吃饭不好或在吃饭时表现痛苦，爸爸妈妈才会想到让宝宝张开嘴巴，但多数也只是看看嗓子，很少有人会注意到舌头。其实，细心的爸爸妈妈只要通过观察宝宝的舌苔，就能判断出宝宝可能出现的各种异常情况。

身体健康的宝宝舌头应该是大小适中、舌体柔软、淡红润泽、伸缩活动自如、说话口齿清楚，而且舌面有干湿适中的淡淡的薄苔，口中没有气味。一旦宝宝患了某些疾病的话，舌质和舌苔就会相应地发生变化，特别是肠胃消化功能方面的疾病，在舌头上的体现就更明显。所以，爸爸妈妈要学会根据宝宝舌头的异常变化，做到防患于未然。

舌头的异常主要有以下几种：

（1）舌苔厚黄。如果观察宝宝的小舌头，发现舌上有一层厚厚的黄白色垢物，舌苔黏厚，不易刮去，同时口中会有一种又酸又臭的秽气味道。这种情况多是因平时饮食过量，或进食油腻食物，脾胃消化功能差而引起的。

有的宝宝平时就很能吃，一看到喜爱的食物就会吃很多。爸爸妈妈或者爷爷奶奶看到孩子吃得多，不但不加以劝阻，还会很高兴，不停地鼓励宝宝多吃。这样就会使宝宝吃得过多、过饱，消化功能发生紊乱，出现肚子胀气、疼痛的现象，严重时还会发生呕吐，吐出物为前一天吃下而尚未消化的食物，气味酸臭。如果宝宝年龄较小的话，也会由于积食而导致腹泻。

当宝宝出现这种舌苔时，首先要保证饮食的清淡，食欲特别好的宝宝此时应控制每餐的食量。如果宝宝出现了乳食积滞的话，可以酌情选用有消食功效的药物来消食导滞，保证大便畅通。

（2）杨梅舌。如果观察到宝宝舌体缩短、舌头发红、经常伸出口外、舌苔较少或虽有舌苔但少而发干的话，一般多为感冒发热，体温较高的话舌苔会变成绛红色。如果同时伴有大便干燥和口中异味的话，就是某些上呼吸道感染的早期或传染性疾病的初期症状。如果发热严重，并看到舌头上有粗大的红色芒刺犹如杨梅一样，就应该想到是猩红热或川崎病。

对于出现此种异常症状的宝宝，应注意及时治疗引起发热的原发疾病，并通过物理降温或口服退热药物退热。平时多给宝宝喝白开水，少吃油腻食物及甜度较大的水果，也可以购买新鲜的芦根或者干品芦根煎水给宝宝服用。

（3）地图舌。地图舌是指舌体淡白，舌苔有一处或多处剥脱，剥脱的边高突如框，形如地图，每每在吃热食时会有不适或轻微疼痛。地图舌一般多见于消化功能紊乱，或患病时间较久，使体内气阴两伤时。患有地图舌的宝宝往往容易挑食、偏食、爱食冷饮、睡眠不稳、乱踢被子、翻转睡眠，较小一点的宝宝易于哭闹、潮热多汗、面色萎黄无光泽、体弱消瘦、怕冷、手心发热等。

对于这样的情况，平时要多给宝宝吃新鲜水果，以及新鲜的、颜色较深的绿色或红色蔬菜，同时注意忌食煎炸、熏烤、油腻辛辣的食物。可以用适量的龙眼肉、山药、白扁豆、大红枣，与薏米、小米同煮粥食用，如果配合动物肝脏一同食用，效果将会更好。如果宝宝面色较白、脾气较烦躁、汗多、大便干的话，可以用百合、莲子、枸杞子、生黄芪适量煲汤饮用，可以使地图舌得到有效改善。

（4）镜面红舌。有些经常发热、反复感冒、食欲不好或有慢性腹泻的宝宝，会出现舌质绛红如鲜肉，舌苔全部脱落，舌面光滑如镜子，医学上称之为“镜面红舌”。出现镜面红舌的宝宝，往往还会伴有食欲不振，口干多饮或腹胀如鼓的症状。

对于出现镜面红舌的宝宝，千万不要认为是体质弱而给予大补或吃些油腻的食物，应该多吃豆浆或新鲜易消化的蔬菜，如花菇、黄瓜、西红柿、白萝卜等。也可以将西瓜、苹果、梨、荸荠等榨汁饮用，或是早晚用山药、莲子、百合煮粥食用，也能收到很好的效果。

需要注意的是，刚出生时的宝宝舌质红、无苔，以及母乳喂养的宝宝呈乳白色苔均属正常现象，妈妈不要过于紧张。有的时候宝宝吃了某些食品或药物，也会使舌苔变色，例如吃了蛋黄后舌苔会变黄厚，吃了杨梅、橄榄后舌苔会变成黑色，吃了红色的糖果后舌苔可呈红色。一般来讲，染苔的色泽比较鲜艳而浮浅，而病苔不易退去，可以利用这一点进行区别，千万不要将正常的舌苔误认为病苔而虚惊一场。再有，婴幼儿体质很弱，只可将辨别舌苔的变化作为健康情况的参考，而不能根据情况完全自行处理，必要时一定要去医院诊治。

预防传染病

由于宝宝在妈妈肚子里的时候，妈妈通过胎盘向宝宝输送了足量的抗感染免疫球蛋白，加之母乳含有的大量免疫因子，使出生后的宝宝安全地度过了生命中脆弱的最初阶段，所以6个月以内的宝宝很少生病。但是，到了6个月以后，宝宝从妈妈那里带来的抗感染物质，因分解代谢逐渐下降以致全部消失，再加上此时宝宝自身的免疫系统还没发育成熟，免疫力较低，因此就开始变得比以前爱生病了。

到了6个月之后，宝宝最容易患各种传染病以及呼吸道和消化道的其他感染性疾病，尤其常见的是感冒、发热和腹泻等。所以，6个月以后的宝宝在日常生活中，要特别注意预防传染病和各种感染性疾病。

（1）按照计划定期接种免疫疫苗。

（2）注意营养的全面均衡摄入，保证宝宝有一个健康茁壮的体格。

（3）做好宝宝个人和整个家居环境的卫生清洁，做好衣物被褥和玩具的定期消毒。

（4）保证给宝宝的食物的清洁卫生，避免病从口入。注意维生素C和水分的补充，可以有效增强宝宝的身体抵抗力。

（5）注意宝宝的穿衣适当，要随着气温变化及时增减衣物，衣着要以脊背无汗为适度，不能捂得太严。

（6）保证足够的户外活动时间，加强宝宝的日常锻炼，以增强体质，提高机体免疫力。

（7）室内经常开窗通风，保持空气流畅，定期用各种空气消毒剂喷洒房间。注意室内环境的温度、湿度、空气新鲜度。温度在18℃～20℃，湿度在50%～60%最为合适，每天开窗3～4次，每次约15分钟左右，每天用湿布擦桌子的地面，使室内空气新鲜而湿润。

（8）在流行性传染病高发的季节，要避免宝宝接触过多的人群，更不要带着宝宝到人多密集的公共场合，外出回家后先进行手、脸和身体其他裸露部位的清洁消毒。

（9）不要让宝宝与患有某些传染性疾病的儿童和成人接触，如果家人患了传染病，要与宝宝隔离。如果必须有接触的话，也应在接触时做好防护工作，避免宝宝受到病毒的侵害。

睡眠问题

6～7个月宝宝的睡眠，总的趋势仍然是白天睡眠时间及次数会逐渐减少，一天总的睡眠时间应有13～14小时。大多数的宝宝，白天基本上要睡2～3次，一般是上午睡1次，下午睡1～2次，每次1～2小时不等。夜间一般要睡眠10小时左右。在这10个小时当中，夜里不吃奶的宝宝可以一觉睡到大天亮，而夜里吃奶的通常会在中间醒一次吃奶后再次入睡。

宝宝如果在夜间睡得足，不仅有利于宝宝和大人的休息，更重要的是有利于宝宝的身体发育。所以对于夜里习惯吃奶的宝宝，可以采取在入睡前喂奶加辅食的方法，来克服夜间吃奶的习惯，保证高效的睡眠质量。

也有的宝宝早上醒得很早，这也不利于其整体睡眠质量的稳定性。有的宝宝是因为对光线敏感，所以总是早早醒来。对于这样的宝宝，可以在卧室里装上遮光窗帘或百叶窗以隔离光源，尽量将室内光线调暗，不要让清晨的阳光直射进来。如果卧室面对的是大街的话，就要在临睡前一定要关紧窗户，以免早晨的噪音惊醒宝宝。当然，最好是给宝宝换一个不会被噪音干扰的房间。此外，延迟早餐、控制白天的睡觉时间和晚上晚点再让宝宝入睡也是比较好的解决宝宝早上醒得过早的办法。

这个时候的宝宝爱趴着睡的也很常见，这个姿势可能会让他们觉得更舒服。多数宝宝也并不是整夜都趴着睡，可能是趴着睡一会儿，再倒过来仰卧或侧卧着睡一会儿，能够灵活地变换睡眠姿势，这些都是很正常的。3个月以前的宝宝由于不会竖立头部，所以趴着睡会有堵塞口鼻造成窒息的危险，但是7个月大的宝宝已经能够自由地转动头部和颈部了，趴着的时候也会把头转过来，脸朝一边地躺着，而不是把脸整个埋在床上或者头上，因此不会有窒息的危险，家长们尽可放心。

婴儿体操

6个月以后的婴儿体操训练可以适于主动体操，以锻炼婴儿的腕力和臂力，锻炼腰肌、腹肌、手肌、下肢肌肉、两肘关节及手眼协调能力，同时为爬行、站立做好准备运动。这一月龄的婴儿体操有以下几种形式：

（1）拉臂坐起。可以锻炼宝宝的手臂和腰部肌肉。练习时，让宝宝双手抓住大人两手拇指，抓紧后提拉宝宝的双臂帮助他坐起、躺下，重复4次。随着宝宝慢慢长大，可以练习提单臂坐起。

（2）矫形动作。可以帮助宝宝伸直脊椎，让身形健康发展。练习时，让宝宝呈仰卧位，大人左手托宝宝的腰部，右手按住双踝部使其不离床面，重复8次。

（3）扶肘跪立。锻炼宝宝的脖子、腰部、肘关节和膝关节。练习时，先让宝宝面朝下趴着，然后双手抓住宝宝双侧肘部，使宝宝从俯卧位起至跪立位，然后再恢复俯卧位，重复4次。

（4）后曲运动。让宝宝俯卧，大人握住宝宝的两只小腿并轻轻提起，使宝宝的手掌、面颊接触床面后再放平恢复原状，重复4次。这个动作必须要轻柔，以防止运动过度。

（5）扶肘站立。让宝宝俯卧，握住两肘使宝宝至跪立位，再至站立位，然后再跪立，俯卧躺下，重复4次。这比扶肘跪立，多了一个站立的动作，可以起到额外锻炼小腿肌肉的作用。

（6）自立前倾动作。把一些玩具放在宝宝面前，让宝宝背靠物体站直，大人一手扶腰，一手扶膝，令其身体自然前倾捡玩具。此项练习可以锻炼宝宝腰部肌肉的灵活性和柔韧性，在捡玩具时还能起到伸展手部的作用。

（7）跳跃运动。跳跃运动是全身运动，不仅锻炼宝宝的腿部，更能让宝宝的内脏器官接受轻微的振荡抚摸，促进其健康发展。练习时，先扶住宝宝双侧腋下使其直立，然后将宝宝提离床面再放下，可重复8次。

免疫接种

满6个月时应接种第三针乙肝疫苗和第一针流脑疫苗。

当人患上传染病之后，身体里就会产生对此病的抗体，这些抗体一般就能抵制第二次再出现同样的病。接种疫苗也是按照这个道理，将各种病原微生物通过人工的方法，使其毒性减低，制成疫苗，注入人体，使人得一次较轻的“传染病”，继而促使体内生成相应抗体。但是，与自然患病相比，预防接种使人所产生的抗体量较少，维持的时间也较短。因此，有些疫苗就要打2 ~ 3次，目的是为了加强预防作用，使体内的抗体维持在一定的水平，以便起到防病的作用。

接种疫苗后的一项较常见的副作用就是接种后当天出现发热、身体不适等症状。在这种情况下，宝宝一般会表现为烦躁、不想吃东西。当宝宝表现出厌食倾向时，不要强制他吃东西。如果体温不超过38.5℃时，可以多给宝宝喝水，或是吃些清淡的食物。不能因为宝宝哭闹就跟着着急甚至是呵斥，少吃一顿两顿是不会影响宝宝身体健康的，一般到了第二天，这些问题就能缓解消失。

一般的疫苗是不会引起宝宝腹泻的。如果出现腹泻的话，症状也比较轻，可以口服盐液纠正脱水，并给予软的、易消化的半流食，以帮助肠道功能的恢复。如果腹泻表现较重的话，就可能是偶合了其他肠道疾病，这时需要根据以往病史、症状及大便化验检查结果，做出积极治疗。

在疫苗刚刚接种当天，一般是不建议立即给宝宝洗澡的。因为疫苗可能会使宝宝对外界的环境刺激变得较为敏感，有的还会出现自然反应。如果在接种后立即给宝宝洗澡的话，轻者会使宝宝受凉，严重的话就会使宝宝感冒、发热，造成身体的诸多不适。所以，一般情况下在接种当天都不要给宝宝洗澡，如果宝宝接种当天没发生异常反应，第二天精神状态也很好的话，那么就可以洗澡了。

能力的培养

排便的训练

添加辅食之后，宝宝的大便逐渐接近于成人，所以可以训练宝宝坐便盆排便。当家长发现宝宝有排便迹象时候，赶快抱他蹲便盆，就能顺利成功。但由于宝宝此时还不能完全控制自己的排便，加上有的排便时间没有规律，大便次数又多，所以不成功的情况也很常见。这时需要注意的是，不能强行把便。如果长时间让宝宝坐在便盆上的话，由于宝宝的肛门括约肌和肛提肌的肌紧张力较低，直肠和肛门周围组织也较松弛，加上其骶骨的弯曲度还未形成，直肠容易向下移动，所以很容易使得宝宝腹内压增高，直肠受到一股向下力的推动而向肛门突出，造成脱肛。

此外，处于生长发育期的婴儿，其骨组织的特点是水分较多而固体物质和无机盐成分较少，因而其骨骼比成人软而富有弹性。如果让婴幼儿长时间地坐在便盆上，就会大大增加其脊柱的负重，尤其是本身已患有佝偻病和营养不良的宝宝，更容易导致脊椎侧弯畸形，影响正常发育。因此，为了宝宝的身体健康，当宝宝有便意的时候就让他坐便盆，解便后应立即把便盆拿开，如果宝宝坐上一段时间仍没有便出的话，也要将便盆拿开，不能让宝宝久坐在上面。另外在给宝宝选择便盆的时候，还要注意高低适当。

自我意识的培养

宝宝在 1 岁之前的自我意识虽然并不强，但也能意识到自己的存在。一般认为，1 岁之前的自我意识发展分为三个阶段，0 ~ 4 个月为第一阶段，会对妈妈的镜像微笑、点头、发出叫声，而对自己的镜像则没有太多意识；5 ~ 6 个月为第二阶段，会把自己的镜像当做另一个同伴对待，有时伸手到镜子后面去镜中找人；7 ~ 12 个月为第三阶段，当看见镜像中自己的动作时，会跟着模仿这些动作。

对于这个月龄的宝宝，照镜子是初步建立宝宝自我意识的很好的办法。爸爸妈妈可以让宝宝站在镜子面前，指着宝宝的鼻子、眼睛、嘴等部位，告诉宝宝他们的名称和作用，同时指着镜子中的宝宝，告诉宝宝这个是你自己。还可以让宝宝看看镜子里的爸爸妈妈，告诉宝宝哪个是爸爸妈妈，哪个是你自己。尽管这时候宝宝还很难意识到这些，但这会使其对自我建立起一个初步概念，并且照镜子会让宝宝很兴奋，又是笑又是说，甚至会冲到镜子面前，企图把镜子里的小人抓出来。这些行为和动作，会为今后宝宝自我意识的形成和多种能力的发展奠定下坚实的基础。

除了照镜子，和宝宝一起看照片，告诉他相片中的“他”就是“你”，让他知道照片上的“他”就是“我”自己、向阳光下自己的影子跳过去、让宝宝站在镜子面前穿衣打扮、让手摆出各种造型投影在墙上等，也都是促进婴幼儿自我意识发展的好办法。

要发展宝宝的自我意识，爸爸妈妈首先就要摒除那种“小孩什么都不懂”的思想，在平时与宝宝玩耍的时候，要有意识地让宝宝知道他在空间的位置，比如让宝宝指出自己和父母之间的位置关系，引导宝宝认识自身与外部世界的关系，促进婴儿自我意识的萌芽。

潜能的开发

1. 扔东西。准备一些重量、质感不同的玩具，例如积木、羽毛、纸片、耐摔的小玩具、小塑胶碗等，让宝宝把玩，在宝宝的床下或他经常出入的地方放一个大篮子，逗引他把手中的玩具往篮子里扔。扔完后，妈妈将物品集中篮内，再一一取出并介绍物品的名称和用途。一开始宝宝可能扔得不准，妈妈要抓着他的手教他对准。这项活动可训练宝宝的注意力、模仿力和掌握空间方向的能力，也能让他累积对事物特征的经验，例如积木会重重落地，羽毛会在空中飘再缓缓落地等。

2. 跳跃运动。虽然这个时期的宝宝不会跳的动作，但这项运动可以让他体验跳的感觉。大人坐在椅子上，双手抱着宝宝，将宝宝的双腿放在自己大腿上，然后将脚跟有节奏地抬起、放下，从而使宝宝感受到跳跃的感觉。促进宝宝腿部的肌力、肌耐力、弹跳力的发展。另外，在活动的同时还可以念一些有节奏的儿歌，以提高宝宝的活动兴趣。

3. 抓东西。抓东西、拿东西的动作可促进宝宝手部的小肌肉运动，发展手部的精细动作和手眼的协调能力。可以让宝宝在地上或床上坐着，然后家长滚一个球给他，让他去抓这个球；或是让宝宝抓小块的积木、糖果等便于抓取的东西。如果宝宝能很好地抓住东西，家长可以进一步锻炼宝宝手部的配合能力，可以先递给宝宝一块积木，然后再递给宝宝另外一块积木，看宝宝的反应。宝宝通常会做出三种不同反应，一是扔掉当前手里的积木，二是用另外空着的手接过积木，三是先把手里的积木挪到另外空着的手里，再用这只手接过积木。这三种不同的反应，可以折射出宝宝的思维发展阶段。如果宝宝懂得用另外空着的手接过积木或是先把手里的积木挪到另一只手再接过积木，就说明宝宝已经懂得了两只手可以分开以及配合使用。但如果宝宝只会将当前手里的积木扔掉后再接新的积木的话，就说明宝宝还没有这个意识，这时候就需要家长的启发，让宝宝知道，他还有另外一只手可以使用。

早期智力的开发

7个月宝宝智力开发的重点是首先要满足宝宝旺盛的好奇心，满足宝宝对亲人依恋的心理需求，然后再从训练其手眼协调能力、对语言的理解能力、鼓励模仿行为、学习指认生活中常见物品、认识自己身体各部位等入手，从身心各方面促进其全面发展。

1. 点头 yes 摇头 no。教会宝宝点头表示是，摇头表示不是，让宝宝懂得点头和摇头的含义，初步让宝宝明白不同动作所代表的不同语言，进而起到开发智能的作用。

训练的时候，可以由妈妈先指着爸爸问宝宝：“他是妈妈吗？”然后爸爸一边摇摇头，一边说：“不”。接下来妈妈可以继续问：“他是爸爸吗？”爸爸一边点头，一边说：“是”。注意不要说得很复杂，例如“是的，我是爸爸”，因为这时的宝宝对单字更容易理解一些，简单的语言和动作会使宝宝更明白、学得更快。

2. 连续翻滚。学会连续翻滚是宝宝学会爬之前唯一能移动位置的方法，是很重要的学习项目之一，能够锻炼前庭和小脑的平衡。

在做这项运动的时候要确保有足够的活动场地，可以在地板上或在大床上进行，活动之前要将所有的障碍物移开。运动的时候，家长可以手拿玩具做引导，先将玩具放置一侧使宝宝侧翻；接着让他从侧翻变成俯卧；再从俯卧变成仰卧；最后学会连续打滚。为了拿到远方的玩具，宝宝就会做出连续翻滚向远方移动的动作。如果宝宝做这个动作还比较困难的话，家长可以从旁用手轻推他的肩部和臀部，让他顺利翻身。

3. 捡东西。让宝宝用手捡蚕豆般的小东西，借以训练宝宝拇指与食指的对捏拾取细小的物品能力，这一精细动作有利于促进大脑功能发展与手、眼的协调。可以准备一些蚕豆或其他细小的物品，让宝宝把东西捡到一个小盘子里，家长要从旁不断地进行指导和鼓励，并要做好看护，避免宝宝将东西直接放到嘴里，造成危险。

很多父母热衷于让宝宝玩大量的益智玩具，安排宝宝进行各种开发智力的活动，希望借此提高宝宝的语言、认知等能力。但如果学习压力过重会使宝宝的大脑不堪重负，从而使宝宝长大后易对事物缺乏兴趣和好奇心，竞争力弱，不善为人处世。所以，对宝宝的智力开发要适度，适可而止为最好。

家庭环境的支持

室外活动

6 ~ 7个月大的宝宝开始认生了，这是宝宝自我意识发展的正常反应，也是宝宝正常的依恋情结。此时，爸爸妈妈应借助室外活动，让宝宝有更多的机会和不同的人接触，扩大宝宝的交往范围。可以带着宝宝到社区广场、花园绿地等场所，让宝宝看看周围新鲜有趣的景象，感知不同人的声音和脸相，特别要注意让宝宝体验与人交往的愉悦，逐渐降低与陌生人交往的不安全感和害怕心理。

宝宝室外活动的时间和次数应取决于室外的空气质量。空气质量指数是用来表示空气质量的好坏，而对流层中的臭氧含量也是被监测的物质之一。当空气污染程度高到对人体有害时，应当尽量避免让宝宝在室外进行活动。一般来说，在下午接近晚上的那段时间，臭氧含量通常较高，室外活动应该避免这段时间。如果发现宝宝在一段时间内，在室外活动时总是出现咳嗽、呼吸困难、大声喘气等现象的话，就要注意调整活动地点和活动内容。如果宝宝有哮喘的话，更要时刻小心，最好是出门的时候就把药物放在身边以防万一，同时还要听从医生的建议做适当的调整。

玩具

这个月龄的宝宝使用的玩具多半是哗啷棒、布娃娃、不倒翁、木制汽车、带弹簧的动物等，尤其喜欢电动玩具。如果让宝宝坐着，在离开宝宝一定距离的地方开动玩具，宝宝会非常高兴地欣赏着，身体还可能会自动向前倾斜变成俯卧位，企图去够玩具。这个动作是一个非常复杂的体位变化，即使不能成功，也可以有效促进宝宝运动能力的提高发展。如果让宝宝俯卧看运动着的玩具时，他就想伸手去拿。尽管这时候的宝宝还不能爬，但想拿的心情是会促进宝宝爬行运动的发展的。

如果在室外玩公众的大型玩具，如秋千、滑梯、转椅等，会让宝宝特别开心，宝宝特别喜欢在秋千上摇晃，或是在滑梯上玩，但是要特别注意安全，家长必须不离身边地做好切实的保护。

玩玩具的时候，还是要注意安全问题，给宝宝的玩具每次在玩之前都要仔细检查，防止零件的松落给宝宝造成气管异物的危险。另外，还应该做好玩具的清洁消毒工作，特别是对大人碰过的玩具，更应立即消毒，并要看好宝宝，避免宝宝将玩具放进嘴里从而将细菌也带到口腔和体内。如果是在室外玩公共玩具的话，注意不要让宝宝吃手，并且在玩过之后要用湿毛巾、湿纸巾将手部清洁干净，回家之后做好进一步的清洁工作。

让孩子多爬少坐

6个月以后的宝宝，基本上会坐了，而且能坐得比较稳当。但不宜让宝宝久坐，因为此时宝宝的骨骼仍然比较柔软，骨组织中水分和有机物含量较多，而无机盐成分较少，因而当压迫受力时易变曲变形，加上此时的肌肉比较薄弱，骨骼无法得到肌肉的有效支持，就容易使身体的形态发生各种改变，能导致脊柱变形、脱肛等。

在这个月，如果用会动的玩具吸引宝宝的话，他会表现出明显的想要爬行的欲望，所以这个月不妨多多让宝宝练习爬行。

爬行时需要全身各部位参与活动，通过爬行既可锻炼肌力、平衡能力、手眼脚的协调能力，为站立和行走打下基础，又可扩大宝宝的探索空间，促进感知和认知能力的发展。

在练习爬行的时候，家长可以在地上铺好一块毯子，让宝宝俯卧在上面，用上臂支撑上身。然后在离宝宝不远处放一个他喜欢的玩具，用双手交替轻推宝宝的双脚底，鼓励宝宝练习爬行并够到玩具。最好是爸爸妈妈一起来进行训练，由爸爸在宝宝身后给予助力，妈妈在宝宝前方拿着玩具逗引。开始的距离不宜过长，可以保证宝宝在经过努力之后顺利够到，以树立起宝宝的自信心，提高对爬行的兴趣，然后再随着宝宝能力的发展，逐渐加长玩具的距离。

有些宝宝在这个月仍然坐不稳，后背还需倚靠着东西，有时会往前倾，这些也是正常的。有的宝宝发育较晚，要到7～8个月的时候才能坐得很稳，所以看到宝宝此时坐不稳的话，家长也不必太着急，更不要就此认为是宝宝发育落后，可以再耐心等待一段时间，同时加强日常的动作训练。但是如果这个月的宝宝还一点儿也不会坐，甚至倚靠着东西也不能坐，给他扶到坐位的时候他的头主动向前倾，下巴住抵住前胸部，甚至会倾倒到腿部的话，就需要到医院进行相关检查了，因为这多半是一种病态表现。

需要注意的问题

可能发生的事故

这个月龄的宝宝大都能够翻身了，从床上坠落的危险也越来越多。婴儿头重脚轻，所以从床上摔下来的话往往是头先着地，多半都是伤到头部。婴儿摔倒常会伤到头部，但并不是说，一旦摔倒之后就需要立即到医院做头颅CT等一系列头部检查，因为有的时候，可能情况并没有那么严重。一般来说，如果宝宝在从床上摔下来后立即哇哇大哭，并且哭声响亮，哭了大概10分钟就能停止，脸色和精神都无异常，能正常地吃奶、玩耍、喝水等，而且气力十足的话，就没什么问题，在家持续观察就可以了。但是如果宝宝在摔倒之后，不哭不闹，面色发白，变得有些沉闷呆滞，精神欠佳，安静嗜睡，也不爱吃东西，把宝宝抱起来后感觉有些发软的话，就应该立即到医院检查治疗。如果宝宝在摔倒以后，出现发热、呕吐等情况，也需要入院检查。

经常会有宝宝把头撞了个“大包”的情况，如果表皮没有可见伤、宝宝也没有任何异常表现的话，就不需要到医院处理，可以在肿块处适当冷敷，不能热敷，更不能用手揉宝宝头部的包块，否则会加快包块部位毛细血管的破裂，让包块充血更严重，甚至造成内出血。

除了摔伤之外，由于这个月宝宝的各项能力都在增强，因此还会出现烫伤、刮伤、窒息等危险，家长要特别注意看护，不要把任何可能对宝宝造成危险的物品放在宝宝身边，或是他可能够到的地方。给宝宝的玩具也要认真检查，因为这时候的宝宝对待玩具开始变得“粗暴”了，像哗啷棒之类的玩具，稍有一点损坏，如果不扔掉的话，就可能会划破宝宝的脸和嘴，弄碎或掉下来的部分也有被吞食的危险。因此，当宝宝在玩玩具的时候，旁边最好是有大人看着，如果让他独自一个人的时候就要给些柔软的玩具，如软布球等。

感冒

防止受凉是预防感冒的关键。很多宝宝感冒不是因为穿得少了，而是因为穿得多了，很多家长都舍得给宝宝穿衣服，但却不舍得给宝宝脱衣服，而这往往是感冒的诱因。婴幼儿的新陈代谢特别旺盛，加上总在活动，所以穿得过多的话势必容易出汗。出汗的时候全身毛孔张开，一旦遇到冷风的话就会受凉，招致感冒。相反，如果给宝宝适当少穿一点，让他感觉稍微有点冷，这样全身的毛孔就都是收缩、紧闭的，运动后也不容易出汗。由于毛孔都处在紧闭状态，冷风很难入侵体内，对身体的伤害不是太大，宝宝通常会打几个喷嚏、流清水鼻涕，这时只要及时给宝宝喝些温开水，避免直接吹风，症状很快就能得到缓解。

再有些宝宝受凉是因为晚上睡觉时蹬被子造成的，这样的宝宝晚上睡觉的时候大多喜欢把手和膀子伸到被子外面，这样自然就会感冒。为了防止因为睡觉着凉感冒，就要改掉宝宝踢被子的习惯。最好是为宝宝缝一个睡袋，再在睡袋两侧加上两只封好口的袖子，这样宝宝就不会再因为踢被子而着凉了。

全面提高身体的素质，也是预防感冒的重要方法。这首先就要求宝宝有全面均衡的膳食，保证各种营养的摄取。建议给宝宝的食谱最好是鸡、鸭、鱼、虾、猪、牛、羊都要有，鱼、虾每周不超过2次，即做到营养均衡。再配上各个季节上市的蔬菜、水果，不要吃反季节的蔬菜、水果，这样宝宝的营养就全面了。

其次，还要求宝宝有充足的睡眠和适量的运动。充足的睡眠不但可以增强体质、预防感冒，也是提高生活质量的根本，而适量的运动可以有效增进肺活量，从而增强身体的抵抗力，有效抵抗外界感冒病菌的侵袭。

发热

发热不是一种疾病，它就像是身体的一个警钟，提醒你身体内部出现异常情况。同时，发热也是我们身体对付致病微生物的一种防御措施，从某种程度来讲，适当的发热有利于增强人体的抵抗力，有利于病原体的清除。所以当宝宝发热时，只要宝宝精神还不错，体温不超过39.5℃的话，爸爸妈妈就可在家自行处理。婴儿发热有个特点，如果手脚冰冷、面色苍白，就说明体温还会上升；如果宝宝手脚暖和了、出汗了的话，就说明体温可以控制了，并且还能很快降温。

如果宝宝发热时手脚冷、舌苔白、面色苍白、小便颜色清淡的话，多数是由感冒引起的，可以给宝宝喝些生姜红糖水驱寒，还可以在水里再加两三段一寸长的葱白，更有利宝宝发汗。

如果宝宝发热咽喉肿痛，舌苔黄，小便黄而气味重，就说明内热较重，不能喝生姜红糖水，应该喝大量温开水，也可在水中加少量的盐。只有大量喝水，多解小便，身体里的热才会随着尿排出，宝宝的体温才能下降。

宝宝发热后，通常都会出现食欲不佳的现象，这时候应该以流质、营养丰富、清淡、易消化的饮食为主，如奶类、藕粉、少油的菜汤等。等体温下降，食欲好转，可改为半流质，如肉末菜粥、面条、软饭配一些易消化的菜肴。当宝宝发热时，许多家长觉得应该补充营养，就给宝宝吃大量富含蛋白质的鸡蛋，实际上这不但不能降低体温，反而使体内热量增加，促使宝宝的体温升高，不利于患儿早日康复。再有，发热的时候一定要多喝温开水，增加体内组织的水分，这对体温具有稳定作用，可避免体温再度快速升高。

再有，不能盲目给宝宝吃退热药，要先弄清楚发热的原因，否则往往会适得其反。例如，由细菌或病毒引起的发热，用药完全不同。如果是细菌感染，只要选准抗生素，治疗效果就会很好；如果是病毒感染的话，目前还没有特效药，通常发热到一定时间就会自行下降，可以服用板蓝根冲剂、金银花等来起缓解作用。总之，虽然药物可以有效改善病情，让宝宝舒服点儿；但也很可能带来一些副作用。所以药物退热治疗应该只用于高热的宝宝，并且服用的方法和剂量一定要按医生的要求去做。

根据统计，不论是什么原因引起的发热，体温很少超过41℃，如果超过这个温度，罹患细菌性脑膜炎或败血症的可能性比较高，应特别警觉。

便秘

满6个月的宝宝能吃各种代乳食品，如果发生便秘的话，可以用食物进行调节。多给宝宝一些粗纤维食物，如玉米、豆类、油菜、韭菜、芹菜、荠菜、花生、核桃、桃、柿、枣、橄榄等，可以促进肠蠕动，缓解便秘。此外，粗纤维食物还可以增加粪便量，改变肠道菌丛，稀释粪便中的致癌物质，并减少致癌物质与肠黏膜的接触，有预防大肠癌的作用。还可以将菠菜、卷心菜、青菜、荠菜等切碎，放入米粥内同煮，做成各种美味的菜粥给宝宝吃，蔬菜中所含的大量纤维素等食物残渣可以有效促进肠蠕动，以达到通便的目的。此外，辅食中含有的大量的B族维生素等，可促进肠子肌肉张力的恢复，对通便很有帮助。

人工喂养的宝宝便秘，可以在辅食里添加西红柿汁、橘子汁、菜汁等，促进肠道增强蠕动。多喝白开水，尤其在过多摄取高蛋白、高热量食物后，更要及时喝水及吃果蔬。少吃蛋糕、饼干、奶糖等细腻食品和巧克力、马铃薯、干酪等易引起便秘的食物。

宝宝从3～4个月起就可以训练定时排便。因进食后肠蠕动加快，常会出现便意，故一般宜选择在进食后让宝宝排便，建立起大便的条件反射，就能起到事半功倍的效果。还要让宝宝积极进行户外运动，如跑、爬、跳、骑小车、踢球等，以此增强腹肌的力量，并且可促进肠道蠕动。对于胆小的宝宝，尽量在家里排便，不要轻易改变排便环境。当宝宝出现类似情况时要及早做心理疏导。

需要注意的是，如果宝宝便秘多日之后，又出现腹胀、腹痛、呕吐并伴发热症状，应及时去就医，以防肠梗阻的发生。

睡觉踢被子

常有爸爸妈妈半夜醒来，发现宝宝把被子踢开“光”着睡，于是惊出一身冷汗。其实，宝宝踢被子有很多种原因，只要找准原因，对症下药，就能解决这个问题。常见的原因有：

（1）睡觉不舒服。如果睡觉的时候被子盖得太多，或是穿得太厚，就会使宝宝感觉闷热不适，必然会踢被子。要让宝宝舒舒服服地睡觉，就要注意不要给宝宝穿太多的衣服，被子也不要太厚，卧室的环境要保持安静，光线要昏暗，还要注意不能让宝宝在睡前吃得太饱。

（2）大脑过于兴奋。宝宝正处于发育过程中，神经系统还发育不全，如果睡前神经受到干扰，易产生泛化现象，从而让脑皮质的个别区域还保持着兴奋状态。如果宝宝在睡觉的时候神经还处在兴奋当中，肢体就会出现多动，从而把盖在身上的被子踢翻。这种情况的宝宝多数是因为在临睡之前过于兴奋，只要爸爸妈妈在宝宝临睡前不要逗他、陪他疯玩，白天也不要让他玩得太疯太累，这个问题就会自动消失。

（3）不好的睡眠习惯。例如习惯睡觉的时候把头蒙在被子里，或把手放在胸前睡觉，就会由于憋气窒息而出现踢被子的现象。这就要求爸爸妈妈多观察宝宝的睡姿，如发现有这种不好的睡姿就应及时调整，纠正这些不良习惯。

（4）疾病所致。如果宝宝患有佝偻病、蛲虫病、发热、小儿肺炎、出麻疹等，都会影响睡眠。只要疾病治愈，睡眠的问题也会不治自愈。

（5）感觉统合失调。宝宝踢被子有可能是因为感觉统合失调，大脑对睡眠和被子的感觉不准所造成的，这样的宝宝多伴有多动、坏脾气、适应性差和生活无规律等特点。对于这样的宝宝，要通过一些有效的心智运动来“告诉”宝宝的大脑，让它发出正确的睡眠指挥信号。例如，可以在每晚睡觉前，先指导宝宝进行爬地推球 15 ~ 20 分钟，然后让宝宝进行两足交替、单足跳、双足直向跳、双足横向跳等多种行走方式的交替训练，时间在 20 分钟以上，也可以借助专门的脚步训练器进行。只要坚持引导宝宝做，就能有意想不到的收效。

鹅口疮

鹅口疮又名雪口病、白色念珠菌病，是婴幼儿口腔的一种常见疾病，是由白色念珠菌引起的，多发生在口腔不清洁、营养不良的婴儿中。患儿口腔黏膜可见白色斑点，以颊部黏膜多见，但齿龈、舌面、上腭都可受累，重者可蔓延到悬雍垂、扁桃体等，口腔黏膜较干、多有流涎。鹅口疮好发于颊舌、软腭及口唇部的黏膜，白色的斑块不易用棉棒或湿纱布擦掉，周围无炎症反应，擦去斑膜后可见下方不出血的红色创面斑膜面积大小不等。

新生儿鹅口疮可通过产道传染，母乳喂养时妈妈乳头不清洁以及牛奶喂养时奶瓶、奶嘴消毒不彻底都会引发此症。另外，宝宝在 6 ~ 7 个月时开始长牙，此时牙床可能有轻度胀痛感，宝宝便总是爱咬手指、咬玩具，这样就易把细菌、霉菌带入口腔，引起感染。与患有鹅口疮的患儿接触也可能会出现交叉感染。长期服用抗生素或不适当应用激素治疗，造成体内菌群失调，霉菌乘虚而入并大量繁殖，也会引起鹅口疮。

鹅口疮比较容易治疗，可用 1% 碳酸氢钠 (小苏打) 溶液清洁口腔；也可用制霉菌素溶液 20 毫升涂患处 (50 万单位制霉菌素 1 片加 20 毫升蒸馏水或鱼肝油)，每日 3 ~ 4 次，直至痊愈后再治疗 2 ~ 3 天。如果症状较重的话，也可以口服一些抗真菌的药物，如制霉菌素或克霉唑等，进行综合治疗。同时要保持餐具和食品的清洁，奶瓶、奶嘴、碗勺等专人专用，使用后用碱水清洗，煮沸消毒。母乳喂养的母亲的乳头也应同时涂药，并做好清洁工作。不能用粗布强行揩擦婴儿口内的白膜，以免加重感染。

幼儿急疹

幼儿急疹又称婴儿玫瑰疹或第六病，常见于 6 ~ 12 个月的健康婴儿，是由人类疱疹病毒六型引起的，属于呼吸道急性发热发疹性疾病，通常由呼吸道带出的唾沫而传播。

幼儿急疹有 8 ~ 15 天的潜伏期，平均为 10 天左右，发病前的婴儿没有明显的异样表现，发病急。当发病时，表现为没有任何症状的情况下的突然高热，体温可达 40℃ ~ 41℃，并持续 3 ~ 5 天，但多数宝宝精神状态良好，只是食欲稍差，少数会出现高热惊厥、咳嗽、咽部轻度充血、枕部和颈部淋巴结肿胀、耳痛等症状。此间若服用退热剂后，体温可短暂降至正常，然后又会再次回升直到 3 ~ 5 天后高热退去，体温正常，此时患儿全身皮肤会出现直径约 2 ~ 5 毫米的玫瑰红色斑丘疹，用手按压皮疹会褪色，撒手后颜色又恢复到玫瑰红色。皮疹多分布在头部和躯干部，很少出现融合，发疹后 24 小时内皮疹出齐，可持续 4 天左右后自然隐退，皮肤上不留任何痕迹。幼儿急疹是典型的病毒感染，而且预后良好，健康的婴儿很少出现并发症，但免疫功能低下者则可能发生肝炎或肺炎等并发症。

从皮疹的形态上看，幼儿急疹酷似风疹、麻疹或猩红热；但其中最大的不同就是：幼儿急疹为高热后出疹，而其他三种疾病则是高热时出疹，家长应注意区分。再有，因为脑膜炎的初期症状与幼儿急疹很相似，所以如果到医院检查时，医生会对患儿做进一步检查，以排除细菌引起的脑膜炎。

幼儿患了急疹一般不用特殊治疗，只要

加强护理和给予适当的对症治疗，几天后就会自己痊愈。宝宝患上幼儿急疹后，家长要让他多卧床休息，尽量少去户外活动，注意隔离，避免交叉感染；发热时宝宝的饮水量会明显减少，造成出汗和排尿减少，所以要给宝宝多喝水，以补充体内的水分；给予流质或半流质的容易消化的食物，适当补充B族维生素和维生素C等。如果体温较高，宝宝出现哭闹不止、烦躁等情况的话，可以给予物理降温或适当应用少量的退热药物，将体温控制于38.5℃以下，以免发生惊厥。另外，还要帮助宝宝每天至少排便一次，必要时可使用开塞露辅助排便；注意保持宝宝皮肤的清洁，经常给宝宝擦去身上的汗渍，以避免着凉和继发感染。由于幼儿急疹既不怕风也不怕水，所以出疹期间，也可以像平时那样给宝宝洗澡，但不要给宝宝穿过多衣服，保证皮肤能得到良好的通风。

由于人体对此病毒感染后会出现免疫力，所以很少出现再次感染，因此病毒的传播源不仅是已患病的宝宝，更为常见的是父母及家人中的健康带病毒者。

幼儿急疹几乎会侵袭所有的婴幼儿，常常成为孩子出生以来的第一次发热，而且还是高热。对于幼儿急疹，家长不用过于担忧。因为这种病虽然要经历高热和发疹过程，但过程简单，并发症极少，而且预后不留任何痕迹。整个疾病过程除了控制体温不要持久超过38.5℃以预防高热惊厥的出现外，不需要特别的药物治疗，通常宝宝会在3天后高热消失，6天后皮疹隐退。经此一病，孩子的免疫力会得到进一步增强。

尿便异常

正常情况下，宝宝的尿色大多呈现出无色、透明或浅黄色，存放片刻后底层稍有沉淀；饮水多、出汗少的宝宝尿量多而色浅，饮水少、出汗多的宝宝则尿量少而色深；通常早晨第一次排出的尿，颜色要较白天深。正常的尿液没有气味，搁置一段时间后由于尿中的尿素会分解出氨，所以会有一些氨气味。不正常的尿液表现有：

（1）尿色发黄。新生儿尿色发黄，多数是新生儿黄疸所致；稍大的宝宝尿色发黄，可能是上火的表现。如果宝宝的尿色深黄且伴有发热、乏力、食欲明显减退、恶心、呕吐等不适，并在腹部肝区的部位有触痛，则可能是患了黄疸性肝炎。

（2）尿色发红。新生儿头几天时，尿色较深稍混浊，放置一段时间后尿中可出现红褐色沉淀，多为尿酸盐结晶；而稍大的宝宝如果尿色发红则通常是血尿，有可能是患上了泌尿道自身的疾病，如各种肾炎、尿路感染、尿路结石、尿路损伤、尿道畸形、肾血管病及肾肿瘤等，也可能是全身疾病，如出血性疾病及维生素C、维生素K缺乏，还可由与服药或邻近器官疾病导致。

（3）尿色呈乳白色。乳白色尿液同时还带有腥臭，可能是脓尿，常见于尿路感染，先天性尿路畸形等。

此外，尿频、尿少也可能是某些疾病的信号。当宝宝尿多时，要仔细观察是否存在引起多尿的外界因素，如果有，只要避免就可使多尿的症状缓解。如果宝宝尿少，要注意是否有发热、腹泻及多汗等现象，如果有的话就要即使补充适量水分，但如果同时伴有浮肿的话，则应严格限制水和盐的摄入。

宝宝的正常大便为黄色或棕色，软条状或糊状，软硬度与宝宝饮食和排便次数有关，如喂含叶的蔬菜可排绿色大便，吃动物肝血或服铁剂后大便则呈黑色等。另外在添加辅食后会有一定的臭味，但不及成人。异常的大便形状有：

（1）蛋花汤样大便。呈黄色，水分多而粪质少，是病毒性肠炎和致病性大肠杆菌性肠炎的信号。

（2）果酱样大便。多见于肠套叠患者。

（3）赤豆汤样大便。提示坏死性小肠炎。

（4）海水样大便。腥臭且黏液较多，有片状假膜，常为金黄色葡萄球菌性肠炎。

（5）豆腐渣样便。常见于长期应用抗生素和肾上腺皮质激素的婴儿，为继发真菌感染。

（6）白陶土样大便。大便呈灰白色，像白陶土样，是胆汁不能流入肠道所致，是胆道阻塞的信号。

（7）脓血便。大便有鼻涕样黏液和血混合，多见于细菌性痢疾。

斜视

在斜视的患儿中，既有不论什么时候都能一眼就看出的斜视婴儿，也有间或斜视、平时却很正常的婴儿。这样的斜视多半是外斜视，是睡着的婴儿睁眼时受到阳光照射所造成的。斜视不仅影响人的外观，年龄稍大后会给宝宝造成心理压力，而且还容易形成视力障碍，比如弱视，以及影响到全身骨骼的发育，如先天性麻痹斜视的代偿头位，使颈部肌肉挛缩和脊柱发生病理性弯曲，及面部发育不对称等，其严重性往往大于外观上的斜视本身。满6个月的宝宝如有斜视，就应该去看眼科治疗。

斜视的治疗可采用中医针灸、按摩的疗法和西医的手术治疗。手术治疗后最重要的是避免全身感染，特别要注意眼睛的卫生，保证充足的休息睡眠和营养摄入的均衡，而且在术后还需要进行矫正视力的训练，同时做好定期复查。

不要用嚼过的食物喂宝宝

以往有的人们怕只有几颗刚刚萌出的小牙的宝宝嚼东西嚼不好，所以会把吃的东西嚼烂之后再拿来喂宝宝，认为这样有利于宝宝的消化和吸收，现在可能有些老人还会这样做，但实际上，这既不卫生，也不利于宝宝的正常发育。

成人的口腔内很可能会含有一些致病菌，这些致病菌对抵抗力较强的大人来说没有什么危害性，但一旦过渡给免疫系统尚不十分健全、脏腑娇嫩、肠胃功能弱、抵抗力较差的宝宝，就会引发胃肠和消化系统的疾病，因此危害很大。

再有，咀嚼有利于唾液腺分泌，提高消化酶的活性；可促进头面部骨骼、肌肉的发育，利于今后的语言发育；有助于牙齿的萌出。替宝宝咀嚼等于剥夺了宝宝练习咀嚼的机会，不利于宝宝自身消化功能的建立，延迟了咀嚼能力的形成，长此以往还会使宝宝摄取营养不足进而造成营养不良，也可能会导致宝宝构音不清甚至语言发育迟缓等。

所以，传统的这种喂养方式不但不能帮助宝宝消化，反而会不利于其消化系统的发育，还容易把疾病直接传给宝宝，如果以前有这种习惯的话，就要及时纠正过来。

“吃手”需要注意

6个月以前宝宝吮吸手指是生长发育的正常现象，多半到了6个月的时候都会逐渐消失。但如果这个时候宝宝依然还总是“吃手”，或是突然出现“吃手”现象的话，就要引起家长的注意了。当然，对于这个月龄宝宝“吃手”的问题，不能一味强硬地禁止干预，应该从喂养环境和宝宝生长发育的阶段特点上找出原因，再有针对性地实施对策。

一般来说，人工喂养的宝宝比母乳喂养的宝宝更爱吮吸手指，这可能是因为母乳喂养的宝宝有更长的吸吮时间，并且是按需哺乳；而人工喂养的宝宝吸吮时间则相对稍短，并且是按时哺乳。要想让宝宝改掉“吃”手指的坏毛病，最好的办法是让他双手不空，充分发挥他的创造性，让他有事可做。这样就能在不知不觉中，让他淡忘这个习惯，改掉这个毛病。当发现宝宝“吃手”时，家长可以运用注意力转移法，在他“吃手”的时候把玩具递到他的手里，或是拉着他的小手挥动着玩一会儿，让宝宝忘记“吃手”。不能大声训斥或打宝宝的手，也不能用任何强制性和惩罚性的措施，也不建议以吮吸橡皮奶嘴代替“吃手”，否则会影响宝宝牙齿的发育，有可能会使宝宝形成“地包天”或“天包地”，或是乳牙不整齐，对以后牙槽骨的发育和恒牙的发育也会造成一定的影响。

乳牙萌出会使宝宝出现短时间地吮吸手指或啃手指的现象，如果这种现象只是偶尔出现的话，家长不需要过多担心和过多干预，可以多给宝宝一些磨牙棒之类有助于锻炼咀嚼和促进乳牙萌出的食物，帮助宝宝告别“吃手”的小毛病。

不出牙是正常的

有些家长看到宝宝长出两颗乳牙了，就认为过不了几天上面的两颗乳牙也会冒出来。一旦它们迟迟不出现，家长就不免开始着急，以为宝宝是有了什么毛病。但实际上，出两颗牙以后往往有一段间歇期，间歇期的长短是因个人水平有一些差异的，有的宝宝可能过了不到半个月上面就出牙了，也有的宝宝要等一两个月之后才能见到上面的两颗牙齿，这些都是正常的，因此家长不用太着急。

再有，有些宝宝在这个时候还未出牙。当爸爸妈妈看到别的同龄的宝宝都已经出牙了，而自己的宝宝却仍未出牙，自然也会着急，甚至有的还怀疑是不是宝宝的智力有问题，这都是没必要的。

一般来讲，发育较早的宝宝可能5个多月就会出牙，而大多数宝宝到了6个月也开始出牙，出牙时先出的就是下面的两颗小门牙，然后再出上门牙，然后是两旁的侧切牙、尖牙。但实际上，影响宝宝出牙的因素有很多，有一些是在胚胎期就已经决定了的，和遗传有关；也有些是受成长的环境因素所决定的，所以对于宝宝出牙的早晚，家长应抱着顺其自然的态度。换句话说，在这个时候宝宝如果出了两颗牙后迟迟不见动静，或是还未出牙，都是正常现象。

而且，出牙的早晚与智力无关。牙齿萌出的早晚受着遗传和环境等因素的影响，每个婴幼儿之间多少会有些差异，但并不是说牙出得早、宝宝就聪明，出得晚宝宝就迟钝。只要宝宝是健康的，牙出得时间早晚与宝宝的智力没有任何关系。

家长们需要做的，就是保证宝宝钙质的摄入，避免宝宝缺钙，再有就是宝宝到了4个月以后按时添加辅食，还可以用牙胶、馒头片这样的东西磨一磨，也对出牙有所帮助。

虽然某些全身性疾病如佝偻病、甲状腺功能低下等疾病会影响宝宝的出牙时间，但就目前而言，下定论未免过早。家长可以再耐心等待一段时间，如果宝宝过了几个月之后仍未出牙，就需要去医院查明出牙晚的原因。如发现的确是某些疾病所致，就要在治疗全身疾病的基础上促进乳牙的萌出。

流口水也是正常的

6个月以后，大部分的宝宝都开始萌出乳牙，原来不怎么流口水的宝宝，这个月开始口水慢慢开始变多，而原本爱流口水的宝宝在这个时候则更爱流口水了。因此，要多为宝宝准备几个柔软、略厚、吸水性较强的小布围嘴，以便及时更换。

虽然大多数宝宝流口水都是正常的，但如果不加以护理，则容易引发宝宝皮肤感染，也不卫生。所以，当宝宝口水流得较多时，要特别注意护理好宝宝口腔周围的皮肤，每天至少用清水清洗两遍，然后涂上一些婴儿护肤膏，让宝宝的脸部、颈部保持干爽，避免患上湿疹和红丘疹。不能用较粗糙的手帕或毛巾在宝宝的嘴边抹来抹去，否则会伤害到宝宝的皮肤。平时可以给宝宝一些磨牙饼干，以缓解萌牙时牙龈的不适感和流口水的现象，同时还能刺激乳牙尽快萌出。如果宝宝的皮肤已经出疹子或糜烂，最好去医院诊治。在皮肤发炎期间，更应该保持皮肤的整洁、清爽，并依症状治疗。如果局部需要涂抹抗生素或止痒的药膏，擦药的时间最好在宝宝睡前或趁宝宝睡觉时，以免宝宝不慎吃入口中，影响健康。

但是，如果宝宝一直流口水，并伴有烦躁、啼哭等现象，就有可能是病理性流口水，家长应提高警惕。例如，流口水时流出的是黄色或淡红色黏液并有臭味的话，就有可能是口腔类的疾病如口腔黏膜受损、发炎、破溃；如果宝宝平常总是显得全身软弱无力，喝水或吃奶时吮吸力较差，容易呛咳，并且口水似乎是持续而不间断地流，运动发育也比其他宝宝慢。就应想到先天性脑部疾病或后发性脑部伤害的可能，例如脑性麻痹、智能不足或新生儿窒息等等，需要到医院做相关检查。

第 210 ~ 239 天（7 ~ 8 个月）的婴儿

发育情况

这个月的宝宝不论体重、身高还是头围，增长速度都在放缓，大多能长出 2 ~ 4 颗乳牙。

此时的男宝宝体重为 7.8 ~ 9.8 千克，女宝宝体重为 7.2 ~ 9.1 千克，这个月的增长量为 0.22 ~ 0.37 千克；男宝宝此时的身高为 68.3 ~ 73.6 厘米，女宝宝为 66.4 ~ 71.8 厘米，本月可增 1.0 ~ 1.5 厘米；男宝宝的本月头围平均值 45.7 厘米，女宝宝平均为 45.2 厘米，在这个月平均增长 0.6 ~ 0.7 厘米。囟门还是没有很大变化，和上一个月看起来差不多。

养育要点

营养需求

这个月宝宝每日所需热量与上个月一样，仍然是每天每千克体重 95 ~ 100 千卡，蛋白质摄入量为每天每千克体重 1.5 ~ 3 克，脂肪摄入量比上个月略有减少，每天摄入量应占总热量的 40% 左右。

从这个月起，宝宝对铁的需求量开始增加。6 个月之前足月健康的宝宝每天的补铁量为 0.3 毫克，而从这个月开始应增加为每天 10 毫克左右。鱼肝油的需要量没有什么变化，维生素 A 的日需求量仍然是 1300 国际单位，维生素 D 的日需要量为 400 国际单位，其他维生素和矿物质的需求量也没有太大的变化。

这个月宝宝的喂养，要增加含铁食物的摄入量，同时适当减少脂肪的摄入量，减少的部分可以以碳水化合物来做补充。

母乳喂养

如果母乳充足的话，这时候可以继续给宝宝吃母乳，但也要添加辅食，主要是为了补铁。母乳中此时的含铁量是不够供给宝宝生长发育所需的，如果只依靠单纯母乳喂养的话，宝宝很可能会出现缺铁性贫血。

这个月的宝宝在刚开始接触泥糊状食物时，很可能因为不适应而将食物吐出或含在口中不咽，这是正常现象，可以在每次给宝宝授乳之前，先喂 1 ~ 2 口糊状食物，然后再喂奶，这样宝宝会比较容易接受；还可以用母乳调成泥糊状食品，以利于宝宝接受食物的味道。如果宝宝在吃糊状食物时哭闹拒绝厉害的话，可以先减少辅食的喂养，用母乳喂 1 ~ 2 周之后再试试看。

如果宝宝不爱吃辅食，就把母乳断掉强迫宝宝吃辅食，这种做法对宝宝是很不好的。毕竟这个时候，母乳仍然是宝宝最好的食品。只要母乳充足的话，就尽量不要轻易断掉，让宝宝再多吃一个月。

牛奶的喂法

牛奶喂养的宝宝添加辅食的过程通常要顺利得多，如果宝宝可以一次喝 150 ~ 180 毫升的牛奶，就可以在早、中、晚各给宝宝喝一次奶，然后在上午和下午加两次辅食、点心和果汁。如果宝宝一次只能吃 80 ~ 100 毫升的牛奶，每天要吃 5 ~ 6 次的话，可以在早上起床的时候喝一次牛奶，上午九十点的时候加一次辅食，中午喂牛奶，下午临睡午觉前喂辅食，睡醒后喂牛奶，然后整个下午穿插着吃些水果、点心，傍晚和晚上睡觉前再各喂一次牛奶。

喂奶的时间并不是一成不变的，要根据宝宝吃奶和辅食的情况作适当调整。但注意两次喂奶和喂辅食的间隔都不要少于 4 个小时，奶与辅食之间不要少于 2 个小时，点心、水果与奶和辅食的间隔不要少于 1 个小时，每天要先喂奶和辅食，再喂水果点心，这样才有利于宝宝的消化。

如果宝宝从添加辅食之后就不爱喝牛奶了，就不必强求每天牛奶喂养量达到 500 毫升。可以让宝宝少喝些奶，注意跟上肉类和蛋类的辅食，这样宝宝也不会因为牛奶喝得少而缺乏营养。

宝宝在这个月开始出牙，这时可以将奶嘴的孔开大一些，或重新换一个孔大的奶嘴，使宝宝不用费劲就可吸吮到奶汁，而且又不会感到过分地疼痛。但应注意不能把奶嘴的孔开得过大，以免呛着宝宝。如果宝宝因为吸吮奶嘴而倍感疼痛不适的话，可以改用小勺喂奶，以缓解宝宝的不适。

辅食的给法

从宝宝满 7 个月开始，就可以开始大量增加泥状食物了。在增加辅食次数的同时，还要增加辅食的花样，以保证各种营养的平衡。为此，每餐最起码要从以下四类食品中选择一种：

（1）主食。采用谷物类，如米粥、面条、薯类、通心粉、麦片粥、热点心以及各种婴幼儿营养米粉。

（2）蛋白质。鸡蛋、鸡肉、鱼、豆腐、干酪、豆类等，建议每天食用 1 ~ 2 次，最佳搭配是一次进食动物蛋白，另一次进食植物蛋白。

（3）蔬果类。四季蔬菜包括萝卜、胡萝卜、南瓜、黄瓜、西红柿、茄子、洋葱、青菜类等；四季水果包括苹果、蜜柑、梨、桃、柿子等，还可以加些海藻食物，如紫菜、裙带菜等。这类辅食建议每天食用一次。

（4）供给热能食物。如植物油、黄油、人造乳酪、动物脂肪和糖。在每餐辅食中添加少许即可。

辅食食谱

小米山药粥

【原料】鲜山药，小米，白糖。

【做法】1. 将山药洗净捣碎。

2. 与小米同煮为粥，然后加白糖适量即可。

八宝粥

【原料】糯米、红枣、红豆、桂圆肉、莲子、花生、核桃、芝麻各适量。

【做法】将所有原料洗净后同入锅内熬煮成粥放入冰糖即可。

鱼肉松粥

【原料】大米、鱼肉松、菠菜各适量。

【做法】1. 将大米淘洗干净，开水浸泡 1

小时，连水放入锅内，旺火煮开，改微火熬至黏稠。

2. 将菠菜洗净，用开水烫一下，切成碎末，放入粥内，加入鱼肉松、精盐，调好口味，用微火熬几分钟即成。

红嘴绿鹦哥丝面

【原料】西红柿、菠菜、豆腐、排骨汤、细面条、葱各适量。

【做法】1. 将西红柿用开水烫一下，去掉皮，切成碎块。

2. 菠菜叶洗净，开水焯一下去草鞣酸，再切碎；豆腐切碎。

3. 放入少许油，用切碎的葱花炝锅，倒入排骨汤，烧沸。

4. 将西红柿和菠菜叶倒入锅内，略煮一会儿。再加入非常细的面条，面条软即可出锅。

梨子泥

【原料】梨适量，水。

【做法】1. 用普通的锅把梨蒸熟。

2. 把熟的梨去皮，放到搅拌机里搅拌，可适量加水。

3. 成泥状时装碗即可。

大骨汤红枣粥

【原料】大骨，红枣，大米，葱，姜片，红萝卜，精盐，醋，深绿色青菜。

【做法】1. 将大骨洗净，放沸水中焯几分钟，去掉血水及油腻。

2. 红枣洗净去核，葱切段，姜切片，萝卜切丁。

3. 锅中放入清水，将大骨、红枣、葱段、姜片、萝卜丁一起放入锅中大火煮开。

4. 撇去汤中浮沫，倒入几滴醋，小火煲 2 ~ 3 个小时。

5. 汤煲好后，放少量盐调味。

6. 青菜切成碎末备用。

7. 大米洗净，用煲好的汤煮粥。

8. 粥好后，放入青菜，再煮 10 分钟即可食用。

毛豆泥

【原料】毛豆仁、水。

【做法】1. 准备好搅拌机，清水。

2. 把半碗毛豆仁放进搅拌机，加上适量清水，搅拌。

3. 搅拌至成泥状后装碗即可。

香蕉奶昔

【原料】香蕉 1 只，牛奶 200 毫升。

【做法】1. 香蕉去皮切成小块。

2. 和牛奶一起放入果汁机内，搅拌 30 ~ 40 秒。

3. 倒出，装杯即可。

苹果地瓜丁

【原料】苹果 50 克，地瓜 50 克，无糖槐花蜂蜜 10 克。

【做法】1. 把苹果去皮去核后切成小碎丁。

2. 洗净的地瓜也切成碎丁。

3. 放进锅里，加入适量水，煮开后，文火煮烂。

4、拌进无糖槐花蜂蜜，放凉后即可食用。

鸡蛋布丁

【原料】鸡蛋，奶，糖，温开水适量。

【做法】1. 鸡蛋打散备用。

2. 加配方奶，加少量糖，以温开水调匀。

3. 把奶缓缓倒入蛋液中拌匀。

4. 放锅中蒸熟即可食用。

挑食

随着宝宝的逐渐长大，味觉发育越来越成熟，吃的食物花样越来越多，对食物的偏好就表现得越来越明显，而且有时会用抗拒的形式表现出来。许多过去不挑食的宝宝现在也开始挑食了。宝宝对不喜欢吃的东西，即使已经喂到嘴里也会用舌头顶出来，甚至会把妈妈端到面前的食物推开。

但是，宝宝此时的这种“挑食”并不同于几岁宝宝的挑食。宝宝在这个月龄不爱吃的东西，可能到了下个月龄时就爱吃了，这也是常有的事。这个月的宝宝最可能不爱吃的东西就是蛋黄。有的宝宝从 3 ~ 4 个月的时候就开始吃蛋黄，而且都是不放盐的蛋黄，有时候还会放到奶里吃，吃了几个月很有可能到这时候就有些吃腻了。这时可以先暂停一段时间鸡蛋，改为肉类和蔬菜，过一段时间之后再给宝宝吃，也许宝宝就能接受了。

爸爸妈妈不必担心宝宝此时的“挑食”会形成一种坏习惯，不妨多要花点儿心思琢磨一下，怎样能够使宝宝喜欢吃这些食物。例如，可以改变一下食物的形式，或选取营养价值差不多的同类食物替代。比如，宝宝不爱吃碎菜或肉末，就可以把它们混在粥内或包成馄饨来喂；宝宝不爱吃鸡蛋羹，就可以煮鸡蛋或者做成荷包蛋给宝宝吃等等。

总而言之，不管是宝宝多爱吃的食物，总吃都会吃腻的，所以就要求爸爸妈妈要想方设法变着花样给宝宝吃，就算宝宝再爱吃一样东西也不能总给他吃，否则他很快就会吃腻。如果宝宝在一段时间里对一种食物表示抗拒的话，爸爸妈妈也不要着急，可以改由另外一种同样营养含量的食物替代，这样就不会造成宝宝营养缺乏。千万不能强迫宝宝，以免因此而产生厌食症。

固定的餐位和用具

快满 8 个月的宝宝自己可以坐着了，因此这时可以给宝宝选用固定的婴儿专用餐椅，让宝宝坐在上面吃饭。如果没有条件的话，就在宝宝的后背和左右两边，用被子之类的物品围住，目的是不让宝宝随便挪动地方，而且最好把这个位置固定下来，不要总是更换，给宝宝使用的餐具也要固定下来，这样，会使宝宝一坐到这个地方就知道要开始吃饭了，有利于帮助宝宝形成良好的进食习惯。

这个月大的宝宝，在妈妈喂饭的时候开始有些“不合作”了。他们往往不再像以前一样乖乖地“饭来张口”，而会伸出手来抢妈妈手里的小勺，或者索性把小手伸到碗里抓饭。这种情况下，妈妈不妨在喂饭时也让宝宝拿上一把勺子，并允许宝宝把勺子插入碗中，这样宝宝就会越吃越高兴，慢慢地就学会自己吃饭了。

在刚开始让宝宝拿勺子的时候，宝宝很可能会在用勺子取饭菜时将饭菜洒在桌椅上及衣服上，甚至还会把碗碟打翻打碎，弄得到处都是，很难收拾。但即使如此，也不能剥夺宝宝锻炼的机会。可以给宝宝准备一套无毒的塑料碗碟，每次取少量饭菜放在宝宝的碟子里供他练习。鼓励宝宝自己进餐，不仅可以强化宝宝对食物的认知并吸引宝宝对进餐的兴趣，而且还能锻炼宝宝的手眼协调能力和生活自理能力，培养宝宝的自信心。经过这种锻炼的宝宝，一般到了 12 个月左右的时候，就能自己用勺子吃饭了。

给予磨牙的食物

出牙期的宝宝牙龈会很痒，因此他们总是喜欢咬一些硬的东西来缓解这种不适感，帮助他的小乳牙萌出。目前有很多专为婴儿设计的磨牙玩具，如牙胶、练齿器、固齿器等，但爸爸妈妈会发现，宝宝在用磨牙玩具磨牙时特别不老实，总是咬一咬就随手扔到一边了，等到他再想起来磨牙时，磨牙玩具上已经沾满了口水和灰尘，一般擦拭很难保证卫生，而次次消毒又太麻烦。

其实，食物是宝宝最好的磨牙工具。可以给他一些手指饼干、面包干、烤馒头片等食物，让他自己拿着吃。刚开始时，宝宝往往是用唾液把食物泡软后再咽下去，几天后就会用牙龈磨碎食物并尝试咀嚼了，因此也就达到了磨牙的效果。

妈妈可以把新鲜的苹果、黄瓜、胡萝卜或西芹切成手指粗细的小长条给宝宝，这些食物清凉脆甜，还能补充维生素，可谓磨牙的最佳选择。还可以把外面买回来的地瓜干放在刚煮熟的米饭上面焖一焖，焖得又香又软时再给宝宝，也是不错的磨牙选择。磨牙饼干、手指饼干或其他长条形饼干既可以满足宝宝咬的欲望，又能让他练习自己拿着东西吃，一举两得。有些宝宝还会兴致高昂地拿着这些东西往妈妈嘴里塞，以此来“联络”一下感情。不过要注意的是，不能选择口味太重的饼干，以免破坏宝宝的味觉培养。

如果想给宝宝换换花样，妈妈不妨给宝宝自制磨牙棒：

1. 胡萝卜磨牙棒。将新鲜的胡萝卜洗净，刨去那层薄薄的外皮，切成适合宝宝手抓的大小后隔水蒸，不放任何调料，蒸的硬度视宝宝的需要而定，最好煮成外软内硬的程度，这样既能让宝宝吃些胡萝卜，又不至于被他“消灭”得太快，起到磨牙的作用。

2. 香菇磨牙饼。去掉香菇的根蒂部分，只保留顶盖备用。在沸水或任何的汤中投入整个的香菇顶盖，煮熟即可，千万不要炖到酥烂。等到香菇变凉了，就可以拿来当宝宝的磨牙饼，即鲜香又软硬适度，咬烂了就再换一片。宝宝较小的时候，最好用新鲜香菇，肥滑、弹性好、硬度较低；等到宝宝稍大些后，就可以改为水发香菇，加强韧度和硬度。

不过有一点要做好心理准备，就是当宝宝吃完这些磨牙食品后，通常都会弄个“大花脸”，这时就需要你多花点耐心来收拾这个“残局”了。

哪种便器比较好

目前市场上有多种不同外形、颜色和功能的婴幼儿坐便器，五花八门，那么，如何为宝宝选择一款合适的坐便器呢?

给宝宝选择坐便器，最重要的就是适合宝宝的身体状况，让宝宝坐得舒适。选择坐骑款式的比较安全，前面有挡，可以防止宝宝前倾而摔倒，但是要考虑宝宝穿密裆裤时是否还能方便使用。如果要选择座位款式的，就要特别注意前面的保护，这种款式比较适合大一点的宝宝。下蹲式的坐便器同样也是适合大一点的宝宝，对于还不会站立的宝宝，就不适合用这种坐便器。尽量不要使用后背和扶手太多的坐便器，否则冬天衣服穿得比较多的时候就不太方便宝宝坐便。可以选择一些富有童趣设计的样式，让宝宝能安心地坐在上面排便，但整体样式功能也不能太奇特太像玩具，如可发声或是更高档更多功能的坐便器，否则容易分散宝宝排便时的注意力，不会用心排便，或是养成一边玩一边排便的坏习惯。

再有，坐便器最好买那种内胆容器可分离的设计，这样倒便和清洁都比较容易。

出牙护理

有些家长可能会认为，乳牙迟早会被恒牙替换掉，保护恒牙才是最重要的，而乳牙即使长得不好也无大碍。这种想法是错误的，乳牙的好坏很多情况下会对日后恒牙的情况起着决定和影响作用，例如，乳牙发生龋齿、发炎肿痛，就会殃及未萌出的恒牙牙胚，导致牙胚发育不良，影响恒牙的生长和美观。此外，乳牙不好也会影响宝宝日常的饮食和情绪，对他的健康成长尤为不利。因此，保护好宝宝的乳牙同样重要。那么，面对宝宝这些刚刚萌发的乳牙，爸爸妈妈应该如何照顾，才能让他拥有一口健康的好牙呢?

首先，在宝宝长牙时期，应帮宝宝做好日常的口腔保健，这对日后牙齿的健康也有很大的帮助。因为由于出牙初期只长前牙，爸爸妈妈可以用指套牙刷轻轻刷刷牙齿表面，也可以用干净的纱布巾为宝宝清洁小乳牙，在每次给宝宝吃完辅食后，可以加喂几口白开水，以冲洗口中食物的残渣。等到乳牙长齐后，就应该教宝宝刷牙，并注意宜选择小头、软毛的牙刷，以免伤害牙龈。

其次，由于出牙会令宝宝觉得不舒服，爸爸妈妈可以用手指轻轻按摩一下宝宝红肿的牙肉，也可以戴上指套或用湿润的纱布巾帮宝宝按摩牙龈，还可以将牙胶冰镇后给宝宝磨牙用。这样做除了能帮助宝宝缓解出牙时的不适外，还能促进乳牙的萌出。

再有，除了磨牙食物外，爸爸妈妈还可以多为宝宝准备一些较冰冻、柔软的食物，如酸奶、布丁等，在锻炼咀嚼力同时还能让宝宝觉得舒服点。平时多注意为宝宝补充维生素A、维生素C、维生素D和钙、镁、磷、氟等矿物质，多给宝宝吃些鱼、肉、鸡蛋、虾皮、骨头汤、豆制品、水果和蔬菜，这些食物能有利于乳牙的萌出和生长。

最后，在出牙期仍要坚持母乳喂养，因为母乳对宝宝的乳牙生长很有利，且不会引发龋齿。在平日里要多带宝宝到户外晒晒太阳，以促进钙的吸收，帮助坚固牙齿。

衣物被褥

这个月对衣物被褥的要求和上个月没有大的差别。衣服款式以舒适透气、宽松合体为宜，背带裤是宝宝的理想穿着，自己缝制时要注意裤腰不宜过长，臀部裤片裁剪要简单，裤腰松紧带要与腰围相适合，避免过紧，购买出售的有松紧带裤腰的背带裤时，要注意与宝宝胸围腰围相适合，避免出现束胸束腹现象。由于宝宝的皮肤娇嫩、体温调节机能差、新陈代谢快而出汗多，所以内衣应选择透气性好，吸湿性强，保暖性好的纯棉制品，新买来的内衣要先在清水中浸泡几个小时以去除上面残留的化学物质。

给宝宝所有的衣物被褥不宜有纽扣、拉链及其他饰物，以防弄伤皮肤。如果衣物必须要用纽扣或拉链固定的话，可以将纽扣或拉链拆下来，改用布带代替。

睡眠问题

这个月的宝宝每天需要14 ~ 16小时的睡眠时间，白天可以只睡2次，上午和下午各一次，每次2小时左右，下午睡的时间比上午稍长一点；夜里一般能睡10小时左右，傍晚不睡觉的宝宝大概到了晚上八九点就入睡了，一直能睡到第二天天早上七八点。如果半夜尿布湿了的话，只要宝宝睡得香，就可以不马上更换。但如果宝宝有尿布疹或屁股已经红了，则要随时更换尿布。如果宝宝大便了，要立即更换尿布。

当宝宝睡觉的时候，爸爸妈妈要时刻关注宝宝的冷暖，特别是冬季和夏季更要注意。如果是冬季，可以给宝宝穿上连体的宽松套装，如果使用睡袋的话，只要给宝宝穿件背心，裹上尿布就可以了。宝宝在里面非常舒适，晚上也不会把毯子或被子踢开。如果是夏季，则不用给宝宝盖什么东西，只要给宝宝穿件背心就可以了。如果天有些凉的话，可以给宝宝盖一条棉布单子。

如果总是担心宝宝睡觉时过冷或过热，因不好掌握而总放心不下的话，可以用手摸一摸宝宝的后颈，摸的时候注意手的温度不要过冷，也不要过热。如果宝宝的温度与你手的温度相近，就说明温度适宜。如果发现颈部发冷时，说明宝宝冷了，应给宝宝加被子或衣服。如果感到湿或有汗，说明可能有些过热，可以根据盖的情况去掉毯子、被子或衣服。

还有些妈妈喜欢紧紧搂着宝宝睡觉。但这么一来，被搂着的宝宝便呼吸不到足够的新鲜空气，吸入更多的是妈妈呼出的废气，对生长发育和健康都很不利，同时还可能感染上妈妈的疾患。此外，搂着宝宝睡还会使宝宝的自由活动空间受到限制，甚至难以伸展四肢，长期会使血液循环和生长发育都受到负面影响。所以，最好是不要搂着宝宝睡觉，让他在自己的小床上独立入睡，这也能够培养今后独自入睡的好习惯。

婴儿体操

这个阶段体操的主要目的是借助各种运动强化宝宝坐起、站立时所要运动的一切肌肉，使各种肌肉的协调功能运动的韵律变得更好，同时用言语指示宝宝运动，借以培养理解言语的能力。

1. 双臂举起放下的运动。让宝宝的脚部朝家长的方向仰卧，引导宝宝用双手握住家长的双手拇指，然后家长用其余的手指支撑宝宝的手腕，握住他的手，把宝宝的双臂拉直，手靠在腰部两侧，使宝宝的双臂保持伸直，慢慢地从前方朝上放，以肩膀为中心划圆圈，最后落到颈部两侧的地板上，使宝宝的手臂擦着地板，绕回腰部两侧。可以反复进行这个动作 7 ～ 8 次。

2. 用背部前进的运动。让宝宝脚部朝家长的方向仰卧，竖起宝宝的膝盖，使脚掌贴着地板。从宝宝的脚背上用双手按住他的脚，使之贴着地板，左、右脚分别在地板上往前、往后滑动数次。接着让宝宝的膝盖深深弯曲，家长稳稳地按住他的腿，静静地等待，这样宝宝会突然伸直膝盖，身体向前方弹出去。可以反复进行这个运动做 2 ～ 3 次。

3. 爬行运动。让宝宝俯卧，拉直宝宝的双腿，把双臂拉到身体前面。然后将右手食指伸入宝宝的双脚之间，用拇指和中指从脚掌握住宝宝的双脚并提起来，弯曲他的膝盖，使脚跟碰到屁股，再把弯曲的腿拉直，回到地板上。重复几次之后，在做最后拉直动作时，把手放到宝宝的屁股后，使宝宝的双腿呈蛙式游泳的形状，用手固定住。在宝宝的前方放一些玩具，引导宝宝向前，宝宝就会伸直膝盖，但因为腿被按住了，所以只是身体向前。这时家长再深深弯曲他的腿，这样宝宝就又有前进的欲望。如此反复，便可以让宝宝体会到爬行的滋味。

免疫接种

满 8 个月时，要去医院接种麻疹疫苗。

麻疹疫苗是一种减毒活疫苗，一般副作用很轻，个别在接种 6 ～ 10 天可能出现发热、一过性散在皮疹和其他症状等，持续不超过 2 天，一般不影响精神和食欲。如果接种后体温超过了 38.5℃，持续时间超过 5 天以上，或出现柯氏斑时，即认为是加重反应，应该及时到医院就诊。

由于麻疹是减毒活疫苗，所以免疫力低下的婴幼儿不宜接种。另外，与其他疫苗一样，身体重要脏器有严重疾病、发热、发生传染病或恢复期的婴幼儿也不宜接种或延缓接种。由于麻疹疫苗是在鸡胚中培养的，所以对鸡蛋过敏的婴幼儿属麻疹疫苗禁忌证，对其他药物或食物过敏的婴幼儿也要慎重。

麻疹和水痘都是由呼吸道病毒引起的急性传染病，这两种疾病的传染性极强，在没有接种疫苗前，几乎每个易感者密切接触病人后都会被感染。但经过自然感染的人，绝大多数都会获得终生免疫力，只有极个别的人会二次感染。因此，患过麻疹或水痘的人，就不需要再接种相应的疫苗。

能力的培养

排便的训练

到了这个月，很多宝宝已经可以坐在便盆上排便了。这时，爸爸妈妈可在前几个月训练的基础上，根据宝宝大便习惯，训练宝宝定时坐盆大便。在发现宝宝出现停止游戏、扭动两腿、神态不安的多便意时，应及时让他坐盆，爸爸妈妈可在旁边扶持。开始坐盆时，可每次 2 ～ 3 分钟，以后逐步延长到 5 ～ 10 分钟。若宝宝不解便，可过一会儿再坐，不要将宝宝长时间放在便盆上。

这个月的宝宝依然是离不开尿布的，如果宝宝的小便比较有规律，爸爸妈妈可以掌握并能准确把尿接在尿盆里固然很好，但要是每次都试图让宝宝把尿尿在尿盆里，那就会非常疲惫，并且也容易令宝宝不适。

给宝宝的便盆要注意清洁，宝宝每次排便后应马上把粪便倒掉，并彻底清洗便盆，定时消毒。若宝宝大便不正常，要用开水泡洗便盆，如用1%含氯石灰澄清液浸泡1小时后再使用，或选择适用的消毒液消毒后再使用。冬天要注意便盆不要太凉，以免刺激宝宝引起大小便抑制。不要在宝宝坐便盆时，给他喂饭或让他玩玩具，不能把便盆当做座椅。如果有这种不良习惯，要及时纠正，要让宝宝从小养成卫生文明的好习惯。再有，用过的便盆要放在固定的地方，便盆周围的环境要清洁卫生，不要把便盆放在黑暗的偏僻处，以免宝宝害怕而拒绝坐盆。

手部协调能力

这个月对宝宝手部协调能力的训练可以继续上个月的做法，着重锻炼宝宝抓取各种物品的能力，锻炼宝宝用拇指和食指捏取小的物品。拇指与食指的捏取动作时宝宝双手精细动作的开端，能捏起的东西越小、捏得越准确，就说明宝宝手的动作能力越强。当然，刚开始宝宝肯定不会像大人期待中那样准确无误地把小东西捏起来，这就需要大人耐心地进行重复练习，只要坚持锻炼，宝宝就能掌握这个动作。

爸爸妈妈可以给宝宝找一些不同大小、不同形状、不同硬度、不同质地的物体，让宝宝自己用手去抓。在抓的过程中，还可以给宝宝讲讲这些东西的名称、用途、颜色等等，同时发展宝宝的多种感知觉，增强宝宝对物体的感受。不过在让宝宝捏东西的时候，大人一定要小心看护，以防宝宝把抓起来的东西放进嘴里。

还可以给宝宝准备一些小块的磨牙饼干、小水果块、蔬菜块等，让宝宝自己抓着放到嘴里吃，当然有可能一开始的时候他还不能把东西准确地放进嘴里，但过不了多久，他就能熟练地自己抓着东西吃了。

早期智力的发育

宝宝此时有了看的针对性和初步记忆，会有兴趣、有选择地看，会记住某种他感兴趣的东西，如果看不到了，可能会用眼睛到处寻找。当听到某种他熟悉的物品名称时，就会主动用眼睛寻找。这时训练宝宝把看到的东西和其功能、形状、颜色、大小等结合起来，进行直观思维和想象，这是潜能开发的重点。如果爸爸妈妈经常指着灯告诉宝宝：“这是灯，晚上天黑了，会把房子照亮。”慢慢的，妈妈问：“灯在哪里？”宝宝就会抬起头看房顶上的灯了。另外，平时还可以给宝宝买些婴儿画册，让宝宝认识简单的色彩和图形，指导宝宝在画册上认识人物、动物、日常用品，再和实物进行比较，发展宝宝的记忆和对比能力。

这个月的宝宝手眼协调能力增强，可以将眼睛看到的和自身的身体动作建立联结反应，而且在清醒的时候经常在玩自己的双手，两手在眼前握着，手指乱动。爸爸妈妈可以向宝宝做鬼脸，观察宝宝会不会试着去模仿；或是和宝宝对坐，问宝宝五官位置，让宝宝指出自己的五官，一开始的时候宝宝可能会指错，但只要经过一段时间训练，宝宝就能准确指出五官。

这个月的宝宝还会能够辨别说话的语气，喜欢亲切、和蔼的语气，听到训斥会表现出害怕、啼哭。爸爸妈妈可以利用宝宝的这种辨别能力，培养宝宝认识什么是应该的，什么是不应该的。

如果宝宝音乐感很强，那么在这个阶段听到音乐就会兴奋地想跳舞，可能还会因为音乐的节奏不同而改变爬行的姿势。给宝宝听些节奏欢快的好听的音乐，或是多给宝宝念唱一些儿歌，在培养宝宝音乐才能的同时，也能促进宝宝智力的发育。

此时宝宝的思维能力经过前几个月的

积累，也已经有了很大的提高，这时已经会去学着理解“里”“外”的概念，还会回忆自己做过的行为，对不同大小、颜色和材质的物品，也有着强烈的兴趣，并且能做适当的区分。爸爸妈妈可以把一个宝宝熟悉的玩具先拿给宝宝看玩一会儿，然后把玩具藏起来，观察宝宝会不会尝试去寻找不见的玩具，以及宝宝会不会在你观察他的时候也在看着你。

这时的宝宝还会区分“1 个”、“2 个”的概念，数理逻辑能力有了很大的提高。可以给宝宝不同数量的同类物品，不时变换数量，然后问问宝宝东西是不是少了、多了，让宝宝自己去发现、去感受这种数量的变化，对宝宝的数学逻辑能力发展大有好处。

家庭环境的支持

室外活动

这个月宝宝各方面的能力都有了明显的增强，因此户外活动就显得更为重要、意义也更大了。最好能每天户外活动 1 ~ 2 个小时，可以分开上下午两次或三次活动，如果一次活动时间过长的话，会使宝宝感到疲累，耽误喂养。

此时的户外活动除了让宝宝进行空气浴、多呼吸新鲜空气之外，还要发展宝宝的认知能力和交往能力。当带着宝宝到户外时，要让宝宝多看、多听不同的东西，给宝宝讲讲他看到、听到的东西是什么样子的，还可以让宝宝摸摸某些东西，例如花草等，让宝宝从触觉上对这些事物形成认知。还可以借此锻炼宝宝的记忆和思维能力，例如给宝宝看两种不同颜色的花，告诉宝宝你现在看到的这朵花是什么样子的，刚刚看到的那朵又是什么样子。虽然宝宝此时对这些内容的感受还很模糊，但这会为他将来这些能力的进一步发展打下坚固的基础。

这个月的宝宝会对妈妈有明显的依恋情绪，很难离开妈妈，并能区分出熟人和陌生人，陌生人很难将他从熟人怀里抱走。也有些宝宝有明显的“认生”表现，看见陌生人走过来就扎进妈妈怀里哇哇大哭。带着宝宝到户外，接触和他一样的小朋友以及小朋友的爸爸妈妈，鼓励宝宝多和小朋友接触交流，可以有效改变宝宝“认生”的现象，还能初步培养宝宝与人交往的能力。

让宝宝接触更多的人和物，才能真正做到发展宝宝的能力。如果只是把宝宝闷在家里教这些“知识”而不让宝宝亲身去感受的话，那么这种教育是很难收到成效的。

玩具

小算盘是这个月大宝宝一个比较不错的玩具，既可以让宝宝拨拉着玩，锻炼手部的运动能力，又能借此让宝宝对数字形成初步的印象。爸爸妈妈有空的时候，可以拨拉着算盘珠，告诉宝宝什么是 1，什么是 2，也可以和宝宝一起随意拨拉着算盘珠子，当宝宝听到拨动算盘珠发出噼里啪啦的声音时，会显得特别兴奋。

适合这个月宝宝的玩具很多，如毛绒娃娃、能发出声音的玩具琴、能拖拉的小车等，但宝宝此时似乎对日常用的小工具更感兴趣。他常常会高兴地玩弄茶碗、匙、台灯、电开关、门把手、抽屉的拉手、电视、收音机等，这是宝宝感知能力发展的需要，爸爸妈妈不应遏制，应因势利导，在宝宝对这些日常物品有好奇心想要拨弄的时候就可以让他拨弄或是拨弄给他看，给他讲讲这些东西的用处，也要告诉宝宝什么东西能碰、什么东西不能碰。也许这个月的宝宝并不能理解爸爸妈妈所说的话，但是他可以从爸爸妈妈的语气和表情，分辨出什么是对的、什么是不对的。所以，当宝宝碰到任何可能会对他造成危害的东西时，爸爸妈妈要严肃认真地告诉宝宝：“这个不可以拿来玩”。

此外，任何容易发生危险的器具，比如打火机、钢笔、水壶、药瓶、热水瓶等，一定要收到宝宝够不到的地方，以免造成危险。

引导孩子多多爬行

爬行是宝宝成长发育过程中的一个阶段性的进步，对宝宝的发育十分关键。这个月的宝宝还不能很好地爬，快到8个月了可能会肚子不离床匍匐爬行，但四肢运动是不协调的。有的宝宝比较早就会爬，有的宝宝很晚了才会爬。但无论早晚，爸爸妈妈都要把爬作为训练的重点。不能因为怕宝宝危险就不让宝宝爬，应该用各种方式鼓励宝宝爬行，以促进宝宝的健康成长。

宝宝从满7个月就进入了爬行的敏感期，这时应当每天都做爬行锻炼。刚开始训练时，时间不能过长，以免宝宝太累产生抵触心理。每天应多次练习，每次时间要短。另外，给宝宝选择爬行的场地要安全，不能太软，太软会增加爬行的难度。一般在地板上铺上地毯，或者铺上塑胶地垫都可以。

刚刚开始学习爬行的宝宝有个怪现象，就是在爬行的过程中非但不会向前爬，反而还向后倒退。这是因为宝宝对向前爬行有恐惧心理，所以爸爸妈妈就要帮助宝宝，使其克服害怕向前爬的心理，克服距离障碍。要让宝宝知道，向前爬并没有危险。可以在宝宝面前放上他喜欢的玩具，鼓励宝宝向前爬，够到玩具，并给予鼓励；或是站在宝宝的前面呼唤他的名字，鼓励他自己爬过来，当宝宝爬过来后要把宝宝抱起来并给予鼓励和赞扬。如果宝宝胆小不敢爬的话，爸爸妈妈可以用自己的手掌心抵住宝宝的脚，施以外力，让宝宝在后面阻力的作用下，向前爬行。

需要注意的问题

可能发生的事故

满7个月的宝宝能够自己挪动到房间的任何一个角落，常常有家人看到宝宝爬行只是往后退，就认为宝宝不会挪动太远，继而发生一些安全事故。到了这个时候，只是把宝宝枕头旁边和身边的东西收拾好是不够的，任何对宝宝有危险的物品，如热水瓶、剪刀、电熨斗等都要收拾好或是放到宝宝够不到的地方。

夏天如果家里用风扇的话，要把风扇放到高处。如果摆在地上，宝宝很可能会因为好奇便把手从风扇的缝隙里伸进去碰伤。最好是选择那种婴儿用手摸不到扇页的种网状多孔型电扇。这个月宝宝手部的动作能力增强了，能自己抓捡很多东西，所以家里的抽屉、柜子门一定要关好，并拿走一切易被婴儿吞食或可能弄伤手指头的物件。在给宝宝喂饭时，如果用纱布代替围嘴，一旦家长在喂完饭后没能及时将纱布拿开，那么宝宝就有可能将它吃进嘴里造成窒息。

这个月宝宝喜欢撕纸张，妈妈可以找些不带字的干净白纸让宝宝撕着玩，这对锻炼手指运动有好处，但不要给宝宝画报或带字的纸，因为这样会养成宝宝撕书的习惯，而且宝宝把撕下的纸放到嘴里，油墨或墨迹会被吃下。如果发现宝宝把纸放进嘴里，要及时抠出来，以免噎着宝宝。

带宝宝进行户外活动的时候更要看好宝宝了。这个月的宝宝力气十足，他能自己在婴儿车里摆动身体，如果家长不注意的话，宝宝很可能会从婴儿车里摔出来或是碰翻婴儿车把上挂着的东西；宝宝对他看到的一切事物都想抓一抓，一旦被他抓到了，那么紧接着下一步的动作就是把东西放到嘴里，所以家长一定要注意不能让宝宝随意抓外面的东西，一来不卫生，二来也可能会由于误吞误食某些东西造成危险。

抽搐

引起婴儿抽搐的原因有很多种，如果抽搐时有发热、感冒等症状，就要考虑高热惊厥、脑炎、脑膜炎等情况；如果抽搐的时候没有发热，抽搐的时候会尖叫哭闹，则需要考虑婴儿痉挛症；如果是反复频繁无热抽搐，还要考虑癫痫可能。此外，电解质紊乱、玩具中的铅中毒、脑部的血管畸形、肾脏病引起的高血压、心脏病引起的脑血管栓塞等也会引起抽搐。再有些抽搐就是遗传性的了，需要根据遗传病症加以考虑。

这个月龄的宝宝最常见的是高热引起的惊厥抽搐，表现为体温高达39℃以上不久，或在体温突然升高之时，发生全身或局部肌群抽搐，双眼球凝视、斜视、发直或上翻，伴意识丧失，停止呼吸1～2分钟，重者出现口唇青紫，有时可伴有大小便失禁。一般高热过程中发作次数仅一次者为多。历时3～5分钟，长者可至10分钟。

当发生高热惊厥时，家长切忌慌张，要保持安静，不要大声叫喊；先使患儿平卧，将头偏向一侧，以免分泌物或呕吐物将患儿口鼻堵住或误吸入肺；解开宝宝的领口、裤带，用温水、酒精擦浴头颈部、两侧腋下和大腿根部，也可用凉水毛巾较大面积地敷在额头部降温，但切忌胸腹部冷湿敷；对已经出牙的宝宝应在上下牙齿间放入牙垫，也可用压舌板、匙柄、筷子等外缠绷带或干净的布条代替，以防抽搐时将舌咬破；尽量少搬动患儿，减少不必要的刺激。等宝宝停止抽搐、呼吸通畅后立即送往医院。如果宝宝抽搐5分钟以上不能缓解，或短时间内反复发作，就预示病情较为严重，必须急送医院。

一般来讲，出现过高热惊厥的宝宝对很多疫苗有不良反应，因此需要在打疫苗前向保健医生说明，通常出现高热惊厥后1年内不会进行免疫。

造成抽搐的原因很多，抽搐发作的形式也常不同，但必须都要带宝宝到医院检查，因为如果耽误的话很可能将会对宝宝的身心造成极大的伤害。所以一旦宝宝出现抽搐的话，就要密切观察抽搐情况，如什么时候会发生抽搐、抽搐时宝宝是什么样子、有没有大小便失禁、有没有精神意识改变、抽搐持续多长时间停止、是自行停止还是经处理后停止、抽搐后宝宝的精神状态如何等等。抽搐有可能会遗留某些后遗症，所以最好是在抽搐急性期或者刚刚抽搐结束后立即到医院做一下水电介质、血钙、血磷、血镁、头颅CT、脑电图检查，做到有备无患。

腹泻

7个月以后的宝宝随着添加辅食的种类渐渐增多，胃肠功能也得到了有效的锻炼，因此这个时候很少会因为辅食喂养不当引起腹泻。如果是因为吃得太多引起腹泻的话，宝宝既不发热，也很精神，能在排出的大便中看到没能消化的食物残渣，这时只要适当减少喂养量，就能解决这个问题。

如果是夏天宝宝出现腹泻、精神不好、食欲不振，并且发热到37℃以上的话，可以怀疑是由细菌引起的痢疾，应尽快去看医生。如果家里有其他人也患有痢疾的话，就更要抓紧时间治疗，以防传染性菌痢。

如果冬天宝宝出现腹泻，多数是由病毒引起的，同时可能还会出现呕吐的症状，这种因为病毒引起的腹泻只要及时补充水分，就能缓解症状，不需要为了止泻就给宝宝停食或去医院打针吃药。

便秘

7～8个月的宝宝通常每天有1～2次大便，呈细条状或是黏稠的稀便，但如果宝宝2～3天甚至4～5天才大便一次，并且大便干硬，就可能为便秘。

这个月龄宝宝的便秘诱因很多，如挑食、偏食，活动过少，排便不规律或是患有营养不良、佝偻病等致使肠功能紊乱的疾病，对待不同原因造成的便秘，解决的方法也不尽相同。如果宝宝是因为挑食、偏食造成的便秘，就要在辅食中多添加蔬菜、水果，平时要多给宝宝饮水，还要适当吃些脂肪类的食物；如果是因为活动过少引起的便秘，就要加强宝宝日常的活动锻炼；如果是由于排便不规律造成的便秘，应加强宝宝的排便训练，让宝宝每天早上坐在便盆上排便，帮助宝宝形成按时大便的习惯；如果是因为某些疾病引起的肠功能紊乱进而造成便秘，那么就要及时治疗这些疾病，以改善便秘的症状。

如果宝宝是经常性便秘，可以每天早晨给宝宝喝一杯白开水以增加肠蠕动，或是适当服用一些含有正常菌群的药物以改善便秘。如果宝宝几天不解大便而难受哭闹时，可以切一小长条肥皂，蘸些水用手搓成圆柱形，塞入肛门，也可以用小拇指戴上橡皮手套后涂些凡士林或石蜡油伸入孩子肛门，或用市售开塞露进行通便。但是还是要尽量少用肥皂条或开塞露辅助通便，以免宝宝对此形成依赖。如果宝宝在便秘同时伴有腹胀、呕吐等症状的话，就应想到先天性巨结肠、肠梗阻等可能，应及时就医诊断。

烂嘴角

宝宝经常会在口角一侧或双侧先出现湿白，有些小疱，渐渐地转为糜烂，并有渗血结痂，也就是我们平时所说的“烂嘴角”。“烂嘴角”即为口角糜烂，患上此症的宝宝常常会因为疼痛而苦恼，尤其是在吃饭的时候。

之所以会发生口角糜烂，是因为宝宝体内缺乏维生素 B_2。人体内缺少了维生素 B_2，口角就会出现糜烂、破裂。同时常伴发唇炎和舌炎，嘴唇比正常红，易裂开而出血，舌面光滑而有裂纹。如果在缺乏维生素 B_2 的同时受到了霉菌感染，那么就容易患上传染性口角炎。还有些口角糜烂是由口角疱疹引起的，患儿开始口角皮肤有痒感，继而发红有灼热感。可发生多个小水疱，疱破后结痂，待痂皮脱落后自然痊愈。

患上口角糜烂之后，可以口服或注射维生素 B_2，在患处局部也可以涂抹一些紫药水，或是用消毒的淡盐水棉球轻轻擦净口角，待干燥后把维生素 B_2 粉末粘敷在病变区域，每天早、中、晚临睡前各涂一次。如果宝宝得了口角疱疹的话，可以在医生指导下吃一点抗病毒的药。

此外，对于口角糜烂的宝宝，要特别注意做好日常的护理工作。要经常保持口角和口腔的清洁，避免过硬过热的食物刺激口角糜烂的地方；多吃容易消化的富含维生素 B_2 的流质或半流质；保持食品餐具的清洁卫生；注意不要让宝宝用舌头去舔糜烂的口角，这样会加重糜烂的程度，还会把沾在口角上的病菌带入口中。

要预防口角糜烂，平时就应注意补充维生素 B_2，可以多吃些绿色蔬菜、动物内脏、蛋奶类、豆类、新鲜水果等富含维生素 B_2 的食物，做好饮食的营养搭配；还要注意保持宝宝面部的清洁和温暖，吃过饭后要擦干净脸部和嘴部，特别是嘴角位置。

婴儿哮喘

婴幼儿时期的哮喘多数是由于呼吸道病毒感染所造成的，极少见由过敏引起的。随着宝宝慢慢长大，抵抗力增加，病毒感染减少，哮喘发作就能逐渐停止；但也有一些患儿，特别是有哮喘家族史及湿疹的患儿，就有可能会逐渐出现过敏性哮喘，最后发展为儿童哮喘。

如果属于有哮喘家族史及湿疹等的哮喘，就应及早到医院根据建议治疗护理。但这时候大多数的“哮喘”都并不是真正意义上的哮喘，而是积痰引起的痰鸣和胸部、喉咙里呼噜呼噜的声音。有这些现象的宝宝大多较胖，是属于体质问题，不需要打针注射治疗，只要平时注意护理、加强锻炼就可以了。

有的宝宝在气温急剧下降的时候特别容易积痰，所以这个时候尽量不要给宝宝洗澡，以免加重喘鸣。如果晚上特别难受的时候，也可以吃些医生许可的药物，但不能长期服用，也不能使用喷雾之类的吸药，因为这些吸药即使能起到作用，但还有着类似麻药的中毒作用，对心脏也会有影响。

积痰严重的宝宝平时应注意饮食，要多喂些白开水，只要室外的空气质量条件较好的话，就带宝宝多到户外进行活动，特别是秋冬季节的耐寒训练，对提高宝宝呼吸道的抵抗力特别有效。痰多的宝宝，家长平时也可以用吸痰器等帮宝宝将痰吸出来，此外还要让家里保持无烟的环境，避免宝宝受到更多的刺激。

睡眠不好

这个月龄宝宝的睡眠状况不好多数是由于没有建立起良好的睡眠习惯。如果宝宝白天睡得太多，那么晚上自然就会睡得晚、睡的时间少、睡眠不安稳、容易惊醒，所以在这个时候，帮助宝宝建立起一个好的睡眠习惯很重要。

虽然帮助宝宝重新分配睡眠时间做起来很困难，但只要有耐心，坚持做下去，就能慢慢改善过来。重新调整睡眠时间的方法有很多，例如白天尽量让宝宝少睡，多陪宝宝玩一会儿，晚上创造一个安静的睡眠环境，睡觉之前不要和宝宝玩，睡觉的时候要把门窗关好防止室外噪音干扰，将卧室的灯光调暗，窗帘拉严防止清晨阳光过早照射阻碍睡眠等等。只要多尝试几种办法，总能找到一种对自己宝宝很有效的措施。

有些宝宝睡眠中的“小状况”是正常的，例如睡觉不老实，总是翻来覆去；睡觉的时候总是趴着、撅着；有时突然会睁开眼睛，或是抽啼几声；睡觉的时候爱出汗，总是踢被子；不爱枕枕头睡觉；睡觉的时候反刍等等。当宝宝出现这些状况的时候，最好是不要打扰宝宝，多数情况下宝宝都能继续睡眠，如果这时立即帮助宝宝调整改善这些情况的话，反倒会弄醒宝宝，影响到他的睡眠质量。

大便干燥

大便干燥是指肠子运动缓慢、水分吸收过多，导致大便干燥坚硬、次数减少、排出困难。婴儿大便干燥是很常见的，也很顽固，虽然绝大多数不是因为疾病引起的，但家长也应及时妥善处理，如果不注意的话，很可能会形成习惯性大便干燥，导致便秘或其他问题。

大便干燥可以通过饮食调理，平时要多给宝宝喝水以及鲜榨的葡萄汁、桃汁、西瓜汁、草莓汁、梨汁等，还可以将花生酱、胡萝卜泥、白萝卜泥、菠菜泥、芹菜泥、香蕉泥、全粉面包渣与小米汤和在一起煮成小米面包粥，也可以有效缓解大便干燥的症状。对于大便干燥的宝宝，最好是不要给予任何可能引起上火的食物。

对经常性大便干燥的宝宝，爸爸妈妈可以每天帮助宝宝做下腹部按摩，按摩时将手充分展开，以肚脐为中心，捂住宝宝的腹部，从右下向右上、左上、左下方按摩，每次 5 分钟，每天 1 次，注意手掌不要在宝宝皮肤上滑动。按摩之后让宝宝坐上便盆，或直接把便，但如果宝宝出现挣扎反抗等动作时，就要停止把便。

也可以为宝宝进行灌肠后训练。方法是在早饭后给宝宝灌肠，然后立即坐在便盆上，即使宝宝没有马上排出大便，也要坐上 10 分钟，连续 7 天后，隔天灌肠一次，再过 7 天后停止灌肠。这样，有助于宝宝建立起排便的条件反射。但是，宝宝是否需要灌肠及使用何种灌肠药，一定要严格遵从医嘱，如非万不得已，最好是不用这种方法。

再有，平时多到户外进行活动，多让宝宝运动运动，也是有效缓解大便干燥的好办法。

咬乳头

宝宝在出牙的时候牙床肿胀，会有咬东西减轻疼痛的需要，因此开始喜欢咬乳头。

这时宝宝的咬劲不小，如果是咬到妈妈乳头的话，会把妈妈的乳头咬破，妈妈在喂奶的时候也会特别紧张痛苦，但又不舍得不让宝宝吃，有些“进退两难”；而如果是咬奶嘴的话，很可能会把奶嘴上的胶皮咬下一块来，如果直接吞咽到食管里还不会有太大危险，但若不慎进入气管的话，很可能会卡住气管，那样的话后果将不堪设想。

宝宝咬乳头并不是在故意捣乱，是因为他的生理需要所致。宝宝出牙的时候很不舒服，牙床会有肿痛的感觉，妈妈平时可以给宝宝一些磨牙饼干或用冰镇过的固齿器，还可以帮宝宝按摩一下肿胀的牙龈。喂奶的时候，要注意宝宝的吃奶状况，若是已经吃饱，就该让宝宝离开乳房，并要保持一定的警觉心，若宝宝稍微将嘴巴松开，往乳头方向滑动，就要留意了，要及时改变宝宝的姿势，避免乳头被咬。最好不要让宝宝衔着乳房睡觉，以免宝宝在睡梦中，因牙龈肿胀而起咬牙的冲动。当然，必要时可以请儿科医生开些缓解宝宝长牙时牙齿不适的牙龈药膏涂抹在宝宝的牙床上，以减轻宝宝的不适。

当宝宝第一次咬妈妈的时候，妈妈由于没有心理准备多数会反应比较强烈，但此时若大喊大叫或是立即拉出乳头，就会吓到宝宝，宝宝受到惊吓后反而会将乳头咬得更紧。如果想要立即拉出乳头的话，很可能会使乳头伤得更严重。所以，在宝宝第一次咬疼妈妈的时候，妈妈一定要保持沉稳，当被咬的时候，正确的做法是将宝宝的头轻轻地扣向你的乳房，堵住他的鼻子。宝宝就会本能地松开嘴，因为他突然发现自己不能够一边咬人一边呼吸。如此几次之后，宝宝会明白，咬妈妈会导致自己不舒服，他就会自动停止咬了。当下次喂奶时感觉到宝宝要咬乳头了，可以平静地将手指头插进乳头和宝宝的牙床之间，撤掉乳头，并且坚定地对宝宝说：“不可以咬妈妈。”不要以为宝宝小，什么都不懂，其实，他会对妈妈的语气产生反应。

事实上，一个奶吃得正香的婴儿是不会咬奶头的。咬的时候，宝宝一定是已经结束了吃奶。因此那些挨过咬的妈妈在喂奶过程中要注意观察，看到宝宝已经吃够了奶，吞咽动作减缓，开始娱乐性吸吮时，就可以试着将乳头拔出来，防止被宝宝咬。

对于那些生来就咬乳头的宝宝，如果只是属于肌肉张力亢进的话，妈妈可以在喂奶前先给宝宝洗一个温水澡或者轻轻地按摩宝宝的四肢，用冷热水交替擦宝宝的脸，并且严格控制宝宝衔乳姿势，用手指头坚定地按下宝宝的下唇或者下巴，阻止宝宝咬乳头。在喂奶过程中，要始终把手按在宝宝的下巴上，这样也会让宝宝吃奶吃得更舒服。但如果咬乳头的情况持续 6 ~ 8 周以上，应该立刻带宝宝去医院检查，看看是否有神经性的天生缺陷。

第 240 ~ 269 天（8 ~ 9 个月）的婴儿

发育情况

这个月宝宝的生长规律和上个月差不多，此时的男宝宝体重为 8.2 ~ 10.2 千克，身长 69.7 ~ 75.0 厘米；女宝宝体重为 7.6 ~ 9.5 千克，身长 67.7 ~ 73.2 厘米。本月宝宝的体重有望增加 0.22 ~ 0.37 千克，身高可增加 1 ~ 1.5 厘米，头围增长 0.67 厘米，并长出了 2 ~ 4 颗小牙齿。

养育要点

营养需求

这个月宝宝的营养需求与上个月没有什么差别，辅食量和奶量也没什么变化。食量较大的宝宝在这个月会开始发胖，还比较容易积食；而食量小的宝宝这个月则可能会被判为营养缺乏。个别宝宝可能因为缺乏铁元素的摄取导致轻微贫血，缺钙的可能性不大。这个月仍要注意防止鱼肝油和钙补充过量，否则会致使维生素 A 或维生素 D 中毒症，以及软组织钙化。

断奶

满 8 个月的宝宝可以自由地向自己想去的地方挪动了，有时会主动趴到妈妈怀里要求吃奶。如果妈妈奶水还比较充足，能够满足宝宝的日常所需，那么宝宝基本就不怎么喝牛奶和吃辅食。但是，宝宝到了 8 个月还以母乳为主的话，就会因母乳中铁分不足而导致营养失调或贫血。所以，用母乳喂养的宝宝一满 8 个月，即使母乳充足，也应该逐渐实行半断奶，一天喂 3 ~ 4 次即可。因为母乳中的营养成分已不能满足宝宝生长发育的需要，所以这个时候必须要给宝宝添加辅食，而这个时候的宝宝也都爱吃辅食了。

虽然这个月没有必要完全断奶，但也应该为断奶提前做好准备。宝宝在这个月爱吸吮妈妈的乳房，更多的是对妈妈的依恋，而不是为了进食。妈妈的乳汁如果不是很多了，可以在半夜醒来的时候，以及早上起床和晚上临睡觉前喂母乳，其他时间吃牛乳和辅食。没有奶水的时候不能让宝宝吸着乳头玩，这会为以后断奶带来困难。

偏食

偏食是指由于某种原因，宝宝挑剔饮食品种，只吃所喜欢的几种，如爱吃肉，不吃蔬菜和瓜果；喜吃甜食、冷饮和零食，不吃主副食品；也有的只吃主食、咸菜，不吃鱼肉副食等等。长此下去，势必导致某些营养素的缺乏，直接影响宝宝的正常生长发育和消化功能的减退。

除了吃饭的时候挑挑拣拣，吃得慢、吃得少以及吃饭不定时也是偏食的表现。一般而言，越是味觉敏感的宝宝，越喜欢挑食，长此以往就会养成偏食的毛病。造成偏食的主要原因是家长缺乏正确的指导，这个月龄宝宝的偏食还很好纠正，只要爸爸妈妈多花点心思，把一种食品换着花样地做给宝宝吃，例如把菜切成泥后放在粥里喂粥给宝宝吃，或把食物做成宝宝喜欢的形状，如小动物形状、菱形、三角形，或改变食物的颜色，使食物变得好看等，都会提高宝宝对吃饭的兴趣。再有，家长不要在宝宝面前表现出对某种食物的喜恶，否则也会影响到宝宝的行为。对待偏食的宝宝，不能强迫他吃某种他不爱吃的食物，更不能惩罚宝宝，否则会引起宝宝更强烈的抵触情绪甚至是厌食。

家长要知道，这么大的宝宝有一个特点，就是有可能现在不爱吃的东西，过一个月就爱吃了；或是以前很爱吃的东西，现在怎么给都不吃了。这就要求家长多给宝宝一些选择，增加食物品种的多样性，这样当宝宝拒吃一种食物的时候，还可以用另外一种营养价值相当的食物来代替，宝宝一般都不会营养不良或是某种营养缺乏。再有，即使宝宝再爱吃的东西，也不能一次让他吃个没完，否则很可能过不了多久，宝宝就吃腻了，变得不爱吃这种东西了。最后，给宝宝做辅食一定要多花点心思和时间，给宝宝多换些花样，让宝宝在吃饭的时候永远有发现新食物的惊喜和快乐，这样宝宝就能高高兴兴地吃饭了。

牛奶喂养

牛奶喂养的宝宝这个月每天牛奶摄入量仍以500毫升为基数，最多不要超过800毫升。这个月宝宝喝牛奶的目的主要是为了获取足够的蛋白质和钙质，如果宝宝食量较小或是不爱喝奶的话，可以随着宝宝的胃口给予他能吃下的分量，不足的部分用肉蛋类辅食补足，以弥补所需的蛋白质。需要注意的是，如果宝宝长时间不喝奶的话，很可能以后会变得对奶味比较反感。

对于半夜总是醒来哭闹的宝宝，如果喂些牛奶可以让他安静下来的话，就可以给他喂牛奶。以往认为半夜给宝宝喂奶会把宝宝宠坏的想法是不对的，喂奶之后的宝宝多半都能满足地继续睡去，而不喂奶的宝宝很可能会哭闹不止，最后形成习惯性的夜啼，那样的话家长更难纠正，而且对宝宝的成长发育也更为不利。

本月辅食的基本要点

这个月龄宝宝的辅食安排为每天2餐，第一餐可安排在早上11点左右，第二餐安排在晚上6点左右，中间穿插加两次点心水果。辅食的量要根据宝宝的食量而定，一般情况下每次为100克左右。

虽然这一月龄宝宝的消化能力已经有了一定的基础，但辅食添加仍要遵循从少量到多量，每次加一种，逐渐增加的原则。待宝宝适应且没有不良反应后，再增加另外一种，值得注意的是，宝宝只有处于饥饿状态下，才更易接受新食物，所以宝宝的新食物应在喂奶之前喂食，还要让宝宝逐渐认识各种味道，两餐内的辅食内容最好不一样，某些肉与菜的混合食物也可开始尝试添加。

宝宝的食物中依然不宜加盐或糖及其他调味品，因为盐吃多了会使宝宝体内钠离子浓度增高，此时宝宝的肾脏功能尚不成熟，不能排除过多的钠，使肾脏负担加重；另一方面钠离子浓度高时，会造成血液中钾的浓度降低，而持续低钾会导致心脏功能受损，所以这个时期宝宝尽量避免使用任何调味品。

此外，这个月辅食除了考虑营养因素外，还有一个重点，就是要注意食物有一定硬度，比如烤面包片、鱼片、虾球等用手抓着吃，可以提高营养量和帮助长牙、学习吃饭。咀嚼是一个必须学习的技巧，如果宝宝没有机会学习如何咀嚼，日后他们可能只会吃质感细腻的食物，难以接受其他食物。随着有硬度食物的添加，可以适量减少过于稀软或缺少动物性食物的辅食。

喂食辅食时，可将食物盛装于碗或杯内，以汤匙喂食宝宝，让宝宝逐渐适应成人的饮食方式及礼仪，如将牛奶和辅食混合制作时，尽量以汤匙喂食宝宝，避免以奶瓶喂食。

辅食的变化

这个月的宝宝有些已经进入了咀嚼期，有些则还没有。判断宝宝是否进入拒绝期的标准是：一餐中主食、蛋白质、蔬菜结合起来能吃10勺左右，则进入咀嚼期。这时如果宝宝很能吃的话，就可以增加咀嚼期食物的硬度，来锻炼宝宝的咀嚼能力。

咀嚼期是一个婴儿用舌头弄碎粒状或有形的食物，同时有意识地去咬的时期，这时如果总给他糊状的食物，那么就很难锻炼他咬的能力。给宝宝吃的食物的硬度可以以豆腐为标准，大人可以用手指弄碎来试，能轻易用手指弄碎开的程度最为适宜。当然，也有的宝宝贪求硬的食物，但不能很快增加食物的硬度，要让宝宝有意识地学会用舌头弄碎食物，再用牙齿咬和咀嚼，这是很重要的。

虽然宝宝进入了咀嚼期，但也不能立即让他吃硬的食物。对于难以吃下硬食物的宝宝，可以在像吞咽期那种硬度的糊状食物食谱中加入一些粒状的食物，让宝宝逐渐习惯咀嚼。在此期间，比起糊状食品，有些宝宝更喜欢吃有形状的、容易弄碎的食物，那么就可以在煮熟的南瓜、滑溜的土豆泥中加入碎蔬菜或剔下的鱼肉等给宝宝吃。

这个月的宝宝吃辅食也有些会“囫囵吞枣”，即当食物喂进宝宝嘴里后，他不咀嚼就直接吞下去。出现这种情况一般有两种可能，一是过去一直给宝宝喂很软的食物，当突然被喂进较硬的食物时，宝宝的舌头无法破碎食物，只好囫囵吞下。二是宝宝一直被喂很软的食物，已经习惯了不必咀嚼地吃东西，所以就没有咀嚼的意识。这时可以将食物煮熟后改变硬度，试着喂宝宝，看他能否咀嚼着吃，也可以在吃的时候由家长给做一下示范，让宝宝看着大人怎么咀嚼，鼓励宝宝去模仿。

宝宝到了8个月以后，可以把苹果、梨、水蜜桃等水果切成薄片，让宝宝自己拿着吃；香蕉、橘子、葡萄可以整个让宝宝拿着吃，但吃葡萄等颗粒状的水果时，家长要在一旁看着，以防宝宝整个吞下卡住喉咙。让宝宝自己吃水果，既能锻炼宝宝咬和咀嚼的能力，还能发展宝宝手部的活动能力。

再有，由于此时宝宝的活动量更大，所以很难让他坐在床上喂食了，宝宝常会吃到一半就开始玩。这时不妨把宝宝带到饭桌上，用他自己专用的餐具，这样会更好喂一些。

宜吃的辅食类型

1. 能让宝宝用手抓取的食物。任何容易让宝宝用手握住的食物，如土豆泥、小面花卷、全麦面包、面食以及小块的鸡、鱼片、切片的水煮蛋等。香蕉和煮熟的胡萝卜也非常容易握取，纤维少的新鲜蔬菜、水果可先去籽去皮，切成片状、棒状或容易握住的形状。注意蔬菜不要切得太碎，尽量多地让宝宝选择不同香味、形状、颜色的食物，以刺激宝宝的食欲。

2. 小块状的食物。这类食物口感粗糙，最适合这一阶段宝宝的需要，可帮宝宝锻炼咀嚼能力，对宝宝有益。但要确定这些小块食物是否安全，即使宝宝不小心吞食了整块，也仍然能够消化，是宝宝安全的选择。

3. 富含维生素的食物。维生素A、维生素D、维生素C是构成牙釉质、促进牙齿钙化、增强牙齿骨质密度的重要物质；而蛋白质、钙、磷则是牙齿的基础材料。因此，在出牙期间，乳类、排骨汤、菜汁、果汁都是不可缺少的辅助食物。

不宜吃的辅食类型

1. 所有加糖或加人工甘味的食品。经过加工的糖类不含任何维生素、矿物质或蛋白质等营养物质，但却足以令宝宝发胖，并且影响食欲，所以应注意避免。玉米糖浆、葡萄糖、蔗糖也属于糖，经常使用于加工食物中，要避免标示中有此添加物。

2. 太凉的食品。太凉的食品会刺激宝宝的肠胃，对宝宝的牙齿生长发育也无益，所以应少给宝宝吃。即使是在炎热的夏天，也不宜让宝宝吃生冷的水果、冰淇淋等。

3. 有刺激性的饮料。如酒、咖啡、浓茶、可乐等，以免影响神经系统的正常发育。

4. 糯米制品。如元宵、粽子等，这些食品很难被宝宝的肠胃消化，容易引起宝宝消化不良。

5. 太甜、太咸、油腻和辛辣食物。如肥肉、果冻、巧克力等，同样会使宝宝消化不良。

6. 某些贝类和鱼类。如乌贼、章鱼、鲍鱼以及用调料煮的鱼贝类小菜、干鱿鱼等。

辅食食谱

蒸蛋黄羹

鸡蛋黄中能够含油丰富的脂肪、卵磷脂、胆固醇、钙、磷、铁等，其中的卵磷脂有助于增强宝宝的记忆力。

【原料】鸡蛋黄、菠菜叶、胡萝卜丁、水适量。

【做法】1. 将蛋黄打散，与适量水混合，调稀。

2. 放入蒸笼中，用略小的中火蒸 5 分钟左右。

3. 把菠菜叶和胡萝卜丁煮软磨成碎末，放在蛋黄羹上即可。

豆腐糊

北豆腐是用盐卤做凝固剂，因为水分含量不高，更适合煎、煮、炒等。豆腐最主要的营养成分是蛋白质，每 100 克豆腐里面，蛋白质的含量就占了 34%。

【原料】北豆腐 20 克，水适量。

【做法】1. 将豆腐放入锅内，加水，边煮边把豆腐压碎。

2. 豆腐煮好后放入碗内，再接着研磨至豆腐光滑即可。注意煮豆腐的时间不可过长，防止把豆腐煮老，宝宝不易消化。

杏仁番茄拌西兰花

杏仁中不仅含有类似动物蛋白的营养成分，如蛋白质、脂肪等，还含有植物成分所特有的纤维素等。杏仁中含量最丰富的是维生素 $B_1$7，这是一种非常有效的抗癌物质。而西兰花颜色翠绿，营养价值高，每 100 克花球鲜品中含蛋白质 3.5 ~ 4.5 克，除了矿物质的含量比白菜花高外，西兰花中还含有丰富的叶酸。

【原料】西兰花 3 朵，番茄半个，杏仁 25 克。

【做法】1. 杏仁微炒后，研磨成碎末。

2. 番茄去皮捣碎。

3. 西兰花在蒸锅内蒸软，和番茄一起搅拌后，拌入磨好的杏仁末即可。

胡萝卜番茄汤

番茄是维生素 A 和维生素 C 的优质来源，有益于补血，每 100 克番茄含水分 95 克、蛋白质 1.2 克、脂肪 0.4 克、碳水化合物 2.2 克、钙 23 毫克。

【原料】胡萝卜 1 小根，番茄 1 个，水适量。

【做法】1. 胡萝卜洗净去皮，研磨成泥。

2. 番茄在温水中浸泡去皮，搅拌成汁。

3. 锅中放水，水沸后，放入胡萝卜泥和番茄汁，用大火煮开后，改小火至熟透。

鲜美沙锅炖鸡

鸡胸脯肉的脂肪含量很低，维生素却很多，每 100 克鸡肉含钙 13 毫克、磷 190 毫克、铁 1.5 毫克。

【原料】洋葱半个，鸡胸肉 1 块，1 勺食用油，胡萝卜 1 根，水适量，豌豆 50 克，香菇 3 ~ 4 个。

【做法】1. 洋葱切碎，鸡胸去皮切丁，胡萝卜洗净削皮切丁、香菇浸泡后切丁。

2. 沙锅放油，待油热后放入洋葱和肌肉，略翻炒后，加入胡萝卜丁、香菇丁和水，充分搅拌后盖上盖子。

3. 小火炖 20 分钟左右，放入豌豆，再煮 5 分钟即可。

鸡蛋面包

鸡蛋含丰富的优质蛋白，每 100 克鸡蛋含 12.7 克蛋白质。鸡蛋中的蛋氨酸含量也特别丰富，而谷类和豆类中蛋氨酸含量稍感不足，所以把鸡蛋与谷类或者豆类食品混合食用，可以提高后两者的利用率。

【原料】全麦面包 1 片，鸡蛋 1 个，油少许。

【做法】1. 鸡蛋打散成蛋液。

2. 煎锅中放入油加热。

3. 把面包的两面都蘸上蛋液，放入热油中煎至两面金黄。

4. 用吸油纸吸去面包上多余的油，把面包切成手指形状给宝宝吃，也可用西红柿佐餐。

肉蛋豆腐粥

猪肉中含有丰富的优质蛋白质和脂肪，可以补足宝宝成长所需。

【原料】大米、瘦猪肉25克，豆腐15克，鸡蛋半只，食盐少许。

【做法】1. 将瘦猪肉剁为泥，豆腐研碎，鸡蛋去壳，将一半蛋液搅散。

2. 将大米洗净，酌加清水，文火煨至八成熟时下肉泥，继续煮。

3. 将豆腐蛋液倒入肉粥中，旺火煮至蛋熟，调入少许食盐。

鸡肉菜粥

油菜中包含多种营养素，钙、铁和维生素C、胡萝卜素的含量都很丰富。只是要注意吃剩的熟油菜不要再给宝宝吃，以免造成亚硝酸盐沉积。

【原料】米粥150克，鸡肉15克，油菜叶10克。

【做法】1. 将鸡肉煮熟切碎，菜叶焯熟，切碎，备用。

2. 将鸡肉加入粥中煮，加少量盐，尝着很淡，基本尝不出盐味即可，待鸡肉煮软即可加入油菜末，1分钟后关火即可。

添加辅食的注意事项

1. 分量不要太多。宝宝的食量较小，喂食辅食的分量不需要太多，以免宝宝积食消化不良。

2. 粥饭分开。有的家长为了图省事，就把辅食和粥混在一起给宝宝吃，但这样是不利于宝宝吸收和消化的，也不利于宝宝对不同食物的味觉体验。应该把粥和别的食物分开，粥就是粥，饭就是饭，这样可以让宝宝尝到不同食品的味道，享受进食的乐趣。

3. 一次喂食一种新的食物。给宝宝添加辅食的一个最重要的原则就是一次只添加一种，而且有时需加点汤或开水拌成泥状，少给一些，避免宝宝肠胃无法接受而带来不适感。

4. 观察宝宝的反应。当喂食一种新的食物时，应连续喂食几天，并注意宝宝的身体反应，确定宝宝一切正常，没有腹泻、呕吐、出疹子等症状，就可以继续添加下去。

5. 避免过敏。有些宝宝天生对某些食物具有遗传性过敏，如果家人对某种食物过敏的话，那么宝宝也可能会对其过敏。对于易过敏的宝宝，一般此时最容易引起过敏的就是蛋白质和牛奶，其他比较容易引发过敏的食物有。小麦、玉米、猪肉、鱼（包括贝壳类）、番茄、洋葱、包心菜、草莓、核桃、柑橘类和巧克力。

6. 灵活掌握。家长要知道，喂养宝宝没有千篇一律的方式，添加辅食也是如此。在给宝宝喂辅食的时候，家长没有必要照搬书本，要根据自己宝宝的特点做灵活调整。只要宝宝吃得好、吃得高兴，并且生长发育都正常就可以了。

能和妈妈一起睡吗

培养良好的睡眠习惯，不但要求宝宝能够按时睡、按时醒，而且还要培养宝宝自动入睡，不要过分依赖爸爸妈妈。所以说，良好的睡眠习惯既是一种生活规律的培养，更是一种自立精神的培养，这对于宝宝的成长大有好处。

有的爸爸妈妈为了使宝宝能尽快入睡，就总是抱着宝宝连拍带摇，甚至抱着又是哼唱催眠曲，又是满地转悠地哄着宝宝入睡。虽然这样可以令宝宝尽快入睡，但会让宝宝对此形成依赖，一旦把宝宝放到床上，宝宝即使不马上醒来也往往睡不踏实，常常因一点响动或其他干扰就会醒来，如果要想让宝宝重新入睡，必然还要重复以上做法，长此以往势必会影响宝宝的睡眠质量。

这个月的宝宝尽量让他独立入睡，不要让他含着妈妈的乳头入睡。如果宝宝已经养成必须含着妈妈的乳头才能入睡的习惯，妈妈一旦将乳头从宝宝嘴里拽出来，宝宝就有可能被惊醒。即使当时没醒，如果因为夜里撒尿或因其他什么原因醒来后，要想让宝宝重新入睡，宝宝必然要求同样的条件，不给宝宝含上妈妈的乳头就会哭闹不止。这样除了会令宝宝的睡眠大打折扣，也会使宝宝形成依赖，再想戒掉就很难了。

和父母一起吃饭

有些宝宝到了这个月，会对大人吃饭很感兴趣，大人吃饭的时候他总爱过来凑热闹，并表现出强烈的参与欲望。这时完全可以利用宝宝的特点，让宝宝和爸爸妈妈一起吃饭，这样既能满足宝宝的喜好，也能节省爸爸妈妈的时间，可以有更多的时间用来做户外活动和亲子游戏。

由于宝宝活动能力的增强，所以在抱着宝宝上饭桌吃饭的时候，一定要注意安全，不要把热的饭菜放到宝宝身边，以免宝宝碰到饭菜甚至是将饭菜整个打翻烫伤。宝宝的皮肤非常娇嫩，可能有的时候大人并不觉得烫的东西，也会把宝宝烫伤。吃饭的时候要培养宝宝的好习惯，不要让宝宝边吃边玩，也不要让宝宝拿着勺子或筷子敲敲打打，要教会宝宝规规矩矩地进食。在宝宝吃饭的时候，家长也不可以逗宝宝，以免分散他的注意力，引起呛咳等。

虽然可以给宝宝和大人一样的饭菜，但给宝宝的菜还需要特别加工才行，例如煮得要烂一些，少放盐、糖、酱油、味精等调料，不能放任何刺激性的调料。要知道，和爸爸妈妈一起吃饭并不等于可以给宝宝吃和大人一模一样的食物，所有给宝宝的食物，都要经过精心的烹调才可以。

不可让宝宝离开大人视线

这个月的宝宝随时都能发生大人意想不到的状况，只要一离开大人的视线，他的安全就大打折扣。没有大人的照顾，好奇心重的宝宝有可能到处走动、到处探索，他能够自己从婴儿床的栏杆翻出来，能爬向任何他想去的地方，对任何东西都想去摸一摸、抓一抓，只要东西抓在手里就有可能放进嘴里，所以有的时候家长会感觉防不胜防。即使宝宝睡着了，也有可能在中间醒来的几分钟内发生意想不到的危险。所以这个时候，无论宝宝醒着还是睡着，都不能让他自己待着，绝对不能让宝宝离开大人的视线。

如果因为家人的疏于看护令宝宝发生比较严重的意外，必须要送医院治疗的话，很可能会由于大人没有看见事件经过而很难向医生准确描述事情发生的经过以及宝宝身体状况的改变，这有时候会令医生难以及时作出判断，为准确及时的救治造成障碍。所以，家长千万不要求一时的方便，而让自己懊悔。

再有，要给宝宝创造一个绝对安全的家庭环境。无论是宝宝活动的空间还是睡觉的空间，都必须确保是无危险性的。最好是在宝宝睡觉的床沿和地板上，以及宝宝活动的地方都铺上柔软的垫子或毯子，这样即使宝宝不慎跌落，也能最大限度地减少危害。家里所有有棱有角的地方最好是都能用布或其他东西包起来，以避免宝宝撞到受伤。要把卫生间的门关严，以防宝宝趁着大人不注意单独进入浴室，发生跌入浴缸、马桶里的危险。只要平时多注意生活中的细枝末节，宝宝的安全性也就能大大提高了。

尽量两个人看护

由于宝宝的自主活动性越来越强，所以一个人看护时难免会分身乏术，想要把喂养、活动、训练、游戏、日常护理和保护安全同时做好几乎很难，只要稍一疏忽，宝宝就有可能发生意外。因此，到了这个月，最好是有两个大人同时看护宝宝，做到合理分工，这样既可以让宝宝的生活更舒适、训练更全面，也能更大限度地保障宝宝的安全。

如果是双职工的家庭，最好是由一方的老人同时看护，有条件的话也可以请保姆共同看护。当周末爸爸妈妈休息时，看护的责任自然会落到爸爸妈妈身上。爸爸妈妈与宝宝的亲密接触非常重要，对宝宝的身心发育也有极大的好处。所以，最好的看护者仍然是爸爸妈妈，只要爸爸妈妈有时间，就要尽可能地多陪陪宝宝。

教宝宝一些礼节动作

虽然宝宝在这个月还很难理解大人的语言，但对于大人日常的行为习惯、表情、动作、言语态度都有着极其敏锐的感受，他可以从中察觉出一些行为方式的规律并试图模仿大人的行为。为此，从这时候开始，家长就要注意在宝宝面前的言行举止，不要认为未满周岁的宝宝什么都不懂，就在宝宝面前不注意自己的言辞和举止，这样很可能会为宝宝带来不良的影响。

半岁到周岁的这半年，是培养宝宝礼仪的入门时期。这一时期的宝宝会从感受大人的行为举止和面部表情，发展到认真模仿。宝宝不知道什么是对的、好的，而什么是不对的、不好的，所以好的礼仪习惯和行为举止都是大人影响出来的。有些爸爸妈妈自己的行为动作就不加检点，当发现宝宝模仿着做出同样的行为时，非但不加制止纠正反而感到十分高兴，这无疑会助长宝宝这种不好的行为习惯。因为宝宝看到自己的行为会让周围的人高兴，他也会特别高兴，从而更加频繁地重复这些行为动作，时间长了形成习惯，再要纠正就比较困难了。

因此，这一时期家长除了有意识地注意自己的言行外，还要在宝宝面前多说一些“谢谢”、“请”等礼貌性字眼，平时和宝宝说话、念儿歌的时候，也要多给宝宝渗透这些礼貌的言语，在行为上也要为宝宝起到表率作用。当外出活动的时候，可以通过与他人的接触，教宝宝一些基本的社交礼仪。例如，当看到邻居叔叔阿姨的时候，可以拿着宝宝的小手冲着叔叔阿姨挥一挥，教宝宝和叔叔阿姨打招呼；如果有人递给宝宝东西的时候，要教宝宝说“谢谢”。虽然这时候宝宝还不会真的说出这些字词，但他可以听懂，从而在他的脑里建立起一种条件反射，让他明白在什么情况下，要做出什么样的反应，这会为宝宝今后真正地学会礼仪打好坚实的基础。

教宝宝学会双手拿东西

大脑的发育离不开手部活动的促进，这个月的宝宝手部的活动能力又有明显的进步，他能用拇指和食指把东西捏起来，会模仿着大人拍手，会把纸撕碎并放进嘴里。如果把宝宝抱到饭桌上的话，宝宝会用两只手啪啪地拍桌子，会拿着勺子送到自己的嘴边，还会拉着窗帘或窗帘绳晃来晃去。

教会宝宝双手的协调和配合能力很重要。很多宝宝在这个月玩的时候不再只玩一样东西，可以同时玩两个或者两个以上的物体。喜欢用一样东西去碰击另一样东西，例如一只手拿起一块积木对敲，拿起摇铃敲桌子，也不管自己的手是否会敲痛。这正是宝宝锻炼手部运动和探索活动的开始，爸爸妈妈在鼓励宝宝的同时，也要注意观察宝宝会不会同时用双手抓握、敲打这些东西。有的宝宝在这个月，还总是用一只手抓握玩具玩，而另一只小手似乎总是“闲置”着。这样的宝宝很可能在这个时期还不懂得可以同时运用双手活动，爸爸妈妈可以耐心地启发、诱导他们，例如先递给宝宝一件玩具，然后再递给宝宝第二件玩具，看宝宝的反应。如果宝宝真的是扔掉手里的玩具再接新的玩具的话，就说明他们还没能意识到可以用另外一只手来接玩具，这时候爸爸妈妈就应该告诉宝宝“宝宝还有另外一只手可以拿玩具啊”，并有意识地把玩具递到他另外一只手上，让宝宝学会双手持物。

有的宝宝在这个时候开始出现破坏行为了，他会把手里的纸撕碎，然后放进嘴里。爸爸妈妈不要小看宝宝撕纸的动作，这正是锻炼宝宝手腕肌肉和手部协调能力的大好时机。如果宝宝喜欢撕纸，爸爸妈妈不能因为怕宝宝把东西撕坏就制止他，这样无疑是剥夺了宝宝锻炼的机会，大可以任由他撕着玩。但需要注意的是，不能给宝宝报纸和其他印刷品纸张，因为上面沾染的油墨会对宝宝的身体健康形成危害。

衣物被褥

这个月的宝宝正是学走练爬的时期，由于好动的宝宝经常出汗，再加上生活不能自理，衣服就很容易搞脏。所以，这个月宝宝的服装就要有一定的要求，而且四季也有所不同。

春秋季节的衣服要求外衣衣料要选择结实耐磨、吸湿性强、透气性好，而且容易洗涤的织物，如棉、涤棉混纺等。纯涤纶、腈纶等布料虽然颜色鲜艳、结实、易洗、快干，但吸湿性差，容易沾土脏污，最好不要给宝宝穿。

夏季的服装要求以遮阳透气、穿着舒适，不影响宝宝的生理机能为原则。最好选择浅色调的纯棉制品，这种面料不仅吸湿性好，而且对阳光还有反射作用。纯涤纶、腈纶等布料透气性差，穿着这类衣服宝宝会感到闷热，易生痱子，甚至发生静电、过敏反应，最好不要使用。

冬季的服装应以保暖、轻快为主。外衣布料以棉、涤棉混纺等为好，纯涤纶、腈纶等布料也可使用。服装的款式要松紧有度，太紧或过于臃肿都会影响宝宝活动。

这个月宝宝的动作发育渐渐成熟，不仅能坐、会爬而且可以扶栏站立，这时候宝宝的裤子是否合适，对宝宝的活动和运动机能的发展都相当重要。给宝宝选择裤子时，尽量选择宽松的背带裤或连衣裤，那种勒得较紧的松紧带裤最好不要给宝宝穿。

背带裤的款式应简单、活泼，臀部裤片裁剪要简单、宽松，背带不可太细，以3～4厘米为宜。裤腰不宜过长，而且裤腰上的松紧带要与腰围相适合，不能过紧。如果出现束胸、束腹现象时，将会影响宝宝的肺活量及胸廓和肺脏的生长发育。

宝宝的衣物被褥以及贴身物品都要做到及时更换、清洗、消毒，所有与宝宝身体有密切接触的衣物，都要保证干净、卫生、舒适，同时还要注意剔除一切不安全的因素，如衣服上的挂钩、拉链、扣子、装饰物等。

睡眠问题

这个月宝宝的睡眠时间一般在14个小时左右，有的宝宝白天睡2次，午前睡的时间稍短；有的宝宝午前不睡，午后睡的时间较长，多为2～3个小时。如果宝宝睡眠比较规律的话，基本上都是在晚上8～9点入睡，半夜醒1～2次，早上6～7点起床。睡得比较多的宝宝可能一天能睡14个小时以上，但超过16个小时的很少见；睡得比较少的宝宝可能一天睡眠时间在12个小时左右，但低于10个小时的很少。睡眠的时间是因人而异的，有的宝宝天生比较爱睡觉，也有的宝宝天生睡眠就比较少。只要宝宝每天的睡眠时间不低于10个小时，并且精力旺盛、吃喝排便都无异常、生长发育势头也良好的话，爸爸妈妈就没有必要担心，可能是宝宝天生就不爱睡觉。

这时宜给宝宝建立一个每晚固定的睡前程序，这对大人和宝宝都有好处。可以在睡前给宝宝洗个澡、读一篇睡前故事，并给他盖好被子，轻拍或按摩宝宝的背部，让他入睡。家长也可以在宝宝仍然醒着时离开，否则会令宝宝习惯于将自己的入睡与家长的从旁照顾紧紧联系在一起，只要家长不在，他就会恼怒不已、号啕大哭，不利于培养宝宝的独立睡眠。要确保每天晚上都按照同样的程序进行。稳定有序的生活习惯有利于宝宝健康成长，当宝宝能够知道接下来会发生什么的时候，他会更有安全感。

这一时期的宝宝正在努力提高各种身体的技能，如爬行、站立等，这可能会令他因为太过兴奋而无法入睡，或者在夜间醒来继续练习技能。如果宝宝在醒来后不能让自己安静下来重新入睡，就会哭闹着找妈妈了。这个时候妈妈要起来轻声安慰一下宝宝，动作不宜太大，这样宝宝就能很快沉沉地睡去了。

免疫接种

满8个月的时候要去医院接种麻疹疫苗，家长不要忘记。

疫苗接种是最经济有效的疾病预防策略之一，一分预防胜于十分治疗。因此，如果宝宝没有特殊情况的好，要按计划定时到医院接种各项疫苗，保障宝宝能够健健康康地成长。

常见的接种反应是在注射部位出现短时间的烧灼感及刺痛，个别受种者可在接种疫苗5～12日出现发热或皮疹，罕见的接种反应包括一些轻度的局部反应，如红斑、硬结和触痛、喉痛及不适、恶心、呕吐、腹泻等，极其罕见的有过敏反应、一过性的关节炎和关节痛。所以，当宝宝在接种后出现发热、皮疹的话，家长不用太过担心，只要做好日常护理工作，这些问题过不了多久都可以自愈。

能力的培养

排便训练

如果前几个月坚持排便训练的话，那么在这个月的宝宝多数都能乖乖地坐在便盆上排便了。需要注意的是，吃辅食之后宝宝尿便的颜色可能会因为辅食原因在某一天突然呈现异样，只要在没有吃这种辅食的时候尿便能恢复正常，就没有问题。此外，冬天里有的时候宝宝的尿液会发白发浑，这是因为尿酸盐结晶析出的原因，并不是肾炎，家长不用担心。

当然，此时的宝宝依然还不能真正做到自理，所以当家长掌握不好的时候，宝宝把尿便排在尿布里，也是常有的事。

婴儿大小便能否自理与智力无关。中国的传统观念，特别是老一代都认为，宝宝大小便训练越小开始越好，聪明的宝宝不尿裤子。其实这是一种错误的观念，婴儿是否能大小便自理，和婴儿的智力无关。智力是由头脑来决定的，与控制大小便的膀胱相隔很远。

要做到大小便自理，婴儿首先要能识别需要排泄的感觉，并通过语言、动作或其他方式表达这种感觉。其次，婴儿要能在短时间内控制肛门和尿道的肌肉运动。最后，婴儿要能理解并配合在适当的地点排泄。这些都只有等婴儿生理发育成熟到一定程度才能做到。如果家长在这个阶段硬要训练宝宝主动排尿排便的话，未免有些揠苗助长了。

每个婴儿的具体情况不同，所以也不存在一个训练尿便的固定的最佳时机。只有在婴儿乐意并主动配合大人时，训练才能事半功倍。所以对于宝宝的尿便训练，应本着顺其自然的态度，不要总是奢望这么大的宝宝真正懂得自己排尿解便。

站立的能力

宝宝能扶物站立，练习迈步，是学走的第一步。双脚练习，宝宝用单腿支撑体重，并且练习站立平衡，为独走做准备。这种练习比学步车更能锻炼宝宝的身体平衡能力，也更为安全健康。

8～9个月的宝宝抓着东西就能站立，这个动作能大大锻炼宝宝的身体平衡能力，是学会迈步走路的序曲。在这个月，爸爸妈妈可以开始训练宝宝站立的能力了。

训练宝宝站立最好不要用学步车，可以借助爸爸妈妈的手、凳子、婴儿床的栏杆等。在训练宝宝独自站立时，可以先让宝宝两条小腿分开，后背部和小屁股贴着墙，脚跟稍离开墙壁一点，然后用玩具引逗宝宝，宝宝就会因张开小手或想迈动脚步而身体晃动，这样就锻炼了宝宝腿部的力量和身体的平衡能力。或是将家里的凳子排成行，每张凳子相距30厘米，让宝宝扶着凳子迈步，伸出胳膊扶着一张张凳子走过去。还可以手拿一个塑料圆环，让宝宝抓住圆环的一边而自己抓住圆环的另一边，在不用力牵拉的情况下让宝宝自己抓住圆环并站起来。这样的站立完全要靠宝宝自己来完成，他必须动员上肢、下肢、腰、背、胸、腹部肌肉的全部力量才行。

在没有大人从旁协助的情况下，宝宝在小车上最容易扶栏站起，因为小车上的栏杆易于抓到且高度适宜，宝宝也会扶着椅子的扶手、沙发的扶手或用床上被垛支撑而自己努力站起来。要鼓励宝宝自己扶栏坐起，用自己的力量改变体位，扩大视野。通过扶栏坐起可以锻炼胳膊的力量，也可以锻炼腰和腹肌的力量。同时使宝宝产生自信，学会用自己的力量去改变自身的状况。

在刚开始练习站立的时候，要注意训练的时间和强度，最好每次都不要超过5分钟。这是因为，相对体重而言，宝宝下肢的支撑能力是不足的，过早过多地站立会影响下肢的形状，但也不会成为O形腿或X形腿。

在训练的时候，爸爸妈妈不要怕宝宝摔着就过分呵护，这样会使宝宝变得娇弱；也不要急于求成而失去训练的耐心。当在宝宝站不稳时，家长要赶快扶住宝宝，以免宝宝因害怕而不愿接受继续训练。

模仿力的培养

宝宝从出生的那一刻起就已具备模仿的能力，这个月大的宝宝更爱模仿大人的动作。爸爸妈妈可以根据宝宝的特点，多给宝宝做好的影响和示范，让宝宝尽快地学习更多的动作和技能。

这时的宝宝如果给他一个玩具的话，他就能立刻意识到，他不仅可以将它攥紧，也可以松手扔掉。这种意识可以促使他将行为与目的结合起来，此时模仿就可以对促进宝宝的行为发展起到很大作用。例如，当大人把手里的纸张揉成一团发出声音，宝宝会好奇地学着尝试，是否他也可以用手和纸制造出同样的音响效果。

最典型的模仿训练就是语言的模仿，从模仿中学习语言表达，是人类学习语言的重要方式之一。平时爸爸妈妈可以发出各种声音，并配合表情、肢体动作，让宝宝从中学习并模仿声量、高低或节奏的变化。比如模仿各种动物的声音给宝宝听，让宝宝了解同一种声音在不同状况下也会有所不同。在引导宝宝模仿着大人学说话的时候，请尽量让宝宝看清楚大人的口型，并通过声调和表情的变化来刺激宝宝集中注意力。

动作模仿也是比较常见的模仿训练。当宝宝在练习某种技巧或游戏的时候，刚开始都需要爸爸妈妈来做引导，特别是一些有难度的动作训练，如开关灯、拿取物品等，一般都要求爸爸妈妈先当着宝宝的面做动作，然后和宝宝一起重复动作，最后鼓励宝宝独立完成动作。通过这种模仿，就可以让宝宝很快地掌握各种技能，对促进成长发育大有益处。

爸爸妈妈要知道的是，要宝宝模仿并不是教他，而是应陪着他一起做宝宝要学的动作，等到宝宝做熟了之后，如果有不对的地方还要提醒他去修正。如果仅仅是“动口不动手”，那么宝宝很难真正地从模仿上得到锻炼。

事物认知的能力

1. 拉绳取物。用不同颜色的线分别绑住四五个彩色积木，把积木放在远处，线放在宝宝身边。妈妈先用手拉红线，就能取到红积木。通过示范，让宝宝看清线与积木的关系，知道自己不必爬过去，就能牵线取物。经过多次示范后，让宝宝自己收取积木。

2. 看图识物。抱着宝宝看墙上的挂图，妈妈说出一个名称，让宝宝用手去拍图画，宝宝最先学会指认最喜欢的图画或照片。如果宝宝不明白什么意思，可先做示范。做这个游戏时，家长一定要耐心，多重复几次，使宝宝逐渐学会。

3. 味觉游戏。可以给宝宝尝尝有些刺激性的味道，例如一把小勺舀一点醋，放在宝宝的鼻子前让他闻闻，或是让宝宝尝尝，宝宝就会转过头去躲开这种刺鼻的味道，或是宝宝尝了之后酸得咧开嘴。这个时候，爸爸妈妈就可以同时告诉宝宝“这是醋”，让宝宝知道不同食物的味道。也可用苦辣味进行此训练，这种游戏能刺激宝宝舌头上的味蕾，开发嗅觉、味觉与动作的联系。但需要注意的是，不要用酱油和盐水来尝试，因为宝宝的肾的排盐功能有限，盐会增加肾的负荷。这种游戏也不能玩得太多，以免引起宝宝的反感。

4. 玩玩具。多给宝宝不同质地、不同手感的玩具，使宝宝对拿到手的东西能产生各种感觉上的认知体会，如布娃娃是软的，塑料球是硬的，橡皮玩具有弹性，玩具汽车的车身表面光滑、车底凹凸不平，让宝宝明白，一种感觉和另一种感觉不同。各种不同的感觉越多，宝宝对周围世界的兴趣就越浓。家长不要禁止宝宝吃玩具，宝宝吃玩具是早期学习的一种方式。有的家长怕宝宝啃咬玩具，就把玩具收起来，不让宝宝看见；怕宝宝抓东西吃，就整天抱在怀里，不让下地；一看见宝宝吃玩具，就立即夺过来，还用自己那并不干净的手替宝宝抹手，抹嘴边的口水。这使宝宝失去了自发学习和探索的机会，对宝宝是极为不利的。

手的技能训练

1. 递给妈妈物品。妈妈可以把几个玩具放在一个箱子里或盒子里，放在地上，让宝宝站在箱子旁边，让宝宝把一件玩具递给妈妈。例如，妈妈可以对宝宝说：“宝宝把小汽车拿给妈妈好吗？”宝宝听到妈妈的请求，就会用眼睛去看箱子里的玩具并寻找指定的玩具，然后把玩具拿起来给递给妈妈。当宝宝准确无误地将玩具拿出来并递到妈妈手里的时候，妈妈要及时鼓励宝宝，并表现出高兴神情。当宝宝看到妈妈高兴的表情时，就会有一种胜利和满足感，也可能再次把箱子里的其他玩具拿出来给妈妈。

2. 把物体投进小桶里。妈妈可以拿着一个小桶，让宝宝拿着玩具，告诉宝宝“把你手里的玩具放到这个小桶里。”如果宝宝没有听明白，妈妈可以给宝宝做示范，或让爸爸把他手里的物体投到桶里，宝宝就会模仿爸爸的动作，把玩具放到桶里。开始训练的时候，距离不宜太远，可以随着宝宝的熟练程度逐渐拉远宝宝与桶的距离，训练宝宝投物的准确性。

3. 收拾玩具。准备一个大箱子，把玩具散乱地放在宝宝周围，让宝宝把玩具一个个放到容器里，收拾起来。这既能发展宝宝手部的技能，还能让宝宝懂得玩过的东西要收拾整齐的道理。

4. 开关盒子。给宝宝一个带盖子的小盒子，妈妈先给宝宝做示范，用两手把盒子打开，再把盒子盖上，也可以在盒子里放一个小球发出哗啦哗啦的响声，增加宝宝打开盒子的兴趣。然后鼓励宝宝自己打开盒子、拿出小球再关上盒子。等宝宝学会了打开盒盖后，可以进一步教宝宝拧瓶盖，这个动作更复杂，但是越复杂难学的动作，对宝宝越有益。

5. 捡小东西。这个游戏可练习宝宝用食指和拇指捏取细小物件的能力。在白色餐巾纸上放几小片馒头，妈妈先捡起一片放进嘴里，说“真好吃”，宝宝也会用手去捡，如果用手掌不能拿到，宝宝会学习妈妈的样子，用食指和拇指去取。

6. 使用小勺。喂食辅食时拿一个塑料或铁质的小勺，让宝宝自己在碗中搅动，有时宝宝自己也能把食物盛入勺中并送入口中。要鼓励宝宝自己动手吃东西。不要因为害怕宝宝把饭菜撒得哪儿都是就不让宝宝自己用勺子，这样会扼杀宝宝自己动手的积极性，不但会降低宝宝的食欲，还会阻碍宝宝运动能力的发展。用勺吃饭，是这个月婴儿喜欢做的事情。从这个月开始训练的宝宝，一岁以后就能自己拿勺吃饭了。

全方位训练综合能力

对于这个月宝宝的潜能开发，依然是要在游戏中进行，让宝宝在玩耍的同时学习，不可揠苗助长，让宝宝接受过多的超前教育。很多适合这个月龄宝宝的游戏，都能够同时发展宝宝多种的能力。

1. 听讲故事。听讲故事是宝宝发展语言能力和理解事物能力的好办法，宝宝会在倾听中学会交流、理解和记忆。随着宝宝渐渐长大，他就能随着爸爸妈妈的提问，用手指去指图中的事物回答问题，这非常有利于宝宝思考力的进步。

每晚在宝宝睡觉之前，爸爸或妈妈可以给宝宝讲个故事，用一本有彩图、情节和一两句话的故事书给宝宝朗读。刚开始的时候，可以把着宝宝的小手边读边指图中的事物，这时宝宝的表情也会随着书中的情节发生变化，时而着急，时而舒缓。可以反复地给宝宝念讲一个故事，声音越来越小，直至宝宝完全入睡。

2. 手语示意。这个阶段的宝宝，已经能够用双手拱起，上下运动，表示“谢谢”；小手摇摇，表示“再见”。每个宝宝的模仿动作表达意思的方式有所不同，但不断练习、重复就能学会。如“鼓掌”、“握手”、“不”、“好”等。在平时的日常生活中，可以鼓励宝宝多用手语表示语言，多教给宝宝怎么样表示谢谢、怎么样表示不客气等，这样就能够让宝宝学习用动作表示自己的语言、意愿和情绪，引起宝宝同人交往的愿望。

3. 传物游戏。让宝宝练习把东西递给指定的人，可以锻炼宝宝手部的动作技能，同时还能让他知道，把自己的东西递给别人自己还会得到另一样新东西，从而初步建立起交换的概念，还能让宝宝学会分享。

爸爸妈妈可以拿一件宝宝最喜欢的玩具，然后告诉宝宝“把你手中的玩具给妈妈，妈妈就把新的玩具给你”，这样宝宝会很乐意用自己手里的玩具换另一件自己喜欢的玩具。或是全家人围在一起，把玩具小车给宝宝，让宝宝递给爸爸；把小球给宝宝，让宝宝传给妈妈；把布娃娃给宝宝，让宝宝丢给奶奶，依此类推。如果宝宝做对了，就抱起来亲亲，或是给一些小点心当鼓励。

4. 敲打铃鼓。爸爸妈妈用手指敲打手鼓或者用棍子敲打空罐头盒发出响亮的声音，会引起宝宝的兴趣，并学着用手或用棍子去敲打。这些声音是宝宝喜欢听的，用不同的动作使不同的玩具发出声音，如果在玩小鼓时配上音乐，宝宝可以按节拍同妈妈一起敲打。通过敲敲打打可锻炼手的技巧，宝宝要用手或小棍敲中鼓面才能发出声音。宝宝通过听音乐可以改进自己打鼓的技巧，使手、眼、耳互相协调而使技巧进步。

家庭环境的支持

防止对某些物品的依赖

这个月开始，宝宝除了吮吸手指、啃手指之外，还可能会吮吸身边的枕巾、毛巾被、衣服的袖口等等。这种吸吮物品的现象，如果不及时加以纠正的话，长期下去就可能会使宝宝对这些东西形成依赖，变成恋物癖。有的宝宝到了六七岁甚至更大，还会在睡觉的时候找自己的枕巾、被单等，如果没有这些东西在枕边的话就很难睡着或睡不踏实，这就是一种对物品的依赖。这种依赖一旦形成习惯，就很难戒掉，所以从现在开始，爸爸妈妈要注意观察自己的宝宝，如果宝宝有这方面倾向的话，一定要及时予以纠正。

分散宝宝的注意力是最好的防止办法，当宝宝总是拿同样的东西吮吸，无论吃饭、玩耍还是睡觉都离不开这种东西的话，爸爸妈妈可以多给宝宝一些玩具，或是抱着宝宝到户外看看花花草草，使宝宝暂时忘记手里的东西。另外，要勤给宝宝更换身边的衣物，让宝宝没有固定的物品可以依赖。再有，平时要多陪宝宝，多和宝宝交流、玩耍、互动，当宝宝在睡觉的时候，清除身边一切多余的东西，不要让宝宝咬着或抱着东西睡觉。

多和宝宝说说话

大约从 6 个月开始，由于视觉能力和运动能力的发展，宝宝不再满足于和妈妈面对面的两人互动，开始对外界物体表现出极大的兴趣。这时家长就可以改变策略，在洗澡、吃饭、游戏、看图等日常活动中，和宝宝共同注意、探索并交流外界的事物，在交流中提高宝宝的认知能力，同时还能促进宝宝的语言发展。

宝宝学会说话并不是一蹴而就的，离不开爸爸妈妈的引导和互动。这个月大的宝宝经常会发出一些单音节的字和简单的复音节，爸爸妈妈也要多多回应宝宝，不能置之不理。研究表明，宝宝更喜欢大人缓慢的语速、夸张的语气和高扬的声调，这种说话方式可以帮助宝宝从一串串连续的语句中识别某些重要的词语，从而使他更好地理解并学习这些词语。因此，当宝宝发出咿咿呀呀的语言时，爸爸妈妈要用这种儿童化的语音予以回应和交流，这样这种互动一方面有助于加强促进亲子关系的顺利发展；一方面也可以帮助宝宝日后成为一个乐于与人交往的人。

要知道，宝宝学会说话与爸爸妈妈日复一日的重复性的交流密不可分。父母是宝宝第一语言老师，这就要求爸爸妈妈尽量用清晰标准的发音和宝宝对话，对话时尽量面对着宝宝，让宝宝看到你的口型，并鼓励他去模仿。宝宝学习语言要有语言环境，要和周围的情景、实物联系起来，而通过电视、广播、电脑光盘等让宝宝学语言的方式，是很不可取的。

刚开始说话的宝宝，语言不清楚、片断化是很正常的，即使爸爸妈妈不明白宝宝在说什么，但也要保持安静、专注的神色倾听宝宝的表达。安静的神色和饶有兴趣的表情能鼓励宝宝更有信心地把自己的想法和感受表达出来，这会大大提高宝宝语言的发展速度。

室外活动

这个月宝宝的户外活动范围可以增大了，可以带着宝宝到稍远一点的公园，让宝宝有机会看到更多的外界景观。还可以让宝宝认识自然景观，给宝宝指认着太阳、月亮、星星、雨、雪、雾等等，提高宝宝的认知能力。

可以告诉宝宝更多的东西，比如讲给宝宝听，太阳一出来，天就亮了；太阳一落山，天就黑了，星星就出来了，像宝宝的眼睛一样一眨一眨的。不要认为宝宝什么都不懂，要尽量多地将周围的事物描述给宝宝听，这样宝宝很快就能认识并了解这些东西。

除了给宝宝讲之外，也可以让宝宝自己去亲身感受。比如下雨的时候，可以让宝宝伸出小手接一接雨水，让宝宝感受雨水落在手心上的感觉，但注意不能让宝宝淋雨。遇到有风的天气，可以让宝宝感受一下风吹在脸上的感觉，但不能让宝宝吹太猛烈的风。这些感觉上的体验都有助于强化宝宝的知觉，会让宝宝留下更深的记忆。

随着宝宝运动能力的加强，出去玩的时候危险性也就随着加强，所以带着宝宝户外活动的时候，家人必须一刻不离地盯着宝宝，同时也要远离任何可能会给宝宝带来危险的场所，例如公园的水池、小区里的电线电缆箱等。

玩具

容易抓取的小球、能发出响声的玩具、像小型汽车那样可拖拉的玩具、玩具电话、小木琴、小鼓、金属锅和金属盘、当挤压时可以吱吱叫的橡皮玩具及不易撕坏的布质的书都是宝宝不错的玩具，可以锻炼宝宝手部的活动能力；色彩鲜艳的脸谱、各种五颜六色的塑料玩具、镜子、图片、小动物，能发出悦耳动听的声音的小摇铃、拨浪鼓、八音盒、风铃，有不同手感不同质地的玩具如绒毛娃娃、丝织品做的小玩具、床头玩具、积木、海滩玩的球等，可以发展宝宝的视觉、听觉和触觉。

8个月大的宝宝已经有不少的发现，他们能够认识玩具、家具等多种用具，面对积木，宝宝会开始运用两只手，他们知道两块积木相碰会发出响声，一个叠在另一个上面就会比单独一块积木高，而且还可以用积木叠成多种不同的形状，所以这个时候，爸爸妈妈也可以给宝宝准备一套积木块让宝宝玩。

在为宝宝购置玩具的时候，除了玩具的材质、颜色和形状之外，还要考虑玩具的整体结构，因为玩具上的螺丝松动、小零件的脱落，再比如玩具娃娃的眼睛等，这些都有给宝宝带来危险的可能。给宝宝的玩具除了要定期消毒注意卫生之外，在每次给宝宝玩的时候，都要先认真检查一遍，如果发现有安全隐患的话，就应该舍弃，不能再给宝宝玩。

多多练习爬行

爬行是婴儿期最重要的感觉综合练习，能够促使前庭和小脑发育、腰部的肌肉发育，也能促使脊柱延长从而使身体长高，还能使骨骼强健，为以后锻炼耐力打下基础。经常练习爬的宝宝神经纤维联系成网较早，视听动作协调灵敏，分辨能力高，对以后的学习、成长会产生深远影响。绝大多数的宝宝在这个月已经能灵活自如地爬行了，但也有些宝宝依然还显得比较笨拙、还有爬行倒退，或是比较胆小的宝宝还不敢自己向前爬。因此，在这个月爸爸妈妈依然要让宝宝多多练习爬行。

练习爬行可以从翻滚练起。让宝宝躺在柔软、平整的垫子上玩，家长把小球或小车从宝宝身边推出一小段距离，让宝宝去够取，宝宝就会想方设法地翻转360° 去够取。

当宝宝顺利地够到玩具后，必然会感到兴奋和自豪，此时的兴致也特别高昂，此时爸爸妈妈就可以趁势让宝宝练习爬行。在练习的过程中，可以把家里的小席子卷成筒状，让宝宝趴在席子上，将席子一边压在身下，然后家长推动席子，让宝宝随着席子的展开而朝前爬；还可以让宝宝趴在地上或床上，爸爸和妈妈一个人在宝宝前面，一个人在宝宝后面，前面的人牵宝宝的右手，后面的人就推宝宝的左脚，牵宝宝的左手时，就推宝宝的右脚，让宝宝掌握手脚的配合；或是用一条毛毯将宝宝腹部兜住，爸爸把毛毯提起，这样宝宝的体重就会落在手和膝上，然后推动宝宝左手、右脚，前进一步后，换推动宝宝右手、左脚，轮流进行，宝宝就能轻快地爬行。在做爬行训练的时候，要注意不能目标放置得离宝宝过远，要放在宝宝通过努力就能到达的地方，这样可以使宝宝更有自信，从而更有动力地主动学习爬行。

此外，在训练中也要注意适时休息，并且要多给宝宝赞扬和鼓励。

需要注意的问题

可能出现的事故

这个月的宝宝最常见的安全小事故，就是想站却没站好而摔倒、手里没有抓稳东西而滑倒。这时候的宝宝身体上的磕碰是常有的事，所以最好是把家里有棱角的家具都包好、有危险的用品都收到宝宝拿不到的地方。需要注意的是，如果把刀子、打火机、药片等危险物品放到比较低的抽屉里，一旦抽屉门没有拉紧关严，那么宝宝还是能把这些东西掏出来，所以应该把这些东西放在比较高的位置，这样宝宝无论如何都碰不到了。一般的磕碰对此时的宝宝都没什么大碍，这个月更需要警惕的是坠落、烫伤和吞食异物。

这么大的宝宝能够爬上一个比较矮的凳子、椅子，一旦重心不稳就会摔下来，如果是爬上凳子后再翻过阳台的护栏那后果将更可怕；他还会不经意间把热水瓶碰翻、把桌子上的热菜热汤打翻，所以也很容易被烫伤。此外，这时的宝宝也有发生头朝下掉进浴盆、扎到马桶里的危险，家长要特别小心。

当宝宝好不容易站立起来之后，马上又要摔倒时，家长都会忙不迭地过去接他，这时如果只拉他一只手的话，一不小心就会使宝宝肩关节脱位或错位。比较妥当的办法是拉住宝宝的双手，这样就比较安全了。这个时候最好不要给宝宝使用学步车，除了不利于宝宝的身体发育之外，也会有一定的危险因素。因为此时宝宝的腿部已经很有劲，当速度很快碰到物体上的时候，就有戳伤手指或碰伤头部的可能。

再有，平时不要让宝宝把小勺在嘴里玩，因为如果养成习惯的话，小勺一旦掉进嘴里，就会使口腔受伤。冬天的暖炉、电暖气和夏天的风扇，最好都能加上防护，防止宝宝乱碰乱摸造成危险。

带着宝宝出门的时候，如果用婴儿车应注意检查好婴儿车的安全牢固，特别是车轴和挂钩的位置，防止某些零件突然松脱给宝宝带来危害。

断奶综合征

传统的断奶方式往往是当决定给宝宝断奶时，就突然中止哺喂，或者采取母婴隔离的方式。一旦在宝宝断奶之后没有给予正确的营养，如没有及时供给足够的蛋白质，那么时间一长宝宝就容易出现进食量减少、体重不增加、哭闹、腹泻等症状，有时身上的皮肤还会由于干燥而形成特殊的裂纹鳞状。这些由于断奶不当而引起的不良现象，在医学上称为“断奶综合征”。

要预防断奶综合征，关键在于断奶期间的合理喂养，特别是要注意补充足够的蛋白质，同时还要多吃新鲜水果和蔬菜来补充维生素。

断奶期的宝宝由于原有的饿了就吃奶的饮食规律被打乱，如果没有及时调整的话，很容易陷入饮食混乱无条理的状态，所以在断奶期间要帮助宝宝规律一日三餐，例如这个月的宝宝可以在每天上午 10 点、下午 2 点和 6 点安排吃三餐辅助食物，早上起床后和晚上睡觉前吃两次奶。而到了 9 个月时，除了在睡前吃奶，其他的饮食和大人一样，按照早、中、晚三餐吃辅食，可以在午餐前后加一次点心。到了 10 个月，可以渐渐延长睡前喂奶的间隔时间，直到最终完成断奶。

断奶期的饮食要特别重视早餐。因为宝宝早晨醒来的时候食欲最好，这时就应喂以质较好、量充足的早餐，以保证宝宝上半天的活动需要；午餐的食量是全日最多的，晚餐宜清淡些，以利睡眠。

断奶期间的辅食应该选择质地软、易消化并富于营养的食品，注意辅食中淀粉、蛋白质、维生素和油脂的平衡量；在烹调上要切碎烧烂，可以采用煮、煨、炖、烧、蒸的方法，但不宜用油炸；每天的进餐次数以每天4～5餐最好；制作方法可以丰富多变，否则时间一长，宝宝会产生厌烦情绪，影响食欲而拒食。

烫伤

这个月的宝宝发生烫伤的很多，除了家长在护理过程中不小心之外，宝宝的调皮捣蛋也会令自己受伤。

烫伤的情况不一样，如果是碰到了烟头烫伤的话，一般都比较轻，是把手指表皮烧红，不用管它也会自然痊愈。但是如果打翻了热水瓶，或是碰翻了刚刚出锅的热汤，那这种烫伤就比较严重了，多半会令表皮迅速起泡、脱皮、组织液渗出，这时就要求在简单的紧急处理后立即送到医院请医生救治了，这种烫伤一旦拖延时间的话，就有可能使伤口感染、化脓，如果烫伤面积较大的话，甚至还会有生命危险。

当手、脚等裸露部位发生烫伤时，必须马上严格检查烫伤部位。如果烫伤的范围很小，如手指的一小部分或手掌的极小部分，烫伤处的皮肤只是稍微有点发红，可以用凉水冲洗烫伤处后擦干皮肤，在患处涂上抗生素软膏，用纱布轻轻包扎，并注意及时更换清洁就可以了，通常不会有什么大问题。如果烫伤处起泡、脱皮了，就要立即去医院请医生处理，绝不能自己在家把水泡挑破，或是在患处涂抹香油、酱油等东西，这些自行处理的办法往往是引起化脓，使烫伤部位留下伤疤的主要原因。

如果宝宝被开水泼到了身上，不能急着先脱衣服，应该先用自来水大面积冲洗开水烫到的位置，尽量降低开水的温度，缓解皮肤的疼痛。由于开水烫伤的情况多数比较严重，烫伤处会有起泡、脱皮等现象，所以最好是用剪子直接把宝宝的衣服剪开，因为这时衣服的某些地方很可能已经和破皮的皮肤粘连，脱衣服硬拉硬扯的话极有可能加大宝宝皮肤上的创伤面，这样就更难处理了。

如果宝宝是被硫酸、盐酸、硝酸、苛性钠等烧伤的话，应先用清水冲洗后立刻就医。当然，这种情况是比较少见的。

宝宝被烫伤以后都会大声哭闹，并且表现出痛苦，这时候的家长千万不能看到宝宝痛苦就慌了手脚，当看到宝宝烫伤后，应第一时间先用自来水为烫伤处降温以缓解疼痛，然后再根据烫伤面积的大小、严重程度做进一步处理，但不能用冰块直接敷在患处降温，过冷的刺激会对皮肤造成更大的伤害；或是在患处搽酱油，这也不能起到对烫伤的缓解治疗作用；也不能涂抹护肤霜，避免引起进一步的过敏症状。

腹泻

现在宝宝的腹泻很少是由细菌引起的了，如果家里没有大人腹泻的话，那么宝宝一般都不会因为受到细菌感染而引起腹泻。这个月龄宝宝的腹泻，多数和添加的辅食有关。

超量喂食引起的腹泻非常常见。如果宝宝的腹泻物粗糙，呈绿水样或糊样，量多，泡沫多，有酸臭味，有时可以看到粪便中有小白块和多量的食物残渣，或未消化的食物，而且每天排便次数多达10次以上，那应该是碳水化合物过量，主要是因为吃了太多淀粉食品如米糊、米粉等造成胃肠内淀粉酶相对不足，导致肠内淀粉异常分解而引起发酵性消化不良，进而出现胀气和严重腹泻；如果宝宝的排泄物呈灰白色稀便或糊状，量较多，外观似奶油，内含较多奶块或脂肪滴，臭味较重，每日排便3～5次或更多，那就是脂肪过食。

过食性腹泻是喂养方式失误造成的，对于过食性腹泻患儿首先应大体计算一下，按生理需求需要多少蛋白质、淀粉和脂肪，根据病情和消化功能，予以科学调整，在限制进食的同时，补充适量维生素 B_1、B_6 及多酶片等，以帮助消化。

相对过食性腹泻，也有的宝宝是因为吃得太少而引起腹泻。宝宝吃的数量少，营养摄入自然就少，进而也会引起胃肠消化功能的紊乱。由于吃得少引起腹泻的宝宝，大都伴有类似感冒的症状，但不发热，食欲也好，也挺精神，只是体重增加缓慢或是不增加。只要给宝宝适当添加辅食的量，等到宝宝的体重开始增加的时候，就说明营养已经恢复，腹泻不久也会停止。

初冬季节，宝宝如果呕吐，也不喝牛奶，大便水样腹泻的话，就应考虑是冬季腹泻。这种腹泻在 9 个月以上的宝宝中较常见，但这个月龄的宝宝也决非没有。

坠落

这个月的宝宝从高处摔下来也是比较常见的，最多的就是从大床上摔下来，或是翻过婴儿床的栏杆头朝下地跌下来。这种 1 米以内的坠落虽然会让宝宝立即哇哇大哭，但多数都不会有什么严重的问题，也不会留下什么后遗症。

如果宝宝坠落后立即哇哇大哭，且哭声洪亮有力，哭一会儿自己就能停止，又能像以前一样玩耍、吃东西的话，就没什么问题，家长不需要太担心，注意观察宝宝就行了。比较麻烦的是宝宝坠落后不哭不闹，面容呆滞，或是暂时性地失去知觉，这时就需要马上带着宝宝到医院做进一步的检查。如果宝宝坠落后出现呕吐的话，也应立即抱到医院请医生诊治。

由于婴儿头重脚轻，所以一旦坠落，多半都是脑袋首当其冲被撞个大包，这是由于头骨外部血管受伤引起出血所造成的肿块。这个时候千万不能揉肿块，否则会令出血更为严重，应用冷敷的方式来加快淤血的散去。如果头皮被蹭破有轻微出血的话，可以涂抹一些红药水，并注意做好创伤局部的护理就可以了。如果宝宝外伤出血比较严重的话，就不能自行处理，需要到医院请医生帮忙处理。

除了在家里坠落，从楼梯上摔下来的情况也是有的。这种情况和从床上跌落一样，宝宝哇哇地哭一会儿，头上磕起了包，没有任何异常症状，基本都不严重。也有只注意头部而忽略了其他部位的创伤的，尽管这种情况很少，但也绝非没有，偶尔会出现因为从楼梯上坠落而伤了脾或肾的。如果伤了肾，小便会因出血而发红；如果伤了脾而出血，脸色会发灰，肚子肿胀，情绪不好，不爱吃东西。一旦发现有上述症状，就要立即送到医院，必要时需要通过手术止血。比较容易忽略的是锁骨骨折，表现为坠落一两天之后一抱宝宝的腋下，宝宝就因为疼痛而哭泣，让宝宝举起双手时，锁骨骨折这侧的手很难举起来。

夜啼

前几个月一直有夜啼习惯的宝宝在这个月可能依然会夜啼，爸爸妈妈只要像以往那样哄一阵基本就能解决这个问题。对宝宝的夜啼，爸爸妈妈要有耐心和信心，要相信随着宝宝慢慢长大，夜啼的毛病都能慢慢消失。

当宝宝夜里哭闹的时候，如果爸爸妈妈将宝宝抱起来，又是哄又是颠，闹得比宝宝还热闹，这非但不能令宝宝安静下来，还会造成一定的危险。婴儿的脑袋无论长度、重量在全身所占的比例都较大，加上颈部柔软，控制力较弱，大人的摇晃动作易使其稚嫩的脑组织因惯性作用在颅腔内不断地晃荡与碰撞，从而引起婴儿脑震荡、脑水肿，甚至造成毛细血管破裂。所以这种行为是坚决要避免的，以免给宝宝带来不必要的伤害。

如果前几个月从不哭闹的宝宝在这个月的某一天突然开始哭闹，就要想到某些疾病的可能。因为一般来说，以前没有夜啼的宝宝在这个月不太可能出现夜啼，只要出现就说明可能有某些异常问题出现了，最好是请医生看一看。如果宝宝是哭闹一阵后就停下来，过个3～5分钟又开始哭闹，然后再安静下来。如此反复的哭闹就有肠套叠的可能，特别是比较胖的男宝宝更应高度怀疑，必须请医生帮忙诊治。

顽固便秘

如果宝宝便秘比较顽固、甚至导致肛裂出血的话，可以为宝宝进行1～2次的开塞露注入或灌肠。开塞露主要含有甘油和山梨醇，能刺激肠子起到通便作用，使用时要注意，当将开塞露注入肛门内以后，爸爸妈妈应用手将宝宝两侧的臀部夹紧，让开塞露液体在肠子里保留一会儿，再让宝宝排便，这样的效果会比较好。也有些家长会用肥皂条帮助宝宝排便的，同样能起到一定效果。

但是，事实上，这些方法都会让宝宝的大肠撑得更大，像气球撑久了再放掉，已经没有弹性。这种慢性便秘，如果不治疗的话，长久下来会造成大肠无力症，就是排便无力的现象，最后的治疗，是把整段大肠完全切除。所以宝宝便秘，还是需要长时间慢慢治疗，千万不能急着用塞剂、灌肠快速处理，更不能经常使用，否则会造成严重的后果。

由于宝宝能吃的东西越来越多了，所以最安全的办法是通过饮食来解决便秘的症状。可以给宝宝多吃些红萝卜、白萝卜、红薯、花生酱、芝麻油、芹菜、菠菜、小米面、玉米面等利于通便的食物，当然有的时候一种食物对宝宝无效，但只要家长有耐心多试几种的话，都能找到能治疗宝宝便秘的食物。

给宝宝吃得过于精细也会导致便秘，所以在日常饮食中应适当给宝宝加些粗粮。再有，钙片也会导致宝宝便秘，所以在给宝宝吃钙片补钙的时候，更应注意日常膳食的合理搭配，尽量避免宝宝出现顽固性便秘的症状。

爱咬指甲

这个月的宝宝直接咬指甲是比较少见的，多数都是由吮吸手指变成了啃指甲，这种行为和乳牙的萌出有关。不对宝宝进行任何干预是不对的，但也不能采取强硬的措施硬性干涉。最好的办法是转移宝宝的注意力，给他手里递些玩具，把他的手拿出来拉拉拍拍，都是比较不错的办法。

指甲和指甲缝是细菌滋生的场所，虫卵在指缝中可存活多天。宝宝在咬指甲时，无疑会在不知不觉中把大量病菌带入口腔和体内，导致口腔或牙齿感染，严重的还会引发消化道传染病，如细菌性痢疾、肠道寄生虫病如蛔虫病、蛲虫病等。

对于平时爱吮吸手指和咬指甲的宝宝，应注意做好手部的清洁卫生，勤给宝宝剪指甲，以免宝宝将手上的细菌带入口腔。当把宝宝的手从嘴里拿出来的时候，要把手上和嘴角的口水擦洗干净，以免长时间口水的堆积使手指或嘴角的皮肤发白溃烂。

一般来说，周岁以上到学龄前后的宝宝咬指甲可能与缺锌或是某些心理问题有关，但这个月龄的宝宝咬指甲通常和这些是没什么关系的，只要合理转移宝宝的注意力，基本上随着宝宝的成长，这种行为就会消失。

用手指抠嘴

宝宝吮吸手指的动作在这个月开始“升级”，演变为用手指抠嘴，严重时甚至会引起干呕，如果刚吃完奶的话很可能会把奶抠出来。可即使宝宝抠嘴抠到了干呕、吐奶，往往过不了几分钟后又会重蹈覆辙，继续抠，让爸爸妈妈很是头疼。

抠嘴是这一月龄宝宝的一个特征，过了这段时间都会好，但是抠嘴既不卫生，也会影响宝宝的发育，因此爸爸妈妈还是应当予以纠正。这个月的宝宝之所以爱抠嘴，一是因为手的活动能力增强了，可以自由支配自己的手指，二是因为出牙导致牙床不舒服，于是宝宝就总是试图把手指伸到嘴里去抠，希望能缓解出牙的不适。

当明白了宝宝为什么抠嘴，爸爸妈妈就知道如何去解决了。平时可以多给宝宝一些方便咀嚼的食物，让他磨磨小乳牙，以促进牙齿的生长，缓解牙床的不适，或是用冷纱布帮宝宝在牙床处冷敷，也能起到舒缓的作用。当看到宝宝抠嘴的时候，可以轻轻地把他的手从嘴里拿出来，给他点别的东西让他拿在手里，转移他的注意力。也可以轻轻地拍打一下他的小手，严肃地告诉他“不”，但不能严厉地打骂，否则会令宝宝恐惧大哭，也起不到任何积极有效的作用。

这么大的宝宝还听不懂爸爸妈妈长篇累牍的大道理，但对于大人的语气、表情和一些简单的如“好”“不好”之类的判断词还是能够感受和理解的。所以家长即使再着急再生气，也不能把宝宝拉过来大声呵斥，更不能体罚，也没必要给宝宝赘述一堆大道理，只要用严肃认真的表情告诉宝宝“好”、“不好”或是“对”、“不对”就可以了。要知道，宝宝不会一直都这么做，只要过了这一阶段，都能慢慢地好起来。

婴儿肺炎

以往婴儿的肺炎主要是由肺炎球菌引起的，只要看到宝宝有突然发热、呼吸困难、咳嗽，并有疼痛表情，就可以确定为急性肺炎，用听诊器听胸音时，呼吸音反常，用手指叩诊也能感到声音不好。但现在由肺炎菌引起的肺炎已经很少了，大部分婴儿肺炎都是由病毒和支原体所引起的。因此，患有感冒、发热、咳嗽的宝宝，家长一般很难判断到底是单纯的感冒发热还是已经引起了婴儿肺炎。如果宝宝平时身体较差、并有气喘痰鸣的话，当患感冒时，用听诊器能听到“啰音”，并且有高热，就基本可以诊断为肺炎，但也要根据 X 光照射检查来判定病症。

由病毒引起的肺炎目前还没有特效药，但多数能够自愈。由支原体引起的肺炎可以用抗生素予以治疗，但要严格掌握用法和用量。

如果宝宝经诊断患上了肺炎，应特别注意室内的环境，要保持安静、整洁和舒适。室内要经常通风换气，并保证必要的空气湿度，一般相对湿度以 55% 左右为宜，必要时可以用加湿器进行调节。或是对宝宝进行冷空气疗法，将宝宝用棉被包严，戴好帽子只露出脸，打开冷气或窗户，或抱到冷室，一般温度最好在 5℃ ~ 10℃，最低不低于 5℃。一般 5 ~ 10 分钟后，烦躁的宝宝就能安静入睡，呼吸均匀，面色转红，这时可以将冷空气浴的时间延长到 0.5 ~ 1 个小时，每天 2 ~ 3 次。宝宝咳嗽严重的时候，可以抱着他，这样比让他躺着更容易咳痰。如果宝宝的气喘仍然不见好转的话，则需要输氧代替。

由于患了肺炎的宝宝通常高热，使呼吸加快，水分消耗大大增多，因此应注意保证足够液体的摄入量，多给一些奶、白开水、糖水、米汤、菜水和果汁等。当宝宝退热之后，可以给予稀粥、面片、蛋羹等半流食，并根据病情的好转而不断增加，以保证患儿足够的营养。

不让把尿的宝宝

这个月的宝宝可能会让妈妈成功把尿，但如果希望宝宝能把所有的尿都尿到尿盆里，那几乎是有些难为宝宝了，因为这时候的宝宝还不能控制自己的小便。

白天把尿一般都比较顺利，到了晚上如果宝宝因为膀胱里存尿不舒服醒了的话，妈妈把尿也能比较顺利，但如果强行把宝宝弄醒了把尿的话，宝宝自然就会反抗。如果宝宝晚上不醒的话，那么就不要打扰宝宝，让宝宝把尿尿到尿布上就可以了。

如果宝宝总是把尿打挺的话，也没必要强求，毕竟这个月的宝宝依然还是离不开尿布的。

不会爬的宝宝

爬行可以促进宝宝四肢和躯体的协调平衡能力，使全身肌肉得到锻炼；还可以促进宝宝感知觉以及深度知觉的发展，有助于增进宝宝的理解判断力。绝大多数宝宝在这个月都会用四肢向前爬了，但也有的宝宝还依然使用肚子匍匐向前，不懂得用四肢向前爬，或是还依然向后爬，再或者就是把腿收起来，屁股翘着利用上身向前拱着走。

对于宝宝这些奇奇怪怪的爬行问题，爸爸妈妈只要坚持耐心训练，帮助宝宝做好四肢的协调运动，宝宝慢慢就能学会爬行。不能因为宝宝不会爬就认为宝宝比较笨或是运动能力发育落后，只要宝宝懂得协调身体的两侧，就没有什么问题。可以继续加强爬行训练，在宝宝可以触及的范围内放置一些引诱宝宝向前的玩具，鼓励宝宝前行，不能因为宝宝不会爬就总是将他抱在手上，这样就剥夺了宝宝自己玩耍、爬行的机会。虽然有的宝宝到了10个月才会爬，但爸爸妈妈还是要尽最大的努力让宝宝及早学会爬行，因为爬行对促进宝宝的大脑发育有着非常重要的作用。

也有些宝宝，没学会爬行就先会走路了，这时也没有必要非得让宝宝学爬不可。但如果宝宝走路的姿势异常、不对称、动作不协调、运动技能明显落后的话，就需要做进一步的评估，来评测宝宝是不是有医学或发育方面的问题。

不出牙的宝宝

大多数宝宝到了这个月，都能萌出2～4颗乳牙了，有些出牙早的宝宝甚至能长出6颗乳牙，但也有的宝宝此时的乳牙还依然是“犹抱琵琶半遮面”，迟迟不肯出现。

婴儿出牙的早晚有很大的个人差异，一般来讲，女宝宝比男宝宝牙齿钙化、萌出的时间要早，营养良好、身高体重较高的宝宝比营养差、身高体重较轻的宝宝牙齿萌出早。另外牙齿萌出的早晚与种族、环境、气候、疾病等都有着密切关系。宝宝的乳牙早在胎儿期时就已经长出了牙龈，只是没有破床而出，长牙是迟早的事。也有的宝宝可能迟迟不长牙，但突然有一天，牙齿就像雨后春笋般冒了出来，所以此时的宝宝不长牙，爸爸妈妈可以耐心等待一段时间，没有必要视为异常，一周岁之后才出牙的宝宝也是有的。

为了长牙，就给宝宝补充大量的钙和鱼肝油是不可取的。因为过量的钙和鱼肝油非但对宝宝乳牙萌出没有任何积极的促进作用，反而有可能导致维生素过量甚至中毒，或是钙过量引起大便干燥，严重者还会造成肝、脑、肾等软组织钙化。为了促使宝宝的牙齿尽快长出来，可以多给宝宝吃点有咀嚼性的东西，例如磨牙棒、饼干、面包等等。

家长要知道的是，婴幼儿的长牙周期都不尽相同，虽说应在约6个月左右时长出第一颗牙齿，不过就乳牙而言，出牙的时间差距在半年之内都算正常，而恒牙萌出时间的合理差距甚至可延长至1年。所以，一般情况下没有必要过度担心，通常宝宝只是长牙时间的快慢不同，并不会影响到牙齿的功能。

爱哭闹的宝宝

婴儿哭闹的原因有好多种，只要在哭闹的时候没有其他异常不适的症状，如腹胀、发热、大便异常等，就不是疾病原因。但宝宝如果每天总是无缘无故地持续哭闹好几个小时，怎么哄都哄不好的话，那么家长就要耐心寻找当中的原因了。

宝宝这种持续性的哭闹，有可能是因为食物过敏不适所造成的。对于母乳喂养的宝宝，妈妈要尝试改变她们自身的饮食习惯，减少对乳制品和咖啡因的摄入，避免辛辣和容易产生肠气的食物，例如洋葱或白菜等，观察宝宝是否会随着妈妈饮食的改变而减少哭闹；对于人工喂养的宝宝，可以尝试着改变配方奶的品种，如疑为牛奶蛋白过敏的话，就改为大豆蛋白配方奶喂养；对于添加辅食的宝宝，如对某种辅食过敏，除了哭闹之外还会出现消化、排便等其他异常表现，只要爸爸妈妈细心观察，就能找到这种过敏食物。

改变宝宝的感觉刺激也能缓解宝宝的持续性哭闹，如当宝宝哭闹的时候，竖着将宝宝抱起来，让宝宝紧贴在妈妈的身体上，头靠着妈妈的肩膀，听着妈妈的心跳；轻轻摇动并安慰宝宝，用一块大而薄的毯子把孩子包在襁褓中，让他觉得有安全感；播放一些有助于平静的声音，如风扇的嗡嗡声或心跳的声音，这些能让宝宝回想起在母腹中时的声音有助于使他们平静下来；用按摩油对宝宝进行腹部按摩，或是把温热的热水袋放在宝宝的腹部，但要注意水温不要太烫，避免将宝宝烫伤；抱起宝宝看看外面的环境或是新鲜的事物，转移宝宝的注意力；还可以给宝宝洗个温水澡，也能调整宝宝哭闹的状态。

如果宝宝哭闹并伴有枕秃、生长发育迟缓的话，就要考虑是缺钙的原因，应适当给宝宝补钙，多晒晒太阳，补充些含钙丰富的辅食。

爱出汗的宝宝

汗是由皮肤汗腺分泌的，汗腺是人体皮肤调节体温的重要结构之一。婴幼儿皮肤的含水量较大，皮肤表层微血管分布较多，加上汗腺开始变得发达、新陈代谢越来越旺盛、平时活动量越来越大，因此宝宝特别爱出汗，身上总是汗津津的，特别是夏天的时候更是如此。

宝宝多汗大多是正常的，医学上称为生理性多汗，多在吃饭、睡觉、跑跳和游戏后出汗，大多数都是头部和颈部出汗。对于爱出汗的宝宝，爸爸妈妈要注意及时为宝宝擦干身上的汗液，保持身体的清洁卫生，按时洗澡，平时多注意补充水分，不要穿得过多，睡觉的时候被子也不要盖得太厚。如果看到自己的宝宝出汗比别的宝宝多，就认为宝宝是不正常的，这是完全没有必要的。每个人的体质都不相同，只要宝宝没有任何异常情况，精神十足，多出些汗也是无妨的。

头发稀黄的宝宝

有的宝宝刚出生的时候头发又浓又黑，但是慢慢地就开始变得又稀又黄了，做家长的未免开始担心宝宝是不是营养不良或是缺少某些微量元素了。

宝宝在 1 岁以内头发稀黄属生理现象，一般来说不是疾病。宝宝刚出生时的发质与妈妈怀孕时的营养有很大关系，而出生后的发质与自身营养、遗传和护理都有关系。如果出生后营养不足，体内缺锌、缺钙的话，就会使头发质量下降，但这个月龄的宝宝由于缺乏营养而致使头发发黄的还很少见。如果爸爸妈妈一方头发质量就不好的话，那么宝宝的头发质量也就有可能不太好。

判断宝宝是否是由于营养不良引起的头发稀黄很简单，如果宝宝的头发不但发黄发稀，还缺少光泽、像干草一样的话，就说明可能是营养摄取不足；但如果宝宝的头发除了比较黄之外，有光泽又柔顺的话，那就不是营养不良。

如果是因为营养问题造成的头发稀黄，可以在日常饮食中增加一些含铁、锌、钙多的食物，如牛奶及奶制品、豆类、蔬菜、虾皮等钙量较高的食物，以及肝脏、肉类、鱼类、油菜、苋菜、菠菜、韭菜等含铁量较多的食物。

以往有些老人认为宝宝头发突然变得稀黄，剃秃了养一养就能好起来，但事实上，这种做法非但可能达不到将头发养黑养亮的效果，还可能造成外伤。当宝宝的头皮受伤以后，由于对疾病抵抗力较低，很容易使细菌侵入头皮，引起头皮炎或毛囊炎，从而影响头发的正常生长。

小腿发弯的宝宝

随着月龄的增长和能力的发展，有的宝宝渐渐出现了小腿发弯的现象。当发现宝宝的小腿发弯时，多数爸爸妈妈都会担心宝宝是不是有 O 形腿、X 形腿，但其实在这个月龄的宝宝，小腿出现弯曲不一定都是患病的表现，有些是正常的。

1 岁以内的婴儿，其两条小腿看上去常显弯曲，是因为小腿内侧的一根长骨（即胫骨）所附着的肌肉较外侧的要薄，所以乍看上去，宝宝的两条小腿就有点弯曲感，这其实是一种错觉。此外，这个月龄的宝宝由于刚刚开始学站，两腿还不能很好地承受自己的身体重量，所以暂时也会出现小腿弯曲，一般到 2 ~ 3 岁即能恢复正常。这种正常的小腿弯曲在 X 线片上是看不出佝偻病的表现的，所以爸爸妈妈如通过医生的检查发现无异常的话，可以照常对宝宝进行站立的训练，还可以帮助宝宝向前迈几步，但注意时间不能过长，一般一天 2 ~ 3 次，一次几分钟即可。

不正常的小腿弯曲即佝偻病，是由于缺钙而使骨质疏松、软化所引起的。患有佝偻病的宝宝在站立的时候，由于下肢不能负重，就会出现小腿弯曲，也就是平时所说的 O 形腿、X 形腿。佝偻病 O 形腿患儿小腿的弯曲程度比正常现象的弯曲要严重，检查时若将两踝关节并拢，两膝关节往往分开不能并拢，两膝之间的空隙超过 3 厘米。而 X 形腿则是两膝关节并拢而踝关节不能并拢，两踝之间距离在 3 厘米以上。X 线片上不仅仅小腿骨弯曲，还有其他佝偻病的特征表现。

但是毕竟佝偻病的情况还是比较少见，多数这个月龄宝宝的小腿弯曲都是发育过程中的正常现象，爸爸妈妈没有必要盲目担心。

第 270 ~ 299 天（9 ~ 10 个月）的婴儿

发育情况

这个月宝宝的体重和身高增长速度与上个月没有大的差别。男宝宝在这个月重 8.6 ~ 10.6 千克，高 71.0 ~ 76.3 厘米；女宝宝在这个月体重为 7.9 ~ 9.9 千克，身高 69.0 ~ 74.5 厘米。本月宝宝体重将增 0.22 ~ 0.37 千克，身高仍和上个月一样，增长 1 ~ 1.5 厘米。

宝宝的头围增长速度依然和上个月一样，平均一个月增长 0.67 厘米。大部分宝宝到了这个月，已经很难看到前囟搏动了。除了可能会在高热时看到之外，平时仅仅能看到一个小小的浅凹；头发浓密的宝宝则什么也看不出来，但也有的宝宝前囟依然还是比较明显，还能清楚地看到宝宝的囟门跳动。此外宝宝在这个月将长出 4 ~ 6 颗乳牙。

养育要点

营养需求

这个月宝宝的营养需求和上个月相比没有大的变化，注意添加补充足量维生素 C、蛋白质和矿物质的辅食，还要通过牛奶补充足够的钙质，通过动物性辅食如瘦肉、肝脏、鱼类等补充必需的铁质。

日常饮食

大多数宝宝到了 9 个月以后，乳牙已经萌出 4 颗，消化能力也比以前增强，可以进食的种类也越来越多。如果此时母乳充足的话，除了早晚睡觉前喂点母乳外，白天应该逐渐停止喂母乳，吃母乳的宝宝多数在添加辅食上都会遇到一些困难，所以此时要特别掌握好喂母乳的时间。对于牛奶喂养的宝宝，此时牛奶仍应保证每天500毫升左右，如果宝宝不爱喝牛奶的话，少喝一些也没关系，只要将肉蛋类等富含蛋白质的辅食跟上即可；如果宝宝爱喝牛奶，就可以多加蔬果类的辅食，蛋白类的辅食少加，但注意每天摄入的牛奶最多不能超过1000毫升。

这个月宝宝的中餐、晚餐应以辅食为主，辅食可以是软饭、瘦肉，也可在稀饭或面条中加肉末、鱼、蛋、碎菜、土豆、胡萝卜等，量应比上个月增加，可以做得稍微大一些、质要硬一些，以锻炼宝宝咀嚼的能力，促进牙齿的发育。除了辅食之外，还应开始在早午饭中间增加饼干、烤馒头片等固体的小点心。这时的宝宝已经能将整个水果拿在手里吃了，所以家长可以让宝宝自己拿着水果吃，但要注意在宝宝吃水果前，一定要将宝宝的手洗干净，将水果洗干净，削完皮后让宝宝拿在手里吃。

可以多给宝宝吃谷类胚芽的食物，因为此类食物有很高的营养成分。将胚芽混在宝宝的食物当中，不仅提供相当成分的维生素、矿物质以及蛋白质，而且可以培养宝宝对此口味的喜好，等宝宝长大后，这样的嗜好有助于宝宝选择富于营养的食品。

需要注意的是，不能给宝宝喂食以下食品：元宵、粽子等糯米制品；肥肉、巧克力等不易消化的食品；花生、瓜子、炒豆、果冻等易误入气管的食品；咖啡、浓茶、可乐等刺激性较强的饮料。另外，味道太重的食物也不宜给宝宝吃，这时候的宝宝饮食还是要以清淡为主。

母乳断不了怎么办

此时已然没有必要完全给宝宝断乳，只要掌握好喂奶的时间，不要让宝宝对母乳形成依赖就可以了。一般来说，这个时候除了在早上起床、晚上临睡和半夜喂母乳之外，其余的时间都应该让宝宝吃辅食。这个月龄的宝宝很多时候想要吃母乳并不是因为饿，而纯属是一种撒娇和依赖的心理。只要合理控制好喂奶的时间，不断给宝宝更换辅食的花样，绝大多数宝宝都能在白天高高兴兴地吃辅食。

辅食的给法

9 ~ 10个月宝宝辅食要逐渐增加，以满足宝宝的营养需求：这个时期应该给宝宝增加一些土豆、红薯等含糖较多的根茎类食物和一些粗纤维的食物，来促进宝宝的肠胃蠕动和消化。另外，这时宝宝已经长牙，有了咀嚼能力，所以可以给他啃一些比较粗粒的食物，有些片状的食物也可以，但不能给宝宝糖块吃。这时的宝宝也不用再给果汁了，可以让他直接吃西红柿、橘子、香蕉等，苹果可以切成片，草莓可以磨碎。

一日辅食举例：

早晨6点：喂母乳或牛奶；

上午10点：稠粥1碗，菜泥或碎菜2 ~ 3汤匙，蛋羹半只；

下午2点：喂母乳或牛奶；

下午6点：喂稠粥或烂面条1碗，蛋羹半只，除菜泥外还可在粥中加豆腐末、肉末、肝泥等；

晚上10点：喂母乳或牛奶。

这个月辅食的品种变得多样，而且宝宝可以尝试小块的食物。大多数的宝宝能很好地吞咽常规的固体食物了，当然首先要把食物捣碎。此外，每当让宝宝尝试一种新的食物时，宝宝都会吞咽得很慢，妈妈要耐心地等待宝宝把东西吃完后再喂。

这个月要停止给宝宝喂泥状食物。如果给宝宝长时间食用泥状的东西，宝宝会排斥需要咀嚼的食物，而愈来愈懒得运用牙齿去磨碎食物。这对于摄取多样化的营养成分，以及对宝宝牙齿的发育，有很大的影响和阻碍。

因为宝宝现在是以吃食物为主了，而食物本身已有天然盐分，宝宝并不需要多余的盐，所以妈妈在准备宝宝的食物时别再放盐，更别提供咸的零食，以免宝宝口味太重。

再有，这个时候要让宝宝尽量多地接触多种口味的食物，只有这样他们才更愿意接受新食物。当宝宝对添加的食物作出古怪表情时，妈妈一定要有耐心，多给宝宝喂几次，宝宝大多都能接受。如果发现宝宝的食欲下降，也不必担忧。吃饭时不要强喂硬塞。不要严格规定宝宝每顿的饭量，以免引起宝宝厌食，只要一日摄入的总量不明显减少，体重继续增加即可。

还要注意的是，如果家族史中有明确过敏的食物，那么一定要避免给宝宝吃此类可能引起敏感反应的食物，以免宝宝也发生过敏反应。

辅食食谱

炖鱼泥

【原料】净鱼肉 50 克，白萝卜泥 30 克，高汤 100 毫升，水淀粉、葱花各少许。

【做法】1. 将高汤倒入锅中，再放入鱼肉煮熟。

2. 把煮熟的鱼肉取出压成泥状，再入锅并加入萝卜泥。

3. 煮沸后，用水淀粉勾芡，再撒上葱花出锅即可。

牛肉碎菜细面汤

【原料】牛肉 15 克，细面条 50 克，胡萝卜、四季豆各适量，橙汁、高汤各适量。

【做法】1. 锅置火上，放入适量清水，煮沸后下入细面条，煮 2 分钟，捞出来，切成小段，备用。

2. 将牛肉洗净，切碎；胡萝卜去皮，洗净，切末；四季豆洗净，切碎，备用。

3. 另取一锅，将牛肉碎末、胡萝卜末、四季豆碎末与高汤一同放入，用大火煮沸，然后加入细面条煮至熟烂，最后加入橙汁调味即可。

西红柿牛肉羹

【原料】西红柿 50 克，牛肉馅 50 克，淀粉适量，香菜叶若干；面粉 100 克，白菜 25 克，胡萝卜 15 克，精选猪瘦肉馅 15 克，葱姜适量。

【做法】1. 在预热的炒锅中放入植物油，油热后放入葱花、姜末等炝锅，最后加入适量水。

2. 牛肉馅焯一下，去除生肉的肉腥味，再放入锅中，点几滴醋，文火炖。

3. 牛肉馅烂后，西红柿切成薄片放入，水淀粉勾芡，加少量精盐调味，出锅时撒上香菜叶。

三鲜蛋羹

【原料】鸡蛋 1 个，基围虾 100 克，猪肉、蘑菇各适量，葱、姜、盐、植物油各适量。

【做法】1. 将虾洗净，剥壳，去除沙线，剁成泥；猪肉洗净，切成末；蘑菇、葱、姜分别洗净，切成末。

2. 将虾泥、猪肉末和葱姜末混合在一个碗里，顺着一个方向搅拌均匀。

3. 锅置火上，放油烧热，将拌好的虾泥、肉末炒熟；锅留余油，将蘑菇末翻炒至熟。

4. 鸡蛋打散，加清水、盐以及炒好的虾泥、肉末、蘑菇末搅拌均匀后，上锅蒸 5 ~ 8 分钟至熟即可。

菠菜面

【原料】西红柿半个，菠菜叶 3 根，豆腐 1/4 块，肉汤半碗，银丝面 10 克。

【做法】1. 西红柿去皮，去籽，切碎。嫩菠菜洗净，切碎，豆腐切碎备用。

2. 锅内放少许油，用切碎的葱花炝锅，再倒入豆腐和肉汤烧沸后，把西红柿和菠菜略煮。

3. 加入面条，面条软烂即可。

给点好吃的小点心

宝宝到了这个月，可以在母乳、牛奶和辅食之外给些小点心吃了。吃点心对宝宝来说，也是生活的乐趣之一，能够提高宝宝对进食的兴趣。由于此时宝宝的胃容量相对较小，肝储备的糖原不多，加上宝宝活动得较多，所以比较容易饥饿，因此就要相应增加进餐的次数。一般来说，可以执行三餐两点制，即在一日三餐之外再加两次点心。

虽然 9 个多月的宝宝由于牙齿还没有长齐，但除了较硬的酥脆饼干和糖果之外，一般的点心都可以吃，为了丰富婴儿的生活乐趣，应尽量让婴儿吃些香甜的点心，如面包、蛋糕、饼干等，但如果宝宝比较胖的话，就要控制这些点心的摄入量，可以给些水果、酸奶等来代替面包、饼干。

适当的点心对宝宝的成长是有益的。如果点心类的小零食给得合理的话，就能更好地满足宝宝的身体对多种维生素和矿物质的需要，是宝宝获得营养的重要途径。据调查，在三餐之间加吃点心的宝宝，比只吃三餐的同龄宝宝更易获得营养平衡。

需要注意的是，给宝宝的点心零食要把握好尺度，应定时集中给予而不能零散着吃，否则会破坏宝宝一日三餐的进食规律，不利于宝宝养成良好的饮食习惯。另外，选择零食的时候要考虑宝宝的年龄特点、咀嚼和消化能力，要选择适合宝宝月龄的点心。每次在宝宝吃完点心后，要给宝宝喝些白开水，以便将沾在牙齿上的食物清洗掉，也能起到清洁口腔的作用。

水果的给法

尽管水果对宝宝的好处多多，但在给法上也应该有一定的讲究。

首先是水果选择的讲究。水果的选择不仅仅是注重新鲜的程度，还要根据宝宝的体质、身体状况灵活选择不同的品种。例如，舌苔厚、便秘、体质偏热的宝宝，最好给吃寒凉性水果，如梨、西瓜、香蕉、猕猴桃、芒果等，它们可以败火；当宝宝缺乏维生素 A、维生素 C 时，多吃含胡萝卜素的杏、甜瓜及葡萄柚，能给身体补充大量的维生素 A 和维生素 C；在秋季气候干燥时，宝宝易患感冒咳嗽，可以给宝宝经常做些梨粥喝，或是用梨加冰糖炖水喝，因为梨性寒，可润肺生津、清肺热，从而止咳祛痰，但宝宝腹泻时不宜吃梨；秋冬季节宝宝患急慢性气管炎时，可以吃些柑橘；当宝宝皮肤生痈疮时不宜吃桃，这样会使宝宝病情更为加重。

其次，要注意水果的量。有的水果虽然好吃又有营养，但过多食用会给宝宝的身体健康带来危害。例如，荔枝汁多肉嫩，口味十分吸引宝宝，但吃得过多的话不仅会使宝宝的正常饭量大为减少，影响对其他必需营养素的摄取，而且还会令宝宝突然出现头晕目眩、面色苍白、四肢无力、大汗淋漓的症状。如果不马上就医治疗，便会发生血压下降，晕厥，甚至死亡的可怕后果。这是由于荔枝肉含有的一种物质，可引起血糖过低而导致低血糖休克所致。再比如，西瓜属生冷食物，性比较寒，如果食用太多，不仅会使脾胃的消化能力更弱，而且还会引起腹痛、腹泻等消化道症状，宝宝在感冒、口舌生疮和患有肾脏疾病导致肾脏功能不全时，一定要慎食西瓜。因此，给宝宝的水果一定要控制量，原则上来说，无论什么水果，每次给宝宝的量都是以 50 ~ 100 克为宜。

再有，给宝宝水果要掌握好时间。有些家长喜欢从早餐开始，就在餐桌上摆放一些水果，以供宝宝在餐后食用，认为这时吃水果可以促进食物的消化。但由于水果中有不少单糖物质，极易被小肠吸收，若是堵在胃中，就很容易形成胀气，以至于引起便秘。而餐前也不宜给宝宝吃水果，因为此时的宝宝胃容量还比较小，如果在餐前食用，就会占据胃的一定空间，由此，影响正餐的营养素的摄入。吃水果最好是放在两餐之间，或是中午午睡醒来后，这样，可让宝宝把水果当做点心吃。

最后，吃水果还要讲求一些搭配上的禁忌。例如，宝宝吃柑橘前后的一小时不宜喝牛奶，不然的话，柑橘中的果酸与牛奶中的蛋白质相遇后，即可发生凝固，影响柑橘中的营养吸收。

让宝宝抓食

这个时候的宝宝开始变得有独立性了，他总是希望自己去完成一些事情，尤其是在吃东西的时候，可能不爱让妈妈喂了，更愿意自己去抓东西吃。有些家长认为宝宝抓食不卫生，是没规矩的行为，因此会去纠正宝宝的这种行为。但实际上，这种抓食的愿望是宝宝成长发育的需要，是宝宝锻炼手部能力的大好机会，只要把宝宝的小手洗干净，让他抓食也没什么问题。

宝宝用小手抓弄食物，不仅是为了吃，还是认识食物的一种手段，通过抓弄可以认识和了解各种食物的形状、性质、软硬、冷热等。从科学的角度讲，没有宝宝不喜欢吃的食物，关键在于宝宝是否熟悉它，因此宝宝抓食各种食物，有利于预防挑食、偏食的坏毛病。再有，让宝宝自己体会到进食是一件令他感到愉悦的事，可以增进他的食欲，提高他进食的信心。

当宝宝学着抓食时，自然也会存在一些安全隐患。最常见的就是宝宝将一些危险的、有毒的东西误吞了进去，或是卡在食管、气管里。但是，并不能因为担心危险的发生，就剥夺宝宝锻炼的机会，这就要求家长在日常生活中要绝对细心，把任何与食物颜色或气味相近、大小适合抓起并可能被宝宝吞食的东西收好，不要让宝宝有机会拿到。

即使是吃食物的时候，宝宝也有被卡到的可能。当发生噎卡的时候，家长千万不要着急，一定要冷静处理和对待。如果噎住宝宝的物体处于位置较浅的情况下，可以让宝宝采取俯卧位，用手适当用力拍背部，就能使物体被吐出；但是如果被噎住的位置比较深，那么一定要马上将宝宝送往医院，路上注意不要让宝宝平卧，要采取俯卧的姿势。

补充益生菌

健康足月的宝宝，自出生后肠道从最初细菌定居到形成菌群平衡大约需要 2 周的时间，此时的有益菌约占肠道的 95% 以上，也是益生菌最多的时候，但肠道免疫系统尚未建立和成熟。

由于宝宝的免疫系统尚未成熟，所以宝宝在成长过程中很容易受到外界病菌感染，促使有害菌大量繁殖，导致宝宝体内有益菌减少，出现食欲下降、厌食不振、消化吸收功能下降、体质瘦弱、反复生病等病症，久而久之就会使体质变差，经常生病。宝宝生病之后很多时候都会应用到抗生素，这就会将宝宝体内的有害菌和有益菌一起杀死，使宝宝肠道缺乏免疫保护。此外，宝宝生病、饮食不当、水土不适、食用残留农药的蔬果等，都会破坏体内的益生菌，引起菌群失调。如果此时能够及时为宝宝补充益生菌，就能帮助宝宝恢复肠道免疫力，促进消化吸收，从根本上解决宝宝厌食、体弱多病等症状。

益生菌是一种有助改善宿主肠内微生物的平衡的物质，它包括很多种，如乳酸杆菌（俗称 A 菌）、比菲德氏菌（俗称 B 菌）、酵母菌、保加利亚乳酸杆菌等，这些菌种可以产生有机酸及天然的抗生素，并激活免疫细胞，促进产生黏膜抗体 IgA，起到调整肠道菌落的组成、抑制有害菌的作用，进而增强消化道的防疫能力。除此之外，益生菌还可以产生 B 族维生素及 K 族维生素，能够促进钙、铁、磷、锌的吸收。

目前市场上的益生菌产品五花八门，有

添加益生菌的婴儿配方奶粉、优酪乳、酸奶、益菌粉剂、益菌胶囊等，而宝宝对益生菌的摄取主要是通过饮用优酪乳、添加具活性的干燥粉末于婴幼儿配方奶或果汁中及医生开给的胶囊剂型来完成。对于不足1岁的宝宝来说，由于此时肠胃消化系统发育尚未完全，所以不宜食用优酪乳和酸奶等牛奶发酵制品中的益生菌，最好的方式是喂哺母乳，或者使用含肠道益生菌的合格婴儿配方牛奶。

给宝宝喂药

给宝宝喂药是父母的一项大工程，如果掌握不好的话，很可能会令宝宝哭闹挣扎拒绝，吃了也会吐出来，家长也往往是累得满头大汗。那么，如何才能顺利地给宝宝喂药呢?

在喂药之前，爸爸妈妈要做好必要的准备工作。把要喂的药准备好，再仔细看一遍说明书上标注的用法和用量，确认清楚所有注意事项；然后准备好喂药的工具，常用的有吸管、针筒、小勺、药杯等；还可以准备一些宝宝爱吃的小零食，如水果、饼干等。

药水类的药物比较容易喂，喂的时候妈妈采取坐姿，让宝宝半躺在妈妈的手臂上，然后用手指轻按宝宝的下巴，让宝宝张开小嘴，用滴管或针筒式喂药器取少量药液，利用器具将药液慢慢地送进宝宝口内后轻抬宝宝的下颌，帮助他吞咽。当将所有药液都喂完后，再用小勺加喂几勺白开水，尽量帮助宝宝将口腔内的余药咽下。

如果是喂片剂类的药物，要先将片剂碾碎，并捣成散粉状，再取适量粉末倒在小勺上，并在药粉上撒少许糖粉，用以遮盖药粉的味道。让宝宝张开小嘴，将药粉直接送入口中，然后将装有适量白开水的奶瓶给宝宝吮吸，以利于宝宝将药粉咽下。当宝宝吃完药之后，可以给宝宝一些小块的水果零食，以减轻宝宝嘴里的苦味。

一般情况下，给宝宝的喂药时间应选在两餐之间，但如果怕宝宝因吃食导致呕吐，可以在进食前30分钟到1小时喂药，因为此时胃已排空，还可以避免服药引起的呕吐。对于某些对胃有较大刺激的药物，如铁剂等，可以选在餐后1小时喂服，这样就可以防止药物损伤胃黏膜。

给这个月龄的宝宝喂药，如果宝宝表示抗拒的话，可以利用他喜欢的玩具分散他的注意力，趁机将药送到宝宝嘴里。不过更好的办法是以游戏、比赛的方式进行，例如把药水准备好，然后告诉宝宝“和妈妈比赛，看谁吃得快”，然后给宝宝喂一勺药水，妈妈就用另外一个勺子喝口水，这样宝宝就能很顺利地把药吃下去了。再有，喂药的时候鼓励也很重要，有的时候，只要爸爸妈妈一句诸如“宝宝真棒，能大口大口地把东西吃下去”，宝宝就真能顺顺利利地服药了。

需要注意的是，给宝宝服用片剂的药物，无论药片大小都要研成粉末，加水和糖调成稀汁后再让宝宝服下，不能直接给药片。稀释药片粉末一定要用温凉的水，因为热水会破坏药物的成分。不能用乳汁或果汁和药，否则也会降低药效。再有，喂药的时候不能捏着宝宝的鼻子，也不要在宝宝哭闹时喂药，这样不仅容易使宝宝呛着，还会让宝宝越来越害怕，并抗拒吃药。

免疫接种

满9个月的时候要注射第二次流脑疫苗。

接种流脑疫苗后，有的宝宝会出现一些轻微反应，如注射部位红肿、疼痛、短暂性发热，极少数出现腋窝淋巴结肿胀。这些反应一般在24小时后会逐渐消失，不用干预。如果注射后出现高热的话，可以在医生指导下进行退热和对症治疗，一般也能很快好转。

如果宝宝是过敏性体质，那么可能在接种后发生过敏发应，如皮疹、过敏性紫癜等。如果出现了过敏反应，需要立即就医。需要家长警惕的是，如果宝宝患有中枢神经系统疾病，那么注射流脑疫苗后可能诱发癫痫和抽搐，可以根据防疫站医生的建议决定是暂缓流脑疫苗的注射还是停止注射。

能力的培养

排便训练

这个月的宝宝有可能会出现“能力倒退”的情况，即以前把尿把便都顺顺利利的，但是这个月突然开始把尿打挺、放下就尿，坐便盆的时候也开始不合作，甚至有的时候会反抗到把尿盆踢翻，令爸爸妈妈懊恼不堪，认为宝宝越长大反而越不如以前了。

其实，这并不是宝宝的能力真的在退步，只是因为宝宝长大了，有了自己的选择。宝宝这个时候本来就不具备控制尿便的能力，爸爸妈妈只是根据宝宝在排便前的反应判断后顺势接便，如果大人判断失误或是宝宝不愿意服从指挥让大人把的话，自然就会失败。

如果宝宝不喜欢大人把尿把便的话，那么不妨顺其自然及时放手，这样才能平息宝宝的反抗情绪。对于宝宝的排便训练，家长要有充分的耐心和信心，要相信宝宝最终是可以学会控制大小便的。

走路训练

宝宝快到10个月的时候，就会从之前的扶着床栏站立发展成扶着床栏横步走了，这就预示着婴儿学走路的开端。但从婴儿扶着床栏走到真正学会走路，还需要一定的过程。在这个过程中，家长无疑要起到辅助作用。同时，家长还应多学习一些婴儿动作发展方面的知识，以做到科学合理地辅助宝宝学会走路。在这个月，家长需要做的，就是了解这方面的知识，为下个月真正的训练宝宝走路打下基础。

家长首先要知道的是，婴儿学习走的动作发展，通常是分为5个阶段的：

第一阶段：宝宝10 ~ 11个月时，此时是宝宝开始学习行走的第一阶段。这时候的宝宝已经能够扶着东西站得很稳、有的甚至还能单独站一会儿，当宝宝具备这些能力时，就可以开始训练他走路了。

第二阶段：宝宝11 ~ 12个月时，蹲是此阶段重要的发展过程，家长训练的重点应放在训练宝宝站—蹲—站的连贯动作上，由此可锻炼宝宝腿部的肌力，以及训练身体的协调度。

第三阶段：宝宝12个月，此时的宝宝已经可以扶着东西行走了，这时就要训练他放开手独立行走，过程中需要重点训练宝宝的平衡能力。

第四阶段：宝宝13个月，这一时期的训练内容除了继续训练腿部的肌力及身体与眼睛的协调度之外，还要着重训练宝宝对不同地面的适应能力。

第五阶段：宝宝13 ~ 15个月：这时多数宝宝已经能很好地行走了，同时他对四周事物的探索也逐渐增强，家长应该在这个阶段尽量满足他的好奇心，使其朝正向发展。

其次，家长还应知道，当宝宝开始走路，就说明他已经能够自主性地握拳，并随其意志主动支配他的手指及脚趾，而且腿部肌肉的力量也已经足以支撑本身的重量，并且可以很灵活地转移身体各部位的重心，懂得运用四肢，上下肢各动作的发展也已经协调得很好。上述变化就表示，宝宝的发育到了一个新的阶段。

最后，家长还应明白，宝宝刚一开始走路时不可能像成人一样笔直着双腿稳步前行，他会出现各种各样的怪姿势，比如腿罗圈着、拖拉着、摇摇晃晃地像个醉汉，随着他慢慢地成长、慢慢地练习，这些怪姿势自然会消失的。

在宝宝学走路的过程中，可能会出现踮着脚尖走路的行为。这种行为有的时候是正常的，有的时候则是异常的，可以根据其踮脚尖走路的频率来判断其究竟是否正常：如果宝宝有时踮着脚尖走路，有时恢复正常状态，家长则不必过于担忧；但如果宝宝总是踮着脚走路的话，家长就应注意观察一段时间，如确定这是其“正常”走路状态的话，就应及时到医院检查清楚，看看是否有什么异常病症。

体能训练

1. 扶物蹲下捡玩具：当宝宝扶着凳子站立时，可以把玩具推到宝宝身边，让宝宝一手扶凳子，另一手将玩具捡起来。这个动作可以训练宝宝从双手扶物进步到单手扶物，且弯腰移动后能保持身体平衡。当宝宝学会一手扶凳子，弯腰后仍能保持平衡再站起来的时候，就可以使身体与走路方向一致，而不是横行跨步了。

2. 练习平衡：能很好地学会走路，不仅需要有力的腿部肌肉，身体的平衡性也是很重要的。在刚开始练习平衡感时，可以让宝宝背部和小屁股贴着墙，两条小腿分开些，但是脚跟要稍微离开墙壁一点。这时，妈妈可以用小玩具在宝宝面前左右摇晃，宝宝自然也会时左时右地跟着玩具的运动轨迹摇晃身体。这样的练习，有助于宝宝调整和掌握身体的平衡感，让宝宝更快地学会走路。

3. 起立蹲下：这个动作比较有难度，需要全身协调，并且要求平衡感要好。刚开始训练的时候，先让宝宝蹲着，爸爸妈妈用手指勾着宝宝的手指，边鼓励宝宝站起来，边用力向上拉。随着练习次数的增多，勾起的力度要逐渐减小，直到宝宝完全不用借助外力就能站起来。

4. 向前起步走：如果宝宝此时能够一手扶家具向前走的话，就表示宝宝的身体可以维持平衡，就能进行向前迈步走的训练了。刚开始训练时，可以让宝宝站在妈妈的前面，妈妈牵着宝宝的双手，同时迈开右腿再迈左腿；或是让宝宝和妈妈面对面，妈妈牵着宝宝的双手倒退，鼓励宝宝跟着妈妈向前走。一般来说，两个人相对着会让宝宝觉得更安全，但另外一种方式会让宝宝的视野更宽广。如果宝宝的胆子比较大的话，可以完全放开宝宝，让他扶着东西独自站立，妈妈站在离宝宝不远的地方，拍手鼓励宝宝向前迈步。当宝宝试图向前迈步的时候，妈妈可以伸开双臂来鼓励，并注意做好保护，在宝宝重心不稳向前倾倒的时候要立即把宝宝接到怀里，防止宝宝摔倒。

家庭环境的支持

室外活动

多到室外活动是非常重要的，如果没有人帮忙的话，家长可以尽量简化辅食的制作，多腾出时间来带宝宝到室外活动。这个月大的宝宝可以吃和大人一样的饭菜了，这就会为辅食的制作减轻不少负担。

这个月的宝宝活动量愈来愈强，也有了主动要求，早上一醒来就会要求爸爸妈妈抱到外面去玩耍。家长应满足宝宝的要求，多带宝宝到户外去活动，可以用小车推着到外面去玩，也可以抱出去散步、晒太阳，使宝宝呼吸到新鲜空气，同时还能使宝宝开阔眼界，心情愉快，学会与人交往，有利于宝宝的身心健康发展。

把宝宝抱到外面进行站立迈步的训练也是不错的选择。这一方面，宝宝的活动范围更开阔，另一方面室外的空气流通也较好，对宝宝的呼吸系统循环非常有利。但在室外进行这项训练的话，更要注意做好保护工作。另外这个月龄的宝宝在户外训练可能还有些难度，家长应当视宝宝的能力发展程度量力而行，不必强求。

一般来说，每天户外活动的时间都不应少于 2 小时，但具体安排要根据气温和个体反应而定，体质较弱的宝宝要相对减少户外活动的时间，生病的宝宝要视情况决定削减户外活动的时间还是暂时停止户外活动。冬天气温较低的时候，可以选择在太阳下玩耍；夏天则应选择在早晚进行户外活动，避免中午阳光的直射；而在春秋季节，如果天气晴好无风的话，白天任何时候都适宜出去玩耍。另外，一天中的户外活动要分次进行，每次时间不必太长，以防止宝宝过度疲劳。

帮助宝宝站立

宝宝到了这个月，可能会越来越不安分，他已经不愿意总是一个姿势或总在一个小范围活动了，也不满足总是爬着运动，开始表现出想要站立的欲望。这时就要给宝宝准备出安全自由活动的地方，如带栏杆的小床、活动圈，或是在沙发前、床前空出一块地方，让宝宝扶着或靠着练习站立。刚开始的时候，宝宝可能像个不倒翁一样的摇摇摆摆，这时爸爸妈妈可以扶住宝宝的腋下帮助宝宝站稳，然后再轻轻地松开手，让宝宝尝试一下独站的感觉。或是刚开始的时候让宝宝稍靠着物体站立，以后逐渐撤去作为依靠的物体，让宝宝练习独自站立，哪怕只是片刻。但注意一定要保护好，以免摔倒而影响下一次的练习。

爸爸妈妈也可以先扶住宝宝的腋下训练宝宝从蹲位站起来，再蹲下再站起来。逐渐发展成拉住宝宝一只手，使宝宝借助爸爸妈妈的扶持锻炼腿部的力量。经过这样的训练，如果让宝宝扶着栏杆站立，宝宝常常会稍稍松手，以显示一下自己站立的能力，有时甚至能站得很稳，这时最好不要去阻止，而要及时给予鼓励和表扬。

还可以利用起立—坐下的练习，帮助宝宝练习腿部肌肉的力量。练习的时候，可以先扶着宝宝站着，然后有意识地把一些玩具放在他的脚边，鼓励宝宝自己坐下去拿。刚开始的时候，宝宝可能是一下子摔坐下去，这时要注意保护好，可以扶着宝宝，给他一些辅助力量，让他可以缓慢地屈髋坐下。

在训练时，宝宝由于刚学会站，有时动作还不够稳定，这就需要继续加强训练，以提高站立的稳定性和持久性。但要注意的是，也不要让宝宝站立时间太长，以免因身体疲劳而使宝宝对学站失去兴趣。有的老人总是担心让宝宝站得过早，会长成罗圈腿，但每天如果只训练5分钟，是不会有问题的，并且宝宝在这个月龄的时候大多数都是小腿向外侧弯的，这是属于生理性的，所以不必担心小腿弯曲。

需要注意的问题

可能出现的事故

与上个月相比，这个月的宝宝更加活泼淘气，任何东西都可能给宝宝带来危险。婴儿更加活泼，因而发生事故的危险也多起来。

室内使用的任何可能烫伤宝宝的物品，包括电熨斗、水壶、暖瓶、热菜热汤等；可能割伤划伤宝宝的物品，如小刀、剪子、针、玻璃制品等；可能被宝宝误吞的物品，包括药片、香烟等，都要放到宝宝够不到的地方。

婴儿在学着站立迈步时的摔倒一般都没有什么大的危害，最多是让宝宝大哭一阵，但是要警惕宝宝从高处坠下。这时的宝宝动作力强力度大，以往能护住宝宝的被子、垫子等在这个时候几乎没有任何作用了，甚至他还能够翻过婴儿床的栏杆，或是坐在婴儿车里的时候使劲向外翻，结果连人带车一块摔倒。最安全的办法是，家长一刻不离地看着宝宝，这样才能做到防患于未然。

轮状病毒腹泻

秋冬季节宝宝出现腹泻，要警惕轮状病毒腹泻。轮状病毒腹泻是由轮状病毒引起的，婴儿感染后一般出现以急性胃肠炎为主的临床症状，即水样腹泻，伴有发热、呕吐和腹痛，腹泻物多为白色米汤样或黄绿色蛋花样稀水便，有恶臭，严重者可因脱水及肺炎、中毒性心肌炎等并发症导致死亡。

轮状病毒腹泻多发于 6 个月到 5 岁的宝宝，以 1 岁半以下的尤为常见。这种腹泻具有很强的传染性，主要经粪—口途径传播，也可经呼吸道传播，宝宝可通过接触被污染的手和玩具等物品而感染。由于腹泻严重且伴有脱水和电解质紊乱以及毒性代谢产物的释放增加，若患儿没能及时治疗或治疗方法不正确的话，可引发消化道外感染、鹅口疮、中毒性肝炎、营养不良和维生素缺乏以及急性肾功能衰竭等并发症。严重时还有可能因为脱水致死。

目前对轮状病毒腹泻的治疗主要采取对症治疗，纠正脱水维持电解质平衡，预防并发症的出现。当宝宝患病后，需要及时调节饮食，多喝盐糖水补充丢失的电解质和水分，症状较轻的话不必禁食，只需减少哺乳次数，缩短哺乳时间；而患病较重的话则要禁食 6 ~ 24 小时，进食必须由少到多，由稀到稠，避免油腻食物。

轮状病毒疫苗的免疫接种对象为 2 个月以上的儿童，主要为 6 个月至 3 岁的婴幼儿。接种方式为口服，免疫程序为每次一剂，每年免疫一次。发热、患严重疾病、胃肠疾患、严重营养不良、有免疫缺陷和接受免疫抑制剂治疗者不要接种或暂缓接种。

高热

宝宝发热尤其温度较高时，常会因为身体感觉极度不舒服而得躁动哭闹不安，并可能伴有心跳加速、呼吸加快、食欲不振、全身乏力等现象。对于宝宝发热，爸爸妈妈不必大惊小怪，却也不能掉以轻心，导致病情不可收拾。只要学会适当的处理，就能帮助宝宝缓解病情。

当宝宝发热的时候，爸爸妈妈可以将宝宝身上衣物解开，用温水毛巾全身上下搓揉，如此可使宝宝皮肤的血管扩张将体气散出，另外，水汽由体表蒸发时，也会吸收体热，起到降温的作用；如果宝宝四肢及手脚温热且全身出汗，就表示需要散热，可以少穿点衣物；还要保持室内环境的流通，如果家里开冷气的话，要将室内温度维持在 25℃ ~ 27℃之间；给宝宝吃的食物要清淡，以流质为宜，并多给宝宝喝白开水，以助发汗，并防脱水。可以给宝宝贴上退热贴，退热贴的胶状物质中的水分汽化时可以将热量带走，不会出现过分冷却的情况。

如果宝宝的中心温度（肛温或耳温）超过 38.5℃时，可以适度地使用退热药水或栓剂，必要的情况下要到医院请医生治疗。

嘴唇干裂

嘴唇与皮肤的性质不一样，它属于黏膜组织，与皮肤相比来说角质层较薄，皮脂腺也不如皮肤的那么丰富，分泌的皮脂相对较少，因此，嘴唇比皮肤更加娇气、更加薄弱，也更容易受到损伤。尤其是在多风干燥的秋冬季节，由于空气湿度低、天气寒冷，宝宝的嘴唇很容易因为缺水而变得干燥起皮、裂口子，甚至嘴唇周围一圈都发红、发干，更严重的则会导致舌舔皮炎。

这个月龄的宝宝嘴唇比较容易出现干燥，特别是赶上秋冬季节就更常见。除了有补水量不够、饮食不均衡等原因之外，这个月的宝宝口水分泌较多，加上总爱啃手指头，口水长时间刺激嘴唇及周围皮肤，就会使嘴唇出现不适。吃饭后没有清洁嘴唇，尤其是吃完偏酸或偏咸的食物后不及时清洗，也同样会刺激嘴唇及周围皮肤而出现炎症。

当宝宝嘴唇干燥的时候，会下意识地用舌头去舔，希望以此来缓解干燥的感觉。但舔过之后的口水特别容易挥发，就会使干燥的感觉更明显，于是导致宝宝更频繁地去舔，这样就会形成干燥—舔舐的恶性循环，最终导致宝宝嘴唇出现裂口、脱皮等炎症反应。由于口水中含有的消化酶和酸性成分对嘴唇有一定的刺激，所以会加重嘴唇的不适和炎症，严重的话会导致口唇周围皮肤红斑、水肿、干燥、鳞屑，甚至出现糜烂、渗出和结痂，形成舌舔皮炎。

如果发现宝宝总是用舌头去舔嘴唇的话，就要特别注意，因为此时说明宝宝的嘴唇干了，要注意多给宝宝喝水，以及补充新鲜的水果和蔬菜。如果嘴唇已经干裂起皮的话，可以用干净的纱布或手绢蘸上温水，给宝宝湿敷嘴唇，等脱皮处的皮肤完全软化后再轻轻揭去或小心地用剪刀剪掉，然后涂抹上润唇膏。千万不要随意用手去撕，否则会令皮肤损伤更严重。润唇膏要选择适合宝宝使用的不含香料和色素的，如果没有合适润唇膏的话，也可以用香油或金霉素眼膏代替。

要预防宝宝嘴唇干裂，首先就要保证宝宝的饮食均衡，多喝水，多吃新鲜水果和蔬菜，特别要重视B族维生素的摄入，需要的时候可在医生的指导下适当口服补充B族维生素；宝宝吃晚饭后要及时用温水将宝宝嘴唇及口周皮肤清洗干净，避免残留的菜汤或果汁对嘴唇和皮肤的刺激；还要纠正宝宝吸吮手指和舔嘴唇的不良习惯，平时可以给宝宝涂抹些润唇膏。如果天气较冷、风较大的时候，不要让宝宝在户外长时间玩耍，尤其是要注意避开风口处。

耳后淋巴结肿大

如果发现宝宝耳后或脑袋后面有小豆般大小的筋疙瘩，抚摸按压的时候宝宝并没有感觉疼痛不适，就应该是淋巴结肿大。耳后的淋巴结肿大有的在双侧，也有的是单侧，可能是由于蚊子叮咬、头上长痱子引起的，也有可能是急性化脓性扁桃体炎、反复感冒，以及一些少见的疾病如淋巴结核、恶性肿瘤淋巴结转移等引起的，但此时像后者的情况还比较少见，多数都是由于蚊虫的叮咬和痱子引起的。

这种筋疙瘩在夏天宝宝长痱子后最为多见，由于长了痱子后宝宝感觉特别痒，就总会用手指去抓挠。当宝宝用手指抓挠的时候，藏在指甲里的细菌就可通过挠破的皮肤侵入人体，淋巴结就会主动抵抗病菌侵害身体，因此发生肿大。这种淋巴结的肿大通常不会因为化脓而穿破，不需要特别处理，它会在不知不觉中自然吸收。

也有些时候，这种肿大的淋巴结要过很长时间才能消失，但也不需要特殊治疗。少数可见化脓时周围皮肤发红，一按就痛，或是数量增多、肿块变大，当出现上述情况时，就要到医院请医生治疗了。

仍然不出牙

正常情况下，这个月的宝宝至少能长出2颗乳牙，可如果此时宝宝依然不见牙齿的话，爸爸妈妈就要开始担心了，有些甚至开始加大给宝宝的补钙量。而事实上，这个时候不长牙的宝宝也是有的，即使带到医院，最多医生也就是建议拍个牙槽骨片，看看乳牙根的情况。大多数的宝宝都能见到发育正常的乳牙根，这就没什么问题，乳牙破床而出只是迟早的事。过多地给宝宝补钙非但不能促使宝宝萌出牙齿，反而会由于体内钙含量过多导致软组织疏松。事实上，有些宝宝要到1岁多才会出牙，这与个人的发育情况有关，但并非宝宝此时不长牙就意味着发育落后，只不过是个体之间的差异罢了。

表现出倔强

这时的宝宝可能开始越来越多地表现出自己的个性了，如主动要求出去玩、把尿的时候打挺、遇到不爱吃的辅食会很坚决地拒绝甚至把饭碗打翻、当大人要求他做他不想做的动作时他会坚决抗拒绝不合作，这些在大人眼里有些“不听话”的现象，其实说明宝宝长大了，开始有自我意识，并形成了自己的个性。

对于宝宝表现出的这种倔强，作为家长要表示欣慰和宽容，并充分尊重宝宝的想法。还抱有宝宝必须要对大人的话坚决服从、不服从就惩罚的态度就错了，只有尊重宝宝的个人意愿，才能让宝宝更健康、更快乐地成长，才能使亲子关系更加亲密和融洽。再说，有的时候，只有宝宝能知道自己的感受，他所做出的行为完全是出于自己的感受。只要宝宝表现出的倔强不会对自己造成危害，不会形成不好的行为习惯，家长就没有必要强行干涉，让宝宝什么都顺着自己来。

男孩爱抓“小鸡鸡”

宝宝从一出生起就具有探索精神，随着渐渐地成长，他会对周围的一切事物充满好奇和探索心，对自己的身体也一样。这个时候的男宝宝可能开始爱玩自己的“小鸡鸡”了，对于这种行为，家长没有必要太过害怕和担心，这是宝宝对自己身体的一种探索，和宝宝摸自己的手臂、脑袋是一样的，如果此时家长严厉呵斥的话，非但不会杜绝宝宝的这种行为，反而会使其愈演愈烈，或是变得恐惧、忧虑。

也有些家长，对于宝宝出现的这种行为一点也不干涉，反而还大加赞扬和鼓励，拿这件事炫耀自己宝宝“可爱”、“长本事了”的家长也不是没有。这个时候的宝宝对大人的表情、语言有着很强的感受，当他感受到他的这种行为可以为自己带来表扬时，他就会更加高兴地做出这个举动，目的是赢来更多的赞扬。还有些家长甚至拿宝宝的“鸡鸡”当玩具，逗宝宝玩，逗得自己和宝宝哈哈大笑。但是，这种一时的快乐，很可能给宝宝带来极大的危害。首先，宝宝的尿道口黏膜薄嫩，经常用手触摸可引起尿道口发炎，表现为尿道口发红、肿胀、刺痒、排尿时刺激疼痛，为宝宝带来生理上的痛苦。其次，这种行为对宝宝的心理也会造成不好的影响，婴幼儿时期经常把玩自己阴茎的宝宝，长大后更容易发生习惯性手淫，而且很可能从幼年时期就开始有这种习惯，这是很不利于宝宝心理健康发展的。

因此，当家长发现宝宝有抚摸把玩自己阴茎的行为时，要轻轻地把他的手拿开，并用严肃的态度告诉他“不”。没有必要把话说得太复杂，更没有必要去给宝宝讲一堆的大道理，因为这么大的宝宝是不可能听得懂的。只要告诉宝宝这一简单的字，再加上宝宝看见爸爸妈妈严肃认真的表情，他就能明白，这种行为是不好的，是爸爸妈妈不喜欢的，他就不会去做了。

第300～329天（10～11个月）的婴儿

发育情况

在这个月，宝宝的容貌改变要比身高体重看起来大得多，但看起来仍然是一个婴儿，头部和腹部仍然是身体的最大部位。

这个月宝宝身高增长速度与上个月一样，平均增长1.0～1.5厘米，男宝宝的平均身高是73.1～75.2厘米，女宝宝70.3～75.8厘米；体重的增长速度也与上个月一样，平均增长 0.22 ~ 0.37 千克，男宝宝的平均体重是 8.9 ~ 11.0 千克，女宝宝为 8.2 ~ 10.3 千克。此时头围的增长速度仍然是每月 0.67 厘米，越来越多的宝宝此时前囟已经快要闭合，但依然还有些宝宝的囟门依然很大。

养育要点

营养需求

这个月宝宝的营养需求和上个月差不多，所需热量仍然是每千克体重 110 千卡左右。蛋白质、脂肪、糖、矿物质、微量元素及维生素的量和比例没有大的变化。注意补充维生素 C 和钙，宝宝每天应保证吃到 400 毫升以上的牛奶；食品中虾皮、紫菜、豆类及绿叶菜中钙的含量都较高；小白菜经氽烫后可去除部分草酸和植酸，更有利于钙在肠道的吸收。

此外，在这个月可以开始用主食代替母乳，除了一日三餐可用代乳食品外，在上、下午还应该给安排一次牛奶和点心，用来弥补代乳食品中蛋白质、无机盐的不足。中午吃的蔬菜可选菠菜、大白菜、胡萝卜等，切碎与鸡蛋搅拌后制成蛋卷给宝宝吃。下午加点心时吃的水果可选橘子、香蕉、西红柿、草莓、葡萄等富含维生素 C 的水果。

宝宝的饮食

在这个时期宝宝的消化和咀嚼能力大大提高，可以给宝宝一天三餐吃断奶食品了，一日所需的营养逐渐由这三餐提供，家长需要在均衡营养上下点功夫，如果宝宝的饮食已成规律，数量和品种增多，营养应该能够满足身体生长发育的需要。而牛奶只要是在宝宝想喝的时候给予就可以了。当然，这不意味着不再吃奶，而是指不再以奶类为主食，仍要保证每天起码三顿奶。

一般情况下，这个时期正是断奶的完成期，只要按照一般方法做的食物都逐渐能吃了。宝宝的饮食仍要以稀粥、软面为主食，适量增加鸡蛋羹、肉末、烂菜（指煮得烂一些的菜）、水果、小肉肠、碎肉、面条、馄饨、小饺子、小蛋糕、蔬菜薄饼、燕麦片粥等，烹调方法要以切碎烧烂为主，多采用煮、煨、炖、烧、蒸的方法，不要只是给宝宝吃汤泡饭，因为汤只是增加滋味而缺乏营养，并容易让宝宝囫囵吞入影响消化。

这个月宝宝的饮食个性化差异非常明显，有些宝宝能吃一小碗米饭，有的能吃半碗，有的就只吃几小勺，更少的吃 1 ~ 2 勺；有的比较爱吃菜，有的不爱吃菜；有的婴儿很爱吃肉，有的爱吃鱼，有的爱吃火腿肠等熟肉食品；一天能和父母一起吃三餐的宝宝多了起来；有的爱吃妈妈做的辅食，有的还是不吃固体食物，有的不再爱吃半流食，而只爱吃固体食物；有的宝宝还像几个月前那样，能咕咚咕咚喝几瓶牛奶，有的则开始不喜欢奶瓶了，爱用杯子喝奶，有的还是恋着妈妈的奶，尽管总是吸空奶头，也乐此不疲；有的婴儿能抱着整个苹果啃，也不噎、不卡，有的宝宝吃水果还是妈妈用勺刮着吃，或捣碎了吃；有的宝宝特别爱吃小甜点；爱吃冷食、喝饮料的宝宝多了起来，爱喝白开水的婴儿越来越少了。

在这个时期的喂养，家长要在保证宝宝正常生长发育基础上，尽量遵从宝宝的个性和个人好恶，给宝宝吃他喜欢的东西，让宝宝快乐进食。

如果宝宝在进餐过程中开始玩起来，妈妈们就要协助宝宝在一定的时间内吃完，以每餐 30 分钟为好。在乳牙长出期间，家中要每天为宝宝清除牙齿上的菌斑、软垢保持口腔清洁，培养宝宝的卫生习惯，所以在饭后一定要让宝宝刷牙或漱口，也可以用纱布蘸上温开水给宝宝轻擦牙龈和口腔，以保口腔清洁卫生。

辅食食谱

黄酸奶糊

【原料】鸡蛋 1 个，肉汤 1 小勺，酸奶 1 大勺。

【做法】1. 将鸡蛋煮熟之后，取出蛋黄放入细筛捣碎。

2. 将捣碎的蛋黄和肉汤入锅，用文火煮并不时搅动。

3. 呈稀糊状时便取出冷却。

4. 将酸奶倒入锅中搅匀。

软乌龙面

【原料】乌龙面 1/6 包，切成 1 ~ 2 厘米的小段；鸡肉 10 克，切小薄丁；胡萝卜 1/4 大匙，切米粒大；菠菜 1/4 大匙，切米粒大；海带芽 1/4 大匙，切米粒大；清高汤 5 大匙；薄酱油 1/2 小匙。

【做法】1. 将上述材料放入锅中。

2. 煮沸，小火续煮 15 ~ 20 分钟，不断搅拌至熟即可。

烙饼

【原料】面粉 4 小匙，散蛋 2 小匙，小虾 2 尾，薄片奶酪 1/2 片，包菜 1/4 片，油少许，酱汁（蛋黄酱、番茄酱各 1 小匙，少许酱油拌好）。

【做法】1. 将小虾焯熟切成 5 毫米长，放上奶酪、包菜丝。

2. 将散蛋倒入面粉中加入 20 毫升的水，慢慢搅拌，再加入刚刚做好的小虾奶酪包菜丝搅拌匀后，分成两等份，入锅煎成圆形，拌上酱汁。

葡萄干甜红薯

【原料】红薯 70 克，散蛋 1 小匙，牛奶 1 小匙，糖 1 小匙，黄油 1/2 小匙，葡萄干 1 小匙多。

【做法】1. 将红薯去皮煮熟，趁热碾碎，加糖、牛奶、蛋充分搅拌，微火熬。

2. 用开水将葡萄干泡软切碎，盖在熬好的红薯上。放入烤盘涂上蛋黄入烤箱烤。

夹心面包卷

【原料】切片面包 2 片，蛋 1/3 个，荷兰芹少许，蛋黄酱 1/2 小匙多，果酱 1 小匙多。

【做法】1. 蛋煮熟切碎、拌入切碎的荷兰芹，拌上蛋黄酱。

2. 面包去皮，一片涂上果酱，一片涂上拌好的蛋黄酱，然后将面包裹成卷，分别用保鲜膜将两侧拧紧。

3. 成夹心状后将保鲜膜取下，面包卷切成方便吃的长短。

婴儿寿司饭团

【原料】米饭童碗 8 成，醋、糖少许，烤星鳗 2 小匙、虾 1 尾，沙丁鱼干 1 小匙，紫菜少许，胡萝卜 2 片。

【做法】1. 软饭分成 3 等份，将糖、醋撒入煮好的软饭中搅拌。

2. 将星鳗切碎，虾取肠焯熟切碎，沙丁鱼用开水浇洗切碎拌入紫菜。

3. 将星鳗、虾、沙丁鱼分别各拌入软饭做成 3 个寿司饭团，胡萝卜切成花的形状装饰。

三色饭

【原料】软饭童碗 8 成，鸡碎肉 4 小匙，蛋 1/2 个，四季豆 2 小匙，糖、酱油、盐、高汤少许。

【做法】1. 将鸡碎肉、酱油、糖、高汤放入锅中搅拌加热做肉松。

2. 蛋加盐搅拌微火炒熟。

3. 将四季豆焯熟切碎，最后将肉松、鸡蛋、四季豆分别盖到软饭上做成三色饭。

煮炸黄瓜茄子

【原料】黄瓜 20 克，茄子 10 克，盐少许，咸牛肉 2 小匙，汤 2 大匙，水淀粉、芝麻油、盐少许。

【做法】1. 将黄瓜去皮去籽，茄子去粗皮。

2. 将黄瓜和茄子切成 4 厘米长条状，油炸。

3. 咸牛肉切碎，用煮开的汤煮好加盐调味，滴入芝麻油勾芡，浇到黄瓜茄子上。

蛋黄酱拌蔬菜

【原料】四季豆3～4根，蛋黄酱2小匙，熟鸡蛋1小匙，荷兰芹少许。

【做法】1.将四季豆切成5厘米长用盐水焯熟。

2.将荷兰芹切碎用纱布包住揉洗。

3.将蛋黄酱与切碎的熟鸡蛋和荷兰芹一起拌匀，然后将拌好的蛋黄酱盖在四季豆上。

哪些点心零食比较好

零食不是主食的替代品，而是宝宝生活当中的一件快乐事。因为点心和零食的味道比较好，宝宝喜欢吃，所以这个月的宝宝可以吃些较软、易消化的小零食和小点心，如饼干、蛋糕等，以增添他快乐的情绪。但是注意不要吃太甜的东西，磨牙棒是不错的零食。

在给宝宝零食时，家长要掌握好给零食的时间。一般午餐到晚餐之间的间隔较长，在下午3点左右喂零食比较好。此外，早餐到午餐的时间间隔也比较长，也可以在上午10点左右给一次零食。

对于比较胖的宝宝，应谨慎选择零食的种类，尽量少给蛋糕之类的点心，多给一些好消化又富有营养的水果，如苹果、橘子等，但香蕉最好不要给，因为香蕉的热量很高，含糖量也很高。如果是体重正常的宝宝，可以在正餐之间随意添加适量的零食，只要是适合宝宝吃的健康食品就可以，但要注意零食的体积不要太大，如糖块、花生之类的硬质零食，很容易卡到宝宝，家长应小心，给宝宝吃的时候最好是先磨碎了再喂。

不同类型宝宝的喂养

此时依然吃母乳的宝宝，可以继续在每天早上醒来、中午午睡前和晚上临睡觉前喂母乳，在每顿母乳中间穿插着增加辅食和小点心。但这时需要注意的是，如果宝宝除了母乳之外什么都不吃，严重影响了宝宝必需营养的摄入的话，就要断掉母乳。除此之外，母乳此时已经分泌很少，但宝宝即使再饿也不愿意吃辅食，或是夜间频繁夜啼要求吃母乳、严重影响到母子的睡眠，有这两种情况的话，也应及时断掉母乳，让宝宝开始吃辅食。

已经断母乳、爱喝牛奶的宝宝，可以在每天早上起床、下午午睡过后以及晚上临睡之前各喂180～220毫升的牛奶，其余时间穿插给些面包、饼干、米饭、米粥、面条、肉类、蛋类、蔬菜、水果等辅食和点心。

已经断母乳、不爱喝牛奶的宝宝，可一直在早上起来的时候给100毫升的牛奶，然后喂些面包或饼干，白天的其余时间添加米饭、面条、肉汤、面汤、米粥、蔬菜、水果等辅食和点心，另外在下午的时候可以加一杯酸奶或乳酪，然后晚上临睡前给200毫升左右的掺有牛奶的米粉或米粥。

对于食量较小的宝宝，可以在早上起床后先给100毫升的牛奶，然后隔2小时左右再给予100毫升的牛奶或母乳，并加一个鸡蛋。午餐和晚餐可以喂些肉汤、米饭、鱼类、虾类的辅食，早、午、晚三餐之间加一些点心和水果，在晚上临睡前再给150～200毫升的牛奶，能喝多少算多少。再有，食量较小的宝宝如果夜里要吃奶的话，就应该给他吃。

如果宝宝食量较大的话，此时要严格控制每餐热量的摄入数量。可以在早上起床、下午三点和晚上临睡前各给200毫升的牛奶或母乳，午餐时给米饭、蔬菜以及蛋类、肉类、鱼类、虾类其中的一种，晚餐给些菜粥，早上9～10点和下午3点时各给一些水果、酸奶或乳酪，要注意不能给宝宝含糖量高的水果。

奶的价值不可忽视

1周岁之前，奶是宝宝最重要的食品，即使辅食的添加再多样化，也不可忽视奶的营养价值。如果宝宝此时还比较爱喝牛奶的话，完全可以一天给宝宝500～800毫升奶，中午和晚上和爸爸妈妈一起吃午餐和晚餐，其余时间给些点心水果。要是宝宝一天能喝1000毫升的牛奶，那么也可以把辅食只缩减到一餐，这样既能保证宝宝的营养需求，也能让爸爸妈妈腾出更多的时间来陪宝宝玩。

如果宝宝食量较小、或是不爱喝奶，一天喝奶量无论如何也到不了500毫升的话，就要多给宝宝吃蛋类和肉类辅食，以补充所需的蛋白质。

对待半夜要吃奶的宝宝

宝宝半夜不吃奶不尿床，一觉能睡到天亮固然很好，但如果宝宝半夜醒来要喝奶、不喝牛奶就不睡觉的话，爸爸妈妈不应该觉得很烦，就应该给宝宝喝奶。以往有的人认为，快要1岁的宝宝，半夜醒来还要吃奶，家长不能纵容他，否则会将他惯坏，但实际上，这种想法是不对的。

对于半夜醒来哭闹着吃奶的宝宝，让他停止哭闹马上入睡是主要的目的，如果吃奶能达到这个目的的话，那就不妨给他吃，没有什么问题。如果硬是采取不予理睬的态度的话，除了会令宝宝形成习惯性夜啼的毛病、影响睡眠质量之外，对宝宝的心理发展也会造成一定的负面影响。

所以，如果宝宝晚上依然还是醒来要求吃奶的话，完全可以在夜里给他喂一次奶。随着宝宝慢慢长大，这种习惯总会得到改善的。

学会对宝宝说“不”

10个月之后的宝宝，已经能够听懂大人简单的指令了。他们在这一时期总是表现得特别淘气，总会做出很多试探性的动作，这有的时候是出于好奇心而来的探索，有的时候则是故意试探大人对自己所做行为允许的尺度。

这么大的宝宝并没有安全意识，他不会明白哪些动作行为可能会给自己以及他人造成危害，这就需要大人来强化宝宝的危险意识，一旦发现宝宝做出可能发生危险的动作，就要果断地制止。当然，最直观的办法就是一边制止宝宝的动作，一边告诉宝宝“不”。有的宝宝在大人对他说“不”时，可能会故意装作没听见而继续重复之前的动作。这个时候，大人就需要用严肃的表情，让宝宝知道“这样不行，爸爸/妈妈不喜欢”。当宝宝通过大人的表情和语气，知道他的这种行为会令大人不快的时候，就不会再继续了。不过家长此时还没必要给宝宝赘述一堆“为什么不行”的原因，因为宝宝基本上是听不懂你在说什么的。

此时的宝宝自我意识比较强，并明显地表现出了自己的个性，因此这一时期也是宝宝很多不良习惯形成的阶段。所以，此时爸爸妈妈学会对宝宝说“不”就显得尤为重要，一味顺从溺爱的话，只会让宝宝越来越任性，稍有不顺的话就哇哇大哭闹情绪。

不要认为10个多月的宝宝还不懂得什么叫好，什么叫坏，不管他干什么都置之不管，这是不对的。尽管这时的宝宝还不能判断好和坏，但能感到大人是高兴还是生气。如果让宝宝觉得大人绝对不会对自己发脾气，那就会助长他为所欲为的风气。

为了让大人的话更有分量，也不要要太轻易而频繁地对宝宝说“不”，应该在设定重要规矩的时候才用这个词，不然宝宝就会听“疲”了，这些禁止的话也就失去了作用。有的宝宝总是做不让他做的事，对这样的宝宝，只能在他做特别危险的事时严厉地批评，凡是可用来“淘气”的东西首先应该收拾起来。

但是，无论宝宝多么淘气和任性，都不应该体罚宝宝，这是所有家长都应该注意的。

教宝宝说话

10个月以后，大部分的宝宝都能说出“爸爸、妈妈、奶奶、姑姑”等发音简单的词句了，所以从这个月开始，就可以有意识地教宝宝说话了。

教宝宝说话是一个家长和宝宝双方不断“学习”的过程，宝宝在未开口说话之前就已经注意倾听和模仿大人的言语，而家长同样要学会宝宝的“语言”，才更有利于交流。很多人都会发现，当这个月大的宝宝含糊不清地与他人“交谈”时，对方几乎是听不懂他说的是什么，但妈妈或每天陪着宝宝的亲人却都能知道他在说什么。只有当你懂得宝宝的词语和手势，以及他指指点点、嘟嘟囔囔是要干什么以后，你才能真正地与他交流，教他说话。和宝宝对话是鼓励他提高语言技能的一个好方法，当宝宝对着一个东西嘟嘟囔囔的时候，你一定要马上告诉他这个东西的名字，或者你主动指着东西说出名字，帮助宝宝学会叫出这样东西的名字。

很多家长在跟宝宝说话时，都喜欢用叠字或者婴儿化的语言，例如把吃饭叫做“饭饭”，把爽身粉、护肤油叫做“香香”。在宝宝很小的时候，你可以这么哄他，但当开始真正教宝宝说话之后，就不要再这么与他对话了，一定要用成人的语言把宝宝说的词语重复说给他听，比如当宝宝叫“饭饭”的时候，你就应该告诉他“吃饭”。虽然婴儿化的语言很有意思，但是作为家长你要知道，只有正确的发音和语言表达，才能有利于婴儿的健康成长。

教宝宝说话并不需要刻意进行，只需要在生活中潜移默化就可以了。比如，你可以把你自己正在做的事情一步步讲给宝宝听，也可以一边唱儿歌一边配合歌词做动作表演给宝宝看，这样宝宝就能很快将词汇和意思联系起来，用不了多久，他就会正式地和你“对话”了。

但是有个问题需要家长注意的是，如果家里成员来自不同地方、同时用多种方言的话，在教宝宝说话期间，尽量营造一个说普通话的环境，家中成员都说普通话，以此来促进宝宝的语言学习。如果做不到都用普通话的话，那就固定一种方言口音和宝宝交流、教宝宝说话，否则多种方言容易给宝宝学说话带来干扰。

给宝宝读点图画书

这个月的宝宝看的能力大大增强，是时候准备一些好看的图画书了。这时的宝宝大多数都喜欢色彩鲜艳的大块图案，图画书在此时不仅能够迎合宝宝的喜欢，还能借此来提高宝宝的认知力、记忆力和思维能力。

好的图画书，画面的色彩形象应当真实准确，符合实物，并且根据这个月龄宝宝的特点，尽量选择单张图画简单、清晰的图画书，最好是选择实物类的图画，而不宜选择卡通、漫画等，也不要选择背景复杂、看起来很乱的图画书，这会使宝宝的眼睛容易疲劳，辨认困难。

可以给宝宝准备一些认识蔬菜、水果、人物或其他生活用品之类的图画书，每天带着宝宝认1～2种，并把图片上的东西和实物联系起来，比如教宝宝认识图画书上“苹果”的时候，就可以拿着一个苹果给宝宝看看、抓着玩玩，这样可以提高宝宝的理解力和记忆力。由于此时宝宝的能力水平有限，所以一次最多不宜让宝宝识记超过2件以上的物品，否则会使宝宝发生记忆混淆。这么大的宝宝集中注意力的时间很有限，所以应当遵从宝宝的喜好和心情变化，适可而止，以免宝宝看烦。

每次给宝宝看新的图画之前，要先给宝宝看看之前一天看过的图片，以加深宝宝的印象。只有这样的不断重复，才会让宝宝记住所学所看的东西。再有，在给宝宝讲述物品名称的时候，名称一定要从头到尾保持固定和准确，以免宝宝产生混乱或错误的印象。

给宝宝选好鞋

这个月的宝宝开始蹒跚学步了，除了给宝宝创造一个安全的学步环境之外，保护好宝宝的小脚丫也尤为重要。于是，给宝宝选择一双合适的学步鞋就成为每位妈妈都要面临的一件事了。

婴幼儿的足弓正处于发育期，好的鞋子能保护足弓，缓冲在走路时由地面产生的大部分震荡，不仅保护足踝、膝、腰、脊椎，还能保护脑部不受震动的损伤。给宝宝的鞋子，要注意柔软、舒适的程度和透气性，最好选择羊皮、牛皮、帆布、绒布的质地，而不要穿人造革或塑料制成的宝宝鞋子。在选鞋时，要根据宝宝的脚型选，即鞋的大小、肥瘦及足背高低等，学步鞋如果选得不好，会很容易限制宝宝脚趾的弯曲度，所以最好选择脚后跟包覆良好的鞋款。刚学走路的宝宝鞋底应有一定硬度，不宜太软，最好鞋的前 1/3 可弯曲，后 2/3 稍硬不易弯折；鞋跟比足弓部应略高，以适应自然的姿势。再有，宝宝的骨骼很软，发育还不成熟，所以鞋帮要稍高一些，以后部紧贴脚，使踝部不左右摆动为宜。鞋子最好用搭扣，不用鞋带，这样穿脱方便，又不会因鞋带脱落，踩上跌跤。此外，给宝宝的鞋鞋底最好是有防滑颗粒，防止宝宝滑倒。

宝宝的脚发育较快，平均每月增长 1 毫米，所以买鞋时，鞋子的长度应与宝宝实际的脚长应有一指宽的距离，以利于脚的生长。同时，还要经常检查宝宝的鞋子是否合脚，一般 2 ~ 3 个月就应换一双新鞋。除此之外，平时还注意观察宝宝的脚趾有没有被压红、有没有出现水泡、宝宝是不是不愿意穿鞋、鞋子是不是偏大等，这些也都是衡量鞋子合不合脚的重要方面。

睡眠问题

10 个月以后，白天睡长觉的宝宝越来越少了，有的宝宝能从晚上 8 ~ 9 点一觉睡到转天早上的 7 ~ 8 点，白天只睡一小觉；也有的宝宝白天还是能睡 2 ~ 3 觉，但每次都不超过一个小时。

这时候宝宝的睡眠情况表现出了很大的个体差异。有些宝宝此时已经建立了一套固定的睡眠规律，每天晚上都能按时睡觉，不管周围的大人们在做什么；而有的宝宝则不然，如果爸爸妈妈不睡只是哄他睡的话，他很难乖乖睡去，一直要等到晚上 10 ~ 11 点，爸爸妈妈也要睡觉的时候才肯入睡。有些宝宝晚上睡得早，早上 5 ~ 6 点的时候就会醒来，这无疑会影响爸爸妈妈的睡眠。对于这样的宝宝，如果晚上不是主动入睡的话，完全可以将哄睡的时间延后一些，这样宝宝早上也能醒得稍晚一些，不至于干扰爸爸妈妈的睡眠。

当宝宝的体能消耗到一定程度时，自然会需要睡觉。这时，只要让宝宝在床上安静地躺一会儿，他就能睡着了。如果宝宝一时没有睡意，也可以让他睁着眼躺着，但不要去逗他、哄他，等到睡意上来了他就会自觉进入梦乡。有的宝宝入睡很快，但睡着后却爱翻身，睡不安稳。出现这种现象，应先检查一下宝宝睡觉的床是否有不妥的地方，比如被子、褥子是否太厚，是否穿的衣服太多不舒服，周围的环境是否太吵、灯光是否太亮等等。另外，如果睡前宝宝有比较兴奋的表现也会睡不安稳。因此，为了提高宝宝的睡眠质量，在临睡之前要保证宝宝处于平静的自然状态，不要去哄逗他，以免使其过于兴奋，影响睡眠质量。

如果半夜宝宝醒来，提出想玩的要求的话，爸爸妈妈就要果断拒绝，不能纵容宝宝形成这种不好的睡眠习惯。

婴儿体操

这个阶段婴儿体操主要的目的是让宝宝听从大人言语的指示而运动，同时为促使步行和站立姿势的机能充分发达而进行身体的准备动作。

1. 抬脚运动：让宝宝仰卧，家长把手放到宝宝肚子上方 30 ~ 40 厘米的地方，让宝宝用脚碰大人的手。如果宝宝做到了，就可以适当抬高手的位置，继续鼓励宝宝去碰触。这个动作可以充分锻炼宝宝腿部的力量，促进宝宝腿部的肌肉运动。

2. 伸屈双臂：让宝宝与大人相对而坐，握住宝宝的双手，把他的手臂垂直向前拉，然后交互弯曲，伸直，如此交互各做十次，以锻炼宝宝手臂肌肉的力量。

3. 前屈运动：让宝宝在桌子上背对着大人站立，把宝宝的身体拉过来，靠住大人的身体。用右手腕紧紧抱住宝宝的膝盖，同时用左手腕抱住宝宝的下腹部，用双手腕支撑住宝宝，不让他倒下去，然后让宝宝捡起放在他脚边的玩具。等宝宝把玩具捡起来之后，再让宝宝抬起上身，反复做 2 ~ 3 次。

能力的培养

排便训练

这个月可以继续前几个月的排便训练，培养宝宝独自坐盆排便，每次以 2 ~ 3 分钟为宜，最多不超过 5 分钟。如果宝宝不能顺利排便的话，可以过一会儿再坐盆，切忌强迫宝宝长时间坐在便盆上。另外培养宝宝定时排便的习惯，最适宜的时间是早上。

这时候的宝宝依然还离不开尿布，特别是在炎热的夏天，由于出汗使小便间隔变长，所以经常会有尿湿尿布的情况。这是很正常的，并不是宝宝的能力开始倒退，爸爸妈妈不用着急担心。

而且，这时候的宝宝越来越机灵了，他如果不想让大人把尿把便，一看大人要给自己解尿布的时候就会耍赖逃跑，让他坐在便盆上他就打挺，一旦给他裹上尿布，他很快就开始撒尿。这种行为常常让大人又生气又无奈，但是既然宝宝做出了这种小抗议，就说明他不喜欢让大人把自己，爸爸妈妈应该尊重宝宝的选择。这时候的宝宝没有尿便控制的能力，所以这也谈不上不利于他尿便控制力发展的问题，最多也就是多费一些尿布罢了。

另外有的宝宝在这个月，晚上能一觉睡到天亮，尿布也不湿；而有的宝宝则半夜还会有将尿尿在尿布里的情况。只要宝宝不醒，也没有因为尿布湿了臀部发红溃烂的话，家长就不用管他，等到宝宝醒的时候再换尿布也未尝不可。不要因为宝宝尿湿了就把他弄醒了换尿布，这样会使他的睡眠质量大打折扣。如果宝宝真的因为尿湿不舒服的话，他自然会哭吵着要求大人给他换尿布的。

无论怎样，这个月的宝宝，每晚在临睡之前，爸爸妈妈都要给宝宝把一次尿，这也有利于宝宝形成良好的排便习惯。

走路训练

当宝宝能独立迈步时，就可以说已跨入一个重要的发展阶段。

这一阶段，家长最常用的训练方法就是，先扶着宝宝的腋下，或在前搀着宝宝的双手，让他练习迈步走。等到他可以迈步前进了，家长就可以让宝宝靠墙站好，然后退后两步伸开双手，鼓励宝宝朝着自己走过来。这时需要注意的是，当宝宝迈出步子时，最好向前迎一下，避免宝宝第一次尝试时就摔倒。如此反复练习，用不了多长时间就学会走路了。

如果宝宝已经有了第一次的尝试，就可以展开进一步的训练方式了：

（1）让宝宝扶着站在婴儿床的一侧，妈妈手里拿一件宝宝喜欢的玩具站在床的另一侧，喊宝宝走过来拿玩具。这个游戏需要反复进行，训练的次数多了能见效果，很可能一开始宝宝不太爱“搭理”你，或是不肯往前走原地哭闹，因此家长需要有足够的耐心。

（2）把若干玩具放到宝宝的婴儿车里，

妈妈和宝宝一起扶着婴儿车的扶手站好，爸爸蹲在几米之外。妈妈可以先告诉宝宝一起把玩具送过去给爸爸，然后再一起推动婴儿车，在推的过程中不用使太大的力气，让宝宝作为主要的发力者，而妈妈只是去控制车的速度和方向。等到车停稳到爸爸跟前后，鼓励宝宝拿起玩具送给爸爸，爸爸此时也可以与宝宝保持一步的距离，以此引导宝宝单手扶物行走。

（3）准备一条学步带。让宝宝站好后，将学步带套在宝宝的胸前，然后爸爸或妈妈从宝宝的背后拎着带子，帮助宝宝掌握平衡，让宝宝带着妈妈一起往前走。用学步带最大的好处就是大人不用弯着腰了。如果家里没有学步带的话，也可以用长毛巾或浴巾代替。

（4）让宝宝张开双臂，妈妈在背后扶住宝宝的手臂，维持宝宝身体的平衡，然后引导宝宝往前走。这种训练方法可以一直进行，随着宝宝平衡和协调能力的增强，逐渐由双手领着宝宝，改为单手领着宝宝，直到宝宝能够完全自己行走。

在每次走路训练前，应该先让宝宝排尿，撤掉尿布，以减轻下半身的负担。最好是选择一个即使摔倒了也不会受伤的地方，特别要将四周的环境布置一下，把有棱角的、可能会伤害到宝宝的东西都拿开。另外刚开始时每天的练习时间不宜过长，30 分钟左右就可以了。

为了让宝宝的训练更顺利，爸爸妈妈应该多陪着宝宝进行独立的训练，培养自己和宝宝的勇气；要做足必要的安全措施，爸爸妈妈更应该在宝宝身后保护，尽量避免磕碰；在帮助宝宝练习走路时，爸爸妈妈可以用一些色彩鲜艳的玩具来引导宝宝，激发宝宝独立行走的兴趣。

在宝宝学步的过程中，很多父母要么急于求成，不断加大训练力度，要么就因为怕摔坏宝宝而中断练习。其实，这些都是不正确的做法。父母应根据自己宝宝的具体情况灵活施教，在初学时应每天安排时间陪着学步，并适当增加宜于学走路的游戏，这样也可以增添宝宝的乐趣和愉快的情绪，防止学习太过枯燥。

再次说明尽量不要用学步车给宝宝训练。宝宝的发育有快有慢，也有一部分宝宝由于各种原因的影响发育会比较慢。家长不要看到别的同龄孩子学步，就担心自己的孩子学步慢，就给宝宝用学步车。因为让宝宝通过学步车学步也许会起到拔苗助长的反效果，由于宝宝的骨骼还没有完全发育到能支撑身体的全部重量，所以这很可能会导致宝宝以后长大变成 O 形腿。

自我意识培养

这一时期宝宝的自我意识，已经发展到了能够通过镜子模模糊糊感觉到镜子里面的人可能就是自己的阶段，但他们还不能很明确地认识到，镜子里的人就是自己。一般来说，这种确切的认知要到一岁之后才能形成，而在这个时期，爸爸妈妈可以做的，就是强化宝宝的自我意识。

照镜子仍然是发展自我意识的最佳途径，爸爸妈妈可以平时多让宝宝照照镜子，对着镜子拿着宝宝的手，让他指着自己的五官，与此同时让宝宝朝镜子里看，告诉宝宝“这是宝宝的大眼睛”、“这是宝宝的小鼻子”等等。还可以让宝宝摸摸爸爸妈妈的眼睛、鼻子，然后对着镜子告诉宝宝“这是爸爸 / 妈妈的眼睛”，然后再把手放到宝宝的眼睛上，告诉宝宝“这个是宝宝的眼睛”。通过这种方式，可以让宝宝感觉出自己与他人之别，从而强化宝宝对自我的认知。

记忆力培养

这个月的宝宝开始有了延迟记忆能力，对于家长告诉他的事情、物体的名称等，能够维持几天甚至更长时间的记忆。这一时期是对宝宝进行早期教育的开始，如果教育得当的话，可以让宝宝学会很多的东西。不过这种教学最忌讳的就是揠苗助长，最好的方法是利用游戏加强锻炼学习，让宝宝边玩边学。

例如，这一时期宝宝对于图画的兴趣很高，所以可以把印有动物、用品、食物等图片的认知卡放在桌子上，先将每张图片上的内容名称告诉宝宝，给宝宝讲讲这种东西的特点、用处等，然后再由大人说出名称，让宝宝在一堆图片中找出所对应的图片。通过这个游戏，除了可以锻炼宝宝手脑并用、学会听声辨图之外，还能发展宝宝手部的活动能力。在手、脑、眼的协作下，还能有效提高宝宝的记忆能力。但是，刚开始教宝宝识认这些图片的时候，往往需要花一些时间，反复多次进行，并在学习的过程中注意多鼓励，培养宝宝的兴趣。

在玩游戏的过程中需要注意的是，如果宝宝失去耐心、显得比较抗拒的话，家长就要停止这种训练游戏，以免宝宝对这些小游戏彻底失去兴趣。

思维能力培养

这个月的宝宝已经具备了最初的思维能力，所以此时再和宝宝玩游戏的时候，可以减少直观的游戏，增加一些能够促进宝宝思维能力发展的游戏项目。

传统的“藏猫猫”游戏，是很好地发展宝宝思维能力的游戏，比较适合爸爸妈妈共同陪宝宝玩。为了提高宝宝游戏的兴趣，爸爸妈妈其中一方在躲起来的时候，可以故意露出身体的一部分让宝宝看见，然后由另一方来启发宝宝去寻找，指给宝宝看躲起来的一方露出“马脚”的地方，让宝宝自己走过去，将躲起来的爸爸或妈妈“揪”出来。当宝宝成功地找到爸爸或妈妈时，要记得将宝宝抱起来鼓励鼓励他，这样宝宝便会对这个游戏充满了兴趣，并从中得到了思维方面的锻炼。

还有一种找东西的游戏也很适合这个月龄的宝宝：先在桌子上摆上1～2件宝宝喜欢的小物品，吸引宝宝的注意，然后用布把这些物品蒙起来，问问宝宝“东西去哪了”。有的宝宝刚开始可能会显得有些不知所措，但只要家长稍加提示，很快宝宝就能明白，东西被布遮盖住了，只要把布拿起来，就能看到东西还在里面。当他明白这一点后，就会主动地伸出手去把遮盖着物品的布拉开，然后很得意地抓起小物品放在手里摇摇。宝宝能够明白东西即使被蒙住了，也依然存在这件事，就是思维能力的一个发展过程。

当宝宝能够很好地玩这个游戏以后，可以继续升级游戏方式：准备几种不同的玩具，如塑料小鸭子、塑料小猫、软布球等，分别让宝宝看，然后当着宝宝的面，拿走其中一样背在身后，再问宝宝“小鸭子呢？”看看宝宝会不会主动去扒大人的身后，找出这样玩具。

好奇心的建立

婴儿时期的宝宝好奇心特别强，他想要学习一切他所接触到的事物。此时宝宝手部大肌肉和腿部大肌肉已经有所发展，所以这时他更多的是依赖手和脚来探索世界。

这个月宝宝的好奇心又在进一步增强，他对所有没见过、不知道的东西都特别感兴趣，而且还喜欢和大人“对着干”，越是大人不让摸、不让碰的东西，他就越总想摸一摸、碰一碰；大人越不让宝宝把什么东西放进嘴里，他就偏喜欢把这些东西趁大人不注意塞到嘴里啃啃尝尝。而且从会爬开始，宝宝的视野范围和活动范围都在增强，几乎能触及到家庭的所有角落，并且对家里的小角落和小洞洞特别好奇，经常会一个人在角落里咿呀比划着探索。所以，对于家里的这些小角落，家长们一定要在这些地方加强防护，保持角落的干净，不要有玻璃等危险品，并保证所有的电源插座上都有盖子。

在对新鲜事物表现出强烈的好奇心和探索欲望同时，宝宝对已经了解的东西失去兴趣的速度也越来越快，“喜新厌旧”在这一时期表现得尤其强烈。只要是没见过的、没玩过的东西，什么都是好的；只要是看过了的、玩过了的东西，就很难让他再看一眼。再有，由于宝宝此时接触的事物非常有限，所以，宝宝的好奇范围也是和他所能达到的方圆路径是相一致的。只有那些宝宝所能听到、所能看到、所能摸到的东西才使他们产生好奇心的。

对于宝宝表现出的这种强烈的好奇心，家长们应当在不出危险的前提下尽量保护其自由发展，不能因为怕宝宝淘气就禁止他做出这种或那种的探索活动，这样无疑会扼杀宝宝的好奇心和探索欲望。婴儿时期的这种探索精神，是认知这个世界的一种强大的动力，这一时期探索精神得到大人支持和鼓励的宝宝，长大之后接受和探索新事物的能力往往比较强，而且自信心相对也较强。因此，爸爸妈妈可以利用宝宝的好奇心理，因势利导，促使宝宝认识更多的东西、学会更多的技能。

家庭环境的支持

室外活动

这个月的宝宝对室外活动的主动性比上个月要强了，有的宝宝在上个月还不懂得自己要求出去玩，但从这个月开始也渐渐懂得发出想要出去玩的愿望了，而且即使是平时不熟悉的人，如果说要抱着宝宝出去玩，宝宝也会愿意去。因此可以看出来，此时的宝宝对户外活动有着多么强烈的需求。

由于此时的宝宝已经能吃和大人一样的饭菜了，所以爸爸妈妈不妨减少准备辅食的时间，多带宝宝出去呼吸呼吸新鲜空气，看看外界的事物，让宝宝和邻居家的小朋友多些交流。这一阶段不应该吝啬室外活动的时间，只要宝宝身体情况良好，天气晴好，室外空气也较好的话，只要宝宝想出去玩，就带着他出去待一会儿。

但是，此时室外活动的时间也不宜太长，以免宝宝“玩疯了”。可以采取多活动次数、少活动时间的办法，即每天多出去活动几次，每次活动时间相应减少，这样一来可以满足宝宝想要出去的愿望，二来也不至于让宝宝太疲累，而影响他的休息睡眠。

玩具

10 个月的宝宝手指已经能够相当灵活地抓取东西了，并对玩具表现出明显的个人喜好了。

有的宝宝喜欢玩积木，尽管还不会搭，但他喜欢双手拿着积木块撞击或者把积木摆起来；有的宝宝喜欢用蜡笔在纸上乱涂；有的宝宝喜欢看图画书；也有的宝宝对玩具不感兴趣，反而喜欢家里的日常物品。但是大多数宝宝在这个月，对以往很感兴趣的哗啷棒、不倒翁等都渐渐没了兴趣。

家长可以根据宝宝的喜好，利用玩具发展宝宝的智能和动手能力，做到一举两得。不过需要注意的是，宝宝在这个时候仍然喜欢吃手里拿起来的东西，所以给宝宝的玩具都要提前检查好，任何破损的或是小零件松动的塑料玩具、着色不好的木制玩具都不宜给宝宝玩，另外有的时候宝宝撕纸吃纸，所以在给宝宝这些东西玩的时候，家长一定要在身边看着他。

需要注意的问题

可能出现的事故

1. 误吞不能吃的东西。这个时期的宝宝不但能看到像药片那样的小东西，还能用拇指和食指把药片那样小的东西捏起来，并很快放到嘴里。有的宝宝尝到苦味，就会吐出来，可有的宝宝没有这个能力就会直接把药片吞下去发生危险。如果让宝宝拿到药水或香水之类的液体，那么更容易发生误吞服的现象。所以，所有不能吃的东西，都不能让宝宝有机会拿到。

2. 打翻东西。这时的宝宝手脚总是不老实，常常把身边的东西打翻踢翻，如果打翻热水、热汤、暖瓶的话就容易发生烫伤，而打翻台灯、凳子、杯子等就有可能把自己碰伤、砸伤、割伤，所以这些对宝宝有危险的东西，都要挪到宝宝够不到的地方。

3. 学步车的危险。如果此时把宝宝单独放在学步车里的话，他能带着车呼呼地向前走。当地面比较光滑的时候，就很容易发生危险。宝宝在学步车里行走的速度会不加控制地越来越快，然后导致连人带车一块翻倒，如果旁边没人的话，宝宝不能自己爬起来，就有可能伤到腿部。

4. 活动能力增强带来的各种危险。由于宝宝的活动能力强了，所以总会令家长有防不胜防的感觉。例如，宝宝能想方设法移动自己的身体，拿到一切自己感到好奇并想拿到的东西，还能打开瓶盖和盒盖，把里边的东西拿出来。因此，所有有可能伤害到宝宝的东西，都应该放到宝宝不可能拿到的高处去。

以为宝宝睡熟了就不会出事，结果大人离开一会儿，宝宝就从床上摔下来的事情也常有发生。所以，即使宝宝睡熟了，也不要让他离开大人的视线范围。

如果家里的卫生间忘了关门，宝宝就有可能趁大人不注意或爬或走到里面，一旦跌落到放满水的浴缸或是马桶里，就会造成淹溺。再有，卫生间里洗手台、马桶、浴缸的棱角，也会成为撞伤磕伤宝宝的“元凶”。

婴儿意外受伤

宝宝长大了，意外受伤的时候越来越多，很少宝宝在摇摇晃晃的学步过程中没有过跌伤、碰伤的体验。如果在宝宝受伤后对伤口处理不当的话，就可能会在宝宝白嫩的肌肤上留下疤痕。

1. 摔伤。这个月龄的宝宝几乎每天都会摔倒、滑倒，如果头部出血的话，应立即用消毒纱布包扎好后送到医院做进一步处理，如果只是碰了个包没有流血的话，可以用冷敷，但不能热敷或揉搓。如果是从1.5米以上的高处摔下的话，不管摔下后宝宝有无异常，都应立即去看医生。

2. 割伤。一般而言，宝宝受到轻微创伤后，局部血管会自行收缩5～10分钟，待血小板凝固后止血，但较大的伤口则要细心处理。当割伤出血后，首先要进行止血，方法是尽快用干净纱布压迫患处，然后抬高患处。待止血后，再用生理盐水或直接用清水来冲洗伤口，冲去肉眼所见的污染物后，用棉签蘸双氧水轻轻涂在伤口及周围，然后再用生理盐水冲洗一遍，这样既可清洁伤口，又有杀菌功效。清洁杀菌完成之后，再用生理盐水沾湿小纱布覆盖在伤口上，最后用大纱布裹住伤口，注意定时更换纱布即可。

3. 擦伤。擦伤很容易发生，尤其是夏天穿得较少的时候，只要护理得当，伤口都能很快痊愈。擦伤之后，要先用干净纱布压迫患处，以加快止血，然后用生理盐水或清水将伤口冲净，经1～2分钟自然止血。最后再用棉签蘸双氧水轻轻涂在伤口及周围，清洗完成后再用生理盐水冲洗一遍便可。

4. 撞伤碰伤。宝宝被撞伤后通常会出现局部淤血、肿胀等现象。若是伤及头部，最重要的是观察宝宝是否出现特殊变化，如嗜睡、眼睛转动异常、呕吐、一直哭闹不停、手脚不灵活等。如出现这些情况，应及时送宝宝上医院诊治。如果宝宝没有特别反应，家长可以在撞伤的最初两天，用冰袋敷患处，减轻伤口肿痛，但注意千万不能用热敷，更不能用手直接揉搓患处。从第三天开始，可以进行热敷直到淤血或包块消退，但注意温度不要太高以防烫伤。

在宝宝刚学会走路的时候，常常会因为门齿碰伤下嘴唇出血，这种伤口一般不需要处理，让其自愈即可。如果鼻子碰出血了，鼻孔里要堵上脱脂棉，在头部放上凉毛巾，并使头部高于心脏，以利止血。

5. 烧伤烫伤。发生烧伤烫伤的话要立即用冷水冲洗患处降温，然后视烧伤烫伤面积大小来决定处理方法。如果患处面积较小，例如手指上烫了个小泡，可以清洗患处后在患处涂抹一些抗生素软膏，一般都没什么问题。但如果烫伤面积较大的话，就要立即送到医院请医生处理，而不能在家里擅自处理，特别是不能在烫伤处涂抹酱油、牙膏等，避免伤口发生感染。

嗓子过敏

有的家长会发现，只要给宝宝稍硬一点的食物或是没有吃习惯的食物时，宝宝总会吐出来，而给他比较软的糊状食物时，宝宝就能吃得很好。如果宝宝总是这样的话，就有可能是嗓子过敏。

嗓子过敏是天生的，这样的宝宝一般在刚出生时喝奶很容易呛着，两三个月大的时候喝果汁也很容易呛到。只要身体其他部位没有异常，这种过敏就不需要治疗，随着宝宝渐渐长大就会自行好转，也有的宝宝可能很难痊愈，但这也不会影响宝宝的日常生活。

对于嗓子天生过敏的宝宝，喂食的时候应该有充分的耐心，可以逐渐一点一点地给宝宝吃，让宝宝慢慢地习惯接受，可以把较硬的食物切碎混在汤里喂给宝宝。家长不必担心，只要合理喂养的话，宝宝一定能像正常婴儿那样进食，也不会发生营养不良的问题。

腹泻

婴儿腹泻分为感染性腹泻和非感染性腹泻，感染性腹泻主要是由病毒（主要是轮状病毒）、细菌、真菌、寄生虫感染肠道后引起的，非感染性腹泻主要是由于喂养不当，饮食失调所致。

如果给宝宝的食物一直很注意卫生，并且家里没有其他人有腹泻症状的话，那么多数都是非感染性腹泻，例如母乳不足，或人工喂养的宝宝过早过多地添加粥类与粉糊，宝宝摄入的碳水化合物过多，在胃里发酵就会致使消化紊乱从而出现腹泻。如果未能在断奶前按时添加辅助食品，一旦突然增加食物或改变食物成分，宝宝就很有可能因为无法适应造成消化紊乱，出现腹泻。除了这些之外，不定时的喂养、进食过多、过少、过热、过凉，突然改变食物品种等，都会引起腹泻。还有些腹泻，是由食物过敏、气候变化、肠道内双糖酶缺乏引起的。

造成宝宝腹泻的原因多种多样，家长不能随便用药，一定要慎重对待。腹泻患儿的饮食应以稀软的营养饭食为主，未断奶的婴儿可照样喂奶；尽量多喝水，水中加少量盐饮用更佳。此外，照护腹泻患儿的家长要随时洗手，防止病菌扩大传播。此外，学会观察宝宝腹泻时的表现，有助于家长以最快的速度找出导致腹泻的原因。

1. 观察精神状态。如果宝宝除了腹泻之外，没有什么异常变化，精神状态良好，喜欢笑，爱玩玩具，爱和大人玩，一般就没什么问题。如果宝宝出现精神委靡、嗜睡、抽搐、惊厥、抽风、昏迷等症状，就要引起警惕。如果宝宝在腹泻的时候出现喷射状呕吐的话，就要立即入院治疗。

2. 观察体温。在腹泻病例中，由于饮食不洁造成的感染性腹泻占腹泻病例的 85% 左右，这类腹泻大都容易出现体温异常，容易在腹泻出现之前或腹泻初期时发热，一般体温都在 38℃左右。同时，宝宝还会表现出精神委靡、食欲低下、磨人哭闹等异常状态。需要注意的是，一旦宝宝在腹泻之前出现超过 39℃的高热，就要及时就医，防止较为严重的中毒性菌痢。

3. 观察大便性状。婴幼儿腹泻常见的是稀便、水样便、蛋花样便、黄绿色便或有少量黏液，每天腹泻 5 次左右，大便量不很多，无明显脱水现象，家长就不需要太过担心。但如果是便中带有血丝，或血水样便、或脓血样便，且每次便量较少，坐便盆不愿起来，就有可能是痢疾，或是空肠曲菌腹泻，或是出血性大肠杆菌腹泻，应立即就诊。宝宝腹泻次数多，排便量大，就容易出现脱水的症状，需要立即到医院输液补充体内流失的水分和电解质，以防酸中毒。

4. 观察有无并发症。如果宝宝在腹泻时，出现呼吸不畅；高热、头痛、喷射状呕吐；四肢、尤其是下肢瘫软无力；尿量减少，尿中有蛋白；皮肤出现皮疹、淤斑等症状，往往是并发症的早期表现，应及时就诊。

5. 观察药物反应。如果宝宝在吃了治疗腹泻的药物 2 天内未见疗效，或是出现了一系列不良反应，就要立即停止用药，并咨询医生，选择另外的治疗方法。

过胖

7 ~ 12 个月龄宝宝的标准体重为（6000 克 + 月龄 ×250）克，如果超过标准体重的百分之十就为过胖。有些宝宝从以前已经有了过胖的趋势，也有的宝宝是从这个月突然胖起来，主要原因就是除了吃很多的粥、米饭、鱼、肉外，还吃很多的奶。造成婴儿过胖很多时候都是父母的喂养失误，爸爸妈妈总是觉得宝宝吃得越多越好，只要宝宝想吃，就什么都给他吃，还以为体重增加越快、越重就越好。在这种心理下，宝宝不知不觉就会成了一个小胖墩。

过胖会给宝宝带来一系列的问题。首先，过胖会影响宝宝的身体健康，肥胖的宝宝抗病能力较差，易患感冒等疾病；其次，过胖也会阻碍宝宝运动能力的发展，太胖的宝宝由于自身负担较重常常变得不爱运动，这就会使他的运动能力发育要比同龄正常的宝宝晚，例如站得晚、走得晚等等。

对于过胖的宝宝，要严格控制日常饮食的热量摄取，在保证生长发育所需要的前提下，控制热量过多的饮食。如减少肥肉、油炸食品、巧克力、冰淇淋、各种糖类等，改为低热量、低糖、低脂肪的食品，但要注意保证日常蛋白质、维生素和矿物质的需要，平时多吃绿色蔬菜，吃水果的时候也要注意少吃含糖量高的水果。另外，还要多带宝宝进行户外活动，增加能量消耗并提高身体素质。

再有，对于此时较胖的宝宝最好做到定期称重，以便根据体重的变化来调整饮食方案。要使宝宝日后发育良好，体态均匀、体魄健康，爸爸妈妈就要注意从小合理安排他们的饮食，一旦发现宝宝有体重增长过快的现象，就要及时调整饮食，在此同时增加活动量，使其体重按正常生长发育规律增加，防止发展成为肥胖症。如果爸爸妈妈都比较胖的话，就更要注意监测宝宝的体重变化。

左撇子

左撇子的习性表现，有很大比例是透过遗传，以及先天脑部基因决定，并不是说因为左手用得多了，就成了左撇子。一个人是左撇子还是右撇子，主要是根据发育过程中手的动作与视觉的协调而形成的。

从生理上来说，左撇子不是病，完全是一种正常的发育情况。人的大脑左右半球分工不同，左脑主要负责逻辑、语言、书写及右侧的肢体运动，而右脑则主要负责色彩、平衡感、空间感、节奏感和左侧肢体运动。人在频繁使用语言的过程中不断地刺激左脑，因而左脑要相对发达于右脑，而左撇子的人天生右脑比左脑发达，加上左侧肢体的活动又使右脑得到锻炼，从而促成大脑左右半球同样发达，这是非常有利于宝宝大脑发育的。

如果发现宝宝此时有点像左撇子，没有必要予以限制和纠正。婴儿时期是宝宝学习在生活中发挥手的作用的重要时期，是用手开始接触这个世界的时期，也是开始创造性地使用手的时期。这一时期最重要的是发展宝宝的创造性，如果此时束缚宝宝手的活动，无异于束缚宝宝大脑的活动。

大部分的左撇子都是天生的，如果惯用左手，最好让顺其自然，不要硬性修改。如果刻意改成右撇子，容易破坏宝宝的肢体协调性，陷入认知混淆，出现一系列发育问题，最常见的如口吃、发音不准等。

再有，强行纠正宝宝的左撇子，也会对宝宝的心理造成一定影响。特别是有的家长，看到宝宝用左手就用打骂来迫使宝宝改正，这种做法就会使宝宝在使用左手时有一种罪恶感，长此以往会造成宝宝自我怀疑、自我轻视、缺乏自信等诸多心理问题，严重者甚至可能出现神经质、绝望等极端心理，这一切对宝宝人格和智能的健康发展都是十分不利的。

1 岁之前的宝宝左右手功能还不会有明显的方向分化，有的时候可能仅仅是想通过活动来认识感受自己的左手。但是，不管宝宝用哪只手，只要他用着方便就可以，毕竟左撇子不是病，所以不需要纠正治疗。但是，在以右撇子为主轴的世界里，左撇子的宝宝在生活上难免会碰到一些困扰，这就需要在宝宝将来长大之后，要把左撇子的不便告诉宝宝，让他有心理准备，并自己做出选择。

鼻子出血

外伤是导致鼻出血的最常见原因，除此之外，天气干燥、上火、鼻腔异物等也会导致鼻黏膜干燥或破坏，造成鼻出血。再有，某些全身性的疾病，如急性传染病、血液病、维生素 C 和维生素 K 缺乏等也同样可能造成鼻出血。

当发现宝宝鼻子出血以后，应立即根据出血量的多少采取不同的止血措施。当出血量较少的时候，可以运用指压止血法，方法是让宝宝采取坐位，然后用拇指和食指紧紧地压住宝宝的两侧鼻翼，压向鼻中隔部，暂时让宝宝用嘴呼吸，同时在宝宝前额部敷上冷水毛巾，在止血的时候，还要安慰宝宝不要哭闹，张大嘴呼吸，头不要过分后仰，以免血液流入喉中。一般来说，按压 5 ~ 10 分钟就可以止住出血。

如果出血量较多的话，只用指压止血的办法可能一时间无法止住出血了，这时可以改用压迫填塞法来止血。止血的时候，将脱脂棉卷成像鼻孔粗细的条状，然后堵住出血的鼻腔。填堵的时候要填得紧一些，否则达不到止血的目的。

如果上述办法均不能奏效的话，就需要立即送往医院止血，止血之后还需要查明出血原因，并对症做进一步相应的治疗。

捏鼻止血时，经上述处理后，一般鼻出血都可止住。如仍出血不止者，需及时送医院。在医院除继续止血外，还应查明出血原因。

便秘

如果以前大便一直正常规律的宝宝，到了满 10 个月的时候，大便突然变得困难起来，甚至 2 ~ 3 天才排一次大便的话，首先要考虑的是不是吃得少了，或是给的食物太软。

可以通过宝宝体重的增加情况来衡量，如果宝宝每天的体重增加不到 5 克，就可以让宝宝多吃一些，特别是多给一些鱼类和肉类的辅食。如果宝宝每天的体重增加在 7 ~ 8 克却依然便秘，就要考虑是不是给的食物太软，可以给宝宝一些纤维丰富的食物，如菠菜、卷心菜等，但吃菠菜的时候注意要先将菠菜焯过水之后再给宝宝，避免影响铁的吸收。也可以将这些蔬菜剁碎，放到鸡蛋里做成软煎蛋卷给宝宝，或是给一些稍微硬点的食物，如豌豆等，刺激宝宝胃肠的蠕动。

此外，平时还要多给一些水果，也有助于缓解便秘的症状。

有些宝宝并不是到了这个时候才开始便秘，家长可以根据宝宝的具体情况来选择调理的方法。最好的调理办法是通过饮食，即平时多给一些蔬菜、水果和粗粮的辅食，不要吃得太过精细，再有就是多到户外进行锻炼或多进行室内运动，也可以有效刺激胃肠运动。不建议经常使用开塞露之类的栓剂以及肥皂条之类辅助通便的物品，更不要经常利用灌肠来帮助通便。

有些习惯性便秘的宝宝，是因为此时还没有定期排便的规律。因此，家长要加强对宝宝的排便训练，可以每天定时让宝宝坐在便盆上排便，刺激宝宝的条件反射，协助宝宝形成固定的排便规律，这在某种程度上也会有效缓解或解决便秘的问题。

警惕传染病

宝宝从6个月之后，开始运用自身的抵抗能力来抵御外界的侵袭了。但由于不足1岁的宝宝自身的抵抗能力还较弱，所以极易受到外界致病菌的攻击侵害，特别是可通过各种方式传播的致病菌，所以家长有必要了解宝宝此时较为常见的几种传染性疾病，以及必要的防护措施，尽最大的可能保护好自己的宝宝，让他能够安全健康地成长。

1. 流行性感冒。简称流感，是婴幼儿最为常见的传染病。流感起病急骤，主要症状为高热、畏寒、头痛、肌肉关节酸痛，全身乏力、鼻塞、咽痛和干咳、少数宝宝可有恶心、呕吐、腹泻等消化道症状，一般在发病前三天传染性最强，主要通过飞沫传染。

预防流感最重要的是增强体质，即平时多注意锻炼，多喝水，及时补充含维生素C和维生素E的食物，根据季节变化及时增减衣物，保持足够的休息睡眠，增强机体的抵抗力。如果有家人患病的话，一方面要隔离病人，另一方面要做好室内的消毒，可以用食醋蒸熏的办法。在流感高发的季节，应尽量避免到人多的公共场所，更要避免与患上流感的人接触，外出的时候可以给宝宝带一个小口罩，回家之后要先洗净双手，也可以根据宝宝的月龄大小给予一些预防流感的药物，如板蓝根等。

2. 水痘。水痘好发于6个月至3岁的婴幼儿，主要通过飞沫传染，皮肤疱疹破溃后也可经衣物、用具等传染。水痘是由水痘病毒引起的呼吸道传染病，具有很强的传染性，多发于冬春季节。发病初期先是高热，体温达38℃～39℃，能看出宝宝明显的烦躁和食欲不振。而后由头皮面部开始出红疹并逐渐蔓延到全身，1天之后变为水疱，3～4天后水疱干缩，结成痂皮。

水痘没有专门的治疗方法，要做的就是发病初期随时给宝宝测体温，体温持续升高的话要多喝水，体温超过了38.5℃，可以用退热药降温，但要避免使用阿司匹林；用温水给宝宝洗澡，洗过之后要穿宽松的棉质衣服并勤换内衣，以减轻瘙痒不适。患上水痘之后，宝宝常会不自觉地抓挠疱疹，为了防止宝宝将疱疹抓破发生溃烂感染，就要把宝宝的指甲剪短并保持清洁，必要时给宝宝带一副防护手套。

如果有极为严重的瘙痒或疱疹周围皮肤发红或肿胀，有脓液渗出，就说明疱疹已受感染，要立即去看医生。如果宝宝患有肾脏病、哮喘、血液病或代谢病等正在使用糖皮质激素的话，一旦得了水痘要立即去看医生。

预防水痘主要就是避免宝宝与患了水痘的患儿接触，尽量少到人多的公众场所，并且要勤换勤洗勤消毒宝宝的日常衣物，随时保持各种用品的卫生清洁。

3. 麻疹。麻疹是由麻疹病毒引起的一种急性呼吸道传染病，好发于6个月～5岁的婴幼儿，传染性极强，多由飞沫和空气传播，常在冬末春初时流行。如果宝宝未患过麻疹而抵抗力又比较差的话，就很容易被感染麻疹病毒继而发病。

小儿麻疹临床表现为发热、咳嗽、流涕、睑结膜充血及口腔黏膜有麻疹黏膜斑，发热 3 ~ 4 天后出现全身红色斑丘疹，经一周左右可自然恢复，但要注意防止肺炎、心肌炎等并发症的出现。

对于 8 个月以上从未患过麻疹的宝宝，可以在麻疹流行前 1 个月皮下注射麻疹疫苗，但如果宝宝有发热、患严重慢性病或急性传染等病症时，不能注射麻疹疫苗。此外，有免疫功能缺陷以及过敏体质的宝宝，也不宜注射麻疹疫苗。预防麻疹最主要的办法就是在麻疹流行期间，尽量少带宝宝去人多的地方，更要避免与患上麻疹的宝宝接触。如果患上麻疹的话，要注意及时隔离治疗，并保持室内的空气流通。

4. 细菌性痢疾。即为菌痢，是由痢疾杆菌感染所引起的一种婴幼儿常见的肠道传染病，主要通过病菌污染的食物和水传播，也可通过苍蝇和带菌的手而间接传播，以夏秋季节最为常见。

婴幼儿是中毒型菌痢的主要年龄群，表现为急骤起病、高热、腹痛、呕吐、腹泻等，大便呈脓血黏液状，次数多而每次量少，多数在胃肠道症状出现前就表现高热惊厥或微热或超高热，并出现休克、烦躁或嗜睡、昏迷等。

菌痢是一种严重的传染性疾病，如治疗不及时的话就会引起患儿脱水、休克甚至死亡，所以一旦发现宝宝有菌痢症状出现的时候，就要立即隔离并及时送往医院治疗，不能耽误。

预防菌痢主要在于养成宝宝良好的卫生习惯，饭前便后要洗手，不能喝生水，给宝宝所有的食物要保证干净卫生。当宝宝患上菌痢之后，要保持卧床休息，体温超过 38.5℃可给退热剂，同时注意水分和盐分的补充，禁食 1 ~ 2 天后逐步添加易消化、少渣食物，并少量而多餐。

第 330 ~ 360 天（11 ~ 12 个月）的婴儿

发育情况

宝宝就快满周岁了！过了本月，宝宝就告别了婴儿期，开始进入幼儿期。

这个月男宝宝的平均身高是 73.4 ~ 78.8 厘米，女宝宝 72.5 ~ 77.1 厘米，宝宝在这一年大约会长高 25 厘米；男宝宝的平均体重是 9.1 ~ 11.3 千克，女宝宝为 8.8 ~ 10.6 千克，一般情况下，全年体重可增加 6.5 千克。这个月宝宝的头围增长速度和上个月一样，依然是 0.67 厘米。

一般情况下，全年头围可增长 13 厘米。满周岁时，如果男宝宝的头围小于 43.6 厘米，女宝宝的头围小于 42.6 厘米，则认为是头围过小，需要请医生检查，看发育是否正常。

在一岁半左右，宝宝的囟门将全部闭合。

养育要点

营养需求

快满周岁的宝宝，营养需求和上一个月一样，每日每千克体重需要热能 110 千卡，其他必需营养物质如蛋白质、脂肪、碳水化合物、矿物质、维生素、各种微量元素及纤维素的摄入，也和上月基本相同。这个月的辅食添加侧重依然和上月类似，通过食入蛋类、肉类、鱼类、虾类、奶类和豆制品来获得蛋白质，通过食入肉类、奶类、油类获得脂肪，通过摄入粮食获得碳水化合物，通过蔬菜、水果获得维生素以及纤维素，通过多种的食物获得不同的矿物质和微量元素。

营养补充原则

1. 奶的作用不容忽视。快满周岁的宝宝能吃很多种食物，除了过于辛辣、刺激的食物之外，基本与大人的日常饮食无异。但是，目前我国 1 岁左右的儿童普遍都有缺乏微量元素的症状，尤其是缺铁和缺钙。因此，为了保证宝宝的健康，均衡的配方奶类食品仍然是此时饮食的重要部分，建议每日摄入的奶类食品与固体食物的比例应为 2 ∶ 3，以保证宝宝的营养足量均衡。

2. 额外补充维生素。1 岁的宝宝虽然能吃的东西很多，而且户外活动也多，但仍需要额外补充维生素，只是在数量上相对减少。一般来说，周岁的宝宝每日应额外补充维生素 A600 国际单位，维生素 D 200 国际单位。如果宝宝不爱吃蔬菜和水果的话，还要额外补充维生素 C 片，以防维生素 C 摄入不足。

3. 粮食也很重要。如果宝宝特别爱吃蛋类、肉类食品，家长担心宝宝过胖就不给宝宝吃粮食或吃极少的粮食，这也是不对的。虽然蛋类和肉类的食品也能给宝宝提供热量，蔬菜水果能提供给宝宝多种微量元素、维生素和矿物质，但谷物类的主食仍然是宝宝最为直接的热量来源。肉蛋类食品中的热量，当进入宝宝体内后，还需要一个转换的过程，才能被宝宝吸收利用。并且在这个转换的过程中，还会产生一些体内并不需要的多余物质，这不仅仅会增加宝宝体内的代谢负担，同时也可能使宝宝体内产生一些对身体有害的废物。

宝宝的饮食

近周岁时，一般婴儿都能吃父母日常吃的饭菜，不要特意为他做吃的，吃现成的饭菜就可以。以前还在母乳喂养的话，此时如果正处于春天或秋凉季节，就可以考虑断母乳了。即使不断乳，也要减少喂奶的次数，让宝宝随餐进食营养更加丰富多样的辅食。

尽管宝宝能吃很多种辅食，也依然要注重每天牛奶的摄入量。以前一直喝牛奶的宝宝，这个月最好还能保证每天 500 毫升的牛奶。但如果宝宝不习惯牛奶的味道，不爱喝牛奶的话，也可以少喝一些，多添加几种辅食。

一岁前后是帮助宝宝形成良好饮食规律的重要时期，爸爸妈妈给宝宝吃进的每一口食物都是重要的，都关系到宝宝的消化吸收、关系到宝宝的食量及食欲的养成，最终关系到宝宝将来可能习惯吃什么样的食物。这个时候，每天都要按时给宝宝开饭，不能因为大人的原因省略正常进食的某一餐。如果宝宝因为加了点心、零食而使一日三餐饭量减少，那么就应该减少给点心和零食的数量，保证宝宝能够按时按量吃饭。

食物的营养价值关系到宝宝能否健康成长的大问题，给宝宝吃的食物，应该是既好吃，又有营养价值的，例如同等卡路里的香蕉和巧克力相比，香蕉更适合给宝宝吃。因为像巧克力等经过加工的零食，最容易惯坏宝宝的胃口，不仅妨碍了宝宝对正常饭菜的兴趣，还不利于宝宝的胃肠消化和营养摄入。

由于宝宝的身体还未发育成熟，对于食物的代谢比不上成人迅速，因此人工添加物及一些不明物质，可能会给宝宝造成身体上的伤害。所以，要尽量选择天然未加工过的食物给宝宝吃，以保证宝宝充分吸收食物中所含的养分。在为宝宝准备适合的菜肴时，除了注意选择最新鲜的原料之外，还要注意饮食加工和烹饪方式，适合用蒸、煮等最简单的方式，少用或不用煎、炸、烤等容易致使食物中营养成分大量流失的烹调方式。

再有，给宝宝的食物不能太甜或太咸。太甜的食物会损坏宝宝的牙齿，也容易使宝宝饱腹、腹胀等，妨碍了正常饮食，而太咸的食物则会加重宝宝的肾脏负担。建议满周岁的宝宝，每天的食盐量不超过2克。

辅食食谱举例

鱼菜米糊

【原料】米粉15克，三文鱼肉25克，青菜适量。

【做法】1. 将米粉酌加清水，浸软后搅为糊状，再将米糊入锅，用旺火烧沸大约8分钟。

2. 将鱼肉和蔬菜洗净剁泥，一同放入锅里，继续煮至鱼肉熟透，稍稍加一点盐即成。

肉末番茄豆腐

【原料】南豆腐100克，瘦肉末10克，番茄酱10克及蒜泥、葱、盐、淀粉、油适量。

【做法】1. 将豆腐切小丁，焯一下。

2. 炒锅加油炒肉末。

3. 炒锅加底油炒葱、蒜和番茄酱。

4. 而后下入肉末和豆腐、调味料，略炖一炖，勾芡。

蒸茄条

【原料】长茄子150克，甜面酱、植物油、糖适量。

【做法】1. 茄子去蒂洗净，上锅隔水蒸熟，晾凉后撕成细条摆盘中。

2. 炒锅放适量油烧热，将熟油倒入碗中，加入酱油、香油、糖搅匀，做成调料汁。

3. 炒锅放适量油烧热，甜面酱放油锅中翻炒出香味，盛于碟中。

4. 食用时用茄条蘸酱、汁即可。

核桃腰果露

【原料】核桃仁100克，腰果仁50克，淀粉和白糖适量。

【做法】1. 先把核桃仁放在沸水中浸泡，然后去皮，取出后与腰果仁一起炒热并研成末。

2. 锅里的清水烧沸后，把核桃仁末、腰果仁和白糖放入，然后搅拌均匀。

3. 再将水淀粉慢慢倒进锅里，搅拌即成。

虾皮碎菜包

【原料】虾皮5克、小白菜50克、鸡蛋1个、自发面粉80克、盐少许、生抽一汤匙、葱姜末少许、香油少许。

【做法】1. 虾皮用温水洗净泡软后，切碎。

2. 鸡蛋打散炒熟备用；小白菜洗净用开水略烫一下，放案板上切碎。

3. 将炒熟的鸡蛋和切好的小白菜加入虾皮碎、少许盐、生抽、葱姜末、香油调成馅料。

4. 自发面粉和好，饧15～20分钟，擀皮加入馅料包成小包子。

5. 蒸锅内加入适量水，把包子放入蒸屉上，盖上锅盖，水开后蒸10分钟即熟。

注意动物蛋白的补充

这个月的宝宝正处于生长发育期，对蛋白质的需求量相对要高于成年人，因此要供给足够的优质蛋白，以保证宝宝的成长所需。

最好的优质蛋白仍然是动物性蛋白，以鸡蛋、鱼的蛋白质最好，其次是鸡、鸭肉，接下来是牛、羊肉，最后是猪肉。虽然植物蛋白如大豆蛋白也属于优质蛋白，但却不如动物蛋白容易被宝宝吸收。1岁的宝宝每天需要蛋白质35～40克，等同于进食400～500毫升奶制品、1个鸡蛋和30克瘦肉的总量。为了保证宝宝食物的多样化，可以每周吃1～2次鱼、虾，2次豆制品，平时也可以将鸡、鸭、牛、猪肉变换着吃，让宝宝在摄入营养的同时，充分享受进食的乐趣。

水果的给法

1岁以前的宝宝吃水果有三种方法。一是喝新鲜果汁，选择新鲜、成熟的水果，如柑橘、西瓜、苹果、梨等，用水洗净后去掉果皮，把果肉切成小块，或直接捣碎放入碗中，然后用汤匙背挤压果汁或者用消毒纱布挤出果汁，也可用榨汁机取果汁。二是煮水果，将水果用刀切成小块，放入沸水中，盖上锅盖，煮3～5分钟即可。三是挖果泥，适合4～5月大的婴儿，先将水果洗净，然后用小匙刮成泥状。最好随吃随刮，以免氧化变色，也可避免污染。

快满1岁大的宝宝可以吃多种水果，但要注意水果必须洗净、去皮，吃葡萄、樱桃等小而圆的水果要特别小心，防止发生呛噎、窒息危险。由于此时宝宝的消化系统的功能还不够成熟，所以吃水果的时候也要注意选择种类及控制数量，避免宝宝出现不适症状。一般来说，苹果、梨、香蕉、橘子、西瓜等比较适合宝宝吃，苹果有收敛止泻的作用，梨有清热润肺的作用，香蕉有润肠通便的作用，橘子有开胃的作用，西瓜有解暑止渴的作用。但无论什么水果，一天都不能吃得太多，而且种类也不要太多，一般以1～2种为宜。

由于水果含糖比较多，奶前或餐前食用会影响正餐进食量，所以给宝宝吃水果最好安排在喂奶或进餐以后，以免耽误宝宝的正常饮食。

不能拿水果当蔬菜吃

有的宝宝平时不爱吃蔬菜，爸爸妈妈就觉得让宝宝多吃些水果也一样。但实际上，两者还是有很大分别的。

首先，整体上来说水果的营养低于蔬菜，其膳食纤维含量与蔬菜相比也少得多。每100克蔬菜平均含维生素C20毫克，而只有新鲜水果才富含维生素，平时吃的一些水果如果经过长时间贮存的话，维生素就会大量流失，损失很多。

其次，如果经常让宝宝以水果代替蔬菜，势必会增大水果的摄入量，这就可能导致宝宝在体内摄入并蓄积过量的果糖。当体内果糖蓄积过多时，不仅会使宝宝的身体缺乏铜元素，影响骨骼的正常发育，造成身材矮小，而且还会使宝宝经常有饱腹感，出现食欲不振的现象。

再有，水果中的无机盐、粗纤维的含量要比蔬菜少，与蔬菜相比，促进肠肌蠕动，保证无机盐中钙和铁摄入的功用要相对弱一些。

最后，水果中所含的糖类含有酸性物质，会侵蚀宝宝刚刚萌出的牙齿，不利于乳牙的健康发育。

要避免宝宝日后不吃蔬菜的最有效的方法，就是在1岁以前，让他品尝到各种不同口味的蔬菜，为养成良好的饮食习惯打下基础。

警惕不良习惯

1. 揉眼。有的宝宝总是用手揉自己的眼睛，这就会使手上的细菌进入眼里，造成沙眼、倒睫或抓破眼角而引起红肿、感染等。纠正宝宝揉眼的办法是，转移宝宝的注意力。当宝宝揉眼的时候，轻轻把他的手从眼睛处拿开，并给他的手里及时递上一件玩具或者一小块零食，让他慢慢忘记不自觉的揉眼动作。

2. 伸舌头。婴幼儿时期伸舌头是一种不自觉的活动现象，但久而久之就会形成难以克服的坏习惯。经常伸舌会使门牙受到挤压，进而出现排列不齐或向前突出的现象，影响牙齿的健康和美观。防治的办法是，经常逗宝宝玩玩和笑笑，使其转移注意力。

3. 吮手指。有的宝宝在这个时候还有吸吮手指的毛病，尤其是睡觉的时候，非得啃着自己的手指头才能睡着。这时就要加以纠正了，否则会致使宝宝形成吮指癖，不但容易把细菌带入消化道，刚萌出的牙齿还可能会把手指咬破，造成出血、感染等。要改掉宝宝吮手指的毛病，可以在宝宝的手指上涂一些“有异味的东西”，如黄连、一点点咸味、一点点辣味，这对刚刚形成吮指习惯的宝宝很有用。如果宝宝吮指频繁的话，只要他白天醒着，就不让他的手闲下来，在他刚要把手伸到嘴里时，把他的手指拿出来，逗引他看垂挂的玩具、听你唱唱歌，转移他的注意力。

4. 物品依赖。有吮指习惯的宝宝多数也有对某种特定物品的依赖，如特别依恋自己的小毛巾、小被子，或是某个娃娃等，无论吃饭、玩耍还是睡觉，都要把这种东西带在身边，否则就心神不宁烦躁不安。这种依赖的坏习惯必须尽早改掉。解决的办法是，常常更换宝宝身边的常用物品，永远让他处于一种“非熟悉”的状态，这样他就找不到可以依赖的东西了。

5. 咬嘴唇。咬嘴唇时间长了，就造成上门牙前突，开唇露齿，翘嘴唇等畸形。防止宝宝咬唇的办法是，不要总是呵斥宝宝或对着宝宝摆出严厉的表情，如果发现宝宝见到生人怕羞而咬唇时，应设法阻止，不使其养成习惯。

6. 舔牙。当宝宝在萌牙时，常因牙龈发痒而用舌头去舔，这会影响牙齿的正常发育，还会刺激唾液腺的分泌，引起流涎。可以经常逗宝宝笑笑，分散他的注意力，或是给他一些能够锻炼咀嚼的食物，让他忘记舔牙。

7. 任性娇弱。这完全是大人“宠”出来的坏习惯。宝宝比较弱小，大人保护他是应该的，但过分的保护就会使宝宝容易哭闹、任性撒娇、情绪多变等，同时还会使宝宝的能力发展缓慢。对于这么大的宝宝，大人应当在适当时候理智地学会对他说“不”，不要让他觉得他想要什么大人都会满足他。另外，宝宝在学走路的时候，少不了磕磕碰碰，出现一点小伤也是常有的事，这些事情发生之后，大人要鼓励宝宝坚强独立地面对，而不是显得比宝宝还紧张、痛苦，否则必然会使宝宝变得脆弱不堪。

睡眠问题

通常情况下，1岁的宝宝每天晚上会睡10 ~ 12小时，然后在白天再睡2觉，每次1 ~ 2小时。不过，每个宝宝的睡眠时间长短差异性仍然比较大。

这么大的宝宝能爬能走、能自己玩，这些能力的发展都会让他莫名的兴奋，于是此时想让他安安静静地睡觉就会变得越来越难。而且这个时候的宝宝开始知道撒娇了，他可能会千方百计地撒娇、闹别扭，要求大人抱着、哄着自己睡，或者在临睡之前要求玩一会儿或是吃些小零食。

对于宝宝的种种要求，爸爸妈妈不能纵容，要坚决让宝宝遵从一定的就寝程序，不能跟宝宝谈条件，哄骗宝宝，否则宝宝即使睡了，也很容易醒来哭闹。

有的宝宝到了这个月龄，“夜猫子”的个性开始显现，晚上到了睡觉时间仍不愿意上床，入睡时间往后拖延，或者长时间难以入睡。这样的宝宝，很多时候爸爸妈妈也都是“夜猫子”，睡得比较晚。虽然此时的宝宝不至于到了晚上8 ~ 9点就必须睡觉，但睡觉时间最好也不要超过10点，所以到了10点左右的时候，爸爸妈妈最好是开始做睡眠准备并按时入睡，这会使宝宝慢慢也开始习惯晚上10点就睡觉。当然，睡前一套睡眠准备工作也很重要，包括和宝宝做做简单温和的小游戏，放上舒缓的助眠音乐等。如果宝宝依然不肯乖乖入睡的话，爸爸妈妈不妨让宝宝安静地待会儿，同时把室内光线调暗或干脆关上灯，不要去打扰宝宝，这样过不了多久，他就能昏昏沉沉地睡去了。

免疫接种

满 1 岁时，要进行乙脑疫苗的接种。

无论注射何种疫苗，都有发生不良反应的可能。由于每个宝宝的体质不同，所以对某类疫苗的反应程度也就会不同。有些宝宝的反应程度轻微，有些宝宝的反应程度则非常强烈。

如果宝宝在注射后注射局部出现轻微的红肿、疼痛，有轻微发热、食欲不振、烦躁不安、皮疹等现象，可认为是较轻的正常反应，一般在注射当天或转天都能自行好转。如果宝宝在注射后出现高热、哭闹不止并伴有呕吐、腹泻、针眼处化脓，甚至出现抽搐、昏迷等反应的话，就说明宝宝对于这种疫苗的反应较为强烈，最好是到医院，听从医生的建议，决定以后能否进行这种疫苗的接种。

因为宝宝在接种后都会有不同程度的反应，所以当接种疫苗后，应做好护理工作，使宝宝非常安全地度过预防接种期。这就要求在接种后，尽量不要给宝宝洗澡，多吃些清淡的饮食，多喝水，减少户外活动以及激烈的运动，多让宝宝安静地休息。

预防接种程序有一定的科学性，是十分严密的，也就是什么时候接种什么疫苗有一定的道理，这与宝宝身体内的抗体水平和注射疫苗后抗体的产生，以及抗体的持续时间有着一定关联。宝宝接种疫苗的时间，医生都会在接种卡上标明。有的家长特别心急，会提前抱着宝宝赶到卫生站或地段医院接种。其实，这种做法非常不正确。因为如果不到时间就接种，会达不到免疫效果和目的。家长应根据卫生部门规定的免疫程序按时接种，提早或延迟都不好。若遇到特殊情况应向医生说明，由医生给予安排，这样宝宝才能获得良好的接种效果。

能力的培养

排便训练

在满 2 周岁之前，很多家长都希望自己的宝宝能主动告诉大人要求排便，但一般情况下，到了 1 岁半的时候能懂得这些就已经很不错了，在刚满 1 岁的时候，还不要太指望宝宝有这个本领。

不冷不热的季节，给这么大的宝宝把尿便通常能够比较顺利，但如果是在天气较冷的冬天，宝宝就会因为怕冷而不愿意让大人解开尿布，因此就出现把尿便困难。这是可以理解的，要是宝宝不愿意让大人把，那么就还是应该顺其自然，遵从宝宝的个性，也不用担心宝宝因此患上尿布疹，这么大的宝宝，患尿布疹的可能性已经很小了。

炎热的夏季会使宝宝排尿的间隔延长，因此妈妈之前掌握的规律可能就不怎么奏效了。宝宝不想尿尿，妈妈到了那个时间还是硬把，这势必会引起宝宝的挣扎反抗，给他坐便盆他可能也不太愿意。这时大人不要心急，也不要认为宝宝是越大越“笨”了，要相信宝宝早晚有一天能够控制好自己的大小便。

这个月，宝宝夜里小便的情况也是各种各样，有的宝宝在临睡前把尿之后能安安静静的一觉睡到大天亮，也有的宝宝晚上还要尿 1 ~ 2 次。只要宝宝没因为憋尿或尿湿了惊醒的话，就没有必要刻意把宝宝吵醒了把尿，让他尿到尿布里，早上起来时再更换就可以了。如果宝宝感到不舒服的话，他会自己想方设法地把大人叫醒给自己换上干净的尿布，要是宝宝没有这个要求，那么家长就不用过多地去管他。

走路训练

帮助宝宝练习走路，可以用“玩”的办法：

（1）爸爸妈妈拉开 1 米左右距离，面对面蹲好。先让宝宝站在妈妈的身边，然后爸爸拍着手呼唤宝宝，诱导宝宝自己走过去；等到宝宝蹒跚着扑到爸爸怀里以后，妈妈再拍着手喊宝宝再走过来。这个游戏适合能够独自站立的宝宝，可以每天进行 2 ~ 3 次，每次走 5 ~ 6 回，并且根据宝宝的情况逐渐增加练习次数、拉长距离。

（2）准备一根短木棍，爸爸或妈妈一只手抓住木棍的上端，一只手抓木棍的下端，让宝宝双手抓住棍子的中间部位。当宝宝抓住木棍之后，爸爸或妈妈抓着木棍往后退，让宝宝自己迈步往前走。这个游戏适合站得还不是太稳的宝宝。

（3）找一个阳光充足的天气到室外，爸爸从后面扶住宝宝的双臂，妈妈站在宝宝的前面，引导宝宝去找妈妈的影子，然后爸爸就和宝宝一起踩妈妈的影子。这个游戏也可放在室内进行，打开灯让地板出现影子，然后进行训练。

这个时期训练宝宝走路不能强求。每个宝宝开始学走路的时间都不相同，甚至可能出现较大的差距。因此，学走路并没有所谓最适当的时机，必须视自身的发展状况而定。这也是一个渐进的过程，一般来说，宝宝是从这个月时开始学走路，但如果此时宝宝没有学走路的意愿，并表示恐惧的话，家长们也不能强迫宝宝锻炼，也不用太着急，因为强行锻炼的话很可能会对宝宝的肢体发育产生不良影响。只要宝宝在 1 岁 6 个月之前能够独立走路，那就没有什么可担心的。

由于宝宝的平衡感及肌肉运动协调能力还没有发育完全，很容易在学走路时因为重心不稳而摔倒，这是再正常不过的事情，爸爸妈妈不能因为怕宝宝摔倒而在走路训练时过分保护。如果宝宝因为胆子小怕摔倒而不敢自己向前迈步的话，爸爸妈妈就应多加鼓励，给宝宝最强的信心和动力，鼓励他勇敢地走出第一步。

手脑灵活性的培养

此时宝宝的手眼协调有了很大的提高，拇指和食指的配合也越来越灵活。他能熟练地捏起小豆子，并喜欢尝试把豆子放入小瓶里；能把包玩具的纸打开，拿到玩具；能拿着蜡笔在纸上戳戳点点，并嗯嗯啊啊地让大人来看他画出的笔道。要培养宝宝的手脑灵活性，不妨在家里和宝宝做些这方面的亲子游戏。

可以在家里的走廊弄一个类似保龄球滚道的通道，然后在一边放置 6 个空的水瓶，并且准备好一个小球。先给宝宝做示范，把小球顺着通道扔过去，砸翻水瓶，然后让宝宝自己来玩，每次推倒瓶子之后，要和宝宝一起，把所有的瓶子再摆好。还可以在摆瓶子的时候，教宝宝数数“一、二、三”。

搭积木、套圈等也是很好的培养手脑灵活性的游戏。这么大的宝宝，可以根据不同需要选择一些发展能力的益智玩具，这对宝宝的成长有着非常大的帮助。

智能的开发

快满 1 岁的宝宝特别喜欢摆弄玩具及一切他感兴趣的东西，并且他对某种事物越感兴趣，观察和注意的能力也就越持久。如果此时爸爸妈妈能够借机引导宝宝多认识这种事物，或是借由这种事物让宝宝认识更多相关的事物，就能极大限度地提高宝宝的认知能力和对语言的理解能力。

此时的宝宝已经有了记忆力，他会记住一些熟悉的事情，当听到他听熟悉的儿歌时会显得非常兴奋，并跟着儿歌的节奏发出“呼呼”的声音；当妈妈说到小狗的时候，宝宝不用看实物或图片就能明白妈妈指什么，并能用“汪汪”来表示。藏找东西是非常好的开发宝宝记忆力的游戏，而且大多数宝宝也会非常喜欢这个游戏，当然这需要爸爸妈妈和宝宝共同开心地玩耍，才会达到效果。

日常生活和实际活动是宝宝思维发展的源泉，而且完全可以借助宝宝的好奇心来发展。例如，在家里的时候可以在宝宝面前放一大盆水，然后让宝宝蹲着或坐着，看着爸爸妈妈将不同质地的东西，如塑料小鸭子、玻璃球、积木块等东西放进水里，让宝宝观察哪些东西会沉到水里、哪些东西会浮在水面上，也可以让宝宝主动把不同的东西扔进水里观察不同的变化。长时间进行这种训练，就会让宝宝明白，重的东西会沉到水里，而轻的东西则能浮在水面。

家长要明白的是，知识不全靠机械的记忆，知识更多的是在实践中发现获得，宝宝掌握规律性的知识越多，就越能促进判断和推理思维的发展。因此，要尽量让宝宝在玩耍中探索和获得知识，而不是呆板的教学；要多鼓励宝宝主动探索周围世界的奥秘，满足宝宝寻找事物原因以及事物间本质联系的求知欲望，引导他去多多发现身旁的事物。

平衡能力培养

此时的宝宝走路总是摇摇晃晃地像个醉汉，除了因为骨骼较软之外，平衡能力较差也是其中的一个原因。因此，此时锻炼宝宝的平衡能力，就显得尤为重要。

平时在家的时候，可以让宝宝学着爸爸妈妈的样子踮起脚尖走路。由爸爸在宝宝前面踮着脚走，让宝宝跟着模仿，妈妈在后面保护，直到宝宝能走得很好了，才可以脱离保护让宝宝自己来走。

也可以事先准备一些卡片，然后用几根曲别针把卡片别在一根长线上，爸爸妈妈在两边拉住长线，高度以宝宝伸手、踮脚尖能够到并摘下为宜，然后鼓励宝宝自己动手去摘卡片。如果宝宝刚开始够不到，或根本不愿踮脚的话，可以先降低一点高度或用手往下压压卡片，让宝宝一下就能摘下，体会成功的乐趣，激发宝宝更大的动力。一旦宝宝有了兴趣，就可以慢慢提高高度，让他踮脚自己够。刚开始踮脚的时候，可以先稍稍扶他一下，让他有安全感。

训练宝宝的方式多种多样，但无论哪种方法，都要注意做好防护措施，避免宝宝意外受伤。此外，训练还要适度，不能让宝宝一次练得太久，玩得太疯。再有，所有的锻炼游戏，最好都是由爸爸妈妈和宝宝一起进行，这样既能提高宝宝游戏的积极性和乐趣，也能有效增进亲子间的交流，使宝宝和爸爸妈妈的感情更为深厚。训练的方式切忌过于超前，揠苗助长，这不但无利于宝宝的成长，反而很容易使宝宝由于达不到目标而产生挫败感，长期下去很容易造成胆小、不自信的个性，严重影响宝宝的心理发展。

家庭环境的支持

室外活动

这个时候的室外活动，除了让宝宝沐浴阳光、接受新鲜空气以及开拓宝宝认知世界之外，还要趁势发展宝宝的交往能力。可以让宝宝和邻居家同样大小的宝宝一起玩玩，引导宝宝把自己的玩具、小零食送给别的小朋友，让宝宝学会分享。还要教会宝宝一些社交礼仪，例如看到熟人的时候，先举着宝宝的手冲对方摆一摆，告诉宝宝笑一笑，这样时间一长，宝宝就学会了见到人要主动打招呼。此外，还可以教给宝宝一些简单的动作，例如举起食指，告诉叔叔阿姨“我1岁了”；准备回家的时候，冲着邻居家的阿姨和小朋友摆摆手，告诉对方“再见”等等。

自从宝宝开始懂得主动要求出去玩以后，就有“玩疯”的可能，他可能无时无刻地想要出去，比如喂饭的时候、洗澡的时候等等，建议家长此时最好能固定宝宝每天外出活动的时间，让宝宝知道，到了那个时间才能出去，其他的时间都不出去。但是不要和宝宝讲条件，例如“吃完水果就带你出去”等等，这会埋下宝宝今后爱和大人摆条件的隐患，必须注意防范。

玩具

快满周岁的宝宝能玩的东西也越来越多，比如能帮助他们锻炼行走技能的牵拉玩具；能帮他们发展动作技能的球类玩具；能训练手的精细动作的玩具如套环、套筒；能促进语言和认知能力的玩具如小动物、交通工具、图画书；能训练思维和动手能力的玩具如积木类拼搭的玩具等。再有，像沙子、水等，也是这个时期的宝宝特别喜欢玩的东西。

不管给宝宝什么样的玩具，家长都要知道，玩具并非越贵越好，更并非多多益善。例如，花几十块甚至上百块给周岁的宝宝买辆玩具小汽车，结果没过两分钟车玩坏了，宝宝不感兴趣了，反而对包小汽车的盒子很感兴趣，玩了很多天。这就说明，玩具应适合儿童心理发展的需要，特别要根据宝宝年龄特点来选择玩具，盲目地给宝宝买一大堆玩具，是完全没有必要的。

需要注意的问题

还没出牙

快到1岁的宝宝还不出牙，家长也不必盲目给宝宝补钙或是带着宝宝到医院去拍片子检查。牙齿的萌出与遗传和营养有关，发育较慢的宝宝出牙时间就晚，如早产儿、先天性营养不良的宝宝和人工喂养的宝宝，就有可能在这个时候依然不出牙。

只要宝宝非常健康、运动功能良好，家长就不用太过担心，只要注意合理、及时地添加泥糊状食品，多晒太阳，就能保证今后牙齿依次长出来。

但是，如果宝宝到了1岁半的时候还不出牙，就要注意查找原因了。最常见的是佝偻病，这种病除了迟迟不出牙以外，还能看到明显的身体异常，如骨骼弯曲、头部形状异常等。除此之外，还有一种罕见的疾病——先天性无牙畸形，这种患儿不仅表现在缺牙或无牙，而且还有其他器官的发育异常，如毛发稀疏、皮肤干燥、无汗腺等。另外，口腔中的一些肿瘤也可能引起出牙不利。

如果此时宝宝还不出牙，建议爸爸妈妈可以综合考虑宝宝有无其他发育异常的状况，如果没有的话不妨再耐心等待几周。如果宝宝过了周岁生日之后，还迟迟不见出牙，也可以到医院就诊，这样不仅大人放心，对宝宝也比较好。

高热

引起宝宝高热的原因有很多，如感冒、扁桃体炎等常见疾病，也可能是肺炎、麻疹和脑膜炎等严重疾病。快满周岁的宝宝高热，多数都是由病毒引起的疾病，如感冒、着凉或是扁桃体发炎，特别是家人患了感冒或宝宝到了人多的地方后发热，就更有可能是这种原因。

如果在这一年里，宝宝从未真正地发过高热，在这时突然出现高热，就要首先想到幼儿急疹的可能，特别是体温到了38℃以上；如果是夏天出现从未有过的高热，就应该想到口腔炎；如果宝宝除了高热以外，还有流鼻涕、打喷嚏等症状，大多数都是患上了呼吸道感染。

大多数的宝宝高热都是由于感冒引起的，但也有些是有了严重的疾病。但只要宝宝在发热时，早上能自己起床，还能有精神玩的话，通常家长就可以放心，宝宝没什么严重的大问题。

但是，由于宝宝身体的耐受力有限，所以给宝宝退热最安全的方式是物理降温，对于退热药，要慎重选择对待。一般来说，退热药品种很多，有单一成分的，也有形形色色的复方制剂，但主要有效成分却相同或相似，故不宜几种药品同时使用。而且退热药物只能改善症状，没有抗菌、抗病毒能力，因此，在使用退热药物之前应找出病因，以免影响诊断，耽误治疗。

有些家长一听某种药物安全性好，就喜欢给孩子加大剂量，希望增加疗效，但这种做法往往是适得其反。如果使用退热药剂量过大的话，很容易令宝宝出现胃肠道不适症状，甚至引起肝肾功能损害。而且退热作用过强也会引起出汗过多、体温突然下降，进而导致虚脱。

因此，在给宝宝使用退热药的时候，一定要严格按照医嘱或说明书上的用法、用量给宝宝服用，不同的退热药最好不要随意互相并用，使用退热药后要适当多饮水，这既是婴幼儿机体新陈代谢的需要，也有助于药物的代谢与排泄，以避免和减轻药物不良反应。

呕吐

呕吐是由于各种原因引起的食道、胃和肠管的逆蠕动，同时伴有腹肌和膈肌的强烈痉挛收缩，迫使食管和胃肠道内容物从口中涌出的一种症状。由于宝宝脾胃不足，脏腑薄弱，外感风寒、伤食、代谢紊乱、消化道畸形、中枢神经感染、脑损伤等，都可能引起脾胃功能失调而发生呕吐。

一般的呕吐在吐前常有恶心，然后吐出一口或连吐几口，多见于胃肠道感染、过于饱食和再发性呕吐；急性胃或者肠炎引起的呕吐，多伴有腹泻和腹痛；平时积痰多，胸中呼噜呼噜发响的宝宝，在晚饭后刚要睡下时，也可能由于发作一阵咳嗽而呕吐起来；吃了某些药物后，胃肠道不适也可能引起呕吐。这些呕吐的问题都不大，只要纠正原发问题，呕吐就不会再发生。对于呕吐的宝宝，要注意饮食上的调理，给以清淡、少油、少渣、稀软、易消化食物，如米汤、稀粥等，并注意少量多餐，补充些淡盐水。呕吐时要让宝宝取侧卧位，或者头低下，以防止呕吐物吸入气管。

如果宝宝的呕吐是经常性发作，首先就要排除器质病变和消化道炎症。如果确定宝宝并没有器质病变，也没有消化道炎症的话，那么大多数就是胃食道反流。对于胃食道反流引起的呕吐，可以让宝宝头呈侧俯卧位，每次 20 分钟，每日 2 ~ 4 次，以降低反流频率，减少呕吐次数，防止呕吐物误吸，避免吸入性肺炎及窒息的发生。但是俯卧期间一定要有专人护理，防止呼吸暂停。

如果宝宝出现喷射状呕吐，即吐前无恶心，大量胃内容物突然经口腔或鼻腔喷出，则多为幽门梗阻、胃扭转及颅内压增高问题，需要立即就医。此外，这种喷射状呕吐也多出现在脑部撞伤、摔伤或有外伤的情况下。

如果呕吐的同时，宝宝不发热，但有严重的腹痛，并突然大声啼哭，表情非常痛苦，持续几分钟便停止，隔几分钟后又像之前一样哭闹，重复多次，就要想到肠套叠。肠套叠是婴儿一种较为严重的急病，需要立即就医治疗。

这么大的宝宝有时在进食的时候，会出现吐饭的情况，这与呕吐有着明显的区别。吐饭可能是宝宝吃饱了、不想吃、不爱吃，喂饭的时候刚把饭喂到宝宝嘴里，他就用舌头尖把饭抵出来。这时只要家长不再继续喂就可以了。

对于宝宝的呕吐，家长要注意呕吐的方式、次数，呕吐物的形状、气味与进食的关系，精神状态，食欲，大小便情况及呕吐时的伴随症状，在就医时及时向医生讲明，有助于医生的诊断和治疗。

厌食

厌食是指较长期的食欲减低或消失的现象，婴儿厌食有病理性和非病理性两种。病理性的厌食主要是因为某些局部或全身疾病影响了消化系统的正常功能，使胃肠平滑肌的张力降低，消化液的分泌减少，酶的活动减低所造成的。再有一种，是由于中枢神经系统受人体内外环境各种刺激的影响，使消化功能的调节失去平衡而造成的厌食。比较容易引起厌食的疾病有：①器质性疾病，如常见的消化系统中的肝炎、胃窦炎、十二指肠球部溃疡等。②锌缺乏导致食欲降低所造成的厌食。③长期使用某些药物如红霉素等造成的食欲减退以及厌食。④口腔疾病如口腔炎等，使宝宝进食时比较痛苦，进而造成厌食。

实际上，由于疾病造成的厌食是比较少见的，而由不良的饮食习惯和喂养方式造成的非病理性厌食是占绝大多数的。当宝宝出现厌食现象时，先要排除疾病的可能，确定无任何疾病之后，就要从喂养方式和饮食习惯上找原因。只要做到及时改变不良的生活习惯，如控制零食的摄入、饮食有节制、不偏食、不挑食，合理搭配摄入的食物等，厌食的现象就能逐渐好转。另外，宝宝的食欲与其精神状态密切相关，所以要为宝宝创造一个安静的就餐环境，固定宝宝的吃饭场所，吃饭的时候不要去逗宝宝，不要去分散他的注意力，让他认认真真地吃饭。

可以在医生指导下，给厌食的宝宝适当服用调理脾胃、促进消化吸收功能的中西药，但不要盲目乱服药和保健品，更不要一看到宝宝厌食就急忙补锌，否则有可能会适得其反。

另外，炎热的夏天往往会令宝宝食欲减退，体重出现暂时的不增加或稍有下降，也就是出现了所谓的“苦夏”。这种季节性的食欲减退是正常的现象，只要宝宝精神状态良好、无任何异常反应的话，家长就不需要过多担心。

但是有种厌食需要注意，就是食物过敏性厌食。食物过敏性厌食的宝宝，当进食致敏食物后，虽无皮肤潮红、斑疹等典型症状，但会有不同程度的胃肠不适、身疲体乏、烦躁不安、精力涣散和胸闷气促等，症状较重者还会被误认为是消化、呼吸或神经系统疾病。如果家人没能及时发现食物过敏这一厌食原因，往往会采取各种方式想方设法地让宝宝吃致敏食物，从而加重其过敏反应。而过敏反应导致的不适，会使宝宝看到与致敏食物色、香、味、形相近或相同食物也同样拒食，最终导致恶性循环，加重厌食症。

这种过敏性厌食最常出现在有食物过敏家族遗传史的宝宝身上，如果爸爸妈妈或其他亲人有某种食物过敏的情况，那么宝宝很可能也对这种食物过敏。如果宝宝在厌食某种食物的同时，身上反复出现湿疹或湿疹久治不愈，也应考虑是过敏性厌食。再有，4个月以前就开始添加辅食、缺乏母乳喂养导致免疫因子缺乏、体质较弱、免疫球蛋白不足或免疫机能不稳定的宝宝，都比较容易发生过敏性厌食。

造成宝宝厌食的原因是多种多样的，家长不应该不问青红皂白，对厌食的宝宝总是责骂迫食。只要能耐心找出厌食的原因，并且对症下药，多数厌食的情况都能得到改善。

疝气

如果发现宝宝的大腿根或肚脐处有高出皮肤的肿块，挤压后可以回去，并且宝宝没有什么不舒服的表现，就要考虑到疝气的可能。

疝气，即人体组织或器官一部分离开了原来的部位，通过人体间隙、缺损或薄弱部位进入另一部位，俗称“小肠串气”。疝气有两种，发生在脐部的叫脐疝气，发生在腹股沟的叫腹股沟疝气，主要是由于胚胎发育缺陷所造成的。

疝气虽不是严重的病，但若不去治疗的话对宝宝也会造成一定的影响。首先，疝气会影响宝宝的消化系统，容易出现下腹部坠胀、腹胀气、腹痛、便秘、营养吸收功能差、易疲劳和体质下降等问题。其次，由于腹股沟部与泌尿生殖系统相邻，男宝宝可能会由于疝气的挤压而影响睾丸的正常发育。

再有，由于疝囊内的肠管或网膜易受到挤压或碰撞引起炎性肿胀，致使疝气不能回归原处，所以会导致疝气嵌顿（卡在那里，影响血流），以及肠梗阻、肠坏死、腹部剧痛等危险情况。

脐疝气发生的较早，一般在2～3个月左右就能发现，多数情况下在1岁左右都能自然痊愈。但如果此时还不见转好的话，以后自然痊愈的可能性也比较低，可以等到宝宝两三岁的时候去看医生，由医生来决定需不需要通过手术治疗。以往有的人会用铜板压宝宝的脐部后再用胶布贴上，认为这样能使突出的部分回退，但实际上这种做法非但无效，反而可能会使宝宝出现对胶布的过敏反应。

腹股沟疝气的肿块多数是在宝宝哭闹、咳嗽、打喷嚏、久站或剧烈运动后才突起来，但经平躺或休息后便会自然消失，有时也需要用手将它压回去。单纯的疝气所引起的疼痛通常并不厉害，但如果腹股沟处发生持续2～3天的剧痛，并且肿块无法用手压回的话，就有可能已经发生了掉入的肠子、输卵管等坏死的严重并发症，可能会对生命造成威胁，需要立即入院治疗。发生腹股沟疝气最好是通过手术治疗，避免因肠坏死导致败血症而危及生命，以除后患。

第 4 部分

一岁到两岁

1岁～1岁半的幼儿

发育情况

周岁是宝宝来到这个世界之后重要的纪念日，很多家庭都会为宝宝“抓周”。其实，这个年龄段的孩子还不能区分什么东西好什么东西不好，动作上也不是很灵活，因此往往只会抓手边的东西。

一岁以后的孩子对周围发生的事情十分敏感，他们能注意到音乐中的音调变化，也能分辨爸爸、妈妈的声音。这个时候放一点欢快、浪漫、梦幻的音乐，对孩子的听力和大脑都是不错的训练。

视力方面，他们看东西的能力更强了，周围的世界对他们来说更加的立体，有条件的话可以带着孩子看看日出日落，朝霞晚霞，明月星空。

大部分孩子在一岁到一岁半之间学会了走路，虽然有的能走较远而有的只能很困难地走上一两步，但他们已经有了迈开步子自己走动的欲望。有的妈妈注意到孩子可以学走路了，就开始担心孩子的腿形不正。其实刚开始走路的孩子都有一点O形腿，随着腿部的发育，他们的腿就会变得修长而有力。由于担心腿形而在孩子睡觉的时候裹上布条是一种很古老的做法，其实不用这样做，孩子晚上能自由地活动和翻身，更有利于身体的发育。走路还不熟练的宝宝，遇到沙发垫或者小小的台阶时，也能熟练地爬上爬下。手是他们可以控制的区域，他们可以潦草地写和画了，还能捧住水杯自己喝水。

心理方面，由于这个时期的婴儿还不知道扔东西，对自己不喜欢的东西也只有害怕。因此一岁到一岁半婴儿的恐惧心理是很强的。如果有什么东西吓过他，过一些天后看到这个东西他还会感到很害怕。那些吵闹的声音、温水从头上流下来的感觉、打针、看不到妈妈等，都会让他们害怕得哇哇大哭。

在孩子的这个阶段，保护他免受惊吓，对他以后的性格形成是很重要的。

身体指标：

男孩：体重9.1～13.9千克，身长76.3～88.5厘米。

女孩：体重8.5～13.1千克，身长74.8～87.1厘米。

出牙12～14颗，前囟闭合。

具备的本领

1岁到1岁半的孩子大多能较平稳地走路，摔倒后能自己爬起来；喜欢模仿成人的动作，可以手舞足蹈了。大人说的物品，他能指出来，生活中常见的几种动植物也可以认识。

但有的孩子走路较晚，个别到一岁半了还是不能很好地走路，家长不要着急，可以多让孩子在安全的地方走走，摔倒了也没有关系，看看他是否能够自己慢慢爬起来。

这个年龄段的孩子可以玩简单的积木，堆砌起来然后推倒；可以把手指伸到任何可以见到的小孔中，也可以比较准确地用勺子给自己喂饭。

如果玩豆子和米粒，可以在里面挑选出豆子来。穿衣服的时候可以拉拉链，还会脱袜子、手套和帽子。

语言能力方面，满周岁的孩子能发出音节回答成人的问话，通常是一些不成句子的短语。简单的称谓“爸爸”“妈妈”“叔叔”“爷爷”“奶奶”等等是可以说出来的。

认知方面，宝宝注意力时间短则数分钟，长则半小时。玩积木的时候，能把不同形状的积木插到对应的孔中。不再什么都往嘴里送，可以知道什么能吃，什么不能吃；对陌生人有好奇心，感情表现也更丰富了，会有各种各样的笑和哭。

一岁多一点的孩子对父母、尤其是妈妈的依赖性会比较高，如果只是出去 5 分钟左右的话，通常没有问题，但是超过 10 分钟就会不安、哭闹。这种喜欢黏着大人的表现，说明他的情绪能力发展正常，对安全感的要求逐渐升级。如果想要让孩子逐渐能够离开父母独自游戏，需要做一些准备：

尽量保证每天和他在一起的时间——如果父母总是不在孩子身边，孩子就会特别地依赖父母，生怕他们突然消失；但如果平时陪孩子唱歌、读书、玩积木、拼贴画等等，孩子和父母在一起的时间足够长，他们对父母的依赖感就会降低一些。

另外，当父母要离开孩子一会儿，就帮助他把兴趣投入到另一个游戏上，让游戏填满分离的时间。因此也需要父母们尽量陪孩子游戏。当孩子掌握了游戏方法，并且知道其中的乐趣之后，他们的玩兴会更大一些。

养育要点

培养健康的饮食习惯

幼儿断奶后，除了营养问题，就是饮食的习惯问题最令父母们头痛。既要让孩子吃下去各种各样的食物，又要让孩子不因为吃饭而养成拖拉、要脾气的坏习惯，这需要父母在幼儿开始吃饭的过程中就多加注意。

首先要注意的是，幼儿的饭量并不是根据吃米饭的量来衡量的。实际上这个时期的婴儿并不那么喜欢吃米饭，为了让孩子多吃米饭，妈妈们会严格要求，这样一来，孩子有限的饭量就全部用来吃米，而其他营养食物的摄入量就会降低，另外也会引起孩子讨厌吃饭的情绪。如果孩子不爱吃米饭，那么让他吃点土豆泥、面条一类的主食也是可以的。

其次，当孩子刚开始吃饭的时候，不要要求他一定要用筷子。大部分孩子要到两三岁才会使用筷子，只要孩子有食欲，让他用勺子自己吃，哪怕会撒到桌子上，家长也不要太在意了，因为弄撒了饭粒而挨骂，也会降低孩子的食欲。

在吃饭之前，妈妈爸爸要带着孩子去洗手，养成吃东西前先洗手的习惯；吃饭的时候，关掉电视和收音机，大家坐在一起和和气气地吃饭，幼儿也可以和爸爸妈妈一起上桌，但另外给他准备餐具，按时吃饭，这些都是养成饮食好习惯的细节。

健康的饮食结构

开始吃饭的幼儿的饮食主要由主食、副食和牛奶、鸡蛋、稀果汁组成。

主食可吃软米饭、烂面条、粥、煮烂的馄饨等；副食可吃肉末、碎菜及鸡蛋羹等；牛奶不仅易消化，而且有着极为丰富的营养，能提供给宝宝身体发育所需要的各种营养素，是宝宝断奶后每天的必需食物；自己榨的新鲜果汁，可以用温水兑稀一点给孩子喝。

零食怎么给

幼儿喜欢吃的零食莫过于糖果、加入各种营养和口味的牛奶。如果让孩子自己拿糖吃，他们可能一天到晚都会拿了吃。如果每天给他定量，他也会吃完之后马上要。孩子小时候喜欢吃糖也是身体需要，但家长不要拿糖果当做奖赏品，让孩子对糖果有格外的偏好。

薯片、虾条、雪饼等这些膨化食品，甜甜咸咸的，很多孩子都喜欢这种味道，但高糖、高盐是这些小食品的一个共同特点，一方面，高糖会引起孩子的肥胖和龋齿，而高盐会增加儿童的肾脏负担，对心血管系统存在着潜在的不良影响；另一方面，有些食品还采用了食品添加剂、防腐剂、香精、味精等，这些都是经化学方法合成的，对孩子肝脏解毒能力和肾脏排泄功能都可能产生一些影响。如果孩子开始吃饭的时候不是很有食欲，父母不要拿味道重的零食来替补，这样会更加破坏孩子的胃口。

对于一些比较胖的小孩，选择低糖、高纤维素、高维生素的零食，比如小西红柿、猕猴桃等含糖量低的水果。对一些瘦弱的孩子，选择零食可能选择谷类的饼干，或者为了消化，糖葫芦、山楂片也是好的选择。

提防喂养误区

误区1：零食也可以当饭吃，总比不吃好。由于孩子不爱吃饭，如果能对某一种零食感兴趣，父母也会觉得稍微安慰一点，总比不吃东西要好。但零食不能是正餐，必须是零散的，在两餐之间补充一些能量和维生素的东西。1岁以后我们首先不要刻意主动给宝宝提供一些零食，如果在孩子需要的情况下，我们要在两餐之间，特别注意在正餐前1～2个小时给他吃，因为餐前1～2个小时，哪怕给孩子吃一点点零食，因为小孩的胃容量特别小，哪怕是两片饼干、半杯酸奶，很可能他会减少吃正餐的营养食物。

误区2：乳酸饮品可以作为奶的替代品。乳酸饮品并不能代替奶，这些乳酸饮品口感很好，有很漂亮的图案，孩子一看就喜欢，但它们不是奶，只是乳酸饮品，其中各种营养物质的含量比奶低很多，也可能含有一些添加剂。外出的时候偶尔喝喝可以，但是千万不要把这个当做奖励经常提供给孩子，特别是不能在吃饭前1～2个小时喝。

误区3：水果可以代替蔬菜。幼儿一般都不爱吃蔬菜，因为按照清淡的烹饪方法来做的蔬菜味道不如鱼、肉，而且需要嚼，白菜等粗纤维的蔬菜尤其不容易嚼烂，幼儿刚开始的时候就不喜欢吃这些。那么是不是只要孩子爱吃水果，补充了维生素就可以了呢？并非如此。

虽然水果和蔬菜中都含有丰富的维生素，但具体的含量和成分是不同的。水果可以吃，但每天也要有一定量的限制。

刚开始吃饭的孩子，不能吃大片的菜叶，但是把菜切碎了放到粥里面煮，把芹菜等切成细末，孩子还是可以吃的。

误区4：允许孩子边玩边吃。1岁以后，只要孩子吃饭，父母往往可以允许孩子在吃饭的过程中玩耍、看电视等。或者专门派一个人在一边跟着，等他玩累了就吃一口，这样实在破坏孩子的胃口。孩子吃饭的时候不要让他做别的，大人也不要一边看报纸一边吃饭，要给孩子起到很好的示范作用。

误区5：多喝汤有利于吸收。很多人觉得汤是食物的精华，多喝一点骨头汤、鸡汤、鱼汤，和吃肉的效果是一样的。事实上，汤还是不能替代肉的营养，另外，现在家畜家禽都用饲料喂养，汤里面含有的激素不利于孩子的生长发育。孩子最好是既喝汤又吃肉。

误区6：便秘的孩子要多吃香蕉、喝蜂蜜。冬天孩子容易大便干燥，妈妈就觉得只要多给孩子吃香蕉、喝蜂蜜水就可以了。其实大便干燥与营养量补充得不够有关，如果孩子吃得过于精致，缺少纤维素，粪便就会干硬。香蕉可以润滑肠道，但并不是治疗便秘和大便干燥的良药，一天最多不要超过一根。最主要的是多吃一些含纤维素多的蔬菜，比如芹菜、韭菜、白萝卜，这些东西含的纤维素比较多，可以做成饺子、馅饼给孩子多补充一些。

蜂蜜水喝多之后体内容易积累酸性的物质，也不要总是拿蜂蜜水当水来喝。

怎么喂饭

父母拿着饭碗追着孩子满屋跑是我们常见的现象，让孩子乖乖地坐在座位上好好吃饭怎么就那么困难呢？这里有一些方法可以让孩子喜欢上爸妈喂饭。

1. 固定的开饭时间：孩子一般一天吃 4 ~ 5 餐，下午的点心 1 ~ 2 次不等，即使孩子吃饭的顿数多一些，也不可以让孩子饿了就吃，没有固定的时间。如果是 12 点了，可以表现出高兴的样子，“午饭时间到啦”，然后和孩子一起准备吃饭。

2. 减少正餐之外的食物：很多孩子不爱吃饭是因为零食已经占满了肚皮。虽然零食也要吃，但不能过量。尤其要少吃膨化的食品和味道大的乳酸饮品，这些会造成他们的饱腹感。

3. 选购孩子喜爱的餐具：买一些图案可爱的餐具，可提高孩子用餐的欲望，如能与孩子一起选购更能达到好效果。

4. 喂饭时不要分散孩子的注意力：在喂孩子吃饭时，父母总是喜欢变着花样来哄孩子吃，这样的结果就是分散了孩子的注意力，吃饭往往是为了“交换”。最好是在孩子吃饭的时候，气氛轻松安静，不要说个不停，让孩子一口一口咽完了再吃。

关注宝宝的饮食偏好

很多人总是觉得一岁多的孩子对食物没有什么理解力，他们不知道自己喜欢吃什么。事实上孩子从小就有自己的口味偏好，可能与父母的相似，也可以并不一致。例如在水果方面，孩子就算是喝果汁的时候，也会知道自己喜欢哪种讨厌哪种。

但是父母为了追求所谓的营养均衡，总是逼着孩子吃他们不喜欢吃的东西，于是吃饭就成为“话语权”的较量，哪怕孩子不爱吃，迫于压力也得吃。这样的环境下的孩子容易消化不良，父母最好是注意孩子的饮食偏好，尊重他的喜好，用替代品来补充不爱吃的食物的营养。

营养摄入量

建议每日每千克体重摄入：

能量 1150 ~ 1200 千卡

蛋白质 40 克

脂肪 38 ~ 47 克

维生素 A1167 毫克

维生素 D400 毫克

偏食的应对

如果幼儿此时表现出一些饮食偏好，例如不喜欢吃青菜叶，或者不爱吃苹果，妈妈可以把青菜叶切细了煮在粥里，或者做成馅饼给孩子吃；水果方面，可以让孩子自由选择，在量上要控制，不能让孩子吃太多。

造成偏食的原因，可能与孩子天生的味蕾感觉有关，也可能是生活中的细节造成的。例如父母的示范作用，第一次吃某种食物时的感受等等，都会影响到孩子日后的饮食习惯。如果孩子身体健康，精神状况也不差，可以允许孩子“偏食”，只要不是某种加工过的零食就可以。

如何应对耍脾气的宝宝

一岁多的孩子已经渐渐有脾气了，有的孩子发起脾气来，不让大人抱，努力挣脱大人的手，拿到什么东西都扔掉。如果这种情况经常出现，父母要带着孩子去医院检查一下，是否缺少某种营养元素。有一些微量元素会造成孩子的脾气暴躁。

如果是外部的事情引起幼儿发脾气，家长要注意好处理方式，切忌先严后松，打完孩子后又去道歉，这样会增加孩子的委屈感，也会助长孩子的坏脾气。

处理孩子发脾气的最好办法就是，家长克制住自己的情绪，用一种冷静、理性的态度来对待正在哭闹的孩子，不让他觉得哭闹可以引起家长格外的注意。

在平时的生活中，家长要注意生活的氛围，长期生活在不和睦的家庭中的孩子成长会受阻，那些从来不爱发脾气的小孩也是需要父母注意的，偶尔发一次脾气之后就忘掉，这样的孩子性格更加健康。

宝宝在大庭广众下哭闹怎么办

带着孩子逛街，如果孩子突然哭闹起来，引起了路人的围观或抱怨，是一件很令家长尴尬的事情。有的人为了不要“丢人现眼”，会马上满足孩子的要求；有的人看到孩子丢脸了，更加生气地呵斥孩子。前一种办法会让孩子学会在大庭广众之下“要挟”父母，后一种不利于孩子自尊心的培养。

当孩子在大庭广众之下哭闹的时候，如果可以就把孩子带到人少的地方去教育；如果他坐在地上哭闹，要求不合理，父母还是不能让步。宁可让孩子感受一下别人的目光的滋味，也不要放弃做父母的原则，不能买的东西坚决不能买。

对待任性的宝宝

过了周岁以后，很多爸爸妈妈突然觉得，宝宝没有以前好带了。这是很正常的，是由宝宝的生长发育所决定的。满周岁之后，随着宝宝运动能力的提高，活动范围的扩大，他的好奇心和新需要越发强烈，依个人偏爱而喜恶的事情也日益增多，随之而来的就是抗拒行为的逐渐凸现。每个人在成长发育的过程中，都会经历这个阶段。

这么大的宝宝好奇心很强，想了解和想尝试的事非常多，并且他们愿意更多的挣脱大人的看管而独立行动。这种独立探索的欲望虽然很好，但有的时候却总是让大人头疼，因为宝宝总是“越不让他干什么，他就偏去干什么”。尽管这种态度可以理解，但还是不能纵容，不能让宝宝认为，他想去做什么，家长都会允许他。也许刚开始一两次拒绝的时候，宝宝会以大哭大闹来抗衡，如果此时家长为了哄好宝宝就答应他的要求，那么长此以往宝宝就学会了以哭闹甚至是更极端的方式去要挟大人，达到他的目的。这样，宝宝任性的坏习惯也就养成了。

如果以前一直很宠宝宝，不管他想要什么想做什么都满足他的话，那么任性的毛病此时多数就开始浮现了。这时候还比较好纠正，只要大人能坚守自己的原则，小问题方面可以给宝宝让步，但原则问题无论什么情况下大人也不应让步，这样逐渐地宝宝就会明白什么是该做的什么是不该做的，使其任性行为走上有节制、受制约的轨道。

读懂宝宝的身体语言

幼儿1岁多的时候还不是很能说话，但是他们的语言并不贫乏，他们可以通过表情、动作和情绪等来传达自己的意思，也就是我们要说的身体语言。如果父母能够读懂孩子的身体语言，也就不会在孩子哭闹的时候手足无措，或者在孩子生气的时候不明就里。

有时候孩子的行为是有格外的意味的，例如有一个小孩，他想要拔掉花盆中的花，父亲严厉地禁止他的这种行为，抓住孩子的手，严肃地看着他，对他说“不行”。这是一个非常明确的否定信号。孩子把手缩回去了，看着爸爸，然后向爸爸伸出手臂，这个动作其实是在试验，爸爸是否会讨厌他。爸爸该怎么做呢？当然是毫不迟疑地抱起他，用这种身体语言回应孩子：“我依然爱你。”

身体语言与孩子的年龄是相对应的，不管孩子是只能躺着的，还是能坐起来、爬或站立和走路，他们都可以用自己的身体语言和父母对话。

明亮的眼睛，飞扬的眉毛，随着物体而转动的眼睛，跟着视线活动的头，这些动作说明他是个乐于交往的、清醒着的孩子；无神的眼睛，只关注自身的视线，反应微弱则可以推断出孩子此刻缺少交流、感觉不舒服或者无聊；头微微抬起并随眼睛转动，可以理解为想要探索事物和世界，头和脖子的灵活是清醒的重要标志。

头的转向和朝前看标志着要求休息、要求结束游戏、要求中断交流、或者要求重新交往的愿望。耷拉着脑袋表示他此刻有点疲倦。如果伸直脑袋则表示："我在这儿呢！谁来跟我一起玩？"

向一个人或某一个物体伸出手显而易见是表达想要有所互动或者与之交往的意愿；手攥成拳头是愤怒、想要争斗的表现，胀气、便秘、尿湿了和冷了也可能引起手攥成拳头。

如果幼儿的整个手腕都下垂着，这明确地表示：我不想动，不感兴趣了，这个动作的潜台词一般是感到忧虑，不舒服，不满意，但也可能是太累了，想要休息。如果整条手臂都下垂着贴着身体，那是他累了，想睡觉了。如果幼儿蹬脚，可能是身体的疼痛或者内心的压力造成的，他在试图把伤害踢开。

此外，孩子的身体语言还有很多，有时候疾病也会通过身体语言表达出来，需要父母细致的观察和及时的反馈。

化解宝宝的陌生感

当幼儿接触到新事物、新环境的时候，他们的身体语言可能表现为躲在父母的身后、身体紧张、收缩，眼神变得警惕等。这些身体动作是在告诉父母：我有点害怕，我感到不安全。很多孩子第一次见到生人的时候会哭闹，如果父母把孩子交给别人来带，他们就会哭得很伤心，像是被抛弃了一样。如果 1 岁多的孩子很认生，在新的环境中无法适应，这与他们的年龄是相符的，因为这个年龄段的孩子会很依赖父母。不过，也并不是没有办法化解他们的陌生感。

例如，搬了新家之后，可以带着孩子去每个房间看看，尽量让他们看到一个全新的，充满乐趣的环境。如果孩子开始有了自己的房间，可以一开始的时候陪他们睡，等到开始熟悉了，父母再和孩子分开睡觉。

如果想要把孩子交给他不熟悉的长辈来看管，最好先让孩子和对方玩一玩互动的游戏，孩子在游戏中能够降低防卫，增加亲近感。

如果孩子总是表现得胆小，那么父母一定不要强调"不要这么胆小"，而是鼓励他"没关系，去和别人玩吧，你们会很高兴的"，用正面的信息来引导孩子，可以让他更有自信一些。

如果孩子身边的朋友很少，平时总是只和父母在一起，他们可能会表现得很怕人。但这并不是什么很大的问题，多给一点时间之后，孩子就能和别的伙伴打成一片了。

帮助宝宝建立良好的睡眠习惯

只要不是父母人为地干预，孩子一般都能有很好的睡眠习惯。因为孩子身体成长需要足够的睡眠，就像我们饿了要吃饭一样。但有一些孩子总是在睡前拖拖拉拉，要父母催促几遍；或者在睡前喜欢吃糖。这些都与父母的教育有关。

帮助孩子养成良好的睡眠习惯，首先要帮孩子创造一个好的睡眠环境。当孩子入睡之后，虽然不用让屋子里悄无声息，但也要尽量安静一些。另外，孩子入睡前提醒他先去上厕所，防止尿床。如果宝宝有尿床的习惯，父母最好能够在半夜三点的时候起来提醒孩子去上厕所，这样虽然有点麻烦，但对孩子改掉坏习惯是有帮助的。

早上父母最好也能够按时起床，这样可以起到很好的带动作用。如果孩子起来了发现父母还在睡懒觉，会觉得没有着落。

睡眠问题

1岁多的孩子大多在晚上9：00前后睡觉，早晨7：00～8：00之间醒来。乡村的孩子可能晚上7：00就睡觉，早上6：00就和父母一起起床。

中途的午睡，有的孩子可能睡一次，有的孩子可能根本睡不着，这个根据孩子的身体状况和生活习惯来决定。

这个时期孩子反常的睡眠问题是，有的半夜要起来玩。孩子睡到深夜醒来，要么吵得家人无法入睡，要么自己一个人玩大人不放心，最好的办法是让孩子白天足够地运动，能量代谢掉了，晚上的睡眠就会更加踏实。

需要注意的问题

可能出现的事故

这个时期提防出事故比注意疾病更重要。由于好活动的幼儿有强烈的好奇心，总想冒险去感受一下外面的世界，难免会有从架子上摔下来、吞下玩具零件、摸电熨斗被烫伤等事故。可能发生的一切事故，家长只要预先想到，就都能防备。

呕吐

幼儿呕吐的原因，80%是胃肠问题。但如果发展成了持续性的呕吐，除了适时补充盐水外，可以带着幼儿的呕吐物到医院就诊，找出原因。

幼儿呕吐是一种常见的症状，对于幼儿期的孩子来说，引发呕吐的原因主要是一些感染性的疾病，如咽喉炎、中耳炎、鼻窦炎、肺炎、急性胃肠炎、泌尿系统感染，及神经系统的疾病等。

有些呕吐是急性的，例如吃得不妥，幼儿会突然呕吐，但是吐过之后就没事了；有些则是慢性，而且是周期性的，隔一段时间就会出现剧烈的呕吐、无法进食，持续两三天之后自行好转，检查之后又显示正常。那么家长就不用太担心，可能与幼儿的体质有关。

当幼儿出现呕吐的情况后，家长要做好基本的护理工作。首先是维持呼吸道的畅通。呕吐厉害时，呕吐物可能从鼻腔喷出，父母需立即清除鼻腔异物。若呕吐发生在宝宝直立或卧床时，可以先让宝宝身体向前倾或维持侧卧的姿势，让呕吐物易于流出，不至于让宝宝吸入呕吐物，以免造成窒息或吸入性肺炎。

保持口腔的清洁也很重要，因为呕吐之后，会有一些胃酸及未消化的食物残渣残留在口腔中，难闻的味道会使宝宝更加的不舒服。宝宝呕吐之后，可以以温开水漱口，这样也会减轻呕吐带来的不舒服。

另外，幼儿呕吐之后，要短暂禁食4～6个小时。重新开始吃饭的时候，要从清淡的饭菜开始，如大米粥、馒头、全麦吐司等，过两三天之后再开始正常饮食。

腹泻

1岁3个月至4个月以前的幼儿最容易患“冬季腹泻”，伴有突然发热、呕吐、大便水样但无腥臭味。这种情况下不必用抗生素，及时补充水分和电解质就可以。

造成宝宝腹泻有多种原因，有些是因为天气的突然变化，有些是因为受冷风寒，有些是因为饮食问题，还有些腹泻则是某些疾病的征兆。如果宝宝只是排便次数增多、排出的大便较稀，除此之外没有其他任何不适的表现，精神状态良好，能玩能闹，哭的时候底气十足，睡眠也正常的话，基本上都没有什么问题，大部分都是吃了不干净的东西或是进食过多，也可能是着凉了，只要改善宝宝的饮食、注意保暖就可以了。

有些家长一看宝宝腹泻，就立即给宝宝禁食，这也是不可取的。盲目的禁食非但不利于宝宝止泻，还有可能加剧腹泻，或诱发其他疾病。如果发现宝宝腹泻的话，家长不要急于给宝宝吃止泻药，应仔细回想最近几天的喂养情况，以及宝宝有无其他异常症状，然后综合判断可能引起腹泻的原因。

咳嗽

家里有人感冒了，幼儿也很容易出现打喷嚏、流鼻涕、咳嗽的情况，这是因为感冒病毒的侵袭，治好了感冒咳嗽就会痊愈。但除了感冒之外，还有很多原因会导致幼儿咳嗽，例如结核病、百日咳等，还没有注射过此类疫苗的小孩需要及时就诊。

如果只是轻微的咳嗽，不发热也不会没精神，就不用担心，就算是“小儿哮喘”也是可以自愈的。

突然咳嗽的情况，可能是因为吞下了什么异物，堵在咽喉处。但如果在咳嗽的时候突然发高热、呼吸急促、鼻翼扇动，咳嗽声音小而短促，每次咳嗽时会表现出好像哪儿疼痛，则可能会是急性肺炎。

抽搐

抽搐的表现是失去意识，有时候肢体会失去控制、变得很硬，或者是翻白眼、呼吸不均匀等。当孩子突然出现抽搐的时候，很多家长都会很紧张。但抽搐的情况有很多种。

如果是在痛哭之后抽搐，家长不用担心，很多个性强的孩子在哭过之后都会有程度不等的抽搐症状。这是因为情绪起伏较大，哭时太用力，平静下来之后身体需要一个短暂的缓冲。

如果是抽搐的时候伴有高热，可能是由感冒发热引起的，主要还是治疗感冒。高热引起抽风，在孩子满 5 岁后就很少见了。

如果不发热也出现了抽搐，应考虑是癫痫。家族中有癫痫病史的家庭，孩子出现癫痫的可能性会高于普通家庭。

轻微的抽搐和感冒后的抽搐，可用毛巾冷敷头，但不要让幼儿的手脚受凉。如果担心幼儿在抽搐的时候咬破舌头，可以将布缠在小勺上塞在孩子的嘴里。

如果空气不流通，周围的环境太嘈杂，加上孩子本身有点感冒，就很容易出现抽搐。这时候将孩子抱到清凉透风的地方去，可以少许给他喂一点糖水，他会慢慢苏醒。

愤怒性痉挛

1 岁多的孩子发泄不满情绪的方式主要是哭泣、发怒。如果妈妈要离开一会儿，或者别人要从他手里强行拿走东西，都会让孩子哭得很严重。有时候会像抽风一样，全身发抖，这种情况就是我们说的“愤怒性痉挛”。

这种愤怒性痉挛与孩子的性格有关，脾气大性格脆弱的孩子容易出现这样的情况，但并不是癫痫。这种情况会随着孩子年龄的增加而减弱，父母需要注意的是，不要在平时太娇惯孩子。平时总是被爱护得很好的孩子，往往受不了一点点委屈，将来上学后老师批评一两句就哭得死去活来，表现得自尊心太强则不利于孩子的成长。

持续高热

持续高热是指发热到 3 天以上的情况，没有患过幼儿急疹的幼儿可能连续高热 3 天，但第 4 天就退热了，病也就好了。常见的高热不退是扁桃体发炎引起的，特别是腺窝性扁桃体炎，一般都用抗生素来处理，高热会持续 3 ～ 5 天。如果扁桃体上出现白点，没有打过白喉疫苗则可能是白喉杆菌。

流行性感冒也可连续发热 3 天，如果周围的人或者孩子活动过的区域中出现过感冒患者，则可能是感冒引起的发热。发生麻疹时，在疹子出来之前，也有持续高热。

1 岁多一点的幼儿如果出现发热，父母

可以脱光孩子的衣服检查一下全身有无异常。

熬夜

幼儿的熬夜很少是整夜整夜的不睡觉，但会经常出现睡眠较晚，半夜醒来后玩一两个小时的情况，这也属于熬夜。

如果家里发生了特别的事情，如很久没有见面的亲友来访，爸爸出差回来，家里有红白喜事等，孩子会相应地睡得晚一些，偶尔这样一次没有关系。但不要让孩子觉得玩到很晚很有趣，就以后坚持每天也要玩到很晚，这样不利于形成良好的睡眠习惯。

如果幼儿出现半夜醒来后找父母，弄到天亮才睡着的情况，可能是孩子白天的活动量不够，没有疲劳。或者是晚饭吃得不踏实，引起胃部不适，影响了睡眠等等。这些情况需要父母自己多注意调节孩子的生活。

为了让孩子睡得踏实一些，故意让孩子不睡午觉，这样对孩子来说可能不太有效。还是在想睡觉的时候睡觉对身体有好处。

挑食

一岁多的孩子在吃饭的时候表现出一些偏好，例如不爱吃米饭，或者是不爱吃青菜，这些都不会特别影响孩子的营养。越是父母强行要求他们去吃的东西，幼儿往往越是不喜欢吃。如果孩子偶尔一次没有吃青菜或者米饭，妈妈千万不要说“你不吃完就不许玩。”这样会加深孩子的逆反感。

吃饭、喝水是我们每天都会做的事情，父母最好不要在这些事情上太在意。孩子自己知道要不要喝水、要不要吃饭，如果他不饿不渴，父母要求他吃饭喝水是没有道理的，孩子不配合的时候，父母就会认为孩子太刁，偏食或者是胃口不好，然后总是对孩子说“你不爱吃饭”，“你不爱喝水”之类的话，会让孩子真的以为自己是偏食，结果就人为地变得偏食了。

无法坐下来吃饭

一岁多的孩子是可以自己坐在餐桌上吃饭的，但他们玩兴很浓的时候，可能要一边玩一边吃，或者走来走去地吃饭。有时候孩子喜欢到处跑，父母拿着饭碗跟在后面赶，吃饭就像打游击一样。这样的习惯一开始的时候就不要养成，答应好孩子吃完饭再游戏，也要兑现承诺。万一已经养成了不能坐下来吃饭的坏习惯，妈妈最好宽容一点，和孩子说好从两岁开始就要一起吃饭，因为他又长大了。用正面的方式去引导孩子学会规矩比用责怪要好。

不会说话

通常一岁多以后孩子就能说一些简单的日常用语了，但也有例外。很多心急的父母看到和自己孩子同岁的小孩已经可以叫人了，但是自己的孩子还是恩恩啊啊地不能说话，就会很着急，有的甚至去咨询儿科医生。要知道，说话的早晚和智力并没有太大的关系，说话晚的孩子也一样很聪明。

说话的早晚和孩子所处的环境关系密切。如果父母经常能和孩子对话，会征求孩子的意见，遇到问题的时候注意观察孩子的行为，帮助他们表达自己的意思，这些行为对孩子说话有很好的引导作用。但如果家里人不喜欢说话，父母不在孩子身边等等，会让孩子说话晚一些。

也有人担心孩子是不是在发声器官上有问题，这个从孩子的哭声中是可以听出来的。哭的时候正常发声的孩子是可以说话的。如果担心孩子听力不好，可以测试一下。妈妈在孩子的身后叫他们的名字，如果孩子能够回过头来，说明孩子能够听到。万一听力有问题，应该及早学习聋哑儿童的教育方法，孩子在年幼时的学习能力是最强的，不管怎样都不要错过了学习的时机。

如果检查是孩子的舌系带过短，影响他说话，可进行一个小手术，就能矫正舌系带。最晚的孩子到 3 岁多才能很好地讲话，知道了这种情况，1 岁多不会讲话就不算什么了。

不会走路

由于现在是独生子女家庭居多，很多父母是“新手”，对孩子什么时候学会说话，什么时候开始走路没有概念。看到别的孩子已经开始走路了，自己的孩子还不能走，就很着急。其实，孩子在一岁半的时候不太会走是正常的，父母不必觉得自己的孩子笨。

一般来说，夏天和秋天是比较适宜孩子学走路的时候。一方面因为天气热，孩子穿得少，便于活动；也因为这个季节里人们外出的机会多，过敏源少。如果父母要教孩子学走路，最好在这两个季节里开始。孩子学走路的时候，给他把尿布撤掉，这样他的腿更加自由一些。

1 岁半 ~ 2 岁的幼儿

发育情况

1 岁半到 2 岁的幼儿已逐渐具备了支配自己的能力。比如走路时腿脚愈来愈有劲，能跑能跳，会踢球会爬楼梯，可以一页一页地翻书等等。

这个时期的孩子更加接近成年人的思维了，这时候父母就可以把他当成一个成年人来对待，有助于培养孩子的自我意识，也可以帮助他和父母的生活节奏一致。

这个阶段孩子会有“这是我的东西”的意识，自己的玩具、零食等东西渐渐不愿意给别人玩。这就需要父母及早预防，不要在孩子面前过于强调东西的所有权问题。

这个阶段母亲的教育任务很重，一方面要让孩子相信自己可以得到妈妈无条件的爱，另一方面又要让孩子养成自理的习惯。很多人觉得生活自理可以等到孩子四五岁以后再开始训练，事实上那个时候就已经有点晚了，孩子不会一夜之间开始自己的事情自己做，从他可以做点东西开始，就鼓励他靠自己。

从生理发育来看，这个阶段的孩子发育的一些参考数据是：

男孩体重 12 ~ 14 千克，身长 89 ~ 93 厘米，胸围 48 ~ 50 厘米；

女孩体重 11 ~ 13 千克，身长 87 ~ 90 厘米，胸围 47 ~ 49 厘米。

牙齿 16 颗。

养育要点

断奶也可以喝奶

幼儿的整个生长发育阶段都不要离开牛奶，牛奶中有丰富的营养，也便于吸收，孩子断奶以后也可以一直坚持喝。每天 400 ~ 600 毫升，可以分成好几顿来喝。如果孩子对新鲜的牛奶有点过敏，可以煮好之后再给孩子喝。不爱喝牛奶的孩子，可以给他吃奶片，或者是用酸奶代替。

注意膳食结构的合理

孩子开始学会吃饭后，妈妈要注意在饮食上给孩子合理搭配，蔬菜、水果和粗粮都不要少，如果孩子不爱吃蔬菜，尽量换一种方式来烹饪。

蔬菜、水果、鱼、鸡肉等是对心脏健康有好处的食物，妈妈可以鼓励孩子多吃一些。肥肉、糖果、巧克力属于高脂肪、高胆固醇、高糖食品，孩子也容易上瘾，要控制着给他。多奶油的食物也要少吃。鸡蛋每天一个就够，做成鸡蛋羹既清淡又便于吞咽。

孩子和大人一起吃饭菜的话，盐、味精、酱油应尽量少放，这对孩子和大人的身体都有好处。另外，这个时期可以给孩子多吃一些含钾、钙的食物——橘汁、胡萝卜汁、虾皮、海带、紫菜、绿叶蔬菜、乳类、豆制品、粗米等。

零食的给予

孩子在午餐之间可以吃一点零食，但最好是水果和粗粮制品。零食放在孩子能够拿到的地方，他有饥饿感的时候可以自己拿了吃。但是父母需要和孩子说明，吃东西的时候自己的手要洗干净，把吃东西和洗手培养成一组条件反射。

这个时期的孩子喜欢吃各种各样的糖果，但吃太多糖会破坏胃口，对孩子的牙齿也不是很好。这个时候不要给孩子吃巧克力，也不要让孩子喝咖啡。

降低餐桌的高度

如果孩子对一起用餐很有兴趣，喜欢和爸爸妈妈一起吃饭，这时候最好是换一张矮一点的餐桌，让孩子坐着和大人一起用餐。这样一个小细节是对孩子积极性的鼓励，要知道，很多教育都是从餐桌上开始的。

教宝宝用筷子

如果幼儿开始自己吃饭了，勺子也用得不错，食物很少洒出来，就可以考虑让孩子学习用筷子了。用筷子对锻炼孩子的大脑和手指的灵活程度都有帮助，但记住用筷子并不是一件简单的事情。很多人到了成年拿筷子的姿势都不太好看，妈妈们如果有兴趣教孩子用筷子的话，一定要有耐心，不要操之过急，影响了孩子吃饭的积极性则得不偿失。

让宝宝动手做事

从幼儿接近两岁开始，就可以自己动手做一些事情了。例如鼓励宝宝自己穿衣服，让宝宝自己洗手，拧好了毛巾之后让宝宝自己擦脸，指挥他注意下巴、耳朵后面等。

这个年龄段的孩子已经有了骄傲的情感，喜欢被表扬，也正是自我认识和自信心建立的时候，父母不要吝惜自己的鼓励和称赞，多给孩子一些肯定和表扬。

不必纠正发音和语法错误

如果一岁半之后的孩子说话还不是很清楚，“h”“f”分不清，家长不要打断他的说话指出错误，因为这样做会打断孩子原本的思维，一下子忘记自己本来要表达什么，另外总是被纠正发音的孩子，会在说话的时候变得紧张，反而更加说不好话了。

如果父母想要纠正孩子的错误发音，可以在复述孩子的语言时用正确的方法说话，这样孩子自然能意识到自己刚刚没有说准。即使他没有意识到发音问题，也会跟着父母的正确发音去说话。要知道，这个阶段最重要的是让孩子学会自己组织语言，表达想法。

让宝宝从镜子中认识自己

要培养孩子的自我意识，可以带着幼儿从镜子中来认识自己。例如问他“眼睛在哪里”，“头发在哪里”等，让孩子指出来；当孩子面对镜子的时候，让他看到自己的上衣的颜色、裤子的颜色、鞋子的颜色。如果想要孩子知道性别，可以说：“我看到镜子里面有一个小男孩 / 小女孩，不知道他是谁啊？”用这样的方式来帮助孩子建立自我意识。还可以让孩子做各种各样的表情，看到表情的变化。

不要对宝宝的破坏说“不”

一岁半以后的孩子认识世界的方式就是去动手，有时候会把一本书撕坏，有时候可能会把父母的东西弄坏。要知道，孩子并不是想要破坏一样东西惹父母生气，他们只是不知道怎么去用不熟悉的东西，或者不知道怎么观察它，就会用撕、扯的方式。如果父母因为弄坏了东西而大声呵斥他，对孩子来说是很委屈的事情。

但是家里的东西肯定也不能随意让孩子破坏，这就需要父母做好提前的教育工作。例如电器是危险的东西，孩子不要碰，玻璃瓶等东西不要放在幼儿能拿到的地方等等，做好预防工作是父母的责任。另外，给孩子提供一个玩耍的地方，如果孩子在这个区域里面弄坏了自己的玩具，父母不要生气。玩具本来就是给孩子玩的，他们想要一探究竟是很正常的。

能力的培养

排便训练

当孩子有了自我意识之后，鼓励他们自己的事情自己做，排便则是最私人的事情。两岁以后的小孩，是一定要学会自己上厕所的。如果他到了幼儿园，自己不能上厕所，可能会有人际交往的压力，也会给幼儿园的老师带来很大的工作负担。

过了 1 岁半的孩子，可以在春暖花开的时候进行排便训练。小便多的孩子可能很难控制，小便间隔在 1 个小时以上的，就能规定小便时间，完全不用尿布。而大便相对来说是比较容易控制的，一般饮食规律的孩子大便也比较规律，使用便盆也很方便。

孩子学会排便的一个重要的因素就是有便意的时候要知道告诉妈妈。有的孩子会自己蹲下来，有的孩子会恩恩啊啊，妈妈可以告诉孩子，要便便的时候就说“嘘嘘”，当孩子学会用“嘘嘘”的时候，要及时地鼓励他。

如果没有说“嘘”而尿裤子了，妈妈不要因此打他的屁股。最好的做法是帮他把打湿的衣服换下来，用温水帮他擦干净屁股，温柔地告诉他尿裤子容易生病，以后要对妈妈说“嘘嘘”。

在气候温暖的时候，孩子半个月时间就能自己学会用便盆。无论是男孩还是女孩都很难在排便之后自己擦屁股，这件事情还是要妈妈协助完成。

两岁不用尿布是比较正常的，但是也有三四岁了依然用尿布的情况。妈妈不能为了训练孩子不用尿布，就把孩子关在厕所里，要告诉他排完便才能出来。换掉尿布也需要在温暖的季节或者是夏季进行。孩子因为怕冷而不愿意撤掉尿布也是可能的。

孩子要大便，可以告诉他用“嗯嗯”来表达。有一本童书就叫《是谁嗯嗯在我头上》，很有趣，这个故事可以帮助孩子建立大便和“嗯嗯”之间的联系。

冬天的时候，小孩子容易夜尿增多，父母要提醒孩子睡前上厕所，晚上起来上一次厕所。天气太冷了尿床也是情有可原的，妈妈不要发大火。

语言理解力的训练

接近两岁的孩子可以理解父母简单的要求和命令。“不要碰电器”，“不要开开关关冰箱门”等等，孩子是可以听懂的。但是这个年龄段的孩子对“不要”这个词往往有“免疫力”，有时候大人越是说“不要”，孩子越是会“要”。那么父母不妨换一种说法。例如，“不要碰电器”可以变成“电器可能漏电，会伤害宝宝，我们远离它”；“不要开开关关冰箱门”可以变成“冰箱会坏掉的，那样我们就不能吃冰西瓜了”。

可不要觉得这样说很麻烦，因为父母在这样说的同时，孩子就在理解自己的行为可能带来的后果。这对孩子来说是一种理解能力的锻炼。

另外，父母还可以在和孩子讲故事的过程中培养孩子的语言理解能力。在讲故事的时候，增加一些丰富有趣的语言，帮助孩子理解剧情，也可以增加他的词汇量。

当孩子对父母的话没有什么反应的时候，可能就是没有听懂。这时候父母要用另外一种方式表达。有时候表情、肢体语言比我们的话语更能传达出丰富的信息来。

人称代词的理解训练

“你”、“我”、“他”、“你们”、“我们”、“他们”、“大家”、“这”、“那”等，是我们常用的代词。其实，很多人回忆自己的童年或者弟弟妹妹的童年，似乎都不记得专门学过这些代词。这是因为我们都是在特定的语境下使用人称代词的，孩子可以根据语言环境和当时的情况推断出代词是什么意思。孩子的理解能力和领悟能力是在不断的实践中增加的，也因此，我们在训练孩子的人称代词理解能力时，不用格外专门进行，可以在使用的时候强调一下指向。

“你吃饱了吗？”“把我们的遥控器拿过来。”“这是爸爸的东西，他不喜欢别人动他的东西。”这样的话我们是经常说的，在说的时候可以指向那个人，让孩子把语言和人物联系起来。

如果孩子用错了代词，父母不要说“不是‘我’，是‘你’……”孩子学说话的过程中难免出错，父母只要示范对了就不会有问题的。

模仿力的培养

由于两岁左右的孩子能跑能跳了，相应的模仿能力也就更强了。模仿青蛙的时候可以双脚跳，模仿鸭子的时候会把手放在身后慢慢地走来走去。这个时候模仿已经不是什么很困难的事情了。

但有时候不是孩子肢体上不允许做模仿的动作，而是孩子脑袋里对模仿的对象没有概念。没有看过鳄鱼的孩子是无法模仿鳄鱼的；见过静静地潜在水里的鳄鱼的孩子，也还是很难找到模仿的点。所以需要父母亲自做示范，最好是父亲来做示范。

我们今天怎样来模仿鸵鸟，往往是我们看到别人怎么模仿就跟着模仿，可见模仿力本身是需要创意和想象的，而这是最难的一步。当孩子自己想出来一种模仿的方式时，父母要及时鼓励和配合。

为了增强孩子的模仿能力，可以带他去各个地方看看，动物园是必去的地方之一。

另外，除了形态上的模仿能力之外，还有声音模仿，学别人说话的声音也是模仿，但是小孩子模仿别人的时候也许会学会骂人的话，父母不要鼓励这样的模仿。

让孩子学绘画也是一种模仿，两岁的孩子只能画简单的圆形和线条，但这样也可以开始写写画画了。如果孩子画人物，可能掌握不好比例，但他们对大的肢体位置还是能掌握的。

一切创造都是从模仿开始的，父母可不要因为觉得模仿不文雅，就禁止孩子去模仿。

声音感知力的培养

藏猫猫的游戏其实是一种将声音与位置结合起来的游戏。“猜猜我在哪里啊”，当父母这样说的时候，孩子就会自觉根据音量的大小和强弱来辨别隐藏者大致的位置。所以父母在和孩子玩这个游戏的时候，要发出一些声音来，既可以降低孩子寻找的难度，也可以让孩子根据声音来判断位置，让游戏变得更有趣。

让孩子听不同风格的音乐也能增强孩子对声音的感知力。很多名曲都有不同乐器的演奏版本，例如肖邦的离别曲就有很多版本。有条件的话可以都找来听一听，弦乐和打击乐给人的感觉是不同的。

还可以播放儿歌、古典音乐、歌剧和流行音乐等不同风格的曲子。这里不要指望孩子天赋异禀，然后表现出独特的音乐品位，只是让他听一听，感受一下，对他的声音感知力会是一种不错的刺激。

很多孩子喜欢听八音盒的声音，叮叮咚咚像泉水滴下，很有质感。而且现在很多名曲都能找到八音盒的版本，父母如果遇到难得一见的八音盒音乐，也可以送给孩子作为礼物。

看图识字的能力

两岁就认识汉字是一件不容易的事情，但有的孩子就能在家里指着汉字一个一个的读。好像是在念书，其实是在背诵父母反复教过的东西。但是，孩子指着汉字一个一个念的行为，却是意义重大的，它代表着孩子知道汉字和故事之间的联系，知道那种一一对应的关系。只要孩子对故事足够熟悉，他们反复地指着汉字念的时候，就会把一些常见的汉字记住。

帮助孩子认识东西的图画书则是一一对应关系的极致。一般图画书都会画一个飞机，然后下面写下汉字“飞机”，当孩子在看到飞机的图片时，就能读下面的两个汉字了。很多人在学习一门新的语言的时候，也是采用的这种方式。

等孩子掌握了图与文字的关系之后，还可以进行这样的训练：捂住图片，让孩子看文字；或者捂住文字，让孩子看图片。这样一来，文字和图片的关联性就更加强化了。

有一些图画书的图片是表示情节的，而文字不能一一对应图片中的信息，这时候就是在锻炼孩子的理解能力。就像《爷爷一定有办法》那本书中，孩子可以看着图片的变化来知道后面发生了什么故事，这时候理解能力就提前了，父母就不要强求他一一地念出来下面的文字。

看图识字的能力最终是为了帮助孩子阅读。保护孩子的阅读兴趣则是进行这种训练的前提。

与同伴的交往能力

两岁左右的孩子与同龄孩子交往的能力会比较差，因为这个时候大家都是一种以自我为中心的状态，不愿意和别人分享，咬人，大喊大叫是这个年龄段的通病。

但这也不是说两岁左右的孩子就不会有朋友，如果生活在一个固定的小区或者幼儿园，经常见到一些熟悉的面孔，孩子们会不知不觉打成一片，矛盾是在所难免的，不管是谁的孩子出现了不礼貌的行为，父母都要出面制止。不要以为别人的孩子骂人自己的孩子听话就不会学坏，孩子们之间是会相互模仿的。

如果孩子是因为胆小而不敢与同伴交往，妈妈们在一开始的时候需要帮助他们一起玩，在中间担当“协调者”的角色。幼儿园的老师就是这样的角色，其实他们也并没有特别神奇的办法，就是鼓励孩子们在一起玩，出现问题的时候马上解决。

一般来说，在家里自信的孩子，出去是容易交到新朋友的。比较内敛的孩子在交往上会比较被动，没有别的孩子表现得那么优秀，但这并不是什么缺点。内敛的孩子会有一种别人无法获得的敏锐，父母不要刻意去改变他。

想要让自己的孩子成为一个受欢迎的宝宝，不要忘记培养他自立、勇敢的能力。摔倒了不哭，自己能大小便等等，这些细节也会影响孩子交往的能力。

协调力的训练

如果父母是瑜伽爱好者，可以带着宝宝一起做瑜伽。瑜伽是一种很好的训练肢体平衡的运动方式。另外，小区里面常见的健身器材中，有很多也是全身调动，手脚并用的。父母可以带着孩子去玩一玩。

很多音乐小神童都是从一两岁开始学习乐器的，而乐器最大的好处就是可以训练手、脚、脑之间的协调性。如果有条件也可以让孩子去学一学乐器，但不要抱着发现一个音乐天才的功利想法来做。

绘画也是一种协调能力训练的方式，如果孩子不爱画画，可以让他从涂颜色开始。一般的孩子都喜欢涂颜色。孩子可以根据参考图的颜色来涂上相应的颜色，这是一种手与眼的配合。此外，练习翻书、模仿动物等，也是在训练孩子的协调能力。

让孩子自己学习穿衣服和脱衣服也是很好的一种方式。

家庭环境的支持

和宝宝一起看图讲故事

适宜两岁左右的孩子看的图画书渐渐多了，但是大部分都是引自国外的，有一些可能对中国的小孩子来说有点理解难度，需要父母讲解。

给孩子讲图画书上的故事，并不是想象中那么简单的事情。因为孩子的理解能力可能会没有父母想的那么好，有时候父母讲了半天孩子还是不知所云。为了避免这种情况，父母要在讲解的过程中注意孩子的反应，用他生活中用得到的语言来讲故事。

讲故事的时候和宝宝一起面朝着图片，让孩子坐在你的怀里听故事，看图。如果要训练孩子的听力，可以让孩子坐在对面听自己讲，然后请孩子复述。

讲故事就是简单的情感交流，父母不要抱着强烈的教育的目的，要孩子记住三字经中的典故，这样会增加故事的难度，让孩子心理上有负担，喜欢听故事的孩子也变得不热心了。

给予宝宝独自玩耍的空间

给孩子一个独立玩耍的空间，也是指的给孩子安排一个独立玩耍的小角落。这个时候已经可以给他一个小书架，让他自己看书了。书架注意要放在地面上，和孩子差不多高就可以，这样方便他拿取书本，也不会有倒下的危险。

如果是全职妈妈，建议自己也看一些生活书或者喜欢的小说，给孩子一个时间去自己玩，自己思考。全天和妈妈都不分开也未必是很好的事情，人的思考能力也是在单独玩耍的时候产生的。如果妈妈实在太爱孩子了，不想看他一个人孤零零地玩，那么要克制自己掌握孩子的每一秒的欲望。要知道，孩子有时候会有比我们期待的更好的表现。

需要注意的问题

可能出现的事故

一岁半到两岁之间的孩子，能够走和跑了，但是平衡能力不是很强，所以经常会摔倒、跌倒。加上孩子可以搬椅子往高处爬了，有栏杆也不太起作用，这个时候就要注意，不要把洗衣机等大电器的空纸盒放在屋外、阳台等地方，防止孩子爬上去摔下来。

如果孩子在地板上摔倒撞击了后脑勺，一定要注意观察孩子的反应。如果出现呕吐或抽搐、手足麻痹，必须带去看脑外科。脸色异常苍白、瞳孔大小不一，则可能是颅内血肿。遇到这种情况，必须动手术，排除淤血。从高处摔下或被车撞了而昏迷不醒时，父母不要抱着孩子摇晃，应立刻用急救车送医院脑外科诊治。

孩子跑上街有可能会迷路，有时候跟着别的孩子出去玩水，可能会掉到河里。

厨房也是多事之地。正在做饭的妈妈不要离开烧着的火和开水，因为孩子喜欢到处碰。

如果大人有安眠药，一定要放在隐蔽的地方，孩子不知道是什么会偷偷吃。装过饮料的瓶子，最好不要用来装酒精和汽油，防止孩子在家自己找了喝进肚里。

带着孩子外出时，有车辆的地方要牵着孩子的手，让孩子走在内侧。去海边玩耍的时候要给孩子防晒。

皮疹

皮疹是幼儿疾病中最常见的一种体征，而且幼儿的皮疹主要就是以下几种类型，家长了解之后可以及时应对。

1. 急疹。周岁以内的婴儿突然出疹子，可能与病毒感染有关，冬春季最多见。皮疹多为不规则的斑点状或斑丘疹。用手按压皮疹可以退色。全身均可以见。一般 1 ~ 2 天消退，不留痕迹。出疹的同时可能发热，持续 3 ~ 5 天，个别孩子可能高热惊厥。

如果是这种情况，要多喝水，可以用一些抗病毒的药物。如果孩子高热可以用退热药。

2. 风疹。风疹是儿童时期常见疾病，是风疹病毒通过呼吸道飞沫传播的急性传染病。传染源可能是已经感染的病人，也可以是没有发病但是带病毒者。集体中容易流行。这时候的皮疹是在发热一两天之后出现的，遍及全身。皮疹色淡，一般在出疹后 2 ~ 3 天消退，很少有人会留下疤痕。风疹可以并发中耳炎、支气管炎、脑炎、肾炎以及血小板减少性紫癜。目前我国的儿童已经接种风疹疫苗，保护率达 95%。

风疹患儿发热时可以多喝水，可以吃抗病毒的药物，包括清热解毒的中药。如果体温高于 38.5℃可以用退热药。患儿不能接触孕早期妇女，容易引起胎儿畸形、白内障、先天性心脏病。

3. 水痘。水痘多见于 6 个月以后的各个年龄段，一般 1 次发病，终身免疫。水痘会在发热 1 ~ 2 天后出现，躯干、头、腰以及头皮多见。丘疹、疱疹、结痂的疹子会同时存在。发热时多喝水，吃易消化的食物，保持皮肤清洁，勤换衣服，不要抓破水疱，以防感染，只要水疱不破，一般痊愈后不留疤痕。

目前已经研制成功水痘疫苗，1 ~ 12 岁接种 1 针。

4. 丘疹性皮疹。丘疹性皮疹主要发生在夏天，多见于婴幼儿。孩子皮肤娇嫩，经过沙土或水的多次刺激，或者是出汗等，会导致皮肤发炎，形成皮疹。如果出现了局部的皮疹，可以用氧化锌软膏，口服维生素 C。要防止患部感染。

5. 痱子。夏天孩子都容易出痱子，在腋窝、颈部等出汗多的部位，痱子红红的一片。出痱子是很难受的，孩子会痒、灼热，忍不住用手挠。因此在盛夏来临之前，父母要做好防痱子的准备，一方面是室内要通风，也要勤洗温水澡。容易出痱子的孩子要多穿吸汗的薄棉布衣服。白天的时候给孩子涂点爽身粉。

6. 手足口综合征。手足口病是近年来常见的一种传染病，在 3 岁以下的婴幼儿中较常见。本病的传染源是病人或健康的带病毒者。患者说话时的口水飞沫、玩过的玩具、拿过的食物都有可能带有病毒。如果周围有认识的孩子得了这种病，父母要注意让孩子在家玩，不要出去。

要注意保持手足口病患儿的清洁，因为口腔要吃东西，手要摸东西，很容易把病毒留在空气中。

左撇子

在两岁左右还看不出来孩子是否是左撇子，而且即使是左撇子也没有关系，很多成年人是左撇子但并不影响他们的正常生活。

宝宝咬人怎么办

1岁半以前的儿童咬人，可能是想要表达什么想法但是自己说不清，或者是下意识地什么都咬，包括人。但是1岁半以后，孩子能知道哪些可以吃哪些不能吃，也不再把什么东西都往嘴里送了。如果宝宝这个时候咬人，妈妈可以表现出很痛的样子，告诉他这样不对。孩子会收敛这种行为。

如果孩子总是以咬人为乐，怎么说也不听，家长可以问问他假设被别人咬了是什么感受。让孩子从别人的角度来考虑，他们能意识到自己这样做是不对的。

也有的小孩看到别的孩子咬人，就跟着学。如果妈妈知道孩子是因为跟着别的孩子学来的咬人，要告诉他这样做不对。

如果孩子是在和父母闹着玩，那么父母就主动提出来玩一个有趣的游戏，来分散孩子的注意力。

宝宝喜欢大喊大叫

很多人最怕带着孩子在公共场合的时候，他突然大喊大叫。这个时候给他讲道理是没有用的，纵容他或者迁就他又会养成坏习惯，怎么办才好呢？其实，孩子喜欢大喊大叫，一般人是可以理解的，父母最需要注意的是他第一次出现这种情况的时候怎样来处理。如果是在家里，孩子高兴的时候大喊大叫，父母可以用玩别的游戏的方式来转移他的注意力，不要让他觉得大喊大叫可以引起父母的注意很好玩；如果是在公众的场合，孩子第一次因为发脾气而大喊大叫，父母要用眼神告诉他这样做很不好。孩子对父母的眼神是很敏感的。

如果孩子对父母制止的目光没有反应，你可以用平静的语气告诉他："你打扰到别人了，大家都在看你。"大部分孩子会停止哭闹的，但也有极少数孩子性格太强，即使有人在议论他也完全没有收敛。这时候父母也只能听之任之。

如果孩子在家里总是大喊大叫，很明显是他的精力很旺盛。一个没有精神的孩子是不会这样的。如果父母能够找到渠道来帮助孩子解决自己精力过剩的问题，和他一起玩各种游戏，这个问题也就不治而愈了。

情绪不稳定的宝宝

1岁半以后，特别是接近两岁的时候，孩子的情绪会进入一个不稳定的时期。因为这个时候的孩子渐渐有了自我意识，他们会希望在父母之外有一个独立、自由的自我。当父母要求他们做不太情愿做的事情的时候，孩子就会表现得很不配合，有时候犟脾气也很令父母头痛。

其实性格问题不是一天能够解决的，同样性格问题也不是一天形成的。那些脾气不好的孩子，往往就是在有情绪的时候没有得到父母的理解和疏导，结果情绪酝酿得变大了。因此，在对待孩子情绪不稳定的事情上，父母一定要多一点耐心，就像理解一个青春期叛逆的孩子一样去理解他，从他的角度来考虑问题。当孩子感觉到自己正在被人重视和理解的时候，他们就不会用发脾气的方式来引起父母的注意了。

第 5 部分

两岁到三岁

两岁到三岁的幼儿

发育情况

2 ~ 3 岁孩子的生长速度会慢下来，主要是头部的生长速度减慢，但腿部和躯干生长速度加快，身高也就增加了不少，身体看起来比较均衡了，随着肌肉张力的改善，孩子的姿势变得更加直立。

2 岁以后，同龄孩子之间的身高和体重差异也会很大，有的孩子可能长得很快，有的孩子则长得比较缓慢，有些健康的孩子的发育速度比其他同龄人稍慢。到 3 岁时孩子的生长速度一般可恢复正常，但青春期他们的身高也可能达不到这个年龄的标准身高。学龄前的生长停滞现象可能是发生了其他问题的信号——也许是肾病或肝病，或复发性感染等慢性疾病，极个别的情况下，激素分泌紊乱或慢性疾病的胃肠道并发症可引起生长缓慢。

学龄前儿童每年增高 6 厘米，体重每年增加大约 2 千克。另外，因为生长速度减慢，这样的儿童进入青春期的时间也较晚。

在两岁半左右，孩子的 20 颗乳牙出全，自身免疫力快速增长，但抗病能力依然较弱。

体重：男童体重平均值为 12.24 ~ 13.95 千克，女童为 11.66 ~ 13.44 千克。

身高：男童平均值为 87.9 ~ 95.1 厘米、女童为 86.8 ~ 94.2 厘米。

养育要点

注意微量元素的补充

2 ~ 3 岁是宝宝成长发育的又一个快速时期，此时尤其要注意均衡膳食，全面为宝宝提供成长所需的各种营养。除了维持日常生活的蛋白质、脂肪和碳水化合物之外，也要注意微量元素的补充。食物自然是最佳的补充来源，如无特殊需要，就没有必要为宝宝进行药物补充。

富含钙的食物：

牛奶制品、虾皮、豆类制品、芹菜、黑芝麻、西兰花等蔬菜。

钙与镁的比例为 2 ∶ 1 时，最利于钙的吸收利用。所以，在补钙的时候，切记不要忘了补充镁。

富含镁的食物：

坚果（如杏仁、腰果和花生）、黄豆、瓜子（向日葵子、南瓜子）、谷物（特别是黑麦、小米和大麦）、海产品（金枪鱼、鲭鱼、小虾、龙虾）

富含铁的食物：

蛋黄、动物肝脏、鸡胗、牛肾、黑木耳、芝麻、牛羊肉、蛤蜊紫菜、谷类、豆类、瘦肉、干果、鱼类等（吃含铁高的物质忌饮茶）。动物性食品中的铁较易吸收，吸收率可达 20%，植物性食品因含植物酸而影响铁的吸收，吸收率一般在 5% 左右。膳食中的蛋白质和维生素 C 能提高铁的吸收。此外建议用铸铁锅。

富含锌的食物：

平时多摄入些含锌丰富的食物，如动物肝脏，肉、鱼、禽类，其次是绿色蔬菜和豆类。牡蛎、牛肉、肝脏、田螺、鱼肉、瘦肉、人奶内的锌含量高且易于吸收。还有南瓜、茄子、菇类、板栗、红枣、核桃、花生、小米、萝卜、大白菜等。

富含碘的食物：

海藻类食物，如发菜、紫菜、海带、海白菜、裙带菜。

富含硒的食物：

猪肾、鱼、海虾、对虾、螃蟹、海蜇皮、驴肉、羊肉、鸭蛋黄、鹌鹑蛋、鸡蛋黄、牛肉、松蘑（干）、红蘑、蘑菇、茴香、芝麻、麦芽、大杏仁、枸杞子、花生、黄花菜、豇豆、谷物、大蒜、芦笋、洋葱、莴苣等。

富含维生素 A 的食物：

肝脏、奶类、黄油、奶酪和蛋类维生素 A 含量中等，牛肉、羊肉、猪肉中维生素 A 含量较低，棕榈油中维生素 A 含量很高，但在我国食用很少。因为肝中铁的含量也高，维生素 A 和铁还可以相互促进吸收和利用。

富含维生素 D 的食物：

最丰富的食物为鱼肝油，动物肝脏和蛋黄，牛奶与其他食物中含量较少。维生素 D_2 来自植物性食品，一般说来，人只要能经常接触阳光，在一般膳食条件下，不会造成维生素 D 缺乏。以牛奶为主食的婴儿，应适当补充鱼肝油，并经常接受日光照晒，有利于生长发育。

富含维生素 E 的食物：

猕猴桃、坚果（包括杏仁、榛子和胡桃）、瘦肉、乳类、蛋类、还有向日葵籽、芝麻、玉米、橄榄、花生、山茶等压榨出的植物油，包括红花、大豆、棉籽和小麦胚芽（最丰富的一种）、菠菜和羽衣甘蓝、甘薯和山药，莴苣、黄花菜、卷心菜等绿叶蔬菜是含维生素 E 比较多的蔬菜。

富含维生素 B_1 的食物：

主要来源于谷类食品，瘦肉及内脏较为丰富，豆类、种子或坚果中也含有。

富含维生素 B_2 的食物：

动物肝脏、心、肾、乳类及蛋类食物中含量尤为丰富，豆类食物中也较丰富，绿叶蔬菜和野菜中也含有大量的核黄素。

富含维生素 B_6 的食物：

蛋黄、麦胚、酵母、动物肝、肾、肉、奶、大豆、谷类、香蕉、花生、核桃等，人体肠道细菌也能合成维生素 B_6。

富含维生素 B_{12} 的食物：

主要来源是动物肝脏、牛肉、猪肉、蛋、牛奶、奶酪和极少数的植物，例如螺旋藻类，而植物性食物一般都不含维生素 B_{12}。

富含维生素 C 的食物：

主要来源于新鲜蔬菜和水果，水果中以酸枣、山楂、柑橘、草莓、猕猴桃等含量高；蔬菜中以辣椒含量最多，其他蔬菜也含有较多的维生素 C，蔬菜中的叶部比茎部含量高，新叶比老叶高，有光合作用的叶部含量最高，干的豆类及种子不含维生素 C，但当豆或种子发芽后则可产生维生素 C。

控制吃饭时间的办法

孩子小的时候，总是饿了就要吃，但如果习惯不好，容易引起小儿消化不良、肥胖、胃口不佳等问题。因此，控制好宝宝的进餐时间也很重要。

一般来说，这个年龄段的孩子进食的节奏是：早餐、午餐、下午加餐、晚餐和睡前的牛奶。孩子已经长出了乳牙，他们的食物从液态逐渐转换成固态，可以开始吃炒的肉丝、硬皮的面包、生菜、萝卜、芹菜和藕等。

控制宝宝吃饭的时间，并不需要特别的窍门，主要是和爸爸妈妈吃饭的时间保持一致。早上 8：00 早餐，中午 12：00 到 1：00 之间中餐，下午 3：00 ~ 4：00 可以加餐吃一点零食，晚上 6：00 ~ 7：00 晚餐，睡觉之前喝一杯 200 毫升牛奶。

如果孩子不肯在吃饭的时间吃饭，而等到不是吃饭的时间又要吃东西怎么办？最好是不要迁就他，除非是生病了，起床太晚了或者晚上有事情睡得较晚。偶尔饿一饿也不会有问题，让孩子养成良好的进餐习惯更重要。

如果孩子没有食欲，看看是不是身体不舒服，另外，运动量小的孩子胃口也没有喜欢动的孩子胃口好。

三岁前的孩子，最好不要给他吃巧克力。

饭量不增也正常

2 ~ 3 岁的孩子，成长的速度是不一样的，有的孩子长得快，运动得多，饭量增大；有的孩子成长的节奏慢一些，和之前相比饭量没有增加，也没有关系。

这个时期，孩子开始用牙齿咬硬的食物，所以妈妈不要催促孩子快点吃，让他养成细嚼慢咽的习惯。但注意不要让孩子在正餐之前还吃零食，这样他们吃正餐的量就更小了。

零食的选择

孩子喜欢吃甜食，其实与孩子运动量大需要能量补充也是有关的。但甜食吃太多容易蛀牙，也容易长胖，因此甜食不要给他很多，每天定量几粒糖就可以了。

这个年龄段的孩子可以吃水果了，多给他们吃水果有助于消化和吸收。也可以给孩子们喝果汁，最好是新鲜的果汁，很多便宜而又颜色鲜艳的果汁可能含有很多化学物质，尽量少让孩子喝。

这个时期的孩子最好不要吃巧克力，是因为一旦吃了巧克力他们对别的零食就失去了兴趣，会一直吵着要。巧克力吃多了会引起恶心、烦躁、出鼻血和蛀牙等问题，加上孩子在这个年龄段性格很不稳定，家长最好不要让孩子吃巧克力。

有的亲友和长辈为了表达对孩子的喜爱，会带着他去超市让他随意选自己喜欢的东西，对大部分孩子来说，他们都不会客气。这样容易养成坏习惯。家长不要这样做，也告诉亲友们不要这样做。

如果别人给孩子零食，告诉他如果接受要说“谢谢”，告诫孩子，不要吃陌生人给的东西。

防止失衡性营养不良

三岁以下的婴幼儿容易营养不良。哺乳不足、喂养不当、寄生虫或细菌感染、病后失养等均可引起。轻者表现为食欲不振、腹胀腹泻、面黄肌瘦；重者可见面色萎黄、皮肤毛发干枯、头大、腹部胀大，甚至出现发育停滞、腿软不能行走等严重症状。重症佝偻病、重症贫血、维生素 A 缺乏症、营养不良性水肿等也会引起营养不良，只要有轻微感染就导致这些营养不良儿成为重患，如肺炎、脑膜炎、结核等，这又加重营养不良，形成恶性循环。

按照中医的理论，通过疏通经络、流畅气血、调和脏腑，可使脾胃功能在正常的气血运转中恢复正常，使人胃口转好，体重增加。这样孩子面色逐渐红润了，其他症状也就会随之而去。

为了预防营养不良，家长需要注意孩子生活中的一些细节：

（1）情绪变化。如孩子变得郁郁寡欢，反应迟钝，表情麻木，多提示体内缺乏蛋白质与铁元素，应多给孩子安排一些水产品、肉类、奶制品、畜禽血、蛋黄等高铁、高蛋白食品。

若孩子忧心忡忡，惊恐不安、失眠健忘，可能表明体内 B 族维生素不足，此时补充一些豆类、动物肝、核桃仁、土豆等 B 族维生素丰富的食品大有裨益。

如果情绪多变，爱发脾气，这与吃甜食过多有关，医学上称为“嗜糖性精神烦躁症”，除减少甜食外，多安排点富含 B 族维生素的食物大有必要。

至于固执任性，胆小怕事，则可能维生

素A、B族维生素、维生素C与钙元素不足，故动物肝、鱼、虾、奶类、果蔬等食物便成为必吃食品了。

（2）行为反常。不爱交往，行为孤僻，动作笨拙，多为机体内缺乏维生素C的结果。在饮食中添加富含此种维生素的食物如番茄、橘子、苹果、白菜与莴苣等为最佳“治疗方法”，奥妙在于这些食物所含的维生素C等物质可增强神经的信息传递功能，从而缓解或消除这些症状。

行为与年龄不相称，较同龄孩子幼稚可笑，表明氨基酸不足，宜增加高蛋白食物如瘦肉、豆类、奶、蛋等。

夜间磨牙，手脚抽动，易惊醒，常是缺乏钙元素的一个信号，应及时增加绿色蔬菜、奶制品、鱼松、虾皮等。

喜吃纸屑、煤渣、泥土等异物，称为“异食癖”，多与缺乏铁、锌、锰等元素有关。海带、木耳、蘑菇等含锌较多，海产品中锌、锰含量高，应是此类孩子较为理想的盘中餐。

长期腹泻，先天性畸形如唇裂、腭裂、幽门狭窄、贲门松弛，过敏性结肠炎，频繁呕吐等，影响食物的消化与吸收；由肝炎、肾炎、肺结核、肺炎、肺脓疡、麻疹、百日咳、败血症引发的长期发热，食欲不振，消耗增加而致营养不良；低体重儿、双胎、多胎或因难产及窒息等意外引起的体弱儿容易营养不良；长期不吃鸡蛋、鱼、肉而只吃素食，使蛋白质摄入不足都容易引起营养不良。

营养不良小儿应选含优质营养素、高蛋白、高热能而易消化吸收的食物，并同时给予充足的多种维生素。婴儿以母乳、牛乳、乳制品为最合适。重症可先试用脱脂奶，逐步过渡到半脱脂及全脂奶。也可用豆浆、豆奶给小儿当主食。每日吃少量鱼泥和植物油。如果消化功能好，逐渐过渡到蒸蛋羹、肉末、肝末以补充蛋白质。碳水化合物以米汤、稀粥、米糊过渡到厚粥、面条，两岁后可以吃软饭。鱼和蛋羹是比较容易消化的。豆制品对营养不良婴儿也比较适宜。甲鱼、鳗和黄鳝营养价值虽高，但不易消化，有时反而引起腹泻或食欲不振。增加营养应从少到多、少量多餐开始，切不能操之过急。

注意口腔的卫生

两岁的孩子要不要刷牙？答案是要。尤其是孩子吃了甜食之后，晚上家长一定要协助他做好口腔的清洁工作。

睡眠问题

两岁多的孩子喜欢咬手指，有时候他们也会咬着手指入睡。很多孩子到了三岁以后就没有这个习惯了，如果妈妈想要尽早改掉他的这个习惯，可以在孩子入睡前轻轻握着他的手给他讲故事，坚持一段时间，孩子就能自觉忘了咬手指的习惯。

有的孩子喜欢跟着大人一起看电视，然后不知不觉中睡去，爸爸妈妈再把他抱上床。其实这样并不好，孩子希望能够和爸爸妈妈多待一段时间，那么爸爸妈妈最好能够给孩子讲点故事，不要光顾着自己看电视。成人的电视节目孩子看不懂，但会留下一些印象。孩子晚上做梦如果容易惊醒，家长一定要纠正孩子睡前看电视的这个习惯。

如果孩子晚上睡觉喜欢抱着毯子入睡，可能是在寻找妈妈拥抱的感觉，以后慢慢就会好了。

两岁多的孩子最好不要太晚睡觉，养成了晚睡的习惯，对父母来说也是一件很麻烦的事情。

哪种画册适合宝宝

两岁的宝宝可以听一些简单的故事，爸爸妈妈最好选择那种形状简单，故事情节也不复杂，语言很有趣的绘本。

如果要选择那些认识地理、天气的画册，还不如带着宝宝看身边实际的东西，他们会更感兴趣。

教宝宝控制排便

两岁多的孩子是可以自己控制上厕所的，但不排除个别情况。家长在培养孩子上厕所的时候，要知道以下情况是不适合孩子养成排便习惯的：

（1）家里有新生婴儿。

（2）新保姆接手。

（3）宝宝换床。

（4）搬家。

（5）家庭关系出现问题。

（6）有家人生病的时候。

有一些迹象可以看出宝宝能够开始用厕所了：

（1）每天有几个小时尿布都是干的。

（2）对他人上厕所很感兴趣。

（3）大便的时间很有规律。

（4）要大便的时候会有所反应，例如蹲下或者会发出声音。

家长可以用便壶来帮助孩子学会排便。便壶让孩子觉得这种转变是非常新奇刺激的活动，但不要强迫孩子坐便壶。这样只会让他们觉得很不高兴，这对学习的过程没有任何帮助。

很多小孩会害怕听到冲马桶的声音或者不喜欢看到粪便被冲走，如果你的孩子是这种情况的话，可以先让他们去玩然后再冲马桶。

遇到状况的时候尽量不要跟孩子发脾气，注意继续鼓励他。另外，记住教孩子如厕后要洗手，从一开始就让他们养成便后洗手的习惯。

入幼儿园前的准备

有的孩子两到三岁就会被送到幼儿园，他们这时候对妈妈有依赖性，比 1 岁多的孩子容易认生，所以正式入园之前，需要妈妈陪读一段时间。

一开始妈妈可以和孩子一起待在园里，帮助孩子熟悉老师和同学，最好能认识一些比较玩得来的同伴。这样坚持一周或者十天之后，幼儿园的老师和孩子们渐渐熟悉了，他们就能离开妈妈了。

妈妈或者爸爸去接孩子的时候要准时，否则容易引起孩子的不安。在入园之间，爸爸妈妈也要想好接送孩子的时间问题，不要等到入园之后才发现自己没有时间管。

让宝宝自主穿衣

2 ~ 3 岁的孩子可以拉开拉链，也可以试着扣扣子了，穿衣服也可以学会，不过速度会比较慢。冬天的衣服对他们来说就比较困难了，妈妈们要鼓励他们试一试。也可以先做一部分，让孩子接着做。

免疫接种

这个时期主要是接种百白破混合制剂加强针。

需要注意的问题

可能出现的事故

这个阶段的孩子可能出现的事故是：

（1）掉进水里发生溺水。孩子自由走动的一个坏处就是，可能会远离父母的视线。去池塘旁边看鱼，孩子们可能忍不住下去抓鱼，结果掉进水里；住在水边的孩子，也有可能在玩水的时候溺水。

（2）住在公路附近的孩子，如果和别的孩子打闹起来，有可能跑到大路上；住在铁轨旁边的孩子，一定不要让他们去铁路上玩耍。

（3）喜欢吞下危险的东西，例如纽扣电池、玩具零件等。

（4）把手伸进玩具里面拿不出来等等，这些事情都可能发生。

腹泻

两岁多的孩子腹泻多半是由于病毒感染而引起的，感冒后腹泻、消化不良引起的腹泻，实际上也是病毒所致。但是这样的腹泻也容易治疗：

让腹泻的孩子暂时不要吃东西，想吃点东西的话，就喝温热的粥，这样对刚刚腹泻的小孩肠胃上有一个缓冲。肠胃还没有调整好又吃零食或者水果，都会造成消化的负担。

让孩子的肚子保持温暖，如果是在冬天，就让孩子在温暖的地方休息，如果是夏天不要让他喝凉水、吃冷饮。

一般过一天之后，孩子的腹泻就会好起来。

如果孩子腹泻的时候有血，但没有其他的问题，可能是直肠息肉。如果由于感染了痢疾而拉肚子，或者一家人中有好几个都拉肚子，那么一定要去医院治疗，防止相互传染。

认生

当不太熟悉的人要抱小孩的时候，孩子会哭闹，有新面孔出现在家里的时候，孩子也很烦躁不安，这些就是我们常说的认生。认生和怕黑一样，是孩子性格中的一部分，父母可以帮助孩子慢慢改变，但是不能因为孩子认生就觉得他没用、没出息。

长期只和父母在一起的孩子比较容易认生，而大杂院里面长大的孩子胆子就大一些，敢和别人对话。所以父母要尽量帮助孩子和同龄的或者相仿年龄的孩子对话，一起相互熟悉，这样可以帮助孩子降低认生的感觉。

口吃

2岁多的孩子说话不是很明晰，表达上拖拖拉拉，或者一句话重复很多遍，大部分都不是真正的病理上的口吃，而是还不太习惯说话而已。等到孩子年龄增加，说话多了，就不会有这样的情况了。

家长要注意的是，不要因为孩子说错了话，觉得很好玩而哈哈大笑，或者是觉得孩子说错话的事情可以拿出来和亲友们讲一讲，就总是反复学孩子，这样会影响孩子学说话的信心，严重的就会形成心理障碍，以至于总是有点结结巴巴。

当孩子出现口吃的症状时，父母先不要在意，而是用正确的语言来引导孩子说话，也不要叫他“小结巴”，这样的称呼也会让孩子以为自己口吃是正常的。

防蚊

随着流行疾病的增加，蚊子也成为一种可怕的中介，传染各种疾病。宝宝防蚊不仅是为了让他更舒适，也是为了防止感染传染病。

现在有很多防蚊水和蚊香，但最好还是用蚊帐来保护宝宝，当他睡觉的时候，最好不要用防蚊水和蚊香。一面蚊帐就能解决问题。

如果宝宝在户外活动，涂一点宝宝防蚊水也是必要的，但记住告诉他不要用手直接拿东西吃，这样不卫生。

防晒

长期暴晒于强烈的太阳光下面对孩子的皮肤有损害，但一到夏天，孩子们总是喜欢在外面玩耍，尤其是海边的孩子，很容易就晒黑了。

为了让宝宝有一个健康的皮肤，妈妈最好给孩子准备一个透气、轻便的遮阳帽。很多孩子不喜欢戴着帽子玩，如果是那样的话，妈妈要注意好时间，不要让他整个下午都在外面暴晒。选择在阴凉但是没有危险的地方玩耍，妈妈随时能看得到，是比较好的办法。

防痱

炎夏时孩子容易长痱子，浑身都难受，也不好看。防止宝宝长痱子，妈妈们一方面要注意让孩子在通风、凉爽的环境下玩耍；另一方面，给孩子涂一点爽身粉、痱子粉也很必要。特别是在夏天晚上，睡觉之前给孩子的脖子、腋窝、小屁股等容易长痱子的地方涂一点痱子粉，可以防止晚上太热生痱子。

说谁都听不懂的语言

如果孩子突然说一些我们听不懂的话，或者是大人从来没有说过的话，家长可以问问他“你说的什么，妈妈没有听清楚，再说一遍。”也可以不理会，也许孩子正在回忆什么。

孩子有时候“自言自语”也是正常的，特别是家里只有一个孩子的情况下，孩子两岁的时候会自己给自己假想一个朋友，和他对话，过家家等。

也有的孩子因为发热而说话不清楚，妈妈要摸摸孩子的头。如果家里有癫痫病史的，也有可能孩子有癫痫的症状，但同时会伴有其他不常见的行为，会比较明显。

微量元素缺乏的症状

1. 缺钙。夜间多汗、睡眠不安、易醒、易惊、摇头、枕秃、白天烦躁、坐立不安；体征颅骨软化、囟门大不易闭合（正常是1～1.5岁闭合），出牙晚（正常6～8个月开始出牙，10个月后长牙算做稍微晚的），站不稳（正常8月左右可扶站或独站，很稳）。

阵发性腹痛、腹泻，抽筋，胸骨疼痛。

鸡胸（逐渐出现肋下缘外翻或者胸骨异常隆起），X形腿、O形腿，指甲灰白或有白痕；

1岁以后孩子容易烦躁，注意力不集中，反应冷漠的同时又有莫名其妙的兴奋，健康状况不好，容易感冒等。

2. 缺铁。长期缺铁易导致缺铁性贫血：头晕，头痛，面色苍白，乏力，心悸，毛发干燥，指甲扁平，失光泽，易碎裂；抗感染能力下降，在寒冷条件下保持体温能力受损，使铅吸收增加等。

少微笑：婴幼儿体内缺铁会导致组织细胞内缺氧而使活动能力下降，出现不爱笑、疲倦、食欲减退、烦躁、不安及破坏行为等症状。

3. 缺硒。主要是脱发、脱甲，部分患者出现皮肤症状，少数患者可出现神经症状及牙齿损害。人轻度或中度缺硒，其征兆或症状不明显。

4. 缺锌。喜欢吃那些平常不能吃的东西，例如泥土、火柴杆、煤渣、纸屑等，厌食、生长迟缓等。其他症状：智力低下，反应迟钝，发育迟缓；易反复上呼吸道感染，易出现消化不良、肠炎、腹泻等胃肠道疾病；经常出现舌头溃烂（地图舌）、口腔溃疡；头发发黄、稀少、干燥无光泽、头发竖立；手指甲根部没有半月状的健康环，或者只有拇指指甲上有；身体的伤口易感染，创伤久久不能愈合。

5. 缺碘。脑发育障碍，智力低下，身材矮小。

6. 缺维生素A。出现夜盲症，眼角膜或结膜干燥，角膜溃疡或瘢痕等临床表现。

7. 缺维生素D。佝偻病：小儿易激怒、烦躁、睡眠不安、夜惊、夜哭、多汗，由于汗水刺激，睡时经常摇头擦枕。随着病情进展，出现肌张力低下，关节韧带松懈，腹部膨大如蛙腹。患儿动作发育迟缓，独立行走较晚。重症佝偻病常伴贫血、肝脾肿大，营养不良，全身免疫力减弱，易患腹泻、肺炎、且易成迁延性。患儿血钙过低，可出现低钙抽搐（手足搐搦症），神经肌肉兴奋性增高，出现面部及手足肌肉抽搐或全身惊厥，发作短暂约数分钟即停止，但亦可间歇性频繁发作，严重的惊厥可因喉痉挛引起窒息。

头部颅骨软化多见于 3 ~ 6 个月婴儿，以枕骨或顶骨为明显，手指压迫时颅骨凹陷，去掉压力即恢复原状（如乒乓球感觉）；6 个月后颅骨增长速度减慢，表现为骨膜下骨样组织增生，额骨、顶骨隆起成方颅，严重时尚可呈十字颅、鞍状颅。此外尚有前囟迟闭，出牙迟，齿质不坚，排列不整齐。

胸部两侧肋骨与肋软骨交界处呈钝圆形隆起称“肋串珠”，并以第 7 ~ 10 肋为显著；肋骨软化，受膈肌牵拉，其附着处的肋骨内陷形成横沟（称为赫氏沟）；严重佝偻病胸骨前突形成鸡胸；胸骨剑突部内陷形成漏斗胸，由于胸部畸形影响肺扩张及肺循环，容易合并重症肺炎或肺不张。以上畸形多见于 6 个月至 1 岁婴儿。

脊柱及四肢可向前后或侧向弯曲。四肢长骨干骺端肥大，腕及踝部膨大似“手镯”、“脚镯”，常见于 7 ~ 8 个月，1 岁后小儿开始行走，下肢长骨因负重弯曲呈 O 形或 X 形腿。O 形腿凡两足靠拢时两膝关节距离在 3 厘米以下为轻度，3 厘米以上为重度。X 形腿两膝靠拢时两踝关节距离及轻、重判定标准同 O 形腿。

8. 缺维生素 E。形成疤痕，牙齿发黄，引发近视，引起残障、弱智。

9. 缺维生素 B_1。可发生脚气病、纳差、乏力、膝反射消失等，母乳严重缺乏可使婴儿患心力衰竭或抽筋、昏迷等。幼儿缺乏可引起糖代谢障碍。

10. 缺维生素 B_2。眼、口腔、皮肤的炎症反应。眼部症状为结膜充血、角膜周围血管增生、睑缘炎、畏光、视物模糊、流泪；口腔症状为口角湿白、裂隙、疼痛、溃疡，唇肿胀以及舌疼痛、肿胀、红斑及舌乳头萎缩，典型症状全舌呈紫红色中间出现红斑，清楚如地图样变化；皮肤症状主要表现为，一些皮脂分泌旺盛部位，如鼻唇沟、下颌、眉间以及腹股沟等处皮脂分泌过多，出现黄色鳞片，影响儿童的生长发育。

11. 缺维生素 B_6。虚弱、神经质、贫血、走路协调性差、脱发、皮肤损伤、眼睛、嘴巴周围易发炎、口臭。

12. 缺维生素 B_{12}。通常性体虚、神经衰弱、恶性贫血、行走说话困难。

13. 缺维生素 C。坏血病，表现为毛细血管脆性增加，牙龈肿胀与出血，牙齿松动、脱落、皮肤出现淤血点与淤斑，关节出血可形成血肿、鼻衄、便血等。还能影响骨骼正常钙化，出现伤口愈合不良，抵抗力低下等。

磨牙

肠道寄生的蛔虫产生的毒素刺激神经，导致神经兴奋，孩子就会磨牙。同样，蛲虫也会分泌毒素，并引起肛门瘙痒，影响孩子睡眠并发出磨牙声音。过去，家长们都认为磨牙的孩子是长了寄生虫，但现在有蛔虫病、蛲虫病的孩子越来越少了。

如果孩子白天看到了惊险的打斗场面，或者在入睡前疯狂玩耍，精神紧张，这样也会引起磨牙。

孩子白天被爸爸妈妈责骂，有压抑、不安和焦虑的情绪，夜间也可能会磨牙。

晚间吃得过饱，入睡时肠道内积累了不少食物，胃肠道不得不加班加点地工作，由于负担过重，会引起睡觉时不自主的磨牙。

另外，缺少微量元素也是磨牙的原因。钙、磷、各种维生素和微量元素缺乏，会引起晚间面部咀嚼肌的不自主收缩，牙齿便来回磨动。

牙齿替换期间，如果孩子患了佝偻病、营养不良、先天性个别牙齿缺失等，使牙齿发育不良，上下牙接触时会发生咬合面不平，这也是夜间磨牙的原因。

磨牙对孩子的身体是不利的，如果孩子有肠道寄生虫，要及早驱虫；孩子有佝偻病，要补充适量的钙及维生素 D；给孩子舒适和谐的家庭环境，让孩子晚间少看电视，避免过度兴奋；饮食宜荤素搭配，改掉挑食的坏习惯，晚餐要清淡，不要过量；要请口腔科医生仔细检查有无牙齿咬合不良，如果有，需磨去牙齿的高点，并配制牙垫，晚上戴上后会减少磨牙。

旅途中注意的问题

带孩子出去游玩，有助于帮助他们接触新鲜的事物，学习新东西。但是带两岁多的孩子出行的旅途中也要注意一些问题。

1. 安全。两岁的宝宝可以自己走路了，但爸爸妈妈要让孩子在自己的视线范围内玩耍，不要走得太远；孩子喜欢吃各种各样的零食，路边的零食可能不卫生，孩子的肠胃也可能消化不了，最好是不要一边玩一边给孩子买零食吃。

2. 突然感冒。孩子感冒之后，最好是能让他安静地睡一大觉。很多孩子在睡饱之后精神会好很多，大人也是一样，这时候不要着急赶路，给孩子一段休息的时间。

3. 得传染病。出门前先打听一下目的地的情况，如果正流行传染病，那么就不要带着孩子去了。

4. 认生。此时的宝宝仍然会对陌生人心存疑惑和恐惧，进而出现抗拒的行为。

5. 想要回家。有的孩子在旅途中会突然玩到一半就想要回家，这时候父母不要批评他，告诉他爸爸妈妈就在这里，让他有安全感，等他情绪稳定之后，再带他去好玩的地方玩一玩，孩子就会忘记要回家的事情了。

第6部分

三岁到四岁

三岁到四岁的幼儿

发育情况

本阶段的孩子，身体内婴儿脂肪会进一步下降，肌肉组织将进一步增加，孩子的样子更加成熟，他们的上下肢更加苗条，上身狭窄成锥形。有些孩子身高的增加大大超过了体重的上升，因此肌肉开始看起来非常瘦弱而无力。但这并不意味着不健康或发生了什么问题，随着肌肉的生长，这些孩子会逐渐健壮起来。此阶段的宝宝生长速度逐渐减慢，但是如果他的体重增加大大超过了身高的增加，或者说宝宝在半年内身高没有增加，那就可能是发育出现了问题，这时候就应该带宝宝去请医生检查一下。

这个时期，宝宝的面部看起来也更加成熟，他们的颅骨长度增加，下巴更加突出，上颌加宽，为恒齿提供生长的空间。

一般情况下，满 4 岁的男孩身高在 98.7 ~ 107.2 厘米，体重在 14.8 ~ 18.7 千克，女孩的身高在 97.6 ~ 105.7 厘米，体重在 14.3 ~ 18.3 千克。

养育要点

宝宝的饮食

3 岁以后，很多宝宝就上幼儿园了，在家里吃饭的时间就相对少了，爸爸妈妈用在宝宝饮食上的精力也要少一些了，但是这不意味着爸爸妈妈就可以不注意孩子的饮食。很多宝宝因为饭菜不合胃口或者挑食而在幼儿园吃不饱或者吃不好，针对这种情况家长在接孩子的时候一定要向老师了解一下宝宝这一天在幼儿园的吃饭情况，如果孩子没吃好，应该给孩子适当补充一些食物。但是也不能让孩子形成依赖心理，认为反正在幼儿园吃不好回家也有吃的。

一些宝宝在双休日或节假日过后，回到幼儿园时会有食欲下降、肠胃不适等现象。这是因为在节假日中，一些父母忽视了宝宝的饮食节制和规律，造成宝宝肠胃功能出现问题。不管是在幼儿园还是在家，爸爸妈妈一定要注意保证宝宝饮食的定时、定量。宝宝的消化系统仍不太完善，不按时吃饭，吃得太少或者太多都会加重肠胃的负担，造成肠胃的不适。很多爸爸妈妈在节假日的时候会放纵一下宝宝，给宝宝一些喜欢吃的零食，少吃一点饭也没关系。这样做会造成宝宝本来养成的饮食规律混乱。因此爸爸妈妈在家要配合幼儿园的吃饭时间，控制吃饭的量，保证孩子饮食的规律。

宝宝的零食

很多家长在谈到宝宝的零食时，总表示很无奈，明明知道零食的危害，但是又不能很好地控制宝宝吃零食。其实，适当的零食对宝宝是有好处的，一方面可以刺激宝宝的肠胃功能，另一方面还能使宝宝尝到多种不同味道的食物，极大限度地丰富宝宝的味觉，提高宝宝进食和生活的乐趣。

这么大的宝宝可以吃很多种类的零食，但每一种都有其限度。毕竟，适量的零食有益，吃多了就对宝宝没有什么好处了。

新鲜果蔬类食物含有丰富的维生素 C、

B族维生素、钾、镁、钙和膳食纤维等有益于宝宝健康的营养成分，可以经常给宝宝吃些西红柿、黄瓜、香蕉、梨、桃、苹果、柑橘、西瓜、葡萄等新鲜蔬菜和水果，但是加工过的果蔬干如海苔片、苹果干、葡萄干、香蕉干等就要适量，而罐头、果脯类的零食则不能给宝宝多吃，因为这些零食含有较多糖而且在制作中损失了部分营养素，对宝宝来说没有什么营养。

奶类是含钙最丰富的天然食物，同时含有丰富的优质蛋白质和核黄素等重要营养素，有利于促进宝宝的骨骼发育。可以经常给宝宝吃些优质的奶类零食，如纯鲜牛奶、酸奶等，可以作为正餐中奶类食物摄入不足的重要补充。需要注意的是，目前市场上出售的乳饮料、乳酸饮料是不属于奶类的，不能将其作为牛奶的替代品来给宝宝喝。奶酪、奶片等奶制品要适量食用，而炼乳等通常含糖较多的食品，则要少给宝宝吃。

豆类可提供优良的植物性蛋白质，含有丰富的钙、磷、铁、锌及B族维生素，能够促进身体健康、增强记忆力。可以经常给宝宝吃些不添加油脂、糖、盐的豆浆、烤黄豆等，但加工过的豆类食品如豆腐卷、豆腐干等，还是少吃为好。

谷类制作的食品不仅脂肪少、能量低，而且含有大量的营养素如B族维生素、维生素E、钾、硒和铁等。可以常给宝宝吃些油脂、糖、盐较少的煮玉米，无糖或低糖燕麦片、全麦饼干等零食，适量吃些蛋糕、饼干等在加工过程中添加了脂肪、盐、糖的食品，少吃或不吃膨化食品、奶油夹心饼干、方便面、奶油蛋糕等含有较高脂肪，而且是高盐、高糖的食品。

薯类包括马铃薯（土豆）、白薯、木薯等，它们除了提供丰富的碳水化合物、膳食纤维及B族维生素外，还有较多的矿物质和其他维生素，兼有谷类和蔬菜的双重好处。在蒸、煮、烤薯类零食时，只要不添加油脂、糖、盐就可以经常食用。像甘薯球、甜地瓜干等在制作时添加了较多的油脂、糖、盐的食品要少给宝宝吃，像炸薯片、炸薯条等在烹调过程中大大增加了能量的薯类食品是不该给宝宝吃的，因为它们不仅损失了部分营养素，而且有些还含有毒性物质丙烯酰胺，对宝宝的健康尤为不利。

坚果类零食富含优质的植物蛋白、钾、镁、磷、钙、铁、锌、铜等矿物质，同时包含了维生素E、维生素B_1、维生素B_2、烟酸、叶酸以及膳食纤维，具有比较高的营养价值。可以经常给宝宝吃些在制作时不添加油脂、糖、盐的花生米、核桃仁、瓜子、大杏仁及松子、榛子等，但要控制数量；琥珀核桃仁、鱼皮花生、盐腰果等这些添加油脂、盐和糖进行过加工的坚果类食品，是不宜给宝宝吃的。

肉类、海产品、蛋类零食不仅能提供人体所需要的蛋白质、脂肪、无机盐和维生素，而且味道鲜美、营养丰富、饱腹作用强。适合宝宝吃的有在制作时没有添加油脂、糖、盐的零食如水煮蛋；适量吃的有牛肉干、火腿肠、肉脯、卤蛋、鱼片等含有大量食用油、盐、糖、酱油、味精等调味品的食品；高热量的食品，如炸鸡块、炸鸡翅等还是尽量不要给宝宝吃。

饮料是每个宝宝都喜欢的零食。常见的饮料主要包括碳酸饮料、果蔬汁饮料、含乳饮料、植物蛋白饮料、茶饮料等。除了一些鲜榨果蔬汁外，饮料类大多都含有较高的糖分，能量很高，过量饮用会阻碍营养素的吸收，并可能增加患龋齿、肥胖、代谢综合征等疾病的危险。对于宝宝来说，白开水是最佳的饮品。可以经常给宝宝喝些新鲜蔬菜瓜果榨出的汁，市售的果汁最好少给宝宝喝，高甜度和加了鲜艳色素的高糖分汽水等碳酸饮料，最好也不要给宝宝喝。

糖果类的零食也是宝宝的最爱，但是当中的热量很高，并且还有大量的脂肪，吃太多的话会增加饱腹感，妨碍正常进食，还可能会导致肥胖、龋齿等。因此，糖果类的零食，可以给宝宝，但一定要适可而止，千万不能惯坏了宝宝。

教点什么好

孩子 3 岁到了该上幼儿园的时候了，这时候很多妈妈就开始将自己的宝宝和别的宝宝进行比较，“为什么我家宝宝认识的字没有他家宝宝多”，“为什么我家宝宝数数没有别的宝宝好”，这个时候，妈妈们开始思考要在家给孩子教点什么，让自己的宝宝不输在起跑线上。

那么，妈妈们要给宝宝教点什么呢？其实妈妈们在考虑给宝宝教点什么的时候应该先考虑到我为什么要教宝宝这些，怎样教宝宝才更好。很多妈妈认为在家早一点教会宝宝识字、数数会让宝宝在上幼儿园甚至是上小学的时候比别的宝宝更优秀，这样是错误的观点。不一定识字多或是数数好的孩子就比别的宝宝更优秀。美国著名心理学家霍华德·加德纳提出多元智能理论，指出人类的智能是多元化而非单一的，主要是由语言智能、数学逻辑智能、空间智能、身体运动智能、音乐智能、人际智能、自我认知智能、自然认知智能八项组成，每个人都拥有不同的智能优势组合，因此每个宝宝所拥有的优势是不一样的。

妈妈们在家教宝宝的时候不应该以小学的学习为目的，教孩子写字、数数，而是应该为宝宝创造一种快乐的学习氛围，让宝宝热爱学习。为了让孩子收获成功的喜悦，妈妈应该尊重孩子的兴趣，陪着孩子进行喜欢的学习活动，比如孩子喜欢动物，就可以经常带着孩子去动物园、去动物博物馆，进行细致的观察和深入的了解，这也是教孩子的一种办法。再比如孩子喜欢做手工，爸爸妈妈就可以多陪着孩子做手工，鼓励孩子利用多种材料进行手工创作，这也是一种教，同时也是孩子学的过程。

父母在教孩子的过程中应该注意发掘孩子在某一方面的天赋，利用孩子的天赋和兴趣帮助孩子学习他们不擅长的东西，比如一些孩子擅长画画，父母就可以给孩子讲个故事，然后请他们根据故事画画。这样做既激发了孩子的兴趣和积极性，又帮助孩子发展了自己不擅长的方面。

哪些画册比较好

画册就是我们一般所说的图画书或者是绘本，它是学龄前儿童很重要的一部分阅读内容。给孩子选择哪些图画书比较好呢？这是很多爸爸妈妈的疑惑。

图画书是文字和图画的结合，因此很重的一点就是图画要美。一般孩子拿到图画书第一件事情一定是看图，看看图片中画有什么。孩子喜欢色彩丰富，带有视觉冲击的图画，而好的图画包含很多细节，需要孩子理解隐喻。在欣赏图画书的同时孩子熟悉各种不同的画风，提高孩子的审美能力。

其次，很重要的一点就是文字内容要好。对于孩子来说图画书的文字应该浅显易懂，清晰流畅，能够听得懂故事的内容，比较轻松地理解故事的意思，享受由阅读带来的乐趣。在听故事的同时也是孩子学习语言的过程，孩子会把一些故事中的语言记在脑子里，慢慢转化成自己的语言和文字，应用在以后的学习和生活中。

除了优美的图画和流畅的文字以外，图画书还应当具有一定的趣味性。一些用来形成孩子生活习惯或是良好品质的图画书缺乏趣味性，像是给孩子说教一样，这时孩子就失去了阅读的兴趣。因此建议家长选择图画书时既要选择有教育意义的，也要注重图画书本身的趣味性。比如《怕浪费婆婆》、《谁嗯嗯在我头上》、《小手不是用来打人的》这些优秀的绘本富有趣味性，同时也具有教育意义。

一本好的图画书，会给孩子一段快乐的

时光，又能培养孩子阅读的兴趣，因此，爸爸妈妈们在给宝宝选择图画书时一定要仔细挑选。

教孩子认字

处于3～4岁的孩子一般都开始识字了，市面上也有一些专门针对这个年龄段的孩子的识字读本，父母可以选择字大好认的版本来教孩子识字，另外不要选择太过花哨的识字本，会让孩子的注意力不能集中在认字上面。

孩子的阅读跟识字是相辅相成的，所以父母最好能够把识字和阅读结合起来，而不要单纯地为了让孩子识字而识字。比如说家长可以一边指着读本一边念故事，让孩子知道纸面上的文字和故事之间有一定的联系，并且是一一对应的关系，这样孩子就会对文字产生兴趣。父母也可以在孩子熟悉了故事情节之后，就让孩子来讲一遍，一般来说孩子会模仿家长的动作，一个一个指着念，这样孩子就在不知不觉间学会识字了！有的家长很不喜欢孩子用手指着念字的习惯，总是强迫孩子不要把手放在书上。其实，这个习惯会随着孩子年龄的增加而消失，家长不用特别在意这个。反倒是家长可以强调识字的身体姿势，会让孩子把注意力从识字、阅读和理解文意转移到其他方面，这对孩子的智力成长都是不好的。

在孩子识字和听故事的过程中，家长切记不要心急，希望孩子能很快识字，或者要求孩子每个时间段都要学会100个生字等等，因为孩子认字是有阶段性的。

另外，每个孩子都是不同的，有的孩子对字很敏感，他们听妈妈读书的时候就主动看字，时间长了自然就能“对号入座”；可有的孩子在听妈妈读书的时候，要么注意的是手边的其他东西，要么只看了图画，可能没有妈妈预想的那么配合，就要用识字卡等方式来加强一下。

家长需要注意的是，孩子识字的速读和效果是没有定量的，每个孩子的情况不同，家长切记不要为了展示“我的孩子4岁能读1000个字”而强迫孩子学习，那样就会破坏孩子学习的热情，坏影响会持续孩子的整个学习阶段，是极其糟糕的。

识字的过程中，不要忘了让孩子得到快乐。

锻炼身体

3～4岁的健康宝宝都可以自由行走了，也能在小区的健身区里面找到自己想要玩的东西，所以如果不是专门训练运动员或者表演家，就不必进行格外的训练，只要让他自己行走、玩耍、拿东西都能起到锻炼身体和训练协调能力的效果。

但是有的家长喜欢抱着孩子，哪怕已经三四岁了也总是让叔叔阿姨等长辈抱来抱去。其实很多孩子到了三四岁就不喜欢被人抱了，因为他觉得不太自由。

除了让孩子自由活动之外，家长还可以和孩子玩一些小游戏。比如说让孩子双手掌支撑，爸爸妈妈抬起孩子的双腿玩推车的游戏，或者用小镜子反光的原理，让孩子踩地上的光点；如果孩子的动手能力不强，可以和孩子一起玩撕报纸的游戏，看看谁能猜出来对方撕的是什么。

如果爸爸妈妈有晨跑的习惯，可以带着宝宝跑步，但以轻松不累为限，10～15分钟就够了，中间休息2～3分钟。

如果是想要特别培养一下孩子的柔韧性、协调性，或者希望孩子将来能够跳芭蕾等，可以去报专门的幼儿班，幼儿班针对3～5岁间的小孩有专门的幼儿基本体操，以最简单、最基本的队列队形练习、徒手体操、简单的垫上练习和基本的舞蹈动作组成。全面锻炼幼儿的协调能力，柔韧、力量等身体素质；也可以培养孩子勇敢、坚强等意志品质和韵律节奏等审美情趣。

看电视对孩子好不好

三四岁的小孩也会看电视，父母担心养成看电视的习惯会对孩子不好，其实这也是需要控制好量的。

3～4岁的宝宝，可能对很多不了解的事情都感兴趣，甚至是古装片，他们自己会选择哪些要看哪些不要看，所以家长最好能够在孩子旁边帮助他们挑选一下。现在的影视作品比较开放，有不少家长发现哪怕是4岁的宝宝对电视中成人亲密的动作都会有特别的反应，而且专家指出长期看电视会导致孩子性早熟，所以家长最好能控制孩子看电视的时间。

教育家有一个观点，爱读书的孩子比爱看电视的孩子思维更活跃一些，这是因为书本给人的想象空间更大，而电视画面往往是文化快餐，不需要多思考。

电视可以看，但是不要长期看，一个是对孩子的身体发育不好，长时间看电视可能影响骨骼和形体的发育；另外一个是会影响孩子的阅读能力和阅读兴趣。如果孩子因为喜欢电视而不愿意看书，实在是一件很不好的事情。

当然家长尤其是妈妈也要自觉地少看电视，如果你一边要求孩子去学习或者睡觉，一边自己看电视哈哈大笑，这样对孩子来说是很不公平的。

家长最好一开始就不让孩子养成依赖电视的习惯，这当然也需要家长找到另外一些电视的替代品，比如游戏、书本等等。如果孩子交给亲戚带，要嘱咐不要给孩子太多的看电视的时间。

如果孩子因为看不到电视而哭闹，父母要找一些别的东西分散他的注意力，或者是找游戏来做。最好不要用“电视台已经下班了”或者是“老师不许你在家看电视”这样的理由来敷衍孩子。

另外，让孩子看电视，至少要距离电视机2米以外，以防近视。

培养交往能力

3～4岁的孩子一般都上了幼儿园，会和老师、同学有交往，同时也会出现很多的问题。例如不敢认识新人，不主动去和陌生孩子一起玩，不喜欢让别人碰自己的玩具，对很好的朋友也很“斤斤计较”等等。家长遇到上述这些情况往往会从“讲道理”、“训斥”甚至打骂的角度解决问题，其实这样做对纠正孩子的一些不良习惯并没有很好的改正效果。

同样是三四岁，为什么有的孩子合群，有的孩子不合群呢？我们需要了解是什么原因导致了孩子不合群。

一般来说，孩子不合群与家庭环境有重要关系。有的父母对孩子过度关切，事事代为安排，在这样的家庭中成长的孩子就很少向人打招呼，因为总是父母先开口，教他叫叔叔或姨姨。还有的父母对孩子管得过严，平时不准孩子串门、找小朋友玩耍。长期失去了与人交往机会的孩子，也会习惯性地畏惧陌生人。如果父母的感情不和，孩子很容易在学校表现出暴躁、偏执或者孤僻的倾向。

家长如果发现孩子不太合群，不必过分担心，或者说“你怎么这么胆小”之类的话，只要家长挤出时间来亲近孩子，他们很容易在交往上树立兴趣和信心。

比如说节假日，可以带孩子去公园或亲朋好友家走走，积极创造条件让孩子与小伙伴一起玩耍。在这个过程中，父母开始时可陪伴在旁与他们一起做游戏，当熟悉之后可让他们自己玩。如果孩子之间发生了纠纷，家长一定不要只站在自己的孩子立场上去说话，也不要只批评自家的孩子。在处理小朋友的矛盾时，家长要鼓励孩子说说自己的想法，另外鼓励相对弱势的一方积极争取属于自己的游戏权利。不论是和谁的小孩在一起玩，也不论孩子之间的年龄相差多大，家长都要做到一视同仁。

鼓励孩子参加体育活动也是一个很不错的培养交往能力的办法。体育是一种直接与人正面接触和竞争的群体活动。鼓励孩子经常参加各种体育活动，既有利于提高孩子的身体素质，有利于培养兴趣，也有利于提高交际能力。如果孩子在上幼儿园小班，家长可以问问他今天有没有做游戏，做得怎么样等。让孩子回忆在学校和哪些人一起玩，成绩怎么样等等，也是在帮助孩子体验合作的乐趣。

需要注意的问题

可能出现的事故

3 ~ 4 岁的孩子容易出现的事故是：

1. 走失。家长在带孩子出去玩的时候，最好能把孩子的身份卡片也随身携带，以防走失。如果没有身份卡片，家长可以自己做一个，上面写明孩子的姓名，联系电话，住址，血型，这样方便别人联系家长，也以防出现交通事故时急救。

2. 吃东西的时候被噎住或者卡喉。3 ~ 4 岁的孩子开始自己吃东西，家长要注意不要给孩子吃一些大小刚好一口吞下的东西，例如大枣、鱼块等等，有的孩子可能一口吞下去会堵住喉咙。

3. 被拐骗。在四岁左右被拐骗的儿童有很多，而且越是小的孩子越容易被带走。家长需要进行自我保护方面的教育，不要跟着陌生人走，不要给陌生人开门，也不要去生活小区以外的地方玩耍。

4. 溺水。孩子学游泳必须在家长的看护下进行，长在水边的孩子，家长必须说明不允许接近河边，另外如果城市的防护措施不完善，家长们可以联合起来要求城市在危险地段增加儿童的保护设施，例如在河边建围栏等，不要等到悲剧发生了再去追究是谁的责任。

盗汗

如果幼儿在睡梦中出汗，醒来即止，那么就是我们常说的盗汗。盗汗可分为生理性盗汗和病理性盗汗。

生理性盗汗：小儿皮肤幼嫩，所含水分较多，毛细血管丰富，新陈代谢旺盛，植物神经调节功能尚不健全，活动时容易出汗。若小儿在入睡前活动过多，机体内的各脏器功能代谢活跃，可使机体产热增加，在睡眠时皮肤血管扩张、汗腺分泌增多、大汗淋漓，以利于散热。其次，睡前进食可使胃肠蠕动增强，胃液分泌增多，汗腺的分泌也随之增加，这可造成小儿入睡后出汗较多，尤其在入睡最初两小时之内。此外，若室内温度过高，或被子盖得过厚，或使用电热毯时，均可引起睡眠时出大汗。

病理性盗汗：有些小儿入睡后，出汗以上半夜为主，这往往是血钙偏低引起的。低钙容易使交感神经兴奋性增强，好比打开了汗腺的“水龙头”，这种情况在佝偻病患儿中尤其多见。如果伴有易发怒，晚上哭闹，缺钙的可能性比较大。但盗汗并非是佝偻病特有的表现，应根据小儿的喂养情况，室外活动情况等进行综合分析，还要查血钙，血磷及腕骨 X 线摄片等，以确定小儿是否有活动性佝偻病。

幼儿常见的盗汗是由于缺钙引起的，即使孩子只是生理性盗汗，家长也要留神，因为出汗意味着体液流失，身体内的营养也在丢失，体质变差，容易得病。容易盗汗的孩子，家长要控制他们的活动量，吃过晚饭不要剧烈运动，因为运动后体内会积聚热量，到了晚上就要出汗了。

为了防止盗汗引起的免疫力下降，家长可以给孩子吃乌豆、红枣、百合，较瘦弱的孩子可以多吃泥鳅。还可做一些汤给孩子喝：

泥鳅鱼汤：泥鳅鱼 100 克左右。热水洗净黏液，去内脏，油煎至焦黄，加水 1 碗半，煮至大半碗，加少许盐，服汤。每日 1 次，连服3天。

生地黄乌肉鸡：生地黄150克，乌肉鸡1只，饴糖100克。将生地黄切碎，与饴糖拌匀，放入鸡腹内蒸熟，可作正餐食用，食时可拌作料。

黄芪粥：黄芪20克，粳米50克，白糖适量。将黄芪煎汁，用药汁煮米为粥，放入白糖调味温服。

小麦稻根饮：浮小麦15克，糯稻根15克，大枣10枚，红糖适量。前三药共熬取汁150毫升，加红糖调味，早晚空腹各服1次，每次50毫升。

人参汤：生晒参5克。切成极薄片，用滚开水泡20分钟，加适量白糖调味后温服，1日内服完。

尿频

小儿尿频是很常见的，尿频是一种症状，并非疾病。引起尿频的原因很多，但可分病理性(由疾病引起)的和生理性尿频两类。

1.病理性尿频。病理性尿频可能是患有感染、结石、肿瘤或存在异物，以尿路感染为多。小儿尿路感染以后，每次尿量不多，但排尿次数却明显增加，并可有尿急、尿痛等症状。由于疼，孩子排尿时往往哭闹。此外，患了尿路感染后，通常伴有全身症状。如体温增高、食欲减退、呕吐等等。做尿常规检验可帮助诊断。治疗时要多给孩子饮水，让他们休息好，在医生指导下应用抗生素等药物。

蛲虫刺激也可引起小儿尿频。感染蛲虫后，晚上成虫会爬到肛门附近产卵，检查时可见到白色线头样小虫。治疗时要给孩子剪指甲、纠正孩子吮手习惯、烫洗内裤和被褥罩，并在医生指导下服用驱虫剂。

2.生理性尿频。生理性尿频除了饮水过多、天气寒冷、裤子不合身等生活因素外，最常见的当属精神性尿频。短时的尿频往往与孩子希望引起父母注意有关。许多年轻的父母都有这方面的经验：当大人聊天聊得正起劲时，孩子会不时地高喊："妈妈(爸爸)我要尿尿!"这种尿频一般是暂时的，当父母带孩子上厕所而中断谈话后，尿频自然消失。但如果家长对孩子关注不够，使得孩子总将尿尿作为寻求注意的"王牌"，就可能落下习惯性精神性尿频的毛病，此时再纠正就很难。

一旦发现孩子尿频，就要找找原因，不要紧张地追问孩子，也不要大惊小怪地逢人就询问治法，以免强化孩子"尿尿，妈妈会注意我"的想法。更不能呵斥孩子"不许尿"，而要循循善诱地引导，使他自觉克服。

尿痛

正常情况下，小儿出生后头几天内每日排尿4～5次，1周后可增加到20次，1岁时每日排尿15次左右，上小学时每天排尿6～7次。若排尿次数明显增多，则称为尿频；3岁以上小儿有尿意憋不住，就迫不及待地要排尿，否则就会尿裤子，这种现象称为尿急；排尿时尿道有股热辣辣的感觉，称为尿痛。

小儿有显著的尿频、尿急、尿痛，加上尿液混浊，尿化验有白细胞和脓细胞，应考虑泌尿道感染发炎。可以口服抗菌消炎药，首次发作要治疗2周，以后还要定期化验尿，确保不再复发。另外，要注意多饮水，女童需要注意会阴部卫生，并教会女童排便后要用卫生纸从前向后擦，以免将肛门处的细菌带到尿道口上。

如果小儿有尿频、尿急、尿痛，但多次尿液化验检查结果都正常，这可能是儿童穿紧身裤对尿道的刺激所致。所以，小儿不宜久穿紧身裤。如果小儿有轻微尿频，伴有浮肿、高血压、尿中有红细胞者，应考虑患了肾小球肾炎。

男孩子撒尿叫痛的时候，首先要查看阴茎。阴茎头上红肿是龟头炎，多半是由脏手接触所引起的炎症。也有的是在裤衩上留有黄色污痕。去医院医生给开些药吃，2 ~ 3天就会痊愈，不必着急。

也有阴茎虽无异常，但排尿时有痛感。尿的次数也多，刚尿完又想尿，尿中带血，呈红色。尿完后，阴茎头上滴血，特别疼痛，并脏了裤衩。这种症状在第二天达到高峰，3天后逐渐减轻，5天后可痊愈。因为有的是由于儿童骑三轮车受伤所致，所以也有人说是由外伤造成的。因为只出现1次，所以有人认为是传染性疾病，能获得免疫。该病没有后遗症。病情严重时，一定要注意安静休息。可以卧床休息，也可以看看画册，不要多饮水，不要吃咸辣的东西，以免刺激喉咙，吃鱼肉无碍。

周期性呕吐

孩子头天尽兴地玩了一整天，一切都好好的，但是第二天早晨便开始发病。没精神，食欲不振、呕吐、想睡觉。这种情况就可能是日本养育专家所说的“自体中毒症”，或者是我们说的“周期性呕吐”，都是不太严重的病症。不过这种病只要患过一次，会多次反复发作。多数孩子一上幼儿园就好了。个别孩子会持续到小学2年级。这多半是身体偏弱的孩子。

这种病是由疲倦引起的，没有预防发作的常备药。应适当控制孩子星期天郊游和同小朋友玩耍。但是，也不能因为害怕发作，星期天就不带孩子外出，或不让他和小伙伴一起玩。当然，主要还是增强孩子的抵抗力，尽量让孩子在室外空气中加强锻炼，鼓励和培养孩子的独立能力。

孩子患过一两次这种病后，当妈妈的也能体会到致病原因是疲倦。在早晨看到孩子精神不太正常时，就要让他安静地躺着或睡觉。妈妈对孩子疾病的处理态度，可决定孩子病情的发展与否。有把握的妈妈会说，不要紧，安静地睡一觉就好了；而有的妈妈习惯性地惊慌失措，到处打电话请医生。如果孩子自己也丧失了信心，把自己当成病人，对锻炼就会有抵触情绪，不敢冒险，整天憋在家里，这样身体就会愈来愈弱。